思想的・睿智的・獨見的

經典名著文庫

學術評議

丘為君　吳惠林　宋鎮照　林玉体　邱燮友
洪漢鼎　孫效智　秦夢群　高明士　高宣揚
張光宇　張炳陽　陳秀蓉　陳思賢　陳清秀
陳鼓應　曾永義　黃光國　黃光雄　黃昆輝
黃政傑　楊維哲　葉海煙　葉國良　廖達琪
劉滄龍　黎建球　盧美貴　薛化元　謝宗林
簡成熙　顏厥安（以姓氏筆畫排序）

策劃　楊榮川

五南圖書出版公司 印行

經典名著文庫

學術評議者簡介（依姓氏筆畫排序）

- 丘為君　美國俄亥俄州立大學歷史研究所博士
- 吳惠林　美國芝加哥大學經濟系訪問研究、臺灣大學經濟系博士
- 宋鎮照　美國佛羅里達大學社會學博士
- 林玉体　美國愛荷華大學哲學博士
- 邱燮友　國立臺灣師範大學國文研究所文學碩士
- 洪漢鼎　德國杜塞爾多夫大學榮譽博士
- 孫效智　德國慕尼黑哲學院哲學博士
- 秦夢群　美國麥迪遜威斯康辛大學博士
- 高明士　日本東京大學歷史學博士
- 高宣揚　巴黎第一大學哲學系博士
- 張光宇　美國加州大學柏克萊校區語言學博士
- 張炳陽　國立臺灣大學哲學研究所博士
- 陳秀蓉　國立臺灣大學理學院心理學研究所臨床心理學組博士
- 陳思賢　美國約翰霍普金斯大學政治學博士
- 陳清秀　美國喬治城大學訪問研究、臺灣大學法學博士
- 陳鼓應　國立臺灣大學哲學研究所
- 曾永義　國家文學博士、中央研究院院士
- 黃光國　美國夏威夷大學社會心理學博士
- 黃光雄　國家教育學博士
- 黃昆輝　美國北科羅拉多州立大學博士
- 黃政傑　美國麥迪遜威斯康辛大學博士
- 楊維哲　美國普林斯頓大學數學博士
- 葉海煙　私立輔仁大學哲學研究所博士
- 葉國良　國立臺灣大學中文所博士
- 廖達琪　美國密西根大學政治學博士
- 劉滄龍　德國柏林洪堡大學哲學博士
- 黎建球　私立輔仁大學哲學研究所博士
- 盧美貴　國立臺灣師範大學教育學博士
- 薛化元　國立臺灣大學歷史學系博士
- 謝宗林　美國聖路易華盛頓大學經濟研究所博士候選人
- 簡成熙　國立高雄師範大學教育研究所博士
- 顏厥安　德國慕尼黑大學法學博士

經典名著文庫161

人類的由來及性選擇

查爾斯・達爾文 著
葉篤莊、楊習之 譯

經典永恆・名著常在

五十週年的獻禮・「經典名著文庫」出版緣起

總策劃　楊榮川

五南，五十年了。半個世紀，人生旅程的一大半，我們走過來了。不敢說有多大成就，至少沒有凋零。

五南忝爲學術出版的一員，在大專教材、學術專著、知識讀本出版已逾壹萬參仟種之後，面對著當今圖書界媚俗的追逐、淺碟化的內容以及碎片化的資訊圖景當中，我們思索著：邁向百年的未來歷程裡，我們能爲知識界、文化學術界做些什麼？在速食文化的生態下，有什麼值得讓人雋永品味的？

歷代經典・當今名著，經過時間的洗禮，千錘百鍊，流傳至今，光芒耀人；不僅使我們能領悟前人的智慧，同時也增深加廣我們思考的深度與視野。十九世紀唯意志論開創者叔本華，在其〈論閱讀和書籍〉文中指出：「對任何時代所謂的暢銷書要持謹慎的態度。」他覺得讀書應該精挑細選，把時間用來閱讀那些「古今中外的偉大人物的著作」，閱讀那些「站在人類之巔的著作及享受不朽聲譽的人們的作品」。閱讀就要「讀原著」，是他的體悟。他甚至認爲，閱讀經典原著，勝過於親炙教誨。他說：

「一個人的著作是這個人的思想菁華。所以，儘管一個人具有偉大的思想能力，但閱讀這個人的著作總會比與這個人的交往獲得更多的內容。就最重要的方面而言，閱讀這些著作的確可以取代，甚至遠遠超過與這個人的近身交往。」

爲什麼？原因正在於這些著作正是他思想的完整呈現，是他所有的思考、研究和學習的結果；而與這個人的交往卻是片斷的、支離的、隨機的。何況，想與之交談，如今時空，只能徒呼負負，空留神往而已。

三十歲就當芝加哥大學校長、四十六歲榮任名譽校長的赫欽斯（Robert M. Hutchins, 1899-1977），是力倡人文教育的大師。「教育要教眞理」，是其名言，強調「經典就是人文教育最佳的方式」。他認爲：

「西方學術思想傳遞下來的永恆學識，即那些不因時代變遷而有所減損其價值的古代經典及現代名著，乃是眞正的文化菁華所在。」

這些經典在一定程度上代表西方文明發展的軌跡，故而他爲大學擬訂了從柏拉圖的《理想國》，以至愛因斯坦的《相對論》，構成著名的「大學百本經典名著課程」。成爲大學通識教育課程的典範。

歷代經典．當今名著，超越了時空，價値永恆。五南跟業界一樣，過去已偶有引進，但都未系統化的完整舖陳。我們決心投入巨資，有計畫的系統梳選，成立「經典名著文庫」，希望收入古今中外思想性的、充滿睿智與獨見的經典、名著，包括：

- 歷經千百年的時間洗禮，依然耀明的著作。遠溯二千三百年前，亞里斯多德的《尼各馬科倫理學》、柏拉圖的《理想國》，還有奧古斯丁的《懺悔錄》。
- 聲震寰宇、澤流遐裔的著作。西方哲學不用說，東方哲學中，我國的孔孟、老莊哲學，古印度毗耶娑（Vyāsa）的《薄伽梵歌》、日本鈴木大拙的《禪與心理分析》，都不缺漏。
- 成就一家之言，獨領風騷之名著。諸如伽森狄（Pierre Gassendi）與笛卡兒論戰的《對笛卡兒沉思錄的詰難》、達爾文（Darwin）的《物種起源》、米塞斯（Mises）的《人的行爲》，以至當今印度獲得諾貝爾經濟學獎阿馬蒂亞．

森（Amartya Sen）的《貧困與饑荒》，及法國當代的哲學家及漢學家余蓮（François Jullien）的《功效論》。

梳選的書目已超過七百種，初期計劃首爲三百種。先從思想性的經典開始，漸次及於專業性的論著。「江山代有才人出，各領風騷數百年」，這是一項理想性的、永續性的巨大出版工程。不在意讀者的眾寡，只考慮它的學術價值，力求完整展現先哲思想的軌跡。雖然不符合商業經營模式的考量，但只要能爲知識界開啓一片智慧之窗，營造一座百花綻放的世界文明公園，任君遨遊、取菁吸蜜、嘉惠學子，於願足矣！

最後，要感謝學界的支持與熱心參與。擔任「學術評議」的專家，義務的提供建言；各書「導讀」的撰寫者，不計代價地導引讀者進入堂奧；而著譯者日以繼夜，伏案疾書，更是辛苦，感謝你們。也期待熱心文化傳承的智者參與耕耘，共同經營這座「世界文明公園」。如能得到廣大讀者的共鳴與滋潤，那麼經典永恆，名著常在。就不是夢想了！

二〇一七年八月一日　於

五南圖書出版公司

導讀

全書最重要最基本的結論當然是：人類起源於某類低於人類的動物。達爾文清楚地知道，儘管他力爭對自己主張的每一個觀點給出儘可能完美的理由，儘管他都是從事實出發進行思考的，但是，由於能蒐集到的資料還很有限（有的資料甚至只是他從朋友那裡聽來的故事），又由於所研究問題本身的歷史性和不可重複性，他的論述不可避免地缺少科學的精確性，還存在不少的疑問，許多觀點是高度推測性的，有些觀點將來會被證明是錯誤的。但是他也堅信，他的研究有助於通向眞理，他這部著作所達到的主要結論——人類起源於某種比人類低等的動物，這個結論是有根據的。

達爾文知道他的這一結論會犯眾怒，會被某些人斥爲是反宗教的。他給自己做的辯護是：既然能用普通的繁殖法則去解釋個體人的產生，爲什麼不能用普通的自然選擇法則解釋人類的起源？物種的產生和個體的產生，都是偉大的生命發生事件。

一、本書的寫作緣起

達爾文是科學界大名鼎鼎的人物，他的大名與生物進化論聯繫在一起，人們尊他是生物進化論之父，介紹達爾文生平事蹟的文章，多得不可勝數，另外，在本叢書的《物種起源》「導讀」部分，也介紹了達爾文的生平故事，所以我們在這裡已無需再花筆墨介紹了，可以直奔主題，談我們要閱讀的這部著作——《人類的由來及性選擇》。

《人類的由來及性選擇》被認爲是達爾文的第二重要科學著作。達爾文的科學著作中，最爲人們熟悉、當然也是最重要的，應當說是《物種起源》。在這一著作中，達爾文系統闡述了他的生物進化論，那就是生存鬥爭，自然選擇，適者生存，不適者被淘汰，微小的變異逐漸積累起來，生物因此而不斷進化，由共同祖先進化出了當今世界千千萬萬種生物。此論一出，在科學界、在社會上都產生了強烈反響。保守的神創論者視生物進化論爲洪水猛獸，是萬惡的魔鬼言論，甚至對達爾文本人也展開了激烈的人身攻擊，而支持者則爲之叫好和辯護，一時間煞是熱鬧。《人類的由來及性選擇》，是達爾文繼《物種起源》之後的又一部論述生物進化論的重要理論著作。前者初版於一八五九年，後者初版於一八七一年，二者相差十二年。

達爾文爲什麼要寫《人類的由來及性選擇》？顧名思義，此書集中論述了兩個大問題：人類的由來和性選擇。這兩個問題既相互關聯又相對獨立，在此要分別來講。

首先講人類的由來（即起源）問題。按照生物進化論，人類是生物界的一員，物種起源當然包括人類起源在內。但是，在《物種起源》一書中，達爾文並沒有論述人類起源問題，僅僅是在該書的結尾部分提到：「人類的起源和歷史，也將由此得到許多啓示。」他是以此暗示，人類的起源方式和其他生物是一樣的，關於物種起源問題的一般結論同樣適用於人類。這表明，達爾文在寫《物種起源》一書時已經清楚人類起源問題與生物起源問題的關聯，他對這個問題也已經思考了，有了自己的觀點了，只是在該書中達爾文並沒有討論人類起源問題。爲什麼不討論？是缺少資料嗎？不是。已經有人研究過，達爾文寫《人類的由來及性選擇》一書所使用的資料，在寫《物種起源》時已經有了。在《物種起源》一書中不談人類起源問題，是達爾文不願寫，不敢寫，是他沒有膽量寫進去，他怕太刺激那些保守的人。達爾文是一個做事很謹慎的人，他也知道生物進化論與基督教義中講的神造萬物是矛盾的，生物進化論因此必將招致宗教界人士的反對，在思想被基督教主導的社會中也必定遭到攻擊和懷疑。這種顧慮讓他多年不敢公開發表他的生物進化論思想反覆推敲，力爭使它的推理無懈可擊，力爭使它的論據更加充分，發表之後能經得起各種批評者的責難和挑剔。在這種顧慮的影響下，他對於人類起源問題採取了暫時迴避的策略。他擔心，如果他明確提出人類也是生物進化的產物，那麼他的生物進化論思想、他的自然選擇學說，將會遇到更加激烈的反對，更加難以爲世人接受。在《人類的由來及性選擇》一書的「緒論」中，達爾文對此做了說明，他說：「多年以來，關於人類的起源或由來，我集聚了一些資料，卻沒有就這個問題發表著作的任何意圖，毋寧說已決定不予發表，因爲我考慮到，我如果發表此項著作，只會增添一些偏見來反對我的觀點而已。」但是，物種起源問題與人類起源問題的關係是顯而易見的，看不到這一點似乎太不應該了，太缺乏洞察力了，所以達爾文雖然是不敢談，可還是要在《物種起源》的末尾提了一句，指出進化論將能對人類起源與歷史發展問題給出明白的答案。不談不快，如骨鯁在喉；談又不敢談，欲言又止，達爾文眞是夠爲難的，最後他採取了「點到爲止」的手法。

在《物種起源》一書問世十二年以後，達爾文決定出版他的《人類的由來及性選擇》。是什麼原因使他改變了初衷？是什麼壯了他的膽？是因爲他發現，在他的《物種起源》一書問世以後，雖然受到種種責難和攻擊，但是，生物進化論觀點還是逐漸被大多數博物學家採納，尤其是年輕的博物學家。進化論在科學界已站住了腳，有一些年老的人反對也無關緊要，他們總是會比年輕人先離開人世的。他還發現，社會上對生物進化論觀點也比較容忍了，就連宗教界也有人試圖調和進化論與基督教教義的矛盾。比如有人說，生物進化論像牛頓定律一樣，都是上帝的規定。一些在社會上很有地位的人，竟然也已經敢於公開表示自己是進化論者了。這種形勢鼓勵了達爾文，他認爲時機已經成熟了，敢於發表著作專門論述人類起源了。在《人類的由來及性選擇》一書的「緒論」中，達爾文對此做了說明。

《人類的由來和性選擇》一書的寫作目的，達爾文也在該書的緒論中有明確闡述，那就是要看一看他在「以往著作中所得出的一般結論，在多大程度上可以適用於人類」。以往的著作，最主要的就是《物種起源》。達爾文又說，考察人類的起源，這個任務具體來說有三個方面：「第一，人類是否像每一個其他物種那樣，是由某一既往存在的類型傳下來的；第二，人類發展的方式；第三，所謂人類種族彼此差異的價值。」

既然達爾文撰寫此書的主要目的是要考察人類的由來或起源，是想說明人類如何由既往存在的低等生物類型進化而來，但是，爲什麼不仿照《物種起源》，把該書書名叫做《人類起源》，而要在書名中把性選擇問題突顯出來呢？而且，該書的實際內容，也是性選擇問題占了該書大部分篇幅，這是爲什麼呢？關於性選擇，在《物種起源》中是有論述的，只是篇幅很小，短短的兩三頁。這個詞是達爾文發明的。有一些生物，其某些特性只見於一個性別，而且只在這一性別中遺傳下去。達爾文認爲，這種情況的形成，有的可能是由於雌雄兩性的生活習性不同造成的，即自然選擇的結果，但是，有一些情況不是這樣，而是這一性根據另一性的選擇造成的，他稱之爲性選擇。達爾文說，自然選擇存在於生存鬥爭中，即一種生物對於其他生物或外界條件的鬥爭中，性選擇則是存在於同性個體之間爲得到交配機會而進行的爭鬥中，常見的是雄性爲占有雌性而進行的爭鬥中。自然選擇的結果是適者生存、不適者被淘汰，或是生或是死；性選擇的結果則是成功者得到與異性交配的機會，得以留下自己的後代。中國有句古話：「食色性也」，得到食物和得到異性，這是最基本的需要，是本性使然，人和動物都是如此。爭奪食物是生存鬥爭，由自然選擇決定誰是強者；爭奪異性是生殖鬥爭，由性選擇決定誰是勝利者。《物種起源》中關於性選擇只有很簡單的論述，達爾文在準備論述人類起源時感到太不夠了，必須大力補充。論述人類起源為何要大談性選擇，為何首先要讓性選擇理論穩固起來？這是因為達爾文認為，性選擇對於人類起源和發展有非常重要的作用，尤其是，「性選擇在使人類種族分化上起了重要作用」。考察人類由來必須論述性選擇的作用，這是他在「緒論」中說的。在該書第二十章的結尾，即論述了人類的性選擇問題以後所給出的「提要」中，達爾文又說，「在我看來，我可斷言，導致人類種族之間在外貌上有所差別的所有原因，以及人類和低於人類的動物之間在某種程度上有所差別的所有原因，其中最有效的乃是性選擇」。達爾文既然認為性選擇對人類進化的作用如此重要，那麼，性選擇理論是否得到承認就與他的人類起源理論的命運密切相關了。他要首先從低等動物的性選擇講起，使人們承認性選擇在低於人類的動物場合中所起到的重要作用，把性選擇理論建立起來，然後才將其應用於人類由來問題。「凡不承認在低於人類的動物場合中也有這種作用的人將會無視我在本書第三部分所寫的有關人類的一切」，這也是達爾文在該書第二十章的「提要」中所講的話。由此我們就可以明白，達爾文為什麼會這樣寫這部著作了，為什麼性選擇問題會在此書中占了這麼大的篇幅。

明白了達爾文寫作《人類的由來及性選擇》一書的動機和目的以後，現在我們具體看看此書內容的基本結構。此書分為三大部分，達爾文所說的三項具體考察任務，在第一部分「人類的由來或起源」中就已經都講了。第三部分「人類的性選擇及本書的結論」，是突出講性選擇在人類種族分化方面所起的重要作用。第一和第三部分合起來，內容上就是一部完整的《人類由來》。第二部分「性選擇」，講的是動物界的性選擇問題，目的是使性選擇理論確立起來，為第三部分打基礎，使讀者可以接受本書第三部分所給出的結論。第二部分內容，實際可以單獨作為一部著作，是達爾文對性選擇問題的系統論述。

在明白了全書的總體結構以後，讓我們具體討論本書三大部分的內容。

二、第一部分導讀：人類的由來或起源

《人類的由來及性選擇》一書的寫作目的，如前所述，是達爾文把他關於生物進化問題的理論具體應用於人類，把人類作爲生物界一個物種，討論它的由來或起源。在該書第一部分中，達爾文就是在系統地討論這個問題。他在「緒論」中所述的本書具體要考察的三個方面的問題，在本書第一部分中都論述到了。達爾文關於人類由來問題的基本觀點，在這一部分已經完整地表述出來了，因此可以說，這一部分內容就是達爾文關於物種起源觀點在人類由來問題上的應用。爲了更好地理解達爾文在這一部分的內容安排，或者說是更好地理解達爾文是怎樣研究和論述人類由來問題的，下面我們需要先回顧一下達爾文生物進化論的基本觀點，回顧一下他在《物種起源》中是怎樣解釋物種起源的，然後再聯繫到該部分的內容。

爲什麼世界上有那麼多種生物，爲什麼生物體的構造那麼合理，各種器官的構造那麼適應它的功能，爲什麼生物那麼適應它所生存的環境，這些問題從古代起就極其引人注意，歷代哲人給出了許多種答案，各種宗教教義也給出了不同的說明。在十九世紀中期的歐洲，占統治地位的觀點是基督教教義中所闡述的神創論觀點。依據這種觀點，地球上的各種生物，包括人類，都是萬能的上帝在一定的時期、按照一定的目的創造出來的。生物體各器官的構造那麼合乎它的功能，生物那麼適應它的生存環境，這一切都是上帝的安排，體現出了上帝的智慧。各個物種一經上帝創造出來就不再變化，縱然有些變化，那也只是在該物種特徵的範圍內變化，絕不可能產生出新的物種。達爾文的生物進化論，就是要批判這種神創論、目的論、物種不變論。

按照達爾文在《物種起源》一書中所闡述的生物進化論，世界上現存的以及在地球發展史上曾經存在過的各種各樣的生物物種，都是由在它先前存在的某個物種發展變化而來的，都是既往已經存在的某種生物的後裔。這樣推理下去，世界上各種生物之間是有親緣關係的，它們具有共同的祖先。有什麼證據說明這一觀點呢？在當時的科學發展水平上，達爾文舉出的證據主要是：1.生物的同源器官（起源相同、生長部位和基本構造相似而形態和功能不同的器官，例如鳥類的翅膀和獸類的前肢）。2.高等動物胚胎發育的早期階段與低等生物胚胎的相似性，海克爾稱之爲重演律，即動物的胚胎發育過程按順序重演了牠的進化過程，在胚胎發育的不同階段按順序重現其祖先的形態。3.動物具有殘跡器官，也就是具有一些無用的、退化的器官，例如蛇類的後肢、人類的尾椎骨等，它們表明了生物進化的歷史，殘跡器官在過去曾經是正常器官。在《人類的由來及性選擇》一書的第一部分第一章中，達爾文首先就是從這三個方面提出證據，證明人類起源於低於人類的動物。

生物進化的機制是什麼，即一個物種是透過什麼方式進化出了與之不同的新物種，這是進化論者必須回答的又一個重要問題。達爾文給出的回答是透過自然選擇。所謂自然選擇，就是在生物爲爭奪生存條件而進行的生存鬥爭中，具備有利變異的個體有更多可能得到生存的機會，就是適者生存，不適者被淘汰。微小的有利變異一代一代地遺傳下去，逐漸積累起來，生物的性狀也就發生了改變，也就獲得了新的性狀，生物就在不斷地進化，就有可能形成新的物種。各種生物的繁殖數量遠大於可以生存下來的數量，這是自然界存在激烈生存鬥爭的根本原因；生物變異的普遍存在，同一祖先產生出的後代個體之間是有差異的，因此它們在生存鬥爭中能力是有差別的，這是自然選擇發揮作用的基礎。在第一部分的第二章，達爾文要論述的是「人類自某一低等類型發展的方式」，即人類怎樣從某一低等類型動物進化而來。他首先是用大量證據說明，今天的人類，仍然像其他動物一樣，很容易發生多種多樣的變異，因此人類的早期祖先無疑也是這樣。接著，達爾文論述了發生這種變異的原因和變異的法則，在這個問題上，達爾文認爲有兩個「一樣」：一是認爲人類和動物一樣，人類發生變異的原因及法則和低於人類的動物是一樣的，這就沒有給人類任何特殊的地位，把人類看成是生物界的一員，和基督教的說法完全不同。二是說過去和現在一樣，生物現在發生變異和過去發生變異都是由同樣的一般原因所支配的。在這裡，我們明顯可以看到，達爾文受萊爾地質學的影響很深。萊爾堅持用現在仍然可以看到的、現在仍然在發揮作用的原因來解釋地球歷史上發生的變化，達爾文則是堅持，促使生物發生變異的原因古今是一樣的。接下去就應該談，生物發生變異的原因究竟是什麼。在達爾文那個時代，科學的遺傳學尚未發展起來，還不知道基因突變，達爾文對變異原因的認識是基於「泛生說」，該假說認爲生物體每個單位都會放出微小的芽球，即未發育的微小顆粒，它們就是遺傳物質，彙集到生殖細胞中傳遞給下一代，決定了下一代的發育。泛生說所講的遺傳物質是「軟性的」，會因外界條件的作用而發生改變。在這樣的遺傳學說指導下，與拉馬克「用進廢退」觀點相近，達爾文也認爲生活條件的直接作用、器官的使用與不使用、返祖等是生物產生變異的原因，也認爲生物後天獲得的性狀是可以遺傳下去的。關於變異的法則，他主要講了相關變異。順便說一句，恩格斯的著作《勞動在從猿到人轉變過程中的作用》，也是基於這樣的理論。由於科學發展水平限制，那個時代只能做到這樣。達爾文在本章中又講到，人類也像其他動物一樣，不可避免地有增殖速度超過生活資料增長速度的傾向，所以人類也不可避免地有生存鬥爭。這裡他是採納了馬爾薩斯的人口論，不過不是在談社會問題，而是談人類進化。變異和生存鬥爭，這兩者的存在就必然要發生自然選擇，人類就是這樣從先前存在的某種低等類型進化出來的，這就是達爾文給出的答案。

在第一和第二章中，達爾文是透過比較人類與動物的身體構造，論證人類起源於動物。如果是論述兩種動物的親緣關係，有這些比較也許就可以了，但是，由於人類在心理能力上與動物之間差別巨大，即使是動物中智力最高的猿類，其智力和心理活動的複雜性也和最不開化的人類相差甚遠。因此，如果不解決人類的心理能力是如何進化出來的，人類起源於某種低於人類的動物這一結論就缺乏說服力。在第三和第四章中，達爾文專門比較人類與動物的心理能力，就是試圖解決這個問題，試圖說明人類的心理機能與動物有連續性，人類的心理能力也是可以進化出來的，並不必須由上帝創造。他從人類和動物共同具有的某些本能（如自我保護、性愛、母愛、吸乳能力等）講起，按照從低到高的順序，分析了人類的各種心理能力，包括情緒、好奇心、模仿性、注意力、記憶力、想像力、理性、製造工具、抽象力、自我意識、語言、美感、信仰、道德觀念、社會性等，眞可以說是面面俱到。他的目的是要說明，儘管人類與最高等動物的心理差異是巨大的，但是這種差異僅是程度上的，並非是種類上的、根本性的。人類所自誇的各種情感和心理能力，其實都並非人類所特有，在低於人類的動物中已經存在，只不過是處於某種萌芽狀態，也只不過常常是以本能的形式表現。有的動物，情感和心理能力甚至還相當發達，例如家養的狗。達爾文還對狼和家養的狗的情感和心理能力進行了比較，說明情感和心理能力可以透過遺傳而逐漸進步。

有人質疑說，有一些高級心理能力，如自我意識、道德觀念、對上帝的信仰等，絕對是人類所特有，如果說人類是起源於動物，這類心理能力是如何來的。達爾文對此給出了這樣的回答：有一些心理能力可能爲人類所特有，但這些能力很可能僅僅是其他高度進步的智慧所衍生出的結果，而且，這些能力並非是全人類所共有的，文明社會的人和未開化社會的人差別很大。在第一部分的第五章，達爾文專門論述「智慧和道德官能在原始時代和文明時代的發展」，就是要解釋人類怎樣從那些類似於動物的心理能力，發展出了人類所特有的文明。在這一章中，達爾文的論述分三個層次。首先他論述的是，在人類從半人類狀態進步到未開化狀態的過程中，自然選擇使得智力不斷進步。那些最精明的、發明和使用最優良的工具和武器的人，將能最好地保衛自己，將能養育最大數量的後代。第二個層次論述的是，在從未開化狀態向文明社會發展的過程中，自然選擇也發揮了重要作用。達爾文承認，文明在許多方面對自然選擇的作用有所抑制，例如文明社會中出於愛心和同情心對弱者的救助、最強壯的人要到戰場上去打仗而弱者卻留在家中、當時英國實行不管能力大小都由長子繼承遺產的制度，諸如此類的制度和習俗，都使弱者有了更多的生存機會而避免被淘汰，妨礙了人類素質的進化。但是，達爾文說，儘管如此，依然可以發現，文明社會人的身體要比未開化人強壯，壽命並未減少，自然選擇顯然還是偏袒那些有良好食物和困苦較少的人。在文明社會中，才智較高的人要比才智較低的人獲得較大的成功，如果沒有其他方面的抑制將會增加其數量。達爾文在本章論述的第三層次內容是，所有的文明民族，都曾經一度是未開化即野蠻民族。這三個層次的內容連貫起來就說明，在從低於人類的動物進化出來以後，人類文明是在不斷發展的，逐步經由半人類狀態、未開化的原始狀態上升到文明社會，自然選擇在其中起了重要作用。

經過前幾章的論述，達爾文認為已經能夠說明，人類是起源於低於人類的某類動物，人類是生物進化的產物。接著，在第六章中，達爾文要論述「人類的親緣和系譜」，要用他的進化論觀點確定人類在生物自然分類中的位置，也就是要確定人類在生物分類系統中屬於什麼門、綱、目、科、屬、種，說明其他生物與人類的親緣關係，生物中與人類親緣關係最近的是什麼。關於人類在生物分類系統中的地位，在達爾文之前已有多人發表了有影響的觀點。認為人類與四手類即猿猴類動物相近，這種觀點先前也已有人提出。例如，十八世紀的大分類學家林奈，儘管他沒有說人類與四手類有親緣關係，有共同祖先，但是，依據結構上的相近，他還是把人類和四手類共同放在一個目（靈長目）中。在這一章中，達爾文首先對有關人類分類地位的各種觀點做了評論，表明自己的立場。第一，他認爲，不能把人類的不同種族列爲不同的物種。人類種族之間雖然差異很大，但種族之間沒有明顯的界限，而是逐漸過渡的。如果人類是屬於不同物種，那麼是否有共同起源就成了問題。第二，他不同意把人類與動物界的差別過分誇大，把人類獨立列爲一界，與動物界植物界並列，因而把生物分爲三大界。如果人類不屬於動物界，人類起源於動物界的觀點就會遇到更大的困難。第三，達爾文不同意把人類列爲哺乳動物綱的一個亞綱。第四，他認爲，縱使是把人類單獨列爲一個目，那也是過分強調了人類與四手類之間的性狀差異在分類學上的重要性，而忽視了彼此之間在結構上許多基本相似之處。達爾文最後表達的觀點是，人類在分類上只是一個科，甚至是只能列爲一個亞科，人類和猿猴類都是起源於舊世界的猴類。他贊同林奈的觀點，把人類與四手類放在同一個目中。林奈只是依據人類和四手類結構的相似而把他們放在同一個目中，達爾文卻是以進化論觀點把猿猴類看作是人類的近親，他們有共同的祖先，結構上的相似是他們有共同起源的證據。達爾文在說明人猿同祖的時候特別指出，不能因此就假定包括人類在內的整個猴類系統的早期祖先同任何現存的猿或猴是完全一致的，即使是認爲非常相似也不應該。人類是從舊世界的猴類進化出的一個特殊分支，而現存的猿猴類是進化的另一分支，人猿同祖的「祖」現在已經不存在了。

在這一章中，達爾文還探討了整個動物界各主要類群之間的親緣關係，即動物界的進化過程，從而給出了一幅動物界進化的總體圖案。他把人類的位置擺在動物界進化的最高點，他稱人類的產生是宇宙的奇跡和光榮。基督教教義說整個世界都是爲人類而準備的，上帝是爲人類而創造了世界，達爾文從進化論觀點對這個說法給出了一個新的理解。他也說這個世界好像是爲人類的出現而準備的，因爲人類的誕生要歸功於祖先的悠久系統，經過極其漫長的進化鏈索才進化出了人類，這條鏈索的任何一個環節如果從來沒有存在過，進化的最後結果大概就不會是現在這個樣子，就可能不會出現現在這樣的人類。在論述過人猿同祖以後，達爾文沒有忘記告訴人們：無需爲此感到羞恥，最低等的生物也遠比我們腳下的無機塵土高出很多。也許他在這裡是暗指，上帝是用泥土創造了人的身體。

在第一部分的第七章，達爾文探討他在本書「緒論」中講到的此書寫作目的的第三項：探討人類種族差異的價值。人類種族之間在許多方面有明顯的差異，如膚色、毛髮、臉形、身高等。所謂人類種族差異的價值，他是指從生物分類的角度看，人類的種族差異的意義有多大，其重要性是否足以支持把人類的不同種族劃分爲不同的生物物種。達爾文反對把人類不同種族劃分爲不同的物種，在第六章中他已表明了這一觀點，在第七章中他是詳細說明他持這種觀點的理由，也探討了人類種族差異的起源問題。首先，他討論了將生物不同類型劃分爲不同物種的常用標準，主要是以下幾條：他們之間的性狀差異是否與結構有關而且在生理上有重要意義，他們之間的性狀差異是否穩定，他們雜交產生的後代是否有正常的生育能力，兩個親緣關係密切的類型之間是否有把他們聯繫起來的過渡類型。達爾文從這些方面考察了人類種族之間的差異，考察了種族之間交往和婚配的結果（很多事實是與歐洲的海外殖民有關），同時也考察了主張把人類不同種族劃分爲不同物種者給出的理由，從而得出了他的觀點：人類種族差異的價值不足以把他們劃分爲不同的物種，主張劃分爲不同物種的理由是不能令人信服的。關於人類種族差異形成的原因，達爾文發現，生活條件的直接作用、身體各部分的連續使用、器官相關原理等常用於解釋生物變異產生的理由，若用於解釋人類種族差異的產生原因，都不能給出令人滿意的解釋。他認爲，人類種族之間的差異，預料是處於性選擇影響之下的一類差異。他感到，爲了能充分說明性選擇對生物進化的作用，對人類種族分化的作用，有必要對整個動物界的性選擇問題給以回顧，這就引出了本書第二部分的內容：性選擇。

三、第二部分導讀：性選擇

第二部分與第一部分內容「人類的由來或起源」既密切相關而又相對獨立，把它單獨出來作爲一部著作也未嘗不可。達爾文之所以在談人類起源的著作中大談性選擇，是因爲他感到，人類由來，特別是人類的種族分化，只用自然選擇不能給出令人滿意的解釋，其中有些問題與性選擇密切相關，人們若不能接受他的性選擇理論，也難以接受他關於人類起源和人類種族分化問題的觀點，而他在《物種起源》中關於性選擇問題又談得太少，還沒有把性選擇問題論述清楚，因此需要在他這部論述人類起源問題的新著作中用很大篇幅談性選擇問題。

在第二部分的起首篇章即全書的第八章，達爾文首先論述了性選擇的一般原理，在接下來的第九至第十八章中，以動物界的綱爲單元，按照從低等到高等的順序，分別論述從低等動物到哺乳動物各綱的第二性徵。第二性徵是性選擇作用的對象，是在性選擇作用下進化而來。達爾文用這麼大的篇幅、這樣豐富的資料論述動物第二性徵，意在說明性選擇在有兩性分化的動物中是普遍存在的，是動物進化的另一種機制。

前面已經說到，達爾文在《物種起源》一書中對性選擇已給出定義，已有簡略的討論。在本書第八章中，達爾文對性選擇的一般原理給出了更詳盡的論述，並且與自然選擇做了詳細比較。現在生物學界一般認爲，性選擇是自然選擇的一種特殊形式，是包括在自然選擇之中的，不過，在寫作《人類的由來及性選擇》時，達爾文可能不是這樣認爲的，他是把性選擇作爲與自然選擇不同的另一種選擇方式來論述的。是因爲有些問題用自然選擇難以解釋，他才提出了性選擇。達爾文一八六〇年四月寫給美國生物學家阿薩・格雷的信中說，「不管什麼時候，只要盯住看孔雀尾巴上的一片羽毛，就會使我頭大如斗」。孔雀的大尾巴是怎麼進化出來的，就是一個讓達爾文感到用自然選擇很難解釋的問題。也許是爲了強調性選擇的作用，他限制了歸於自然選擇的作用。在本書第二章中，他說，「我承認我在《物種起源》最初幾版中，也許歸功於自然選擇或最適者生存的作用未免過分了」，「我相信這是迄今在我的著作中所發覺的最大失察之一」。在這部著作中，他清楚地表達出了這樣的資訊：對於物種進化，在很多情況下，性選擇起到了與自然選擇同樣重要的作用，有時甚至超過了自然選擇的作用，例如對於人類的起源和進化。在《人類的由來及性選擇》最後一章即全書的結論部分，達爾文說，「在我來說，我可斷言，導致人類種族之間在外貌上有所差別的原因，以及人類和低於人類的動物之間在某種程度上有所差別的原因，其中最有效的乃是性選擇」。達爾文如此強調性選擇的作用，以至於該書發表以後有人要問：達爾文先生，性選擇和自然選擇，究竟哪一個更重要？也有人說，因爲發現人類身體構造的許多細小部分不能用自然選擇來解釋，於是達爾文發明了性選擇。達爾文在該書第二版的序言中說到了這些問題。

在第八章中，達爾文很注意對性選擇與自然選擇進行比較，說明二者的不同之處，力求給性選擇以明確的定義，明確畫出性選擇作用的範圍，明確區分性選擇作用的結果，使人們能對性選擇有比較清晰的認識。但是他也注意到，自然選擇的作用與性選擇的作用有時是很難區分的。雄鹿頭上那樹枝樣的角，對於生存沒有什麼意義；雄孔雀那美麗的大尾巴，對於生存是有害的，這些毫無疑問是性選擇作用的結果。但是，有些情況就不那麼好說了。比如，有些海洋甲殼類動物的雄性個體一旦到達成年，牠們的足和觸角就會發生一種異常的改變，以便在交配時牢牢地抱握雌性，使得在交配時不被海浪衝開，這些抱握器官雖然是雄性特有，但很可能是自然選擇而不是性選擇的結果。又如，某些蚊類的雌性都是吸血蟲，而雄性個體則以花蜜爲生，其口器缺少吸血構造；螢火蟲雌性個體無翅，不能飛翔，像這樣的雌雄個體構造差異的形成可能與生殖行爲有關，是性選擇的結果，但也可能是與生活習性有關，是自然選擇的結果。有袋類哺乳動物雌性個體的育兒袋，則比較肯定是與生活習性相關。達爾文對此的處理方式是，關於雌雄個體之間那些與生活習性有關的差別，那些與營養及保護其後代有關的差別，在論述性選擇在各類動物中發生的作用時將不多談。他要特別注意充分討論的，是雄性個體用以戰勝其同種同性對手的、以及用以向雌性個體獻媚或刺激雌性個體那些構造和本能，比如雄性個體的較大體型、力量、好鬥性、用以向競爭對手進攻的武器或防禦手段、絢麗的色彩和裝飾物、鳴唱的能力等，這些特徵可以比較肯定是性選擇作用的結果。

對性選擇的主體做一些進一步的分析是很有意思的。人工選擇的主體是人，選擇出合乎人的要求的動植物個體進行繁殖，這是人類培養家養動物和栽培植物新品種的方式。在這裡作爲主體的人，是有意識有思維能力的。自然選擇的主體是自然條件，適者生存，不適者被淘汰，自然界的生物因此而進化，這裡作爲選擇作用主體的是無意識的自然界，自然選擇是依照自然規律進行的。性選擇實際上是起源於動物（主要是雄性）的求愛激情、勇氣，選擇結果還取決於雌性的意願、審美能力和鑑別能力，所以性選擇的主體是動物自己，選擇是由動物自己進行的。性的爭鬥有兩種：一種是同一性別（一般是雄性）個體之間進行鬥爭，勝利者趕走或殺死失敗者；另一種鬥爭形式也是主要在雄性個體之間進行，但形式是「文明」的，雄性個體爭相刺激雌性個體或向雌性個體獻媚。在前一種鬥爭形式中雌性個體比較被動，牠們似乎是勝利者的戰利品；在後一種鬥爭形式中，雌性看來則是主動的，是由牠選擇自己滿意的配偶，雌性的主體地位很明顯。這就引發出一個問題，動物有審美能力嗎？雌性在選擇中是有意識的嗎？性選擇難以說是按自然規律進行的，性選擇產生的結果不一定有利於生存，甚至有害，但是人們一般又不願意說動物是有意識的，因而稱之爲本能。儘管如此，達爾文還是把它與人類社會意識、道德意識的產生聯繫起來。由動物在性選擇過程中的表現，可以看出牠們能知道並且很重視自己在自己所屬的那個社會中的地位，牠們重視社會其他成員對自己的看法，知道怎樣討其他成員的歡心。達爾文認爲，人類社會的道德意識就是由這種本能起源的。在當今的人類社會中依然如此，一個不重視自己的名譽、不知道讓別人高興的人，絕不會是道德高尚的人。性選擇起因於性愛，因此可以說性愛乃是愛的本源，愛的開始，由此可以進化出人類之愛，一直發展到「愛人如己」這種最高境界的愛。只有自然選擇，不好解釋道德的起源，不好解釋兩性間的差異，加上性選擇就好解釋了。所以，性選擇理論是對自然選擇理論的重要發展和補充。《人類的由來及性選擇》是達爾文繼《物種起源》之後又一部重要的理論著作。自然選擇被一些人形象化爲「弱肉強食」，是爭鬥的過程，那是一幅很殘酷，甚至可以說是血淋淋的畫面，有的殖民主義者就以自然選擇理論爲自己慘無人道的行爲辯護。再看性選擇，那卻是從愛出發，雖有爭鬥但也有許多美好的畫面。生物的進化有鬥爭也有愛，這是達爾文《人類的由來及性選擇》一書傳出的新認識。把他的性選擇理論與自然選擇理論結合起來，才能全面正確地理解他的進化論。

正是因爲性選擇問題意義重大，達爾文才願意花很大篇幅來討論性選擇問題。按照這種目的、這種思路，他廣泛蒐集與性選擇有關的資料，細心組織資料，目的就是要使他的性選擇理論成立起來。從第九章開始，直到第十八章，達爾文用豐富的資料，具體討論各綱動物的性選擇。在這裡我們不準備對這些章的內容一一具體介紹了，那需要花費太大的篇幅，但是必須說明，這些章的內容豐富而且有趣，非常值得一讀。直到現在，它仍然是講述性選擇問題經典著作。

四、第三部分導讀：人類的性選擇及本書的結論

在第二部分討論過動物的性選擇以後，達爾文又回到人類起源問題上來。在第十九和二十章中，達爾文著手論述人類的第二性徵，包括外貌、能力和心理的差異。在達爾文看來，男人的體格、精力、力氣、勇氣、好鬥性等都明顯大於女人，這是由於性選擇的結果，是在世世代代男人為占有女人而進行的爭鬥中逐漸發展起來的。他還認為，女人體毛較少，這也是性選擇的結果。最初，去毛可能是女性用以討好男性的一種裝飾方式，因連續多代的作用而遺傳下去，而且不只遺傳給了女性後代，也遺傳給了男性後代，這既造成人類比他們的動物祖先體毛少，而且也是人類女人比男人體毛少的原因。

達爾文還用性選擇解釋人類種族的起源，認為那是由於不同地方的原始人類在性選擇中有不同的審美標準所致。人類種族之間的顯著差異是在外貌上，如膚色、臉形、鼻子形狀、鬍子多少等，這些特徵與生活能力沒有直接關係，不能用自然選擇來解釋，與性選擇倒是關係密切，因為關係到美貌問題。由於不同地方的人對美貌有不同的認識，因而在性選擇中有不同的標準，導致向不同的方向進化，最後形成了不同的種族。為說明他的這些觀點，達爾文需要拿出事實，證明種族間的差異與生活環境無關，也不是自然選擇的結果，例如黑人不是因為生活在熱帶而變黑的，白人有高鼻梁不是因為他們生活在寒冷地方，能給吸入的空氣加溫等等。達爾文還需要拿出事實證明，不同地方的人有不同的審美標準。西方殖民者的海外擴張，提供了一些這方面的資料。

有人說達爾文這本書中對動物性選擇的論述有擬人化的傾向，這種批評不無道理。在論述人類的性選擇時，達爾文則是常常把人類與動物相比較，有把人「擬動物化」的傾向。人類的性選擇與動物並無本質差別，這是他的進化論思想的必然結果。但是，人類畢竟是特殊的生物，是社會性高

度發達的生物，達爾文不能不注意到人類社會的特殊性。他談到，越是原始的、未開化的人類，性選擇的作用就越強，爲此他盡力使用關於原始人類部落的資料，利用對人類原始社會的研究成果。關於人類社會影響性選擇發揮作用的因素，他也做了分析。達爾文這樣的陳述方式應當說是很高明的，一方面強調了人類自身是在進化，有利於進化論思想的確立，同時也預防有人以文明社會的狀況否定性選擇對人類的作用。

關於人類的起源和進化，到此達爾文已經給出了一個有完整體系的論述，他要對他的觀點做出總結了，這就是本書第二十一章「全書提要和結論」的內容。

全書最重要最基本的結論當然是：人類起源於某類低於人類的動物。達爾文清楚地知道，儘管他力爭對自己主張的每一個觀點給出儘可能完美的理由，儘管他都是從事實出發進行思考的，但是，由於能蒐集到的資料還很有限（有的資料甚至只是他從朋友那裡聽來的故事），又由於所研究問題本身的歷史性和不可重複性，他的論述不可避免地缺少科學的精確性，還存在不少的疑問，許多觀點是高度推測性的，有些觀點將來會被證明是錯誤的。但是他也堅信，他的研究有助於通向眞理，他這部著作所達到的主要結論——人類起源於某種比人類低等的動物，這個結論是有根據的。

達爾文知道他的這一結論會犯眾怒，會被某些人斥爲是反宗教的。他給自己做的辯護是：既然能用普通的繁殖法則去解釋個體人的產生，爲什麼不能用普通的自然選擇法則解釋人類的起源？物種的產生和個體的產生，都是偉大的生命發生事件。

達爾文在本章中所總結的觀點，還有一些也是犯了眾怒的。

達爾文不但認爲人的身體結構是從動物發展延續下來的，而且認爲人的意識、人的心理機能也是從動物延續下來的，人的道德觀念發源於動物本能，就連人類特有的對神的信仰這樣高尚的精神意識，也可以從動物那裡找到起源。人和動物在心理機能上有連續性，人和動物意識的內容沒有根本差別而只有程度上的差別，這種觀點也令很多人反感，覺得是對人類的侮辱。

達爾文的另一個讓一些人反感的論點，是有人說他是一個大男人主義者。他的理論確實可以爲大男人主義提供依據，因爲他說男子在很多方面比女子強，不但是體力上，智力、精力、想像力、意志力也強於女子，這是性選擇作用的結果，而女子比男子強的方面似乎只是更溫柔、更少自私。且不說在主張男女平等的今天，很少有人說這樣的話，就是在達爾文那個時代，這樣的話也被認爲是過激的。達爾文其實是很尊重婦女的，是堅決反對虐待婦女的，他認爲奴隸制和虐待妻子是人類兩大可恥的事，虐待妻子是未開化的表現，禮貌對待婦女是社會進化的一個標誌。他說他不以是猴子的後裔感到恥辱，但是他羞於是粗野的、未開化人的後裔。儘管他很尊重婦女，但這似乎是強者對弱者的尊重，是居高臨下的尊重，依然可以列入大男人主義。

還有人認爲，達爾文是一個種族主義者，儘管比較溫和。他認爲人類各種族從生物學意義上說屬於同一物種，沒有本質差別，雖然如此，但是他認爲不同種族在進化程度上有差別。像那時大部分英國上層社會男士一樣，認爲自己是文明的代表，把殖民地的土著稱爲野蠻人。達爾文不但是看不起土著人，可以說他還鄙視窮苦人。他贊成他表弟高爾頓的觀點，認爲窮人是天賦不高，生性懶惰，窮人應該限制結婚和生育，才有利於人類進化。達爾文的這些觀點，當然也受到了批評。

有人反對，有人攻擊，有人批評，當然也有人讚賞，有人熱捧。《人類的由來及性選擇》一出版就引起轟動，很快就多次重印，廣泛傳播，產生了重要影響。

站在當今的科學高度回頭觀看，更可看出本書的深遠影響。

達爾文開創的人類起源研究，發展成爲一個專門的學科，叫做人類學。達爾文寫《人類的由來及性選擇》時，主要是依據解剖學、胚胎學提供的間接證據和進化論的一般原理。十九世紀末以後，陸續發現了很多古猿類和古人類化石，爲研究人類起源提供了直接證據。現在，已經可以大致劃分出從古猿到古人再到今人各階段的發展時間段，大致劃出人類的起源地和遷移路線。

動物行爲學和生殖生物學的發展都受到達爾文性選擇理論的影響。達爾文研究性選擇，主要依據博物學家的觀察資料，後來的研究則大量使用了實驗手段，不但證明動物確實有性選擇，還探討動物在性選擇行爲中，感受器官接受的資訊如何透過中間系統（神經系統、內分泌系統等）產生出選擇的行爲。美國海倫娜．克羅寧寫的《螞蟻和孔雀：耀眼羽毛背後的性擇之爭》，既是專業的又很有可讀性，讀一讀可了解性選擇理論的歷史發展和當代的研究狀況。

達爾文關於人類心理機能與動物的連續性及其進化過程的論述，對心理學研究有根本性的指導意義。在其影響下，心理學的主要研究課題從「意識的內容」轉向「意識的機能」，注重研究同一群體不同成員的心理差異。二十世紀的著名心理學家和心理學流派，例如佛洛伊德、皮亞傑等，在他們的理論中都可見到達爾文的影響。

遺傳學在二十世紀得到大發展，有人發現，人的天賦、人的道德意識也是可以遺傳的，達爾文關於人類道德起源的論述得到支持。

在生物學領域，在社會學領域，許多學科、許多理論的發展都受到達爾文人類起源和性選擇理論的影響，難以一一枚舉。今日重讀《人類的由來及性選擇》，既有助於理解歷史，理解生物發展史和生物學發展史，也有助於理解當今的相關學問。

李思孟
華中科技大學教授

第二版序言

本書第一版自一八七一年問世之後，連續重印數次，於是我得以進行了幾處重要的改正；現在，更多的時光流逝過去了，我曾盡力從本書所經歷的嚴峻考驗中吸取教益，並且對於我認為是正確的批評全部加以利用。我還非常感激大量和我通信的人，他們提出的新事實和意見之多實足驚人。這些事實和意見的數量如此之多，以致我只能採用其中比較重要者；關於這些，以及比較重要的改正，我將附列一表。新加了一些插圖，有四幅舊圖代以更好的新圖，這些都是伍德（T. W. Wood）先生寫生的。我必須特別喚起讀者注意：關於人類和高等猿類的腦部之間的差異，有些觀察資料係得自於赫胥黎教授，其文作為附錄載於本書第一部分之末，對此謹表謝忱。我特別高興轉載這些觀察資料，是因為最近幾年來在歐洲大陸上發表了幾篇有關這個問題的研究報告，在某些場合中它們的重要性都被一些普通作者過於誇大了。

我願藉此機會表明，我的批評家們常常設想我把身體構造和心理能力的一切變化完全歸因於對那種所謂自發變異的自然選擇；恰恰相反，甚至我在《物種起源》第一版中已經明確談到，關於身體和心理，重大的影響必須歸於使用和不使用的遺傳效果。我還把一定的變異量歸因於變化了的生活條件的直接而長期的作用。偶爾發生的構造返祖也起了一份作用，千萬不要忘記我所謂的「相關」生長，其意義為：體制的各個部分在某種未知的方式下而彼此密切關聯，以致當某一部分發生變異時，另一部分也跟著發生變異；如果某一部分的變異由於選擇而被積累起來，其他部分就要發生改變。再者，還有幾位評論家說，當我發現人類身體構造的許多細小部分不能用自然選擇來解釋時，我便發明了性選擇；然而我在《物種起源》第一版中對這一原理已經做了相當清楚的概述，我在那裡已經提到，這一原理也可應用於人類。本書以充分的篇幅討論了性選擇這個問題，這只是因爲我在這裡第一次得到了這樣的機會。給我印象最深的是，許多對性選擇的批評是半贊同的，這和對自然選擇的最初批評頗爲相似；例如，這些批評家們說，性選擇只能解釋少數的細小構造，而不能應用於我所運用的那樣大的範圍。我對性選擇力量的信念還是堅定的；但此後也許會發現我的結論有錯誤，這是可能的，幾乎是肯定的；當第一次討論一個問題時，這是在所難免的。當博物學者們熟悉了性選擇的概念之後，我相信它被接受的部分當會增多；若干有才能的專家們已經充分贊同這一原理了。

一八七四年九月於肯特郡貝克納姆的黨豪思別墅（Down, Beckenham, Kent）

緒　論

本書的唯一目的在於考察：第一，人類是否像每一個其他物種那樣，是由某一既往存在的類型傳下來的；第二，人類發展的方式；第三，所謂人類種族彼此差異的價值。

對本書的寫作過程加以簡短說明，將會使其主旨得到最好的理解。多年以來，關於人類的起源或由來，我集聚了一些資料，卻沒有就這個問題發表著作的任何意圖，毋寧說已決定不予發表，因爲我考慮到，我如果發表此項著作，只會增添一些偏見來反對我的觀點而已。在我的《物種起源》第一版中已指明，這一著作將使「人類的起源及其歷史清楚明白地顯示出來」，我覺得指明這一點似乎就足以說明問題了；這暗示著，關於人類出現於地球之上的方式，人類與其他生物必定一齊被包括在任何的一般結論之中。現在情況已完全改觀了。一位像卡爾・沃格特（Carl Vogt）那樣的博物學家，以日內瓦國立研究院院長的身分，竟敢在其演說（一八六九年）中大膽表示，「至少在歐洲，恐怕已無一人仍主張物種是獨立創造的了」，顯然，至少是大多數博物學者必須承認，物種乃是其他物種的變異了的後裔，年青而朝氣蓬勃的博物學者們尤其如此。多數人已承認自然選擇的作用，雖然有些人極力主張我過高地估計了它的重要性，這是否公正，未來必會做出定論。在自然科學界年高可敬的諸位領袖人物中，不幸還有許多人依然以各種方式反對進化論。

進化觀點現已爲大多數博物學者們所採納，而且正如在一切其他場合中那樣，最終亦將爲科學界以外的人士所遵循，因此，我才把有關資料編在一起，以便看看在我已往著作中所得出的一般結論，在多大程度上可以適用於人類。因爲我從來沒有審愼地把這些觀點應用於單獨一個物種，所以這一工作似乎更加需要了。當我們把注意力侷限於任何一種生物類型時，我們便喪失了把整個生物類群連接在一起的親緣關係性質所匯出的重大論據，如生物過去和現在的地理分布，生物在地質上的演替。所餘者，還有一個物種的同源構造、胚胎發育以及殘跡器官可供研究，無論其爲人類或任何其他物種，我們都可把注意力對準這些方面；不過在我看來，這幾大類事實提供了充分而確定的證據。以支持逐漸進化的原理。然而，來自其他論據的支持，也應時刻留心。

本書的唯一目的在於考察：第一，人類是否像每一個其他物種那樣，是由某一既往存在的類型傳下來的；第二，人類發展的方式；第三，所謂人類種族彼此差異的價值。由於我的考察僅限於這幾點，所以無需詳細描述若干人類種族之間的差異——這是一個巨大的課題，已在許多有價值的著作中進行了充分的討論。人類的高度悠久性最近已爲許多卓越人士的工作所證實了，其中以布歇·德·佩塞（Boucher de Perthes）爲始，對於理解人類的起源，這是必不可少的基礎。所以，我認爲這一結論已經確立，並且奉勸讀者們閱讀查爾斯·萊爾爵士（Sir Charles Lyell）、約翰·盧伯克爵士（Sir John Lubbock）以及其他人士的令人欽佩的論著。至於人類和類人猿之間的差異量，我也沒有必要再加以說明，因爲，最有能力的評論家們認爲，赫胥黎教授（Prof. Huxley）對此已經無可爭辯地加以闡明了，在每一個可見的性狀上，人類與高等猿類之間的差異小於高等猿類與同一靈長目（Primates）的低等成員之間的差異。

關於人類，本書簡直沒有任何嶄新的事實，但是，當我寫成一個初步草稿之後，我所得出的結論對我來說還是有趣的，我想它也許會使其他人感到興趣。常常有人自信地斷言，人類的起源絕不可知；但是愚昧無知往往要比淵博學識更會招致自信；正是那些所知甚少的人們，而不是那些所知甚多的人們，才會如此肯定地斷言這個或那個問題絕非科學所能解決。人類和其他物種都是某一個古遠的、低等的而且滅絕的類型的共同後裔，這一結論在任何程度上都不是新的了。拉馬克（Lamarck）很久以前就得出了這一結論，晚近又爲幾位卓越的博物學者和哲學家所堅持。例如，華萊士（Wallace）、赫胥黎、萊爾、沃格特、盧伯克、比希納（Büchner）、羅爾（Rolle）等，[①]特別是海克爾（Haeckel）。最後這位博物學者，除了他的巨著《普通形態學》（*Generelle Morphologie der Organismen*, 1866）外，最近又發表了《自然創造史》（*Natürliche Schöpfungsgeschichte*，一八六八年初版，一八七〇年再版），他在這一著作中充分討論了人類的系譜（genealogy）。如果這一著作發表在本書脫稿之前，我大概永不會再繼續寫下去了。我發現，幾乎所有我得出的結論，都被這位博物學者所證實，他的學識在許多方面都比我淵博得多。凡是我根據海克爾教授的著作所補充的任何事實和觀點，均在本書中指明其出處；其他敘述則一如本書原

---

① 前幾位作者的著作如此馳名，以致我無需再舉其書名，但後幾位的著作在英國卻不甚爲人所知，我願把這些書名提一下：《達爾文學說六講》（*Sechs Vorlesungen über die Darwin'sche Theorie*），比希納著，一八六八年再版；一八六九年譯爲法文，書名爲"*Conférences sur la Théorie Darwinienne*"。《由達爾文學說所顯示的人類》（*Der Mensch, im Lichte der Darwin'sche Lehre*），馮·羅爾博士著，一八六五年。我不想把那些在這個問題上和我站在一邊的所有作者一一舉出。例如，還有卡內斯垂尼（G. Canestrini）發表過的一篇很奇妙的論文，討論與人類起源有關的殘跡性狀〔原載《摩德納自然科學協會年報》（*Annuario della Soc. d. Nat., Modena*）一八六七年，八十一頁〕。巴拉哥（F. Barrago）博士用義大利文發表過另一篇著作，名爲《人類既是按照上帝的形象造成的，也是按照猿的形象造成的》（*Man, made in the image of God, was also made in the image of ape*）。

稿的本來面貌，間或在註腳中注明他的著作，以證實比較含糊的或有趣的各點。

多年來我一直覺得非常可能的是，性選擇（sexual selection）在使人類種族分化上發揮了重要作用；但在我的《物種起源》（第一版，一九九頁）中，僅僅暗示這一信念，當時已使我感到了滿足。當我開始把這一觀點應用於人類時，我發現對整個性選擇問題進行充分詳細的探討②是必不可少的。因此，本書探討性選擇的第二部分，與第一部分相比，便顯得過於冗長，但這也是無法避免的。

我曾打算在本書中附加一篇有關人類和動物的各種表情的文章。許多年前查爾斯·貝爾（Charles Bell）爵士的一本可稱讚的著作喚起了我對這個問題的注意。這位傑出的解剖學者主張，人類被賦予的某些肌肉專爲人類的表情之用。由於這一觀點顯然地反對人類是從某一個其他低等類型傳下來的信念，因此我有必要對這個問題進行討論。我還願查明，不同人類種族在多大程度上是以同樣方式來表情的。但是由於本書的篇幅有限，我以爲把這篇文章留待他日單獨發表爲宜*。

---

② 在本書最初問世之前，海克爾教授是唯一一位對性選擇進行了討論的作者，在《物種起源》出版後，他就看到了它的充分重要性，他在各種著作中以非常漂亮的方式處理了這一問題。

* 於一八七二年出版，名爲《人類和動物的表情》（*Expression of the Emotions in Man and Animals*）。——譯者注

目錄

第一部分　人類的由來或起源

我曾著眼於兩個明確的目的，其一，在於闡明物種不是被分別創造的，其二，在於闡明自然選擇是變化的主要動因，雖然它大部分借助於習性的遺傳效果，並且小部分借助於環境條件的直接作用。然而，過去我未能消除我以往信念的影響，當時這幾乎是一種普遍的信念，即各個物種都是有目的地被創造的；這就會導致我不言而喻地去設想，構造每一細微之點，殘跡構造除外，都有某種特別的、雖然未被認識的用途。一個人如果在頭腦裡有這種設想，他自然會把自然選擇無論過去或現在所起的作用過分誇大。有些承認進化論但否定自然選擇的人們，當批評我的書時似乎忘記了我曾著眼的上述兩個目的；因此，如果我在給予自然選擇以巨大力量方面犯了錯誤——這是我完全不能承認的，或者我誇大了它的力量——在其本身來說這是可能的，那麼我希望，至少我在幫助推翻物種被分別創造的教條方面做出了有益的貢獻。

第一章　人類起源於某一低等生物類型的證據

如果一個人想要決定人類是否爲某一既往生存類型的變異了的後裔，他最初大概要問，人類在身體構造和心理官能（mental faculties）方面是否變異，哪怕是輕微的變異；倘如此，則這等變異是否按照普遍適用於低於人類的動物的法則遺傳給他的後代。還有，就我們貧乏知識所能判斷的來說，這等變異是否像在其他生物的場合中那樣，乃是同樣的一般原因的結果，並且受同樣的一般法則所支配；例如，受相關作用，使用和不使用的遺傳效果等等法則所支配？作爲發育受到抑制、器官重複等等的結果，人類是否會變成同樣的怪相，並且人類的任何畸形是否表現了返歸某一先前的、久遠的構造型式？自然還可以這樣問，人類是否像如此眾多的其他動物那樣，也產生彼此僅有微小差異的變種（varieties）和亞族（sub-races），或者產生差異如此重大的種族（race）而必須把牠們分類爲可疑的物種？這等種族如何分布於全世界；而且，當牠們雜交時，牠們在第一代和以後各代彼此發生作用嗎？此外，還可追問其他各點。

追問者其次將問到重要之點，即，人類是否以如此迅速的速度增加，以致不時引起劇烈的生存鬥爭；結果導致無論身體或心理方面的有益變異被保存下來了，而有害的變異被淘汰了。人類的種族或種（species）無論用哪個名詞都可以，是否彼此侵犯，相互取而代之，因而有些最終歸於滅絕？我們將會看到，所有這些問題一定可以按照對低於人類的動物的同樣方式得到肯定的回答。就大多數問題來說，的確顯然如此。但對剛才所談到的幾個需要考慮的問題暫時推遲予以討論，可能是方便的。我們先看一看，人類的身體構造在多大程度上或多或少明確地顯示了一些痕跡，以說明他來自某一低等類型。在以後數章，將對人類的心理能力（mental power）在與低於人類的動物的心理能力的比較下加以考察。

人類的身體構造

眾所周知，人類是按照其他哺乳動物同樣的一般形式或模型構成的。人類骨骼中的一切骨可以與猴的、蝙蝠的或海豹的對應骨相比擬。人類的肌肉、神經、血管以及內臟亦如此。正如赫胥黎和其他解剖學者所闡明的，在一切器官中最爲重要的人腦也遵循同一法則。比肖夫（Bischoff）[①] 是一位站在敵對方面的見證人，連他都承認人類的每一個主要的腦裂紋和腦褶都與猩猩（Orang-outang）的相似；但他卻接著說，牠們的腦在任何發育時期中都不完全一致；當然也不能期望牠們完全一致，否則牠們的心理能力就要一樣了。于爾皮安[②]（Vulpian）說：「人腦和高等猿類的腦的差別極其輕微。我們對這種關係不應有錯覺。就腦部的解剖性狀來看，人類之比類人猿，不但較近於類人猿之比其他哺乳動物，而且較近於類人猿之比其他猿類，如綠背猿（*Des guenons*）和獼猴（*Des macaques*）。」但是，在這裡進一步詳細地指出人類在腦的構造和身體其他一切部分上與高

---

① 《人類大腦的裂紋》（*Die Grosshirnwindungen des Menschen*），一八六八年，九十六頁。這位作者以及葛拉條雷（Gratiolet）和艾比（Aeby）的關於腦的結論，均經赫胥黎教授討論過，見本版序言中提及的那篇附錄。

② 《生理學講義》（*Leç. sur la Phys*），一八六六年，八九〇頁，達利（M. Dally）在《靈長目與進化論》（*L'Ordre des Primates et le Transformisme*，一八六八年，二十九頁）中加以引用。

等哺乳動物的一致性，則是多餘的了。

可是，對於構造沒有直接或明顯關係的少數幾點加以詳細說明，還是值得的，這種一致性或彼此關係借此會得到很好的闡明。

人類容易從低於人類的動物那裡染上某些疾病，如恐水病*、天花、鼻疽病、梅毒、霍亂、皰疹等③，而且容易把這些病傳給牠們；這一事實證明了牠們的組織和血液既在細微構造上也在成分上都密切相似，④這比在最優良的顯微鏡下或借助於化學分析來比較還要明顯得多。猴類像我們那樣，常患許多同樣的沒有傳染性的疾病。例如倫格爾（Rengger）⑤，曾在巴拉圭捲尾猴（*Cebus azaroe*）的原產地對牠進行過仔細的觀察，牠容易患黏膜炎，具有通常的症狀，如經常復發，就會導致肺結核病。這種猴還患中風、腸炎和白內障。幼猴在乳齒脫落時常死於熱病。藥物對牠們產生的效果，和對我們一樣。許多種類的猴對茶、咖啡、酒都有強烈的嗜好，我自己親眼見到，牠們

---

* 即狂犬病。——譯者注

③ 琳賽（W. L. Lindsay）博士在《心理學雜誌》（*Journal of Mental Science*），一八七一年七月；以及《愛丁堡獸醫評論》（*Edinburgh Veterinary Review*），一八五八年七月，相當詳細地討論了這個問題。

④ 一位評論家非常激烈而輕蔑地批評了我在這裡所說的〔《不列顛每季評論》（*British Quarterly Review*），一八七一年十月一日，四七二頁〕，但我並沒有用「相等」這個字眼，我看不出我有多大錯誤。在我看來，兩種不同動物因感染同樣疾病而產生同樣的或密切相似的結果，與對兩種不同液體用同樣化學試劑所進行的測定，是非常近似的。

⑤ 《巴拉圭哺乳動物志》（*Naturgeschichte der Säugethiere von Paraguay*），一八三〇年，五十頁。

還吸菸取樂。[6]布雷姆（Brehm）斷言，非洲東北部的土人把裝有濃啤酒的器皿放在野外，使野狒狒（baboons）喝醉以捕捉牠們。他曾看到他自己圈養的幾隻喝醉的狒狒，他對牠們的醉態和怪相做過引人發笑的描述。醉後翌晨，牠們非常易怒而憂鬱；用雙手抱住疼痛的腦袋，做最可憐的表情；當給牠們啤酒或果子酒時，牠們就厭惡地躲開，但對檸檬汁卻喝得津津有味。[7]一隻美洲蜘蛛猴（*Ateles*），當喝白蘭地醉了之後，就永遠不會再碰白蘭地，這樣，牠就比許多人更聰明了。這些瑣事證明了人類和猴類的味覺神經是多麼相似，而且牠們的全部神經系統所受到的影響又多麼相似。

人類的內臟會感染寄生蟲，時常因此致死，並且受到外部的寄生蟲的侵擾，所有這等寄生蟲與感染其他哺乳動物的寄生蟲都屬於同屬（genera）或同科（families），至於疥癬蟲，則屬於同種。[8]人類有如其他哺乳動物、鳥類甚至昆蟲那樣，受一種神祕的法則所支配[9]，這一法則使某些

---

⑥ 有些在等級上低得多的動物也有同樣的嗜好。尼科爾斯（A. Nicols）先生告訴我說，他在澳大利亞的昆士蘭養了三隻無尾熊（*Phaseolarctus cinereus*），也沒有教過牠們什麼，就對朗姆酒和吸菸有強烈的嗜好。

⑦ 布雷姆，《動物生活》（*Thierleben*），第一卷，一八六四年，七十五，八十六頁。關於美洲蜘蛛猴（*Ateles*），參閱一〇五頁。關於其他相似記載，見二十五，一〇七頁。

⑧ 琳賽博士，《愛丁堡獸醫評論》，一八五八年七月，十三頁。

⑨ 關於昆蟲，參閱萊科克（Laycock）博士的《生命週期性的一般法則》，原載《不列顛學會會報》，一八四二年。麥卡洛克（Macculloch）曾見到一隻狗患間日瘧，見《西利曼北美科學雜誌》（*Silliman's North American Journal of Science*），第十七卷，三〇五頁。以後我還要重談這個問題。

正常過程，如妊娠、成熟以及各種疾病的持續，均按月經期進行。人類的創傷按照同樣的癒合過程得到恢復，人類截肢後的殘餘部分，特別是在胚胎早期，也像在低等動物的場合中那樣，有時具有某種再生的能力。⑩

像物種繁殖這個最重要機能的全部過程，從雄性的最初求偶行爲⑪到幼仔的出生和哺育，在所有哺乳動物中都是顯著一樣的。猴在幼年時不能自助的情況幾乎如同我們的嬰兒一樣；在某些屬中，幼猴在外貌上完全不同於成年猴子，猶如我們的子女不同於充分成熟的父母一樣。⑫有些作者極力主張，作爲一種重要的差別，人類幼兒的成熟期要比任何其他動物遲得多。但是，如果我們注意看一看居住在熱帶地方的人類的種族，其差別就不大了，因爲，猩猩據信在十至十五歲時才達到成年。⑬男人與女人在身材大小、體力、體毛多少等方面以及在精神方面都有差別，許多哺乳動物

---

⑩ 關於這一點，我曾在我著的《動物和植物在家養下的變異》（*Variation of Animals and Plants under Domestication*）第二卷，十五頁舉出過證據，此外還可補充更多的證據。

⑪ 許多種類的雄性猿猴確能分別人類的男女，最初憑嗅覺，其次憑外貌。尤雅特（Youatt）先生在倫敦動物園長期從事獸醫工作，是最細心、最敏銳的觀察家，他曾爲我證實此事，動物園的其他飼養員和管理員的說法也相同。安德魯·史密斯和布雷姆說，狒狒也能如此。權威人士居維葉也多次談過此事。我以爲人類和猿類所共有的現象，其惡劣程度莫有過於此者。有人說，狒狒見到婦女就發狂，但並非見到所有婦女都如此，牠能從眾人中識別年幼的婦女，以奇特的聲音和容態召喚之。

⑫ 這是聖伊萊爾（Geoffroy St. Hilaire）和弗·居維葉（F. Cuvier）對犬面狒狒（鼯猴）和類人猿所做的論述，見《哺乳動物志》（*Hist. Nat. des Mammifères*），第一卷，一八二四年。

⑬ 赫胥黎，《人類在自然界的位置》（*Man's Place in Nature*），一八六三年，三十四頁。

的兩性也是如此。因此，人類與高等動物，特別是與類人猿在一般構造上、在組織的細小構造上、在化學成分上以及在體質上的一致性是極其密切的。

胚胎發育

人是從一個卵發育成的，卵的直徑約爲一英寸的一百二十五分之一，它在任何方面與其他動物的卵都沒有差別。人類胚胎在最早時期與脊椎動物界其他成員的胚胎幾乎無法區分。此時動脈延伸爲弓形分支，好像要把血液輸送到高等脊椎動物現今不具有的鰓中，雖然在他們的頸部兩側還留有鰓裂（圖1，f、g），標誌著它們先前的位置。在稍晚時期，當四肢發育時，正如傑出的馮·貝爾（Von Baer）所指出的，蜥蜴類和哺乳動物的腳、鳥類的翅膀和腳，以及人的手和腳，都是由同一個基本型式發生的。赫胥黎教授說：「在相當晚的發育階段，人類幼兒才與幼猿有顯著的差別，而猿在發育中與狗的差別程度，正如人在發育中與狗的差別程度一樣大。看來這一斷言好像要令人一驚，但它的眞實性是可以證明的。」⑭

由於本書的讀者可能從來沒有看過有關胚胎的繪圖，所以我刊登了一幅人的和一幅狗的胚胎圖，約在同一早期發育階段，這幅圖是從兩部無疑正確的著作⑮中仔細複製的。

---

⑭《人類在自然界的位置》，一八六三年，六十七頁。

⑮人的胚胎圖（圖1）引自埃克（Ecker）的《生理圖解》（*Icones Phys.*），一八五一—一八五九年，表XXX，圖2。這個胚胎的長度爲〇點八三三英寸，所以繪圖時放大很多。狗的胚胎圖引自比肖夫的《狗卵發育史》（*Entwicklungsgeschichte des Hunde-Eies*），一八四五年，表XI，圖42B。這幅圖放大五倍，胎齡二十五天。兩幅

當舉出了如此高水準的權威人士所做的以上敘述之後，我再借用別人的詳細資料來闡明人類的胚胎密切類似於其他哺乳動物的胚胎，就是多餘的了。然而可以補充說明，人類的胚胎與某些成熟的低等類型在構造的種種方面同樣也是類似的。例如，心臟最初僅是一個簡單的搏動管，排泄物由一個泄殖道（cloacal passage）排出，尾骨（os coccyx）凸出像一條眞尾，「相當地延伸到

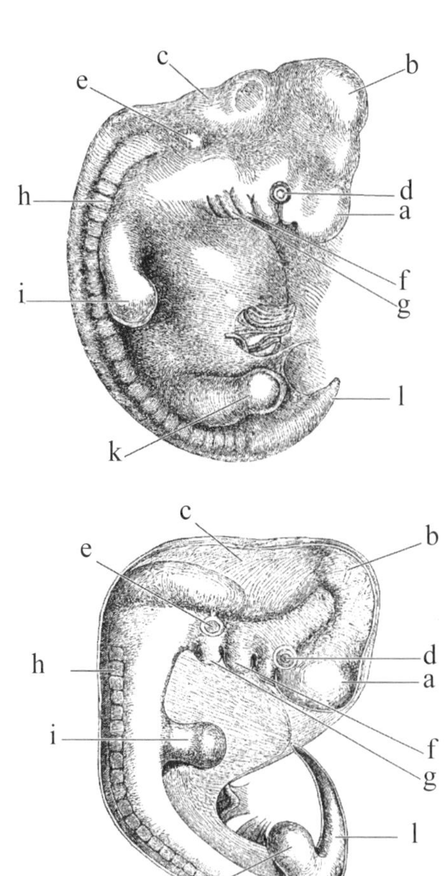

圖1　上圖：人的胚胎（引自埃克）；下圖：狗的胚胎（引自比肖夫）

a.前腦：大腦半球等；b.中腦：四疊體；c.後腦：小腦，延髓；d.眼；e.耳；f.第一鰓弓；g.第二鰓弓；h.在發育過程中的脊椎和肌肉；i.前肢；k.後肢；l.尾或尾骨。

圖中內臟皆略去，子宮附屬物亦從略。我所以刊登這兩幅圖，是受赫胥黎教授的《人類在自然界的位置》一書所啓發。海克爾在他的《自然創造史》中也登過相似的圖。

殘跡腿之外」。[16]在所有呼吸空氣的脊椎動物胚胎中，被稱爲吳耳夫氏體（corpora wolffiana）的某些腺與成熟魚類的腎相當，並且像後者那樣活動。[17]可以觀察到，甚至在較晚的胚胎時期人類和低於人類的動物也有若干顯著的相似性。比肖夫說，七個月的人類胎兒的腦迴（convolutions）與成年狒狒的處於同樣的發育階段。[18]正如歐文教授所指出的，「大腳趾當站立或行走時形成一個支點，這在人類構造中恐怕是一個最顯著的特性」[19]；但是在約一英寸長的胚胎中，懷曼發現「大腳趾較其餘腳趾都短；不是與其餘腳趾平行，而是從腳的一側斜著伸出，這樣，它就與四手類動物（quadrumana）這一部分的永久狀態相一致了」。[20]我用赫胥黎的話來做結束，他問道：「人類是按照不同於狗、鳥、蛙或魚的途徑發生的嗎？」然後他說，「立刻可以做出肯定的回答：毫無問題，人類的起源方式以及他們的早期發育階段與在等級上直接處於其下的動物是完全相同的；毫無疑問，人類與猿類在這等關係上遠比猿類與狗要近得多」。[21]

---

⑯ 懷曼（Wyman）教授，《美國科學院院報》（*Proc.of American Acad. of Sciences*），第四卷，一八六〇年，十七頁。

⑰ 歐文（Owen），《脊椎動物解剖學》（*Anatomy of Vertebrates*），第一卷，五三三頁。

⑱ 《人類大腦的裂紋》（*Die Grosshirnwindungen des Menschen*），一八六八年，九五頁。

⑲ 《脊椎動物解剖學》，第二卷，五五三頁。

⑳ 《博物學會會刊》（*Proc. Soc .Nat. Hist.*），波士頓，第九卷，一八六三年，一八五頁。

㉑ 《人類在自然界的位置》，六十五頁。

殘跡器官

這個問題雖然在本質上不及上述兩個問題重要，但由於幾點理由，還要在這裡更充分地予以討論。㉒我們舉不出任何一種動物，牠們的某些器官不是處於殘跡狀態的，人類也不例外。必須把殘跡器官與新生器官（nascent organs）區別開來，雖然在某些場合中把它們區別開是不容易的。殘跡器官要嘛是絕對無用的，如四足動物雄性的乳房或反芻動物的永遠不會穿出齒齦的切齒（incisor teeth）；要嘛就是對其現今所有者僅有如此微小的作用，以致我們無法設想它們是在現今生活條件下發育出來的。處於後一狀態的器官並不是嚴格殘跡的，但有趨於這個方面的傾向。另一方面，新生器官雖然不是充分發育的，對其所有者卻是高度有用的，而且能夠進一步向前發展。殘跡器官變異顯著，關於這一點，可以部分地得到理解，因爲它們無用，或近於無用，所以不再受自然選擇所支配。它們往往完全受到抑制。當這種情形發生時，它們還是容易透過返祖而偶爾重現——這是一個十分值得注意的情況。

致使器官成爲殘跡的主要動因，似乎是由於在這個器官被主要使用的那個生命時期（這一般是在成熟期）卻不使用它了，同時還由於在相應的生命時期的遺傳。「不使用」這個名詞不僅與肌肉活動的減少有關，而且包括血液流入某一部分或器官的減少在內，後一情形是由於壓力交替較少

㉒ 當我讀到卡內斯垂尼（Canestrini）的一篇有價值的論文——《原始人類的殘跡器官的特徵》（*Caratteri rudimentali in ordine all'origine dell'uomo*），原載《摩德納自然科學協會年報》（*Annuario della Soc.d. Nat., Modena*），一八六七年，八十一頁——之前，我已經寫完了這一章的草稿；我從此文中受益頗多。海克爾在《普通形態學》和《自然創造史》兩書中以「無目的論」（Dysteleology）的標題對這個問題進行了可稱讚的全面討論。

或者由於其習慣性活動以任何方式變得較少所致。然而，在某一性別中表現爲正常的那些器官，在另一性別中卻可能成爲殘跡；這等殘跡器官，像我們以後將要看到的那樣，常常以不同於這裡談到的那些殘跡器官的發生方式而發生。在某些情況中，器官是由於自然選擇而被縮小的，因爲由於生活習性改變，它們變得對物種有害了。縮小的過程大概還常常借助於生長補償和生長經濟（compensation and economy of growth）這兩項原理；但是，當不使用對器官的縮小完成了所有作用之後，而且當生長經濟所完成的節約作用很小時，[23]器官縮小的最後諸階段是難於理解的。在已經成爲無用的而且大大縮小了的一個部分最後地、完全地受到抑制的情況下，如果生長補償或生長經濟都不能發生作用，這大概只有借助於泛生論（pangenesis）的假說才可以得到理解。但是，關於殘跡器官的整個主題，我在以前的幾部著作中已經討論過了，而且舉出過例證，[24]在這裡我無需就此點再多加贅述。

已經觀察到，在人類身體的許多部分中有各種處於殘跡狀態的肌肉，[25]可以偶爾發現，正常存在於某些低等動物中的不少肌肉，在人類身體中卻處於大大縮小的狀態。每一個人一定都注意過

㉓ 莫利（Murie）和米伐特（Mivart）兩位先生對這個問題做過一些很好的評論，見《動物學會學報》（*Transact. Zoolog. Soc.*），第七卷，一八六九年，九十二頁。

㉔ 《動物和植物在家養下的變異》，第二卷，三一七，三九七頁；《物種起源》，第五版，五三五頁。

㉕ 例如，理查（M. Richard）描述和圖示他稱爲「手上足肌」（muscle pédieux de la main）的殘跡狀態，他說它有時是「非常微細」的。叫做「脛後肌」（le tibial postérieur）的肌肉一般在手中完全缺無，但它卻時時以或多或少的殘跡狀態出現。

許多動物，特別是馬抽動皮膚的能力，這是由肉膜（panniculus carnosus）來完成的。現已發現這種肌肉的殘跡以有效的狀態存在於我們身體的種種部分中，例如雙眉藉以抬起的前額肌肉。在我們頸部非常發達的頸闊肌肌樣體（platysma myoides）就屬於這個系統。愛丁堡的特納（Turner）教授告訴我說，他曾偶爾發現五個不同部位——即肩胛骨附近的腋下等——的肌束（muscular fasciculi）都一定與肉膜有關係。他還闡明了，「胸骨肌（musculus sternalis）不是腹直肌（rectus abdominalis）的延伸，而與肉膜密切近似，在六百個人中，百分之三以上有胸骨肌」。他接著說，關於「偶現的和殘跡的構造特別容易變異的論述，這種肌肉提供了一個最好的例證」。[26]

有少數人可以收縮頭皮上的表面肌肉，這等肌肉是處於變異的和部分殘跡的狀態的。德・康多爾（M. A. de Candolle）寫信告訴我一個有關長期連續保持或遺傳這種能力並且異常發達的事例。有一個家族，其族長在幼年時能夠僅靠頭皮的動作就可以從頭上把幾本沉重的書扔開，他用耍這個把戲去打賭，而贏得賭注。他的父親、叔父、祖父以及他的三個孩子都同樣具有這種能力，而且均達到異常程度。這個家族在八代以前分爲兩支，所以上述一支的族長與另一支的族長是七世的從堂兄弟。這位遠房的從堂兄弟在法國的另一地方居住，當問到他是否也具有同樣的這種能力時，他立即做了表演。這個例子很好地說明了，一種絕對無用的能力可以多麼持久地傳遞下去，這種能力大概來自我們遙遠的半人類祖先，因爲許多種類的猴都具有而且常常使用這種能力，牠們可以上下自如地充分移動牠們的頭皮。[27]

㉖ 特納教授，《愛丁堡皇家學會會刊》（*Proc. Royal Soc. Edinburgh*），一八六六－一八六七年，六十五頁。

㉗ 參閱《人類和動物的表情》（*Expression of the Emotions in Man and Animals*），一八七二年，一四四頁。

爲移動外耳服務的外在肌（extrinsic muscles）和使不同部分活動的內在肌（intrinsic muscles）在人類中都處於一種殘跡狀態，而且它們都屬於肉膜的系統；它們在發育方面，至少在機能方面也是易於變異的。我曾見過一個人能夠把整個耳朵向前拉；另外一些人能夠把耳朵向上拉；還有一個人能夠把耳朵向後拉；[28]根據其中一人向我說的，只要經常觸動我們的耳朵，這樣把我們的注意力引向它們，大多數人在反覆試行中大概都能恢復移動耳朵的一定能力。把耳朵豎起並使它們朝不同方向移轉的能力對許多動物來說，無疑都是最高度有用的，因爲，這樣它們可以覺察危險來自何方；但我從來沒聽到過有充足的證據可以證明一個人所具有的這種能力對他會有什麼用處。整個外耳以及各種耳褶和凸起（如耳輪和對耳輪、耳屏和對耳屏等）都可以被看作是殘跡的；在低等動物中，當耳朵豎起時，牠們在不給耳朵增加很大重量的情況下發揮加強和支持耳朵的作用。然而，有些作者猜想，外耳的軟骨有向聽神經（acoustic nerve）傳導振動的作用；但是，托因比（Toynbee）先生在蒐集了所有關於這個問題的已知證據之後，斷定外耳並沒有獨特的用途。[29]黑猩猩（chimpanzee）和猩猩的耳與人類的耳異常相似，而且其特有的肌肉同樣也是非常不發達的。[30]倫敦動物園的飼養員們向我保證，這等動物從來不移動或豎起牠們的耳朵；所以，就其機能

㉘ 卡內斯垂尼引用海塔爾（Hyrtl）的資料，表明有同樣情況，見《摩德納自然科學協會年報》，一八六七年，九十七頁。

㉙ 皇家學會會員托因比，《耳病》（*The Diseases of the Ear*），一八六〇年，十二頁；卓越的生理學家普瑞爾（Preyer）教授告訴我說，他最近對外耳的機能做了試驗，得出與此相似的結論。

㉚ 麥卡利斯特（A. Macalister）教授，《博物學年刊雜誌》（*Annals and Mag.of Nat. History*），第七卷，一八七一年，

而言，牠們的耳處於和人類的耳相等的殘跡狀態。爲什麼這等動物以及人類的祖先失去了豎立耳朵的能力，我們還無法說明。可能是，由於牠們在樹上生活的習性而且力量大，牠們面臨的危險很小，因此在長時期內牠們很少移動耳朵，這樣就逐漸失去了移動它們的能力，但我並不滿意於這種觀點。這大概與下述事例是類似的，即，那些大型而笨重的鳥類由於居住在海洋島上，不會面臨食肉獸的攻擊，因而失去了使用雙翅來飛翔的能力。然而，人類和幾種猿雖不能移動耳朵，卻可以從在水平面上自由移動頭部以捕捉來自各方的聲音而部分地得到補償。有人斷言，唯獨人類的耳具有耳垂；但「在大猩猩（gorilla）中發現有它的殘跡」[31]；我聽普瑞爾教授說，黑人不具耳垂者並不罕見。

著名的雕塑家伍爾納（Woolner）先生告訴我說，他時常在男人和女人中觀察到外耳有一個小特徵，而且他覺察到這很有意義。最初引起他注意這個問題，是當他雕塑莎士比亞劇中頑皮小妖精（Puck）的時候，他曾給這隻小妖精雕塑了一個尖耳。這樣，他被引導去考察各種猴的耳，此後又更加仔細地對人類的耳進行了考察。這一特徵爲一個小鈍點，凸出於向內折疊的耳邊，即耳輪。如有這個特徵，在嬰兒一生下來它就是發達的，按照路德維格·邁耶（Ludwig Meyer）教授的說法，具有這一特徵的，男多於女。伍爾納先生爲其製作了一個精確的模型，並把本書的附圖見贈（圖2）。這個凸出點不僅朝著耳的中心向內凸出，而且常常稍微凸出於它的平面之外，因而從正前方或者從正後方去看頭部時，都可以見到這個凸出點。它們在大小上是有變異的，在位置上也多少有

三四二頁。

㉛ 米伐特，《基礎解剖學》（*Elementary Anatomy*），一八七三年，三九六頁。

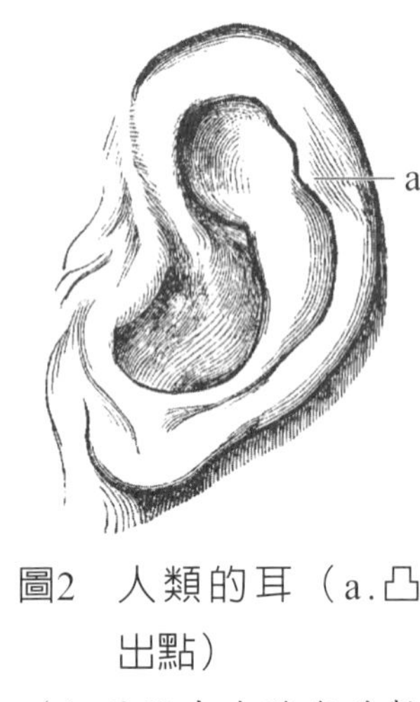

圖2　人類的耳（a.凸出點）

（伍爾納先生雕塑並製圖）

點變異，稍微高一些或者低一些，且有時呈現於一耳，而不見於另一耳。並不僅限於人類才具有這一特徵，因爲我看到倫敦動物園裡的一隻蜘蛛猴（*Ateles beelzebuth*）也具有這種特徵。蘭克斯特（E. Ray Lankester）先生告訴我說，漢堡動物園裡的一隻黑猩猩是另一個例子。耳輪顯然是由向內折疊的最外部耳邊形成的，這一折疊部分似乎多少與整個外耳被持久地壓向後方有關聯。在許多等級不高的猴類中，如狒狒和獼猴屬（*Macacus*）的一些物種[32]，耳的上部是微尖的，而且耳邊全然不向內折疊；但是，如果耳邊向內折疊的話，那麼一個微小的點必然要朝著耳的中心向內凸出，而且可能稍微地凸出於耳的平面之外。我相信，在許多場合中這就是它的起源。另一方面，邁耶教授在其最近發表的一篇富有才華的論文中主張，整個情形不過僅僅是變異性的一種而已；那個凸出點並不是一個眞的凸出點，而是由於那個凸出點兩側的內軟骨沒有充分發育所致。[33]我十分樂意承認，對許多事例來說，這是一個正確的解釋，如在邁耶教授所繪的圖中，耳輪上有若干微小的點，即整個耳邊是彎進彎出的。透過唐恩（L. Down）

---

[32] 參閱莫利和米伐特兩位先生的優秀論文，其中附有狐猴亞目（*Lemuroidea*）的耳的繪圖，見《動物學會學報》，第七卷，一八六九年，六，九十頁。

[33] 《關於達爾文所論的尖耳》（Ueber das Darwin'sche Spitzohr），見《解剖學和生理學文獻集》（*Archiv für Path. Anat. und Phys.*），一八七一年，四八五頁。

博士的好意幫助，我曾親自看到一個具有畸形小腦袋的白痴人的耳，在耳輪的外側、而不是在向內折疊的邊上，有一個凸出點，所以這個點與既往存在的耳的尖端並無關係。儘管如此，在許多場合中我的本來觀點，即那個凸出點是既往存在的直立而尖形的耳之頂端，在我看來大概還是很可能的。我之所以這樣認爲，是由於它們的屢屢出現，而且由於它們的位置與尖耳頂端的位置一般是符合的。有一個例子——我曾得到它的照片：那個凸出點如此之大，以致遮蓋了全耳的整整三分之一，倘若按照邁耶教授的觀點，則必須假定，軟骨要在耳邊的全部範圍內有同等發育，才能使這樣的耳完成。我還從通信中得知兩個例子，一個發生在北美，另一個發生在英國，表明上部耳邊全然不向內折疊，而是尖形的，因此，它在輪廓上同一隻普通四足動物的尖耳密切類似。此二例之一，爲一個幼兒的耳，他父親把這個幼兒的耳與我在一幅圖中㉞舉出過的一種猴、即黑冠猿（*Cynopithecus niger*）的耳做了比較，說道，它們的輪廓是密切相似的。在這兩個例子中，如果耳邊以正常方式向內折疊，那麼一個內向的凸出點一定會形成。我還可以補充另外兩個例子，表明耳的輪廓依然留有稍微尖形的殘跡，雖然上部耳邊是正常向內折疊的——其中一隻向內折疊得很狹。下面的木刻圖（圖3）是依據一隻猩猩胎兒相片的原樣仿製的（蒙

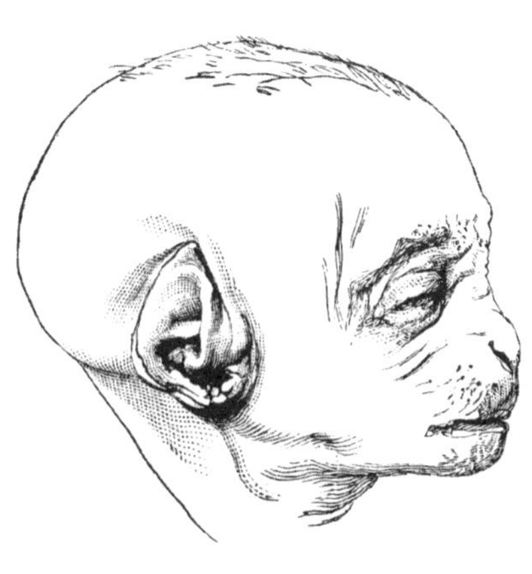

圖3　一隻猩猩的胎兒（表明這一生命早期的耳的形態）

㉞《人類和動物的表情》，一三六頁。

尼采（Nitsche）博士好意見贈〕，從這幅圖中可以看出，這一時期的耳的尖形輪廓與其成長時期的狀態是多麼不同；當成長時，牠的耳與人的耳一般是密切相似的。顯然，這樣一隻耳的尖端折疊起來，除非它在進一步發育中發生重大變化，將會形成一個向內凸出的點。總之，我依然覺得，所討論的那個凸出點在無論是人類或猿類的某些事例中很可能都是既往狀態的殘跡。

瞬膜（nictitating membrane），即第三眼瞼（third eyelid）及其附屬的肌肉和其他構造在鳥類中十分發達，而且對牠們有很大的機能重要性，因爲它能迅速地把整個眼球遮蓋起來。有些爬行動物和兩棲動物，還有某些魚類如鯊魚，也有瞬膜。在哺乳動物的兩個低等的門類（division）、即單孔目（*Monotremata*）和有袋目（*Marsupials*）中，以及在少數某些高等哺乳動物、如海象（walrus）中，瞬膜也是十分發達的。但是，在人類、四手類以及大多數其他哺乳動物中，如所有解剖學者所承認的，瞬膜不過是一種被稱爲半月褶（semilunar fold）的殘跡物而已。㉟

嗅覺對大多數哺乳動物來說，都是最高度重要的——如對反芻動物，用於警告危險；對肉食動物（*Carnivora*），用於搜索所要捕食的動物；還有，如對野豬，則上述兩種意義兼而有之。但是，嗅覺甚至對黑色人種，如果還有一點用處的話，也是極其微小的，而黑色人種的嗅覺遠比白色

㉟ 參閱米勒（Müller）的《生理學原理》（*Elements of Physiology*），英譯本，第二卷，一八四二年，一一一七頁。歐文，《脊椎動物解剖學》，第三卷，二六〇頁。關於海象，《動物學會會報》，一八五四年十一月八日。再參閱諾克斯（Knox）的《偉大的藝術家和解剖學家》（*Great Artists and Anatomists*），一〇六頁。這一殘跡物在黑人和大洋洲人中比在歐洲人中顯然多少大一點，參閱卡爾・沃格特的《人類講義》（*Lectures on Man*），英譯本，一二九頁。

人種的嗅覺還要發達得多。㊱儘管如此，嗅覺並不爲黑人警告危險，也不引導他們去找食物；它不阻止愛斯基摩人在惡臭的空氣中睡眠，也不阻止許多未開化人吃半腐爛的肉。在歐洲人中，這種能力因人而異；一位傑出的自然學者向我保證，他具有高度發達的嗅覺，而且注意過這個問題。那些相信逐漸進化原理的人們不會輕易地承認，現今狀態的嗅覺乃是由人類最初獲得的。他從某一早期祖先遺傳了這種處於衰弱而殘跡的狀態下的能力；對其早期祖先來說，它是高度有用的，而且不斷地使用它。在那些嗅覺高度發達的動物中，例如狗和馬，對於人和地方的記憶是與它們的氣味高度聯繫在一起的；這樣，我們恐怕就能理解，如莫茲利（Maudsley）博士所正確指出的，爲什麼人類的嗅覺「在生動地追憶已經忘卻的景色和地方的概念和影像時是異常有效的」。㊲

人類幾乎裸而無毛，這是與所有其他靈長類的顯著差別。但是在男人的大部分身體上還有少量散在的短毛，在女人身體上也有纖細的絨毛。不同種族在毛的多少上差別很大，同一種族中各個人的毛不僅在多少上，而且在部位上都是高度變異的。例如，有些歐洲人的肩部完全無毛，而另外一

㊱ 洪堡（Humboldt）關於南美土人所具有的嗅覺能力的記載是眾所周知的，而且已被其他人士所證實。烏澤（M. Houzeau）斷言，黑人和印第安人能在黑暗中根據氣味來認人，見《心理能力的研究》（*Études sur les Facultés Mentales*），第一卷，一八七二年，九一頁。奧格爾（W. Ogle）博士就嗅覺與嗅區（olfactory region）黏膜的以及皮膚的色素物質之間的關係做了一些奇妙的觀察，據此我才談到黑色人種的嗅覺優於白色人種，參閱他的論文，《外科學學報》（*Medico-Chirurgical Transactions*），倫敦，第五十三卷，一八七〇年，二七六頁。

㊲ 《心理的生理學和病理學》（*The Physiology and Pathology of Mind*），第二版，一八六八年，一三四頁。

些人的肩部卻生有茂密的叢毛。[38]這樣散在於全身的毛乃是低等動物的均勻一致的皮毛的殘跡，則是沒有多大疑問的。這一觀點從下述事實來看就越發可能是確實的了，即，我們知道，四肢和身體其他部分的「纖細的、短的、淡色的毛」，當在長久發炎的皮膚附近受到異常營養時，偶爾會發育成為「茂密的、長的、粗而黑的毛」。[39]

詹姆斯·佩吉特（James Paget）爵士告訴我說，一個家族常有幾個成員，他們的眉毛中有幾根要比另外的長得多；所以說，甚至這種微小特性也是遺傳的。這種長眉毛似乎也有它們的代表，因為黑猩猩和獮猴屬的某些種在其眼的上方裸皮上生有相當於我們眉毛的很長的散毛；在某些狒狒中，有相似的長毛凸出於眉脊（superciliary ridge）毛皮之外。

人類胎兒在六個月的時候，全身密布羊毛般的細毛，這就提供了一個更加奇妙的事例。在五個月的時候，眉端和臉上的毛、特別是口部周圍的毛開始發育，口部周圍的毛比頭上的毛還要長得多。埃舍里希特（Eschricht）曾觀察到一個女胎兒生有這種小鬍子，[40]但這件事情並不像最初看來那樣令人驚奇，因為在生長早期男女兩性的一切外在性狀一般都是彼此類似的。胎兒身體所有部分的毛的趨向和排列與成年人的一樣，不過受更大的變異性所支配。整個皮膚表面，甚至前額和

㊳ 埃舍里希特（Eschricht），《論人類身體的無毛》（Ueber die Richtung der Haare am menschlichen Körper），見米勒的《解剖學和生理學文獻集》（*Müller's Archiv für Anat.und Phys.*），一八三七年，四十七頁。以後我將常常引用這篇非常奇妙的論文。

㊴ 佩吉特，《外科病理學講義》（*Lectures on Surgical Pathology*），第一卷，一八五三年，七一頁。

㊵ 同三十八，四十，四十七頁。

雙耳，都有毛密布其上；但有一個意味深長的事實，即，手掌和足蹠完全是裸而無毛的，有如大多數低等動物的四個足蹠一樣。因爲這簡直不能是一種意外的巧合，所以人類胎兒的羊毛般的覆毛大概代表著那些生來就是多毛的哺乳動物的最初永久性的毛皮。關於人生下來在其整個體部和面部就密布著細而長的毛，曾經記載過三四個事例；這一奇怪的狀態是強烈遺傳的，而且與牙齒的畸形相關。[41]亞歷山大·勃蘭特（Alex.Brandt）教授告訴我說，他曾將一位具有這樣特性的三十五歲男人的面毛與一個胎兒的胎毛做過比較，發現它們在組織上是完全相似的；所以，如他所指出的，這種事例可以歸因於毛的發育受到抑制以及它的繼續生長。兒童醫院裡的一位外科醫生向我保證說，許多病弱的兒童在背部生有十分長的細毛；這等事例大概可以納入同一個問題之下。

最靠後的那個臼齒，即智齒，在人類比較文明的種族中好像有變爲殘跡的傾向。這等齒比其他臼齒小得多，黑猩猩和猩猩的相應齒也是如此；而且它們只有兩個分叉的牙根。到十七歲左右，它們才穿出牙齦，有人向我保證，它們遠比其他齒容易齲壞，而且脫落也要早得多；不過有些著名的牙醫否認這一點。它們還遠比其他齒容易變異，無論在構造上或是在它們的發育時期上都是如此。[42]在黑色人種（Melanian races）中，智齒通常具有三個分叉的牙根，而且一般健全；它們與其

㊶ 參閱《動物和植物在家養下的變異》，第二卷，三二七頁。勃蘭特教授最近寄給我另一件事例：有一父及其子，生於俄國，具有這等特性。我從巴黎收到這兩個人的畫像。

㊷ 韋布（Webb）博士，《人類和類人猿的齒》（*Teeth in Man and the Anthropoid Apes*），卡特·布萊克（Carter Blake）博士曾予引用，見《人類學評論》（*Anthropological Review*），一八六七年七月，二九九頁。

他臼齒在大小上還有差別，不過其差別要比在高加索種族（Caucasian races）中要小。㊸沙夫豪森（Schaaffhausen）教授以文明種族的「顎的後齒部一直在縮短」㊹來解釋各種族之間的這種差別，我設想，可以把這種縮短歸因於文明人慣常地吃軟的和煮過的食物，這樣，他們就較少使用顎部。勃雷斯（Brace）先生告訴我說，在美國把兒童的某些臼齒拔掉，已成爲十分普通的常事，因爲顎部長得不夠大以容納完全發育的正常齒數。㊺

關於消化道，我看到一則報導，記載著唯一的殘跡物，即盲腸的蛆型附屬物。盲腸爲腸部的一個分支或憩室（diverticulum），末端成一盲管（cul-de-sac），在許多以植物爲食的低等哺乳動物中，它是極其長的。在有袋的無尾熊（koala）*中，其盲腸實際上要長於整個體部的三倍以上。㊻它有時延長而成爲一個長的逐漸變細的尖端，而且有時部分阻塞。看來好像是食物或習性的改變，致使各種動物的盲腸才大大地縮短了，蛆型附屬物作爲縮短部分的殘跡物而被留下來了。我們從這

㊸ 歐文，《脊椎動物解剖學》，第三卷，三二〇，三二一，三二五頁。

㊹ 《關於頭骨的原始形態》（*On the Primitive Form of the Skull*），英譯本，見《人類學評論》，一八六八年十月，四二六頁。

㊺ 蒙特加沙（Montegazza）從佛羅倫斯寫信告訴我，他最近對不同人類種族的最後一個臼齒進行了研究，他得出與本書一樣的結論，即，在高等的或文明的諸種族中，這個臼齒正走向萎縮和消滅的途中。

* 無尾熊爲一種貌似小熊的無尾動物，即*Phascolarctos cinereus*，棲於樹上，澳大利亞產。——譯者注

㊻ 歐文，《脊椎動物解剖學》，第三卷，四一六，四三四，四四一頁。

一附屬物的小型以及根據卡內斯垂尼就人類盲腸變異性所蒐集的證據㊼，可以推論出這一附屬物是一種殘跡物。偶爾它完全不存在，偶爾卻非常發達。其通道全長的一半或三分之二已完全閉塞，末端爲一扁平實心的膨脹體。猩猩的這種附屬物是長而盤曲的；人類的這種附屬物從短的盲腸一端長出，其長度通常爲四至五英寸，其直徑僅爲三分之一英寸左右。它不僅是無用的，而且有時是致死的原因；關於這樣的事，我最近聽到兩個例子；這是由於小而硬的東西，例如種子，進入它的通道而引起炎症所致。㊽

在某些低等的四手類中，在狐猴科（Lemuridae）動物中，在食肉類動物中，以及在許多有袋類動物中，有一個孔道位於上膊骨（humerus）的下端附近，叫做髁上孔（supra-condyloid foramen），前肢的大神經從此孔透過，大動脈也常常從此孔透過。人類的上膊骨一般都有這一孔道的殘跡，它有時發育得相當良好，由一個下垂的鉤狀骨凸形成它的一部分，並由一束韌帶使其成爲一個完善的孔。曾經密切注意過這個問題的斯特拉瑟斯（Struthers）博士㊾現在闡明這一特性有

㊼《摩德納自然科學協會年報》，一八六七年，九十四頁。

㊽馬丁斯（M. C. Martins），《論生物界的一致性》（De l'Unité Organique），見《兩個世界評論》（*Revue des Deux Mondes*），一八六二年六月十五日，十六頁。海克爾，《普通形態學》，第二卷，二七八頁，他們二人都曾談到這一殘跡物有時會引起死亡的奇特事實。

㊾關於它的遺傳性，參閱斯特拉瑟斯博士的論文，見*Lancet*醫學雜誌，一八七三年二月十五日，以及另一篇重要論文，見同雜誌，一八六三年一月二十四日，八十三頁。我聽說諾克斯博士是注意人類這一特殊構造的第一位解剖學者，參閱他的《偉大的藝術家和解剖學家》，六十三頁。再參閱格魯勃（Gruber）博士的有關這一骨凸的重要論文，見

時是遺傳的，因爲有一位父親有此特性，在他的七個孩子中不下四人也有此特性。當這一孔道存在時，大神經一律要透過那裡，這就明顯地表示了，它是低等動物髁上孔的同源部分和殘跡物。特納教授估計，如他告訴我的，現今人類骨骼有這一孔道的約占百分之一。但是，如果人類這一構造的偶爾發育是由於返祖——看來這似乎是可能的，那麼它是返歸到很遠古的狀態，因爲它在高等四手類中是不存在的。

人類的上膊骨偶爾還有另一個孔，可以稱爲髁間（inter-condyloid）孔。這個孔發生於各種類人猿以及其他猿類[50]，但不常，許多低於人類的動物也有此孔。值得注意的是，人類有此孔的在古代要比在近代多得多。關於這個問題，巴斯克（Busk）[51]先生蒐集了如下的證據：布羅卡（Broca）教授談到，「在巴黎的南方墓地中蒐集到的臂骨中，具有這個孔的占百分之四至百分之五；奧羅尼洞窟（Grotto of Orrony）的遺物屬於青銅器時代，那裡的三十二只上膊骨中就有八只具有這個孔；不過他認爲這一異常大的比例可能是由於這個洞窟是一種『家族墓地』。還有，杜邦（M. Dupont）在屬於馴鹿時代（Reindeer period）*的萊塞（Lesse）山谷的洞穴中發現有百分之

《聖彼德堡皇家學會會刊》（*Bulletin de l'Acad. Imp. de St. Pétersbourg*），第十二卷，一八六七年，四四八頁。

[50] 米伐特先生，《科學協會會報》（*Transact. Phil. Soc.*），一八六七年，三一〇頁。

[51] 《關於直布羅陀的洞穴》（On the Caves of Gibraltar），見《史前考古學國際會議報告書》（*Transact. Internat. Congress of Prehist. Arch.*），第三屆會議，一八六九年，一五九頁。懷曼最近闡明，來自美國西部和佛羅里達古代墳墩中的人類遺骸具有此孔的，占百分之三十一。黑人常具此孔。

* 古石器時代的後半。——譯者注

三十的骨有這個孔；勒蓋（M. Leguay）在阿讓特伊（Argenteuil）的史前墓的遺跡（dolmen）中看到百分之二十五的骨有這個孔；普律內爾貝（M. Pruner-Bey）發現來自沃雷阿（Vauréal）的骨有這個孔的占百分之二十六。可不要忽視普律內爾貝所說的，在關契（Guanche）的骨骼中這種狀態是普遍的」。在這個場合或另外幾個場合中，古代種族比近代種族更加時常呈現一些類似於低於人類的動物的構造，這是一個有趣的事實。一個主要的原因似乎是，古代種族在漫長的系統線上距他們遙遠的動物般的祖先，站得多少要近一些。

人類的尾骨以及下述某些其他椎骨，雖然已經沒有作爲尾巴的功能，卻明顯地代表著其他脊椎動物的這一部分。在胚胎的早期，它是游離的而且超出足部之外；如人類胚胎圖（圖1）所示。在某些罕見的、異常的場合中，[52]據知甚至在降生後，還會形成一個尾狀的外在小殘跡物。尾骨是短的，通常只包含四個椎骨，所有都膠和在一起；這些椎骨都處於殘跡狀態，因爲除去基部的一節外，其餘僅由椎體（centrum）構成[53]。它們附有一些小肌肉；特納教授告訴我說，其中的一塊小肌肉曾被錫爾（Theile）明確描述爲尾部伸肌（extensor）以殘跡狀態而重現，這塊肌肉在許多哺乳動

---

[52] 考垂費什（Quatrefages）最近蒐集了有關這個問題的證據，見《科學報告評論》（*Revue des Cours Scientifiques*），一八六七—一八六八年，六二五頁。弗萊施曼（Fleischmann）在一八四〇年曾展出過一個人類嬰兒的標本，具有一條包含一些椎體的尾，這種情形並不多見；這條尾曾被出席埃爾蘭根（Erlangen）自然科學者大會的許多解剖學者們嚴密地檢查過，見馬歇爾（Marshall），《荷蘭的動物學文獻》（*Niederländischen Archiv für Zoologie*），一八七一年十二月。

[53] 歐文，《關於四肢的性質》（*On the Nature of Limbs*），一八四九年，一一四頁。

物中是非常發達的。

人類的脊髓僅僅伸延到最後一個脊椎（dorsal vertebra），即第一腰椎（lumbar vertebra）；但一種線狀構造（脊髓終絲，filum terminale）卻沿著脊髓管的薦骨部分的軸、甚至沿著尾骨之背，向下伸延。這種線狀體的上部，如特納教授告訴我的，無疑是與脊髓同源的，而其下部顯然純粹是由軟腦脊膜（pia mater）、即脈絡被膜（vascular investing membrane）構成的。甚至在這時還可以說尾骨具有像脊髓這樣一種重要構造的殘跡，雖然它已不再被關閉在骨道之中了。下述事實仍承蒙特納教授告知，它闡明尾骨與低等動物的眞尾是多麼密切地一致；盧施卡（Luschka）最近發現在尾骨之端有一個很特別的捲曲體，與中部的薦動脈（sacral artery）相連接；這一發現引導克勞斯（Krause）和邁耶對一隻猴（獼猴）和一隻貓的尾進行了考察，發現在二者之中都有相似的捲曲體，但不是位於尾端。

生殖系統提供了各式各樣的殘跡構造，但這等殘跡構造在一個重要方面與上述事例有所不同。這裡我們所涉及的並不是某一物種的處於無效狀態的那一部分的殘跡，而是在某一性別中是有效的、在另一性別中卻僅僅是殘跡的那個部分。儘管如此，根據各個物種是分別創造的信念，此等殘跡物的出現有如上述事例，還是難於解釋的。此後我勢必還要談到這些殘跡物，並將闡明它們的存在一般僅僅依靠遺傳，這就是說，依靠某一性別所獲得的部分曾被不完全地傳遞給另一性別。在這裡我所舉出的不過是幾個有關這等殘跡物的事例而已。眾所周知，所有哺乳動物的雄性，包括男人在內，都有殘跡的乳房。在幾個事例中，這等殘跡的乳房變得十分發達，而且分泌豐富的乳汁。它們在男女兩性中本質上是相等的還可由下述事實得到闡明，即，在感染痲疹期間，男女雙方的乳房都偶爾呈交感的增大。可以觀察到，許多雄哺乳動物都有前列腺囊（vesicula prostatica），現已普遍承認它與雌性的子宮以及與其相連接的管道都是同源的。讀過洛伊卡特（Leuckart）對這個器官所做的富有才華的描述和他的推論，而不承認他的結論的正確性，是不可能的。這在那些具有分叉的眞正雌性子宮的哺乳動物中尤其明顯，因爲這等雄性哺乳動物的前列腺泡同樣也是分叉的。㊹在這裡還有另外一些屬於生殖系統的殘跡構造㊺可以引述。

現在列舉的這三大類事實的意義是清楚明白的。但是，再反覆陳述我在《物種起源》中詳細提出來的一系列論點，就完全是多餘的了。如果我們承認同科的諸成員來自一個共同的祖先，並且承認牠們繼此之後曾適應於多種多樣的外界條件，那麼，同科諸成員整個身體的同源構造就是可以理解的了。根據任何其他觀點，則人或猴的手、馬的足、海豹（seal）的前肢、蝙蝠的翼等等之間的模式何以相似，就是完全不可解釋的了。㊻斷言他們一切都是按照一個同樣的理想計畫而造成的，

㊹ 洛伊卡特，見陶德編的《解剖學全書》（*Todd's Cyclop. of Anat.*）。男人的這一器官只有三至六賴因（lines，十二賴因爲一英寸）長，但像如此眾多的其他殘跡部分那樣，它在發育上以及其他性狀上都是容易變異的。

㊺ 關於這個問題，參閱歐文的著作，《脊椎動物解剖學》，第三卷，六七五，六七六，七〇六頁。

㊻ 比昂科尼（Bianconi）在最近發表的一部附有精美雕版圖的著作〔《達爾文學說與生物獨立創造論》（*La Théorie Darwinienne et la création dite indépendante*），一八七四年〕中，力圖闡明上述諸例以及其他各例中的同源構造可以依據與其用途相一致的機械原理得到充分的解釋。他對這等構造如何美妙地適應其終極目的所做的闡明，實爲他人所莫及；但我相信，這種適應性可以透過自然選擇得到解釋。在討論蝙蝠的翼時，我以爲他所提出的僅僅是一種形而上學的原理（借用奧古斯特・孔德的用語），即「保全此動物的哺乳性質」。他只在少數幾個事例中討論過殘跡器官，而所說的僅是那些不完全呈殘跡狀態的部分，如豬和牛的小蹄，而這與實質性問題根本無關，他明確指出這等殘跡器官對動物還有作用。不幸的是，他沒有考慮過以下事例，如牛的永不穿出牙齦的小牙，雄四足動物的乳

並不是一個科學的解說。關於發育，根據這樣的原理，即變異是在很晚的胚胎時期中隨後發生的，而且是在相應的時期中遺傳的，那麼，我們就能清楚地理解爲什麼那些差異大得驚人的類型，其胚胎依然多少完全地保留著牠們共同祖先的構造。人的、狗的、海豹的、蝙蝠的、爬行動物的胚胎彼此之間最初簡直無法被區別開，對這樣奇異的事實，從來沒有過任何其他解釋。爲了理解殘跡器官的存在，我們只能假定先前的一位祖先曾具有完善狀態的這等部分，並且在生活習性改變了的情況下大大地縮小了，這或者是由於簡單的不使用，要嘛就是由於那些最少是受多餘部分之累的個體受到了自然選擇，而且得到上述其他手段的幫助。

這樣，我們就能理解，爲什麼人類和其他脊椎動物都是按照同樣的一般模型被構成的，爲什麼他們都透過同樣的早期發育階段，而且，爲什麼他們都保留著某些共同的殘跡物。因此，我們就應該坦白地承認他們的由來的共同性；如果接受其他觀點，則無異於承認我們的構造以及我們周圍的所有動物的構造僅僅是設下的一個陷阱以誘使我們的判斷落入其中。如果我們注意一下整個動物系統的成員，並且考慮一下從牠們的親緣關係或分類、牠們的地理分布和地質上的演替所得到的證據，上述結論就被大大加強了。使我們祖先宣稱他們是從半神半人傳下來的後裔，並且引導我們去反對上述結論的，不過是我們蒙昧的偏見和驕傲自大而已。但是，終有一天不久會到來，到那時，十分熟悉人類和其他哺乳動物的比較構造和比較發育的博物學家們如果還相信各個物種乃是分別創造作用的結果，那就會被認爲是奇怪的事了。

房，存在於密閉翅蓋之下的某些甲蟲的翅，各式各樣花的雄蕊和雌蕊的痕跡，以及其他許許多多這等事例。雖然我十分讚揚比昂科尼教授的著作，但大多數博物學家今天所持的信念，在我看來，是不可動搖的，即，僅僅根據適應原理，殘跡構造是不能得到解釋的。

第二章　人類自某一低等類型發展的方式

顯然，人類現今依然受強大的變異性所支配。在同一個種族中沒有任何兩個人是完全相像的。我們不妨把無數面孔加以比較，而一個面孔一個樣。在人類身體各部分的比例和大小方面也有同等大量的多樣性，腿的長度是最易變異的諸點之一。①雖然在世界的某些地區一種長頭顱是普遍的，在另外一些地區一種短頭顱是普遍的，但是，甚至在同一個種族的範圍內頭的形狀還有巨大的多樣性，如美洲和澳洲南部地區的土著居民就是這樣——後一種族的「血統、風俗以及語言在現存各種族中大概是最純粹、最均一的」，甚至像區域如此狹窄的桑威奇群島（Sandwich Islands）上的居民也是如此。②一位著名牙科醫生向我保證說，牙齒的巨大多樣性差不多同面貌的一樣。主動脈如此常地在歧路上循行，以致發現從一千零四十具屍體中計算出循行路線的出現次數對解決外科問

---

① 古爾德（B. A. Gould）著，《關於美國士兵的軍事學和人類學的統計之研究》（*Investigations in Military and Anthropolog. Statistics of American Soldiers*），一八六九年，二五六頁。

② 關於美洲土著居民的頭顱類型，參閱艾特肯・梅格斯（Aitken Meigs）的文章，見《費城科學院院報》（*Proc. Acad. Nat. Sci., Philadelphia*），一八六八年五月。關於澳洲人，參閱赫胥黎的敘述，見萊爾的《人類的古遠性》，一八六三年，八十七頁。關於桑威奇群島（即夏威夷群島。——譯者注）的居民，參閱懷曼（Wyman）教授的《頭顱觀察》（*Observations on Crania*），波士頓，一八六八年，十八頁。

題是有用的。[3]肌肉是顯著容易變異的，例如，特納教授發現，在五十具屍體中沒有兩具屍體的足部肌肉嚴格地相似，在有些屍體中其離差是相當大的。[4]他接著說，司掌運動的能力一定適當地按照若干離差而有所改變。伍德（**J. Wood**）先生曾做過如下紀錄：在三十六具解剖用的屍體中，有二百九十五個肌肉變異，在另一組同樣數目的解剖用屍體中不少於五百五十八個變異，而且在身體兩側發生的變異只作爲一個計算。[5]在後一組三十六人中，「查明並無一人與解剖學教科書中所做的肌肉系統的標準描述完全一樣」。其中一個屍體竟有二十五個獨特的畸形肌肉，數目之大，令人驚奇。同一塊肌肉有時以多種方式發生變異，例如，麥卡利斯特（**Macalister**）教授描述過副掌肌（**palmaris accessorius**）的獨特變異不少於二十個。[6]

著名的老一輩解剖學者沃爾夫（**Wolff**）堅決主張，「人體內部沒有一部分不變異的」。[7]他甚至寫過一篇專論，陳述如何選擇內臟的典型標本作爲代表。他討論了肝、肺、腎等的至美，猶如人類外貌的至美一樣，這一討論聽起來夠奇怪的了。

人類同一種族心理官能（**mental faculties**）的變異性或多樣性是如此爲大家所熟知，以致無需

---

③ 奎因（R. Quain）著，《動脈解剖學》（*Anatomy of the Arteries*），前言，第一卷，一八四四年。

④ 《愛丁堡皇家學會會報》（*Transact. Royal Soc. Edinburgh*），第二十四卷，一七五，一八九頁。

⑤ 《皇家學會會報》（*Proc. Royal Soc.*），一八六八年，五四四頁；一八六八年，四八三，五二四頁，以及以前的文章，一八六六年，二二九頁。

⑥ 《愛爾蘭皇家科學院院報》（*Proc. R. Irish Academy*），第十卷，一八六八年，一四一頁。

⑦ 《聖彼德堡科學院院報》（*Act. Acad. St. Petersburg*），第二部分，一七七八年，二一七頁。

在這裡多贅述，至於人類不同種族之間的更大差異，就更不必談了。低等動物也是如此。所有管理過動物園的人們都承認這一事實，而且我們在家犬以及其他家畜中可以明顯地看到這一點。布雷姆特別堅決主張，他在非洲馴養的那些猴中，每一隻都有牠自己特殊的氣質和脾氣；他提到有一隻狒狒，以牠的高度智力而著稱；倫敦動物園管理員曾向我指點過一隻屬於新世界（New World）*的猴，同樣以牠的智力而著稱。倫格爾（Rengger）也堅決主張，他在巴拉圭所養的同種的猴的各種心理特徵（mental characters）也是多式多樣的，他接著說，這種多樣性一部分是先天的，一部分是牠們受得何種待遇或教育的結果。[8]

關於遺傳的問題，我在他處[9]已經做過非常充分的討論，在這裡簡直沒有什麼再需要補充的了。關於人類最細微的以及最重要的性狀之遺傳，我們所蒐集到的事實比對任何低等動物的都多；雖然關於後者的事實也足夠豐富的。至於心理屬性（mental qualities）亦復如此，它們在家狗、家馬以及其他家畜中的遺傳也是顯著的。除了特別的嗜好和習性以外，一般的智力、勇氣、壞脾氣和好脾氣等等肯定都是遺傳的。至於人類，我們在差不多每一個家族中都可以看到相似的事實；透過高爾頓（Galton）[10]先生的令人欽佩的工作，我們現在知道，天才也傾向於遺傳，所謂天才就是高

---

* 指美洲大陸。——譯者注

⑧ 布雷姆，《動物生活》（*Thierleben*），第一卷，五十八，八十七頁。倫格爾，《巴拉圭的哺乳動物》（*Säugethiere von Paraguay*），五十七頁。

⑨ 《動物和植物在家養下的變異》，第二卷，第十二章。

⑩ 《遺傳的天才：關於它的法則及其推論結果的探究》（*Hereditary Genius: an Inquiry into its Laws and*

度才能的異常複雜的結合；另一方面，同樣地，癲狂以及退化的心理能力肯定也在一些家族中得到遺傳。

關於變異性的原因，就所有情況來說，我們都是很無知的；但我們還能夠領會，在人類和低等動物中變異性的原因與各個物種在若干世代間暴露於其中的外界條件有某種關係。家畜比那些處於自然狀況下的動物更多變異；這顯然是由於支配牠們的外界條件性質的多樣化和變化所致。在這方面，不同的人類種族與家畜相似，同一個種族的各個人當居住在像美洲那樣的遼闊地域時也與家畜相似。我們看到在比較文明的民族中多樣化的生活條件所產生的影響；因爲屬於不同階層的而且從事不同職業的成員比野蠻民族的成員有更大的性格差距。不過，未開化人的一致性往往被誇大了，而且在某些場合中簡直不能說有這種一致性存在。[11]即使我們僅注意到人類所暴露於其中的外界條件，要說人類遠比任何其他動物更加「馴化」[12]，也是一種錯誤。有些未開化種族，如澳洲原住民，並不及分布範圍遼闊的許多物種的生活條件更爲多樣化。在另一個遠爲重要的方面，人類與任何嚴格家養的動物都大大不同；因爲人類的生育從來沒有透過有計畫的或無意識的選擇而長期受到

Consequences），一八六九年。

⑪ 貝茨（Bates）先生說（《亞馬遜河上的博物學者》（*The Naturalist on the Amazons*），第二卷，一八六三年，一五九頁），關於同一個南美部落的印第安人，「其頭部形狀，沒有兩個人是完全一樣的；其中一人面形橢圓，相貌美好，而另一人則完全是蒙古人的樣子，面頰寬闊而凸起，鼻孔擴張，兩眼斜視」。

⑫ 布魯曼巴哈（Blumenbach），《關於人類學的論文》（*Treatises on Anthropolog.*），英譯本，一八六五年，二〇五頁。

控制。沒有一個人類的種族或個人會被另外的人所完全征服，以致某些個人由於以某種方式在對主人有用方面勝過他人而被保存下來，這樣便受到了無意識的選擇。除去普魯士擲彈兵那個著名的事例外，沒有某些男人和女人被有意識地挑選出來而令其婚配；在普魯士擲彈兵這一事例中，就像可以預期的那樣，人服從於有意識選擇的法則；因爲有人斷言，在擲彈兵及其高個子妻子所居住的村莊中曾經養育出許多高個子的人。在斯巴達（Sparta），也採用過一種選擇方式，因爲曾經頒布過這樣的法律：所有嬰兒在降生後不久就應受到檢查，外貌良好而健壯的被保存下來，其餘的則任其死亡。⑬

⑬ 米特福德（Mitford）的《希臘史》（*History of Greece*），第一卷，二八二頁。色諾芬（Xenophon，希臘哲學家、歷史學家，西元前四三四？—前三五五。——譯者注）所著的《回憶錄》（*Memorabilia*）第二卷第四章中有一段也談到，男人擇妻應以孩子們的健壯和精力旺盛爲目的，這是希臘人所公認的原則（赫爾牧師使我注意到這一段）。希臘詩人泰奧格尼斯（Theognis）生活於西元前五五〇年，他明顯地看出選擇如被謹慎地應用，對人類的改進是何等重要。他還看出財富往往會抑制性選擇的適當作用，因而乃作詩如下：

克氏（Kurnus）養馬牛，凡事依規則，
選種貴血統，避免劣與弱，
爲了增收益，成本所不恤。
吾人婚配中，錢卻爲一切，
爲了金錢故，男人娶其妻；
復爲金錢故，女人嫁其夫，
惡棍與流氓，亦願隨君去；

如果我們把所有人類種族都視爲單獨一個物種，那麼其分布範圍是非常廣闊的；不過有些與世隔離的種族，如美洲印第安人和玻里尼西亞人（*Polynesians*），也有很廣闊的分布範圍。有一條法則是眾所周知的，即分布範圍廣闊的物種遠比分布範圍狹窄的物種更加容易變異得多；把人類的變異性與分布範圍廣闊的物種的變異性相比較，比把他們與家畜的變異性相比較，更加準確可靠。

看來人類和低於人類的動物的變異性不僅是由同樣的一般原因所誘發的，而且二者身體的相同部分也以密切近似的方式受到影響。這一點已由戈德隆（Godron）和考垂費什（Quatrefages）充分詳細地予以證明了，所以在這裡我只要提一下他們的著作⑭就行了。逐漸成爲輕微變異的畸形在人類和低於人類的動物中同樣也是如此相似，以致同樣的分類和同樣的名詞可以通用於二者，小聖伊萊爾（Isidore Geoffroy St.-Hilaire）⑮，對此已有所闡明。我在有關家畜變異的那部著作中，曾試圖以粗略的方式把變異的法則安排在如下的各個項目中：改變了的外界條件直接而一定的作用，這

財源大茂盛，子女擇配時，
門當需戶對，誇富其門族，
萬事皆混雜，貴賤已無殊！
外貌與精神，退化斑駁多，
勸君莫驚異，起因至明白！
後果徒悲歎，吾種已低劣。

⑭ 戈德隆，《論物種》（*De l'Espèce*），第二卷，第三冊，一八五九年。考垂費什，《人種的一致性》（*Unité de l'Espèce Humaine*），一八六一年。他的有關人類學的講義，載於《科學報告評論》，一八六六—一八六八年。

⑮ 《畸形組織志及其分類》（*Hist. Gén. et Part. des Anomalies de l'Organisation*），三卷本，第一卷，一八三二年。

種作用可以由同一物種的一切個體或幾乎一切個體在同樣環境中按照同樣方式發生變異而被顯示出來。各個部分長期連續使用和不使用的效果。同源部分的結合。複合部分的變異性。生長補償。不過關於這一法則，我還沒有找到有關人類的良好事例。某一部分對另一部分的機械壓迫的效果，如嬰兒的顱骨在子宮中所受到的骨盆壓迫。發育的抑制，導致諸部分的縮小或其生長受到抑制。透過返祖，長久亡失性狀的重現。最後，相關作用。所有這些所謂的法則可以同等地應用於人類和低等動物，其中大多數法則也可以應用於植物。在這裡對所有這些法則一一加以討論將是多餘的。[16]不過其中有幾項法則是如此重要，以致還必須以相當篇幅加以討論。

改變了的外界條件直接而一定的作用

這是一個最錯綜複雜的問題。不可否認，改變了的外界條件對所有種類的生物都會發生某些作用，有時是相當大的作用；最初看來很可能是，如果有充足的時間，這將是必然的結果。但是我沒有能夠得到支持這一結論的明顯證據；而在相反方面卻可以提出正當的理由，至少有關適應於特殊目的的無數構造是如此。然而無可懷疑，改變了的外界條件可以引起幾乎無限的彷徨變異，而整個組織因此在某種程度上變爲可塑的了。

在美國，參加最近一次戰爭的一百萬以上的士兵接受身體測量，而且對他們的出生和成長時

---

⑯ 在我的《動物和植物在家養下的變異》第二卷，第二十二章、二十三章中，對這些法則曾進行過充分討論。杜蘭德（M. J. P. Durand）最近（一八六八年）發表過一篇有價值的論文，《論環境的影響》（*De l'Influence des Milieux*）。關於植物，他非常強調土壤的性質。

所在的州進行了登記。⑰根據這一數量大得驚人的觀察，可以證明某種地方性影響對身材直接發生作用；我們進一步認識到，「大部分身體成長時所在的州以及表明其祖先系統的降生時所在的州似乎對身材有顯著影響」。例如，已經證實，「當成長時居住在西部各州，有使身材增高的傾向」。另一方面，海軍生活會延緩其成長，正如下述所闡明的那樣，「十七八歲的陸軍士兵和海軍士兵的身材有巨大差別」。古爾德先生力圖查明這樣對身材發生作用的影響因素的性質，但他只得到了反面的結果，即，它們與氣候、土地高度、土壤沒有關聯，甚至與生活的富裕和貧困也不以任何支配的程度相關聯。這後一結論用維勒美（Villermé）根據法國不同地方應徵士兵身高的統計所得出的結論直接相反。如果我們把玻里尼西亞酋長和同島低層人民的身材差別加以比較，或者把肥沃的火山島居民和與海洋⑱低處的荒瘠珊瑚島居民的身材差別加以比較，再把生存資源很不相同的火地島（Tierra del Fuego）東海岸和西海岸居民的身材差別加以比較，那就不可避免地會得出如下結論：較好的食物和較大的生活舒適確可對身材產生影響。但是，上面的敘述闡明了要得出任何確切的結果是何等困難。比多（Beddoe）博士最近證明，關於英國居民，城市生活和某種職業對其身高有一種退化的影響；並且他推論這一結果在一定程度上是遺傳的，在美國同樣也有這種情況。比多博士進一步相信，「如果一個種族的身體發達到最高頂點，其身體精力和精神活力也要升到最高

---

⑰ 古爾德，同前書，一八六九年，九十三，一〇七，一二六，一三二，一三四頁。

⑱ 關於玻里尼西亞人，參閱普里查德（Prichard）的《人類體格史》（*Physical Hist.of Mankind*），第五卷，一八四七年，一四五，二八三頁。再參閱戈德隆的《論物種》，第二卷，二八九頁。居住在上恆河（Upper Ganges）和孟加拉（Bengal）的印度人在外貌上也有顯著差異；參閱埃爾芬斯通（Elphinstone）的《印度史》，第一卷，三二四頁。

峰」。[19]

外界條件對人類是否產生任何其他作用，現在還不知道。可以預料，氣候的差異將會發生一種顯著影響，因爲肺和腎在低溫下的活動會加強，而肝和皮膚在高溫下也是如此[20]。以前認爲，皮膚的顏色和毛髮的特性是由光或熱來決定的；雖然簡直無法否認由此產生的某種效果，但幾乎所有觀察家們現在還一致認爲這種效果是很小的，即使多年暴露於其中也是一樣。在我們討論人類不同種族的時候，還要對這個問題進行更適當的探討。關於家畜，有理由相信寒冷和潮溼對毛的生長有直接影響；但是，在人類的場合中，我還沒有遇到任何有關這個問題的證據。

各部分增強使用和不使用的效果

眾所周知，使用可以增強一個人的肌肉，而完全不使用，或破壞其專有的神經，則可弱化肌肉。當眼睛受到破壞時，視神經常常萎縮。當一條動脈被綁住時，其側脈管的直徑不僅在增大，而且管壁的厚度和強度也有所增加。當一個腎臟因病停止作用時，另一個腎臟就要增大，而且加倍地工作。骨頭如果負擔較大的重量，不僅厚度、而且長度都有所增加。[21]經常從事不同職業可導致身

---

⑲《人類學會紀要》（*Memoirs, Anthropolog. Soc.*），第三卷，一八六七—一八六九年，五六一，五六五，五六七頁。

⑳布雷肯里奇（Brakenridge）博士，〈特異素質理論〉（Theory of Diathesis），見《醫學時報》（*Medical Times*），一八六九年六月十九日，七月十七日。

㉑在我的《動物和植物在家養下的變異》第二卷，二九七—三〇〇頁中，爲某些陳述給以根據；耶格爾（Jaeger）博士，〈論骨的伸長生長〉（Ueber das Längenwachsthum der Knochen），《耶拿學報》（*Jenaischen Zeitschrift*），第

體各部分的比例發生變化。例如，美國「聯邦委員會」（United States Commission）[22]查明，參加最近這次戰爭的海軍士兵的腿比陸軍士兵長出〇點二一七英寸，雖然海軍士兵平均要矮些；而海軍士兵的手臂卻短一點〇九英寸，所以，就其矮縮的身高而言，手臂的減短不成比例。海軍士兵手臂的減短顯然是由於它們的使用較多所致，這是一個料想不到的結果；但海軍士兵的手臂主要用於拉牽，而不是用於支持重量。海軍士兵的頸圍和腳面厚度均較陸軍士兵的爲大，但其腰圍、胸圍和臀部則較小。

如果在許多世代中都遵循同樣的生活習性，那麼，上述幾種變異是否會變爲遺傳的，還不知道，但這是可能的。倫格爾[23]把巴拉圭河流域的印第安人（Payaguas Indians）的細腿和粗臂歸因於他們一代接一代地幾乎在獨木舟中過一輩子，而下肢無所運動。另外一些作者對相近的事例做出了相似的結論。按照曾與愛斯基摩人長期在一起生活的克蘭茲（Cranz）[24]的說法，「當地人相信捕捉海豹時的機靈和敏捷（他們最高的技藝和美德）是遺傳的，這確有些道理，因爲一位著名的海豹捕捉手的兒子雖然幼年喪父，也顯示了他的英雄本色」。在這一場合中，看來心理能力和身體構造都同等多地得到了遺傳。有人斷言，英國工人嬰兒的手在降生時大於貴族嬰兒的手。[25]根據四肢發

五卷，第一冊。

[22] 古爾德，同前書，一八六九年，二八八頁。

[23] 《巴拉圭的哺乳動物》（*Säugethiere von Paraguay*），一八三〇年，四頁。

[24] 《格陵蘭史》（*History of Greenland*），英譯本，第一卷，一七六七年，二三〇頁。

[25] 《近族通婚》（*Intermarriage*），亞歷山大·沃克著（Alex. Walker），一八三八年，三七七頁。

育和顎部發育之間所存在的相關作用——至少在某些場合中是如此，[26]那些不大用手和腳勞動的階級，其顎部由於這種原因可能縮小。優雅文明人的顎部一般小於辛勤勞動者或未開化人的顎部，乃是確定無疑的。但是，關於未開化人，如赫伯特．斯賓塞（Herbert Spencer）[27]先生所說的，在咀嚼粗糙的、未烹調的食物時較多地使用顎部，將會以一種直接方式對咀嚼肌及其所附著的骨發生作用。遠在降生以前的胎兒，其足蹠的皮膚比身體其他任何部分的皮膚都厚；[28]簡直不用懷疑，這是由於壓力在一長系列世代中的遺傳效果。

眾所周知，鐘錶匠和雕刻匠容易近視，常過戶外生活的人，特別是未開化人，一般是遠視的。[29]近視和遠視肯定都有遺傳的傾向。[30]與未開化人相比，歐洲人的視力以及其他感官都較差，這無疑是在許多世代中減少使用之積累的和遺傳的結果；因爲倫格爾說過，他曾反覆地觀察過與未開化的印第安人一起長大的，並與他們一起度過終生的歐洲人；儘管如此，這些歐洲人的感官在敏

㉖《動物和植物在家養下的變異》，第一卷，一七三頁。

㉗《生物學原理》（*Principles of Biology*），第一卷，四五五頁。

㉘佩吉特，《外科病理學講義》，第二卷，一八五三年，二〇九頁。

㉙海軍士兵的視力不及陸軍士軍，是一個奇特而料想不到的事實。古爾德博士證明確係如此，《美國南北戰爭中的公共衛生報告》（*Sanitary Memoirs of the War of the Rebellion*，一八六九年，五三〇頁）；他以海軍士兵的視野「受到船身長度和桅杆高度的限制」來解釋這種情形。

㉚《動物和植物在家養下的變異》，第一卷，八頁。

銳性上還不能與印第安人的相比。[31]同一位博物學家還觀察到，美洲未開化人頭骨上容納幾種感覺器官的腔比歐洲人的爲大；這大概暗示著這等器官本身在大小上的相應差異。布魯曼巴哈也曾談到美洲未開化人頭骨上的鼻腔很大，並且把這一事實與其顯著敏銳的嗅覺能力聯繫在一起了。按照帕拉斯（Pallas）的資料，北亞平原上的蒙古人具有異常完善的感官；普里查德相信，他們穿過顴骨（zygomas）的那一部分頭骨非常寬闊，係由於他們的感覺器官高度發達所致。[32]

克丘亞印第安人（Quechua Indians）居住在秘魯的巍峨高原上；杜比尼（Alcide d'Orbigny）說，由於不斷地呼吸稀薄的空氣，他們獲得了異常大的胸和肺。其肺部細胞也比歐洲人的大而多。[33]這些觀察資料曾受到懷疑，不過福布斯（D. Forbes）先生對一個近似的種族艾馬拉人（Aymaras）進行過多次身體測量，他們也在一萬至一百五千英尺的高地上生活；他告訴我說，他們在身體的粗細和長短方面都與他所看見過的所有其他種族的人有明顯的差別。[34]在他的測量表格

㉛ 《巴拉圭的哺乳動物》，八，十頁。我曾有良好的機會觀察火地人的異常視力。再參閱勞倫斯（Lawrence）關於這個問題的意見，見《生理學講義》，一八二二年，四〇四頁。吉拉德－托伊侖（M. Giraud-Teulon）最近蒐集了大量有價值的證據來證明近視的原因是由於眼睛的過度疲勞。

㉜ 普里查德，《人類體格史》（*Phys. Hist. of Mankind*），布魯曼巴哈之說見該書第一卷，一八五一年，三一一頁；帕拉斯的述說見該書第四卷，一八四四年，四〇七頁。

㉝ 普里查德引用，見上書，第五卷，四六三頁。

㉞ 福布斯先生的有價值的論文現發表於《倫敦人種學會雜誌》（*Journal of the Ethnological Soc. of London*），新輯，第二卷，一八七〇年，一九三頁。

中，每一個人的身高定爲一千，其他測量資料則按此標準縮減。該表說明，艾馬拉人伸直的雙臂比歐洲人的爲短，比黑人的更短。同樣地，他們的雙腿也較短；他們表現了這樣一種顯著的特徵，即每一個受到身體測量的艾馬拉人，其股骨（femur）比脛骨（tibia）爲短。平均計算，股骨長度與脛骨長度之比爲二百一十一比二百五十二，而同時受到測量的兩個歐洲人，其股骨長度與脛骨長度之比則爲二百四十四比二百三十，在三個黑人中，其比例爲二百五十八比二百四十一。同樣地，前肢的肱骨也相對的要比前臂短些。和身體最近的四肢那一部分的這樣縮短，如福布斯先生向我提示的，似乎是與軀幹長度大大增加有關的一種補償的情形。艾馬拉人還呈現一些其他獨特的構造之點，例如，腳後跟的凸出部分很小。

這些人如此澈底地適應了他們寒冷而高峻的居住地，先前西班牙人把他們帶到低下的東部平原時，現在爲高工資所誘、下來淘金時，死亡率有了可怕的提高。儘管如此，福布斯先生還找到了少數倖存了兩代的純粹家族；他觀察到，他們依然遺傳了其固有的特性。但是，甚至用不到測量，也可明顯看出這些特性完全縮小了；透過測量，發現他們的身體已不像居住在高原者的身體那樣長；同時他們的股骨卻變得多少長一些，脛骨也有所增長，但程度較輕。至於實際測量資料，查閱福布斯先生的研究報告便知。根據這些觀察，我以爲毫無疑問的是，在一個非常高的地方居住了許多世代，直接地和間接地有誘使身體比例發生遺傳的變異的傾向。㉟

人類在其後期生存階段，雖然透過諸部分的增強使用或減弱使用沒有發生很大變異，但以上所

㉟ 維爾肯斯（Wilckens）博士最近發表一篇有趣味的論文，闡明生活於山嶽地區的家畜如何在其骨架上發生變異，見《農學週報》（*Landwirthschaft. Wochenblatt*），第十期，一八六九年。

舉的事實闡明，人類在這一方面的傾向並沒有消失。我們確知，同樣的法則也適用於低等動物。因此，我們可以推論，當人類的祖先在遠古時代處於變遷狀況之下時，並且當他們由四足動物變成兩足動物時，身體不同部分的增強使用或減弱使用的遺傳效果很可能對自然選擇有很大的幫助。

發育的抑制

受到抑制的發育與受到抑制的生長有所不同，諸部分在前一狀況下繼續生長、同時依然保持其早期狀態。各種畸形可以納入這一項目之下，有些畸形，如腭裂（cleft-palate）據知是偶爾遺傳的。對我們的目的來說，只要談談沃格特的研究報告[36]中所描述的畸形小頭白痴受到抑制的腦部發育就足夠了。他們的頭骨較小，而且腦迴（convolutions of the brain）不及正常人的複雜。額竇（frontal sinus），即眼眉上部的凸起，非常發達，顎部以「異常」的程度向前凸出，所以這等白痴與人類的低等模式多少相類似。他們的智力以及大多數心理官能，都極其薄弱。他們不能獲得說話的能力，而且無法長時間集中注意力，但很善於模仿。他們是強壯的，而且顯著地活潑，不停地嬉戲、跳躍和做鬼臉。他們爬樓梯時常手腳並用，而且非常喜歡攀登家具和樹木。這就使我們想起，幾乎所有的小孩都喜歡爬樹；這又使我們想起，原本爲高山動物的小羔羊和小山羊多麼歡喜地在小丘上跳來跳去，不管這小丘是多麼小。白痴在其他一些方面也與低於人類的動物相類似，例如，他們在吃每一口食物之前，都要小心地嗅味，對此已有幾個事例的記載。有一個白痴被描述常用口幫

---

[36] 《關於畸形小頭的研究報告》（*Mémoire sur les Microcéphales*），一八六七年，五十，一二五，一六九，一七一，一八四－一九八頁。

助雙手去捉蝨子。他們的習性往往是猥褻的，沒有禮貌的感覺；他們的身體顯著多毛，關於這一點曾經發表過幾個事例。㊲

返祖

這裡所舉的事例有許多大概可以納入前述標題之下。如果一種構造在其發育時受到了抑制，但仍繼續生長，直到它和同一類群（group）的某些成熟的低等成員的相應構造密切類似，那麼，在某種意義上就可把這一構造看作是一個返祖的事例。一個類群的低等成員對其共同祖先大致是如何構成的，向我們提供了某種概念；簡直不能相信一個複雜的部分在胚胎發育的早期階段受到抑制後，還會繼續生長到終於可以執行其固有功能，除非它在某一較早的生存期間獲得了這種能力，而現今異常的，即受到抑制的構造在那時還是正常的。一個畸形小頭白痴的簡單頭腦，就其同一隻猿的頭腦相類似來看，在這種意義上可以說它提供了一個返祖的事例。㊳還有另外一些事例可以更加

㊲ 萊科克博士總結了畜生般的白痴的特性，稱他們爲「野獸般的白痴」（theroid），見《心理學雜誌》（*Journal of Mental Science*），一八六三年七月。斯科特（Scott）博士常常觀察到低能者嗅聞食物，見《聾與啞》（*The Deaf and Dumb*）第二版，一八七〇年，十頁。關於這個問題以及白痴的多毛性，參閱莫茲利博士的《軀體和精神》（*Body and Mind*），一八七〇年，四十六—五十一頁。關於白癡的多毛性，皮內爾（Pinel）也曾舉出過一個顯著事例。

㊳ 在《動物和植物在家養下的變異》（第二卷，五十七頁）中，我把並非很罕見的婦女副乳的事例歸因於返祖。由於這等附加的乳房一般都對稱地位於胸部，乃使我認爲這大概是一個正確的結論；特別是使我有此想法的還有一個事例，即，一個單獨的有效乳房發生在一位婦女的腹股溝區（inguinal region），她是另一位具有副乳的婦女的女兒。

嚴格地納入現在這個返祖項目之中。在人類所屬於的那一類群的低等成員中正常發生的某些構造，

但是，現在我還發現在其他部位發生的異位乳房（mammae erraticae）（參閱普瑞爾教授的《論生存鬥爭》，Prof. Preyer, *Der Kampf um das Dasein*，一八六九年，四十五頁），如在背上、腋下和股上的這等乳房分泌的乳汁如此之多，以致可以把小孩養育起來。這樣，附加乳房是由於返祖的可能性就大大削弱了；儘管如此，我依然認爲這大概是正確的，因爲兩對乳房常常對稱地位於胸部；關於這一點，我曾收到過幾個事例的報告。眾所周知，狐猴類正常有兩對乳房位於胸部。關於男人生有一對以上的乳房（當然是痕跡的），曾經記載過五個事例；參閱《解剖學和生理雜誌》（*Journal of Anat. and Physiology*），一八七二年，五十六頁，其中有漢迪賽德（Handyside）博士舉出的一個事例說，有兩兄弟顯示了這種特性；再參閱巴特爾斯（Bartels）博士的一篇論文，載於《里卡茲和鮑依斯—雷蒙的文獻集》（*Reichert's and du Bois-Reymond's Archiv.*），一八七二年，三〇四頁。巴特爾斯博士所提的事例之一：一個男人生有五個乳房，其中一個居中，正好位於肚臍之上；梅克爾．馮．黑姆斯巴哈（Meckel von Hemsbach）以爲上述事例可以由某些翼手類（Cheiroptera）的居中乳房得到闡明。總之，如果人類的早期祖先不具有一對以上的乳房，則人類男女絕不會有附加的乳房發育起來；倘不如此，我們就要發生重大的疑問了。

在《動物和植物在家養下的變異》（第二卷，十二頁）中，經過很大躊躇我還把人類和各種動物常見的多趾畸形（polydactylism）歸因於返祖。導致我有此想法的，部分是由於歐文教授敘述某些魚鰭類（Ichthyopterygia）具有五個以上的趾，所以我設想牠們保持了原始狀態；不過格根鮑爾（Gegenbaur）對歐文的結論表示懷疑，《耶拿學報》（*Jenaischen Zeitschrift*，第五卷，第三冊，三四一頁）。另一方面，按照岡瑟（Günther）博士晚近提出的意見：角齒魚（Ceratodus）的鰭有一列骨爲中軸，在其兩側生有分節的骨質鰭刺，透過返祖，一側或兩側可能會重現六個或更多的趾，承認這一點似乎不致有很大困難。祖特文（Zouteveen）博士告訴我說，曾經記載過這樣一個事例：一個男人生有二十四個手指和二十四個腳趾！導致我做出「多餘指的出現是由於返祖」的結論，主要是根據如下的事實：多餘指不僅是強烈遺傳的，而且如我那時所相信的，在截斷後還有再生的能力，就像低等脊椎動物的正常趾在

偶爾也會在人類中出現，雖然在正常的人類胚胎中並沒有發現過這等構造；或者，這等構造如果正常存在於人類胚胎中，但它們都變得異常發達，竟達到這一類群的低等成員的那種情況，雖然在後者這是正常的。下述例證將會使這些論述更加清楚明白。

各種哺乳動物的子宮都是由一個具有兩個明顯的孔和兩個通道的雙重器官，如在有袋動物中那樣，漸漸變爲一個單獨的器官；它除去有一個微小的內褶以外，如在高等猿類和人類中那樣，一點也不是雙重的了。囓齒動物顯示了這兩個極端狀態之間的一個完整的累進系列。所有哺乳動物的子宮都是由兩個簡單的原始的管發展而來的，在這兩個管下方的部分形成了兩個角；按照法爾（A. Farre）博士所說的，「這兩個角在其下端的癒合，形成了人類的子宮體；在沒有子宮中央部分或子宮體的那些動物中，這兩個角依然保持不相癒合的狀態。在子宮發展的進程中，這兩個角逐漸變短，最後終至消失，或者可以說，它們被吸收入子宮體之中。」甚至像低等猿類和狐猴類那樣的高等動物，其子宮依然具有兩個角。

且說，成熟的子宮具有兩個角或者部分地分爲兩個器官的這等異常事例在婦女中並不罕見；按照歐文的說法，這等事例再現了某些囓齒動物所達到的那種「集中發育（concentrative

---

截斷後的情形一樣。但我在《動物和植物在家養下的變異》（第二版）那部書中曾經說明，爲什麼我對記載下來的這等事例很少信賴。儘管如此，值得注意的是，由於受到抑制的發育與返祖是兩種關係極爲密切的過程，所以處於胚胎狀態或受到抑制狀態的各種構造——如腭裂、有隔子宮等，往往伴隨著多指畸形。梅克爾和小聖伊萊爾都曾極力主張這一點。但現今最安全的方針還是完全放棄以下的概念，即多餘指的發育與返歸人類某一低等構造的祖先有任何關係。

development）的階段」。關於胚胎發育受到簡單的抑制，以及繼之而來的生長和完全的功能發育，我們在這裡所看到的恐怕就是這種事例；因為這種局部雙重的子宮每一邊都能執行固有的妊娠功能。在另外一些更罕見的事例中，兩個明顯的子宮腔被形成了，每一個腔都具有它的固有的孔和通道。[39]在正常的胚胎發育期間從來不透過這等階段；很難相信，雖然這也許不是不可能的，兩個簡單的、微小的、原始的管會知道如何（如果可以使用這一名詞的話）生長成兩個明顯的子宮，每個子宮具有一個構造良好的孔和通道，而且還具有無數的肌肉、神經、腺和血管，如果它們不是像在現存有袋動物的場合中那樣地曾在以往經歷過一個相似的發育過程。誰也不會妄想，像婦女的畸形雙重子宮那樣的一種如此完善的構造僅僅是偶然的結果。但返祖原理——據此一種長久亡失的構造會被召回重生——大概可以用來說明其充分的發育，即使這種發育是在間隔了非常悠久的時光之後進行的。

卡內斯垂尼教授在討論了上述事例以及各種相近的事例之後，得出了與上述一樣的結論。他提出另外一個例子，是關於顴骨的，[40]這種骨在某些四手類動物以及其他哺乳動物中正常是由兩個部

㊴ 參閱法爾博士在《解剖學和生理學全書》（*Cyclopaedia of Anatomy and Physiology*），第五卷，一八五九年，六四二頁。歐文，《脊椎動物解剖學》，第三卷，一八六八年，六八七頁。特納教授，《愛丁堡醫學雜誌》（*Edinburgh Medical Journal*），一八六五年二月。

㊵ 《摩德納自然科學協會年報》，一八六七年，八十三頁。卡內斯垂尼關於這個問題曾摘錄了各種權威著作。勞里拉德（Laurillard）說，因為他發現兩片顴骨的形狀、比例以及它們的接合，在幾具人類屍體和某些猿類中完全相似，所以他不能把這等部分的這種安排視為偶然的。關於這同樣的畸形，沙威奧提（Saviotti）博士發表過另一篇論文，

分構成的。當人類胎兒在兩個月的時候，顴骨就是這種狀態；透過發育的抑制，有時在成年人中、特別是在凸顎的低等種族中還保留著這種狀態。因此，卡內斯垂尼斷定，人類某些古代祖先的這種骨一定正常地分爲兩個部分，而在以後卻變得融合在一起了。人類的額骨是由單獨一片構成的，但在胚胎中、在小孩中而且在差不多所有低等哺乳動物中，額骨是由兩片構成，由一條明顯的縫分開。在人類達到成熟期之後偶爾還多少明顯地保留著這條縫；這種情形在古代的頭蓋骨比在近代的頭蓋骨中更加常見，特別是如卡內斯垂尼所觀察的，在那些從冰磧（drift）中發掘出來的、屬於短頭模式的頭蓋骨中尤其常見。在這裡就像在顴骨的近似事例中那樣，他再次得出了同樣的結論。在這個事例中，以及在就要談到的另外一些事例中，古代種族比近代種族在一定性狀上，更加常常接近低等動物的原因，看來是由於後者在漫長的系統線上距離他們的早期半人類祖先多少要遠一點。

人類的與上述多少相似的各種其他畸形，曾被不同作者提出來作爲返祖的事例；不過對此等事例似乎還有不少疑問，因爲，在我們發現這等構造正常存在以前，我們勢必在哺乳動物系統中下降

載於《臨床學通報》（*Gazzetta delle Cliniche*），杜林（Turin），一八七一年，他說，在成年人頭骨上發現有分離痕跡的約爲百分之二；他還說，凸顎的頭骨（並非雅利安種族的）較其他頭骨更常發生這種情形。再參閱德勒倫則（G. Delorenzi）關於同一問題的著作，《顴骨畸形的三個新例》（*Tre nuovi casi d'anomalia dell'osso malare*）杜林，一八七二年。還有，莫索利（E. Morselli）的《關於顴骨的罕見畸形》（*Sopra una rara anomalia dell'osso malare*）摩德納，一八七二年。關於這塊骨的分離，格魯勃最近寫了一本小冊子。我之所以舉出這些參考書目，是因爲有一位評論家沒有任何根據毫無顧忌地對我的敘述表示了懷疑。

到極低的地位。㊶

人類的犬齒是完全有效的咀嚼工具。但他們眞正的犬齒特性，如歐文㊷所說的，爲「齒冠呈圓錐形，其末端爲一鈍點，外面凸形，內面扁平或稍凹，內面基部有一個微小的凸起。黑色種族、特別是澳洲土人最好地顯示了這種圓錐形齒冠。犬齒較切齒埋植得更深，而且牙根更強固」。然而，對人類來說，這個齒已不再是爲了撕裂敵物或獵物的特殊武器了；所以，就其固有的機能而言，不妨把它視爲殘跡的。在人類頭骨的任何大型採集品中，如海克爾㊸所觀察的，總可以找到犬齒相當凸出於其他齒之外的一些頭骨，其方式就像類人猿的犬齒一樣，不過程度較輕而已。在這等場合中，一顎的齒間空位是留待容納另一顎的犬齒。瓦格納（Wagner）所繪的卡菲爾人（Kaffir）頭骨的齒間空位異常寬闊。㊹與近代頭骨比較，古代頭骨受到檢查的非常之少，但至少已有三例表明前

㊶ 小聖伊萊爾在他的《畸形志》（*Hist.des Anomalies*），第三卷，四三七頁中舉出了一系列的事例。一位評論家對我大加責備，說我沒有討論過見於記載的有關各種部分發育受到抑制的大量事例〔《解剖學和生理雜誌》（*Jour. of Anat. and Physio.*），一八七一年，三六六頁〕。他說，按照我的理論，「一個器官在其發育中的每一個瞬變狀態，不僅是爲了達到某種目的的一種手段，而其本身也曾一度是一種目的」。在我看來，這種說法不一定對。爲什麼在發育早期發生的變異與返祖沒有關係？而這等變異如果有任何一點用處，如縮短和簡化發育過程，大概都會被保存下來並得到積累。還有，爲什麼有害的畸形，例如與以往生存狀況沒有任何關係的萎縮的或過度肥大的諸部分，不在早期以及成熟期發生？

㊷《脊椎動物解剖學》（*Anatomy of Vertebrates*），第三卷，一八六八年，三二三頁。

㊸《普通形態學》，一八六六年，第二卷，一六〇頁。

㊹ 卡爾·沃格特（Carl Vogt），《人類講義》，英譯本，一八六四年，一五一頁。

者犬齒非常凸出，這確是一個有趣的事實；據說腦雷特人（Naulette）的顎是異常大的。[45]

在類人猿中，僅雄性具有充分發達的犬齒；但在大猩猩（gorilla）中並且程度較輕地在猩猩（orang）中，雌性的犬齒也相當地凸出於其他齒之外；所以，我所確信的婦女有時有相當凸出的犬齒這一事實，對於相信人類犬齒偶爾非常發達乃是返歸猿類般的祖先，並不是一個嚴重的障礙。如果有人輕蔑地拒絕相信他自己的犬齒形狀以及其他人的偶爾非常發達的犬齒乃是由於我們早期祖先曾經裝備有這等可怕的武器，那麼他大概在冷笑中揭示了他自己的由來。因爲，人類雖然不再打算或者沒有能力再使用這等齒作爲武器，但還是會無意識地收縮他的「嗥叫肌」（snarling muscles，貝爾爵士命名[46]），以便把犬齒露出，準備動作，就像一隻狗準備打架那樣。

四手類或其他哺乳動物所特有的許多肌肉偶爾也會在人身上發育。沃拉克威契（Vlacovich）教授[47]檢查過四十個男性屍體，發現其中十九人具有一種被他稱爲「坐恥肌」（ischio-pubic）的肌肉；三人具有代表這種肌肉的韌帶（ligament）；其餘十八人連一點這種肌肉的殘跡都沒有。在三十個女性屍體中，僅有二人在兩側具有這種發達的肌肉，另外三人只有殘跡的韌帶。所以，這種肌肉在男性中看來遠比在女性中普遍得多；根據人類起源於低等生物類型的信念，這個事實就是可以理解的了；因爲在幾種低於人類的動物中，曾發現過這種肌肉，凡是具有這種肌肉動物，它的唯

㊺ 卡特·布萊克（C. Carter Blake），《關於腦雷特人的一隻顎》，見《人類學評論》，一八六七年，二九五頁。沙夫豪森（Schaaffhausen），同前雜誌，一八六八年，四二六頁。

㊻ 《表情解剖學》（*The Anatomy of Expression*），一八四四年，一一〇，一三一頁。

㊼ 卡內斯垂尼教授引用，見《摩德納自然科學協會年報》，一八六七年，九十頁。

一作用即在於幫助雄性的生殖行爲。

伍德先生在他的一系列有價值的論文中，[48]詳細地描述了大量的人類肌肉變異，這等肌肉都與低等動物的正常構造相類似。與我們最近親屬四手類動物所正常存在的肌肉密切類似的那些肌肉眞是多不勝數。有一具男性屍體，體格強壯，頭骨構造良好，在其身上觀察到的肌肉變異不下七處之多；所有這些都明顯地代表了各種猿類所固有的肌肉。譬如說，這具男屍在頸部兩側各具一塊直正的、強有力的「鎖骨提肌」（levator claviculae），就像我們在所有猿類中所看到的那樣，據說在六十具人類屍體有一具有這種肌肉。[49]再者，這具男屍還有「一塊特殊的趾蹠骨展肌（abductor of the metatarsal bone），正如赫胥黎教授和弗勞爾（Flower）先生所闡明的，高等的和低等的猿類普遍具有這種肌肉」。我僅提出兩個補充的事例；在所有低於人類的哺乳動物中都可以找到肩峰底肌（acromio-basilar muscle），而且它似乎與四足行路的步法相關，在六十具人類屍體中有一

---

⑱ 任何人要是想知道人類的肌肉爲何常常發生變異，而且終於變得與四手類動物的肌肉相似，都應該讀一讀這些論文。下列參考文獻與我的著作中少數幾點有關：《皇家學會會報》，第十四卷，一八六五年，三七九—三八四頁；第一五卷，一八六六年，二四一，二四二頁；第十五卷，一八六七年，五四四頁；第一六卷，一八六八年，五二四頁。我在這裡可以補充一點，莫利博士（Dr. Murie）和米伐特先生在他們有關狐猴類的研究報告中曾闡明，這等動物——四手類的最低層成員——的某些肌肉非常容易變異。在狐猴類中，有一些肌肉漸次變得與等級更低的動物的構造相似。

⑲ 再參閱麥卡利斯特教授的文章，見《愛爾蘭皇家科學院院報》（*Proc. R. Irish Academy*），第十卷，一八六八年，一二四頁。

具有這種肌肉。[50]布雷德利（Bradley）先生[51]發現一個男人的兩隻腳都有一塊「第五蹠骨展肌」（abductor ossis metatarsi quinti）；在此之前沒有記載過人類具有這種肌肉，但它在類人猿中卻是永遠存在的。手和臂——這是人類特性非常顯著的部分——的肌肉極端容易變異，結果變得與低於人類的動物的相應肌肉類似。[52]這種類似或是完全的，或是不完全的；在不完全的場合中，它們顯然具有過渡性質。某些變異在男人中較普遍，另外一些變異則在女人中較普遍，對此還不能舉出任何理由。伍德先生描述了大量變異之後，做出如下意義深遠的陳述：「在諸器官的溝中或沿著各個方面延伸的肌肉構造顯著脫離正常的模式，一定暗示有某種未知的因素，這對於一般的、科學的解剖學的全面知識有極大的重要性。」[53]

---

[50] 錢普尼斯（Champneys）先生，《解剖學和生理雜誌》（*Journal of Anat. and Phys.*），一八七一年十一月，一七八頁。

[51] 《解剖學和生理雜誌》，一八七二年五月，四二一頁。

[52] 麥卡利斯特教授，《愛爾蘭皇家科學院院報》，一二二頁。他曾把他的觀察資料製成表，發現最常出現肌肉畸形的是在前臂，其次在面部，再次在足部，等等。

[53] 霍頓（Haughton）牧師舉出一個有關人類拇指長屈肌（flexor pollicis longus）的顯著事例之後，接著說道（《愛爾蘭皇家科學院院報》，一八六四年六月二十七日，七一五頁）：「這個顯著的例子闡明，人類拇指以及其他手指的肌腱（tendon）的排列有時具有獼猴的特性，但這樣一個事例究應被視爲獼猴向上變爲人，人向下變爲獼猴，或者是一種先天的反常現象，我還不能說。」這位富有才華的解剖學者和進化論的強硬反對者竟會承認他的任何一個最初命題的可能性，聽到這一點已經可以使人滿足了。麥卡利斯特教授也曾描述過拇指屈肌以它們與四手類的同樣肌肉的關係而引人注意（《愛爾蘭皇家科學院院報》，第十卷，一八六四年，一三八頁）。

這一未知因素乃是返歸以往的生存狀態，可以被認爲是有最高度可能性的。[54]人類和某些猿類之間如果沒有遺傳的連接關係，要說一個人的畸形肌肉與猿類的肌肉相似者不下於七處之多，係出於偶然，則是完全不可相信的。另一方面，如果人類是從某一猿類般的動物傳下來的，那麼就舉不出任何有根據的理由來說明某些肌肉爲什麼不會經過成千上萬的世代之後而突然重現，其方式就像馬、驢、騾經過數百代、更可能經過數千代在腿部和肩部突然重現其暗色條紋一樣。

這等各式各樣的返祖事例與第一章中所舉出的殘跡器官事例的關係是如此密切，以致把其中的許多事例放在那裡或這裡，都無可無不可。例如，一個具有角的人類子宮可以被說成是以一種殘跡狀態代表某些哺乳動物同一器官的正常狀態。人類的某些殘跡部分，如男女兩性的尾骨以及男性的乳房，是一直存在的；還有另外一些殘跡部分，如髁上孔（supracondyloid foramen），僅偶爾出現，因而可以被納入返祖項下。這幾個返祖的構造以及那些嚴格是殘跡的構造揭示了人類是從某一低等類型以準確無誤的方式傳下來的。

---

[54] 在本書第一版問世以後，伍德先生發表過一篇專題報告（《科學學報》（*Phil. Transactions*），一八七〇年，八十三頁），闡明人類的頸、肩、胸的肌肉變異。他在這裡指出，這些肌肉是何等容易變異，而且這些肌肉又何等常常而密切地與低類動物的正常肌肉相似。他總結說：「如果我成功地闡明了人類屍體中所發生的比較重要的變異類型，以充分顯著的方式顯示了它們可以作爲達爾文的返祖原理或遺傳法則在解剖科學中的證據和例子，那就是達到我的目的了。」

相關變異

人類就像低於人類的動物那樣，他的許多構造如此緊密關聯，以致當某一部分發生變異後，另一部分也要跟著發生變異；在大多數場合中，我們對此還不能舉出任何理由。我們無法說，是否這一部分支配那一部分，或者，是否二者受某一較早發達的部分所支配。各種畸形，正如小聖伊萊爾所反覆堅決主張的那樣，就是這樣緊密地連接在一起的。同源構造特別容易一齊變異，就像我們在身體兩側和上下肢所看到的情形那樣。梅克爾很久以前就曾說過，當手臂肌肉脫離其固有模式時，它們幾乎永遠模擬腿部的肌肉；相反的，腿部肌肉也是如此。視覺器官和聽覺器官，齒和毛，皮膚和毛的顏色，體色和體質，或多或少都是相關的。[55]最初是沙夫豪森教授注意到顯然存在於肌肉結構和眶上脊（supra-orbital ridges）之間的關係，眶上脊乃是人類低等種族的顯著特性。

除了多少可能地納入上列項目中的變異以外，還有一大類可以暫時稱爲自發的變異，因爲就我們的無知程度來說，它們似乎是在沒有任何激發的原因下發生的。然而可以闡明，這等變異無論具有微小個體差異，或者具有強烈顯著而突然的構造離差，其決定於生物體質遠比決定於它所處的外界條件性質要多得多。[56]

增長速度

文明國家的人口據知在適宜條件下，如在美國，二十五年可增加一倍；按照尤勒（Euler）

---

[55] 這幾段敘述的根據，見我的《動物和植物在家養下的變異》，第二卷，三二〇—三三五頁。

[56] 在我的《動物和植物在家養下的變異》，第二卷，第二十三章中對這整個問題進行了討論。

的計算，十二年稍微多一點就可增加一倍。[57]如果按照前一項增長速度，則現今的美國人口在六百五十七年間就會如此稠密地布滿整個水陸形成的世界，以致四個人只能占一平方碼的面積。對人類不斷增長的首要的或基本的抑制，是獲得生存資源以及舒適生活的困難。根據我們所看到的，可以推論情況確係如此，例如在美國，那裡生活容易，而且有大量房屋。如果在大不列顛（Great Britain）這等生活手段突然加倍，那麼我們的人口也會迅速加倍。在文明國家裡，這種首要的抑制主要是以限制婚姻來完成的。在最貧困的階級中，嬰兒的較大死亡率也是很重要的；擁擠而蹩腳的房屋中的一切年齡的居民，由於各種疾病同樣也有較高的死亡率。在位於適宜條件下的國家裡，嚴重的流行病和戰爭很快會發揮平衡作用，甚至超過平衡。移民也有助於暫時的抑制，但對極貧困的階級來說，這在任何程度上都沒有作用。

正如馬爾薩斯（Malthus）所指出的，可以有理由設想，野蠻種族的生殖力實際上低於文明種族。關於這個問題，我們肯定不知道，因爲對未開化人沒有進行過人口調查；但從傳教士以及其他與這等民族長久相處的人士所提出的一致證據來看，他們的家庭通常是小的，大家庭不多見。那裡的婦女據信給嬰兒哺乳的時期很長，上述情形由此或者可以得到部分的解釋；但，高度可能的是，未開化人要經歷很大的苦難，而且不會得到像文明人那樣多的營養豐富的食物，他們的生殖力實際上大概要差一些。我在前一著作中[58]曾指出，所有我們家養的四足動物和鳥類以及所有我們的

---

57 參閱永遠值得紀念的《人口論》（*Essay on the Principle of Population*），馬爾薩斯牧師著，第一卷，一八二六年，六，五一七頁。

58 《動物和植物在家養下的變異》，第二卷，一一一—一一三，一六三頁。

栽培植物，其能育性均比處於自然狀況下的相應物種爲高。動物突然被供給過剩的食物，或者長得很肥，以及大多數植物突然從很瘠薄的土地被移植到很肥沃的土地上，都會或多或少變爲不育的；以此來反對上述結論是毫無根據的。所以，我們可以預期，文明人的生殖力要比野蠻人的爲高，在某種意義上可以說文明人是高度家養的。文明民族增高了的生殖力，就像我們的家畜那樣，變成一種遺傳的性狀，也是非常可能的；至少已經知道，人類產雙胞胎的傾向在一些家族中是向下傳遞的。[59]

儘管未開化人的生殖力低於文明人，毫無疑問他們還會迅速增加，如果他們的人數沒有在某些方面受到嚴格限制。關於這個事實，桑塔爾人（Santali）或印度山區部落最近提供了一個良好的例證；因爲，正如亨特（Hunter）先生所闡明的[60]，自從施行種牛痘、其他瘟疫有所緩和以及戰爭切實受到遏制之後，他們以異常的速度增加了。然而如果這等未開化人不是進入鄰接地區做雇工，他們人口的增加大概是不可能的。未開化人幾乎都結婚；但有某種謹慎的約束，因爲他們一般都不在最早可能的年齡結婚。年輕人常常需要顯示出他能夠養活一個妻子後才可以結婚；他們一般需先賺得她的身價，以便從她父母那裡把她買來。難以維持生計，對未開化人遠比對文明人以更加直接得多的方式偶爾限制其人口的數量，因爲所有部落都週期地遭受飢餓的危害。這時，未開化人被迫去吃更惡劣得多的食物，他們的健康難免受到損害。關於他們在遭到飢餓之後或在飢餓期間肚子凸出

---

[59] 塞奇威克（Sedgwick），《英國及國外外科學評論》（*British and Foreign Medico-Chirurgical Review*），一八六三年七月，一七〇頁。

[60] 亨特，《孟加拉農村年報》（*The Annals of Rural Bengal*），一八六八年，二五九頁。

和四肢消瘦，已經有過許多記載。於是，他們被迫到處遊蕩，如我在澳大利亞聽到的，這時他們的嬰兒會大量死亡。由於飢餓是週期的，主要決定於非常的季節，因而所有部落的人口數量一定波動很大。他們不能穩定地、有規律地增長，因爲那裡的食物供給不會人爲地增加。未開化人當窮迫過甚時，就彼此侵犯領地，結果引起戰爭，其實他們與鄰近部落的戰爭幾乎不絕。他們在陸地和水上尋覓食物時，容易遇到許多意外；在一些地方他們受到猛獸的危害很大。在印度由於虎患，有些地區的人口減少了。

馬爾薩斯曾討論過這幾種抑制，但他對很可能是其中最重要的一種抑制，即殺嬰、特別是殺女嬰以及墮胎，卻強調得不夠。今天，世界上許多地方都盛行此事；據倫南（M'Lennan）先生說，以往殺嬰的規模還要更大。[61]此事的發生與其說由於未開化人認識到養活所有生下來的嬰兒是困難的，毋寧說是不可能的。淫亂生活也可以加入上述抑制，不過這不是生活手段匱乏所引起的；但有理由相信，在某些場合中（例如在日本），這是作爲一種控制人口的手段而有意地受到鼓勵。

如果我們回顧一下極其遠古的時代，在人類還沒有達到人的地位以前，他大概要比今天最低等的未開化人更多地受本能而更少地受理性所引導。我們早期的半人類祖先不會實行殺嬰或一妻多夫制；因爲低於人類的動物絕不會如此違反常情，[62]以導致牠們經常地殺害自己的後代，或全然無

---

[61] 《原始婚姻》（*Primitive Marriage*），一八六五年。

[62] 一位作者在《旁觀者》（*Spectator*，一八七一年三月十二日，三二〇頁）對這一段進行了如下的批評：「達爾文先生被迫再宣導人類墮落的新學說。他闡明高等動物的本性遠比未開化人種的習慣更爲高尚，所以他所再宣導的學說實質上乃是一種正教類型的，對此他似乎並未覺察；作爲一種科學假說，他提出這樣的學說，即，暫時的，但長期

所妒忌。那時婚姻不會受到謹慎的限制，男女雙方在年齡很輕的時候就會自由結合。因此，人類的祖先就趨向於迅速增殖；但某種抑制，無論是間歇的或經常的，一定曾經使其數量下降，甚至比對現今的未開化人還要劇烈。這等抑制的確切性質是什麼，我們還無法說出，就像我們對大多數其他動物的情況無法說出那樣，我們知道，馬和牛不是極其多產的動物，當最初縱放於南美時，牠們便以極大的速率增殖。象，爲所有已知動物中繁育最慢者，在幾千年之內其子孫便可占滿全世界。各種猴的物種的增殖一定要受到某種方法的抑制；但不像布雷姆所說的，是由於猛獸的侵襲而受到抑制。誰都不會假設美洲的野馬和野牛的實際繁殖力最初以任何明顯的程度增大了，或者由於牠們占滿了每個地區，這同樣的繁殖力便縮小了。毫無疑問，在這一情況以及在所有其他情況中，多種抑制同時發生作用，而且在不同的環境條件下有不同的抑制作用；因不良季節而發生的週期的飢餓可能是所有抑制中最重要的。對人類的早期祖先來說，亦復如此。

自然選擇

現在我們已經知道人類的身體和心理都是可變異的，這等變異就像在低等動物的場合中那樣，是由同樣的一般原因直接地或間接地所引起的，並且服從同樣的一般規律。人類廣布於地球上，在不斷的遷徙過程中[63]，一定接觸到多種多樣的外界條件。在這一半球的火地、好望角、塔斯馬尼亞

延續的道德敗壞的原因，乃是由於人類獲得知識，正如未開化部落的腐敗風俗，特別是婚姻表明了這一點。有一種猶太傳說，謂人類的道德墮落是由於獲得知識，這是他的最高本性所禁止的，其說有過於此否？」

[63] 關於這種效果，參閱斯坦利・傑文茲（W. Stanley Jevons）的優秀記載，〈根據達爾文學說的推論〉（A Deduction

（Tasmania）的居民，以及在另一半球的北極地區（Arctic regions）的居民，當到達他們現今的家鄉之前，一定經歷過多種氣候，而且多次改變了他們的習慣。[64]人類的早期祖先還像所有其他動物那樣，一定趨向於增殖到超越他們的生存手段以外；所以他們一定不時進行生存鬥爭，因而受到嚴格的自然選擇法則所支配。所有種類的有利變異將這樣偶爾地或經常地被保存下來，而有害變異則被淘汰。我所指的並非強烈顯著的構造離差，這只是間或發生的，我所指的僅是個體差異而已。例如，我們知道決定我們運動能力的手與足的肌肉，就像低等動物的那樣[65]，是容易不斷變異的。那麼，如果居住在任何地方的、特別是居住在外界條件發生了某種變化的一處地方的人類祖先分為相等兩部分，其中一部分的所有個人由於他們的運動能力最適應於獲得生計或保衛自己，他們就會比天賦較差的另一部分平均存活的人數較多，而且生下來的後代也較多。

即使現今在最野蠻狀況下生活的人類，也是這個地球上曾經出現過的最占優勢的動物。他比任何其他高等生物類型分布更廣；所有其他生物都屈服在他的面前。這種巨大的優越性顯然歸功於他的智慧，而且歸功於他的社會性——這引導他去幫助和保衛他的夥伴，同時還歸功於他的身體構造。這等特性的異常重要已由生活鬥爭的公斷所證明。透過他的智力，有音節的語言發展了；他的

---

from Darwin's Theory），載於《自然》（*Nature*），一八六九年，一三二頁。

[64] 拉瑟姆（Latham），《人類及其遷徙》（*Man and his Migrations*），一八五一年，一三五頁。

[65] 莫利和米伐特二位先生在其《狐猴類的解剖》（《動物學會學報》，第七卷，一八六九年，九十六—九十八頁）一文中說道：「有些肌肉在分布上是如此不規則，以致無法恰當地把它們歸入上述任何類群中。」這等肌肉甚至在同一個體的相對兩側也互不相同。

驚人的進步主要取決於此。正如昌西·賴特（Chauncey Wright）先生所談到的，「語言官能的心理分析闡明，語言的最小熟練程度比任何其他方面的最大熟練程度可能需要更多的腦力」。[66]他發明了而且能夠使用各種武器、工具、陷阱等等，借此他保衛自己，殺死或捕捉動物，並且用其他方法去獲得食物。他曾建造木筏或獨木舟從事捕魚，或渡海到鄰近肥沃的島嶼。他曾發明取火的技術，借此，把堅硬而多纖維的植物根弄成可消化的，並且把有毒的植物根或根部以外的部分弄成無毒的。取火的發明始於有史以前，這大概是人類在語言以外的最大發明。這幾種發明乃是他的觀察、記憶、好奇、想像以及推理諸種能力的直接結果，處於最野蠻狀況下的人類憑藉這些發明就可以變爲最優秀超群的了。所以，我不能理解華萊士（Wallace）先生爲什麼要主張：「自然選擇只能把略優於猿類的腦賦予未開化人。」[67]

---

[66]〈自然選擇的範圍〉（Limits of Natural Selection），見《北美評論》（*North American Review*），一八七〇年十月，二九五頁。

[67]《每季評論》（*Quarterly Review*），一八六九年四月，三九二頁。這個問題在華萊士先生的《對自然選擇學說的貢獻》（*Contributions to the Theory of Natural Selection*，一八七〇年）中進行了更充分的討論，本書所引用的一切論點均在該書重予發表。《人類隨筆》（*Essay on Man*）曾受到歐洲最著名的動物學者克拉帕雷德（Claparède）教授的巧妙批評，見《一般書目提要》（*Bibliothèque Universelle*），一八七〇年六月。本書所引用的華萊士的話，將使每一個讀過他的《從自然選擇學說推論人種的起源》（*The Origin of Human Races deduced from the Theory of Natural Selection*）那篇著名論文的人感到驚異，該文最初發表於《人類學評論》（一八六四年五月，一五八頁）。關於這篇論文，我不能不在這裡引用盧伯克（Lubbock）爵士的最公正的評論〔《史前時代》（*Prehistoric Times*），一八六五年，四七九頁〕，他說，華萊士先生「以特有的無私精神把自然選擇的概念無保留地歸功於達爾文先生，雖然，眾

對人類來說，智力和社會性雖然具有最高的重要性，但我們不能低估他的身體構造的重要性，本章其餘部分將專門討論這個問題，關於智力和社會性即道德官能的發展，將在以下兩章進行討論。

即使是準確地使用錘子，也並非一件容易的事，每一個學過木工的人都會承認這一點。像火地人那樣，把一塊石頭準確地投擲在目標上，以保衛自己或擊斃鳥類，則需要手、臂、肩各種肌肉高度完善的協同動作，而且，進一步還需要敏銳的觸覺。一個人投石或擲槍以及進行許多其他動作，必須雙足站穩；這又需要許多肌肉的完善的相互適應。把一塊燧石削成最粗糙的器具，或者用一塊骨頭製成鉤槍或釣針，則需要使用完善的手；因爲，正如最有才能的鑑定家斯庫克拉夫特（Schoolcraft）先生[68]所指出的，把碎石片製成刀、矛或箭，表明要有「異常的才能和長久的實踐」。原始人實行分工的事實在很大程度上證明了這一點；並非每一個人都製造他自己的石器或粗糙的陶器，而是某些人似乎專門從事這種工作，無疑用此來交換他人狩獵之所得。考古學者們相信，在我們祖先想到把削碎的燧石磨成光滑的器具之前，曾經歷了非常悠久的歲月。幾乎誰都不會懷疑，一種類人的動物，如果具有充分完善到可以準確投擲石塊的手和臂，或者可以把一塊燧石製成一種粗糙的器具，僅就機械技能而言，就能透過充分的實踐製作文明人所能製作的差不多任何器物。在這方面，手的構造可以與發音器官的構造相比，猿類的發音器官用於發出各種帶有信號的叫

所周知，他獨立地發現了這一概念，而且同時予以發表，即使他敘述得不如達爾文詳盡」。

68 勞森．泰特（Lawson Tait）在他的〈自然選擇法則〉（Law of Natural Selection）一文中引用，見《都柏林醫學季刊》（*Dublin Quarterly Journal of Medical Science*），一八六九年二月。凱勒（Keller）也引述過同樣的效果。

聲，有一個屬，可以發出音樂般的聲調；但是在人類，密切相似的發音器官透過使用的遺傳效果卻適於發出有音節的語言了。

現在我們轉來談談人類的最近親屬，也就是我們早期祖先最好的代表；我們發現四手類*的手是按照人手的同樣一般形式構成的，但對多種多樣用途的適應，則遠遠不夠完善。用於行進，牠們的手不及狗的腳；從黑猩猩和猩猩那樣的猴類可以看到這種情形，牠們用手掌的外緣或指關節（knuckles）行走。⑲然而牠們的手卻極好地適於爬樹。猴類用拇指在一邊、其餘四指和手掌在另一邊以抓住細樹枝或繩索，其方式和我們的一樣。這樣，牠們還能把相當大的東西，如瓶頸，舉到嘴邊。狒狒用手翻轉石頭，挖掘樹根。牠們可以用拇指對著其餘四指抓住堅果、昆蟲或其他小東西，這樣，牠們無疑還會從鳥巢中掏取鳥卵和小鳥。美洲猴用樹枝碰打野生橙，直到果皮裂開，然後用雙手的指頭把果皮撕去。牠們以一種狂暴的狀態用石塊把堅硬的果實砸開。其他猴用拇指把貝殼掰開。牠們用手指拔出身上的樹棘和果刺，而且彼此捉身上的寄生蟲。牠們從高處把石頭滾下，或者向牠們的敵對者投擲石塊；儘管如此，牠們在做各種這樣動作時卻非常笨拙，就像我親眼所見的那樣，牠們完全不能準確地把石頭投出去。

有人說，因爲猴類「抓握東西非常笨拙」，所以「一種專化差得更多的抓握器官」對牠們來

---

* 「四手類」係一種舊的動物分類，除去人類以外的靈長類動物均包括在內；而兩手類（Bimana）只包括人類。——譯者注

⑲ 歐文，《脊椎動物解剖學》，第三卷，七十一頁。

說，其用處和牠們具有現在那樣的手是同等美好的；⑩在我看來，這種說法非常不正確。相反，我看沒有理由可以懷疑，一雙構造更加完善的手，如果不致使牠們因此爬樹較差，大概對牠們還是有利的。我們可以猜想，完善得像人類那樣的手，大概不利於攀登；因爲世界上大多數樹棲的猴類，如美洲的蜘蛛猴（*Ateles*）、非洲的疣猴（*Colobus*）以及亞洲的長臂猿（*Hylobates*），或者拇指缺損，或者足趾部分地結合，所以牠們的四肢已變成純粹用於把握的鉤狀物了。⑪

靈長類（Primates）一大系的某些古代成員，由於謀生的方式發生變化，或者由於周圍環境發生某種變化，一旦達到較少樹棲的地步，牠的慣常的行進方式就會跟著改變；這樣，就要使牠更加嚴格地四足行動或二足行動。狒狒出沒於丘陵區或山區，只是在必要時，才攀登高樹；⑫所以牠們獲得了差不多像狗那樣的步法。僅有人類變爲二足動物，我以爲，我們可以部分地了解他怎樣取得最顯著特性之一的直立姿勢。沒有手的使用，人類是不能在世界上達到現今這樣支配地位的；他的手是如此美妙地適於按照他的意志進行動作。貝爾爵士堅決認爲，「人手提供一切工具，手與智

---

⑩《每季評論》，一八六九年四月，三九二頁。

⑪合趾長臂猿（*Hylobates syndactylus*），如這個名字所表示的，牠的兩個足趾固定地結合在一起；布賴茨（Blyth）先生告訴我說，敏捷長臂猿（*H. agilis*）、白手長臂猿（*H. lar*）、銀灰長臂猿（*H. leuciscus*）的足趾有時也是如此。疣猴是嚴格樹棲的，而且異常活潑（布雷姆，《動物生活》，第一卷，五十頁），但牠是否比近緣屬的物種更善於攀登，我還不知道。值得注意的是，世界上樹棲性最強的動物——樹懶（sloths）的腳與鉤異常相似。

⑫布雷姆，《動物生活》，第一卷，八十頁。

慧相一致便使人類成爲全世界的主宰」。[73]但是，只要手和臂慣常地用於行進和支援身體的全部重量，或者，如上所述，只要手和臂特別適於爬樹，那麼，它們就幾乎不能變得完善到足以製造武器或把石頭和矛槍準確地投擲到目標上的程度。手的這種簡單使用，還會使觸覺變鈍；而手的妙用大部分取決於觸覺。僅僅由於這些原因，變爲二足動物對人類也是有利的；不過雙臂和整個身體上部的自由，對許多動作的完成乃是必不可少的；而且爲了這個目的，他必須穩固地用腳站立。爲了得到這種巨大利益，人類的腳變得扁平了；而且大足趾發生了特殊的改變，但這使它幾乎完全失去了把握的能力。因爲手變得完善到適於把握，腳就應變得完善到適於支撐和行進，這與通行於整個動物界的生理分工原理是相符合的。然而在有些未開化人中，腳還沒有完全失去它的把握能力，他們的爬樹方式以及手的其他用法闡明了這一點。[74]

毫無疑問，用腳穩固地站立以及手與臂的自由對於人類是有利的，這已由在生活鬥爭中的卓越成功所證明，那麼，要說人類變得越來越直立或二足行動對他的祖先沒有利益，我看是沒有任何理由的。這樣，他們能用石塊或棍棒去防衛自己，攻擊他們所要捕食的動物，或用其他方法獲取食物。從長遠觀點來看，構造最好的個體將會取得最大的成功，而且大量生存下來。如果大猩猩和少

---

[73]〈人手〉（The Hand），見《布里奇沃特論文集》（*Bridgewater Treatise*），一八三三年，三十八頁。

[74]海克爾（Häckel）關於人類變爲二足動物的步驟進行了精彩的討論〔《自然創造史》（*Natürliche Schöpfungsgeschichte*），一八六八年，五〇七頁〕。比希納博士關於人把腳用爲把握器官舉出了一些好例子〔《達爾文學說討論集》（*Conférences sur la Théorie Darwinienne*），一八六九年，一三五頁〕；他還寫過高等猿類的行進方式，我在下一節將提到；關於這個問題，再參閱歐文的《脊椎動物解剖學》，第三卷，七十一頁。

數親緣關係密切的類型滅絕了，那麼，可能會有這樣的爭辯：一種動物不能由四足的逐漸變爲二足的，因爲處於一種中間狀態的所有個體都非常不適於行走；而這一爭辯是具有巨大的說服力和明顯的眞實性的。但是我們知道（這是値得好好思考的），類人猿現在實際上是處於一種中間狀態；而且總的看來，無疑牠們是很適應於牠們的生活條件的。例如，大猩猩以左右搖擺的蹣跚腳步奔跑，但在行進時通常是用兩隻彎垂的手來支撐。長臂猿有時把雙臂用做好像拐杖一般，牠們的身體在兩臂之間懸搖而前，某些種類的長臂猿在不經教導的情況下就還算能迅速地直立而行或奔跑；然而牠們行動笨拙，遠遠不及人走得穩當。總之，在現存的猴類中，我們看到一種介乎四足動物和二足動物之間的行進方式；但是，正如一位沒有偏見的鑑定家[75]所堅決主張的，類人猿在構造上距離二足動物比距離四足動物更近。

由於人類的祖先變得越來越直立，他們的手變得越來越適於把握和其他用途，他們的腳和腿同時變得適於穩固地支撐和行進，所以構造上其他無窮的變化就是不可避免的了。骨盆勢必加闊，脊骨特別彎曲，頭安置在已經改變的位置上，一切這等變化都是人類所曾經完成的。沙夫豪森教授主張，「人類頭骨上強有力的乳頭狀凸起就是他的直立姿勢的結果」；[76]猩猩、黑猩猩等都沒有這等

---

⑮ 布羅卡（Broca）教授，《尾椎的構造》（*La Constitution des Vertèbres caudales*），見《人類學評論》（*La Revue d'Anthropologie*），一八七二年，二十六頁（單行本）。

⑯ 〈關於論頭骨的原始形態〉（On the Primitive Form of the Skull），譯文見《人類學評論》（*Anthropological Review*），一八六八年十月，四二八頁。歐文論高等猿類的乳頭狀凸起，《脊椎動物解剖學》，第二卷，一八六六年，五五一頁。

凸起，大猩猩的比人類的小。在這裡還可以接著談談與人類直立姿勢有關聯的各種其他構造。很難確定，這等相關變異有多大程度是由於自然選擇的結果，有多大程度是由於某些部分增強使用的效果，或者，有多大程度是由於某一部分對另一部分所起的作用。毫無疑問，這等變化方式經常是協同進行的。例如，某些肌肉及其所附著的骨節當由於慣常使用而擴大時，這就闡明了某些動作是慣常進行的，而這等動作一定是有益的。因此，進行動作最好的個體乃有較多數量生存下來的傾向。

臂和手的自由使用，部分是直立姿勢的原因，部分是其結果，這似乎以一種間接的方式導致了構造的其他改變。如前所述，人類的早期男性祖先大概具有大型的犬齒；但是，由於他逐漸獲得了使用石塊、棍棒或其他武器以與敵對者或競爭者進行戰鬥的習慣，他們就越來越少地使用他們的頜（jaws）與牙。在這種情況下，頜與牙將會縮小，無數近似的事例使我們感到差不多確實如此。在此後一章中，我們將會遇到非常類似的例子，表明雄性反芻動物犬齒的縮小和完全消失顯然與角的發達有關係，而馬類，則與牠們用門牙和蹄進行鬥爭的習慣有關係。

正如呂蒂邁爾（Rütimeyer）[77]和其他人所堅決主張的，在成年的雄類人猿中，正是由於頜肌的非常發達對頭骨所產生的效果，才使它在許多方面與人類有如此重大差異，並且使這種動物的容貌確實可怕。所以，在人類祖先的頜與牙縮小之後，成年者的頭骨就會越來越與現存人類的相類似。正如我們以後將要看到的，雄性犬齒的縮小幾乎肯定要透過遺傳對雌性牙齒發生影響。

由於心理官能的逐漸發達，腦幾乎肯定要變大。我推測沒有人會懷疑，人腦體積與其身體

---

[77]《動物界的邊際；用達爾文學說進行的觀察》（*Die Grenzen der Thierwelt, eine Betrachtung zu Darwin's Lehre*），一八六八年，五十一頁。

的比例大於大猩猩或猩猩的腦體積與其身體的比例，是與人類的高度心理能力密切關聯的。在昆蟲方面，我們遇到密切近似的事實：蟻類的腦神經節（cerebral ganglia）異常之大，所有膜翅目（*Hymenoptera*）的腦神經節比智力較差的目、如甲蟲的腦神經節要大許多倍[78]。另一方面，沒有人會想像任何兩種動物或兩個人的智力可以由腦殼的容積準確地測定出來。肯定的是，有極小的一點純粹的神經物質，就可進行非凡的心理活動。例如，蟻類令人吃驚的各種各樣的本能、心理能力以及感情是眾所周知的，而牠們的腦神經節還不及一個小針頭的四分之一那樣大。從這個觀點來看，蟻腦乃是這個世界上的最不可思議的物質原子之一，也許比人腦更加不可思議。

關於人腦的大小與智慧的發達之間有某種密切關係這一信念，得到了未開化人和文明人的頭骨比較以及古代人和近代人的頭骨比較的支持，而且得到了從整個脊椎動物體系所看到的相似現象的支持。伯納德．戴維斯（J. Barnard Davis）博士[79]根據許多仔細的測量證明了，歐洲人頭骨的內容積爲九十二點三立方英寸；美洲人爲八十七點五；亞洲人爲八十七點一；澳洲人僅爲八十一點九立方英寸。布羅卡教授[80]發現，巴黎墳墓中的十九世紀頭骨大於十二世紀墓穴中的頭骨，其比例爲

---

⑱ 迪雅爾丹（Dujardin），《自然科學年刊》（*Annales des Sc. Nat.*），第十四卷，第三輯，動物部分，一八五〇年，二〇三頁。再參閱洛恩（Lowne）先生的《一種蠅（*Musca vomitoria*）的解剖及其生理》，一八七〇年，十四頁。我的兒子F．達爾文爲我解剖了紅褐林蟻（*Formica rufa*）的腦神經節。

⑲ 《科學學報》（*Philosophical Transactions*），一八六九年，五一三頁。

⑳ 《關於選擇》（*Les Sélections*），布羅卡，見《人類學評論》，一八七三年；再參閱沃格特的《人類講義》（*Lectures on Man*），英譯本，一八六四年，八十八，九十頁。普里查德，《人類體格史》，第一卷，一八三八年，

一千四百八十四比一千四百二十六；而且根據測量所確定的，增大部分完全在頭骨的前額——智慧的活動中心。普里查德相信，不列顛的現代居民比古代居民具有「寬闊得多的腦殼」。儘管如此，還必須承認，有些極其遠古的頭骨，如尼安德塔人（Neanderthal）*的一個著名的頭骨，也是非常發達而且寬闊的。[81]關於低等動物，拉脫特（M. E. Lartet）[82]根據對同一類群的第三紀哺乳動物和近代哺乳動物的顱骨比較，做出如下值得注意的結論，即在較近代的類型中，一般腦要較大些，腦迴要較複雜些。另一方面，我曾指出，家兔的腦體積與野兔或山兔的腦體積相比較，前者是相當地縮小了；[83]這大概可以歸因於牠們被嚴密地禁閉了許多代，很少運用到智力、本能、感覺以及隨意運動（voluntary movements）。

腦和頭骨重量的逐漸增加一定會影響作爲支柱的脊骨的發達，特別是當變得直立的時候尤其如此。當帶來這種姿勢變化之後，腦的內壓又要影響頭骨的形狀；因爲許多事實闡明了頭骨會多麼容

三〇五頁。

* 更新世晚期，舊石器時代中期的「古人」，分布在歐洲、北非、西亞一帶。——譯者注

[81] 在剛才提到的那篇有趣的文章中，布羅卡教授很好地談論了：在文明民族中由於保存了相當數量的身心皆弱的個人，其頭骨的平均體積一定要降低，這些人如在未開化狀態下，將會立刻被淘汰。另一方面，在未開化人中這個平均數僅包括那些在極其艱苦生活條件下能夠生存的富有才能的個人。於是布羅卡說明了一個沒有其他方法可以說明的事實，即洛澤爾（Lozère）的史前穴居人的頭骨平均容積爲什麼要比近代法國人的爲大。

[82] 《法蘭西科學報告》（*Comptes-rendus des Sciences*），一八六八年六月一日。

[83] 《動物和植物在家養下的變異》，第一卷，一二四—一二九頁。

易地受到這樣影響。民族學家相信，嬰兒所睡的搖籃種類就會使頭骨改變。肌肉的經常痙攣以及嚴重燒傷的疤痕，都會使面骨永久改變。青年人的頭由於疾病向一邊偏歪或向後歪，一隻眼睛就要改變位置，而且頭骨形狀顯然由於腦壓朝著新方向發生作用而有所改變。[84]我曾闡明，關於長耳兔，甚至像一隻耳朵向前垂下這樣一種微小的原因，也會把幾乎每一個頭骨都朝著那一邊向前拉；因而相對一側的頭骨就不嚴格對稱了。最後，如果任何動物在一般體積上，大幅度地增加或縮減而心理能力不發生任何變化，或者，如果心理能力大幅度地增加或縮減而身體體積不發生任何重大變化，那麼其頭骨形狀幾乎肯定要發生改變。我是根據對家兔的觀察做出這一推論的，有些種類的家兔變得比野兔大得很多，還有一些種類的家兔保持了與野兔差不多的大小，但是無論在哪一種情況下，牠們的腦與身體體積相比，都大幅度地縮小了。當我最初發現所有這等家兔的頭骨都變長了、即長頭（dolichocephalic）的時候，使我大吃一驚；例如一隻野兔的頭骨和一隻家兔的頭骨，其寬度差不多相等，但前者的長度爲三點一五英寸，而後者的長度卻爲四點三英寸。[85]不同人類種族之間最顯著的區別之一，就是有些種族的頭骨是長形的，有些是圓形的；家兔事例所提供的解釋，在這裡也適用；因爲韋爾克爾（Welcker）發現，矮個子「常傾向於短頭（brachycephaly）」，而高個子則

---

[84] 沙夫豪森所舉的有關痙攣和疤痕的例子，係根據布魯曼巴哈（Blumenbach）和布施（Busch）的資料，見《人類學評論》，一八六八年十月，四二〇頁。賈洛得（Jarrold）博士所舉的有關頭骨由於頭的部位不正而發生變異的例子，係根據坎波爾（Camper）和他自己的觀察，見《人類學》（*Anthropologia*），一八〇八年，一一五，一一六頁。他相信某些行業的人，如鞋匠，由於頭部經常向前傾，前額變得較圓而且凸出。

[85] 《動物和植物在家養下的變異》，第一卷，一一七頁，論述頭骨的變長；一一九頁，論述一隻垂耳的效果。

傾向於長頭」。[86]高個子的人可以與身體越來越大的家兔相比擬，所有這等家兔都是「長頭」的。

根據這幾個事實，我們在一定程度上可以理解人類如何獲得了大的而多少圓形的頭骨，而人類與低等動物相比，這正是最顯著不同的性狀。

人類和低等動物之間另一個最顯著的差異爲人類的皮膚無毛。鯨和海豚（鯨目，*Cetacea*），儒艮（海牛目，*Sirenia*）以及河馬都是無毛的，這對牠們滑游於水中可能是有利的；而且這不會散失體內熱量而對牠們有害；凡棲息在寒帶的物種，都有厚層脂肪保護身體，其效用與海豹和水獺的毛皮一樣。象和犀牛幾乎是無毛的；以往曾在極其寒冷地區生活過的某些滅絕種卻被有綿狀毛或茸毛，因此這兩個屬的現存種失去牠們的毛被似乎是由於暴露在炎熱之中的緣故。因爲印度的象生活於高寒地帶者比生活於低地者被有較多的毛[87]，所以上述好像越發可能了。那麼，我們是否可以這樣推論，人類之所以失去他們的毛是由於原本居住在某一熱帶地方嗎？現今男人主要在胸部和面部保存有毛，無論男人和女人都還在四肢與軀幹連接處保存有毛，這就支持了人類在直立以前就失去了毛的這樣一種推論；因爲現在毛保存得最多的部位，正是那時保護得最好而不受太陽熱輻射危害的部位。然而，頭頂卻提供了一個奇特的例外，因爲無論在任何時候它一定都是最暴露的部分之一，而它卻密被頭髮。可是，人類屬於靈長類，而靈長類的其他目（order）的成員雖然棲息於各式各樣的熱帶地方，卻周身有毛，一般朝上的表面最厚[88]，這一事實與人類透過日光作用而變

---

[86] 沙夫豪森引用，見《人類學評論》，一八六八年十月，四一九頁。

[87] 歐文，《脊椎動物解剖學》，第三卷，六一九頁。

[88] 小聖伊萊爾談到人類的頭部被有長髮（《自然史通論》（*Hist. Nat. Génèrale*），第二卷，一八五九年，二一五—

得無毛的假設恰恰相反。貝爾特（Belt）先生[89]相信，在熱帶地方，無毛對人類是一種利益，這樣可以避免大群的扁虱（蟎，acari）和其他寄生蟲，這些寄生蟲常常侵擾他，而且不時引起潰爛。但是，這種弊害是否會大到足可以透過自然選擇而導致他身體無毛，尚可懷疑，因爲在棲息於熱帶的許多四足動物中，據我所知，沒有一種獲得了解除這種痛苦的手段。在我看來，最可能的觀點是，男人、更確切地說是女人最初失去他們的毛，如我們將要在論「性選擇」中所看到的，是由於裝飾的目的；按照這一信念，人類與所有其他靈長類動物在毛髮方面表現有如此重大差異，就不足爲奇了，因爲，透過性選擇獲得的性狀在關係密切的類型中，其差異往往達到異常的程度。

按照一般印象，以爲尾巴的缺損乃是人類的顯著特點；但是，與人類關係最近的那些猿類也沒有這一器官，因此它的消失並非專與人類有關聯。在同一個屬內，尾的長度常常有巨大差別。例如獼猴屬的某些物種的尾比牠們的整個身體還要長，由二十四塊椎骨形成；而在另外一些物種中，它僅是一個幾乎看不見的殘根，只包含三至四塊椎骨。有些種類的狒狒，牠們的尾包含二十五塊椎骨，而山魈（mandrill）的尾只有十塊很小的、發育不全的尾椎，或者，按照居維葉（Cuvier）的

二一七頁），還談到猴類和其他哺乳動物的朝上表面比朝下表面具有較厚的毛。不同的作者同樣也觀察到這一點。然而熱爾韋茲（P. Gervais）教授卻說，大猩猩的背部卻比朝下部分的毛稀，這部分是由於被摩擦掉了。

[89]《博物學家在尼加拉瓜》（*Naturalist in Nicaragua*），一八七四年，二〇九頁。我引用的下述丹尼生（W. Denison）爵士所寫的一節，是與貝爾特先生的觀點一致的，「據說澳洲人有一種習慣：當蚤虱來找麻煩的時候，就用微火灼燒自己」。

說法，有時只有五塊尾椎。[90]尾無論長的或短的，幾乎永遠在末端逐漸變細；我假定這是由於末端肌肉透過不使用而萎縮的結果，一齊萎縮的還有它的動脈和神經，因而導致了末端椎骨的萎縮。但是，關於它的長度常常發生的巨大差異，現在還無法提出解釋。然而，這裡我們所特別關注的卻是尾的外部完全消失。布羅卡教授[91]最近闡述了，所有四足動物的尾均由兩個部分組成，一般彼此截然分開；基部所包含的椎骨就像正常椎骨那樣地具有多少完善的骨溝和骨凸（apophyses）；而端部則不具骨溝，幾乎是平的，簡直不似眞正的椎骨。雖然看不見人類和類人猿外部有尾，實際上卻是存在的，而且其基部和端部以完全一樣的形式構成。形成尾骨的端部椎骨完全是殘跡的，其體積和數量大大縮減。基部椎骨同樣也很少，牢固地結合在一起，發育受到抑制；但它們因此比其他動物的尾的相應椎骨寬闊得多而且扁平得多，它們構成了布羅卡所謂的副薦椎（accessory sacral vertebrae）。對於支援某些內在部分和在其他方面，它們具有機能上的重要性；而且它們的變異與人類以及類人猿的直立姿勢或半直立姿勢直接相關聯。由於布羅卡以前持有不同的觀點，而現在他已放棄，所以這一結論更可信賴。因此，人類以及高等猿類的基部尾椎的變異是直接地或者間接地透過自然選擇而完成的。

但是，關於尾端部殘跡的並且容易變異的椎骨，即形成尾骨者，我們該說些什麼呢？有一

---

[90] 聖喬治·米伐特先生，《動物學會會報》，一八六五年，五六二、五八三頁。格雷（J. E. Gray）博士，《大英博物館目錄：骨骼部分》（*Cat. Brit. Mus.*）。歐文，《脊椎動物解剖學》，第二卷，五一七頁。小聖伊萊爾，《自然史通論》，第二卷，二四四頁。

[91] 《人類學評論》，一八七二年；《尾椎的構造》（*La Constitution des Vertèbres caudales*）。

種見解曾經常常受到嘲笑，無疑今後還會受到嘲笑，即認爲尾的外部的消失與摩擦多少有些關係，而這一見解最初看來好像並不那樣荒謬可笑。安德森（Anderson）[92]博士說，褐猴（*Macacus brunneus*）的極短的尾是由十一塊椎骨形成的，嵌在肉裡的基部椎骨也包括在內。尾端是腱質的，並不含椎骨；繼此之後爲五塊殘跡的椎骨，它們如此之小，其長度合在一起也不過一「賴因」（line）*半，而且永久彎向一邊成鉤狀。尾的自由部分僅略多於一英寸長，只包含四塊更小的椎骨。這個短尾可以直豎，但其全長的約四分之一向內折疊於左方；包括鉤狀部分在內的這一末端用於「塡充老繭皮上方分開部分的間隙」；這種動物坐於其上，這樣便使它成爲粗糙的並且起老繭。於是安德森博士總結其觀察所得如下：「在我看來，對這等事實只能有一種解釋；由於這種尾是短的，當猴坐下來的時候，便可隨心所欲地放置它，當猴取這種坐勢時經常把它置於其下；因此尾不能伸出坐骨粗隆（ischial tuberosities）的末端之外，最初好像按照這種動物的意願，將其尾彎成圓形置於老繭皮間的空隙，以避免在地面和老繭皮之間受到擠壓，當彎曲變爲永久性的時候，把它坐在下面自能適合。」在這種情況下，尾的表皮變得粗糙和起老繭，就不足爲奇了，莫利博士[93]在倫敦動物園裡曾仔細觀察過這個物種以及另外三個尾巴稍長的密切近似的類型，他說，當這種動物坐下來時，牠們的尾「必定要伸到臀部的某一邊；無論它是長的或短的，尾根因而都容易受到摩擦或

[92]《動物學會會報》，一八七二年，二一〇頁。

* 一「賴因」爲十二分之一英寸。——譯者注

[93]《動物學會會報》，一八七二年，七八六頁。

擦傷」。關於肢體損傷有時會產生遺傳效果，[94]現在我們已有證據；因此，在短尾猴中，尾的凸出部分既在機能上無用，且由於不斷地受到摩擦或擦傷，經歷許多世代之後變爲殘跡的和彎曲的，看來並非是很不可能的事。我們看到褐猴尾的凸出部分就是這種狀態，而叟猴（*M. ecaudatus*）以及幾種高等猿的尾的凸出部分則是絕對發育不全的。最後，就我們所能判斷的來說，人類和類人猿的尾是由於其末端在悠久的歲月裡受到摩擦的損傷而消失了；嵌在肉內的基部縮小了而且變異了，以致可以適於直立的或半直立的姿勢。

現在我已盡力闡明了，人類某些最獨特的性狀多半是直接地、或者更加普通的是間接地透過自然選擇而獲得的。我們應該記住，構造或體質的變異，如果不能使一個有機體適應於它的生活習性、它所消費的食物，或者被動地適應於環境條件，就不能這樣獲得之。但決定什麼變異對每種生物是有用的，我們切不可過於自信：我們應該記住，對於許多部分的用途，或者對於血液或組織中的何種變化可以使一種有機體適合於新的氣候或新的食物種類，我們所知道的是何等之少。我們也一定不要忘記，相關作用的原理，如小聖伊萊爾在人類場合中所闡明的那樣，把構造的許多奇特離差都束縛在一起了。與相關作用無關，某一部分的一種變化透過其他部分的增強使用或減弱使用，常常會導致一種完全意想不到的性質的其他變化。對於下述事實加以思考是有好處的，如一種昆蟲

---

[94] 我所指的是布朗—塞加爾（Brown-Séquard）對豚鼠在施行手術後所發生的癲癇症的遺傳效果以及最近對切斷頸部交感神經的相似效果所進行的觀察。今後我還有機會提到沙爾文（Salvin）先生所舉的有趣事例，即翠鴗（motmots）自己咬去其尾羽的遺傳效果。關於這個問題的一般論述，參閱《動物和植物在家養下的變異》，第二卷，二十二—二十四頁。

的毒可以招致一些植物奇妙地生長樹癭，飼餵某些魚類或注射蟾蜍的毒可以使鸚鵡的羽衣顏色發生顯著變化；[95]於是我們可以知道，組織系統的體液如果爲了某種特殊目的而發生改變，就會引起其他變化。我們應該特別記住，爲了某種有用的目的，在過去時期內獲得的而且不斷使用的變異，大概會牢穩地固定下來，而且會長久地被遺傳下去。

這樣，就可使自然選擇的直接的和間接的結果擴展到巨大而無限定的範圍；讀了內格利（Nägeli）的有關植物的論文以及各位作者的有關動物的議論，特別是讀了布羅卡教授最近寫的那些文章之後，現在我承認我在《物種起源》最初幾版中，也許歸功於自然選擇或最適者生存的作用未免過分了。我對《物種起源》第五版已做了一些改動，以便把我的論述侷限在構造的適應性變化方面；但是，甚至最近幾年所得到的事實也使我確信，在我們看來現今似乎無用的很多種構造，今後將被證明是有用的，因而將會進入自然選擇的範圍之內。就我們現在所能判斷的來說，有些構造的存在既是無益的也是無害的，對此我以前沒有充分的考慮，我相信這是迄今在我的著作中所發覺的最大失察之一。作爲某種藉口，或者可以允許我這樣說：我曾著眼於兩個明確的目的，其一，在於闡明物種不是被分別創造的，其二，在於闡明自然選擇是變化的主要動因，雖然它大部分借助於習性的遺傳效果，並且小部分借助於環境條件的直接作用。然而，過去我未能消除我以往信念的影響，當時這幾乎是一種普遍的信念，即各個物種都是有目的地被創造的；這就會導致我不言而喻地去設想，構造每一細微之點，殘跡構造除外，都有某種特別的、雖然未被認識的用途。一個人如果在頭腦裡有這種設想，他自然會把自然選擇無論過去或現在所起的作用過分誇大。有些承認進化論

[95]《動物和植物在家養下的變異》，第二卷，二八〇，二八二頁。

但否定自然選擇的人們，當批評我的書時似乎忘記了我曾著眼的上述兩個目的；因此，如果我在給予自然選擇以巨大力量方面犯了錯誤——這是我完全不能承認的，或者我誇大了它的力量——在其本身來說這是可能的，那麼我希望，至少我在幫助推翻物種被分別創造的教條方面做出了有益的貢獻。

就我所能知道的來說，所有生物，包括人類在內，可能均有無論過去或現在都是毫無用處的，因而不具任何生理重要性的構造特點。我們還不知道各個物種的諸個體之間的無數微小差異何以產生，因爲返祖只不過把這個問題向後推移了少數幾步，但每一個特點一定都曾經有過它的生效的原因。不管這等原因是什麼，如果它們在一個長久時期內比較一致地和有力地發生作用（沒有理由可以反對這一點），其結果大概不是僅僅的微小個體差異，而是十分顯著而穩定的變異，雖然它們不具生理重要性。變化了的構造如果完全是無益的，就不能透過自然選擇而保持一致，雖然變化了的有害構造將因此而被淘汰。然而，性狀的一致性自然是起於激發原因的假定一致性，同樣也是起於眾多個體的自由雜交。在連續的時期內，同一個有機體可能以這種方式獲得連續的變異，只要激發原因保持不變而且自由雜交如故，則這等變異將以差不多一致的狀態被傳遞下去。關於激發原因我們所能說的，就像談到所謂自發變異（spontaneous variation）時那樣，只是，它們與變異著的有機體體質的關係要比與其外界條件性質的關係密切得多。

結論

我們在這一章裡已看到，人類在今天，就像每一種其他動物那樣，容易發生多種多樣的個體差異，即微小的變異，人類的早期祖先無疑也是如此；這等變異在以往與現在一樣，都是由同樣的一般原因所引起的，並且受同樣的一般而複雜的法則所支配。由於所有動物的增殖都有超出其生存資源的傾向，所以人類的祖先一定也是如此；這就要不可避免地導致生存鬥爭和自然選擇。後一過程大大受助於身體諸部分增強使用的遺傳效果，這兩種過程彼此相作用，永無止息。還有，如我們以後將要看到的，人類似乎是透過性選擇獲得了各種不重要的性狀。此外還有無法解釋的變化，只好把它們留給那些假定的未知力量的一致作用，這種作用在我們家養生物中偶然會引起強烈顯著而突發的構造離差。

根據未開化人以及大多數四手類的習性來判斷，原始人而且甚至人類的似猿祖先大概都是過社會生活的。關於嚴格社會性的動物，自然選擇不時透過保存有利於群體的變異而對個體發生作用。一個群體如果包含大量稟賦良好的個體，就會增加其數量，而且就會戰勝其他天賦較差者；即使個別成員並不優於同群的其他成員，也是如此。例如，群居昆蟲所獲得的許多奇異構造，如工蜂的花粉採集器或螫針，兵蟻的巨大顎部，對於個體來說都是用處不大或者毫無用處的。關於高等社會性的動物，我還不知道有任何構造專爲群體的利益而發生變異，雖然有些構造變異對於群體具有第二位的用途。例如，反芻動物的角、狒狒的大型犬齒，由雄性獲得似乎是作爲進行性競爭的武器，但也用於保衛獸群。至於某些心理能力，如我們在第五章將要看到的，情況就完全不同了；因爲這等能力的獲得主要是甚至專門是爲了群體的利益，而個體不過因此同時間接地得到了利益而已。

上述這等觀點常常遭到反對，謂人類乃是世界上最不能自助和自衛的一種動物，在其早期和發育不佳的狀態下，他更加無助。例如，阿蓋爾公爵（Duke of Argyll）[96]堅決主張，「人類的體制

---

[96]《原始人類》（*Primeval Man*），一八六九年，六十六頁。

與獸類的構造之分歧，較大的是在身體的不能自助性和軟弱性那個方面。這就是說，在其他一切分歧中，這是最不能把它歸因於單純的自然選擇的」。他提到，身體無毛和無保護的狀態，缺少用於自衛的大型牙齒或爪，人類的力氣小而且速度慢，以及用嗅覺去發現食物或避免危險的能力薄弱。在這些缺點中似乎還可以加上一個更爲嚴重的缺點，即人類不能迅速登爬以逃避敵對者。體毛的消失對熱帶居民來說大概不是什麼重大損害。因爲我們知道，不穿衣服的火地人在惡劣氣候下也能生存。當我們以人類的不能自衛狀態與猿類相比較時，我們必須記住，猿類所具的大型犬齒，只是在其充分發育時專爲雄性所有，而且主要用於與其他雄性爭取雌性的鬥爭；雌性雖不具此，也照樣生存。

關於體格大小或體力強弱，我們還不知道人類究竟是從黑猩猩那樣的某一小型物種傳下來的呢，還是從強有力的大猩猩那樣的物種傳下來的；所以我們不能說，人類較其祖先變得更大更強些，還是變得更小更弱些。然而我們應該記住，正是體格大的、力量強的而且兇猛的、像大猩猩那樣可以保衛自己不受一切敵對者危害的一種動物，也許未曾變爲社會性的：恰恰是這一點最有效地阻止了高級心理屬性——如對其夥伴的同情和熱愛——的獲得。來自某種比較軟弱的生物，這對於人類來說可能是一種巨大的優勢。

人類的力氣小、速度慢，本身不具天然武器等等，可由下列幾點得到平衡而有餘，即，第一，透過他的智力，他爲自己製造了武器、器具等，即使依然處於野蠻狀態下，也能如此。第二，他的社會性導致了他和同伴們相互幫助。世界上沒有一處地方像南非那樣地充滿了危險的野獸，沒有一處地方像北極地區那樣地呈現了可怕的物質艱難，然而，一個最弱小的種族——布希曼族

（Bushmen）*屹立於南非；矮小的愛斯基摩人（Esquimaux）則屹立於北極地區。毫無疑問，人類的祖先在智力方面，大概也在社會性方面，均劣於現存的最低等未開化人；但完全可以想像得到，如果他們在智力方面進步了，同時逐漸失去了他們的野獸般的能力，如爬樹等，他們也會生存下來，甚至繁盛起來。如果這些祖先當時居住在溫暖的大陸或大島如澳大利亞、新幾內亞（New Guinea）、婆羅洲（Borneo）**——這些地方正是猩猩的現在故鄉，即使他們遠比任何現存的未開化人更加不能自助和自衛，也不致遭遇任何特別的危險。在上述那樣廣闊的區域裡，由部落與部落之間的競爭而引起的自然選擇，再加上習性的遺傳效果，在適宜的條件下足以把人類提高到現今他在生物等級中所占據的那樣高上位置。

---

* 南非喀拉哈里沙漠地區一個游牧部族。——譯者注

** 加里曼丹（Kalimantan）的舊稱，爲亞洲一大島。——譯者注

第三章　人類與低於人類的動物的心理能力比較

我們在前兩章中看到，人類在其身體構造上帶有來自某一低等類型的明顯痕跡；但也許可以這樣說：由於人類在其心理能力（mental power）上與所有其他動物的差別是如此之大，因而這一結論一定還存在某種錯誤。毫無疑問，這一方面的差別是巨大的，即使我們把一個最低等未開化人——他沒有可以表達四以上數目的任何字眼，並且對普通事物或感情也幾乎不會使用任何抽象的名詞①——的心理與一隻最高等猿的心理加以比較，也是如此。縱然一種高等猿類改進或開化到像一隻狗超出其祖先狼或豺（jackal）那樣的程度，二者之間的差別無疑還是巨大的。火地人可以列爲最低等的野蠻人，在英國皇家軍艦「小獵犬」（Beagle）號上有三個火地土人，他們曾在英國住過幾年，並且能說一點英語，這三個人在氣質和大多數心理官能（mental faculties）上與我們如此密切相似，以致經常使我感到驚奇不已。如果除了人類以外沒有一種生物具有任何心理能力，或者，如果人類的心理能力性質完全不同於低於人類的動物的，那麼我們永遠不能使自己相信人類的高等智慧乃是逐漸發展而來的。但可以闡明，二者基本上沒有這種差別。我們還必須承認，一種最低等魚類如七鰓鰻（lamprey）或文昌魚（lancelet）同一種高等猿類在心理能力上的間隔要比猿類與人類在這方面的間隔廣闊得多，而這一間隔是被無數級進（gradations）填補起來的。

---

①關於這幾方面的證據，參閱盧伯克的《史前時代》，三五四頁等。

就道德傾向（moral disposition）來說，像老航海家拜倫（Byron）所描述的那個野蠻人，因其子傾落一籃海參，就把他撞死在岩石上，以之比霍華德（Howard）*或克拉克森（Clarkson）*，其間的差別誠然不小。就智力來說，一個幾乎不會使用任何抽象名詞的野蠻人和牛頓（Newton）**或莎士比亞（Shakespeare）**之間的差別，亦復如此。最高等種族的最高等人士和最低等未開化人之間的這種差別，彼此是由最細小的等級連接起來的。因此，他們由這一端變化和發展到另一端，是可能的。

這一章的目的在於闡明，在心理官能上人類和高等哺乳動物之間並沒有基本差別。這個題目的每一部分都可以擴充爲一篇單獨的論文，但在這裡只能簡短地加以討論。因爲關於心理能力還沒有一種普遍被接受的分類方法，所以我將按照最適於我的目的的順序來安排我的論述；並且選用那些給我印象最深的事實，我希望它們對讀者會產生一些影響。

關於等級很低的動物，我將在討論「性選擇」時補充一些事實，以闡明牠們的心理能力之高遠遠超出我們的意料之外。同一物種中諸個體的心理官能變異性，對我們來說是一個重要之點，所以要在這裡舉出少數例證。但關於這個問題，我不準備詳加討論，因爲我根據多次調查得知，所有那些長期對許多種類動物甚至鳥類注意觀察過的人們都一致認爲，個體之間的每一種心理特性，都有

---

* Henry Howard，英國詩人，一五一七?—一五四七。Thomas Clarkson，英國人，奴隸廢除主義者，一七六〇—一八四六。——譯者注

** Isaac Newton，英國自然科學家，一六四二—一七二七。William Shakespeare，英國詩人，戲劇家，一五六四—一六一六。——譯者注

重大差別。要問心理能力在最低等有機體中最初是以怎樣的方式發展起來的，就如同問生命本身是怎樣起源的一樣，目前還是沒有希望得到解答。如果這些是人確能解決的問題，那也有待於遙遠的未來了。

由於人類具有和低於人類的動物同樣的感覺，所以人類的基本直覺（intuitions）一定也是同樣的。人類和低等動物還有某些少數共同的本性，如自保、性愛，母親對新生兒女的愛，新生兒女吸乳的慾望，等等。不過人類所具有的本能也許比低於人類的動物所具有的本能要稍微少一些。東印度群島的猩猩以及非洲的黑猩猩，均築平臺作爲宿所，由於這兩個物種遵循這同樣的習性，或許可以這樣辯說：這是出於本能，但我們無法肯定，這不是由於這兩種動物有相似的需要而且有相似的推理能力的結果。像我們所設想的那樣，這等猿類不吃許多種熱帶的有毒果實，而人就沒有這種知識。但是，當我們的家畜被帶到異地時，在春季第一次把牠們放出去，常常會吃到毒草，不過以後牠們就會學會避開了；我們還無法肯定，猿類不會從牠們自己的經驗中或者從牠們雙親的經驗中去選吃什麼樣的果實。然而，像我們即將看到的那樣，猿類肯定有怕蛇的本能，並且可能還有怕其他危險動物的本能。與低等動物的本能相對照，高等動物的本能顯著地比較少而簡單。居維葉主張本能和智力彼此成反比，有些人以爲高等動物的智慧是從牠們的本能發展而來的。但普歇（**Pouchet**）在一篇有趣的論文②中闡明，這種反比實際上是不存在的。具有最奇異本能的那些昆蟲肯定是最有智力的。在脊椎動物的系列中，智力最差的成員如魚類和兩棲類，都沒有複雜的本

② 《關於昆蟲的本能》（*L'Instinct chez les Insectes*），見《兩個世界評論》（*Revue des Deux Mondes*），一八七〇年二月，六九〇頁。

能；在哺乳動物中，以其本能著稱的動物如河狸（beaver），則有高度的智力，每一個讀過莫爾根（Morgan）先生的優秀著作③的人都會承認這一點。

雖然按照赫伯特．斯賓塞先生④的說法，智力的最初端緒是透過反射作用（reflex actions）發展而來的，雖然比較簡單的本能逐漸變爲反射作用而且二者幾乎無法區別，如幼小動物的吮乳，但更加複雜的本能的起源，似乎還是與智力無關。然而我絕不是否認本能活動會失去其固定的和不學自會的特性並且可以由自由意志（free will）所助成的其他特性所代替。另一方面，有些智力活動進行了幾代之後，還會轉變成本能而被遺傳下去，如海島上的鳥類學會避人就是這樣。於是這等活動可以被說成是特性的退化，因爲這種活動進行不再透過理性或經驗了。但是，大多數比較複雜的本能似乎是以一種完全不同的方式被獲得的，即由於比較簡單的本能活動的變異受到了自然選擇。這等變異似乎是由作用於腦組織的同樣未知原因而發生的，引起身體其他部分發生微小變異或個體差異的就是這等原因；由於我們的無知，這等變異常常被說成是自然發生的。我以爲，關於比較複雜的本能的起源，我們還做不出任何其他結論，如果我們考慮一下不育的工蟻和工蜂的不可思議的本能，而牠們卻不留後代以承繼牠們的經驗和改變了的習性的效果，就可想而知了。

雖然我們從上述昆蟲和河狸認識到高度的智力與複雜的本能確是共存的，雖然最初隨意學得的動作不久可以透過習性以一種反射作用迅速而準確地進行之，但自由智力（free intelligence）和本能之間還有一定程度的牴觸——後者含有腦的某種遺傳變異。關於腦的功能，我們所知者甚少，

---

③《美洲河狸及其行爲》（*The American Beaver and His Works*），一八六八年。

④《心理學原理》（*The Principles of Psychology*），第二版，一八七〇年，四一八—四四三頁。

但我們能夠覺察到，當智力變得高度發達時，一定有最自由溝通的而且極其錯綜複雜的管道把腦的各部分連接在一起；因此，每一個獨立部分恐怕要較差地適於以一種確切的和遺傳的——即本能的——方式去回答特殊的感覺或聯想（associations）。甚至在智力的低級程度和形成固定的、但不是遺傳的習性的強烈傾向之間似乎也存在著某種關係。因爲一位富有洞察力的醫生告訴我說，稍微有點低能的人都傾向於按照常規、即習性行動，如果受鼓勵，就會使他非常高興。

我以爲這種離題之論還是值得一提的，因爲，當我們把高等動物、特別是人類的以記憶力、預見力、推理力和想像力爲基礎的心理能力活動和低於人類的動物以本能來執行的完全相似的活動加以比較時，我們也許容易地低估前者的心理能力；在低等動物的場合中，執行這等活動的能力是透過心理器官在各個連續世代中的變異性和自然選擇逐步被獲得的，而與動物所表現的任何有意識的智力無關。正如華萊士先生⑤所辯說的，人類所完成的很多智力工作無疑是由於模仿，而不是由於理性；但人類的活動和低於人類的動物的許多這等活動之間的重大差別，即在於此。這就是說，人類不會透過他的模仿力在最初一試中就能製造比如說一把石斧或一條獨木舟，人類必須透過實踐去學習工作；另一方面，一隻河狸築造牠的堤堰或水道*，一隻鳥築造牠的巢，在最初一試中其完善程度就可以像牠年老而有經驗時一樣，或者差不多一樣，而一隻蜘蛛在最初一試中所織成的網與其

---

⑤《對自然選擇學說的貢獻》（*Contributions to the Theory of Natural Selection*），一八七〇年，二一二頁。

* 河狸巧於築巢，常在巢外築堤爲堰貯水，以防敵襲。築巢所用的材料主要爲木枝、黏土和礫石，入林採取木枝及搬運方法亦非常巧妙。——譯者注

年老而有經驗時所織成的就完全一樣地完善了。⑥

現在回到本題上來：低等動物像人那樣也會感到快樂和悲傷，幸福和苦難。幼小動物如小狗、小貓、小羊等在一起玩耍時和我們的小孩一樣，沒有比牠們在這時所表現出的幸福感更加明顯的了。甚至昆蟲，如卓越的觀察家于貝爾（Huber）⑦所描述的，也像許多種類小狗那樣地在一起玩耍，他曾看到一些蟻相互追逐，彼此假相咬齧。

低於人類的動物可以被和我們同樣的感情所激動，這個事實已經如此充分地得到證明，以致沒有必要再詳加說明而引起讀者厭煩。恐怖對牠們發生作用的方式就與對我們一樣，會引起肌肉顫抖、心臟跳動、括約肌（sphincters）鬆弛以及毛髮豎立。猜疑是畏懼的產物，它是大多數野生動物的顯著特性。坦南特（E. Tennent）爵士關於用做誘捕其他象的雌象行爲寫過一篇報導，我想凡是讀過這篇報導的人不可能不承認這些雌象是有意識地在玩弄欺詐，而且深知牠們在幹什麼。勇敢和怯懦在同一物種的諸個體中是極端容易變異的屬性，這在我們養的狗中有明顯的表現。有些狗和馬的脾氣壞，容易生氣，還有一些狗和馬的脾氣好，這等屬性肯定是遺傳的。誰都知道動物多麼容易狂怒，而且表達得多麼明顯。關於各種動物經過一段期間後還會狡猾地進行報復，已經發表過許多逸事，看來這大概是眞實的。倫格爾和布雷姆⑧說，他們所馴養的美洲猴和非洲猴確實會施行

---

⑥ 關於這個問題的證據，參閱摩格芮芝（Moggridge）先生的有趣著作，《農蟻和螲》（*Harvesting Ants and Trap-door Spiders*），一八七三年，一二六，一二八頁。

⑦ 《蟻類習性的研究》（*Recherches sur les Mœurs des Fourmis*），一八一〇年，一七三頁。

⑧ 所有以下根據這兩位博物學家所做的敘述，均引自倫格爾的《巴拉圭哺乳動物志》（*Naturgesch.der Säugethiere von*

報復。動物學家安德魯・史密斯（Andrew Smith）爵士的嚴格認眞是眾所周知的，他給我講過一個他親眼所見的故事：在好望角有一位軍官經常虐待一隻狒狒，某星期日當這隻狒狒看到他列隊前進時，便把水倒入一個小坑裡，急忙和些稠泥，當這位軍官走近時，牠熟練地把稠泥向他猛砸過去，於是逗得許多旁觀者發笑。很久以後，每當這隻狒狒看到這位受害者的時候，還表現出勝利的歡欣。

狗對主人的愛是眾所周知的，一位往昔的作者[9]富有風趣地說道：「在這個世界上，狗是愛你甚於愛牠自己的唯一動物。」據知，狗在臨死的極度痛苦中還撫愛牠的主人，大家都聽說過，正在被解剖中的一隻狗還去舐解剖者的手；除非這次解剖確可增加我們的知識，要不，除非解剖者心如頑石，否則他必將悔恨終生。

正如休厄爾（Whewell）[10]有理由地問道：「一切民族的婦女的母愛與一切雌性動物的母愛如此經常地聯繫在一起，以致讀過這等動人事例的人，能夠懷疑在這兩種情況中的行爲原則不是一樣的嗎？」我們看到在微小細節上所表現出來的母愛，例如，倫格爾觀察到一隻美洲猴（捲尾猴，*Cebus*）小心地把打擾母猴的幼兒的蠅子趕跑；迪沃塞爾（Duvaucel）看到一隻長臂猿（Hylobates）在一條小河邊爲牠的幼兒洗臉。雌猴失去牠們的幼兒時，其悲痛是如此劇烈，以致

Paraguay），一八三〇年，四十一—五十七頁；以及布雷姆的《動物生活》，第一卷，十一—八十七頁。

⑨ 琳賽博士（Dr. L. Lindsay）在他的《低於人類的動物精神生理學》（Physiology of Mind in the Lower Animals）一文中引用，見《心理學雜誌》（*Jour. of Mental Science*），一八七一年四月，三十八頁。

⑩ 《布里奇沃特論文集》（*Bridgewater Treatise*），二六三頁。

布雷姆在北非圈養的某些種類必定因此而死去。早孤的幼猴總是由其他雄猴和雌猴收來撫養，並且受到小心保護。有一隻雌狒狒，牠的心腸如此寬大，不僅收養其他物種的幼猴，而且還偷取小狗和小貓，隨時把牠們帶在身邊。然而，在把牠的食物分給受撫養的幼猴方面，牠就不那樣仁慈了，這使布雷姆感到意外，因爲牠養的猴總是把每一件東西十分公平地分給牠親生的幼猴。一隻受撫養的小貓抓傷了這隻深情的狒狒，這隻狒狒肯定是敏銳的，因爲牠對被抓感到非常驚訝，隨即檢查小貓的腳，立刻把牠的爪咬去。⑪倫敦動物園的一位管理員告訴我說，在那裡有一隻老狒狒（*C. chacma*），牠撫養一隻獼猴（Rhesus monkey），但是，當把一隻幼山魈（drill）和西非山魈放進籠檻時，牠似乎覺察到這兩隻猴雖屬於異種，卻是牠的較近親屬，於是牠立刻丟棄那隻獼猴，而收養了幼山魈和西非山魈。我看到這隻小獼猴對於受到這樣遺棄，表示非常不滿，牠像一個頑皮兒童那樣地給小山魈和小西非山魈找麻煩並攻擊牠們，每當牠能安全地這樣做的時候牠就這樣做，這種行徑激起了老狒狒的很大憤慨。按照布雷姆的說法，猴類當其主人受到任何侵犯時都會保護他，就像主人所養的狗當他受到別的狗侵犯時對他進行保護一樣。但我們在這裡觸及了同情和忠誠的問題，以後我還要討論這一點。布雷姆養的有些猴以各種巧妙的方法戲弄牠們所厭惡的一隻老狗和其他動物，並由此感到非常高興。

大多數比較複雜的情緒是人類和高等動物所共有的。眾所周知，如果一隻狗的主人對任何其他

---

⑪ 一位批評者毫無根據地對布雷姆所描述的這種行爲的可能性提出質疑〔《每季評論》（*Quarterly Review*），一八七一年七月，七十二頁〕，這不過是爲了攻擊我的書而已。所以我自行試驗，發現我能夠輕易地用我的牙把一隻將近五週的小貓的小利爪咬住。

動物表示過分地親熱，這隻狗會多麼妒忌；關於猴，我曾觀察到同樣的事實。這闡明動物不僅會施愛於他，而且有受愛的慾望。動物顯然有好勝心，牠們喜歡受到稱讚。狗爲牠的主人提著籃子，就會表現出高度的自滿或驕傲。我以爲當狗過於頻繁地乞求食物時，無疑牠會感到羞恥，這與恐懼有別，而接近於謙遜。大狗對小狗的吠叫表示蔑視，這或者可以被稱爲寬宏大量。若干觀察家說過，猴類肯定厭惡別人取笑牠，而且有時牠們會幻想這是受到攻擊。我在倫敦動物園看到一隻狒狒，每當牠的飼養員拿出一封信或一本書向牠高聲朗讀時，牠總是暴怒，牠是如此怒氣沖沖，以致有一次我親眼看到牠咬自己的腿，直到流血。狗有一種名副其實的幽默感，這和單純的遊戲有所不同。如果把一小截樹枝或其他類似物品丟給一隻狗，牠常常會把這件東西帶到不遠的地方；然後蹲在它的近前等候著，直到主人完全走近來拿這東西的時候，再把它拿走。狗會搶先銜住這東西，耀武揚威地猛奔而去，牠重複地玩弄同樣的花招，並且顯然享受這種玩笑的樂趣。

現在我們談談更近於理智的情緒和官能，這是高等心理能力發展的基礎，故很重要。動物顯然喜興奮，而惡無聊，所以看到狗有這種情形，倫格爾說猴也有這種情形。所有動物都有驚異感（wonder），有許多動物還顯示好奇心（curiosity）。牠們不時因後一屬性而受害，因爲當獵人玩弄滑稽的動作時，牠們就會這樣受到誘惑；我親眼看到，鹿是這樣，謹愼的岩羚羊（chamois）是這樣，某些種類的野鴨也是這樣，布雷姆有過如下的奇妙報導：他養的猴對蛇表示了本能的畏懼；但牠們的好奇心如此之重，以致不能打消一看的念頭，不時把蓄蛇箱的蓋子掀開，以飽享恐怖之樂，這很像人類的方式。我對他的報導感到非常驚奇，所以我把一條人造的、盤捲的蛇標本扔進倫敦動物園的猴房，由此而引起的激動是我平生所看到的最奇妙景象之一。有三種長尾猴（*Cercopithecus*）最爲驚恐，牠們在籠內衝來衝去，並且發出爲其他猴所明白的帶有危險信號的尖銳叫聲。少數幼猴和僅有一隻的老阿努比斯狒狒（Anubis baboon）對這條蛇不予注意。於是我把這個人造的標本放到一間較大的猴房地上。這一回，所有的猴都集到一起圍成一個大圈，目不轉睛地注視著那條蛇標本，面貌極其滑稽可笑。牠們變得極度神經緊張，有一個牠們經常玩的木球，部分埋在麥草中，不料它從那裡滾出來，弄得牠們立刻驚散。當把一條死魚、一隻鼠、[12]一隻活龜以及其他新奇物件放進牠們的籠內時，這些猴的表現就大不同了；雖然牠們最初被嚇一跳，可是很快就走近這些東西，觸摸它們而加以檢查。這時我把一條活蛇放入一個紙袋內，袋口微閉，然後把牠放在一間較大的猴房裡。有一隻猴隨即走近，小心地把袋口打開一點，向內窺視，立刻猛衝而去。於是我親眼見到布雷姆所描述的那種情況：諸猴相繼而來，把頭抬得高高地，而且扭向一側，忍不住向這個直立的袋內偷看一下那個安靜地臥在袋底的可怕之物。好像猴類對動物學的親緣關係也有某種概念，因爲布雷姆所養的猴對無害的蜥蜴和蛙表示了一種奇異的、雖然是錯誤的本能恐懼。據知，猩猩最初一看到龜也非常驚恐。[13]

人類的模仿性（imitation）很強，如我親自觀察的，未開化人的模仿性尤其強。在腦部患有某種病症的狀況下，這一傾向被擴大到異常的程度：有些半身不遂的患者以及其他腦部初期炎性軟化的患者，不自覺地模仿別人說的每一個字，無論這是本國語言還是外國語言，而且模仿他們所看到

---

⑫ 在我的《人類和動物的表情》（*Expression of the Emotions*）第四十三頁簡短談到這種情形。

⑬ 馬丁（W. C. L. Martin），《哺乳動物志》（*Nat. Hist. of Mammalia*），一八四一年，四〇五頁。

的每一種姿勢或動作。⑭德索爾（Desor）⑮曾說，沒有動物會自願模仿人類的動作，直至上升到猴類的等級，都是如此；眾所周知，牠們是可笑的模仿者。然而，動物不時彼此模仿對方的動作：例如，有兩種由狗養育起來的狼，牠們學狗叫，就像豺不時所做的那樣，⑯不過這是否可以被稱爲自願的模仿還是另一個問題。鳥類模仿其雙親的歌聲，有時還模仿其他鳥類的歌聲；鸚鵡以善於模仿牠經常聽到的任何聲音而著稱。瑪律（Dureau de la Malle）⑰做過如下報導：有一隻由貓養育起來的狗，牠學著模仿貓的一種出名的動作，用舌舐腳爪，然後洗雙耳和臉，著名的博物學者奧杜因（Audouin）親自見過這種情形。我收到過幾篇這方面的確實報導，其中之一表明，有一隻貓把一隻狗與幾隻小貓一齊帶大了，但牠並沒有吃過貓的奶，可是這隻狗就這樣獲得了上述習性，而且此後在牠一生的十三年中一直這樣做。瑪律養的一隻狗同樣地也從小貓那裡學會用前爪撲打著球，使它滾來滾去。一位通信者向我保證說，他家有一隻貓慣於用前爪伸入牛奶罐內偷吃，因爲罐口太狹，容不進牠的頭。這隻貓生養的一隻小貓很快就學會了這個技巧，此後只要有機會牠就這樣做。

許多動物的雙親依靠其幼兒的模仿性、特別是依靠其本能的或遺傳的傾向，或者可以稱爲對牠們進行教育。當老貓把一隻活鼠帶給牠的小貓時，我們就可以看到這種情形了。瑪律就他對鷹的觀察寫過一篇奇妙的報導（見上述引用的文章）：鷹用以下的方法去教小鷹學會敏捷以及對距離的判

---

⑭ 貝特曼（Bateman）博士，《關於失語症》（*On Aphasia*），一八七〇年，一一〇頁。

⑮ 沃格特引用，《關於畸形小頭的研究報告》，一八六七年，一六八頁。

⑯ 《動物和植物在家養下的變異》，第一卷，二十七頁。

⑰ 《自然科學年刊》（*Annales des Sc. Nat.*），第二十二卷，第一輯，三九七頁。

斷，即首先把死鼠和死麻雀從空中丟下來，但小鷹一般捉不到牠們，然後把活鳥帶給小鷹，再縱放牠們飛去。

對人類智慧的進步來說，幾乎沒有任何智慧比注意力（attention）更重要的了。動物明確地顯示了這種能力，如貓守候在鼠穴旁，準備向鼠撲去。野生動物有時如此集中注意力，以致這時人可以容易地接近牠們。巴特利特（Bartlett）先生給過我一個奇妙的例證以說明這種能力在猴類中多麼容易變異。有一位馴猴做戲的人，慣常從「動物學會」購買普通的品類，每隻付價五鎊；但是如果讓他把三四隻猴子養上少數幾天，再從其中選出一隻，他就願付出雙倍的價錢。當問他怎麼能夠那樣快地判斷出被選定的猴是否會成爲一個好的表演者，他答道，這完全取決於牠們的注意力。當他向一隻猴子說話和解說任何事物的時候，如果牠的注意力容易分散，譬如說把注意力轉向牆上的一隻蒼蠅或其他細小物件，那麼這種情形就沒有希望了。如果他試著用責罰來使注意力不集中的猴子表演，牠就會發怒；另一方面，小心注意著他的猴子，肯定可以被訓練好。

動物對人和地點都有極好的記憶力（memories），對此已不必多加贅述。安德魯·史密斯爵士告訴我說，在好望角有一隻狒狒，在他離去九個月之後還認識他，並表示了喜悅之情。我養過一隻狗，牠對所有生人都嫌惡而且兇悍十足，在離開五年二天之後，我特意試過牠的記憶力。我走近牠的窩，按照我的老樣子呼喊牠，牠雖沒有表示喜悅，但立即跟著我出去散步，並且服從我的指揮，好像我和牠剛分開半小時一樣。休眠達五年之久的一連串聯想，就這樣立即在牠的腦海中被喚醒了。正如于貝爾⑱所明確闡述的，甚至蟻類和同群的夥伴分開四個月之後，還能彼此認識。動物肯

⑱《蟻類習性的研究》（*Les Moeurs des Fourmis*），一八一〇年，一五〇頁。

定能以某種方法去判斷再發事件之間的間隔時間。

想像力（imagination）是人類所擁有的最高特權之一。憑藉這種官能，而不是依賴意志，他就能把先前的意象（images）和觀念（ideas）聯合在一起，並由此得到燦爛而新奇的結果。正如吉恩．保羅．里歇特（Jean Paul Richter）[19]所說的，一位詩人「如果必須思考他要塑造的人物究應說『是』，還應說『否』──見他的鬼去吧；這個人物只能是一具愚蠢的殭屍」。做夢這件事可以使我們有一個關於想像力的最好概念，吉恩．保羅還說過，「夢乃是一種無意識的詩之藝術」。我們想像力的產物的價值當然決定於我們的印象的數量、準確性和清晰度，決定於我們在取捨無意識的印象組合時所做的判斷和所表現的愛好，並且在一定程度上還決定於我們有意識地組合它們的能力。因爲狗、貓、馬、可能一切高等動物乃至鳥類[20]都有清晰的夢，牠們在睡眠中的動作和發出的聲音闡明了這一點，所以我們必須承認牠們具有某種想像力。一定有某種特殊的原因致使狗在夜間，特別是在月夜中以一種異常的、憂鬱的聲調吠叫。並非所有狗都這樣做，烏澤說，牠們不是對著月亮吠叫，而是對著接近地平線的某一固定地點吠叫。[21]烏澤以爲牠們的想像力被周圍物體的模

---

⑲ 莫茲利博士在其《心理的生理學和病理學》（*Physiology and Pathology of Mind*）一書中引用，一八六八年，一九，二二〇頁。

⑳ 傑爾登（Jerdon）博士，《印度鳥類》（*Birds of India*），第一卷，一八六二年，二一一頁。烏澤說，他養的長尾小鸚鵡（parokeets）和金絲雀（canary-bird）會做夢：《動物的心理官能》（*Facultés Mentales des Animaux*），第二卷，一三六頁。

㉑《動物的心理官能》，第二卷，一八七二年，一八一頁。

糊輪廓擾亂了，於是在牠們面前呈現出幻想的意象，倘眞如此，則牠們的感覺差不多可以被稱爲迷信了。

我設想，在人類的所有心理官能中，理性（reason）可以被承認處於頂峰。現在只有少數人對動物具有某種推理能力還有疑問。隨時可見，動物會躊躇、深思熟慮和下決心。一位博物學者對任何特殊動物的習性研究得越多，他就把習性歸因於理性者越多，而歸因於無意識的本能者越少[22]，這是一個値得注意的事實。在以下幾章中將會看到，某些等級極低的動物顯然也顯示一定程度的理性。理性的能力和本能的能力無疑常常是難以區別的。例如，海斯（Hayes）博士在他的《開放的北極洋》（*The Open Polar Sea*）一書中屢次提到，當他的狗把雪橇拉到薄冰上的時候，牠們就不會繼續採取密集隊形，而是彼此散開，以便牠們的重量可以比較平均地分布。這常常是旅行者們所得到的最先警報：冰已經變薄而且有危險了。那麼，狗的這種行爲是來自各個個體的經驗呢，或是來自比較年長而且比較聰明的那些狗的示範呢，還是來自一種遺傳的習性，即本能呢？這種本能可能發生於很久以前當地居民用狗來拉雪橇的時候，或者，愛斯基摩犬的祖先——北極狼已經獲得了這樣一種本能，迫使牠們不要在薄冰上密集地去攻擊牠們所要捕食的動物。

我們只能根據完成行爲時所處的環境條件去判斷這些行爲是由於本能、或是由於理性、還是由於觀念的聯合。默比斯（Möbius）[23]教授舉過這樣一個奇妙的事例：有一隻狗魚（pike）在水族

㉒ 莫爾根先生的《美洲河狸》（*The American Beaver*）一書爲這一敘述提供了一個良好例證。然而我不得不認爲他過於低估了本能的能力。

㉓ 《關於獸類的動作》（*Die Bewegungen der Thiere*），一八七三年，十一頁。

箱內被玻璃板隔開，玻璃板的另一側養著一些魚，牠常常如此猛烈地撞向玻璃板，試圖捉對面的魚，以致不時撞暈過去。這條狗魚這樣繼續做了三個月，但最後學會慎重，停止亂撞了。這時把玻璃板移去，牠不再攻擊原來的那些魚，卻呑食此後放進去的魚，在牠的薄弱心理中，一種猛烈衝撞的觀念與捕食以前鄰居的試圖如此強有力地聯繫在一起了。如果一個從來沒有見過大厚玻璃窗的未開化人，甚至只在窗上撞過一次，很長一段時間後他還會把衝撞和窗框聯想在一起。但和狗魚大不相同，他大概會反思障礙的性質，並且會在相似情況下加以注意。關於猴類，如我們即將看到的那樣，只要有一次由於一種行爲而感到痛苦的，或者僅僅是不快的印象，有時這就足可以阻止這種動物再去重複它。如果我們把猴和狗魚的這種差別完全歸因於猴比狗魚的聯合觀念的能力強得多而且持久得多，雖然狗魚所受到的損害常常嚴重得多，那麼在人類的場合中，我們能夠主張一種相似的差別是意味著他具有一種基本不同的心理嗎？烏澤[24]說，當在德克薩斯穿過一處廣闊而乾燥的平原時，他的兩條狗非常之渴，牠們衝下凹地去找水，不下三四十次。這些凹地並非溪谷，那裡沒有一棵樹，而且植被也沒有任何其他差別，況且那裡是絕對乾燥的，所以不會有一點溼土的氣味。狗有這樣的行爲，好像牠們知道低凹的地勢可以爲其提供找到水的最好機會，烏澤還經常親眼見到其他動物也有這種同樣的行爲。

我曾在倫敦動物園裡看見過，我敢說別人也曾在那裡看見過，當把一個小物件扔到一頭象鉤不到的地面上，牠就會用鼻子向著小物件那邊的地面上吹氣，所以從四面八方反射回來的氣流，可以把那個物件吹至牠能鉤到的範圍之內。再者，一位著名的人種學家韋斯特羅普（Westropp）先生

---

[24]《動物的心理官能》，第二卷，一八七二年，二六五頁。

告訴我說，他在維也納看到一隻熊用牠的前腳去拍打其籠子欄杆前面的一汪水，造成水流，以便把一片漂浮的麵包引至牠能鉤到的範圍之內，簡直不能把象和熊的這等行爲歸因於本能，即遺傳的習性，因爲這對處於自然狀態下的動物一點也沒有用處。那麼，當一個未開化人也有這等行爲時，他們同一種高等動物的這等行爲有什麼區別嗎？

未開化人和狗往往在平地的低處發現過水，這種發現水時的情況總是彼此一致，而這種一致的情況在他們的心理中便聯繫起來了。文明人也許對這個問題可以提出某種一般的命題，但根據我們所知道的未開化人的一切情況來說，他們是否也能這樣做，確係一個極大的疑問，狗肯定不能這樣做。但是，未開化人乃至狗還能按照同樣的方式去找水，雖然他們屢屢感到失望；未開化人的、或者狗的這種行爲似乎同等都是理性的，無論是否有任何一般的命題有意識地置於心理之中。㉕象和熊造成氣流和水流的那種情況，也是如此。未開化人肯定不會理解，也不會關心依據什麼法則才能完成所期望的運動；但他的行爲受到一種粗略的推理過程的引導，的確就像一位哲學家在他的一大串演繹中所做的那樣。毫無疑問，未開化人和高等動物之間的差別在於：未開化人注意極其細小的狀況和條件，並且以其極少的經驗來觀察這二者之間的任何關聯，而這一點則具有至高無上的重要性。我曾每天記錄我的一個小孩的行爲，當他大約十一個月大的時候，他還不會說一個字，就能迅速地在他的心中把所有種類的事物和聲音聯繫在一起，其迅速的程度超過我所知道的最聰明的狗，

㉕ 赫胥黎非常清晰地分析了一個人和一隻狗的心理等級，他做出的結論和我在本書中所提出的看法相似。參閱他的文章《批評達爾文先生的人們》（Mr.Darwin's Critics），見《當代評論》（*Contemporary Review*），一八七一年十一月，四六二頁，並見《評論及短論》（*Critiques and Essays*），一八七三年，二七九頁。

這一情況屢屢給我留下了深刻印象。但是，高等動物與狗魚那樣的低等動物之間在聯想力、推理力和觀察力方面的差別也完全如此。

美洲猴的下述行爲很好地闡明了透過很短的體驗之後就能激起理性的活動，而美洲猴在靈長類中處於低級的地位。一位最謹愼的觀察家倫格爾說道，當他在巴拉圭第一次把一些雞蛋給他所養的猴時，牠們把雞蛋打碎了，因而大部分蛋黃和蛋白都流失掉了；其後牠們就把雞蛋的一端輕輕地向一種堅硬的東西擊撞，並且用手指剝去一點碎殼。只要牠們被任何銳利的工具割傷一次之後，牠們以後就不再觸動它，或者非常小心地去拿它。倫格爾常常把糖塊用紙包好後再給牠們；有時他在紙包中放一隻活黃蜂，當牠們急著打開紙包時就被螫到了；只要經過這樣一次之後，牠們總是先把紙包放在耳朵旁邊，偵查一下其中是否有任何動靜。[26]

接下來是關於狗的一些事例。科爾庫杭（Colquhoun）先生曾用槍射傷兩隻野鴨的翅膀，牠們落在一條小河另一邊較遠的地方；他的「尋回犬」（retriever）試圖一次把兩隻同時叼回來，但沒有成功；於是牠故意咬死一隻，把另一隻帶過河後，又回去帶那隻死的，但在此之前牠從來沒有損傷過野鴨一根羽毛。哈欽森（Hutchinson）上校[27]敘述，他曾用槍同時射到兩隻鷓鴣，一隻被射死，一隻受傷；受傷的那隻逃走，但被尋回犬捉到，當牠回來的時候又跑到那隻死鷓鴣處；「牠停

㉖ 貝爾特先生在他那部最有趣的著作《博物學家在尼加拉瓜》中同樣也描述了一隻馴服的捲尾猴的各種行爲，我以爲這明顯地闡明了這種動物具有某種推理力。

㉗ 《沼和湖》（*The Moor and the Loch*），四十五頁。哈欽森上校，《狗的訓練》（*Dog Breaking*），一八五〇年，四十六頁。

了下來，顯然非常爲難，試了一兩次之後，發現牠無法把死鳥帶走而不讓傷鳥逃去，考慮片刻之後，牠就狠狠地給傷鳥一口，把牠咬死，然後把兩隻一齊帶走」。這是牠「故意傷害獵物的唯一事例」。在這隻尋回犬先去捉傷鳥然後又回過頭來帶死鳥的例子中，以及在那兩隻野鴨的例子中，我們看到了理性，雖然這並不是十分完全的。我之所以列舉上述兩個例子，因爲它們是以兩位彼此無關的目睹者所提出的證據爲基礎的，並且因爲在這兩個事例中「尋回犬」經過深思熟慮之後竟然打破了牠們所遺傳下來的一種習性（不咬死拾取的獵物），同時還因爲牠們顯示了其推理力多麼強有力地克服了固定的習性。

我願引用傑出的洪堡[28]的一段議論作爲這個問題的結束。他說：「南美的趕騾人說道，『我不給你一頭走得最平穩的騾子，我給你一頭推理最好的騾子』」；接著洪堡又說：「這種根據長期經驗所表達出來的通俗俚語，反駁了動物乃是有生命的機器系統那種說法，恐怕它比思辨哲學的所有論點都好。」儘管如此，有些作者甚至現在還否認高等動物具有一點理性的痕跡，而且他們力圖憑藉看來僅僅是一些冗詞濫調[29]把上述一切事實巧辯過去。

---

[28]《個人記事》（*Personal Narrative*），英譯本，第三卷，一〇六頁。

[29]我高興看到像萊斯利．斯蒂芬（Leslie Stephen）先生那樣敏銳的思想家當談到人類和低等動物的心理之間那道假定的不可逾越的障壁時說道〔見《達爾文主義和神學，自由思想論文集》（*Darwinism and Divinity, Essays on Free-thinking*），一八七三年，八十頁〕：「誠然，劃出這種區別所依據的根據在我們看來，並不比其他大量的形而上學的區別所依據的根據更好一點，這就如同說，因爲你能給兩種東西起不同的名字，所以它們一定有不同的性質。難於理解凡是曾經養過一隻狗或者見過一頭象的人，怎麼還會懷疑動物實質上有可以完成推理過程的能力。」

我想，現在我已經闡明了人類和高等動物、特別是和靈長類動物有一些少數共同的本能。牠們都有同樣的感官、直覺以及感覺——相似的熱情、情感以及情緒，甚至更複雜的，如嫉妒、猜疑、爭勝、感激以及寬宏大量；牠們都會玩弄欺詐和實行報復；牠們有時對受到嘲笑都敏感，甚至還有一種幽默感，牠們都有驚奇感和好奇心；牠們都具有同樣的模仿、注意、深思熟慮、選擇、記憶、想像、觀念聯合、理性等各種官能，雖然其程度有所不同。同一物種的諸個體在智力上有許多等級，由絕對低能一直到高度優秀。牠們也有患精神錯亂的，但這種情形遠比在人類場合中爲少。[30]儘管如此，許多作者還堅決主張，人類和一切低於人類的動物在心理官能方面是被一道不可逾越的障壁分開的。以前我曾蒐集過大量有關上述的警句，但幾乎都是沒有什麼價值的，因爲其內容彼此差異極大，而且數量過多，證明這種試圖如果不是不可能的，也是困難的。有人斷言，只有人類能夠向前改進；只有他能利用工具和火，馴養其他動物，或者擁有財產；任何動物都沒有抽象力、即形成一般概念的能力，都沒有自我意識和自知之明；任何動物都不能使用語言；只有人類有審美感，不容易解釋的怪想，感激之情，神祕感等；人類信仰上帝，並且有良心。我願就其中比較重要而有趣的幾點貿然提一點意見如下。

大主教薩姆納（Sumner）[31]以前主張，只有人類才能向前改進。人類比其他任何動物的改進都無比之大而且無比之快，對此已無爭辯的餘地了；這主要是由於他有說話的能力，並且能把他獲得的知識傳下去。關於動物，我們首先看一看個體，每一個對設置陷阱有點經驗的人都知道，小動物

---

[30] 參閱琳賽博士的《動物的瘋狂》（Madness in Animals），見《心理學雜誌》，一八七一年七月。

[31] 萊爾（C. Lyell）爵士引用，《人類的古遠性》（*Antiquity of Man*），四九七頁。

比老動物容易被捉到；而且敵對者接近牠們也比較容易。關於老動物，甚至不可能在同一地點和用同一種類的陷阱捉到許多，或者用同一種類的毒藥把牠們全都毒死；牠們大概不可能都一齊吃過毒藥，或者一齊被陷阱捕捉過。牠們一定是由於看到同伴的被捕捉或被毒害而學會警惕。所有觀察家們一致證明，在北美，毛皮動物長期受到追捕，因此牠們所顯示的機智、小心以及狡猾幾乎到了難以置信的程度；但是在那裡設置陷阱已經進行了如此之久，以致遺傳性業已起了作用並非是不可能的。我曾收到幾份報導，指出當在任何地區初設電報時，許多鳥由於飛撞電線而致死，但經過幾年之後，牠們似乎看到同伴因此而死的情況，便學會了避免這種危險。[32]

如果我們看看連續幾個世代或種族，毫無疑問，鳥類以及其他動物對人類或其他敵對者的警惕是逐漸地獲得和失去的[33]；肯定地，這種警惕大部分是一種遺傳的習性或本能，但一部分乃是個體經驗的結果。一位優秀的觀察家勒魯瓦（Leroy）[34]述說，在有大量獵狐的地方，小狐在最初離開牠們的穴時，其警惕性不可否認地遠遠超過那些獵狐不多的地方的老狐。

家犬源自狼和豺[35]，雖然牠們在狡詐方面可能無所得，在警惕和猜疑方面也許有所失，但牠們在某些道德素質方面，如仁愛、忠誠、溫良，而且大概在一般智力方面，卻向前發展了。在整個歐

㉜ 關於更多的詳細證據，參閱烏澤的《論心理官能》（*Les Facultés Mentales*），第二卷，一八七二年，一四七頁。

㉝ 關於海島上的鳥類，參閱我的《「小獵犬」號艦航海研究日誌》（*Journal of Researches during the voyage of the "Beagle"*），一八四五年，三九八頁。《物種起源》，第五版，二六〇頁。

㉞《有關動物智力哲學的書信集》（*Lettres Phil. sur l'Intelligence des Animaux*），新版，一八〇二年，八十六頁。

㉟ 關於這個問題的證據，參閱《動物和植物在家養下的變異》，第一卷，第一章。

洲，在北美的一部分地方，在紐西蘭，最近在中國，普通鼠已經戰勝和打倒了另外幾個物種。斯溫赫（Swinhoe）先生[36]描述過中國大陸和臺灣的這種情況，他把普通鼠之所以能夠戰勝一種刺鼠（*Mus coninga*）歸因於前者有較大的狡詐性；這種屬性的獲得大概可以歸因於牠們慣常地鍛鍊為了避免人類撲滅的一切能力，並且可以歸因於差不多一切狡詐較差或智力薄弱的鼠類不斷地被牠們所消滅。然而，普通鼠的取勝可能是由於牠們在與人類接觸之前就已經具有了優於同時存在的其他物種的狡詐性了。不以任何直接證據為依據，而主張沒有任何動物經歷悠久歲月的過程在智力或其他心理官能方面曾經有所前進，這無異用未經證明的假定對物種進化問題進行狡辯。根據拉脫特的敘述，我們已經知道，屬於若干「目」的現存哺乳動物的腦大於其第三紀的古代原型的腦。

人們經常說，動物不會用任何工具；但是，在自然狀況下的黑猩猩卻會用一塊石頭把一種好像胡桃似的當地果實打碎。[37]倫格爾[38]輕易地教會一隻美洲猴用石頭把一個硬棕櫚堅果擊破，此後牠就會主動這樣把其他種類的堅果甚至箱子擊破。牠還會這樣去掉味道難聞的軟果皮。另一隻猴被教會用一根木棍把一個大箱子蓋撬開，此後牠就會把木棍作為槓杆去移動沉重的物體；我曾親自見到一隻小猩猩把一個木棍插入裂縫，用手握住另一端把箱子撬開，牠把木棍當作槓杆用的方式是恰當的。眾所周知，印度的馴象會折取樹枝，用以趕跑蒼蠅；曾經觀察到在自然狀態下的一頭象也會這

[36] 《動物學會會報》（*Proc. Zoolog. Soc.*），一八六四年，一八六頁。

[37] 薩維奇（Savage）和懷曼（Wyman），《波士頓博物學雜誌》（*Boston Journal of Nat. Hist.*），第四卷，一八四三—一八四四年，三八三頁。

[38] 《巴拉圭哺乳動物志》，一八三〇年，五十一—五十六頁。

樣做。[39]我曾看到一隻小猩猩自以爲要受鞭打，便用氈子或麥草來掩護自己。在這幾個事例中，石頭和木棍是被當作工具用的，但牠們同樣地還把這些東西當武器用。布雷姆[40]說，根據著名旅行家席佩爾（Schimper）的權威敘述，在衣索比亞（Ethiopia），當一種獅尾狒狒（*C. gelada*）成群結隊從山上下來掠奪田野的時候，牠們時常與另一種衣索比亞鼯猴（*C. hamadryas*）相遇，這時便會發生戰鬥。獅尾狒狒把大石頭滾下來，衣索比亞鼯猴設法躲開，然後雙方大聲喧囂，彼此兇猛地衝擊。布雷姆曾陪伴科堡—哥達公爵（Duke of Coburg-Gotha）在衣索比亞的門沙（Mensa）隘道用火器助攻一群鼯猴；作爲報復，這群鼯猴從山上滾下來這麼多的石頭，有的大如人頭，以致攻擊者不得不迅速退卻；而且隘道實際上爲之堵塞了一段時間，致使貨車無法透過。值得注意的是，這些鼯猴是協同動作的。華萊士先生曾三次見到一些攜帶著幼子的雌猩猩「以非常狂怒的容貌折斷榴槤樹（Durian tree）的枝條和大刺果，擲如雨下，有效地防止了我們走到樹的近旁」。[41]我曾屢次見到黑猩猩把手邊的任何東西擲向來犯的人；還有，前文提到的好望角的那隻狒狒準備好稠泥作爲攻擊之用。

倫敦動物園裡有一隻猴，牠的牙齒不好，經常用一塊石頭把堅果敲開，管理員們向我確言，牠用完那塊石頭，便把它藏在麥草下面，並且不許其他任何猴動它。於是我們在這裡看到了所有權的觀念；不過每一隻狗對於一塊骨頭，以及大部分或全部鳥類對於牠們的巢，全有這種觀念。

---

[39] 《印度原野》（*Indian Field*），一八七一年，三月四日。

[40] 《動物生活》，第一卷，七十九，八十二頁。

[41] 《馬來群島》（*The Malay Archipelago*），第一卷，一八六九年，八十七頁。

阿蓋爾（Argyll）公爵[42]說，製造適合於一種特殊目的的工具，絕對只有人類才能做到；他認爲這在人類和獸類之間形成了難以計量的分歧。無疑這是一個很重要的區別；但是在我看來，盧伯克爵士[43]的意見還是相當正確的，他認爲當原始人類最初爲了達到任何目的而使用燧石時，可能偶然地把它們打成了碎片，這時他大概會選那些銳利的碎片來用。從這一步到有目的地弄破燧石，大概只有一小步；再經過不大的一步，就可以粗糙地使它們成形了。然而，在新石器時代人類開始琢磨石器以前，卻經歷了非常悠久的歲月，據此判斷，上述後面那種進步大概也需要很長的時間。盧伯克爵士又說，當破裂燧石時，火花會發出；當琢磨石器時，熱會生出：這樣，「兩種通常取火的方法便發生了」。在許多火山區，熔岩不時流過森林，那裡的人對火的性質大概會有所了解。類人猿大概在本能的引導下，爲自己建造臨時的平臺；但是，許多本能主要受理性的支配。所以像建造平臺那樣比較簡單的本能大概會容易地變成一種自願的和有意識的行爲。據知猩猩在夜間用露兜樹葉遮蓋自己，布雷姆說，他養的狒狒經常把草席蓋在頭上以防太陽晒。在這幾種習性中，我們大概看到了某些比較簡單的技藝——如發生於人類早期祖先時代的那種粗糙的建築和衣服——的最初步驟。

抽象作用，一般概念作用，自我意識，心理的個性

無論是誰，即使學問遠遠超過我的人，要想決定動物呈現任何這等高級心理能力的痕跡到怎樣

[42]《原始人類》（*Primeval Man*），一八六九年，一四五，一四七頁。

[43]《史前時代》（*Prehistoric Times*），一八六五年，四七三頁等。

程度，也是很困難的。這種困難起因於不可能判斷在動物心中所閃過的念頭是什麼，還有，作者們對上述名詞所賦予的意義大不相同，這就招致了進一步的困難。如果根據最近發表的各種文章來判斷，最強調的似乎還是在於假定動物完全沒有抽象的能力，即沒有形成一般概念的能力。但是，當一隻狗在一段距離內看到另一隻狗時，顯然牠抽象地察覺到那是一隻狗；因爲，當牠走近時，另一隻狗如果是一個朋友，牠的全部舉止就會突然改變。最近一位作者說，在所有這等事例中，斷言人類和動物的心理行爲在本質上具有不同的性質，乃是一種純粹的臆測。如果任何一方把由感官所察覺到的歸入一種心理概念，那麼雙方均可如此。[44]當我以熱切的聲調向我的㹴（terrier）*說（我如此試過多次），「嘿，嘿，它在哪裡呢？」牠立刻把這作爲一種信號，表明有些東西有待獵取，一般先是急向周圍注視，然後衝入最近的灌木叢，嗅尋是否有任何獵物，當什麼都找不到的時候，牠就向鄰近的樹上窺視，看看那裡是否有松鼠。那麼，這等行爲不是明顯地闡明了在牠的心理中有一種關於某些動物有待發現和獵取的一般觀念或概念嗎？

如果自我意識這個名詞的涵義是，牠會考慮牠是從哪裡來的、或者牠將往哪裡去、或者什麼是生和死等等那樣的問題，那麼根據這個名詞的這種涵義，可以坦白地承認動物不具有自我意識。但是，一隻老狗如果具有最好的記憶力和某種想像力，如牠做夢所表示的；如何能肯定牠絕不會思

---

[44] 胡卡姆（Hookham）先生給馬克斯·米勒（Max Müller）的一封信，見《伯明罕新聞》（*Birmingham News*），一八七三年五月。

* 一種「猛犬」，種類不少，大部分用以助獵。——譯者注

考牠過去在追獵中的樂趣或痛苦呢？這大概就是自我意識的一種形態。另一方面，如比希納[45]所說的，智力低下的澳洲未開化人的辛苦勞動的婦人只能說很少的抽象言詞，計數不能到四以上，她們所行使的自我意識或對其本身存在的考慮是何等之少。高等動物具有記憶力、注意力、聯想力甚至某種想像力和推理力，已得到普遍承認。如果在不同動物中大不相同的這等能力能夠改進，那麼，透過比較簡單智慧的發展和結合，進化到比較複雜的智慧、如抽象和自我意識等等的高級形態，似乎並沒有很大的不可能性。有人認爲不可能說出在上升階梯的哪一點動物變得能夠抽象化等等，並以此極力反對這裡所主張的觀點；但是，有誰能說出我們的幼兒在什麼年齡可具有這種能力嗎？至少我們知道，幼兒的這等能力的發展是以不可覺察的程度進行的。

動物保有牠們的心理個性是沒有問題的。當我的聲音喚起上述那隻狗在心理中的一連串聯想時，牠一定保有牠的心理個性，雖然牠腦中的每一個原子在這五年期間大概不止一次地發生了變化。也許有人要利用這條狗把最近發生的辯論向前推進以打垮所有進化論者，並且說道：「在所有心理狀態和所有物質的變化中……我堅持認爲，關於原子可以像遺產那樣地把它們的印記留給落入它們所空出的位置中的其他原子的那種學說是與意識的表達相矛盾的，所以這種學說是虛假的；而這種學說正是進化論所必需的，因此進化的臆說也是虛假的。」[46]

---

[45]《達爾文學說討論集》（*Conférences sur la Théorie Darwinienne*），法文版，一八六九年，一三二頁。

[46] 牧師麥卡恩（J. M'Cann）博士，《反對達爾文主義》（*Anti-Darwinism*），一八六九年，十三頁。

語言

這種能力已被充分地認作是人類和低等動物之間的主要區別之一。但是，正如一位高度有才能的評論家惠特利大主教（Archbishop Whately）所說的，人類「不是唯一能夠利用語言來表達腦海中所閃過的東西並且多少能夠理解他人如此表達的動物」。[47]巴拉圭的一種捲尾猴激動時至少可發出六種不同的聲音，這些聲音對另外一些猴可以激起相似的情緒。[48]倫格爾以及其他人士宣稱，猴類的面貌動作和姿勢能爲我們所理解，而且牠們也能部分理解我們的。還有一個更加值得注意的事實：狗自從被家養之後，至少學會叫出[49]四至五個不同的音調。狗的吠叫雖是一種新技藝，但是狗的野生祖先無疑會以各種不同的叫聲來表達牠們的情感。關於家狗，有熱切的叫，如在追獵中那樣；有憤怒的叫以及不平的叫；失望的狺狺叫或嘷叫，如在被關起來時那樣；夜間的空叫；歡樂的叫，如在陪伴主人開始出去散步時那樣；還有一種請求或哀求的很獨特的叫，如在要求開門或開窗時那樣。烏澤（Houzeau）特別注意過這個問題，他說，家雞至少可發出十二種有區別的聲音。[50]

慣常使用有音節的語言，爲人類所專能；但是，也用無音節的喊叫，輔以姿勢和面部肌肉的動作，來表達意思，這與低於人類的動物無異。[51]當表達那些與我們高等智力很少關聯的簡單而活躍

---

[47]《人類學評論》（一八六四年，一五八頁）引用。

[48] 倫格爾，同前書，四十五頁。

[49] 參閱我寫的《動物和植物在家養下的變異》，第一卷，二十七頁。

[50]《動物的心理官能》，第二卷，一八七二年，三四六—三四九頁。

[51] 在泰勒（E. B. Tylor）先生很有趣味的著作《對人類初期歷史的研究》（*Researches into the Early History of*

的情感時，尤其如此。我們的痛苦、恐怖、驚奇、憤怒的叫聲，再加上恰如其分的動作，以及母親對愛子的低沉連續的哼哼聲，比任何言辭都富有表達力。人類和低於人類的動物的區別並不在於是否理解有音節的聲音，因為，每一個人都知道，狗是理解許多字句的。在這方面，狗和十至十二個月的嬰兒處於相同的發育階段，那時的嬰兒理解許多單字和短句，但連一個單字都還不會說。我們有別於低等動物的特性並不僅僅在於有音節的語言，因為鸚鵡和其他鳥類也有這種能力。也不僅僅在於把一定聲音和一定觀念連接在一起的智慧；因為有些鸚鵡被教會說話之後，也可以準確地把字和物以及人和事連接在一起。[52]低等動物和人類之間的區別完全在於人類把極其多種多樣的聲音和觀念連接在一起的能力幾乎是無限大的，而這顯然決定於其心理能力的高度發展。

宏偉的語言科學奠基人之一霍恩·圖克（Horne Tooke）論述，語言是一種技藝，就與釀酒和烤麵包一樣；不過書寫也許是一個更好的直喻。這肯定不是一種真正的本能，因為每一種語言都必

Mankind）中有關於這個問題的討論，一八六五年，第二—四章。

52 關於這種效果，我曾收到幾份詳細報告。海軍上將沙利文（B. J. Sulivan）爵士，據我所知是一位謹慎的觀察家，他向我保證說，在他父親家中長期飼養的一隻非洲鸚鵡可以準確地叫出某些家人和客人的名字。在吃早飯的時候，牠向每一個人說「早安」，在夜間牠又向每一個離開那間屋子的人說「晚安」，從來沒把這兩句問候話弄顛倒過。對沙利文爵士的父親，牠慣常在「早安」之後還要加上一個短句，可是自從他父親死後，牠一次也沒有重複說過這個短句。牠猛烈地責罵一條從窗戶竄進屋去的陌生狗；當另一隻鸚鵡逃出鳥籠去吃廚房桌上的蘋果的時候，牠還責罵這隻鸚鵡，「你這頑皮的傢伙」。關於這同樣效果，再參閱烏澤的《動物的心理官能》，第二卷，三〇九頁，論鸚鵡。莫西科（A. Moschkau）博士告訴我說，他知道有一隻椋鳥（starling）永遠能夠無誤地用德語向來人說「早安」，向那些離去的人說：「再見，老朋友。」我還能再舉出幾個這樣的事例。

須學而知之。然而，語言和一切普通技藝都大不相同，因爲人類有一種說話的本能傾向，如我們幼兒的咿呀學語就是這樣；同時卻沒有一個幼兒有釀酒、烤麵包或書寫的本能傾向。再者，現在沒有語言學家假定任何語言是有意地創造出來的；它是經過許多階梯緩慢地、無意識地發展起來的。[53]鳥類發出的聲音在若干方面與語言極爲近似，因爲同一物種的所有成員都發出同樣本能的鳴叫來表達牠們的情緒；而所有能夠鳴叫的鳥類都是本能地發揮這種能力；不過眞正的鳴唱，甚至呼喚的音調，都是從牠們的雙親或其養母養父那裡學來的。戴恩斯·巴林頓（Daines Barrington）[54]已經證明，「鳥類的鳴聲與人類的語言一樣，都不是天生就會的」。鳥類最初鳴唱的嘗試「可以同一個幼兒不完全的咿呀學語的努力相比擬」。幼小的雄鳥要繼續練習，或如捕鳥人所說的，牠們要「錄音」達十至十一個月之久。在未來的鳴唱中幾乎沒有最初試鳴的一點痕跡；但當牠們稍稍長大的時候，我們還能覺察出牠們所欲學者爲何事，最後，牠們便被稱爲「能夠圓潤地唱歌」了。學會不同物種鳴唱的雛鳥，如在提洛爾（Tyrol）訓練的金絲雀，則把牠們的新歌傳教給其後代。棲息在不同地區的同一物種，牠們的鳴唱有輕微的自然差異，如巴林頓所說的，這可以恰當地比做「各地方

---

[53] 參閱惠特尼（Whitney）教授關於這個問題的一些好意見，見他的著作《東方及其語言學的研究》（*Oriental and Linguistic Studies*），一八七三年，三五四頁。他觀察到人類彼此之間的願望交流，乃是一種生活力，這種生活力對語言的發展「有意識地或者無意識地發生作用：就達到直接目的而言，是有意識的；就此種行爲的進一步結果而言，則是無意識的」。

[54] 戴恩斯·巴林頓，《科學學報》，一七七三年，二六二頁。再參閱瑪律的文章，見《自然科學年刊》（*Ann. des. Sc. Nat.*），第十卷，第三輯，動物部分，一一九頁。

言」；雖然屬於不同物種，但親緣關係近似者的鳴唱或可以比做人類不同種族的語言。我之所以舉出上述細節是爲了闡明，求得一種技藝的本能傾向並非人類所專有。

關於有音節的語言起源，當我一方面讀了亨斯利．韋奇伍德（Hensleigh Wedgwood）先生、法勒（F. Farrar）牧師以及施萊歇爾（Schleicher）[55]教授的最有趣味的著作，另一方面又讀了馬克斯．米勒（Max Müller）教授的講演集之後，我無法懷疑語言的起源應歸因於：對各種自然聲音、其他動物叫聲以及人類自己的本能呼喊的模仿及其修正變異，並輔以手勢和姿勢。當我們討論到性選擇的時候將會看到，原始人類，更確切地說人類的早期祖先，大概最初用他們的聲音來發出音樂般的音調，即歌唱，就像某些長臂猿今天所做的那樣；根據廣泛採用的類推方法，我們可以斷定這種能力特別行使於兩性求偶期間——牠會表達各種情緒，如愛慕、嫉妒以及勝利時的喜悅——而且還會用於向情敵挑戰。所以，用有音節的聲音去模仿音樂般的呼喊，可能會引起表達各種複雜情緒的單字的發生。和我們親緣關係最近的猴類，畸形小頭的白痴[56]，以及人類的野蠻種族，都有一種

---

[55]《論語言的起源》（*On the Origin of Language*），韋奇伍德著，一八六六年。《語言問題》（*Chapters on Language*），法勒著，一八六五年。這是最有趣味的兩本著作。再參閱阿爾貝．勒穆瓦納（Albert Lemoine）著，《口頭語的自然規律》（*De la Phys.et de Parole*），一八六五年，一九〇頁。已故的施萊歇爾教授關於這個問題的著作已被比克爾斯（Bikkers）博士譯成英文，名爲《受到語言學考驗的達爾文主義》（*Darwinism tested by the Science of Language*），一八六九年。

[56]沃格特，《關於畸形小頭的研究報告》，一八六七年，一六九頁。關於未開化人，我在《航海研究日誌》（一八六九年）中舉出過一些事實。

強烈的傾向去模仿所聽到的一切，這是值得注意的，因爲與模仿問題有關。既然猴類確實能理解很多人向牠們說的話，而且在狂怒狀況下會向其同伴發出作爲危險信號的呼叫；[57]還因爲家雞會發出地面危險和空中有鷹類危險的兩種不同警告（這兩種叫聲以及第三種叫聲皆能爲狗所了解），[58]那麼某種異常聰明的類猿動物曾經模仿食肉獸的吼叫，並且以此來告訴其猿類同伴所料想的危險性質，難道是不可能的嗎？這大概是語言形成的第一步。

由於聲音的使用日益增多，發音器官透過使用效果的遺傳原理將會強化和完善化；而且反過來這對說話的能力又會發生作用。但是，語言的連續使用和腦的發展之間的關係無疑更加重要得多。甚至在最不完善的語言被使用之前，人類某些早期祖先心理能力的發展一定也比任何現今生存的猿類強得多；不過我們可以確信，這種能力的連續使用及其進步，反過來又會對心理本身發生作用，促使其能夠進行一系列的思想活動。一系列複雜思想，無論在說話時或不說話時，如果沒有言詞的幫助是無法進行的，正如不使用數字或代數就無法進行長的計算一樣。甚至一系列普通思想似乎也需要某種形式的語言，或者被它所大大推進，因爲一個聾、啞、盲的少女蘿拉·布里奇曼（Laura Bridgman）曾被看到在夢中還打手勢。[59]儘管如此，沒有任何形式的語言幫助，也可透過心理產生一連串活潑的和彼此聯繫的觀念，因爲從狗在夢中的動作可以做此推論。我們還知道，動物也能夠進行一定程度的推理，這顯然並不依靠語言的幫助。像我們現在這樣發達的腦與說話能力之間的密

---

[57] 關於這個問題的明顯證據，參閱經常引用的布雷姆和倫格爾的兩本著作。

[58] 烏澤在他的《動物的心理官能》一書中，舉出過他對這個問題所觀察到的一項很奇妙的記載。

[59] 參閱莫茲利博士關於這個問題的意見，見《心理的生理學和病理學》，第二版，一八六八年，一九九頁。

切關係，從特別影響說話能力的那些腦病奇妙例子中得到了很好的闡明。例如，當記憶名詞的能力失去之後，還能正確地使用其他單詞，或者，還能記住某一類名詞或全部名詞，但忘記了這些名詞的起首字母及其恰當的意義。[60]心理器官和發音器官的連續使用將導致它們在構造和功能上發生遺傳的變化，這就像筆跡的情形那樣，它部分地決定於手的形狀，部分地決定於心理的傾向，而筆跡肯定是遺傳的。[61]

幾位作者、特別是馬克斯·米勒教授[62]最近極力主張，語言的使用意味著要有形成一般概念的能力；沒有任何動物被假定具有這種能力，因此，這就形成了人類和動物之間的一個不可逾越的障礙。[63]關於動物，我已經盡力闡明了牠們至少以一種原始萌芽的程度具有這種能力。就十至十一個

---

[60] 關於此事，曾記載過許多奇妙例子，參閱貝特曼的《關於失語症》，一八七〇年，二十七，三十一，五十三，一〇〇頁及其他。再參閱《關於智力的調查》（*Inquires Concerning the Intellectual Powers*），一八三八年，一五〇頁。

[61] 《動物和植物在家養下的變異》，第二卷，六頁。

[62] 「關於達爾文先生的語言哲學的講演」，一八七三年。

[63] 傑出的語言學家惠特尼對於這一點的評論遠比我所能說的更爲有力。當談到布利克（Bleek）的觀點時，他說道（見《東方及其語言學的研究》，一八七三年，二九七頁），「因爲語言廣泛地是思想的必要輔助手段，思想賴此而發展，認識力賴此而達到清晰、豐富多彩和複雜化，以致對意識的充分掌握；所以不得不製造出沒有語言就絕對不可能有思想的說法，把能力和它的工具等同起來。」他好像有道理地斷言，人手如果沒有工具就不能起作用。從這種教條出發，他就不能不陷入米勒的最惡劣的謬論，謂嬰兒（不會說話的）不是人類，聾啞人沒有學會用手指模仿說話以前不具理性。馬克斯·米勒用斜體字標出下面的警句（「關於達爾文先生的語言哲學的講演」，一八七三年，

月的嬰兒來說，我簡直不能相信他們能夠把某些聲音和某些一般觀念那樣迅速地在頭腦中連接在一起，除非這等觀念已經在他們的頭腦裡形成了。同樣的這種意見可以引申到智力較高的動物，如萊斯利·斯蒂芬先生[64]所觀察的，「一隻狗對貓和綿羊可以構成一般概念，而且可以像哲學家那樣準確地知道與牠們相稱的字眼。理解的能力猶如說話的能力，很好地證明了運用語言進行表達的智力，雖然其程度較差」。

爲什麼現今用以說話的器官起始就已經爲了這個目的達到了完善化的地步，而任何其他器官都不是這樣，這並非難以理解，蟻類具有利用觸角彼此交流資訊的相當能力，于伯爾已經闡明了這一點，他曾用整整一章來討論蟻類的語言。我們可以用手指作爲交流資訊的有效手段，因爲一個熟練此術的人能夠把公共集會上說得很快的講演詞的每一個字用手勢報告給聾人；但是這樣被使用的雙手一旦失去，必將造成嚴重的不便。所有高等哺乳動物都有發音器官，都是按照和我們同樣的一般圖式構成的，而且都是用做交流資訊的手段，因此，如果交流資訊的能力得到了改進，這等同樣器官還會進一步發展，顯然是可能的；相連的和十分適應的各部分、即舌和唇幫助了這一發展的完成。[65]高等猿類不會用發音器官來說話，無疑是決定於牠們的智力還沒有足夠的進步。牠們具有經過長期連續練習後才可用來說話的那些器官，但現在並沒有這樣用，這與具有適於鳴唱的器官但從來不鳴唱的鳥類事例是相似的。例如，夜鶯和烏鴉都有構造相似的發音器官，前者能用它進行多種

第三講）：「沒有無語言之思想，也沒有無思想之語言。」他在這裡給思想這個詞所下的定義是何等奇怪！

[64] 《自由思想論文集》，一八七三年，八十二頁。

[65] 關於這一效果，參閱莫茲利的一些好評論，見《心理的生理學和病理學》，一八六八年，一九九頁。

多樣的鳴唱，而後者只能用它呱呱地叫。⑯如果問道，爲什麼猿類的智力沒有發展到人類那樣的程度，我們只能舉出一般的原因作爲回答；試想，我們對各種生物所經過的發展諸連續階段幾乎一無所知，卻希望做出更加明確的任何回答，都是不合乎道理的。

不同語言的形成和不同物種的形成，以及二者的發展都是透過漸進的過程，其證據是異常相似的。⑰但是，對於許多詞的形成比對於物種的形成，我們可以向前追蹤得更遠，因爲我們能夠察覺詞實際上是怎樣來自對各種聲音的模仿的。我們發現，不同的語言由於起源的共同性而彼此一致，還由於相似的形成過程而彼此類似。當其他字母或發音有所變化時，某些字母或發音就要隨之變化，其方式與生長的相關作用很相像。在這兩種場合中都有諸部分的重疊、長期連續使用的效果等。無論在語言或在物種中都屢屢出現一些殘留的遺跡，這就更加值得注意了。在「am」這個詞中，m表示I的意思，因此在「I am」這個詞句中便保存了多餘而無用的殘留遺跡。還有，在詞的拼法中也常常殘留著作爲古代發音形式遺跡的字母。語言有如生物，也可以逐類相分；既可以按照由來的系統進行自然分類，也可以按照其他特性進行人爲分類。占有優勢的語言和方言廣爲傳播，

---

⑯ 麥克吉利夫雷（Macgillivray），《大不列顛鳥類》（*Hist. of British Birds*），第二卷，一八三九年，二九頁。最優秀觀察家布萊克瓦爾（Blackwall）說道，喜鵲（magpie）可以學會念出單字甚至短句，牠們幾乎比其他任何英國鳥都容易做到這一點；可是接著他又說，在長期周密地研究了牠的習性之後，他從來沒有發現牠在自然狀態下表現有任何模仿的異常能力。

⑰ 萊爾爵士在《人類的古遠性》（一八六三年，第二十三章）中指出，在語言發展和物種發展之間有很有趣的相似性。

並且導致其他語言的逐漸滅絕。一種語言有如一個物種，一旦滅絕，如萊爾爵士所說的，就永遠不會再現。同一語言絕沒有兩個發源地。不同語言可以雜交或混合在一起。⑱我們知道每一種語言都有變異性，而且不斷地產生新的詞；但是，由於記憶力有一個限度，所以詞就像整個語言那樣，會逐漸滅絕。正如馬克斯·米勒⑲所恰當指出的：「各種語言的詞和語法形式都在不斷地進行著生存鬥爭。較好的、較短的、較易的形式永占上風，它們的成功應歸因於它們本身固有的優點。」某些詞的生存除了有上述那些比較重要的原因之外，還可以加入對新奇和時髦的愛好；因爲在人類的心理中對所有事物的微小變化都有一種強烈的愛好。在生存鬥爭中，某些受惠的詞的生存或保存乃是由於自然選擇。

許多野蠻民族的語言構造是完全規律而異常複雜的，這常常被提出以證明這些語言起源於神，或者證明這些語言的創始者具有高度的技藝和既往的文化。例如，馮·施勒格爾（F. von Schlegel）寫道：「在那些看來似乎是智育程度極低的語言中，我們屢屢觀察到在其語法構造上有很高程度的和精心製作的技藝。巴斯克語（Basque）*和拉普語（Lapponian）**以及許多美洲語

---

⑱ 關於這種效果，參閱法勒牧師在一篇題名《語言學和達爾文主義》（Philology and Darwinism）的論文中的意見，見《自然》（*Nature*），一八七〇年三月二十四日，五二八頁。

⑲《自然》，一八七〇年一月六日，二五七頁。

* 歐洲庇里牛斯山西部地區古老居民的語言。——譯者注

** 分布在挪威、瑞典、芬蘭和蘇聯各國北部的拉普人的語言。——譯者注

言尤其如此。」[70]但是，如果認爲語言是被精心地和有條理地構成的，就把任何語言都說成是一種技藝，肯定是錯誤的。語言學者現已承認動詞各種變化形式、詞尾變化形式等等原本都是作爲不同的單詞存在的，後來才結合在一起；這等單詞表達了人和物之間的最明顯的關係，因此，它們在最古時代爲大多數種族的人所使用，就不足爲奇了。下述的例證最好地闡明了我們在完善化這個問題上多麼容易犯錯誤：一種海百合（crinoid）有時是由不下十五萬個殼片構成的，[71]所有殼片的排列都以放射線狀而完全對稱，但博物學者們並不認爲這種動物比兩側對稱的動物更爲完善，後者身體的諸部分比較少，除了身體兩側的各部分彼此相像以外，其餘部分都不相像。他公正地把器官的分化和專業化看做是對完善化的檢驗。關於語言，也是如此：最對稱的、最複雜的語言不應被列在沒有規律的、簡略的以及混雜的語言之上，所謂混雜的語言就是從各種征服別人的種族、被征服的種族以及移入的種族那裡借入了一些表達力強的詞和語言構造的有益形式。

根據這些不完善的少數議論，我斷言，許多野蠻人語言的極其複雜和極其規律的構造不足以證明，語言是起源於一種特殊的創造行爲。[72]正如我們已經看到的，有音節語言的能力實質上也沒有提供出任何不可排除的理由來反對人類是從某一低等類型發展而來的信念。

---

[70] 韋克（C. S. Wake）在《論人類》（*Chapters on Man*）一〇一頁引用。

[71] 巴克蘭（Buckland），《布里奇沃特論文集》，四一一頁。

[72] 關於語言的簡化，參閱盧伯克爵士的一些好議論，見《文化的起源》（*Origin of Civilisation*），一八七〇年，二七八頁。

美感

這種感覺曾被宣稱爲人類所專有。我這裡談到的只是關於由某些顏色、形狀和聲音所引起的愉快感，這或者可以恰當地被稱爲對美的感覺；然而對文明人來說，這等感覺是與複雜的觀念和一系列的思想緊密地聯合在一起的。如果我們看到一隻雄鳥在雌鳥面前盡心竭力地炫耀牠的漂亮羽衣或華麗顏色，同時沒有這種裝飾的其他鳥類卻不進行這樣的炫耀，那就不可能懷疑雌鳥對其雄性配偶的美是讚賞的。因爲各地的婦女都用鳥類的羽毛來打扮自己，所以這等裝飾品的美是毋庸置疑的。我們在以後幾章中將會看到，蜂鳥（humming-birds）的巢和亭鳥（bower-birds）的遊戲通道都用鮮豔顏色的物件裝飾得很優雅；這闡明牠們見到這些東西後一定會感到某種愉快。然而，就我們所能判斷的來說，大多數動物對於美的愛好僅限於吸引異性。許多雄鳥在求偶季節所鳴唱的甜蜜歌聲，肯定會得到雌鳥的讚賞；關於這個事實的證據，以後再舉。如果雌鳥不能夠欣賞其雄性配偶的美麗顏色、裝飾品和鳴聲，那麼雄鳥在雌鳥面前爲了炫耀牠們的美所做出的努力和所表示的熱望，豈不是白白浪費掉了，這一點是不可能予以承認的。爲什麼某些鮮豔的顏色會激起快感，我以爲所能解釋的，不會比對於某些味道和氣味何以會令人感到愉快的解釋更多一點，但是，習性對於這個結果一定有些關係，因爲有些東西最初使我們感官不舒適，但終於使它們舒適了，而且習性是遺傳的。關於聲音，爲什麼和聲與某些音調令人感到悅耳，亥姆霍茲（Helmholtz）根據生理學原理在一定程度上對此提出了解釋。但是，除此之外，在不規則的時間內經常翻來覆去的聲音最叫人厭煩，凡是在夜間聽過纜繩不規則地拍打船板的人都會承認這一點。同一原理似乎也適用於視覺，因爲眼睛喜歡看到對稱或規則地迴圈出現的圖形。甚至最低等的未開化人也把這種圖案用做裝飾品；透過性選擇，這等圖案發展爲某些雄性動物的裝飾。對於這樣來自視覺和聽覺的愉快，不論我們能否提出什麼理由，總歸人類和許多低等動物都一樣地喜歡同樣的顏色、同樣的優雅色調和形狀以及同樣的聲音。

對於美的愛好，並非人類精神中的一種特殊本性，至少就婦女的美而論是如此；因爲，在不同的人種中這種愛好大不相同，甚至在同種的不同民族中也不完全一樣。根據最不開化人對醜陋的裝飾品以及對同等醜陋的音樂的讚賞來判斷，可以認定他們的審美能力還沒有發展到某些動物，例如鳥類那樣的高度。顯然沒有什麼動物能夠讚賞諸如夜晚的天空、美麗的山水那樣的景色，或優美的音樂；但是，這等高尚愛好是透過教養才獲得的，而且依靠複雜的聯想，野蠻人或沒有受過教育的人不會欣賞它們。

許多這等官能曾對人類向前的進步做出了不可估量的貢獻，諸如想像、驚異，好奇的能力，沒有界限的美感，模仿的傾向，對刺激或新奇的喜愛，幾乎不能不導致風俗和時尚發生不定的變化。我之所以提出這一點，是因爲最近一位作者[73]奇怪地把不定性作爲「未開化人和獸類之間的最顯著的、最典型的差異之一」。但是，我們不僅能夠部分地理解人類怎樣由於各種相互衝突的影響而成爲不定性的，我們還能部分地理解低等動物，如此後即將看到的那樣，在其愛好、厭惡以及審美感方面也是不定的。還有理由來設想，牠們也愛新奇，正是爲了那是新奇的緣故。

神的信仰——宗教

還沒有證據可以證明，人類本來就賦有對於一位萬能上帝存在的崇高信仰。恰恰相反，有充分

---

[73] 《旁觀者》（*The Spectator*），一八六九年十二月四日，一四三〇頁。

的證據可以證明，曾經有、現在依然有爲數眾多的種族沒有一神或多神的任何觀念，而且在他們的語言中從來沒有表達這一觀念的字。[74]當然，這個問題與是否存在有一位主宰宇宙的創造者和統治者那種更高的問題完全是兩碼事，而在最高級的知識界中有些人已經對後一問題做了肯定的答覆：確是存在的。

如果我們把對靈魂世界或精靈作用的信仰包括在「宗教」這一名詞之內，那就完全是另一回事了，因爲文化較低的種族似乎普遍都有這種信仰。關於它是如何發生的，並不難說明。一旦想像、驚異、好奇那些重要官能以及某種推理能力部分地有所發展之後，人類自然會渴望理解在他周圍發生的情況，而且還會對其本身的存在模糊地進行思考。倫南先生[75]曾經說過：「人一定要對生命現象爲自己想像出某種解釋，根據這種解釋的普遍性來判斷，人最初想到的最簡單的臆說似乎曾經是，自然現象可以歸因於在動物、植物和物品中，以及在自然界的力量中，都存在有主使運動的精靈，這種精靈與人自覺到自己有一種內在的精神力量而外發爲種種活動一樣。」正如泰勒（Tylor）先生所闡明的，夢境也許是發生精靈概念的起因，這也是可能的，因爲未開化人不會很快地把主觀印象和客觀印象區別開。當一個未開化人做夢時，他相信出現在他面前的形影是從遠方

[74] 關於這個問題，參閱法勒牧師所寫的一篇最優秀的論文，見《人類學評論》，一八六四年八月，二一七頁。關於進一步的事實，參閱盧伯克爵士的《史前時代》，第二版，一八六九年，五六四頁；特別是《文化的起源》（一八七〇年）有關宗教的篇章。

[75] 《對動物和植物的崇拜》（*The Worship of Animals and Plants*）見《雙週評論》（*Fortnightly Review*），一八六九年十月一日，四二二頁。

來的，並且監視他的；或者，「做夢人的靈魂在旅途中出了竅，把所見到的都記在心中而回到家裡」。[76]但是，當想像、好奇、推理等等能力在人類精神中相當完善地發展之前，他的夢境不會引導他去相信精靈，這和狗在做夢後不會這樣是相同的。

有一次我曾注意到一件小事情，也許它可以說明未開化人有一種傾向去想像給予自然物體或自然力量以生命的是精靈的或活的實體：我有一隻狗，已成年，而且很聰明，在一個炎熱而寧靜的白天裡牠臥在一片草地上；在距牠不遠的地方，放著一把張開的陽傘，微風不時吹動它，如果有人在陽傘旁，這條狗就完全不去理睬它。事實上，當陽傘旁邊沒有人時，無論什麼時候只要陽傘稍微一動，這條狗就會兇猛地吠叫。我想，牠一定以迅速而無意識的方式給自己推論出，沒有任何明顯原因的陽傘活動暗示了有某種奇怪的生命體存在，而且牠認為陌生者沒有權利在牠的領域內停留。

對精靈作用的信仰將會容易地變為對一神或多神存在的信仰。因為未開化人自然會認為我們

---

[76] 泰勒，《人類的早期歷史》（*Early History of Mankind*），一八六五年，六頁。再參閱盧伯克的《文化的起源》（一八七〇年）中關於宗教發展那引人注目的三章。赫伯特・斯賓塞先生在《雙週評論》（一八七〇年五月一日，五三五頁）的一篇有獨創性的論文中以相似的方式說明了全世界宗教信仰的最初形式，謂人類透過夢境、形影以及其他原因的引導，把自己看成是雙重的實體，即肉體的和靈魂的。由於設想死後靈魂還存在，而且富有威力，所以用各種祭品和儀式向祂祈求贖罪和保佑。於是他進一步闡明，用某種動物或其他物品給一個部落的早期祖先或創始人所起的名字或綽號，經過長期以後就會被設想為代表這個部落的眞實祖先：這個動物和物品自然地會被信為依然存在的靈魂，並且把祂視為神聖，作為一位神而受到崇拜。儘管如此，我不能不猜想，還有一個更早的、更原始的階段，以為那時任何顯示有力量和運動的東西都被賦予了和我們自己近似的某種生命形態和心理官能。

所感到的同樣的情欲，同樣的對復仇或簡單形式的正義的喜愛以及同樣的慈愛，均係精靈所賜。火地人在這方面似乎居於中間狀態，因爲，當「小獵犬」號艦上的軍醫射擊一些幼鴨做標本時，火地人約克・明斯特（York Minster）以最嚴肅的態度宣稱：「唉呀，拜諾（Bynoe）先生，要下大雨、下大雪、刮大風呀」；顯然這是對糟蹋人類食物的一種報應的懲罰。他又說道，他的弟弟殺了一個「野人」，於是風暴肆虐很久，而且下了大雨和大雪。然而我們從來沒有發現過火地人信仰我們所謂的上帝，或者實行任何宗教儀式；火地人吉米・布頓（Jemmy Button）以一種情有可原的驕傲態度堅定地主張，他的家鄉沒有魔鬼。他的這種主張更加值得注意，因爲未開化人信仰惡的精靈遠比信仰善的精靈更加普遍得多。

宗教信仰的感情是高度複雜的，其中包括愛、對崇高的和神祕的居上位者的完全服從，強烈的信賴感[77]、恐懼、崇敬、感激以及對未來的希望，也許還有其他要素。沒有任何生物能夠體驗如此複雜的一種感情，除非他的智力和道德官能至少進步到中等高度的水準。儘管如此，我們還會看到狗對主人的深愛，結合著牠的完全服從、某種恐懼心，也許還有其他情感已經遙遙地多少向著上述那種心理狀態接近了。一隻狗在離別後又回到主人那裡的態度，我還可以接著指出，一隻猴在離別後又回到牠所喜愛的飼養員那裡的態度，和對牠們同群的態度大不相同。在離別後與同群再見時，欣喜若狂的傳達似乎多少要小一些，而且在每一個動作中都顯示了平等感。布勞巴哈（Braubach）教授甚至主張，狗把牠的主人看成是一位神。[78]

---

[77] 參閱歐文・派克（L. Owen Pike）先生的一篇富有才智的文章，見《人類學評論》，一八七〇年四月，六十三頁。

[78] 《宗教、道德等與達爾文學說》（*Religion, Moral, &c., der Darwin'schen Art-Lehre*），一八六九年，五十三頁。據說

同樣水平的心理官能最初引導人去信仰不可見的精靈作用，然後是信仰拜物教，多神教，最終是一神教；只要他的推理力保留在不發達的狀態下，這種水平的心理官能一定會引導人產生各式各樣奇怪的迷信和風俗。許多這等迷信和風俗眞是駭人聽聞——例如，把人作爲犧牲獻給嗜血的神；用服毒或火的神裁法去審訊無辜的人；巫術等——對於這等迷信不時進行思考是有好處的，因爲它們闡明了我們應該多麼感激我們理性的進步、科學以及我們積累起來的知識所賜予的無限恩惠。正如盧伯克爵士⑲所正確觀察的，「不必過多地說些什麼就可明白，對於未知的災禍所抱有的那種可怕的畏懼，就像一層厚雲那樣籠罩在未開化人的生活之上，而且更加重了他們的痛苦」。人類最高能力所產生的這等不幸的和間接的結果可以與低於人類的動物本能所附帶發生的偶然錯誤相比擬。

（琳賽博士，《心理學雜誌》，一八七一年，四十三頁），培根（Bacon）很久以前以及詩人伯恩斯（Burns）均持有同樣見解。

⑲《史前時代》，第二版，五七一頁。在這部著作中，關於未開化人的變化無常的奇異風俗有最好的記載。

第四章 人類與低於人類的動物的心理能力比較（續）

有些作者①主張在人類和低於人類的動物之間的一切差異中，道德觀念、即良心是最重要的；我完全同意這一判斷。正如麥金托什（Mackintosh）②所指出的，道德觀念「理所應該地凌駕於其他任何人類行爲的準則之上」；它的高深意義可以總結在簡短而重要的「應盡義務」這個詞中。它是人類所有屬性中最高尚的一種屬性，引導他毫不遲疑地冒著自己生命的危險去保護同夥的生命；或者，經過適當的深思熟慮之後，僅僅由於對權利和義務的深刻感覺，而被迫在某種偉大事業中犧牲自己的生命。康德（Immanuel Kant）*喟然歎曰：「義務！不可思議之思想乎，其工作既不由獻媚求寵，亦不由威脅恐嚇，而僅僅由靈魂中所高舉汝之無私法律，因此，汝如不能強取對汝永遠遵從，亦將強取對汝永遠敬畏；一切慾望無論如何祕密地進行反抗，在汝之前均啞然無聲，汝果從何而發生乎？」③

許多才華橫溢的作者④已對這個偉大問題進行了討論，我觸及這個問題的唯一可以原諒之處，

---

① 關於這個問題，參閱考垂費什（Quatrefages）的《人種的一致性》，一八六一年，二十一頁及其他。

② 《關於倫理學的論述》（*Dissertation on Ethical Philosophy*），一八三七年，二三一頁及其他。

* 德國哲學家（一七二四—一八〇四）。——譯者注

③ 《倫理的形而上學》（*Metaphysics of Ethics*），森普爾（J. W. Semple）譯，愛丁堡，一八三六年，一三六頁。

④ 關於這個問題寫過著作的，貝恩（Bain）先生列過一個二十六位英國作家的名單〔《心理學和道德學》（*Mental and*

僅在於不可能在這裡對它略而不談，而且還在於，就我所知道的來說，還沒有人完全從博物學方面來探討過這個問題。這一研究還有某種獨立的趣味，可以作爲一種嘗試來看。對低於人類的動物的研究可以把人類最高心理官能之一說明至何種程度。

在我看來，下述命題是高度可能的——即，無論何種動物，只要賦有十分顯著的社會本能⑤

Moral Science），一八六八年，五四三—七二五頁〕，他們的名字素爲人人所熟悉：在這些人士中似乎還可以加入貝恩先生自己的名字，以及萊基（Lecky）先生、沙德沃思·霍奇森（Shadworth Hodgson）先生、盧伯克爵士以及另外幾位的名字。

⑤ 布羅代（B. Brodie）爵士在論述人類是一種社會性動物之後問道〔《心理學探究》（*Psychological Enquiries*），一八五四年，一九二頁〕：「關於道德觀念是否存在的問題的爭論，應該由此得到解決吧？」許多人似乎都有過同樣的看法，如古代的羅馬皇帝兼哲學家馬可·奧理略（Marcus Aurelius）就是其中一個。彌爾（J. S. Mill）在其著名的著作《功利主義》（*Utilitarianism*，一八六四年，四十五，四十六頁）一書中說道：「社會感情是一種強有力的自然感情」而且是「對功利主義道德的感情之自然基礎」。他又說，「道德官能就像上述後天獲得的智慧那樣，如果不是本性的一部分，也是從那裡自然生長出來的：而且像它們那樣，能夠在一定微小程度上自然發生」。但是，與所有這種說法相反，他還指出：「據我所信，道德感情不是先天的，而是後天獲得的，但並不因此而不是自然的。」對於如此淵博的一位思想家的看法，我大膽提出完全不同的意見，確有些躊躇，但幾乎無可爭辯的是，社會感情在低等動物中乃是本能的或先天的；那麼，社會感情在人類中爲什麼不應如此呢？貝恩先生〔例如，參閱《情緒與意志》（*The Emotions and the Will*），一八六五年，四八一頁〕以及其他人士相信，道德觀念乃是每個人在其一生期間所獲得的。根據進化的一般理論，至少這是極端不大可能的。在彌爾先生的著作中對所有遺傳的心理屬性的忽視，我以爲今後將被評價爲最嚴重的缺點。

（包括親子之情），一旦其智力發展得像人類的那樣完善，或者差不多那樣完善，就必然會獲得一種道德觀念，即良心。這是因爲，第一，社會本能可以使動物以和其同伴交往爲樂，對其同伴有一定程度的同情心，並且爲其同伴進行各種服務。這種服務可能具有一種明確的和顯然是本能的性質；或者可能只是一種希望和準備，如大多數高等社會性動物以某些一般的方式去幫助牠們的同伴那樣。但是，這種感情和服務僅施於牠們的同伴，絕不會擴大到同一物種的所有個體。第二，一旦心理官能變得高度發達之後，所有過去的行爲和動機的意象將不斷地在各個個體的頭腦中透過；如我們以後就要看到的，由任何不滿足的本能而必然發生的不滿足的感情、甚至痛苦，像常常被覺察到的那樣，將會引起持續而始終存在的社會本能讓位給較強的某種其他本能，但後者的性質並不持續，也不留下很鮮明的印象。顯然，許多本能的慾望，如飢餓，在性質上其持續是短暫的；而且一旦得到滿足之後，就不會容易地或者鮮明地被回憶起來。第三，當語言能力被獲得並且公共願望能夠被表達之後，各個成員爲了公共利益應該如何行動的輿論，自然會成爲指導行爲的最高準則。但是，應該記住，不論我們認爲輿論力量有多麼大，我們對於同伴的稱讚和非難還決定於同情心；如我們即將看到的，同情心形成了社會本能的主要部分，而且確是它的基石。第四，個體的習性在指導各個成員的行爲方面，起了很重要的作用；因爲，社會本能連同同情心，就像其他任何本能那樣，大大地被習性所強化了，因而就要遵從公眾的願望和評判。現在必須對這幾個從屬的命題進行討論，有些還要以相當篇幅進行之。

最好預先聲明一下，我並非要主張，任何嚴格社會性動物的智慧如果變得像人類的那樣靈敏，那樣高度發達，牠就會獲得和人類完全一樣的道德觀念。各種動物都有美感，雖然牠們所讚美的對象大不相同，同樣地，各種動物大概都有是非感，雖然由此而導致遵從的行爲界線大不相同。舉一個極端的例子來說明，例如，人的養育條件如果與蜜蜂的完全一樣，那麼幾乎無可懷疑的是，未婚婦女就會像工蜂那樣把殺死她們的兄弟視爲神聖的義務，同時母親們也要努力殺死其能育的女兒，而且不會有任何同類想進行干涉。⑥儘管如此，在我看來，蜜蜂或任何其他社會性動物在我們那個假定的場合中將會獲得某種是非感或良心。因爲各個個體都有一種內覺（inward sense），這種內覺具有某些較強的或較持久的本能，而另一些則不甚強的或不甚持久；所以對於遵從何種衝動（impulse），經常會進行鬥爭；而且，由於過去的印象不斷經過腦海時會進行比較，因而將會感到滿足、不滿足，或者甚至痛苦。在這種情況下，內在的告誡者將告訴這種動物遵從某一衝動會比遵從另一衝動爲好。某種行動方向應該被遵從，另外的行動方向不應被遵從；某種行動方向是正確的，另外的行動方向是錯誤的；不過關於這些問題，以後還要談及。

---

⑥ 西奇威克（H. Sidgwick）對這個問題進行過很好的討論（《科學院報告》，一八七二年，六月十五日，二三一頁。）：「我們可以肯定，一隻優良的蜜蜂大概渴望用比較溫和的方法去解決種群數量問題。」然而，根據許多或大多數未開化的人的習慣來判斷，人類是用殺害女嬰、一妻多夫以及男女亂交來解決這個問題的，所以，可充分懷疑這是否爲比較溫和的方法。科比（Cobbe）女士對上述說法也進行過評論，說道（《達爾文主義在道德觀上的應用》（Darwinism in Morals），見《神學評論》（*Theological Review*），一八七二年，四月，一八八—一九一頁）：社會義務的原則將如此而被顛倒；我以爲她所說的意思是，履行社會義務將危害個體；但她忽視了她必須承認的一個事實，即蜜蜂的這種本能被獲得乃是爲了群體的利益。她甚至說道，如果本章所提倡的倫理學原理確能被普遍接受，「我將不得不相信，其勝利之時，即爲人類美德的喪鐘敲響之日！」可以期望，眾多人士對這個地球上人類美德永存的信念並不會如此短命。

社會性

許多種類的動物都是社會性的，我們發現甚至不同物種也在一起生活。例如，某些美洲猴類，以及合群的禿鼻烏鴉（rooks）、寒鴉（jackdaws）和椋鳥，都是這樣。人類對狗的強烈愛好，表現了同樣的感情，狗也高興地報答他們。大家一定都曾注意到，當馬、狗、羊等離開牠們的同伴時表現得多麼悲慘，至少前兩個種類在重聚時所顯示的互愛之情是何等強烈。一隻狗與牠的主人或其他任何家庭成員可以在室內安靜地一連臥上幾個小時，一點也不必去理會牠；但是，讓牠自己待在那裡，即使時間不長，牠也會憂鬱地吠叫；思索一下狗的這種情感是多麼奇妙吧。我們將把注意力侷限於高等社會性動物；至於昆蟲，則略去不談，雖然牠們有些也是社會性的，而且以許多重要方式彼此互助。在高等動物中最普通的相互服務，就是利用全體的統一感覺彼此發出危險警告。正如耶格爾（Jaeger）博士[⑦]所說的，每一個獵人都知道，要想接近成群的動物是多麼困難。我相信野馬和野牛不發任何危險信號；但是，牠們當中的任何一個最先發現敵對者時，就會用姿態來警告其他成員。兔用後腿跺地發出高聲作爲信號。羊和小羚羊則用前腳跺地，發出的聲響好像口哨，以爲信號。許多鳥類以及某些哺乳類動物都放崗哨，據說海豹一般是由雌性擔當這項任務的。[⑧]一群猴的頭頭所作所爲均如崗哨，牠發出表示危險以及表示安全的叫聲。[⑨]社會性動物彼此還做些小服務：

---

⑦《達爾文學說》（*Die Darwin'sche Theorie*），一〇一頁。

⑧布朗（R. Brown）先生，《動物學會會報》，一八六八年，四〇九頁。

⑨布雷姆，《動物生活》（*Thierleben*），第一卷，一八六四年，五十二，七十九頁。關於猴彼此拔掉扎在身上的棘刺，參閱五十四頁。關於阿拉伯狒狒翻動石頭，是根據阿爾瓦雷斯（Alvarez）提出的證據（七十六頁），布雷姆認

馬彼此互啃癢處，牛則彼此互舐癢處；猴彼此捉身上的寄生蟲；布雷姆敘述，當一群灰綠長尾猴（*Cercopithecus griseoviridis*）衝過一片棘刺很多的林叢之後，各猴都在樹枝上伸展肢體，另一隻猴坐在旁邊，「認眞地檢查牠的毛皮，把每一根棘刺都拔掉」。

動物彼此服務，還有更爲重要的：例如，狼以及某些其他食肉獸成群獵食，在攻擊其獵物時彼此互助。鵜鶘（pelicans）捉魚時相互協作。阿拉伯狒狒會一齊翻轉石頭去找昆蟲，當遇到一塊大石頭時，在它周圍能站多少隻就站多少隻，共同把它推翻，而且分享所獲之物。社會性動物還彼此相助以保衛自己。北美野牛（bison）當有危險時就把母牛和牛犢趕到牛群的當中，牠們在周邊進行防衛。我還要在下一章舉出一項記載，表明奇靈厄姆園囿中的兩頭小野公牛彼此協作向一頭老公牛進行攻擊，還有兩匹公馬一齊試圖把另一匹公馬從母馬群中趕跑。布雷姆曾在衣索比亞遇到過一大群狒狒，牠們正穿過一個山谷；有些已經登到對面的山上，有些還在山谷中：這時狗群向後者發動攻擊，於是老雄狒狒立即從山上急馳而下，大張其口，兇猛吼叫，以致狗群嚇得疾引而退。跟著狗群受到鼓動，再次進行攻擊；不過所有狒狒這時已登上山頂，但還落下一隻六個月左右的小狒狒，牠高聲呼助，爬上一塊岩石，並且受到了狗群的包圍。這時一隻最大的雄狒狒，一位眞正的英雄，又從山上下來，徐徐走近那隻小狒狒，哄著牠，得意洋洋地帶著牠走開——狗群對此感到驚訝不止，以致停止了攻擊。我不能不談一談另一個場面，這是上述同一位博物學者親眼所見的：有一隻鷹抓住了一隻小長尾猴，由於牠緊緊握住樹枝，沒有能夠立即把牠帶走；這隻小長尾猴高聲呼助，在樹上的這群猴的其他成員大肆喧囂，急來相救，把那隻鷹團團圍住，拔掉牠的羽毛如此之

爲他的觀察是十分可靠的。關於老雄狒狒攻擊狗的例子，參閱七十九頁；關於鷹的例子，五十六頁。

多，以致牠不再想到捕獲獵物，而只得考慮如何溜之大吉了。正如布雷姆所說的，這隻鷹肯定永遠不會再攻擊猴群中的單獨一隻猴了。⑩

合群的動物肯定有一種彼此相愛的感情，不合群的成年動物沒有這種感情。在大多數場合中，牠們對於其他動物的痛苦和快樂實際上究竟能同情到怎樣程度，還是很可疑的，尤其關於快樂是如此。巴克斯頓（Buxton）先生掌握了極好的觀察方法⑪，然而他寫道，他在諾福克（Norfolk）自由放養的金剛鸚鵡（macaws）對一對有巢的同類非常有興趣；每當那隻雌鳥離巢的時候，就被群鳥圍住，嗚嗚地狂叫，以表尊敬。動物對其同類其他成員的痛苦是否抱有什麼感情，常常是難以判斷的。當眾牛環繞並且目不轉睛地注視其將死的或死去的同伴時，誰能說出牠們有何種感覺呢；然而，如烏澤所說，牠們顯然並無憐憫之情。動物有時完全沒有同情感，是非常確實的；因爲，牠們把受傷的動物趕出群外，或者把牠們牴死，要不就把牠們咬死。這幾乎是博物學中一個最黑暗的事實，除非對這個事實所提出的解釋是正確的，即，牠們的本能或理性導致牠們把一個受傷的同伴趕出群外，免得食肉獸——包括人類在內——被引誘去追獵全群。在這種情況下，牠們的行爲並不比北美印第安人的更壞，後者把病弱的親密同伴丟在荒原之上任其死亡；或者，也不比斐濟人

⑩ 貝爾特（Belt）先生舉過一個尼加拉瓜的蜘蛛猴例子，人們聽到牠在樹林中大喊大叫差不多達兩個小時之久，並且發現有一隻鷹落在牠的近旁。顯然當牠們面對面時，鷹不敢發動攻擊；貝爾特先生根據他對這些猴子的習性的觀察，相信牠們會三兩隻聚在一起，防備鷹的攻擊。《博物學家在尼加拉瓜》，一八七四年，一一八頁。

⑪ 《博物學年刊雜誌》（*Annals and Mag. of Nat. Hist.*），一八六八年十一月，三八二頁。

（Fijians）的行為更壞，他們把年老的或患病的父母活活埋掉。[12]

然而，許多動物肯定彼此同情對方的苦痛或危險。甚至鳥類亦復如此。斯坦斯伯里（Stansbury）船長[13]在猶他（Utah）的一個鹽湖上發現一隻完全瞎了的老鵜鶘，但牠很肥，一定曾經長期由其同伴給予很好的餵養。布賴茨先生告訴我說，他看見過印度的母牛餵養兩三頭瞎牛；我曾聽說過一個近似的事例，是關於家養雄雞的。如果我們喜歡把這等行為認為是本能的，那也可以；不過對於任何特殊本能的發展來說，這等例子實在是太少了。[14]我親自見到一隻狗，是一隻貓的偉大朋友，當這隻貓臥病在籃中時，那隻狗每次經過那裡，總要用舌頭把貓舐幾下，這是狗表示親善感情的最可靠信號。

一隻勇敢的狗當其主人受到任何人的攻擊時，牠一定向他們猛撲上去，引導狗這樣行動的，一定可以叫做同情心。我曾看到一個人假裝去打一位婦女，在她的膝上正好有一條膽怯的小狗，而且以前從未做過這樣的試驗；這個小東西立刻跳下來跑開了，但當假裝的毆打完了之後，牠是多麼固執地要舐女主人的臉，對她進行安慰，看到這種情景的確使人感動。布雷姆[15]陳述，當對一隻圈養

---

⑫ 盧伯克爵士，《史前時代》，第二版，四四六頁。

⑬ 莫爾根先生引用，《美洲河狸》（*The American Beaver*），一八六八年，二七二頁。斯坦斯伯里還做過一個有趣記載：一隻很小的鵜鶘被激流沖跑，有六隻老鵜鶘從旁鼓勵牠游向岸邊。

⑭ 貝恩先生述說，「從適當的同情心可以產生對於一個受難者給予有效的幫助」，《心理學和道德學》，一八六八年，二四五頁。

⑮ 《動物生活》（*Thierleben*），第一卷，八十五頁。

的狒狒實行懲罰時，其他狒狒就努力保護牠。在前述案例中，導致狒狒和長尾猴去保護牠們幼小的親密同伴不受狗和鷹侵害的，一定是同情心。我再舉另外一個有關同情的和英雄的行爲的事例，這是關於小美洲猴的。幾年之前倫敦動物園的一位飼養員叫我看他頸背上一條剛剛癒合的深傷痕，那是他跪在地板上時被一隻兇猛的狒狒弄傷的。有一隻小美洲猴，是這位飼養員的親密朋友，牠與那隻大個狒狒居住在同一大間猴室內，而且對狒狒怕得要命。儘管如此，小美洲猴一看到牠的朋友處於危險之中，還是立即猛衝來救，狂叫亂咬，把那隻狒狒弄得暈頭轉向，飼養員才得以跑開，事後外科醫生認爲他逃過了一次生命危險。

除去愛和同情之外，動物還表現有與社會本能有關係的其他屬性，這在人類來說可以稱爲道德；我同意阿加西斯（Agassiz）[16]的看法，他認爲狗也具有某種很像良心那樣的素質。

狗有某種自制的能力，看來這並不完全是恐懼的結果。布勞巴哈說，狗當主人不在時會抑制自己不偷吃東西。[17]長期以來大家都承認狗是忠誠和順從的眞正模範。但象同樣也是很忠於駕象人或飼養人的，可能把他們視爲象群的領袖。胡克（Hooker）博士告訴我說，他在印度騎的一頭象有一次陷入泥沼中如此之深，以致到次日都無法自拔，後來還是用繩索把牠從泥沼中拉出來的。在這種情況下，象總是用鼻子捲住任何東西，不管是活的還是死的，把它們放在膝下，以免在泥沼中陷得更深；這時駕象人深怕胡克博士被捉到，被踩死。但胡克博士有把握地說，駕象人自己那時不會有這種危險。這樣沉重的動物在如此可怕的危急中所表現的自制，乃是其高尚忠誠素質的驚人證

---

⑯《物種的分類》，一八六九年，九十七頁。

⑰《關於達爾文學說》，一八六九年，五十四頁。

明。[18]

所有合群生活的並且彼此協同保衛自己或攻擊敵對者的動物，在某種程度上一定是彼此忠實的；而那些追隨一個領袖的動物，在某種程度上一定是服從的。在衣索比亞，當一群狒狒劫掠果園時，牠們毫不做聲地追隨著領頭的狒狒；如果有一隻冒失的小狒狒發出噪音，別的狒狒就會給牠一掌，教牠安靜和服從。[19]高爾頓先生有極好的機會去觀察南非的半野生牛，他說，牠們甚至片刻也不離開牛群。[20]牠們本質上是奴性的，接受公共的決定；如果被任何一頭有足夠自信心擔任領導的公牛去領導牠們，那就是碰上了最好的運氣。訓練這等牛作爲使役之用的人們孜孜不倦地注視著那些離群吃草而表現有自信心的牛，並且把這樣的牛作爲帶頭牛進行訓練。高爾頓先生接著又說，這樣的牛是罕見的而且是値錢的；如果生下來的牛很多是這樣的話，牠們很快就要被消滅掉了，因爲獅子總是注意那些離群徘徊的個體。

關於引導某些動物聯合在一起並且以多種方式彼此互助的衝動，我們可以推論，在大多數場合中是由實行其他本能活動時所體驗到的同樣滿足感或快樂感來推動的；要不就是當其他本能活動受到抑制時，由同樣的不滿足感來推動的。我們在無數事例中看到這種情形；而且由我們家養動物後天獲得的本能以顯著的方式給予了闡明；例如，一隻年幼的牧羊犬（shepherd dog）以驅趕和馳

---

⑱ 再參閱胡克的《喜馬拉雅旅行記》（*Himalayan Journals*），第二卷，一八五四年，三三三頁。

⑲ 布雷姆，《動物生活》，第一卷，七十六頁。

⑳ 參閱他的一篇極有趣的論文：〈牛類和人類的群居生活〉（Gregariousness in Cattle,and in Man），見《麥克米倫雜誌》（*Macmillan's Mag.*），一八七一年二月，三五三頁。

繞羊群爲樂，但並不咬牠們；一隻年幼的獵狐犬以獵狐爲樂，而有些其他種類的狗，如我親眼所見，卻完全不理會狐。一定有一種非常強烈的內在滿足感推動著一隻充滿活動力的鳥日復一日地去孵卵。候鳥如被阻止不能遷徙，是會十分痛苦的；也許牠們會享受開始長途飛行的樂趣；奧杜邦（Audubon）描寫一些可憐的不會飛的鵝（goose）到了一定時期也要開始徒步跋涉約一千英里以上，很難相信牠們對此會感到什麼樂趣。有些本能完全是由痛苦感情、如恐懼所決定的，恐懼會導致自我保存，並且在某些場合中是指向特種敵對者的。我設想，沒有人能夠分析快樂的或痛苦的感覺。然而，在許多事例中大概是，僅僅由於遺傳的力量，本能就會固執地發生，而無需快樂或痛苦的刺激。一隻年幼的嚮導獵犬（pointer）第一次嗅出獵物時，顯然不會不把頭指向獵物。籠中松鼠輕輕拍打那些牠不能吃掉的堅果，好像要把它們埋入地下，簡直無法想像牠們這樣做是由於快樂，還是由於痛苦。因此，通常假定人們的每一個行爲一定都是由快樂的或痛苦的經驗所推動，可能是錯誤的。雖然遵從一種習性可能是盲動的和含蓄不明的，而且那時既不感到快樂，也不感到痛苦，但是，如果它突然地受到強有力的抑制，一般就會體驗到一種不滿足的模糊感覺。

常有這樣假設：動物原本就是社會性的，其結果便是牠們在彼此離散之後感到不舒適，而群居在一起則感到舒適；但可能更合理的觀點是，這等感覺的最初發展，乃是爲了誘使那些可以從社會生活中獲益的動物彼此生活在一起，其方式正如最初獲得飢餓的感覺和飲食的愉快無疑是爲了誘使動物去吃食。來自社會的愉快情感大概是親與子愛情的延伸，因爲社會本能的發展似乎是由於幼兒與雙親長期逗留在一起所致；這種延伸局部地可歸因於習性，但主要地還應歸因於自然選擇。就那些在生活中密切聯繫而獲得利益的動物而言；最喜歡群居的個體將會最好地躲避各種危險，而那些最不照顧同夥而獨居生活的個體將會較大數量地死亡。親與子的感情起源，顯然是以社會本能爲基礎的，我們還不知道它們是經過怎樣的步驟而被獲得的；但我們可以推論，在很大程度上是透過自然選擇。關於最近親屬之間的異常而相反的憎恨感情，幾乎肯定也是如此，如工蜂弄死其雄蜂兄弟以及后蜂弄死其女兒皆是；在這樣場合中毀滅其最近親屬的慾望對群體是有利的。雙親之愛，或者代替它的某種感情，在某些極端低等的動物，如海星（star-fish）和蜘蛛中也有所發展。在動物的整個類群中間或只有少數成員表現有這種感情，如球螋屬（*Forficula*）或蠼螋即是。

最重要的同情感和愛是有區別的。母親熱愛她的熟睡而默從的嬰兒，但簡直不能說她在那樣時刻是對嬰兒同情。人對狗的愛是和同情有區別的，狗對其主人的愛亦復如此。亞當·史密斯（Adam Smith）以前曾辯說，最近貝恩先生也這樣辯說：同情感的基礎是建築在我們強烈保持著以往痛苦或快樂的狀態之上的。因此，當看到另一個人飢餓、寒冷、疲勞時，就會喚起我們對這等情況的回憶，「甚至在觀念中也使人痛苦」。這樣，我們就被推動著去解脫他人的痛苦，爲了我們自己的痛苦感情同時也可得到解脫。我們以相似的方式去分享他人的快樂。㉑但我無法理解這個觀點如何解釋下面的事實，即，由被愛的人比被不關心的人所激起的同情，其程度之強烈要大至不可估量。僅僅看到與愛無關的痛苦，就足可以喚起我們鮮明的回憶和聯想。其解釋可能在於如下的事

㉑ 參閱亞當·史密斯的《關於道德感的理論》（*Theory of Moral Sentiments*）一書的引人注目的第一章。再參閱貝恩的《心理學和道德學》，一八六八年，二四四頁，以及二七五—二八二頁。貝恩先生說道：「同情乃是間接地使同情者感到愉快的一個源泉」；他透過互惠性（reciprocity）來解釋這個問題。他又說，「受到恩惠的人或代替他的其他人，當以同情和有力的幫助作爲報答以補償對方所做出的一切犧牲。但是，同情如果嚴格地是一種本能——看來似乎就是如此，那麼它的行使就會給人以直接愉快，其方式正如上述行使差不多每一種其他本能的情形一樣。」

實：在所有動物中，同情是專門指向同群的諸成員的，所以是指向相識的以及多少相愛的諸成員的，而不是指向同一物種的所有個體。這一事實並不比許多動物專門畏懼特殊的動物更令人驚奇。非社會性的物種，如獅和虎，對於自己的幼獸痛苦無疑感到同情，而對於任何其他動物的幼獸並不如此。正如貝恩闡明的，關於人類，在同情能力中大概還可加入自私、經驗和模仿；因為我們對他人同情的友好行為，是希望在報答中得到好處所致；而且同情由於習性而大大被加強了。不管這種感情的起源多麼複雜，由於對所有那些彼此幫助、相互保衛的動物來說，同情乃是最重要的感情之一，所以它將透過自然選擇而被增強；這是因為包含最大數量的最富同情的成員的那些群體將最繁盛，而且會養育最大數量的後代。

然而，在許多情況中不可能決定某些社會本能究竟是透過自然選擇獲得的，還是其他本能和官能如同情、理性、經驗以及模仿傾向的間接結果；或者，它們是否為習性長期連續實行的單純結果。像設置崗哨向其同群發出危險警告那樣的一種如此顯著的本能，幾乎也不會是任何這等官能的間接結果，所以它一定是被直接獲得的。另一方面，某些社會性動物的雄性所遵循的保衛群體的習性，以及協同攻擊敵對者或獵物的習性，也許起源於相互同情；但勇氣以及在許多場合中的力氣，一定是以前獲得的，這大概要透過自然選擇。

在各種本能和習性中，有些比另外一些要強得多；或者大概同等重要的是，它們透過遺傳會更加持久地被遵循，而不激起任何快樂或痛苦的特殊感情。我們會自覺到，自己有些習性遠比另外一些習性難於矯正或改變。因此，可以常常觀察到在動物中不同本能之間的以及一種本能和某種習性之間的鬥爭；例如，當一隻狗追逐一隻兔而被制止時，牠躊躇不前，再起追逐，或羞愧地回到主人身旁；又如，一隻母狗對其幼犬的愛和對其主人的愛之間的鬥爭——當這母狗鬼鬼祟祟地溜到幼犬那裡時，好像沒有能夠陪伴主人而感到有點羞愧。但是，關於一種本能戰勝另一種本能，我所知道的一個最奇妙的事例是，候鳥遷徙的本能勝過了母性的本能。前一種本能之強令人吃驚；到了遷徙季節，被拘禁的鳥就會以胸部撞擊鳥籠的鐵絲，直到把毛撞光和流血爲止。這種本能還致使年幼的鮭魚（**salmon**）跳出牠們本可在其中繼續生存的淡水之外，這樣就無意識地自殺了。每一個人都知道，母性本能是何等之強，它甚至可以導致怯懦的鳥類爲了保護幼鳥去面對巨大的危險，雖不免有些躊躇，而且它與自我保存的本能正好背道而馳。儘管如此，候鳥遷徙的本能還是如此強有力，以致燕子、家燕和東亞雨燕到了晚秋季節往往丟棄牠們的弱小幼鳥，而進行遷徙，任幼鳥在巢中悲慘地死去。㉒

我們可以理解，如果一種本能的衝動無論在什麼方面都比另外某種本能或相對立的本能更有利於一個物種的話，那麼它就會透過自然選擇在二者之中成爲更強有力的；因爲這種本能最強烈發達

㉒ 詹尼斯（L. Jenyns）牧師說，這一事實最初是由傑出的詹納（Jenner）記載的，見《科學學報》（*Phil. Transact.*）一八二四年，此後又爲幾位觀察家、特別是布萊克瓦爾所證實。後面這位細心的觀察家連續兩年在晚秋檢查了三十六個鳥巢；他發現，十二個鳥巢有死去的幼鳥，五個鳥巢有即將孵化的卵，三個鳥巢有接近孵化的卵。有許多鳥還未長大，難做長途飛行，同樣也遭到遺棄而落在後邊。參閱布萊克瓦爾的《動物學研究》（*Researches in Zoology*），一八三四年，一〇八，一一八頁。關於另外的證據，雖無必要，亦可參閱勒羅瓦的《科學通信》（*Letters Phil.*），一八〇二年，二一七頁。關於東亞雨燕（swifts），參閱古爾德的《大不列顛鳥類導論》（*Introduction to the Birds of Great Britain*），一八二三年，五頁。亞當斯（Adams）先生在加拿大觀察到相似的情況，見《通俗科學評論》（*Pop. Science Review*），一八七三年七月，二八三頁。

的諸個體將會較大數量地生存下來。然而，關於候鳥遷徙本能和母性本能的比較，情況是否如此，尚屬疑問。在一年的某些季節中遷徙本能整天整日所表現的這種巨大固執性或穩定活動，可能暫時給予它以重大力量。

人類是一種社會性動物

任何人都會承認人類是一種社會性動物。從人類不喜歡孤獨以及要求自己家庭之外的社會生活，我們可以看出這一點。單身監禁是人所受的最嚴厲懲罰之一。有些作者設想人類原本是單獨家庭生活的；但時至今日，雖然單獨家庭，或僅二三家庭相集，漫遊於野蠻荒涼之地，就我所能發現的來說，他們總是同居住在同一地區的其他家庭保持著友好的關係。這等家庭不時集會協商，團結起來共同防衛。居住相鄰地區的部落彼此幾乎爭戰不絕，但這不能作爲反對未開化人是一種社會性動物的論據；因爲社會本能從來不會延伸到同一物種的一切個體。從大多數四手類的相似性來判斷，人類的早期類猿祖先很可能同樣也是社會性的；不過這對我們並沒有多大重要性。雖然像現今生存的人類那樣，僅有少數特殊的本能，並且失去了其早期祖先可能有的任何本能，但這並不能作爲理由來說明人類爲什麼不應從遠古時代起就對其同伴保持某種程度的本能之愛和同情。我們每一個人一定都會意識到我們確有這種同情感；[23]但我們的意識沒有告訴我們，這種感情是否爲本能

---

[23] 休姆（Hume）說〔《關於道德原理的探討》（*An Enquiry Concerning the Principles of Morals*），一七五一年，一三二頁〕：「似乎必須承認，他人的幸福和悲痛並非是與我們毫不相干的景象，而是看到前者……將使我們暗暗感到喜悅；而後者的出現……則會在我們的想像上投射一層憂鬱的陰影。」

的，就像低於人類的動物那樣起源於很久以前，或者，它們是否爲我們每一個人在其生命早期所獲得的。由於人類是一種社會性動物，幾乎可以肯定他將遺傳這樣一種傾向，即：對他的同伴忠實，並對他的部落領袖服從；因爲這等屬性是大多數社會性動物所共有的。結果他將具有一定的自制能力。他由於一種遺傳的傾向，甘心情願與其他人協力保衛他的同胞；如果不過多地與其自身利益或其自身強烈慾望相抵觸，他將樂於以任何方式對其同胞進行幫助。

最低等的社會性動物對其同群諸成員所給予的幫助，幾乎完全受特殊本能所支配，而較高等的社會性動物所給予的這種幫助則大部分受特殊本能所支配，同時部分地還被互愛和同情所推動，此外還有相當的理性幫助。雖然人類像剛才所說的那樣，並沒有特殊本能告訴他去如何幫助其同胞，但他仍然有這種衝動，並且由於他有進步的智力，在這方面自然要大大被理性和經驗所支配。本能的同情還會使他高度評價同伴們的稱讚；因爲，正如貝恩先生所明確闡述的，對受表揚的喜愛，對榮譽的強烈感覺，以及還要更加強烈地對蔑視和臭名的恐懼感，乃是「由於同情的作用」。㉔因而人類就要最高度地被其同胞用姿態和語言表達出來的願望、稱讚以及譴責所影響。這樣，社會本能一定是當人類還處於很原始狀態時就獲得的，而且很可能甚至人類的早期類猿祖先就已經獲得了社會本能，人類那時的這種本能仍然產生衝動以實行某些最良好的行爲；不過人類的行爲在較大程度上是由其同胞所表示的願望和裁判來決定的，不幸的是，還常常由他自己的強烈自私慾望來決定。但是，由於愛、同情以及自制透過習性而被加強，而且由於推理的能力日益變得清晰，所以人類能夠合理地評價同伴們的評判，他將感到自己必須撇開暫時的快樂或痛苦，被迫遵從一定的行爲路

㉔《心理學和道德學》，一八六八年，二五四頁。

線。於是他可能宣告——任何野蠻人或未開化人都不會有這樣想法——我是我自己行爲的至高無上的裁判者，用康德的話來說，我不願親自侵犯人類的尊嚴。

比較持久的社會本能征服比較不持久的本能

然而，關於按照我們現今觀點來看的整個道德觀念問題的主要之點，迄今尚未論及。爲什麼一個人會感到他應該服從某一本能的慾望，而不是服從另一慾望？如果一個人屈服於強烈的自我保存感，而沒有冒生命的危險去挽救同伴的生命，爲什麼他會痛苦地後悔不已？爲什麼由於飢餓而曾偷竊食物也會使他後悔？

首先，本能的衝動在人類中顯然具有不同程度的力量：一個未開化人會冒生命的危險去挽救一個同群成員的生命，而對一個陌生人就完全漠不關心了；一位怯弱的年輕母親在母性本能的推動之下，爲她自己的嬰兒會毫不躊躇地去冒最大的危險，而對於其同群的人就不會這樣做。儘管如此，許多文明人，甚至一個少年，雖然以前未曾爲他人冒過生命危險，但還充滿了勇氣和同情，無視自我保存的本能，立刻投入急流之中去挽救一個溺水的人，即使這是一個素不相識的人。在這種場合中，推動人類這樣去做的本能的動機，和前述致使英勇的小美洲猴爲了挽救其飼養員而去攻擊可怕的大狒狒的那種本能的動機是一樣的。上面這等行爲似乎是社會本能或母性本能的力量大於任何其他本能或動機的力量的簡單結果；因爲那是瞬間決定實行的，以致當時沒有工夫去考慮或感到快樂和痛苦；但如果受到任何原因的阻止，還會感到苦惱甚至悲痛。另一方面，對於一個膽怯的人來說，他的自我保存的本能可能非常強烈，以致他不能迫使自己去冒任何這種危險，甚至對他自己的小孩恐怕也會如此。

我知道有些人主張上述那些起於衝動的行爲不受道德觀念的支配，因而不能稱爲道德。他們把這一名詞限於那些戰勝相反慾望後而審愼實行的行爲，或者那些在某種崇高動機的激勵下而審愼實行的行爲。但是，要想畫出這種區別的明顯界線㉕，似乎不太可能。就崇高動機來說，曾經記載過許多關於未開化人的事例，他們對人類缺少任何博愛的感情，而且不受任何宗教動機的支配，卻寧願作爲俘虜而從容就義㉖，也不背叛他們的同伴；他們這種行爲確可視爲道德。就審愼以及戰勝相反動機來說，我們可以看到當動物從危險中拯救其後代或同伴時在相反的本能之間所表現的遲疑不決；然而牠們的行爲雖然是爲了其他動物的利益而實行的，卻不能稱爲道德。再者，任何事情只要我們經常去做，最終就會不經過深思熟慮或毫不躊躇地去做；於是這與本能就無法加以區別了；然而肯定沒有人會妄稱這樣一種行爲並不是道德。恰恰相反，除非一種行爲的完成係出於衝動，沒有經過深思熟慮或努力，正如一個人需要有內在素質才能做到的那樣，否則我們莫不感到這種行爲不能被視作完善的或者是以最高尚方式來完成的。然而，一個人在完成一種行爲之前，被迫去克服他的恐懼或缺少同情心，從某方面來看，將比一個不經過努力而由內在傾向引導著去完成一種良好行

㉕ 我在這裡涉及的是所謂實質的和形式的道德之間的區別。我高興地看到赫胥黎教授關於這個問題持有和我同樣的觀點。萊斯利・斯蒂芬先生說（《論自由思想和坦白講話文集》（*Essays on Freethinking and Plain Speaking*），一八七三年，八十三頁），「在實質的和形式的道德之間形而上學的區別正如其他這等區別那樣，是彼此不相干的」。

㉖ 我曾舉過這樣一個事例，即：三個巴塔哥尼亞地方的印第安人寧願一個跟著一個地被槍斃，也不洩露其同伴的作戰計畫。

爲的人，將會受到更高的稱讚。由於我們無法對不同動機之間加以區別，所以我們只好把某一類的一切行爲都納入道德的範疇，如果這是由一種有道德的生物所完成的話。所謂有道德的生物乃是這樣一種生物，它能對過去的和未來的行爲或動機進行比較，而且能贊成哪些或反對哪些。我們沒有理由來假定任何低於人類的動物具有這種能力；所以，一條紐芬蘭犬（Newfoundland dog）拖出一個落水的小孩，一隻猴面對危險去營救牠的同伴或撫養一隻失去母猴的幼猴，我們都不把這種行爲稱爲道德的。但是，毫無疑問只有人類才能被納入有道德的生物的地位，在人類的場合中某一類行爲，不論是經過與相反動機的鬥爭後而深思熟慮地完成的，還是出於本能的衝動，或者是由於緩慢獲得的習性的效果，都可稱爲道德的。

現在回頭來討論一下我們更直接的問題。雖然某些本能比另外一些本能更加強有力，而且由此導致了相應行爲的發生，但是，要說人類的社會本能（包括喜愛稱讚和懼怕譴責）比自我保存、飢餓、色欲、報復等本能具有更大的力量，或者說透過長期的習性獲得了更大的力量，還是站不住腳的。那麼，爲什麼人類會對他遵從了某一自然衝動而沒有遵從另一自然衝動而感到遺憾，縱使他想排除這種遺憾而不可得？而且，爲什麼他會進一步感到他應該對自己的行爲有所遺憾？關於這一點，人類與低於人類的動物有深刻的差別。不過，我想我們在某種程度上還能清晰地理解這種差別的原因。

人類，由於他的心理官能的活動，無法不進行思考：過去的印象和意象不斷地而且清晰地在他腦海中掠過。關於那些永久在一塊兒生活的動物，其社會本能是永遠存在的，而且是持續的。這等動物總是隨時發出危險的信號，保衛群體；並且按照牠們的習性對其同伴提供援助；牠們不論何時對其同伴都感到某種程度的愛和同情，而無需任何特殊的激情或慾望；牠們如果長期和其同伴分離就會不愉快，如果和其同伴重聚就會高興。而我們自己亦復如此。甚至當我們十分孤獨的時候，我們還常常想到別人對自己的評價——想像中的他們對自己的褒貶；所有這一切都來自同情，而同情乃是社會本能的基本要素。連這等本能一點痕跡都沒有的人大概是一個反常的怪物。另一方面，滿足飢餓的慾望，或者像報復那樣的任何激情，在其性質上都是暫時的，所以能夠暫時地得到充分滿足。完全逼眞地喚起像飢餓那樣的感覺是不容易的，也許幾乎是不可能的；正如常常提到的，任何痛苦的感覺確實都是如此。除非在有危險的情況下，不會感到自我保存的本能；許多懦夫非面逢仇敵不會感到自己的勇氣。占有別人產業的希圖也許是可以舉出的最固執的一種慾望；即使在這一場合中，實際占有得到滿足後的感情一般也比占有的慾望爲弱：許多賊，如果不是慣犯，在偷竊既遂之後，也不免對他爲什麼要偷東西感到驚訝。㉗

人無法阻止過去的印象經常在腦海中重演；這樣，他就要把過去的飢餓、報復，犧牲別人以避

㉗ 仇恨或敵意似乎也是一種高度持久的情感，也許比可以指出名字的任何其他情感更加持久。嫉妒的解釋是，對他人的某種優點或成功感到憎恨，培根極力主張（《論文第九》）「在所有情感中，嫉妒是最纏繞不休而永續的」。狗很容易憎恨陌生人和陌生狗，尤其是住得近而又不屬於同一個家族、部落或氏族時更加如此：這種情感似乎是天生的，而且肯定是最持續的一種。它與眞正的社會本能似乎相輔而又相反。從我們所聽到的未開化人的情況來看，似乎差不多也是這樣。倘眞如此，如果同一部落的任何成員對任何人有所損害或者成爲他的敵人，那麼後者把這等感情轉而施於前者，只要再跨進一小步就可以了。一個人對敵人加以傷害，不會受到原始良心的譴責，而如果不是爲自己報仇的話，那就要受到原始良心的譴責，這並非是不可能的。以德報怨，施愛於敵，乃道德之頂峰，社會本能本身是否曾導致我們如此，實屬可疑。在任何這等金科玉律被想到和被遵從之前，這等本能以及同情，應該受到高度的磨煉，並且在理性、教育以及對上帝的愛和懼的幫助下而加以擴大。

免危險等印象與幾乎永遠存在的同情的本能加以比較，而且還要與他對他人所給予的褒貶的早期認識加以比較。這種認識無法從他的頭腦中排除，並且由於本能的同情，它還要受到高度的評價。於是在遵從現在的本能或習性時，他將會感到好像畏縮不前，這對所有動物來說，都會引起不滿足甚至痛苦。

上述有關燕子的例子雖然具有相反的性質，但它闡明了一個暫時的，但眼下是強烈固執的本能征服了平時凌駕一切之上的另一種本能。到了適當季節，這等鳥似乎終日爲遷徙的慾望所迫；牠們的習性改變了；牠們變得惶惶不安，喧噪而群集於一處，當母鳥飼餵牠的雛鳥或孵卵時，母性本能大概大於遷徙本能；但是，更爲固執的本能獲得了勝利，最後，當牠看不見群雛的那一刹那，便馬上起飛而遺棄了牠們。當到達長途旅程終點並且遷徙本能停止活動時，如果牠賦有巨大的心理活動力，就無法阻止有關牠的幼雛在淒涼的北方死於饑寒交迫的意象不斷地閃過腦海，那麼牠將會感到由悔恨而引起的強烈痛苦。

在人類行動的當下，無疑他將易於遵從較強的衝動；這種衝動雖然有時會促使他做出最高尚的行爲，但更常見的是引導他犧牲別人以滿足自己的慾望。不過，他的慾望一經滿足之後，如果過去的和較弱的印象受到永恆的社會本能的評判並且還要受到敬重同伴們善良公意的評判，那麼內心的懲罰肯定將會來臨。這時他將感到後悔、遺憾或羞恥；然而羞恥這種感情幾乎完全與別人的評判有關。結果他將或多或少決定將來不再有這種行爲了；這就是良心；因爲良心鑒於既往而指導將來。

被我們稱爲遺憾、羞恥、後悔或悔恨的那些感情，其性質和力量不僅決定於受到侵犯的本能的力量，而且局部地決定於誘惑的力量，往往還要更多地決定於我們同伴們的評判。每個人對別人的稱讚重視到什麼程度，決定於其內在的或後天獲得的同情感；而且還決定於對其行爲的遙遠後果的理解能力。另一個要素雖不是必然的，卻極重要，即每個人對其所信仰的神或鬼的崇敬或畏懼：在悔恨的場合中尤其如此。有幾位評論家持有反對意見，他們認爲，有些輕微的遺憾或後悔雖然可以用本章所提出的觀點來解釋，但這樣去解釋那種撼動靈魂的悔恨感情卻是不可能的。但我看不出這種反對意見有多大力量。這些評論家們並沒有對他們所謂的悔恨下過什麼定義，我以爲最合適的定義就是，悔恨乃爲占有壓倒之勢的後悔感。悔恨與後悔的關係恰如狂怒與怒，或者極度痛苦與痛苦的關係一樣。一種非常強烈而且非常受到普遍稱讚的本能，如母愛，如果沒有被遵從的話，那麼引起這種未被遵從的過去印象一旦有所減弱，就會引起最深刻的悲痛，這一點也不奇怪。甚至一種行爲與任何特殊本能並不相反，僅僅由於知道朋友們和地位相等的人們鄙視自己，也足可以招致巨大的悲痛。由於恐懼而拒絕決鬥曾使許多人感到羞恥的極度痛苦，誰還能對此有所懷疑呢？據說，許多印度教徒由於吃了不潔淨的食物，其靈魂深處都要激動起來。這裡還有另外一個事例，我以爲一定可以稱爲悔恨。蘭多爾（Landor）博士曾是澳大利亞西部的地方行政官，說道，在他的農莊內，「有一個土著居民，其衆妻之一因病死去之後，他說，他將到一個遠方部落用矛刺殺一個婦人，以滿足對他妻子的義務感。我告訴他說，如果他這樣做，我就要把他送去終身監禁。他在農莊又待了幾個月之後，顯得異常消瘦，並且抱怨說，他無法睡眠，也不能吃東西，他的妻子的幽靈總是纏繞著他，因爲他沒有爲亡妻取來一條生命之故。我堅決不爲他所動，並且使他確信，如果他這樣做，什麼也不能挽救他。」㉘儘管如此，這個人還是失蹤了一年多，然後意氣昂揚地回來了；他的另一個妻子告訴蘭多爾博士說，她的丈夫從一個遠方部落取來了一個婦人的生命；但是關於他的行爲不

㉘《涉及法律的精神錯亂》（*Insanity in Relation to Law*），安大略，美國，一八七一年，十四頁。

可能得到法律的證據。可見一個部落所視爲神聖的準則如被違反，就會引起極深刻的感情——而這種感情與社會本能完全無關，除非這種準則是以同群的評判爲基礎的。全世界許多奇異迷信是怎樣起源的，我們還不知道，我們也無法說出最低等的未開化人爲什麼憎惡某些眞正的重大罪惡，如亂倫（然而這並不十分普遍）。甚至可以懷疑，有些部落是否認爲亂倫比同姓的，但沒有親屬關係的男女結婚更可嫌忌。「澳洲人認爲違犯這一法律就是罪惡，他們最憎惡這種罪惡；北美的某些部落也完全如此。無論在上述任何一個地方問道，殺死一個遠方部落的婦女和娶一個本族的女子這兩件事，哪一件更壞，他們將會給予正和我們相反的答覆」。[29]因此，我們可以否定某些作者最近堅持的那種信念，即認爲對亂倫的憎惡乃是由於我們具有一種特殊的、由上帝植入的良心。總之，一個人被教導去相信作爲一種贖罪應該自行投案要求審判，可以理解導致他有這樣行爲的乃是由於他受到了如此強有力的一種思想感情，如悔恨所推動，雖然悔恨有上述那樣的起因。

受到良心驅使的人透過長期的習性將獲得完全的自制，這樣，他的慾望和情欲最終就會不經鬥爭而直接屈服於他的社會同情心和社會本能，其中也包括他對同伴評判的感覺。依然飢餓的或依然充滿仇恨的人將不會想到偷竊食物或實行報復。就像我們以後將看到的那樣，自制的習性正如其他習性，可能、甚至很可能是遺傳的。這樣，透過後天獲得的以及也許遺傳的習性，人類最終會感到，對他來說最好是遵從他的比較固執的衝動。「應該」這個專橫的詞似乎僅僅是針對意識到行爲準則的存在而言，不論這種意識是如何發生的。以前一定常常熱烈地主張，一位有身分的人如果受到侮辱，就應該進行決鬥。我們甚至說，嚮導獵犬應該用頭指向獵物，尋回犬應該銜回被擊中的獵

[29] 泰勒，《當代評論》（*Contemporary Review*），一八七三年四月，七〇七頁。

物。如果牠們沒有這樣做，那就是牠們沒有盡到義務，而且行爲失誤。

如果導致違犯他人利益的任何慾望或本能仍然出現，而且當在腦海中回憶及此時，其強烈程度與社會本能相等，或者還要超過後者，那麼這個人對於曾經遵從這種慾望或本能就不會感到深刻的遺憾；但他會意識到，如果他的行爲被他的同伴們知道，就要受到譴責；倘發生這種情形而不感到不安，像這樣缺乏同情心的人還是很少。如果他沒有這種同情心，導致這種壞行爲的慾望很強，而且當回憶時也沒有被社會本能以及他人的評判所克服，那麼他本質上就是一個壞人[30]；剩下來的唯一抑制的動機就是對懲罰的畏懼；以及深信爲了自私的利益從長遠看與其注重自己的利益莫如注重他人的利益。

如果一個人的慾望並沒有侵犯他的社會本能，這就是說沒有侵犯他人的利益，顯然他可以問心無愧地滿足他的慾望；但是，爲了完全不受自責，至少不受憂慮不安的影響，那麼避免同胞們的譴責——不論合理與否，對他來說幾乎還是必要的。他一定不會打破他的生活習慣，特別是這等生活習慣合乎情理時，尤其如此；因爲，他如果這樣做了，肯定要感到不滿足。按照他的知識或迷信，可能信仰一個上帝或多神，因此他還一定要避免上帝或多神的摒棄，不過在這種場合中，對神罰的恐懼常常伴隨發生。

㉚ 普羅斯佩爾・德斯平（Prosper Despine）博士在他的《天賦心理學》（*Psychologie Naturelle*）（第一卷，一八六八年，二四三頁；第二卷，一六九頁）一書中舉出有關最惡劣罪犯的許多奇特事例，這些罪犯顯然完全沒有良心。

最初受到重視的僅為嚴格的社會美德

上述關於道德觀念——它告訴我們應該做的是什麼——的起源及其性質的觀點，以及關於良心——如果我們違背它就要受到譴責——的起源及其性質的觀點，與我們看到的人類這種官能的早期不發達狀態很一致。原始人類的美德至少是普遍實行的，所以他們才能聯成一體，那些美德至今仍被認爲是最重要的。但是，這些美德幾乎專門施於同一部落的人，而與此相反行爲如果施於其他部落的人則不視爲罪惡。如果兇殺、搶劫、叛變等盛行，任何部落都無法團結一致，因而這等罪惡在同一部落的範圍內就要「被打上千古臭名的烙印」；[31]但超出這等範圍之外，就不會激起這種思想感情了。北美印第安人如能剝取其他部落一個人的頭皮，自己就會感到十分高興，而且還會得到別人的尊敬；達雅克人（Dyak）*割掉一個無辜人的頭，並把它晾乾作爲戰利品。殺嬰以極大規模通行於全世界，[32]並沒有受到譴責；殺嬰，特別是殺女嬰曾被認爲對部落有好處，至少沒有害處。自殺在以往時代裡並沒有被普遍視爲一種罪惡[33]，且由於顯示了勇氣，反被視爲一種光榮的行爲；

㉛ 參閱一篇富有才華的論文，見《北英評論》（*North British Review*），一八六七年，三九五頁；再參閱巴奇霍特（W. Bagehot）先生討論服從和團結一致對原始人類的重要性的文章，見《雙週評論》（*Fortnightly Review*），一八六七年，五二九頁；一八六八年，四五七頁及其他。

* 加里曼丹的一種原始人。——譯者注

㉜ 我所見過的最充分的記載是由格蘭德（Gerland）做出的，見他的著作《自然民族的消亡》（*Üeber das Aussterben der Naturvölker*），一八六八年，但在後一章我勢必還要對殺嬰問題進行討論。

㉝ 關於自殺的很有趣的討論，參閱萊基（Lecky）的《歐洲道德史》（*History of European Morals*），第一卷，

有些半開化民族以及未開化民族至今仍然實行自殺而不受到譴責，顯然這種行爲同部落的其他人並無利害關係。曾經記載，印第安的薩哥人（Thug）對於他自己搶劫和勒死過往行人沒有能夠像以前他父親那樣多，從良心上感到遺憾。在原始的文明狀態下，搶劫陌生人誠然被視爲光榮。

奴隸制度在古代雖然有某些方面的益處，㉞卻是一種大罪惡；然而在最近以前並不這樣認爲，甚至最文明的民族也是如此。由於奴隸一般屬於和其主人不相同的種族，情況就尤其是那樣了。因爲野蠻人不重視婦女的意見，所以普遍對待妻子就像對待奴隸一樣。大多數未開化人對於陌生人所遭受的痛苦完全漠不關心，甚至以目睹此事爲樂。衆所熟知，北美印第安人的婦女和兒童在對敵人施行嚴刑拷打時，也從旁相助。有些未開化人以虐待動物作爲消遣㉟，這種行爲令人髮指，但對他們來說，人性還是一種未知的美德。儘管如此，除了家族的感情之外，同一部落諸成員之間的友好行爲還是普遍的，尤其在有人患病期間更加如此，這種友好行爲有時會擴展到這等範圍以外。蒙戈・帕克（Mungo Park）關於非洲腹地黑人婦女對其友好行爲的動人記載，是衆所熟知的。未開化

一八六九年，二二三頁。關於未開化人，溫伍德・里德（Winwood Reade）告訴我說，西非的黑人常常自殺。衆所周知，自從被西班牙征服之後，在悲慘的南美土著居民中多麼盛行自殺。關於紐西蘭，參閱《「諾瓦拉」航海記》（*The Voyage of the "Novara"*），以及關於阿留申群島（Aleutian Islands），參閱烏澤在《論心理官能》（第二卷，一三六頁）一書中引用的米勒著作。

㉞ 參閱巴奇霍特的《醫學與政治學》（*Physics and Politics*），一八七二年，七十二頁。

㉟ 例如，參閱漢密爾頓（Hamilton）關於卡菲爾人（Kaffirs）的記載，見《人類學評論》（*Anthropological Review*），一八七〇年，十五頁。

人彼此高尚地忠誠相待，但對陌生人並不如此，關於這一點可以舉出許多事例；普通經驗證實了西班牙人的一句格言：「萬萬不可信任印第安人。」無誠實則無忠誠；誠實這一基本美德在同一部落諸成員之間並非罕見。例如，蒙戈·帕克曾聽到黑人婦女教育她們的孩子們要熱愛誠實。再者，這是頭腦中如此根深柢固的美德之一，以致未開化人有時甚至不惜重大代價而施此美德於陌生人；但是，向敵人說謊卻很少被認爲是一種罪過，近代外交史非常明顯地展示了這一點。部落一旦有了一個公認的領袖，不服從就會成爲一種罪惡，而且，甚至卑鄙的屈服也被視爲神聖的美德。

在原始時代，一個人如果缺少勇氣就不會有益於或忠實於他的部落，所以這一素質普遍被列入最高的等級；在文明國度裡，一個善良而怯懦的人可能遠比一個勇敢的人對群體更爲有益，但我們還是禁不住本能地尊敬後者，不管懦夫多麼樂善好施都是一樣。另一方面，與他人福利無關的慎重，雖爲一種很有益的美德，卻從來沒有受到高度的尊重。如果不能自我犧牲、不能自制以及沒有忍耐力，就無法實行爲部落福利所必須的那些美德，所以對於這等素質無論何時都高度地而且公正地給予了評價。美洲未開化人甘受最可怕的酷刑而不發一點呻吟，以證明和增強他的毅力和勇氣；我們對他不得不加以稱讚，甚至對印第安的法基爾人（Indian Fakir），由於一種宗教動機而把鐵鉤插入肉中懸空擺動，我們也要加以稱讚。

另一種所謂自重的美德，對部落福利的影響雖不明顯，但確實存在，未開化人從來不尊重這種美德，而現今卻受到文明民族的高度欣賞。未開化人並不譴責最無節制的放縱生活。極度的淫蕩生活以及雞奸流行之廣，已達到使人震驚的程度。[36]然而，一夫多妻或一夫一妻的婚姻一旦普及之

[36] 關於這個問題，倫南（M'Lennan）先生蒐集了一些很好的事實，見他的著作《原始婚姻》（*Primitive Marriage*），

後，嫉妒就會導致婦女美德的反覆灌輸，這種美德受到尊重後，就傾向於擴大到未婚婦女。而它擴及男性的速度卻非常緩慢，我們在今天還可以看到這種情形。貞潔特別需要自制；所以在文明人的道德史中，自古以來它就受到了尊重。其結果便是，毫無意義的獨身生活自古以來就被列爲一種美德。㊲對下流猥褻的憎惡，在我們看來是如此自然，以致被認爲是天生的，它對貞潔是一種多麼可貴的幫助，這是一種近代的美德，正如斯湯頓（G. Staunton）爵士㊳所指出的，它專屬於文明生活。這從各個不同民族的古代宗教儀式，從龐貝（Pompeii）古都的壁畫，以及從許多未開化人的習俗，都可以得到闡明。

於是我們可以知道，未開化人認爲，很可能原始人類也認爲，行爲是好或是壞，顯然僅僅看它們對部落福利的影響如何，並不考慮它們對種族以及對部落的個體成員有何影響。這一結論與以下的信念十分符合，即，所謂道德觀念原本發生於社會本能，因爲二者在最初都只與群體有關。

如果按照我們的標準去衡量，未開化人道德低下的主要原因爲：第一，同情僅限於同一部落。第二，其推理能力不足，不能認識許多美德、特別是自重美德與部落一般福利的關係。例如，未開化人無從探知大量罪惡是由缺少節制、貞潔等所引起的。第三，自制力薄弱；因爲這種能力沒有透過長期連續的，也許是遺傳的習性，更沒有透過教育和宗教而被加強。

一八六五年，一七六頁。

㊲ 萊基，《歐洲道德史》，第一卷，一八六九年，一〇九頁。

㊳ 《出使中國記》（*Embassy to China*），第二卷，三四八頁。

我之所以對未開化人的不道德㊴進行如上的詳細討論，是因爲有些作者最近高度估量了他們的道德本性，或者把他們的大部分罪惡歸因於仁慈的誤用。㊵這些作者的結論似乎是依據未開化人所具有的那些美德對家族和部落的生存都是有益的，甚至是必須的——無疑他們確有這等素質，而且往往達到高度水平。

結語

有一個學派認爲道德是派生的（derivative school of morals），這一學派的哲學家們以前假定，道德的基礎係建築在利己之上的；但最近「最大幸福原則」（Greatest happiness principle）被突出地提出來了。㊶然而，把後一原則作爲行爲的標準，而不是作爲行爲的動機，是比較正確的說法。不過，我查閱過一些著作，所有這些作者們，除去少數例外，㊷皆謂每一種行爲一定都有一個特殊

㊴ 參閱盧伯克的《文化的起源》第七章，其中有關於這個問題的充實證據。

㊵ 例如，萊基的《歐洲道德史》，第一卷，一二四頁。

㊶ 該術語首度用在《威斯敏特評論》（*Westminster Review*）刊載的一篇富有才華的論文中，一八六九年十月，四九八頁。關於「最大幸福原則」參閱彌爾的《功利主義》（*Utilitarianism*），十七頁。

㊷ 彌爾（Mill）以最明晰的方式承認（《邏輯體系》（*System of Logic*），第二卷，四二二頁），行爲可以透過習性而完成之，無需預先感到愉快。西奇威克先生在一篇《論愉快和願望》的文章〔《當代評論》（*The Contemporary Review*），一八七二年四月，六七一頁〕中也說，「總之，有一種學說謂自覺行爲的衝動永遠指向在我們本身產生令人愉快的感覺；與此相反，我則主張，我們到處都可以在意識中發現不受注重的衝動，這是指向某些令人不愉快的事情的：在許多場合中；這種衝動與自重如此不能和諧共存，以致二者不易在意識中同時存在。」我不能不認

的動機，而且這個動機一定都與某種愉快或不愉快相關聯。但是，人類的行爲似乎常常出於衝動，這就是說，出於本能或長期的習性，卻沒有感到愉快的任何意識，其方式很可能恰如一隻蜜蜂或一隻蟻盲目地遵從其本能時所做的那樣。在像火災那樣極端危險的情況下，當一個人毫無片刻躊躇、竭力去救他的同伴時，他簡直不能感到什麼愉快；而且他更沒有時間去考慮如果他不這樣做，以後可能會感到不滿足。如果此後他回想起自己的行爲，他大概會感到有一種衝動的力量存在於他自身之中，而這種力量與追求愉快或幸福大不相同；這似乎就是根深柢固的社會本能。

在低於人類的動物情況中，把牠們社會本能的發展說成是爲了物種的一般幸福，莫如說是爲了物種的一般利益更加恰當得多。我們可以給一般利益這個術語下這樣一個定義，即：在牠們所隸屬的外界條件下，把最大數量的個體養育得充滿活力和十分健壯，而且使其一切能力均臻完善。由於無論人類的或低於人類的動物的社會本能，都是以差不多一樣的步驟發展的，所以在這兩種場合中，採用同一個定義，並且以群體的一般利益或福利、而不以一般幸福作爲道德的標準，如果行得通，還是適當的；但是，由於政治的倫理學的關係，對這個定義也許需要某種限制。

當一個人冒著生命危險去救一個同伴的生命時，我們說他的這種行爲是爲了人類的幸福，莫如說是爲了人類的利益，似乎更爲正確。毫無疑問，個人的利益和個人的幸福通常是一致的；一個滿足的、幸福的部落將比一個不滿足的、不幸福的部落繁榮興旺。我們已經知道，甚至在人類歷史的

爲，有一種模糊的感覺以爲我們的衝動絕非永遠來自任何同時發生的或預先感到的愉快；這種模糊的感覺正是接受道德的直覺論而反對功利論或「最大幸福」論的一個主要原因。關於後一理論，行爲的標準和動機無疑往往被搞亂了，實際上它們在某種程度上就是混淆不清。

早期階段，群體的明確願望將會自然地在很大程度上影響每一個成員的行爲；因爲所有成員都希望幸福，所以，「最大幸福原則」便成爲最重要的第二位的指引和目的了；然而，社會本能以及同情心（它引導我們重視他人的褒貶）則爲第一位的衝動和指引。這樣，對於把我們本性最高尚的部分建築在利己原理的基礎之上所進行的指責就會被消除；誠然，除非每一種動物當遵從其固有本能時所感到的滿足，以及當這種本能受到制止時所感到的不滿足被稱爲利己，那就另當別論了。

同群諸成員最初由口頭，其後由文字表示出來的願望和意見，或者單獨形成我們行爲的指標，或者大大加強社會本能；然而，這等意見不時有直接反對社會本能的傾向。「榮譽律」（Law of Honour）對後述這一事實提供了很好的例證，這就是由地位相同的人的意見、而非由所有同胞們的意見形成的一項律條。違反這一律條，甚至當知道這種違反是與眞實道德嚴格符合時，也會致使許多人感到比眞正犯罪時更大的極度痛苦。我們在下述那樣的感覺中可以辨認出同樣的影響，即：如果偶然地違反了一種細小的，但是確定的禮節，當我們回憶及此時，即使事隔多年，大多數人還會有一種熾烈的羞愧感。從長遠觀點看，對所有成員來說什麼是最好的，群體對此所做的評判一般要受到某種幼稚經驗支配；但是，由於愚昧無知以及推理能力的薄弱，這種評判陷於錯誤者並不罕見。因此，與人類的眞正利益和幸福完全相反的最奇怪的風俗和迷信，在全世界便成爲威力無窮的了。在打破其種姓制度的印度教徒所感到的恐怖以及許多其他這樣的事例中，我們看到了上述這種情形。一個印度教徒被誘惑吃了不潔淨的食物後所感到的悔恨與他犯了偷竊後所感到的悔恨有何不同，是難以區別的；不過前者很可能要更劇烈些。

我們不知道，如此眾多的荒謬行爲準則以及如此眾多的荒謬宗教信仰是怎樣發生的，我們也不知道，它們在世界各地怎麼會如此深入人心；但值得一提的是，一種信仰如果在生命早期大腦易受影響時不斷反覆灌輸，那麼這種信仰似乎就會獲得一種差不多本能的性質；本能的本質就在於它的被遵從並不依靠理性。我們無法說，爲什麼某些可稱讚的美德，如熱愛誠實，在某些部落遠比在另外一些部落更受到讚賞[43]；我們也無法說，甚至在文明民族之間也普遍有同樣的差別。既然知道許多奇怪的風俗和迷信已經多麼穩固地固定下來，那麼我們對下面的情況就不必感到驚奇了，即受到理性支持的自重美德，雖然在人類早期狀態下沒有得到重視，但現今在我們看來它是如此自然，以致被認爲是天生的。

儘管有許多疑惑根源，我們還是能夠一般地而且容易地區別高級的和低級的道德準則。高級道德準則是建築在社會本能之上的，而且與別人的福利有關。它們受到我們同伴認同和理性的支持。有些低級道德準則當含有自我犧牲的意思時，雖然不應稱其爲低級的，但它們主要與自我有關，而且係由輿論所引起，並由經驗和教養使其成熟；因爲野蠻部落不實行之。

隨著人類文明有所進步，並且小部落聯合成較大的群體時，最簡單的理性將告訴每一個人，他應該把他的社會本能和同情擴大到同一民族的一切成員，雖然在個人方面他們並不相識。這一點一旦達到之後，阻止其同情擴大於所有民族和所有種族的人，就只有一種人爲的障礙了。誠然，如果這等人們由於容貌和習慣的巨大差異而被區分開，經驗不幸地向我們闡明，在我們把他們視爲同胞之前，不知要經過多麼悠久的歲月。超越人類範圍以外的同情，即對低於人類的動物施以人

---

43. 華萊士先生在《科學上的意見》（*Scientific Opinion*，一八六九年九月十五日）舉出了一些好事例；在他的《對自然選擇學說的貢獻》（*Contributions to the Theory of Natural Selection*，一八七〇年，三五三頁）一書中有更加充分的敘述。

道，似乎還是最近獲得的道德之一。未開化人除了對其玩賞動物外，顯然沒有這種感覺。古羅馬人可惡的人獸格鬥表演，闡明了他們對人道所懂得的是何等之少。就我所能看到的來說，彭巴大草原（Pampas）[*]上的大多數高卓人（Gauchos）[**]還不知道眞正的人道概念。這是人類被賦予的最高尚美德之一，它似乎是我們的同情變得越益親切而且越益廣施才偶然產生，直到把同情擴大到一切有知覺的生物。這種美德一旦受到少數人的尊重並實行之，它就會透過教育和榜樣傳播於青年之間，最終便成爲輿論的一部分。

道德修養的可能的最高階段是，我們認識到應該控制自己的思想，「甚至在內心深處的思想中也不再去想過去使我們感到非常快活的那些罪惡」。[㊹]無論什麼壞行爲，只要爲心理所熟悉，就容易實行得多。正如羅馬皇帝奧理略說過的：「汝之習以爲常之思想爲何，汝之心理特性亦爲何，蓋靈魂被思想之色所染也。」[㊺]

英國大哲學家斯賓塞最近說明了他對道德觀念的觀點。他說：「我相信，透過人類種族一切過去世代所組織起來並且鞏固下來的功利經驗，已產生了相應的變異，這等變異由於連續的遺傳和積累便成爲我們道德直覺的一定能力——道德直覺乃是對正確行爲和錯誤行爲反應的一定情緒，而

---

* 南美亞馬遜河以南的大草原。——譯者注

** 西班牙人和印第安人的混血種。——譯者注

㊹ 坦尼森（Tennyson），《國王的敘事詩》（*Idylls of the King*），二四四頁。

㊺ 《羅馬皇帝奧理略·安東尼努斯的思想》（*The Thoughts of the Emperor M. Aurelius Antoninus*），英譯本，第二版，一八六九年，一一二頁。奧理略生於西元一二一年。

這等行爲在個人功利經驗方面，並沒有明顯的基礎。」㊻美德的傾向或多或少都是遺傳的，在我看來，這並無固有的不可能性。因爲，且不談許多我們的家畜將其各種性情和習性傳遞給後代，我曾聽到一些可靠的事例表明，偷竊的慾望和說謊的傾向看來在一些上層家庭中也有所蔓延，因爲偷竊在富有階級中是一種罕見的犯罪，所以如果同一家庭的兩三個成員都有這種傾向，簡直就不能用偶然的巧合來加以解釋了。如果壞傾向是遺傳的，那麼好傾向很可能也同樣是遺傳的。身體狀態由於可以影響腦部，所以對道德傾向也會發生重大影響，大多數患有慢性胃病和肝病的人都明白這一點。「道德觀念的墮落或毀滅往往是精神錯亂的最早症狀之一」，㊼這也闡明了同樣的事實，瘋狂常常被遺傳，乃是眾所周知的。除非根據道德傾向的遺傳原理，我們就無法理解據信存在於人類各個種族之間的這方面差異。

美德的傾向即使部分地遺傳，也會對直接或間接來自社會本能的第一位衝動給予莫大幫助。只要承認美德傾向是遺傳的話，那麼似乎很可能是，至少在像貞潔、自我克制、對動物施行人道等那樣的場合中，美德傾向透過在同一家族中連續若干代的習性、教育和榜樣而最初印記在精神結構中；並且透過具有這等美德而在生存鬥爭中獲得最大成功，不過後者的程度是十分次要的，或者根本沒有作用。關於任何這樣的遺傳，我的主要疑問是，無感覺的風俗、迷信和嗜好，如印度教徒對不潔淨食物的恐懼，是否應該按照同一原理而傳遞下去。我還沒有遇到過任何證據可以支持迷信的風俗和無感覺的習性之遺傳，雖然實質上這比下述情況的可能性不見得更小，即：動物可以獲得對

㊻ 斯賓塞給彌爾的一書信，見貝恩先生的《心理學和道德學》，一八六八年，七二二頁。

㊼ 莫茲利，《軀體和精神》（*Body and Mind*），一八七〇年，六十頁。

某些食物種類的遺傳的嗜好或對某些敵對者的遺傳的恐懼。

總之，人類無疑就像低於人類的動物那樣，為了群體利益而獲得的社會本能，從最初起就會使他有某種幫助同伴的願望，某種同情感；以及強迫他重視同伴們的褒與貶。這等衝動在很早時期就作為他的原始的是非準則。但是，由於人類智力逐漸進步，並且能夠探知其行為的比較遙遠的後果；由於他獲得了充分的知識以抵制有害的風俗和迷信；由於他不僅重視其同胞們的利益，而且日益重視其幸福；由於有遵從有益的經驗、教育和榜樣的習性，他的同情變得越益親切而且廣施於人，以致擴大到一切種族的人、低能兒、殘廢人以及社會上其他無用的人，最終擴大到低於人類的動物——所以他的道德標準步步升高。派生學派的道德學者們以及直觀學派的學者們都承認，自從人類早期歷史以來道德標準就升高了。[48]

由於不時可以看到在低於人類的動物的各種本能之間進行著一種鬥爭，所以在人類的社會本能以及由此派生出來的美德和他的低級的、雖然暫時比較強烈的衝動和慾望之間也應該有一種鬥爭，就不足為奇了。正如高爾頓先生[49]所說的，人類是在相當近的時期內才脫離野蠻狀態的，所以上述就越益不足為奇了。當屈服於某種誘惑之後，我們就要感到不滿足、羞愧、後悔或悔恨，這與其他強有力的本能或慾望沒有得到滿足或受到壓抑時所引起的那種感覺是相似的。我們把對過去受到誘

㊽ 一位作者在《北英評論》（一八六九年七月，五三一頁）中很好地做出了一個合理判斷，表示強烈支持這一結論。萊基先生（《道德史》，第一卷，一四三頁）的看法似乎與此吻合。

㊾ 參閱他的名著《遺傳的天才》（*Hereditary Genius*），一八六九年，三四九頁。阿蓋爾（Argyll）公爵（《原始人類》，一八六九年，一八八頁）關於人類本性在是非之間的鬥爭有過一些好議論。

惑的薄弱印象與永久存在的社會本能進行比較，或者與幼年時期獲得的而在一生中增強的、直到差不多像本能那樣強烈的習性進行比較。如果在我們面前依然有這種誘惑，而我們不爲所動，那是因爲社會本能或某種風俗習慣當時占有優勢，要不就是因爲我們已經懂得社會本能或某種風俗習慣今後如與對受到誘惑的薄弱印象相比較，前者似乎更加強烈，而且違背它，就要招來痛苦。展望未來諸代，沒有理由懼怕社會本能將會變弱，我們可以預料美德的習性將會變強，也許透過遺傳而固定下來。在這種情況下，在我們高級衝動和低級衝動之間所進行的鬥爭將比較不劇烈，而且美德終將勝利。

以上兩章提要

毫無疑問，最低等動物和最高等動物之間的心理差異是巨大的。一個類人猿如果能夠不帶偏見地觀察牠自己的情形，牠大概會承認，雖然牠能做出狡詐的計畫去劫掠一個田園，雖然牠能用石頭去打仗或者砸開堅果，但把石頭製成一種工具的思維卻完全在其範圍之外。牠大概會承認，關於進行一系列形而上學的推理，或者解答一個數學題，或者對上帝的思考，或者對莊嚴的自然景色的讚美，牠所能做的就更少了。然而，有些猿類很可能宣稱，牠們能夠讚美而且的確讚美過其對象在結婚期間所表現的皮毛顏色之美。牠們大概還會承認，雖然牠們能用叫聲使其他猿理解其某些知覺和比較簡單的需要，但牠們從未想過用一定聲音去表達一定意思的概念。牠們大概要堅決主張，牠們樂於以許多方式去幫助同群的夥伴，爲了夥伴不惜冒生命的危險，並且對孤兒給予照顧；但牠們將被迫承認，對所有生物的無私之愛——人類的最高尚素質，卻完全超出其理解力之外。

儘管人類和高等動物之間的心理差異是巨大的，然而這種差異只是程度上的，並非種類上的。

我們已經看到，人類所自誇的感覺和直覺，各種情感和心理能力，如愛、記憶、注意、好奇、模仿、推理等等，在低於人類的動物中都處於一種萌芽狀態，有時甚至處於一種十分發達的狀態。這等情感和心理能力像我們在家狗和狼或豺的比較中所看到的那樣，也能透過遺傳而有某種進步。如果能夠證明一般概念的形成，自我意識等那樣的某些高等心理能力絕對爲人類所特有（這似乎是極其可疑的），那麼，這等屬性很可能僅僅是其他高度進步的智慧的附帶結果，而智慧的高度進步主要是一種完善語言連續使用的結果。新生的嬰兒到什麼年齡才會有抽象的能力或自我意識並且可以考慮到其本身的存在？我們還無法做出回答；關於上升到怎樣的生物等級才能有上述心理能力，我們也同樣無法做出回答。語言的半人爲、半本能的狀況仍然帶有其逐漸進化的標誌。那種對上帝的崇高信仰，並非人類普遍具有的；而對精靈作用的信仰都是其他心理能力所自然產生的結果。道德觀念在人類和低於人類的動物之間，也許提供了一個最好的和最高級的界限；但是關於這個問題，我不必多說什麼，因爲晚近我曾力圖闡明社會本能——人類道德構成的首要原則[50]——在活躍的智力以及習性的效果幫助下，自然會引出一項金科玉律：「汝等所欲人之施於己者，即應以此施於人」；而這正是建立在道德的基礎之上的。

在下一章中我將略述人類的幾種心理官能和道德官能逐漸進化所經過的可能步驟的方式。這種進化至少是可能的，無可否認的，因爲我們平常在每一個嬰兒身上都可以看到這等官能的發展；而且我們還可以從比低於人類的動物的心理官能還要低的完全白痴，到一個像牛頓那樣的偉人追蹤出一系列完整的心理等級。

---

[50]《馬可·奧理略的思想》，一三九頁。

第五章　智能和道德官能在原始時代

本章所討論的這個問題是極其有趣的，但我處理的方法並不完善，而且是片斷式的。華萊士先生在上述曾經提及的那篇可稱讚的論文①中爭辯說，人類自從局部地獲得那些智慧和道德官能以別於低於人類的動物之後，就不太可能透過自然選擇或其他方法發生身體變異。這是因爲人類能夠透過他的心理官能「使一個不變的身體與正在變化著的世界保持和諧一致」。人類有巨大能力使其習性適應於新的生活條件。他發明武器、工具和各種策略來獲得食物和保衛自己。當他遷徙到比較寒冷的氣候中時，他穿衣裳，建棚屋，而且生火；他用火燒煮非如此不能消化的食物。他用各種方式幫助他的同伴，並且預測未來的事件，甚至在遠古時代，他就實行了某種分工。

另一方面，低於人類的動物必須在身體構造上發生變異，才能在大大變化了的生活條件下生存下去。牠們必須變得更加強壯，或者獲得更加有效的牙或爪，以抵禦新的敵對者；要不牠們就必須縮小，以逃避發覺和危險。當牠們遷徙到比較寒冷的氣候中時，牠們的皮毛必須變厚，或者體質發生改變。牠們如果不能這樣變異，就會滅亡。

然而，正如華萊士先生所正確堅持的，關於人類的智慧和道德官能，情況就大不相同了。這等官能是易於變異的；我們有各種理由可以相信，這等變異有遺傳的傾向。因此，它們如果以往對原

①《人類學評論》，一八六四年五月，一五八頁。

始人類及其類猿的祖先有高度重要性的話，那麼它們大概就要透過自然選擇而有所完善或進步。智慧的高度重要性，不容置疑，因爲人類在世界上之所以能夠取得優越地位主要應歸功於他的智慧。我們知道，在最原始狀態的社會中，那些最精明的、發明和使用最優良的武器和陷阱的並且能夠最好地保衛自己的個人，將養育最大數量的後代。部落如果包含最大數量的賦有這等智慧的人，這些部落的人數就會增加，而且會取代其他部落。人口數量首先決定於生存資源，而生存資源則部分地取決於一個地方的自然性質，但在非常大的程度上取決於那裡所實行的技術。當一個部落增大了而且有所優勢的時候，它往往透過同化其他部落而進一步增大。②一個部落的人們的身材和體力對於它的成功同樣也有某種重要性，而身材和體力則部分地決定於他們所能得到的食物的性質和數量。在歐洲，青銅時代的人被一個更加強有力的種族所代替，根據他們的刀柄來判斷，後者的雙手是比較大的；③不過他們的成功，更多地還是由於他們在技術方面的優越性。

所有我們知道的有關未開化人的情況，或者從他們的傳說和古代碑石——其歷史已完全爲現代居民所遺忘——推論出來的情況，都闡明了自極其遙遠的古代以來成功的部落就曾取代其他部落。在整個地球上的文明地方，在美洲的遼闊平原上，並且在太平洋的孤島上，都曾發現過滅絕的或被遺忘的部落廢墟。今天文明民族到處取代野蠻民族，除非那裡的氣候設置了致命的屏障；他們的成功主要是，縱使不完全是，透過他們的技術獲得的，而技術則是智慧的產物。因此高度可能的是，

---

② 正如亨利·梅因（Henry Maine）爵士所說的，被吸收進另一個部落中的諸成員或部落經過一段時間之後，便設想他們是同一祖先的共同後裔，見《古代法律》（*Ancient Law*），一八六一年，一三一頁。

③ 莫洛特（Morlot），《自然科學普及協會》（*Soc. Vaud. Sc.Nat.*），一八六〇年，二九四頁。

人類的智慧主要是透過自然選擇而逐漸達到完善的；這一結論就可以充分滿足我們的意圖了。當然，從低於人類的動物的智慧狀態到人類的智慧狀態追蹤出各個獨立智慧的發展無疑是有趣味的，但我的能力和知識都不容我做這樣的嘗試。

值得注意的是，一旦人類的祖先成爲社會性的（這很可能發生於很早的時期），模仿、理性以及經驗的原則就會在某種程度上增大並大大改變其智力，現今我們還可以在低於人類的動物中看到這等智力的僅有痕跡。猿類像最低等的未開化人那樣，很喜歡模仿；以前提到的一個簡單事實表明，經過一段時間後，在同一地方用同一種類的陷阱就不能捉住任何動物，這闡明了動物會從經驗中得到教訓，而且可以模仿其他動物的謹慎。且說，如果在一個部落中，有某一個人比其他人更精明，發明一種捕捉動物的新圈套或一種新武器或其他攻守工具，那麼，最明顯的自身利益就會鼓舞其他成員去模仿他，無需很多推理能力的幫助；而所有成員都會因此受益。各種新技術的經常實踐一定也在某種微小程度上可以使智力加強。如果新發明是一項重要的發明，這個部落的人口數量就會增加，廣爲散布，並取代其他部落。一個部落的人口如果因此而越益增多，那麼降生另外優秀的和富有發明才能的人，始終有更多的機會。如果這樣的人留下來的孩子們繼承了其心理上的優越性，那麼降生越發機靈的成員的機會，大概多少會多些，而在一個很小的部落中肯定會多些。甚至他們沒有留下孩子，部落依然包含有其血緣關係的親屬；農業學者們現已查明，④當一頭動物被屠宰後，如果發現牠是有價值的，那麼用這頭動物的家系進行保存和繁育就可以獲得我們所需要的性狀。

④ 我在《動物和植物在家養下的變異》（第二卷，一九六頁）舉出過這方面的事例。

現在轉來談談社會官能和道德官能。原始人類或人類的類猿祖先要成為社會性的，就必須獲得那些迫使其他動物進行合群生活的同樣本能情感；而且毫無疑問，他們顯示了同樣的一般傾向。當他們離開他們的夥伴時就會感到心神不安，他們對夥伴們大概會感到某種程度的愛；他們在遇到危險時將彼此發出警告，而且在進攻或防禦中彼此進行幫助。所有這一切都意味著某種程度的同情、忠誠和勇氣。這等社會屬性對低於人類的動物的高度重要性已是無可爭辯的了，毫無疑問，人類祖先也是以相似的方式，即在遺傳的習性幫助下透過自然選擇獲得這等屬性的。當生活在同一地方的兩個原始人類的部落進行競爭時，如果（其他條件相等）某一個部落包含有大量勇敢的、富有同情心的並且忠實的成員，他們時刻準備彼此發出危險警告，相互幫助，相互防衛，那麼這個部落就會獲得較大的成功而征服其他部落。讓我們記住，在未開化人的永無休止的戰爭中，忠誠和勇氣是多麼重要。受過訓練的軍人之所以優於沒有受過訓練的烏合之眾，主要在於每個人對其同伴所感到的信賴。正如巴奇霍特⑤所很好闡明的，服從具有最高的價值，因為任何形式的政府都比沒有政府好。自私的和好爭論的人們不會團結一致，而沒有團結一致，什麼也不能完成。一個部落如果富有上述那些屬性，就會廣為分布，戰勝其他部落；但是，根據過去的歷史來判斷，經過一定的時間，這個部落又會被另一個稟賦更高的部落所征服。這樣，社會的和道德的屬性就傾向於徐徐進步，而普及於全世界。

但可以這樣問：大量成員在同一部落的範圍內最初怎樣賦有這等社會的屬性和道德的屬性呢？

---

⑤ 他以「醫學與政治學」（Physics and Politics）為題，發表了一系列卓越的論文，見《雙週評論》，一八六七年十一月；一八六八年四月一日；一八六九年七月一日；以後印成單行本。

美德的標準又是怎樣提高的呢？比較富有同情心的和仁慈的雙親所生育的後代，或者對其夥伴比較忠誠的雙親所生育的後代，其數量是否會比同一部落的自私而奸詐的雙親所生育的後代更多，是極其可疑的。一個人寧願犧牲自己的生命，就像許多未開化人所做的那樣，也不背叛他的夥伴，他大概常常不會留下後代以繼承其高尚本性的。最勇敢的人們在戰爭中永遠心甘情願奔向前方，而且慷慨地爲他人獻出自己的生命；這樣的人平均要比其他人死的多。因此，賦有這等美德的人們的數量或他們的美德標準不能透過自然選擇，即最適者生存而被提高，似乎是很可能的；因爲我們在這裡所談的並非是某一部落戰勝另一部落的問題。

導致賦有這等美德的人們在同一部落內增加其數量的情況雖然過於複雜，而無法清楚地把它探究到底，但我們還能夠追蹤出某些可能的步驟。首先，當部落成員的推理力和預見力有所進步時，每一個人很快就會懂得，如果他幫助同伴，通常也會得到作爲回報的幫助。從這個低等動機出發他大概可以獲得幫助其同伴的習性；行使仁慈行爲的習性肯定要加強同情感，而對仁慈行爲的最初衝動則是同情感給予的。加之，在許多世代中被遵從的習性很可能有遺傳的傾向。

但是對社會美德發展的另一個更加強有力的刺激則是由我們同伴的褒貶所提供的。正如我們已經看到的，我們經常對他人加以讚揚或給予譴責主要是由於同情本能，如果這是施於我們自己，我們當然愛讚揚而怕譴責；這種本能無疑像所有其他社會本能那樣，最初也是透過自然選擇而獲得的。是在多麼早的一個時期，人類祖先在其發展進程中變得能夠感覺到其同伴的讚揚和譴責，並被它們所激勵，我們當然無法說出。不過，甚至狗似乎也懂得鼓勵、讚揚和譴責。最原始的未開化人也有光榮感，這明確地表現在他們會保存那些英勇得來的戰利品，他們有過分自誇的習性，他們甚至極端注意個人的容貌和裝飾，因爲，除非他們重視其夥伴們的意見，否則這等習性就沒有什麼意義了。

如果違反他們的某些次要準則，他們肯定也要感到羞愧，而且顯然要感到悔恨，例如，那個澳洲土人由於沒有能夠及時謀殺另一個婦女以安慰其亡妻之靈而日益憔悴和心神不安，就是一個說明。我雖然沒有遇到過任何其他見於記載的事例，但下述事例足以說明一個未開化人寧願犧牲自己的生命而不背叛他的部落，寧願坐牢也不違反他的誓言，⑥像這樣的人當沒有完成他視為神聖的義務時，而不在靈魂深處感到悔恨，簡直是令人不可相信的。

因此我們可以斷言，在很遙遠的古代，原始人類已經受到了其同伴讚揚和譴責的影響。顯然，同一部落的成員對那些在他們看來具有普遍利益的行為將會表示贊成，而對那些看來是有害的行為則會予以譴責。為他人謀利益——汝如何施於人，人亦將如何施於汝——乃是道德的基礎。因此，關於原始時代中愛讚揚，怕譴責的重要性，我們簡直無法把其重要性再予以誇大了。一個人如果為了他人的利益而犧牲自己的生命，並非被任何深刻的本能情感所推動，而是被一種榮譽感所激起，那麼他就會以他的榜樣喚起其他人要求榮譽的願望，而且還會以實行這種行為來加強對其稱讚的高尚情感。這樣，他給部落帶來的好處遠比他留下一些傾向於承繼其自己那樣高尚品格的後代還要多得多。

人類的經驗和理性增長了，就可以察覺出其行為的更加遙遠的後果；而自重的美德，如自我克制、貞潔等，即將受到高度的尊重，甚至被視為神聖的，可是這等美德，像我們以前看到的那樣，在早期卻完全不受重視。然而，我沒有必要再重複我在第四章中關於這個問題的敘述。我們的道德

---

⑥ 華萊士先生在《對自然選擇學說的貢獻》（一八七〇年，三五四頁）舉出過有關事例。

觀念或良心終於成爲一種高度複雜的思想感情——它起源於社會本能，大大被我們同胞們的稱讚所指導，還受到理性和自我利益而且晚近又受到深厚的宗教情感的支配，更被教育和習性所鞏固。

一定不要忘記，對任何人及其子孫同部落的其他人來說，道德的高標準雖然僅有很少一點利益，或者根本沒有利益，但稟賦優良的人在數量上的增加以及道德標準的進步，對某一個部落勝過另一個部落來說，肯定有巨大的利益。一個部落如果包含有許多這樣的成員：他們由於高度具有愛國精神、忠誠、服從、勇敢以及同情而永遠彼此相助，並爲公共利益不惜犧牲自己，那麼這個部落就會戰勝大多數其他部落；這大概就是自然選擇。某些部落取代了其他部落，遍及全世界，無論何時都是如此；因爲道德是他們成功的一個重要因素，所以道德標準和稟賦優良的人們的數量這樣就會到處有提高和增加的傾向。

爲什麼某一個特殊的部落，而不是另一個部落獲得成功並且在文化等級上有所提高呢，對此很難形成任何判斷。許多未開化人現今所處的狀態與幾世紀前他們最初被發現時的狀態沒有兩樣。正如巴奇霍特先生所說的，我們容易把人類社會的進步視爲正常之事；但歷史反駁了這一點。古代人甚至沒有這種進步觀念，東方民族迄今還是如此。按照另一位大權威亨利．梅因爵士⑦的說法，「大多數人類對其文明制度的改進從來沒有表示過一點願望」。進步似乎取決於許多同時發生的有利條件，不過這太複雜了，以致無法查明其究竟。不過常常這樣說，涼爽的氣候可以導致勤奮和許多技術的發生，所以這曾是高度有利的。愛斯基摩人爲艱難的需要所迫，雖成功地完成了許多精巧

⑦《古代法律》，一八六一年，二十二頁。關於巴奇霍特先生的敘述，見《雙週評論》，一八六八年四月一日，四五二頁。

的發明，但他們的氣候太嚴酷了，以致不能繼續進步。游牧生活的習性，無論是在遼闊的平原上，還是穿過熱帶的密林，或是沿著海岸，都是高度有害的。當我對火地的野蠻居民進行觀察時，給我留下深刻印象的是，擁有某種財產，一個固定的住所，許多家庭在一個首領下的聯合，都是文明所不可缺少的必要條件。這等習性幾乎需要土地耕作；正如我在別處所闡明的，[8]耕作的第一步很可能是這樣一種偶然事件的結果，即一棵果樹的種子偶然落在垃圾堆上，然後產生了一個異常優良的變種。然而未開化人最初如何向著文明進步的問題迄今還是非常難以解決的。

自然選擇對文明民族的影響

迄今爲止，我僅考慮了人類從半人類狀態進步到近代未開化人狀態。關於自然選擇對文明民族的作用還值得再談一談。葛列格（W. R. Greg）先生[9]對這個問題進行了富有才華的討論，以前華

---

⑧《動物和植物在家養下的變異》，第一卷，三〇九頁。

⑨《弗雷澤雜誌》（*Fraser's Magazine*），一八六八年九月，三五三頁。這篇文章似乎打動了許多人，由此引出兩篇卓越的論文和一篇答辯，見《旁觀者》，一八六八年十月三日及十七日。在《科學季刊》（*Q. Journal of Science*，一八六九年，一五二頁）；勞森·泰特（Lawson Tait）在《都柏林醫學季刊》（*Dublin Q. Journal of Medical Science*，一八六九年二月）；蘭克斯特先生在《長壽的比較》（*Comparative Longevity*，一八七〇年，一二八頁）均對此進行過討論。《澳大利亞西亞人》（或可譯爲大洋洲人。——譯者注）（*Australasian*，一八六七年七月十三日）也出現過相似觀點。我曾借用過其中幾位作者的觀念。

萊士先生和高爾頓[10]先生也討論過這個問題。我的論述均來自這三位作者。關於未開化人，無論身體或精神，只要衰弱，很快就會被淘汰；凡生存者普遍都顯示了精力充沛的健壯狀態。另一方面，我們文明人竭盡全力以抑制這種淘汰作用；我們建造救濟院來收容低能兒、殘廢者以及病人；我們制定恤貧法令（poor-laws）；我們的醫務人員以其醫術盡最大努力去挽救每一個人的生命直到最後一刻。我們有理由相信，種痘保存了成千上萬人的生命，而這成千上萬的人以前會由於體質虛弱而死於天花。這樣，文明社會中的衰弱成員也可繁衍同類。凡是注意過家畜繁育的人不會懷疑這對人類種族一定是高度有害的。缺少關注或管理錯誤導致家畜退化之迅速，足以驚人；除非是人類自己，誰也不會愚蠢到允許用最壞的動物去繁育。

我們感到被迫給予不能自助的人們以幫助，乃是來自同情本能的附帶結果，同情本能最初是作為社會本能的一部分而獲得的，但如以上所指出的，其後卻變得越益親切而推及越廣。即使在堅強的理性迫使下，如果我們本性的最高尚部分沒有墮落，我們也無法抑制我們的同情。外科醫生施行手術時可能無動於衷，因為他知道他所做的是為了病人好；但是，如果我們故意忽視弱者和不能自助的人，這只能是為了毫無把握的利益，而給現在帶來的弊害卻是無窮的。因此，我們必須承擔弱者生存並繁衍同類的毫無疑義的惡劣後果；但是，似乎至少有一種抑制作用在穩定地進行著，即：社會的衰弱成員和低劣成員不會像強健成員那樣自由地結婚；由於身體或心理衰弱的人不能結婚，這種抑制作用可能無限地增強，雖然這只是可望而不可求的事。

---

[10] 關於華萊士先生，參閱上面引用的《人類學評論》；關於高爾頓先生，參閱《麥克米倫雜誌》，一八六五年八月，三一八頁，以及他的巨著《遺傳的天才》，一八七〇年。

在每一個保有大規模常備軍的國家裡，最優秀的青年都要被招募或被徵集入伍。這樣，在戰爭期間就有早死之虞，而且常常被誘入腐化墮落之途：在青春時代不能結婚。另一方面，體質不良的比較矮小而衰弱的人們卻留在家中，因而結婚以及繁衍同類的機會就要好得多。[11]

人積聚財產，並把它傳給孩子，因此富家子弟在成功的競爭中，就比貧家子弟占有優勢，而這與身體和智力的優越性卻無關。另一方面，短壽的父母，其健康和精力平均都差，他們的孩子比另外的孩子較早繼承財產，而且很可能較早結婚，於是留下的遺傳其低劣體質的後代數量也較多。但是財產繼承本身遠非一種壞事；因爲沒有資本的積累，技術就不能進步；文明種族主要是透過技術的力量擴大了而且今天還到處擴大著他們的範圍，以取代比較低劣的種族。財富的適度積累並不妨礙自然選擇的進程。當一個窮人較爲富裕的時候，他的孩子們就會進入競爭相當劇烈的行業或職業，因而身體和心理都健壯的人可得到最大的成功。有一批受到良好教育的人，不必爲了每日的麵包去勞動，是非常重要的，對其重要程度給予怎樣估量也不會過分；因爲所有高等智力工作都由他們進行，而所有種類的物質進步主要都是取決於這種工作，更不必談其更高級的利益了。無疑地當財富過多時，就傾向於把人們變成無用的寄生蟲；這裡就會發生某種程度的淘汰，因爲我們天天看到那些愚蠢的或生活放蕩的富人把財產揮霍精光。

長子財產繼承權是一種更加直接的弊害，雖然它以前對形成一個統治階級可能有巨大好處，因爲任何政府都比沒有政府好。大多數長子雖然身體或心理可能都衰弱，卻可以結婚，而幼子即使其

---

⑪ 菲克（H. Fick）教授關於這個問題以及其他各點做過良好敘述，見《自然科學對權力的影響》（*Einfluss der Naturwissenschaft auf das Recht*），一八七二年六月。

身體或心理都優越，卻不能結婚。況且承繼遺產的長子即使無能，也不能把財產揮霍精光。但這裡和別處一樣，文明生活的親戚關係是如此複雜，以致有某種補償的抑制作用介入其中。富人透過長子繼承便可以逐代選娶比較美麗而媚人的婦女，而這等婦女一般必定是身體健康和心理靈敏的。連續保存同一血統而不經過任何選擇所應有的惡劣後果，爲貴族永遠希圖增加其財富和權力所抑制；他們是以娶女繼承人來實現這一願望的。如高爾頓先生所闡明的，[12]只生單性小孩的父母的女兒，其本身有不生育的傾向；這樣，貴族家庭的直系就要經常被切斷，而他們的財富流入旁支；不幸的是，旁支並不是以任何種類的優越性來決定的。

這樣，雖然文明在許多方面對自然選擇的作用有所抑制，但自然選擇顯然還是偏袒那些靠著良好食物和沒有偶然困苦而身體發育較好的人。從下述情況可以推論這一點，即：在任何地方都可以發現文明人的身體比未開化人的身體強壯。[13]他們的耐力似乎也相等，這在許多次探險考察中已得到了證明。甚至富人的窮奢極欲也沒有多大害處；因爲英國貴族男女在一切年齡範圍內的估計壽命比低等階級的健壯英國人的壽命短不了多少。[14]

我們現在來看看智能。在社會的每一個階級中，如果把其成員分爲相等的兩群，一群的成員智

---

⑫《遺傳的天才》，一八七〇年，一三二—一四〇頁。

⑬考垂費什（Quatrefages），《科學報告評論》（*Revue des Cours Scientifiques*），一八六七—一八六八年，六五九頁。

⑭參閱蘭克斯特（Lankester）先生的《長壽的比較》一書中根據權威資料編製的表格第五欄和第六欄，一八七〇年，一一五頁。

能優越，一群的成員智能低劣，幾乎無可懷疑的是，前者在所有職業中都能獲得較大的成功，並且生育較大數量的孩子。即使在最低等的階層中，有技藝和有才智的人一定也占有某種優勢；但許多行業已經實行很細的分工，這一優勢並不很大。因此，在文明民族中有才智的人無論數量或標準都有增加的傾向。但是，我不願斷言這種傾向不會在其他方面受到抵消而有餘，如揮霍亂用和不顧將來所起的抵消作用即是；即使如此，有才智的人還是占有某種優勢。

上述那樣的觀點常常遭到反對，即：歷來最卓越的人士都沒有留下遺傳其偉大才智的後代。高爾頓先生說道：「我遺憾，我不能解決一個簡單的問題：具有非凡天才的男人或女人是否不生育，並且不生育到怎樣程度。然而，我曾闡明卓越的人士絕非不生育。」[15]偉大的制定法典者、仁慈的宗教奠基者、偉大的哲學家和科學發明家以他們的工作對人類進步所給予的幫助，其程度遠比留下爲數眾多的後代要高得多。就身體構造來說，稟賦稍好的個體的被選擇以及稟賦稍差的個體的被淘汰，並不是強烈顯著而罕見的畸形的被保存，就會導致一個物種的進步。[16]關於智能，也是如此。因爲在每一個社會階層中，才智高些的人就比才智差些的人能夠獲得較大的成功，因而在其他方面如果沒有受到抑制就可增加其數量。在任何民族中，當智力的標準以及智力優越的人士的數量提高了的時候，正如高爾頓先生所闡明的，根據平均離差的法則我們可以預料，非凡的天才將比以前似乎多少要更加常常出現。

關於道德屬性，對於最惡劣性情的淘汰一直在進行著，即使在最文明的民族中也是如此。犯罪

---

⑮《遺傳的天才》，一八七〇年，三三〇頁。

⑯《物種起源》，第五版，一八六九年，一〇四頁。

者被處死或長期監禁，所以他們不能自由地傳遞其惡劣屬性。憂鬱病患者和精神病患者受到隔離或自殺。兇暴的人和好爭吵的人難免流血的結局。不安靜的人不會從事任何固定的職業——這種野蠻狀態的遺風是文明的最大障礙[17]——而他們遷移到新殖民地，卻證明是有用的拓荒者。酗酒是高度有害的，例如，酗酒者從三十歲算起，其估計壽命僅爲十三點八年；而英國農工從同一年齡算起，其估計壽命則爲四十點五九年。[18]荒淫的女人很少生孩子，荒淫的男人則很少結婚；二者都因此得病。在家畜的繁育中，淘汰那些有任何低劣性質的個體，即使爲數不多，在走向成功方面也絕不是一個不重要的因素。關於那些透過返祖有重現傾向的有害性狀尤其如此，如綿羊的重現黑色即是；關於人類，某些最惡劣的性情，沒有任何可指出的原因，間或出現於一些家族中，這也許是歸返一種野蠻狀態，而這等野蠻狀態正是在我們很多世代中沒有被消除掉的。不錯，用普通語言來說，這種觀點似乎承認了那些人就是家族中的黑色綿羊。

關於文明民族，就道德的先進標準以及優秀人士的數量增加而言，自然選擇所發揮的作用顯然是不大的，雖然說基本的社會本能最初是透過自然選擇而獲得的。但是，當我討論較低等種族時，對於導致道德進步的一些原因已經做了足夠的敘述，這些原因就是：我們同胞所給予的稱讚——我們的同情透過習性得到加強——榜樣和模仿——理性——經驗，甚至自我利益——幼年時代的教育

⑰《遺傳的天才》，一八七〇年，三四七頁。

⑱蘭克斯特，《長壽的比較》，一八七〇年，一一五頁。關於酗酒者的統計數字，引自尼遜（Neison）的《生命統計》（*Vital Statistics*）。關於荒淫生活，參閱法爾博士的《結婚生活對死亡率的影響》（Influence of Marriage on Mortality），曾在「社會科學全國促進會」（Nat. Assoc. for the Promotion of Social Science）上宣讀，一八五八年。

以及宗教感情。

葛列格先生和高爾頓先生[19]曾強烈主張，在文明國家中，對於優秀階級人士數量的增加有一個重要的障礙，那就是，很貧窮的人和不顧一切而亂來的人往往因惡行而墮落，他們幾乎一定早結婚，而謹慎的、儉樸的人一般在其他方面也是有道德的，他們結婚都晚，所以能夠維持自己和孩子們的舒適生活。早婚的人在一定時期內不僅產生的世代數較多，而且如鄧肯（Duncan）[20]博士所闡明的，他們生的孩子也較多。再者，母親在壯年時期生的孩子比在其他時期生的孩子要重些和大些，所以很可能精力也充沛些。這樣，社會上那些不顧一切亂來的、墮落的而且往往是邪惡的人比節儉的而且一般是有道德的人，其增加速度要快些。或者，像葛列格先生所說的那種情形：「滿不在乎的、骯髒的、不求上進的愛爾蘭人增殖得像兔子那樣快；儉樸的、有遠見的、自尊的、有雄心壯志的蘇格蘭人，其道德是嚴格的，其信仰是高尚的，其智力是精明的而且是訓練有素的，卻在鬥爭和獨身生活之中度過其風華正茂的歲月，他們結婚晚，留下的子女很少。設有一地，最初居住著

---

⑲《弗雷澤雜誌》，一八六八年九月，三五三頁。《麥克米倫雜誌》（*Macmillan's Magazine*），一八六五年八月，三一八頁。法勒（Farrar）牧師持有不同的觀點（《弗雷澤雜誌》，一八七〇年八月，二六四頁）。

⑳《關於婦女生育性的規律》（On the Laws of the Fertility of Women），見《皇家學會會刊》（*Transact. Royal Soc.*），愛丁堡，第二十四卷，二八七頁；現以單行本出版，書名爲《生殖力，生育性及不育性》（*Fecundity, Fertility and Sterility*），一八七一年。再參閱高爾頓先生的《遺傳的天才》，三五二—三五七頁，有對上述效果的觀察資料。

一千個撒克遜人（Saxons）[*]和一千個凱爾特人（Celts）[**]——經過十二代以後，人口的六分之五將爲凱爾特人，而六分之五的產業、權力以及才智則屬於存留下來的六分之一撒克遜人。在永恆的『生存鬥爭中，低劣的和天賦較差的種族曾占有優勢——他們占有優勢並不是憑藉其優良素質，而是憑藉其缺點』。」

然而對於這種向下的傾向，則有某些抑制之道。我們已經看到，酗酒者的死亡率高、過度荒淫者留下的後代很少。最貧窮的階級湧入城鎮，斯塔克（Stark）博士根據蘇格蘭的十年統計，[21]證明了城鎮的死亡率在所有年齡中都比農村的高，「在生活的最初五年期間，城鎮的死亡率差不多正好是農村的兩倍」。由於這些統計既包括富人也包括窮人，所以要保持城鎮赤貧居民和農村居民的人口比例不動，其降生的數量無疑需要提高兩倍以上。對婦女來說，如果太早結婚，那是高度有害的；因爲在法國發現「二十歲以下，已婚婦女的死亡率爲未婚婦女的兩倍」。二十歲以下的已婚男子的死亡率也是「非常高」的，[22]但其原因是什麼，似乎還無法確定。最後，如果男子在能建立一個舒適家庭之前，謹慎地推遲結婚，那麼，像他們常常做的那樣，將會選擇壯年的婦女，這樣，優

---

* 五、六世紀入侵並定居於英國的日耳曼族。——譯者注

**西元前一千年左右居住在中歐、西歐的部落，其後裔今散布在愛爾蘭、威爾斯、蘇格蘭等地。——譯者注

㉑《蘇格蘭的出生與死亡情況第十次年度報告》（*Tenth Annual Report of Births, Deaths &c., in Scotland*），一八六七年，二十九頁。

㉒引文係摘自關於這等問題的英國最高權威法爾博士的一篇論文：《結婚生活對法國人死亡率的影響》，此文曾在「社會科學全國促進會」宣讀，一八五八年。

等階級人口增長率的減少只是微乎其微而已。

根據一八五三年所做的大量統計，證明全法國年齡在二十至八十歲之間的未婚男子比已婚男子的死亡率高得多，例如：每一千個年齡在二十至三十歲之間的未婚男子中，每年死亡者爲十一點三人，而已婚男子死亡者僅爲六點五人。㉓相似的規律被證明也適用於一八六三年和一八六四年蘇格蘭二十歲以上的男子人口普查，例如：每一千個年齡在二十至三十歲之間的未婚男子中，每年死亡者爲十四點九七人，而已婚男子死亡者僅爲七點二四人，這就是說，比一半還少。㉔斯塔克博士關於這一點說道：「獨身比最有害健康的行業或者比居住在最有害健康的房屋或地方——那裡對改善環境衛生從來沒有過最長遠的打算——對生活更加有害。」他認爲死亡率的降低乃是「結婚以及比較有規律的家庭生活習慣」的直接結果。然而他承認酗酒、荒淫以及犯罪的人，壽命不長，普遍都不結婚；還必須承認，體質衰弱的、健康不良的、身體或心理有任何重病的人們往往都不願結婚，或者人家拒絕與他們結婚。斯塔克博士似乎得出這樣一個結論，即結婚本身爲延長益壽的一個主要原因，因爲他發現已婚老人在這兩點上仍然勝過同樣高齡的未婚者；但每個人一定都知道有些人的事例；他們在幼年時期不健康，沒有結婚；雖然他們終生衰弱因而壽命或結婚的機會一直在縮小，但仍然活到高齡。還有另一個值得注意的情況似乎可以支持斯塔克博士的結論，即：在法國，寡婦和鰥夫與已婚者相比，前者的死亡率要高得多；不過法爾（Farr）博士把這種情形歸因於由家庭破

㉓ 法爾博士，同上文，下述引文亦摘自同一篇著名論文。

㉔ 我引用的數字是《蘇格蘭的出生與死亡情況第十次年度報告》（一八六七年）中所載的五年平均數。引用斯塔克博士的話載於《每日新聞》（*Daily News*），一八六八年十月十七日，法爾博士認爲此文寫作嚴謹。

碎而引起的貧窮和惡習，並且歸因於遭到不幸後的悲痛。總之，我們同意法爾的說法，可以做出這樣的結論：已婚者比未婚者的死亡率低，似乎是一般的法則，這「主要是由於對不完善類型的經常淘汰，以及對最優秀個體在連續世代中的巧妙選擇」；這僅僅是和婚姻情況有關的選擇，而且這種選擇對身體的、智力的以及道德的所有屬性都發生作用。㉕因此，我們可以推論，健康的和善良的人們出於謹慎而暫時不結婚，其死亡率也不會高。

上述兩節所舉的各種抑制因素，也許還有其他抑制因素，如果不能制止社會上那些不顧一切亂來的、邪惡的以及其他方面低劣的分子的增長速度快於優等階層的人們，那麼這個民族就要退化，這在世界歷史中已屢見不鮮了。我們必須記住，進步並非是永恆不變的規則。爲什麼某一個文明民族興起了，比另一個民族更強大，而且分布得更廣；或者，爲什麼同一個民族在某一個時期比在另一個時期進步較快，對此很難有所說明。我們只能說，這是取決於人口實際數量的增加，取決於賦有高度智能和道德官能的人們的數量，同時還取決於他們的美德標準。身體構造似乎也有一點小影響，不過只是在旺盛的身體活力導致旺盛的心理活力的情況下才如此。

有幾位作者極力主張，高度的智力既有利於一個民族，如果自然選擇的力量是眞實的話，㉖那麼在智力方面高出於曾經存在的任何種族的古希臘人就應該越益提高其智力，增加其人口數量，而遍布於整個歐洲。這裡有一個不言而喻的假設，這常常是關於身體構造的，即：心理和身體的連續

㉕ 關於這個問題，鄧肯博士說道（《生殖力、生育性及不育性》，一八七一年，三三四頁）：「在各個時期，健康而美麗者常從未婚一方走到已婚一方，於是未婚一方便充滿了不幸的病弱者。」

㉖ 參閱高爾頓先生關於這個問題的有獨創性的最初論點，見《遺傳的天才》，三四〇—三四二頁。

發展有某種內在的傾向。但是，所有種類的發展都決定於許多共存的有利環境條件。自然選擇的作用只是試探性的。個人或種族可能獲得了某些無可爭辯的優勢，然而由於其他特性不好，也不免於滅亡。古希臘人之所以衰退，可能由於許多小邦之間缺少團結，可能由於整個國土不大，可能由於實行奴隸制，也可能由於極度耽於聲色口腹之樂；因爲要到「他們衰弱和腐敗到極點」，他們才會敗亡。[27]現今歐洲西部民族超越其以往野蠻祖先的程度是不可估量的，他們站在文明的頂峰，雖然他們受惠於古希臘人的著作至多，但其優越性來自這個非凡民族的直接遺傳都很少，或者全無。

誰能肯定地說出一度如此占有優勢的西班牙民族爲什麼在競爭中被遠遠甩在後面了。自從中世紀黑暗時代以來，歐洲諸民族的覺醒是一個更加錯綜複雜的問題。正如高爾頓先生所說的，在古代那一時期，幾乎所有本性高尚的人，要想沉思冥想或進行精神修養，除了投入必須嚴守獨身生活的教會之外，[28]簡直沒有其他隱身之所，這幾乎不可避免地要對相繼的各代發生退化的影響。在這同一時期，宗教法庭極意搜捕思想最自由和行動最勇敢的人們，把他們燒死或囚禁起來。僅在西班牙，最優秀的人士——他們遇事持懷疑態度並且提出問題，而沒有懷疑就不能有進步——在三個世紀內每年被消滅的數以千計。儘管如此，歐洲還是以無比的速度前進了。

與其他歐洲民族相比，英國人在殖民方面獲得了驚人的成功，這曾被歸因於他們的「果敢和不

㉗ 葛列格先生，《弗雷澤雜誌》，一八六八年九月，三五七頁。

㉘ 《遺傳的天才》，一八七〇年，三五七—三五九頁。法勒牧師提出過相反的論點（《弗雷澤雜誌》，一八七〇年八月，二五七頁）。萊爾爵士在一段引人注目的文章中（《地質學原理》（*Principles of Geology*），第二卷，一八六八年，四八九頁）要求人們注意宗教審判所產生的惡劣影響，透過選擇它降低了歐洲的一般智力標準。

撓的精力」；把英國血統的加拿大人和法國血統的加拿大人的進步做一比較，就會很好地說明其結果；但是，誰能說出英國人是怎樣得到其精力的呢？有人相信美國的驚人進步及其人民的特性乃是自然選擇的結果，這是非常正確的。因爲，精力較強的，勤勞勇敢的人們在最近十至十二代期間從歐洲各地遷移到這片大陸，而且在那裡獲得了最大的成功。[29]從遙遠的未來來看，我並不認爲津克（Zincke）以下的觀點是誇大的，他說：[30]「所有其他一系列事件——如希臘精神文明所產生的事件和羅馬帝國所產生的事件——只有與盎格魯撒克遜人的巨大西移潮流這一事件相聯繫，毋寧說作爲它的次要事件來看，似乎才有意義和價值。」文化進步的問題固然還是模糊不清，但我們至少能夠看出，一個民族如果在長年累月中不斷產生最大數量的高智力的、精力旺盛的、勇敢的、愛國的以及仁慈的人，一般就會比天賦較差的民族占有較大的優勢。

自然選擇來自生存鬥爭；而生存鬥爭則來自人口的迅速增加。對於人類的增加速度，我們不能不痛苦地感到遺憾，這是否明智，則是另一個問題；因爲，這在野蠻部落中導致殺嬰以及許多其他弊害，在文明民族中導致赤貧、獨身以及謹慎小心的人們實行晚婚。但是，由於人類蒙受到的身體弊害與低於人類的動物一樣，所以他沒有權利期望去避免由生存鬥爭所引起的弊害。如果人類在原始時代未曾受自然選擇所支配，那麼他絕不會達到現在這樣的地位。因爲我們在世界上許多地方看到還有大片最肥沃的土壤能夠維持無數的幸福家庭，但只有少數游牧的未開化人生活於其間，因

㉙ 高爾頓先生，《麥克米倫雜誌》，一八六五年八月，三二五頁。再參閱《達爾文主義與國民生活》（On Darwinism and National Life）一文，見《自然》（*Nature*），一八六九年十二月，一八四頁。

㉚ 《美國的最後冬天》（*Last Winter in the United States*），一八六八年，二十九頁。

此，可以這樣辯說，生存鬥爭並沒有足夠劇烈到以迫使人類向上發展到最高的標準。根據我們所知道的人類以及低於人類的動物的全部情況來判斷，他們的智能和道德官能總是有足夠的可變性，以透過自然選擇而穩定進步。毫無疑問，這種進步需要許多共存的有利環境條件；不過，如果沒有人口的迅速增加以及由此引起的極其劇烈的生存鬥爭，最有利的環境條件是否會發生足夠的作用，還是完全可以懷疑的。例如，根據我們在南美一些地方所看到的情況來說，甚至一種可以稱爲文明的民族，如西班牙殖民者，看來當生活條件很安逸的時候，就容易變得懶惰而致倒退。關於高度文明的民族，其不斷進步在次要程度上還決定於自然選擇；因爲，這等民族並不像野蠻部落那樣，彼此取代而被消滅之。儘管如此，從長遠觀點來看，同一群體內智力較高的成員比智力較低的成員將會獲得較大的成功，留下較多的後代，這就是自然選擇的一種形式。進步更加有效的原因似乎在於：當幼年期間頭腦易受影響時施以良好教育，由最有才能和最優秀的人士反覆灌輸高標準的美德，體現民族的法律、風俗和傳統，並且由輿論進行強制。然而，應該記住，輿論的強制性決定於我們能夠鑑別他人的稱讚和譴責；這種鑑別是以我們的同情爲基礎的，而同情作爲社會本能的一個最重要因素最初透過自然選擇而得到發展，簡直是無可懷疑的。[31]

關於所有民族一度曾為野蠻民族的證據

這個問題已由盧伯克爵士[32]、泰勒先生、倫南先生等人進行了充分的和可稱讚的討論，我

[31] 我非常感激約翰·莫利（John Morley）對這個問題所做的好批評：再參閱布羅卡（Broca）的《關於選擇》（*Les Sélections*），見《人類學評論》（*Revue d'Anthropologie*），一八七二年。

[32] 《論文化的起源》（On the Origin of Civilisation），見《人種學會會報》（*Proc. Ethnological Soc.*），一八六七年

在這裡只是敘述一下他們所得結果的最簡短提要而已。最近阿蓋爾公爵㉝提出的和以前惠特利（Whately）大主教提出的論點支持了這樣一種信念：認爲人類本來是作爲一種文明者進入這個世界的，所有野蠻人是由於此後發生了退化，在我看來，這種論點與另一方所提出的論點相比似乎就顯得薄弱了。許多民族無疑都曾與文明背道而馳，有些可能墮入完全野蠻的狀態，雖然我還沒有遇到過關於後面這一點的證據。火地人大概爲其他勝利的游牧民族所迫，定居在現今那塊荒涼的地方，結果他們可能變得有點更加退化了；但很難證明他們已經降到博托克多人（Botocudos）以下，而博托克多人卻是在巴西的最好地方居住的。

所有文明民族都是野蠻人的後裔，其證據在於：一方面，在現今依然存在的風俗、信仰、語言等等之中，還有他們以往低等狀態的明顯痕跡；另一方面，已證明未開化人能夠獨立地在文明等級上提高少數幾步，而且他們確曾這樣提高過。有關第一方面的證據是極其奇妙的，我還不能在這裡舉出：我談到的這等例子是關於計數技術的，正如泰勒所明確闡述的，這與現今在某些地方依然使用的字有關，計數發源於手算，最初用一隻手，然後用兩隻手，最後連腳趾也用上了。在我們自己使用的十進位以及在羅馬數字上都有這種痕跡，羅馬數字的V應該是一隻人手的簡形，在V之後爲VI等等，當時無疑兩隻手都用上了。再者，「當我們說三個二十加十時，我們是用二十進位計算的，每個二十在概念上代表一個人，如墨西哥人或加勒比人（Carib）所云」。㉞按照一個日益擴大

十一月二十六日。

㉝《原始人類》（*Primeval Man*），一八六九年。

㉞曾在「大不列顛皇家協會」（Royal Institution of Great Britain）宣讀，一八六七年三月十五日。還有《對人類初期歷

的學派的語言學者們的意見，每一種語言都有其緩慢而逐漸進化的痕跡。書法亦復如此，因爲字母就是圖形代表的痕跡。凡是讀過倫南的著作㉟的人，簡直不能不承認幾乎所有文明民族至今仍然保持著用暴力搶婚那樣的粗野習俗。同一位作者問道，能夠舉出什麼古代民族原本就實行一夫一妻制嗎？正義的原始概念，如仍然保留其痕跡的戰爭法以及其他風俗所闡明的，同樣也是最粗野的。許多現存的迷信正是以往虛假宗教信仰的殘餘。宗教的最高形態——上帝憎罪惡而愛正義的崇高概念——在原始時代是不知道的。

轉來談談另一類證據：盧伯克爵士曾闡明，最近有些未開化人在某些技藝方面稍有進步。他所做的非常奇妙的敘述表明，世界各地未開化人使用的武器、工具以及技藝差不多都是獨立發明的，也許取火的技術除外。㊱澳洲土人的迴力鏢（boomerang）*是這種獨立發明的一個良好事例。大溪地人（Tahitians）**當最初被發現時，在許多方面就比其他玻里尼西亞諸島上大多數居民進步。

史的研究》，一八六五年，第二章至第四章。

㉟《原始婚姻》，一八六五年。再參閱顯然是同一位作者所寫的一篇優秀的論文，見《北英評論》，一八六九年七月。還有，莫爾根先生的《關於親屬關係的社會等級，體系的起源之推測》，見《美國科學院院報》（*Proc. American Acad. of Sciences*），第七卷，一八六八年二月。沙夫豪森博士說過「在荷馬史詩和《舊約全書》中都曾記載過用人做獻祭品的遺風」，見《人類學評論》，一八六九年十月，三七三頁。

㊱盧伯克爵士，《史前時代》，第二版，一八六九年，第十五、十六各章。再參閱泰勒的《人類的早期歷史》一書中最優秀的第九章。

* 爲澳洲土著的武器，用曲形堅木製成，打出去可飛回原處。——譯者注

** 南太平洋大溪地島上的土著居民。——譯者注

關於秘魯土著居民和墨西哥土著居民的高度文化是由國外傳來的信念[37]，並沒有充分的根據，那裡栽培著許多土著植物並飼養少數土著動物。從大多數傳教士所發生的影響很小來判斷，我們應該記住，來自某一半文明地方的一群漂流者如果被沖到美洲海岸，若非當地土著居民已經多少有點進步的話，這群漂流者對他們是不會發生任何顯著影響的。看看世界歷史的遠古時代，用盧伯克爵士的著名術語來說，我們就可以發現一個舊石器時代和新石器時代，沒有人會妄稱磨製粗陋燧石器的技術是從外邊傳來的。在歐洲的所有地方，一直東到希臘，在巴勒斯坦、印度、日本、紐西蘭以及包括埃及在內的非洲，都曾發現過大量的燧石器；而現今居民都沒有保持使用它們的任何傳統。關於中國人和古代猶太人以前都使用過石器，也有間接的證據。因此，差不多包括全部文明世界的這等地方的居民一度都處於野蠻狀態，這簡直是無可懷疑的了。認爲人類原本是文明的，其後在許多區域發生了完全退化的那種信念，乃是可憐而又可鄙地看低了人類的本性。而認爲進步遠比退步更加普遍，並且認爲人類雖然經過緩慢而中斷過的步驟卻由低等狀態上升到今天那樣的知識、道德和宗教的最高標準，顯然是一種更加眞實、更加令人振奮的觀點。

---

[37] 米勒在《諾瓦拉遊記：古生物學，第三部》（*Reise der Novara: Anthropolog. Theil, Abtheil.* III，一八六八年，一二七頁），做過一些良好的論述。

第六章 人類的親緣和系譜

縱使承認人類與其關係最近的同源動物之間在身體構造方面的差異大到像某些博物學者們所主張的那樣，而且縱使我們必須承認他們之間在心理能力方面的差異也是巨大的，但上述各章所列舉的事實看來還以最明顯的方式表明了人類是從某一較低等類型傳下來的；儘管連接的環節迄今尚未被發現，亦復如此。

人類容易發生眾多的、微小的和各式各樣的變異，這等變異就像在低於人類的動物中那樣，是由同樣的一般原因所引起的，並且受到同樣的一般規律的支配而遺傳下去。人類增殖得如此之快，以致他必然要處於生存鬥爭之中，因而要受到自然選擇。人類產生了許多種族，其中有些種族彼此差異如此之大，以致他們常常被博物學者們列爲不同的種（species）。他的身體是按照與其他哺乳動物一樣的同源圖案構成的。他透過同樣的胚胎發育階段，他保持著許多殘跡的和無用的構造，毫無疑問，這些構造以前一度是有用的。性狀不時在其身上重現，我們有理由相信他的早期祖先曾經具有這等性狀。如果人類的起源完全不同於一切其他動物，則上述種種表現只能是一種空洞的欺騙；但承認這一點乃是令人難以相信的。相反，如果人類和其他哺乳動物都是某一未知的、較低等類型的共同後裔，則上述表現就是可以理解的了，至少在很大程度上是可以理解的。

有些博物學者們由於對人類的心理和精神動力有深刻的印象，所以把整個有機界分爲三個領域，即：人類、動物界、植物界，這樣就把人類立爲單獨的一界（kingdom）①。博物學者無法對精神能力進行比較或加以分類：但他可以像我曾經做的那樣，盡力闡明人類和低於人類的動物的心理官能雖在程度上有巨大差異，但在種類上並無不同。一種差異的程度不論多麼大，也不能證明我們把人類列爲獨特的一界是正當的，把兩種昆蟲，即無疑屬於同綱（class）的胭脂蟲（coccus）和螞蟻的心理能力加以比較，也許會對這一點做出最好的說明。在這裡，二者心理能力的差異大於人類和最高等哺乳動物之間心理能力的差異，雖然其種類多少有點不同。雌胭脂蟲當幼小時用喙附著在一種植物上，吸其液汁，此後絕不再移動；於是受精產卵；這就是牠的全部生活史。另一方面，描述工蟻的習性及其心理能力，像于伯爾所做的那樣，則需要巨卷著作；但我將簡略地列舉少數幾點。蟻類肯定會彼此互通消息，若干蟻聯合起來進行同一項工作，或者在一起遊戲。分離數月之後，還能認出牠們的同群夥伴，而且彼此會感到同情。牠們建築大廈，保持清潔，晚間關閉門戶，並設警衛。牠們修築道路以及在河床下面修築隧道，架設臨時橋梁以連接在一起。牠們爲群體聚集食物，如運回窩中的東西太大而不能進門時，牠們就把門開大，然後修復原狀。牠們貯存子實，防止它們發芽。如果受潮，就把子實運到地面上進行乾燥。牠們畜養蚜蟲和其他昆蟲作爲乳牛。牠們以整齊的佇列出發征戰，並且爲了公共福利從容地犧牲自己的生命；牠們按照事先預定的計畫進行遷徙；牠們俘獲奴隸。牠們把蚜蟲的卵和自己的卵、繭運到窩中暖和的部分，以便牠們儘快孵化；

① 關於各個博物學者在其分類法中給人類安排的位置，小聖伊萊爾有過詳細敘述，見《自然史通論》，第二卷，一八五九年，一七〇—一八九頁。

還可以舉出無數相似的事實。[2]總之，螞蟻和胭脂蟲之間在心理動力方面的差異是巨大的；但從來沒有人夢想過把這兩種昆蟲放入不同的綱，更不用說放入高得多的不同的界了。這兩種昆蟲之間的差異無疑可以由其他昆蟲銜接起來，但人類和高等猿類之間的差異就不是這樣了。不過我們有各種理由可以相信，這一系列的中斷僅僅是許多類型已經滅絕的結果。

歐文教授主要根據腦的構造把哺乳動物分爲四個亞綱（sub-class）。他把人類專門列爲一個亞綱，又把有袋類和單孔類合併列爲另一個亞綱；所以他把人類從其他哺乳動物區分出來正如把有袋類和單孔類合併起來一樣。就我所知道的來說，凡是能夠做出獨立判斷的博物學者，都不同意這一觀點，因而無需在這裡給予進一步討論。

我們能夠理解，爲什麼以任何單一性狀或器官爲根據的分類法——即使這種器官異常複雜而重要得像腦那樣——或以心理官能的高度發達爲根據的分類法，幾乎肯定被證明都是不能令人滿意的。這一原則確曾對膜翅類昆蟲試用過；但是，當以牠們的習性或本能進行這樣分類時，便證明這種排列法是澈底人爲的了。[3]當然，無論根據什麼性狀、如身體大小、顏色或居住的自然條件進行分類都可以；但博物學者們長期以來就深信有一種自然分類法。這種分類法現已得到普遍承認，它必須儘可能地按照系譜進行排列，——這就是說，同一類型的共同後裔必須納入一個類群中，而同

② 關於蟻類的習性，貝爾特先生在其《博物學家在尼加拉瓜》（一八七四年）一書中，發表過一些最有趣的事實。再參閱摩格芮芝先生的令人欽佩的著作《農蟻》（*Harvesting Ants*），一八七三年，以及《兩個世界評論》，一八七〇年二月，六八二頁。

③ 韋斯特伍德（Westwood），《昆蟲的近代分類》（*Modern Class of Insects*），第二卷，一八四〇年，八十七頁。

任何其他一個類型的後裔分開；但是，如果親本類型彼此有關係，那麼它們的後裔也要如此，並且兩個類群合在一起就會形成一個更大的類群。幾個類群之間的差異量——這就是各個類群、所發生的變異量——則由屬（genera）、科（families）、目（orders）、綱（classes）這樣專門名詞表示之。因爲關於生物由來的系統，我們沒有紀錄，所以只能根據對被分類的生物之間的類似程度所做的觀察，才能發現譜系。爲了這個目的，多數的類似之點要遠比在少數幾點的相似量或不相似量重要得多。如果兩種語言在大量的單詞和構造上彼此類似，它們就會被認爲是從一個共同的根源發生的，儘管它們在某些少數單詞或構造上有重大差異，也是如此。但對生物來說，類似之點的形成必須不是由於對相似生活習性的適應；例如，兩種動物由於在水中生活，其全部身軀可能都發生變異，然而在自然分類中卻不會因此把牠們放得更近一點。因此，我們可以知道，在若干不重要的構造上，在無用的和殘跡器官上、即在現今已無功能作用或處於胚胎狀態下的器官上，彼此的類似性何以對分類是最重要的；因爲這等類似性幾乎不能是在晚近期間由於適應而形成的；這樣，它們就揭示了遠古的生物由來的系統、即眞正的親緣。

我們還能進一步知道，某一種性狀的巨大變異量爲什麼不應引導我們把任何兩種生物分得很遠。一個部分如果和親緣相近類型的同一部分已經大不相同，那麼按照進化學說而言，這個部分已經發生了重大變異；因而它就容易進一步發生同一種類的變異；這等變異如果是有利的，大概會保存下來，並由此而不斷地擴大。在許多情況中，一個部分的不斷發展，例如鳥喙或哺乳動物牙齒的不斷發展，對這個物種獲得食物或達到任何其他目的都不會有什麼幫助；但關於人類，我們還看不出腦和心理官能的不斷發展，僅就利益而言，有什麼一定界限。因此，在自然分類、即譜系分類中決定人類的位置時，不應認爲極度發達的人腦其重要性超過其他較不重要的或完全不重要的大量彼此類似之點。

大多數博物學者當考察了人類的全部構造及其心理官能之後，每依布魯曼巴哈和居維葉之說，把人類放在單獨的一目（order），名爲雙手目（Bimana），因此與四手目（Quadrumana）*和食肉目等處於相等地位。最近我們許多最優秀的博物學者們又重新遵循如此富有洞察力的林奈最先提出來的觀點，他們把人類和四手類放在同一個目，名爲靈長類（Primates）。這一結論的正確將會得到承認：因爲，第一，我們必須記住，人腦的高度發達對分類來說在比較上並沒有什麼重要意義，而人類和四手類的頭骨之間的強烈顯著差異（比肖夫、艾比以及其他人士的最近主張）顯然由於它們腦的不同發達所致。第二，我們必須記住，人類和四手類之間的幾乎一切其他更加重要的差異顯然是由於對它們本性的適應而發生的，而且主要與人類的直立姿勢有關；如人類的手、足、骨盆的構造，脊骨的彎曲以及頭部的位置，都是如此。關於適應的性狀對分類不很重要，海豹科（family of Seals）提供了良好例證。這等動物在其身體形狀上、在其四肢構造上與所有其他食肉類的差異，遠遠大於人類和高等猿類在這方面的差異；然而在大多數分類法中，從居維葉分類法一直到最近的弗勞爾（Flower）分類法，④只不過把海豹列爲食肉目的一個科。如果人類不是他自己的分類者，大概不會想到爲了容納自己而設置一個單獨的目。

把人類和其他靈長類動物在構造上的無數一致之點列舉出來，並不在我的討論範圍之內，而且也完全不是我的知識所能及的。我們偉大的解剖學家和哲學家赫胥黎教授已對這個問題做過充分討

---

* 即猿類。——譯者注

④《動物學會會報》（*Proc. Zoolog. Soc.*），一八六三年，四頁。

論，⑤他的結論是：人類在其體制的一切部分上與高等猿類的差異，小於猿類與同一類群較低等成員的差異。因而「把人類列爲一個獨特的目，是不正確的」。

在本書的前一部分，我曾列舉各種事實以闡明人類在體質上與高等動物是多麼密切一致；這種一致性決定於我們在微小構造和化學成分上的密切相似。我曾舉出一些事例來說明，我們有感染同樣疾病的傾向，而且有受到相似寄生蟲侵襲的傾向；我們對同樣的興奮劑有共同的嗜好，而且這等興奮劑以及各種藥物對我們會產生同樣的效果，還有其他諸如此類的事實。

因爲人類和四手類之間的微小而不重要的類似之點，在分類學著作中普遍沒有受到重視，並且因爲當這等類似之點爲數眾多時就揭示了我們之間的親緣關係，所以我將列舉少數幾點加以說明。人類和四手類的面貌上的相應部位是顯著相同的；各種情緒是由肌肉和皮膚——主要是眉的上部以及口的周圍的肌肉和皮膚——的差不多相似的運動所表現出來的。某些少數表情的確是差不多一樣的，例如某些猴的種類的哭泣，以及其他一些種類的嘈雜大笑，在這樣時候，牠們的嘴角向後扯，而且眼瞼起皺。彼此的外耳異常相似。人類的鼻遠遠高出大多數猴類的鼻；但我們可以從白眉長臂猿（hoolock gibbon）的鷹鉤鼻查出猴類高鼻的開端，至天狗猴（*Semnopithecus nasica*）*，牠的鼻就大到可笑的極點了。

許多猴類的面部裝飾有下巴鬍子、連鬢鬍子或上唇鬍子。天狗猴屬（*Semnopithecus*）一些物種

⑤《關於人類在自然界的位置的證據》（*Evidence as to Man's Place in Nature*），一八六三年，七十頁及其他諸頁。

* 即*Semnopithecus nasalis*，多群棲於加里曼丹等處的沿河喬木上，鼻長而凸出，雄性老猴者尤長，可運動自如，且如吻，故又名「長鼻猴」（proboscis monkey）。——譯者注

的頭髮非常之長⑥；帽猴（*Macacus radiatus*）的頭髮自頭頂的一點散出，向下至中部而分開。普遍都說前額使人有了高貴而智慧的面貌；但是，帽猴的濃密頭髮向下驟然終止，接下去的毛如此短而細，以致前額除去眉毛之外，還有一小段看來好像是完全無毛的。有人錯誤地斷言，任何猴都沒有眉毛。剛才提到的那個物種的前額無毛，其程度在不同個體有所不同；埃舍里希特說⑦，我們小孩的有髮頭皮和無毛前額之間的界限有時並不十分明顯；所以我們在這裡似乎找到了一個有關返祖的微小事例，人類祖先的前額那時還沒有完全無毛。

眾所周知，我們手臂上的毛由上下兩方趨向肘的一點。這種奇異的排列與大多數低等哺乳動物的都不相似，卻與大猩猩、黑猩猩、猩猩、長臂猿的某些物種、甚至某些少數美洲猴類的臂毛排列相同。但是，黑掌長臂猴（*Hylobates agilis*）前臂上的毛以正常方式向下趨向腕部；白掌長臂猿（*H. lar*）前臂上的毛差不多是直立的，稍微向前傾斜而已；所以在後一物種中臂毛的趨向正處於一種過渡狀態。大多數哺乳動物背部的厚毛及其趨向適應於雨水流下，簡直是無可懷疑的；甚至狗的前腿上橫向的毛，當它捲曲起來睡覺的時候，也可用於這個目的。華萊士先生曾仔細地研究過猩猩的習性，他說，猩猩的臂毛趨向肘部可以解釋爲便於雨水流下，因爲這種動物在陰雨天彎臂而坐，用雙手環握樹枝或放在頭部之上。按照李文斯頓（Livingstone）的說法，大猩猩也是「在傾盆

⑥ 小聖伊萊爾，《自然史通論》（*Hist. Nat. Gén.*），第二卷，一八五九年，二一七頁。

⑦ 《論人類身體的無毛》（*Ueber die Richtung der Haare*），見米勒的《解剖學和生理學文獻集》（*Archiv für Anat.und Phys.*），一八七三年，五十一頁。

大雨中把雙手置於頭部之上坐在那裡」。[8]如果上述解釋是正確的話，看來似乎很可能如此，則人類臂毛的趨向提供了一個有關我們往昔狀態的奇妙紀錄；因爲誰也不會假定現今在便於雨水流下方面它還有任何用處；而且在我們現今直立的狀況下，它也不適合這種目的了。

然而，關於人類及其早期祖先的臂毛趨向，不要輕率地過分相信適應的原理；因爲，凡是研究過埃舍里希特所繪製的人類胎兒身上毛的排列圖（成人也是一樣），不可能不同意這位最優秀的觀察家所說的還有其他更加複雜的原因介入其中。毛的趨向各點似乎與胚胎最後停止發育各點有某種關聯。看來四肢上毛的排列似乎還與髓動脈（medullary arteries）的走向有某種關聯。[9]

千萬不要假定，人類和某些猿類在上述各點以及許多其他諸點——例如前額無毛和頭部的長髮束等等——的類似，一定全是從一個共同祖先繼續不斷遺傳的或後來返祖的結果。許多這等類似更可能是由於相似變異；如我在他處試圖闡明的那樣，[10]相似變異的發生是由於共同起源的生物具有相似的體質，並且被誘發相似改變的相同原因所作用。關於人類和某些猴類前臂毛的相似走向，因

---

⑧ 里德（Reade）引用，《非洲見聞錄》（*The African Sketch Book*），第一卷，一八七三年，一五二頁。

⑨ 關於長臂猿的毛，參閱《哺乳動物志》（*Nat. Hist. of Mamm.*），馬丁著，一八四一年，四一五頁。關於美洲猴和其他種類，也可參閱小聖伊萊爾的《自然史通論》，第二卷，一八五九年，二一六，二四三頁，埃舍里希特，同前書，四十六，五十五，六十一頁。歐文，《脊椎動物解剖學》，第三卷，六一九頁。華萊士，《對自然選擇學說的貢獻》，一八七〇年，三四四頁。

⑩ 《物種起源》，第五版，一八六九年，一九四頁。《動物和植物在家養下的變異》，第二卷，一八六八年，三四八頁。

爲這一性狀幾乎爲一切類人猿所共有，大概可以把它歸因於遺傳，但也並非肯定如此，因爲某些親緣很遠的美洲猴類也具有這樣性狀。

我們已經看到，人類雖然沒有正當權利爲了容納自己而設立一個單獨的目，但他或許可以要求一個獨特的亞目（sub-order）或科（family）。赫胥黎教授在晚近的著作中⑪把靈長類分爲三個亞目，即：人亞目（Anthropidae），只包含人類；猴亞目（Simiadae），包括所有種類的猴；狐猴亞目（Lemuridae），包括狐猴的多種多樣的屬。就構造某些重要之點的差異而言，人類無疑可以合理地要求一個亞目的等級；如果我們所注意的主要是他的心理官能，那麼這一等級就太低了。儘管如此，從系譜的觀點來看，這個等級好像又太高了，人類只應形成一個科，可能甚至僅僅是一個亞科。如果我們想像從一個共同祖先發出的三條系統線，那麼完全可以料想到，其中有兩條經過長年累月之後所發生的變化如此微小，以致依然保持同屬的物種地位，而第三條所發生的改變卻如此重大，因而可以列爲一個獨特亞科、一個科甚至一個目。但在這種情況下，幾乎可以肯定，第三條線透過遺傳依然會保持類似於另外兩條線的眾多微小之點。於是，這裡發生了迄今不好解決的一個難題，即在我們的分類中，對於差異強烈顯著的少數各點——這就是說，對於已經發生的變異量應該給予多大注重；而對於那些表示系統線或系譜的眾多不重要各點的密切類似，又應該給予多大注重。雖然許多微小的類似各點作爲顯示眞正的自然分類來說，對其給予重大注意，看來是比較正確的，但對於少數而強烈的差異多予注重，卻是最明顯的而且恐怕是最穩妥的道路。

當對人類這一問題下一判斷時，我們必須看一看猴科的分類。幾乎所有博物學者都把這一科分

---

⑪《動物分類導論》（*An Introduction to the Classification of Animals*），一八六九年，九十九頁。

爲狹鼻猴群（Catarrhine group）、即舊世界猴類和闊鼻猴群（Platyrrhine group）、即新世界猴類。所有前者正如它的名稱所表示的，都以鼻孔的特殊構造以及上下顎具有四個前臼齒爲特徵；所有後者（包括兩個很特殊的亞群）卻以不同構造的鼻孔以及上下顎具有六個前臼齒爲特徵。此外還有一些微小差異。那麼，毫無疑問，人類在其齒系方面，在其鼻孔構造方面，以及在其他方面，是屬於狹鼻猴類、即舊世界猴類的；除了少數不十分重要而且顯然是一種適應性的性狀以外，人類與狹鼻猴類的類似均比與闊鼻猴類的類似更爲密切。所以，要說某些新世界物種以往發生了變異，並且產生了具有舊世界猴類所固有的一切獨特性狀的類人動物，同時失去了它自己所有獨特的性狀，乃是完全不可能的。因而人類是舊世界猴類系統的一個分支，並且從譜系觀點來看，必須把他劃爲狹鼻猴的同類，幾乎是無可懷疑的。[12]

大多數博物學者都把類人猿、即大猩猩、黑猩猩、猩猩和長臂猿作爲一個獨特的亞群，與其他舊世界猴類分開。我知道葛拉條雷根據腦的構造不承認這一亞群的存在，而且無疑它是一個中斷的亞群。例如，米伐特先生說，「可以看到猩猩是這一目中最特殊而脫離常軌的類型之一」。[13]有些博物學者還把其餘不是類人的舊世界猴類分爲兩三個更小的亞群；具有特殊囊狀胃的天狗猴屬就是

---

⑫ 這與米伐特先生暫定的分類法差不多是一樣的（《科學協會會報》，一八六七年，三〇〇頁），他把靈長目分爲狐猴科（*Lemuridae*）、人科（*Hominidae*）和猴科（*Simiadae*），這三者相當於狹鼻猴類、捲尾猴科（*Cebidae*）和狨科（*Hapalidae*），後兩個類群則相當於闊鼻猴類。米伐特先生現仍堅持上述觀點，參閱《自然》，一八七一年，四八一頁。

⑬ 《動物學會學報》（*Transact. Zoolog. Soc.*），第六卷，一八六七年，二一四頁。

這等亞群的一個典型。但是，根據高德利（Gaudry）在古希臘雅典城邦（Attica）的驚人發現，那裡在中新世（Miocene period）期間曾經存在過一個連接天狗猴屬和獼猴屬的類型，這大概證明了其他較高等的諸類群一度混合在一起的方式。

如果承認類人猿形成一個自然的亞群，那麼，因爲人類與他們的一致，不僅表現在人類與狹鼻猴群所共有的一切性狀上，而且表現在無尾、無胼胝那些特殊性狀上，同時還表現在一般面貌上，所以我們可以推論，那個類人亞群的某一古代成員產生了人類。透過相似變異的法則，任何一個其他較低等亞群的成員大概不可能產生在許多方面都與較高等類人猿相類似的類人動物。人類與其大多數親緣相近者比較起來，曾經發生了非常大的變異量，這主要是人類腦部及其直立姿勢巨大發展的結果；儘管如此，我們還應該記住，他「不過是靈長目的幾個例外類型之一而已」。[14]

凡是相信進化原理的每一位博物學者都會同意猴科的兩個主要部分、即狹鼻猴類和闊鼻猴類及其亞群全是出自某一極古的祖先。這一祖先的早期後裔在其彼此分歧到相當程度之前，大概依然形成一個單一的自然群；但有某些物種，即初生的屬大概已經開始以其分歧的性狀表明了狹鼻猴類和闊鼻猴類的未來獨特標誌了。因此，這一假定的古代類型成員在其齒系或其鼻孔構造上，一方面既不像現存的狹鼻猴類、另一方面也不像闊鼻猴類那樣的非常一致，而在這一點上卻與親緣相近的狐猴科相類似，後者在其鼻口部的形狀上彼此差別重大，[15]而其齒系的差別程度就非常之大了。

狹鼻猴類和闊鼻猴類毫無問題完全屬於同一個目，這闡明了牠們的很多性狀是彼此一致的。

---

⑭ 米伐特先生，《科學協會會報》（*Transact. Phil. Soc.*），一八六七年，四一〇頁。

⑮ 莫利先生和米伐特先生論狐猴科，《動物學會學報》，第七卷，一八六九年，五頁。

牠們所共有的那些性狀簡直不能由如此眾多的物種那裡分別獲得的；因此，這等性狀一定是遺傳的。但是，一個古代類型如果具有狹鼻猴類和闊鼻猴類所共有的許多性狀、其他處於中間狀態的性狀而且恐怕還有少數不同於這兩個類群的性狀，那麼一個博物學者無疑會把牠分類爲一種猿或一種猴的。從系譜的觀點來看，由於人類屬於狹鼻猴類，即舊世界的猴類系統，所以我們必須做出結論說，人類的早期祖先也應該這樣稱呼才是適當的，不管這個結論多麼有損人類的自尊，⑯都必須如此做。但我們千萬不要犯這樣的錯誤：假定包括人類在內的整個猴類系統的早期祖先與任何現存的猿或猴是完全一致的，或者即使是密切類似的。

人類的誕生地及其古老性

自然我們要被引導著去追問，當我們的祖先從狹鼻猴類系統分歧出來的時候，人類在那一進化階段的誕生地是在哪裡呢？他們屬於這一系統的事實明確地指出，他們那時是棲居於舊世界的；但不是澳洲，也不是任何海島，從地理分布的法則可以推論出這一點。在世界各個大區內，現存哺乳動物和同區滅絕物種是密切關聯的。所以與大猩猩和黑猩猩關係密切的滅絕猿類以前很可能棲居於非洲；而且由於這兩個物種現今與人類的親緣關係最近，所以人類的早期祖先曾經生活於非洲大陸，而不是別處地方，似乎就更加可能了。但是，對這個問題進行推測是無益的；這是因爲有兩三

⑯ 關於這一點，海克爾做出同樣的結論，參閱〈論人類的發生〉（Ueber die Entstehung des Menschengeschlechts），見微爾和（Virchow）的《普通學術報告》，一八六八年，六十一頁。再參閱海克爾的《自然創造史》，一八六八年，在該書中他詳細地敘述了他的關於人類系譜的觀點。

種類人猿，其中之一爲拉脫特命名的森林古猿（Dryopithecus）⑰，與人差不多一樣大，而且與長臂猿的親緣關係密切，曾在中新世生存於歐洲；再者，還因爲地球從一個如此遙遠的時代以來，肯定發生過許多重大變遷，並且對極大規模的移居會有充分時間。

無論何時，也無論何地，當人類最初失去其覆毛的時候，很可能是棲居於一處炎熱地方的；根據類推來判斷，人類那時以果實爲生，所以那裡大概是適於這種情況的一種環境。我們遠遠不知道，人類最初從狹鼻猴系統派生出來是多久以前，但可能是發生於始新世那樣遠古的時代；因爲森林古猿的存在闡明，早在後期中新世高等猿類就從低等猿類派生出來了。我們完全不曉得，生物——無論在等級上多高或多低——在適宜的環境條件下可能以怎樣的速度發生變異；然而我們知道，有些生物經過漫長的時間還保持了同樣的形態。根據我們所看到的在家養下發生的情況，我們知道，同一物種的共同後裔在同一期間內，有些可能完全不變化，有些可能稍微變化，這些則可能大大地變化。因此，人類也可能是這樣情形，與高等猿類比較起來，人類在某些性狀上曾發生過大量變異。

在生物鏈上人類與其最近親緣種之間的巨大斷裂是無法由滅絕的或現存的物種連接起來的，這常常被提出來作爲一種重大理由來反對人類起源於某種低等類型的信念；但對那些根據一般理由相信一般進化原理的人們來說，這種反對理由看來並沒有多大分量。生物系列中的所有部分都常出現斷裂，有些是廣闊的、突然的和明確的，其他斷裂則較此爲差，程度有種種不同；例如，猩猩和其

⑰ 福爾西．馬若爾（C.Forsyth Major）博士，〈在義大利發現的猴類化石〉（Sur les Singes Fossiles trouvés en Italie），見《義大利博物學會會報》，第十五卷，一八七二年。

最近親緣種之間——跗猴（Tarsius）和其他狐猿科動物之間——象和所有其他哺乳動物之間，都是如此，而鴨嘴獸（*Ornithorhynchus*）或針鼴（Echidna）和其他哺乳動物之間的情況就更加顯著。但是，這種斷裂僅僅被滅絕了的親緣類型數量所決定。在將來的某一時期，以世紀來衡量這一時期不會很遠，人類的文明種族幾乎肯定會消滅和取代全世界的野蠻種族。同時，譬如沙夫豪森教授所說的，[18]類人猿無疑也將被消滅。那時人類和其最近親緣種之間的斷裂將更加廣闊，因爲現在的斷裂在於黑人或澳洲土人和大猩猩之間，而那時的斷裂，將在文明狀態甚至高於白種人的人類——如我們所期望的——和低於狒狒的某種猿類之間。

關於連接人類和其似猿祖先之間的化石遺骸的缺乏，凡是讀過萊爾爵士論述[19]的人，誰都不會過分注重這一事實，他指出在所有脊椎動物綱中發現化石遺骸乃是一個很緩慢而偶然的過程。我們也不應忘記，地質學者們迄今還沒有探查到那樣的地區，在那裡最可能提供一些連接人類和某種滅絕的似猿動物之間的遺骸。

人類系譜的較低諸階段

我們已經知道，人類看來是從狹鼻猴類、即舊世界猴類派生出來的，而後者在此之前又是從新世界猴類派生出來的。現在我將努力追溯一下人類系譜的古遠遺跡，這主要依據各個綱之間和各個

---

[18]《人類學評論》，一八六七年四月，二三六頁。

[19]《地質學原理》，一八六五年，五八三—五八五頁。《人類的古遠性》（*Antiquity of Man*），一八六三年，一四五頁。

目之間的相互親緣關係，也要稍微涉及他們相繼出現於地球之上的可以確定的時期。狐猴科接近猴科，而位於其下，組成了靈長類中一個很獨特的科，或者，根據海克爾和其他人士的看法，組成了一個獨特的目。這一類群的歧異和斷裂已達到異常程度，其中包括許多畸變類型。所以，牠很可能大量滅絕了。大部分殘存者都生活在像馬達加斯加和馬來群島那樣的島嶼上，在那裡牠們所面臨的競爭並不像在生物繁多的諸大陸上那樣劇烈。同樣地，這一類群也呈現許多等級，這些等級之多，就像赫胥黎所述說的，「從動物界最高頂峰的生物緩慢地下到最低等的哺乳動物——與那些胎盤哺乳動物中最下屬的、最小的而且智力最低的生物看來僅僅只差一步」。[20]從這種種考察看來，猴科很可能原本就是從現存的狐猴科祖先發展而來的；而狐猴科又是從哺乳動物系列中最低等類型發展而來的。

有袋類在許多重要性狀上都低於胎盤哺乳動物。有袋類是在較早的地質時期出現的，牠們以往的分布範圍要比現在廣闊得多。因此，一般假定胎盤類（Placentata）起源於無胎盤類（Implacentata）、即有袋類；但不是起源於密切類似現存有袋類的類型，而是起源於有袋類的早期祖先。單孔類與有袋類的親緣關係顯然密切，前者在哺乳動物的大系列中形成了第三個還要更低的部門。今天牠們僅以鴨嘴獸和針鼴爲其代表；而這兩個類型可以安全地被視爲更加大得多的類群的殘遺，其代表種在澳洲由於某些共同起作用的環境條件而被保存下來了。單孔類是顯著有趣的，因爲牠把若干重要的構造特點引向爬行動物綱。

當我們在哺乳動物、因而在人類的系列中向下追蹤其系譜時，將會越來越大地捲入曖昧不明之

---

⑳《人類在自然界的位置》，一〇五頁。

中；但是，正如一位最有才能的評論家派克（Parker）先生論述的，我們有良好的理由可以相信，在動物由來的直接系統中，並不存在眞正的鳥或爬行動物。凡是想知道才智和學識能起多大作用的人，不妨參考一下海克爾教授的著作[21]。我很願意舉出少量的一般論述。每一位進化論者都會承認，五個大的脊椎動物綱，即哺乳類、鳥類、爬行類、兩棲類、魚類，都是從某一個生物原型傳下來的；因爲牠們有許多部分是共同的，尤其在胚胎狀態下是如此。由於魚類的構造是最低等的，而且出現於其他幾類之前，因此我們可以斷言，脊椎動物界的一切成員都是從某一種似魚的動物派生出來的。如果相信性質如此截然不同的動物，如一種猴、一種象、一種蜂鳥、一種蛇、一種蛙和一種魚等等，完全來源於相同的雙親，那麼對那些沒有注意到博物學晚近進步的人們來說，這一信念就顯得荒謬絕倫了。其所以如此，是因爲這一信念意味著以前曾經存在過一些環節把所有這等現今完全不相像的類型緊密連接在一起。

儘管如此，肯定有些類群的動物曾經存在過，或者現在仍然存在著，多少緊密地把幾個大的脊椎動物綱連接在一起了。我們已經看到，鴨嘴獸逐漸向著爬行類變化；赫胥黎教授發現，並爲科普（Cope）及其他人士所證實，恐龍類（Dinosaurians）在許多重要性狀上，介於某些爬行類和某些鳥類之間——這裡提到的鳥類是指駝鳥族（牠本身顯然是一個較大類群的廣爲分布的殘餘）和始祖

---

[21] 在他的《普通形態學》一書中有詳細的各表闡明及此，在他的《自然創造史》（*Natürliche Schöpfungsgeschichte*）一書中特別論及人類。赫胥黎教授在評論後一著作時〔《科學院報告》（*The Academy*），一八六九年，四十二頁〕說道，他認爲海克爾可稱讚地討論了人類由來的系統，雖然他對某些方面還持有異議。他對全書的要旨和精神給予了高度評價。

鳥（Archeopteryx），這種奇異的次級鳥具有一條蜥蜴那樣的長尾。再者，按照歐文教授的說法㉒，魚龍類（Ichthyosaurians）——具有鰭狀肢的大型海蜥蜴——與魚類表現有許多親緣關係，根據赫胥黎的意見，更確切地是與兩棲類有許多親緣關係；兩棲動物綱在其最高部分包含著蛙類和蟾蜍類，牠顯然與硬鱗魚類（Ganoid fishes）密切近似。後者在較古的地質時期非常繁盛而且其構造是所謂一般的基本模式，這就是說，牠與其他生物類群表現有各式各樣的親緣關係。南美肺魚（*Lepidosiren*）與兩棲類和魚類也非常密切近似，以致博物學者們長期以來都在爭論應該把牠分類在哪一綱；肺魚類，還有某些少數硬鱗魚類由於棲居在作爲避難所的河灣，免於完全滅絕，而被保存下來了，這些河灣與大洋的關係正如島嶼與大陸的關係一樣。

最後，巨大而變化多端的魚綱還有一個獨一無二的成員，叫做文昌魚（lancelet），牠和其他魚類如此不同，以致海克爾主張牠在脊椎動物界中應該形成一個獨特的綱。這種魚以其反面的性狀而著稱；簡直不能說牠有腦、脊柱或心臟等等，所以先前的博物學者們曾把牠分類在蠕蟲中。許多年以前，古德瑟（Goodsir）教授發現文昌魚與海鞘類（Ascidians）表現有某種親緣關係，而海鞘類乃是無脊椎的、雌雄同體的水生動物，永久附著在一個支持物上。牠們簡直不像動物，體部爲一種簡單的、粗糙的、堅韌的囊，具有兩個凸出的小孔。牠們屬於由赫胥黎命名的擬軟體動物門（Molluscoida）——位於軟體動物（Mollusca）大界的較低部分；但是，最近有些博物學者把牠放在蠕形動物中。牠們的幼體在形狀上與蝌蚪多少類似㉓，具有自由游動的能力。柯瓦列夫斯

㉒《古生物學》（*Palaeontology*），一八六〇年，一九九頁。

㉓我一八八三年四月在福克蘭群島滿意地看到了一種複海鞘的能夠運動的幼體，這一發現早於其他博物學者數年之

基（M. Kovalevsky）㉔最近觀察到海鞘類的幼體在其發育方式上，在神經系統的相對位置上，而且在一種與脊椎動物的脊索（chorda dorsalis）密切相似的構造上，都同脊椎動物相關聯；庫弗爾（Kupffer）教授後來證實了這一點。柯瓦列夫斯基教授從那不勒斯（Naples）寫信給我說，他現在對此正做進一步觀察，如果他的結果充分地得到證實，那將是一項價值極大的發現。這樣，要是我們可以依據胚胎學——從來就是分類的最穩妥的指南，看來我們最終就會得到一條追蹤脊椎動物起源的線索。㉕於是，可以證明我們持有如下的信念是有道理的，即，在極其遙遠的時代，曾有一動物類群存在過，牠們在許多方面都與現今的海鞘類幼體相類似，海鞘類曾分爲兩大支——一支在發育上退化了，產生海鞘類現在這一綱，另一支產生了脊椎動物，因而上升到動物界的頂峰。

在其相互親緣關係的幫助下，我們對脊椎動物的系譜，就大略地追蹤至此。現在我們來看看現

久：複海鞘與*Synoicum*密切近似，但顯然不是同屬。其尾長爲橢圓形頭部的五倍左右，尾端爲一很細的絲狀體。我曾用簡單的顯微鏡繪製過牠的圖，牠明顯地被橫向不透明的部分分開，我設想這代表柯瓦列夫斯基所繪的大細胞。在發育的早期階段，尾部緊密地纏繞在幼體的頭部。

㉔《聖彼德堡科學院研究報告》（*Mémoires de l'Acad. des Sciences de St. Pétersbourg*），第十卷，第十五期，一八六六年。

㉕但是，我理應補充一點：有些有能力的評論家們對這一結論還有爭議，例如，捷得在《實驗動物學文獻》（一八七二年）中就此發表了一系列論文。儘管如此，這位博物學家還談到（二八一頁），「海鞘類幼蟲的組織非任何假說和理論所可解釋，由此可見，僅僅依靠對生活條件的適應，自然界就能使無脊椎動物產生出脊椎動物的基本形態（脊索的存在），我們雖不知這兩大門動物的過渡在實際上是怎樣完成的，但根據這一過渡的簡單可能性，這兩大門之間不可逾越的鴻溝就得以填平了。」

存的人類；我想，我們能夠部分地恢復人類早期祖先在相繼時期內的構造，但不是按照適當的時間順序。根據人類依然保持的殘跡器官，根據透過返祖在人類中時而出現的一些性狀，並且在形態學和胚胎學的幫助下，我們是能夠做到上述那一點的。我在這裡將要提到的各種事實曾在以上各章敘述過。

人類的早期祖先一定曾經一度全身有毛，男女都長鬍鬚；他們的耳朵大概是尖形的，並且能夠活動；體部有尾，有適當的肌肉。那時他們的四肢和體部還有許多對其發揮作用的肌肉，現在只是偶爾重現，但在四手類中卻是正常存在的。在這一時期或某一更早時期，肱骨的大動脈和神經穿過髁上孔。盲腸要比現在的大得多。從胎兒的大拇趾來判斷，那時的腳是能抓握的；我們的祖先無疑有樹棲的習性，並出沒於溫暖的、覆蓋著森林的地方。男性生有巨大的犬齒，用做銳利的武器。在更加早得多的時期，子宮是雙重的；糞便由泄殖腔（cloaca）排泄出來；而且有第三眼瞼、即瞬膜來保護眼睛。在還要更早的時期，人類的祖先一定具有水生的習性；因爲形態學明顯地告訴我們，人類的肺是由一種改變了的鰾（swim-bladder）構成的，後者一度作爲浮囊之用。人類胎兒頸部的裂隙表明那裡曾經一度有鰓存在。在我們每月或每週定期運轉的機能中，還清楚地保有我們原始誕生地的痕跡，那裡曾是潮水衝擊的濱岸。大約在與此同樣早的時期，眞腎是由吳耳夫氏體（corpora wolffiana，中腎）來代替的。心臟僅僅是一種簡單的搏動器；脊索代替了脊柱。在朦朧時代的遙遠過去，如此看來，這等人類早期祖先的構造一定像文昌魚那樣簡單，或者，甚至比文昌魚的構造還要簡單。

還有另外一點更加值得充分注意。長期以來就知道，在脊椎動物界中，某一性別生有屬於生殖系統的各種附屬部分的殘跡物，這等部分本來是屬於另一性別的；現在已經確定，在很早的胚胎時期，雌雄兩性都有眞正的雄性腺和雌性腺。因此，整個脊椎動物界的某一遙遠的祖先看來曾經是雌雄同體的。[26]但在這裡我們遇到了一個特別的難題。在哺乳綱中，雄性在其前列腺囊（*vesiculae prostaticae*）中具有子宮及其連接管道的殘跡；牠們還有乳房的殘跡，而且某些有袋類的雄性有袋囊。[27]還可以再舉出另外一些與此近似的事實。那麼，某種極其古代的哺乳動物在獲得這一綱的主要特徵之後，因而在牠從脊椎動物界的較低諸綱分出來之後，我們還能假定牠繼續是雌雄同體的嗎？這似乎是很不可能的，因爲我們勢必指望在魚類——脊椎動物界中最低的一綱裡去尋找依然是雌雄同體的類型。[28]每一性別所固有的附屬部分，如果在相反性別處於殘跡狀態，對此可做如下解

㉖ 這是比較解剖學最高權威格根鮑爾（Gegenbaur）教授所做的結論，見《比較解剖學的主要特點》（*Grundzüge der vergleich. Anat.*），一八七〇年，八七六頁。這主要是對兩棲類進行研究的結果；但是，根據沃爾戴耶（Waldeyer）的研究（《解剖學和生理雜誌》，一八六九年，一六一頁），甚至「高等脊椎動物在性器官的早期狀態時都是雌雄同體的」。相似的觀點長期以來爲某些作者所堅持，但直到最近還缺乏堅實的基礎。

㉗ 雄的袋狼（*Thylacinus*）提供了最好的事例。歐文，《脊椎動物解剖學》（*Anatomy of Vertebrates*），第三卷，七七一頁。

㉘ 在鮨魚屬（*Serranus*）的幾個種中以及在某些其他魚類中曾經觀察到雌雄同體的情況，這等魚類或是正常而對稱的，或是異常而單側的。祖特文（Zouteveen）博士給過我關於這一課題的參考資料，特別是哈爾貝茨瑪（Halbertsma）教授在《荷蘭科學院院報》（*Transact. of the Dutch Acad. of Sciences*）第十六卷發表的一篇論文尤爲重要。岡瑟（Günther）博士懷疑這個事實，但現在有如此眾多的優秀觀察家們做過這方面的紀錄，以致沒有任何爭論的餘地了。萊索納（M. Lessona）博士寫信告訴我說，他曾證實卡沃利尼（Cavolini）對魚所做的觀察。埃科利尼（Ercolani）教授闡明鰻鱺是雌雄同體的〔《波洛尼亞科學院院報》（*Acad. delle Scienze, Bologna*），一八七一年

釋，即，這等器官逐漸由某一性別獲得，然後以多少不完全的狀態遺傳給另一性。當我們討論性選擇時，我們將遇到無數這樣遺傳的事例，——如雄鳥爲了戰鬥或裝飾獲得了距、羽毛以及耀眼的色澤，這等性狀則以一種不完善的或殘跡的狀態遺傳給雌鳥。

雄性哺乳動物具有功能不完善的乳房器官，從某些方面看是特別奇妙的。單孔類動物有一種正常泌乳的腺和孔口，但沒有乳頭；由於這等動物在哺乳動物系列中位於最底層，所以哺乳綱的祖先很可能也是只有泌乳腺，而沒有乳頭。已經知道牠們的發育方式支持了這一結論，因爲特納（Turner）教授根據克利克爾（Kölliker）和朗格爾（Langer）的權威資料告訴我說，在胚胎中，當乳頭一點也看不到之前，就可以明顯地查出乳腺；而個體的相繼諸部分的發育一般代表著同一個由來系統的相繼諸生物的發展，二者正好一致。有袋類與單孔類的差別在於前者有乳頭；所以很可能是有袋類在從單孔類分出來並高於其上之後，最先獲得了這等器官，然後傳給了有胎盤的哺乳動物。㉙在有袋類大致獲得了牠們現今這樣的構造以後，沒有人會假定牠們依然保存著雌雄同體狀態。那麼，我們又如何解釋雄性哺乳動物還有乳房呢？可能是乳房先在雌性得到發展，然後傳給了雄性，但從下述情況看來，這簡直是不可能的。

如果根據另一種觀點，也可提出如下的看法，即，在整個哺乳綱的祖先久已停止雌雄同體以

十二月二十八日〕。

㉙格根鮑爾曾闡明〔《耶拿雜誌》（*Jenaische Zeitschrift*），第七卷，二一二頁〕，在幾個哺乳動物目中有兩種不同模式的乳頭，這二者怎麼會來源於有袋類的乳頭，而後者又來源於單孔類的泌乳器官，則是完全可以理解的，參閱麥克斯·赫斯（Max Huss）關於乳腺的研究報告，同前雜誌，第八卷，一七六頁。

後，雌雄兩性還都泌乳，這樣來養育牠們的幼仔；在有袋類的場合中，雌雄兩性都有養育幼仔的育兒袋。看來這好像是並非完全不可能的，如果我們考慮到下述情形：現存的海龍類（syngnathous fishes）的雄魚把雌魚的卵放在牠們的腹囊內，進行孵化，如有些人所相信的，此後還在其中養育幼魚[30]——某些其他種類的雄魚在口中或鰓腔中孵卵；——某些雄蟾蜍從雌性那裡取來卵環，放在自己的大腿周圍，使其風乾，一直到把它們孵化成蝌蚪爲止，——某些雄鳥完全擔負起孵卵的任務，還有，雄鴿以及雌鴿都用嗉囊中的分泌物來飼餵雛鴿。但是，我最初想到上述看法，是由雄性哺乳動物的乳腺所引起的，其乳腺要比其他附屬生殖部分的殘跡物發達得多，這等附屬生殖部分雖然爲某一性別所固有，卻見於另一性別。像現在雄性哺乳動物所有的乳腺和乳頭實際上簡直不能稱爲殘跡的；它們只是沒有充分發育而且機能活動力不強而已。在某些疾病的影響下，它們可以變得像雌性的同類器官那樣地合用。它們常常在出生時或在青春期泌出少數幾滴乳汁：這一事實曾在以前提到的一個奇妙事例中發生過，這一事例就是一個男性青年具有兩對乳房。在男人和某些其他雄性哺乳動物中，這等器官據知有時變得如此充分發育，以致可以泌出豐富的乳汁。於是，如果我們假定，在先前一個長期內，雄性哺乳動物幫助雌性去哺育後代，[31]以後由於某種原因（如由於產子

---

[30] 洛克伍德（Lockwood）先生〔《科學季刊》（*Quart. Journal of Science*），一八六八年四月，二六九頁〕根據對海馬發育的觀察，雄性的腹囊壁在某種方式上提供營養。關於雄魚在口中孵卵，參閱懷曼教授的一篇很有趣的論文，見《波士頓博物學會會報》（*Proc. Boston Soc. of Nat. Hist.*），一八五七年九月十五日；再參閱特納教授的論文，見《解剖學和生理雜誌》，一八六六年，十一月一日，七十八頁。岡瑟博士也描述過相似的事例。

[31] 魯瓦耶（C. Royer）在她的《人類的起源》（*Origine de l'Homme*）中提出過相似的觀點。

數量的減少），雄性不再提供這種幫助，那麼器官在成熟期的不使用將會導致它們變得不活動；而且根據兩項眾所熟知的遺傳原理，這種不活動狀態很可能在相應的成熟期中傳遞給雄性。但是，在一個較早的時期，這等器官大概沒有受到影響，所以在雌雄兩性的幼仔中它們差不多是同等充分發育的。

結論

馮．貝爾（von Baer）解釋生物等級的提高或增進比其他任何人都好，他的解釋是以一種生物的幾個部分的分化程度和特化程度爲依據的，——我願補充一點，即這等部分是達到成熟期的。那麼，由於生物透過自然選擇緩慢地對多種多樣的生活方式變得適應了，它們的一些部分由於從生理分工得到利益，也會在各種功能上變得越來越分化和特化了。同一部分好像常常最初是爲了一個目的而改變了，於是經過長期以後又爲了另一個完全不同的目的發生了改變；這樣，所有部分都變得越來越複雜了。但是每一種生物依然保持著其最初祖先的一般構造模式。按照這種觀點，如果我們轉向地質學的證據，全體生物似乎在整個世界上都以緩慢而中斷的步驟向前進了。在脊椎動物這個大界中，到人類便達到頂點。然而，千萬不要假定，一旦生物類群產生其他更加完善的類群之後，它們就永遠被取代而消失。更加完善的類群雖然勝過它們的先輩，但可能不會變得更好地適應於自然組成中的一切地方。有些古老類型由於棲居在有保護的處所，看來還會生存下來，在那裡它們沒有遇到很劇烈的競爭；這等類型可以使我們對既往消失的種群得到一個合理概念，於是在構成人類的系譜方面對我們有所幫助。但我們千萬不要犯這樣的錯誤：認爲任何體制低等類群的現存成員都是它們古代先輩的完全代表。

我們對脊椎動物界中的最古老祖先雖然只能有一種模糊認識，但牠們顯然是由一個與現存海鞘類幼體相類似的水生動物類群組成的。㉜這等動物很可能產生了像文昌魚那樣低等體制的魚的類群；從此一定又發展出硬鱗魚類以及像肺魚那樣的其他魚類。從這種魚再向前做很小的邁進，就會把我們帶到兩棲類。我們已經看到，鳥類和爬行類一度是緊密連接在一起的；而且單孔類現在已經輕微地把哺乳類和爬行類連接起來了。但是，今天誰也無法說出三個比較高等而關聯的綱、即哺乳類、鳥類和爬行類怎麼透過生物由來的系統從兩個較低等的綱、即兩棲類和魚類派生出來的。在哺乳綱中，從古代的單孔類到古代的有袋類所經過的步驟，再從此到胎盤哺乳類的步驟，是不難想像的。這樣，我們便可以向上追溯到狐猿科；再從此到猴科，其間隔並不很廣闊。於是猴科分為兩大

㉜ 海岸生物受潮汐的影響一定很大，無論生活在高潮線或低潮線的動物都必須每兩週透過一次潮汐變化的完全迴圈。因此，牠們的食物供給每週都要發生顯著的變化。這等動物在這等條件下生活了許多世代，其生活功能幾乎都要規則地按每週運轉。那麼，有一個難以理解的事實，即在高等的、現今為陸棲的脊椎動物以及另外一些綱中，許多正常的和異常的過程都是以一週或多週為期的：如果脊椎動物起源於與現今在潮汐中生存的海鞘類相近似的動物，上述情況就是可以理解的了。可以舉出許多有關這等週期過程的事例，如哺乳動物的妊娠期、疾病的間歇熱等皆是。卵的孵化也提供了一個良好的例子，因為，按照巴特利特（Bartlett）的說法〔《陸與水》（*Land and Water*），一八七一年一月七日〕，鴿卵的孵化為兩週；雞卵的孵化為三週；鴨卵的孵化為四週；鵝卵的孵化為五週；鴕鳥卵的孵化則為七週。就我們所能判斷的來說，任何一種過程或機能的迴圈週期，如果是在大致準確的期間內進行的，一旦獲得之後，就不易再起變化：因而它將會透過幾乎任何數代這樣被傳遞下去。但是，如果機能變化了，週期勢必也要變化，而且可能一週就突然地發生變化。這個結論如果正確，則是高度值得注意的：因為，每一種哺乳動物的妊娠期、每一種鳥卵的孵化期以及許多其他生命過程就這樣向我們洩露了這等動物的原產地。

支：一爲新世界猴類，一爲舊世界猴類；在一個遙遠的過去時期，人類——宇宙的奇跡和光榮——從舊世界猴類產生出來了。

如上所述，我們曾指出人類有一個非常悠久的系譜，但或者可以說，他並不具有高尚的素質。人們常常說，這個世界爲了人類的到來好像做了長期的準備：在某種意義上，這是完全正確的，因爲他的誕生要歸功於祖先的悠久系統。這條鏈索的任何一個環節如果從來沒有存在過，人類大概就不會與現在完全一樣。除非我們故意閉上雙眼，那麼根據我們現有的知識，我們大致可以認識我們的來歷，我們無需爲此感到羞恥。最低等的生物也遠比我們腳下的無機塵土高出許多；一個人如果不持偏見，研究任何生物，無論其低等到何等地步，也不會不被它的奇異構造和性質所深深打動。

第七章　論人類種族

我無意在這裡描述幾個所謂的人類種族；但我要在分類學的觀點下，對於什麼是種族之間的差異價值以及他們是怎樣起源的加以探索。在決定兩個或兩個以上近緣類型是否應該分類爲物種或變種，博物學者們實際上是以下述事項爲指引的；即，它們之間差異量，這等差異是否與少數或許多構造之點有關係，而且這等差異是否具有生理上的重要性；但更爲重要的是，它們是否穩定。博物學者們所重視的和追求的主要是性狀的穩定性。無論何時，只要能夠闡明問題中的類型長期保持其獨特性，或者很可能如此，這就可以成爲一個很有分量的論點，把它們分類爲物種。任何兩個類型當第一次雜交時，哪怕有輕微程度的不育性，或者其後代如此，那麼一般就視爲這是一個決定性的證據，用來鑑別它們物種的獨特性；如果它們在同一區域內繼續持久的不相混合，通常就把這種情況作爲某種程度的不育性的充分證據，或者，在動物的場合中就把這種情況作爲某種程度的相互拒絕交配的充分證據。

撇開由於雜交而混合的情況不談，在一個經過充分研究的地區裡，如果完全缺少一些變種來聯結任何兩個親緣密切的類型，那麼這大概就是一個最重要的準則、用來鑑別它們物種的獨特性；單單從性狀的穩定性來看，這多少是一種不同的考慮，因爲兩個類型可能是高度易於變異的，而且還沒有產生中間變種。地理分布的作用常常是無意識的，有時是有意識的；因此，生活在距離遼遠的兩個區域內的類型——在那裡大多數其他生物如果都是獨特的物種——其本身通常也會被視爲獨特的物種；其實這對認識地理宗和所謂好的或眞正的物種之間的區別並無助益。

現在，讓我們把這等一般公認的原理應於人類的種族，以博物學者觀察任何其他動物的同樣精神來觀察人類。關於種族之間的差異量，我們必須承認，我們從觀察自己的長期習慣中得到了良好的識別能力。在印度，正如埃爾芬斯通（**Elphinstone**）所論述的，一個新來的歐洲人雖然不能識別各種不同的土著種族，但他很快就會發現他們是極不相似的；[1]印度人最初也不能看出幾個歐洲民族之間有任何差別。甚至特性最明確的人類種族在形態上的彼此非常相似，也遠遠超出了我們最初所能設想的以外；羅爾夫斯（**Rohlfs**）博士寫信告訴我，我也曾親眼看到，有些黑人部落具有高加索人的面貌，但某些部落必須除外。在巴黎博物館人類學部的蒐集品中，有一些法國人拍攝的各個不同種族的照片，它們充分闡明了人類種族的一般相似性，我曾把這些照片給許多人看過，他們都認爲其中大多數可以冒充高加索人。儘管如此，如果我們看到這些眞人，他們無疑還會顯得特性很明確，所以單是毛髮色和膚色，面貌的輕微差別以及表情聲調，顯然都會大大影響我們的判斷。

然而，經過仔細的比較和測量，毫無疑問各個不同民族彼此差別甚大，如毛髮的組織、身體所有部分的相對比例[2]、肺的容量、頭顱的形狀和容量，甚至腦迴[3]，都是如此。但是，要列舉無數

---

① 《印度史》（*History of India*），第一卷，一八四一年，三二三頁。利巴神父對中國人也做過同樣記述。

② 古爾德著，《關於美國士兵的軍事學和人類學的統計之研究》，一八六九年，二九八—三五八頁，載有關於白人、黑人、印度人的大量測定資料。《關於肺的容量》（*On the capacity of the lungs*），四七一頁。再參閱魏斯巴赫（**Weisbach**）博士根據舍策爾（**Scherzer**）博士和施瓦茨（**Schwarz**）博士的觀察資料所舉出的大量有價值的表，見《諾瓦拉遊記》（*Reise der Novara*），一八六七年。

③ 例如，參閱馬歇爾先生關於一個布希曼婦女的腦的記載，見《科學學報》，一八六四年，五一九頁。

的差異之點乃是一項無盡無休的工作。各個種族在體質上、適應氣候上以及感染某些疾病上都有差別。他們的心理特性同樣的也很不相同；這主要表現在他們的表情上，部分地也表現在他們的智能上。凡是有機會進行這種比較的人，一定都會被沉默寡言的、甚至是憂鬱的南美土著居民和無憂無慮的、健談的黑人之間的鮮明對照所打動。馬來人和巴布亞人（Papuans）之間差不多也有相似的對照，④他們生活在同樣的自然條件之下，彼此僅僅被一條狹窄的海域所分開。

現在我們先對那些支持把人類諸種族分類爲獨特物種的論據加以考察，然後再對反面的論據加以考察。一個博物學者以前從來沒有見過黑人、霍屯督人（Hottentot）*、澳洲土人或蒙古人，如果對他們加以比較，他將立刻覺察到他們的許多性狀是有差別的，其中有些性狀是微不足道的，有些性狀則是相當重要的。經過調查，他會發現他們適於在廣泛不同的氣候下生活，而且他們在體質上或心理傾向上多少有點差別。如果告訴他說，從同一地方可以找來數百種相似的標本，那麼他會有把握地宣稱，他們是不折不扣的人種，與他習慣地授以種名的那許多人種一樣。一旦他確定了這等類型許多世紀以來全都保持同樣的性狀，而且至少在四千年前生活的黑人顯然與現存的黑人完全

④ 華萊士，《馬來群島》，第二卷，一八六九年，一七八頁。

* 生活於西南非洲。——譯者注

一樣，⑤那麼上述結論就會大大得到加強。根據卓越的觀察家倫德（Lund）博士的權威資料，⑥他還會知道，在巴西洞窟內和許多滅絕動物埋藏在一起的人類頭骨，與現今遍布於美洲大陸者屬於同一模式。

於是，這位博物學者也許要轉而注意到地理分布，他很可能宣稱，那些類型一定是獨特的人種，他們不僅在外貌上有差別，而且有些適於炎熱的地方，有些適於潮溼的或乾燥的地方，還有些適於北極地區。他也許要訴諸下列事實，即在次於人類的類群——四手類中沒有一個物種能夠抵禦低溫或氣候的重大變化；而且與人類關係最近的物種甚至在歐洲的溫和氣候下也絕不會被養育到成

---

⑤ 關於埃及著名的阿布辛貝（Abou-Simbel）洞窟畫像，普歇（M. Pouchet）說〔《人類種族多源論》（*The Plurality of the Human Races*）英譯本，一八六四年，五十頁〕，有些作者相信畫上有十二個以上民族的代表可以被辨認出來，但他都遠遠辨認不出來。甚至特徵最顯著的種族也不能被證實一致到那樣的程度，就像在一些著作中關於這個問題所寫的。例如諾特（Nott）和格利敦（Gliddon）兩位先生說〔《人類的模式》（*Types of Mankind*），一四八頁〕，埃及國王拉美西斯二世的面貌非常像歐洲人，而另一位堅決相信人類種族是獨特物種的克諾斯（Knox）當談到（《人類的種族》，一八五〇年，二〇一頁）少年門南（Memnon，伯契先生告訴我說，他就是拉美西斯二世），卻強烈地主張他的特性與安特衛普的猶太人相同。再者，當我看到阿姆諾甫（Amunoph）三世的塑像時，我同意博物館兩位職員的看法（兩位都是優秀的鑑定家），即，他有特徵顯著的黑人面貌；但諾特和格利敦兩位先生則把他描寫成一個混血兒，但沒有與「黑人混血」（同前書，一四六頁，五十三圖）。

⑥ 諾特和格利敦在《人類的模式》（一八五四年，四三九頁）中引用。他們還舉出了確實的證據；但沃格特以為這個問題還需要進一步研究。

熟。阿加西斯（Agassiz）⑦最初注意到的下述事實將會給他留下深刻的印象，即分布於全世界的人類諸種族所棲居的動物地理區，正是哺乳動物的確實獨特的物種和屬所棲居的那些動物地理區。澳洲土人、蒙古人以及黑人的諸種族顯然如是；霍屯督人較不顯著；但是，巴布亞人和馬來人明顯是這樣的，正如華萊士先生所闡明的，把他們分開的那條線差不多就是劃分馬來和澳洲二大動物地理區的那條線。美洲土著居民分布於整個大陸，乍一看這種情形好像與上述規律相反，因爲南半大陸和北半大陸的大多數生物大不相同：然而少數某些現存類型，如負鼠（opossum），也分布於南北大陸，巨大的貧齒目（Edentata）中有些成員以往就是如此。愛斯基摩人就像北極動物那樣，環布於整個北極地區。應該看到，幾個動物地理區的哺乳動物之間的差異量與這等動物地理區的隔離程度並不一致；所以簡直不應把下述情形視爲反常現象，即，如果以非洲大陸的和美洲大陸的哺乳動物與其他地區的哺乳動物之間的差別相比，黑人與其他人類種族之間的差別較大，而美洲土人與其他人類種族之間的差別則較小。還可以附帶提一下，看來人類原本不是棲居在任何海島上的；關於這一點，他與哺乳綱的其他成員是相類似的。

要決定同一種類家畜的假定變種是否應如此分類，或應分類爲獨特物種，這就是說，牠們之中是否有來源於獨特的野生物種的，每一位博物學者都要十分強調牠們的外部寄生蟲是否爲獨特物種這一事實。當這是一種例外情形時，就要更加強調這一事實；因爲丹尼（Denny）先生告訴我說，在英國，種類大不相同的狗、雞和鴿的身上寄生的蝨子（Pediculi）是同種的。默里（A. Murray）

---

⑦《人類種族起源的多樣性》，見《基督的檢查員》（*Christian Examiner*），一八五〇年七月。

先生曾仔細檢查過從不同地方蒐集來的不同人類種族的蝨子；[8]他發現牠們不僅在顏色上有差別，而且爪和腳的構造也不一樣。不論採集多少標本，這種差異都是固定不變的。太平洋捕鯨船船醫向我保證說，有些擠在船上的桑威奇群島居民身上的蝨子傳給英國水手之後，不出三四天就要死去。這等蝨子的顏色較黑，看來與南美奇洛埃（Chiloe）土人身上固有的蝨子有差別，他曾給過我後者的標本。再者，這等蝨子比歐洲蝨子的個兒大而且軟得多。默里先生從非洲得到四種蝨子，即兩種得自非洲東海岸和西海岸的黑人，一種得自霍屯督人，一種得自卡菲爾人（Kaffirs）；他還從澳洲土著居民那裡得到兩種；又從北美和南美各得兩種。在後述這些場合中，可以推定那些蝨子是來自不同地區的土著居民。昆蟲只要有輕微的構造差異，如果固定不變，一般就會被估定有物種的價值，而人類諸種族身上的寄生蟲如果屬於獨特的物種，這大概可以作爲一個重要的論據來說明人類諸種族本身也應分類爲獨特的物種。

這位假想的博物學者的研究進行到這裡時，下一步他也許要追查人類諸種族在雜交時是否有任何程度的不育性。這時他大概要請教慎重的、有哲人態度的觀察家布羅卡教授的著作[9]，他在這部著作中將找到良好的證據來說明有些種族相交是十分能育的，不過關於其他種族也有相反性質的證據。例如，已經斷定澳洲土著婦女和塔斯馬尼亞土著婦女與歐洲男人很少生孩子；然而關於這方面的證據現在已被闡明幾乎沒有什麼價值了。混血兒會被純粹的黑人殺死：最近報導，有十一個混血

---

⑧《愛丁堡皇家學會會報》（*Transact. R · Soc. of Edinburgh*），第二十二卷，一八六一年，五六七頁。

⑨《關於人屬的混血現象》（*On the Phenomena of Hybridity in the Genus Homo*），英譯本，一八六四年。

嬰兒同時被謀殺而且被燒掉，他們的遺骸曾被員警發現[10]。還有，常常有人說，當黑白混血兒彼此通婚時，他們生的孩子很少；另一方面，查爾斯頓（Charleston）的巴克曼（Bachman）博士[11]肯定地斷言，他知道一些黑白混血兒的家庭已經彼此通婚達數代之久，而他們的平均生育力與純粹白人或純粹黑人無異。萊爾爵士以前就這個問題做過調查，他告訴我說，他得到了同樣的結論[12]。根據巴克曼博士的資料，美國一八五四年的人口調查表明有黑白混血兒四十萬五千七百五十一人；就所有情況來考察，這個數字似乎偏小；但這可以由下述情況得到部分解釋：這個階級的地位低下而且反常，同時他們的婦女淫亂。一定數量的黑白混血兒經常被黑人所同化；這就導致了前者數量的明顯減少。在一部可信賴的著作[13]中，黑白混血兒的低弱生命力被說成是一種眾所熟知的現象；這一點雖然與其能育性的變小有所不同，但或者可以作爲一個證據來證明其親代種族乃是獨特的人種。毫無疑問，無論動物雜種或植物雜種，如果是由極獨特的物種產生的，都有夭亡的傾向；但黑白混

---

⑩ 參閱默里先生在《人類學評論》（一八六八年四月，五十三頁）中發表的一封有趣的信，這封信駁斥了斯特萊斯基伯爵的如下敘述：澳洲土著婦女與白種男人生了孩子之後，再與自己種族的男人結婚就不生孩子了。考垂費什也蒐集了許多論據（《科學報告評論》，一八六九年三月，二三九頁），證明澳洲土著居民和歐洲人交配，並非不育。

⑪ 《對阿加西斯教授的動物界自然分布區概述的檢查》，查爾斯頓，一八五五年，四十四頁。

⑫ 羅爾夫斯（Rohlfs）博士寫信給我說，他在撒哈拉大沙漠發現一些混合種族，係來源於三個部落的阿拉伯人、柏柏爾人，以及黑人，他們特別能生。另一方面，里德先生向我說，黃金海岸的黑人雖然稱讚白人和黑白混血兒，但有一句格言：黑白混血兒不應彼此結婚，因爲他們生孩子少而且多病。正如里德先生所論述的，這一信念值得注意，因爲白人訪問和居住在黃金海岸已有四百年歷史了，所以黑人有充分的時間透過經驗而得到知識。

⑬ 古爾德，《關於美國士兵的軍事學和人類學的統計之研究》，一八六九年，三一九頁。

血兒的雙親並不屬於極爲獨特的人種範疇。普通的騾子多麼以其長命和精力強盛而聞名於世，而牠又是多麼不育，這闡明了在雜種中變小的能育性和生命力之間並沒有多大的必然關聯；還可以舉出另外一些與此相似的例子。

正如今後可以證實的那樣，即使所有人類種族彼此相交而完全能育，根據其他理由把人類分類爲獨特物種的人也許會正當地主張能育性和不育性並不是區別物種的安全標準。我們知道，這等特性容易受生活條件變化或密切近親交配所影響，而且受高度複雜的法則所支配，例如，同樣兩個物種之間正交和反交的能育性就是不相等的。關於必須分類爲確實物種的那些類型，從雜交絕對不育到差不多或完全能育有一個完整的系列。不育性的程度與雙親在外部構造或生活習性上的差別程度並不嚴格一致。人類在許多方面可以與那些長期家養的動物相比擬，可以提出大量證據來支持帕拉斯學說（Pallasian doctrine），⑭他認爲家養有消除不育性的傾向，而不育性乃是自然狀況下物種

---

⑭《動物和植物在家養下的變異》，第二卷，一〇九頁。我在這裡提醒讀者注意，物種雜交不育並不是一種特別獲得的特性，就像某些樹彼此不能嫁接在一起那樣，這是由其他既得的差異而附帶發生的一種情形。這等差異的性質還不明，但它們特別與生殖系統有關係，而與外部構造或體質的正常差異的關係就少得多。物種雜交不育的一個重要因素顯然在於一方或雙方長期習慣於固定的條件；我們知道條件變化對生殖系統會產生特別影響，我們有良好理由相信（如上所述），多變的家養條件有消除不育性的傾向，而物種雜交不育在自然狀況下則非常普遍。我在別處曾闡明（同前書，第二卷，一八五頁，《物種起源》，第五版，三一七頁），雜交物種的不育性並不是透過自然選擇獲得的：們可以看到，兩個類型如果已經成爲很不育的了。那麼它們的不育性幾乎不可能透過保存那些日益不育的個體再把它們的不育性擴大；因爲，當不育性增大之後，產生出來的後代則越來越少，最後僅僅在極稀疏的間隔時間內產出極少的個體而已。但是，還有較此爲甚的更高級的不育性。格特納（Gärtner）和凱洛依德（Kölreuter）都

間雜交的非常普遍的結果。根據這幾點考察可以正當地主張，人類種族雜交的能育性，即使得到證實，也不致絕對阻礙我們不把他們分類爲獨特的人種。

撇開能育性不談，雜交後代所表現的性狀曾被認爲可以表明親代類型是否應該分類爲物種或變種；但經過仔細研究證據以後，我得出這樣的結論：沒有一個這類的普遍規律可以信賴。正常的雜交結果會產生混合的或中間的類型；但在某些場合中，有些後代酷似這一親代類型，有些卻酷似另一親代類型。如果雙親在最初表現爲突然變異或畸形⑮的那些性狀上有所差別，上述情形就特別容易發生。我之所以提到這一點，是因爲羅爾夫斯博士告訴我說，他在非洲屢屢見到，黑人與其他種族的人交配之後，所生的後代不是完全黑的，就是完全白的，很少是混合顏色的。另一方面，眾所熟知，在美洲，黑白混血兒普遍都呈現中間的外貌。

現在我們已經看到，這位博物學者也許以爲他把人類諸種族分類爲一些獨特的人種是正確的。因爲，他已經發現，他們是以許多構造上的和體質上的差異被區分的，其中有些是重要的。這等差異還很長期地幾乎保持不變。這位博物學者在某種程度上將會被人類巨大分布範圍所影響；如果把人類看爲一個單獨的物種，人類的分布範圍在哺乳綱中，就會成爲一個重大的反常現象。若干所謂

曾證明，在包含許多物種的植物屬中，從雜交後結籽越來越少的物種到絕不結一粒種子的物種可以形成一個系列，但它們仍受其他物種的花粉的影響，從子房的膨大可以看出這一點。在這裡，要想選擇更加不育的個體顯然是不可能的，因爲這些個體已經停止結籽了：所以，如果僅是子房受到影響，極度的不育性是無法透過選擇而得到的。這種極度的不育性，無疑還有另外一些等級的不育性，乃是雜交物種體質中某些未知的差異所造成的附帶結果。

⑮《動物和植物在家養下的變異》，第二卷，九十二頁。

人類種族的分布與其他哺乳動物的無疑是獨特物種的分布彼此一致的情形將會把他打動。最後，他可能主張所有人之間的能育性迄今還沒有得到證實，即使得到證實，這也不能作爲絕對的證據來說明人類諸種族是同一個物種。

現在再從問題的另一面來看，如果我們這位假想的博物學者去追查，當在同一處地方人類諸類型大量混合在一起時，是否像普通物種那樣地保持其獨特性，那麼他大概會立刻發現，情況絕非如此。在巴西，他會看到大量的黑人和葡萄牙人的混血居民；在智利和南美的其他部分，他會看到整個人口是由印第安人和西班牙人的不同程度的混血兒構成的。⑯在同一大陸的許多部分，他會遇到黑人、印第安人和歐洲人最複雜的混血情況；根據植物界來判斷，這種三重雜交對親代類型的相互能育性提供了最嚴格的檢驗。在太平洋的某一個島上，他會找到玻里尼西亞人和英國人混血的少數居民；在斐濟群島上，有玻里尼西亞人和矮小黑人（Negritos）*的各種混血程度的居民。還可以再提出許多與此相似的事例，比如在非洲就是這樣。因此，人類居住在同一地方不會不融合而充分保持其獨特性；而不融合對於物種的獨特性乃是一項普通的和最好的檢驗。

當這位博物學者看到所有種族賴以區別的性狀都是易於變異的，他同樣會感到極大困惑。凡是最初看到從非洲各地輸入到巴西的黑人奴隸，都要被上述這一事實所打動。玻里尼西亞人以及許多其他種族也是如此。能否舉出一個種族的任何性狀是獨特的而且是固定不變的，尚屬疑問。正如常

---

⑯ 考垂費什關於巴西的保利斯塔人的成功和精力做過有趣的記載（《人類學評論》，一八六九年一月，二十二頁），他們是葡萄牙人和印第安人多次混血的一個種族，而且還混有其他種族的血液。

* 分布在亞洲東南部及大洋洲。——譯者注

常所斷定的那樣，甚至在同一部落範圍內的未開化人，其性狀差不多也不是一致的。霍屯督婦女有某些特徵，遠比其他種族的那些特徵顯著，但是，據知這等特徵也不是固定不變的。在幾個美洲部落裡，膚色和毛髮的差別相當大；非洲黑人的膚色有一定程度的差別，他們面貌形狀的差別就相當大了。有些種族的頭骨形狀變異很大，⑰各種其他性狀也是如此。現在所有的博物學者都從寶貴的經驗中了解到，試圖以不固定的性狀來規定物種，是何等輕率。

但是，一切論據中，反對人類種族是獨特物種的最有分量的論據，乃是他們可以彼此逐漸進級；根據我們所能判斷的來說，在許多場合中這與他們的相互雜交並無關係。對人類的研究要比對其他動物的研究來得仔細，而富有才華的鑑定家們的意見還是分歧至大，有的認爲應該把人類分類爲單獨一個種（species）或種族（race），有的認爲應該分類爲二個種（維瑞，Virey），分類爲三個種（賈奎諾特，Jacquinot），分類爲四個種（坎特，Kant），分類爲五個種（布魯曼巴哈），分類爲六個種（布豐，Buffon），分類爲七個種（亨特，Hunter），分類爲八個種（阿加西斯），分類爲十一個種（皮克林，Pickering），分類爲十五個種（聖文森特，B. st. Vincent），分類爲十六個種（德斯摩林，Desmoulins），分類爲二十二個種（莫頓，Morton），分類爲六十個種（克勞弗德，Crawfurd），或者按照伯克（Burke）的意見⑱，分類爲六十三個種。這樣判斷的分歧，並非證

---

⑰ 例如美洲的和澳洲的土著居民。赫胥黎教授説（《史前考古學國際會議報告書》，一八六八年，一〇五頁），南部德國人和南部瑞士人的頭骨和「韃靼人的一樣短而闊」，等等。

⑱ 關於這個問題，魏茨（Waitz）做過好的討論，參閱《人類學概論》（*Introduct. to Anthropology*），英譯本，一八六三年，一九八—二〇八，二二七頁。我曾引自塔特爾（H. Tuttle）的《人類的起源及其古遠性》，波士頓，

明人類諸種族不應被分類爲種，而是闡明他們彼此逐漸級進，還闡明在他們之間幾乎不可能發現明顯的獨特性狀。

凡是不幸對一個高度變異的生物類群做過描述的博物學者，都會遇到過這種與人類恰相類似的情況（我是根據經驗這樣說的）；如果他的性情謹慎，最終他會把彼此逐漸等級的一切類型都放在單獨一個物種之下；因爲他要對自己說，他沒有任何權利對他無法確定的對象授以名稱。這類事例見於包括人類在內的「目」，即見於某些猴屬；然而在另外的屬、如長尾猴屬（Cercopithecus）中，大多數物種都可以確定無疑地被決定下來。在美洲的捲尾猴屬（Cebus）中，種種類型被一些博物學家分類爲物種，卻被另外一些人士僅僅分類爲地理宗。於是，如果從南美各地採集來大量的所有捲尾猴標本，而且現今看來是獨特物種的那些類型被發現以緊密的階梯彼此逐漸進級，那麼通常就會把牠們僅僅分類爲變種或種族；關於人類種族，大多數博物學者也都遵循這種方針行事。儘管如此，還必須承認有些類型不得不被命名爲物種，但它們卻被無數等級連結在一起，而與雜交無關，至少在植物界中是如此。⑲

有些博物學者最近使用「亞種」（sub-species）這一術語來標示那些具有眞正物種的許多特性的類型，不過簡直不值得給它們這樣高的等級。現在，如果我們回想一下上面列舉的那些有力論據，一方面要把人類諸種族抬高到物種的高位，另一方面在決定此事上又有不可克服的困難，那

一八六六年，三十五頁。

⑲ 內格利（Nägeli）教授在其《植物的中間類型》（*Botanische Mittheilungen*，第二卷，一八六六年，二九四—三六九頁）一書中仔細地描述過幾個顯著事例，阿薩·格雷教授對北美菊科植物的一些中間類型做過同樣敘述。

麼，在這裡使用「亞種」這一術語恐怕還是得體的。但是，由於長久以來的習慣，「種族」這一術語也許要一直沿用下去。術語的選擇只有在所用的術語儘可能地合乎表達同一程度的差異時才是重要的。不幸的是，很少能做到這一點：這是因爲較大的屬一般包括親緣密切的類型。它們只能極其困難地被區別開，而同一科內較小的屬所包括的類型則是完全區別分明的；然而所有這些都必須同等地分類爲物種。還有，同一大屬內的物種彼此相似的程度絕不一樣：相反，其中有些物種一般可以作爲環繞其他物種的小類群加以安排，就像衛星環繞行星那樣。⑳

人類究竟是由一個人種或幾個人種組成的，這是近幾年來人類學者們廣泛討論的問題，他們分爲兩個學派：一是一元論者，一是多元論者。那些不承認進化原理的人們一定把人種視爲分別創造的，或者在某種方式上把他們視爲區別分明的實體；而且他們必須按照把其他生物分類爲物種所通常使用的相似方法，來決定人類的什麼類型應該被視爲人種。但要想決定這一點，乃是一種無望的努力，除非「物種」這一術語的某種定義能夠普遍得到公認；而且這個定義還必須不包括像創造作用那樣性質不明的成分。在沒有任何定義的情況下，或許我們也能試著決定一定數量的房屋，是否可以被稱爲村、鎮或城市。北美的和歐洲的許多親緣密切的哺乳類、鳥類、昆蟲類以及植物，彼此相互代表，它們究竟應分類爲物種或分類爲地理宗，還存在著無盡的疑點，這是一個難以做出決定的實例；距離大陸極近的許多島嶼上的生物也是如此。

另一方面，那些承認進化原理的博物學者們會認爲所有人類種族，無疑都是來源於單獨一個原始祖先，並且這一原理現在已爲大多數青年所承認了；不論他們是否認爲應該把人類種族命名爲區

⑳《物種起源》，第五版，六十八頁。

別分明的人種，以表達他們的差異量，都會這樣認爲的。[21]關於我們的家畜，各式各樣的族是否起源於一個或一個以上的族，多少就是另外一個問題了。雖然可以承認所有的族以及同屬的所有自然物種都發生於同一個原始祖先，但下述情況還是一個適於討論的題目：例如所有狗的家養族是否從某一個物種最初被人類家養以來就獲得了牠們現今的差異量；或者，牠們的某些性狀是否從一個獨特物種遺傳而來，而這個物種在自然狀況下已經發生了分化。關於人類，不會有這樣的問題發生，因爲不能說人類在任何特定階段內曾被家養過。

在人類諸種族從一個共同祖先分化出來的早期階段，種族之間以及他們的人數之間的差異一定很小；因此，就其有區別的性狀而言，那時的人類種族比現存的所謂人類種族，更沒有資格被分類爲人種。儘管如此，人種這一術語是如此任意使用的，以致人類的這些早期種族恐怕還會被某些博物學者們分類爲獨特的物種；他們的差異，即使是極其輕微的，如果比他們現在的差異更爲穩定或者沒有彼此漸進爲一，那些博物學者們就會這樣進行分類的。

人類早期祖先的性狀以往也許非常分歧，直到他們彼此之間的不相似比任何現存種族之間不相似更甚；可是，如沃格特所提出的，[22]此後他們的性狀又趨同了，這種情形並非是不可能的，但絕不一定如此。當人類爲了同一個目的選擇兩個獨特物種的後代時，僅就一般外貌而言，他時常會引起相當的趨同量。正如馮·納圖西亞斯（von Nathusius）所闡明的，[23]從兩個獨特種傳下

[21] 關於這種作用，參閱赫胥黎教授的看法，見《雙週評論》，一八六五年，二七五頁。

[22] 《人類講義》，英譯本，一八六四年，四六八頁。

[23] 《關於豬的族》（*Die Racen des Schweines*），一八六〇年，四十六頁。《關於豬頭骨歷史的預備研究》（*Vorstudien*

來的豬的改良品種就是如此；牛的改良品種也是如此，但比較不顯著。偉大的解剖學者葛拉條雷（Gratiolet）主張，類人猿並不能形成一個自然的亞群（sub-group）；但猩猩卻是高度發展了的長臂猿、即森諾猴，黑猩猩是高度發展了的獼猴，大猩猩是高度發展了的西非山魈。這一結論幾乎完全是以腦的性狀爲依據的，如果是可以被承認的話，那麼這至少是一個外部性狀趨同的例子，因爲類人猿在許多方面的彼此相似肯定比牠們與其他猿類的相似更甚。所有相近的類似性，如鯨和魚的類似，的確都可以說成是趨同的例子；但這個術語絕不能應用於表面的和適應的類似性。區別甚大的生物留下改變了的後裔，牠們有許多構造上的性狀是密切相似的，可是，要把這種相似性也歸因於趨同，那就未免過於輕率了。一個結晶體的形態完全是由分子力來決定的，而且，不相似的物質有時呈現同樣的形態，並不足爲奇。不過關於生物，我們應該記住，每一種生物的形態都決定於無數的複雜關係，即，決定於變異，而引起變異的原因又如此複雜，以致無法進行追查——取決於被保存下來的變異的性質，這等變異的性質又取決於自然條件，更加取決於彼此競爭的周圍生物——最後，取決於來自無數祖先的遺傳（遺傳本身就是一個變動無常的因素），而所有這些祖先的形態又是透過與上述同等複雜的關係來決定的。如果兩種生物的改變了的後裔，彼此差別顯著，那麼，要說它們此後又趨同到如此密切的地步，以致它們的整個體制都幾乎相等，看來那就是令人不可相信的了。關於上述豬族趨同的例子，按照納圖西亞斯的說法，牠們來源於兩個原始祖先的證據，依然明顯地保存在牠們的某些頭骨之中。就像某些博物學者所假定的，如果人類諸種族來源於二個或

---

für Geschichte, &c., Schweineschädel)，一八六四年，一〇四頁。關於牛，參閱考垂費什的《人種的一致性》（*Unité de l'Espèce Humaine*），一八六一年，一一九頁。

二個以上的人種，而這等人種彼此差別之大就像或差不多像猩猩與大猩猩那樣，那麼幾乎無可懷疑的是，某些骨在構造上的顯著差異，依然還可以在現存人類中發現。

雖然現存的人類諸種族在許多方面，如在膚色、毛髮、頭骨形狀、身體比例等等方面有差別，但是，如果從他們的整個構造來考慮，可以看出他們在眾多之點上還是彼此密切類似的。許多這等類似點的性質是如此不重要而且如此奇特，以致它們非常不可能是從原本獨特的物種或族那裡分別獲得的。對於最獨特的人類種族之間的無數心理上的相似點，這一意見同樣可以應用或者可以更加有力地應用。任何可以舉出的三個種族之間的心理差別也不會像美洲土著居民、黑人和歐洲人之間的差別那樣大，然而，我在小獵犬號艦上和那幾位火地人一起生活的情形時常使我激動不已，許多微小的特性闡明他們的心理狀態和我們是多麼相似；有一位純種黑人也是如此，我一度和他來往很密切。

凡是讀過泰勒先生和盧伯克爵士的有趣著作[24]的人，簡直不能不對所有人類種族在嗜好、性情和習慣上的密切相似留下深刻印象。下述情形闡明了這一點：他們都喜歡跳舞、原始的音樂、演戲、繪畫、紋身或其他裝飾自己的方法；他們還喜歡用肢體語言來達到相互理解，當由於同樣情感而激動時，他們的面貌有同樣的表情，而且發出同樣無音節的呼喊。如果與猴的獨特物種所做的不同表情和所發出不同叫聲相對照，上述的相似性，毋寧說一致性，就引人注目了。有良好的證據可以證明，用弓射箭的技術並不是從任何共同的人類祖先傳下來的，然而正如韋斯特羅普和奈爾遜

---

[24] 泰勒，《人類的早期歷史》，一八六五年：關於肢體語言，參閱五十四頁。盧伯克，《史前時代》，第二版，一八六九年。

（Nilsson）所論述[25]的，從世界最遙遠地方帶來的以及在最遠古時期製造的石箭頭差不多都是一樣的；這一事實只有根據各個不同種族具有相似的發明能力、即心理能力才可以得到解釋。關於某些廣泛流行的裝飾品，如「之」字形飾物等等，並且關於各種不同的樸素信仰和風俗，如把死人葬於巨石建築之下，考古學者們看到過同樣的情況。[26]我記得在南美曾看到，在那裡，就像在世界許多其他地方一樣，人們一般選擇巍峨的高山之頂，聚石成堆，以紀念某一異常事件，或埋葬他們的死者。[27]

那麼，如果博物學者們在兩個或兩個以上的家養族之間，或在親緣接近的自然類型之間，觀察到習性、嗜好以及性情上的許多細微之點是密切一致的話，那麼他們就會利用這一事實作爲論據來說明他們來源於一個具有同樣稟賦的共同祖先；因而所有他們都應分類在同一個物種之下。同樣的論據可以更加有力地應用於人類種族。

由於若干人類種族之間在身體構造和心理官能上（我這裡所說的不涉及相似的風俗）眾多的、不重要的類似點不可能全都是分別獲得的，所以這些類似點一定是從一個具有同樣特性的祖先那裡遺傳而來的。這樣，我們就能洞察人類在其逐步分布於地球整個表面之前的早期狀態。人類分布於

---

[25]《關於器具的相似形狀》，見《人類學會紀要》，韋斯特羅普著。《斯堪的納維亞的原始居民》（*The Primitive Inhabitants of Scandinavia*），英譯本，盧伯克爵士編，一八六八年，一〇四頁。

[26]韋斯特羅普，《關於上古遺物大石台》（On Cromlechs），見《人種學會雜誌》的「科學上的意見」欄，一八六九年六月二日，三頁。

[27]《小獵犬號航海研究日誌》，四十六頁。

被海洋隔離得很遠的各地之前，若干種族的性狀無疑不會有任何大量的分歧；如果不是這樣，我們就應在不同大陸上時常遇到同樣的種族，但情況絕非如此。盧伯克爵士在比較了世界各地未開化人現今所熟悉的技藝之後，詳細列舉了當人類最初離開其原始誕生地時所不能知道的那些技藝，因爲，如果一旦學會這些技藝，他們就永遠不會忘記。㉘於是他指出，「矛不過是小刀尖端的發展，棍棒不過是槌的延長，留下來的東西僅此兩件而已」。然而他承認取火之術很可能早已發現，因爲所有現存的種族均能爲之，而且歐洲古代洞窟居民也通曉此術。製造原始獨木舟或木筏的技術恐怕也早已爲人所知，但是，在遙遠的古代就有人類存在，那時許多地方的陸地高度和今天的很不相同，所以人類不借助於獨木舟大概也能廣爲分布。盧伯克爵士進一步論述，「鑒於如此眾多的現存種族不會計數到四以上」所以我們的最早期祖先很不可能「計數到十」。儘管如此，即使在那樣早的時期，人類的智力和合群力也幾乎不會極端劣於今天最低等未開化人所具有的這等能力；否則，原始人類就不能在生存鬥爭中獲得如此顯著的成功，他在早期的廣泛散布證明了這一點。

根據某些語言之間的基本差別，有些語言學者推論當人類最初廣爲散布時，還不是一種有語言的動物；但可以猜測那時所用的語言並不像今天的語言那樣完善，而且還要助以手勢，然而在此後更高度發達的語言中並沒有留下它的痕跡。如果沒有語言的使用，不論它多麼不完善，人類的智力能否升高到他早期支配地位所暗示的那種程度，尚屬疑問。

原始人類只掌握少數幾樣技藝，而且是最粗陋的，他的語言能力也極不完善，這樣，他們是否值得叫做人類必須取決於我們所採用的定義如何。由某一類猿動物徐徐地進級到現存人類，在這

㉘《史前時代》，一八六九年，五七四頁。

一系列的類型中，要想在某一固定之點上使用「人類」這一術語大概是不可能的。但這是一樁重要性很小的事情。再者，所謂人類種族不論是否這樣被命名，或者被分類爲人種或亞種，幾乎都是無關緊要的事，不過後一名稱似乎比較恰如其分。最後，我們可以斷言，當進化原理普遍被接受的時候，肯定不久以後就會如此，一元論者和多元論者之間的論爭將會在不聲不響和不知不覺中消失。

還有一個另外的問題不應忽略而不予以注意，即人類的各個亞種或族是否出自單獨一對祖先，就像時常所假設的那樣。關於我們的家畜，小心地使單獨一對配偶的變異著的後代進行交配，就能夠容易地形成一個新族，甚至使具有某種新性狀的單獨一個個體的變異著的後代進行交配，也能如此；但是，大多數家養族的形成，並不是由於有意識地選擇一對配偶而來的，而是由於以某種有用的或合乎人意的方式發生變異的許多個體被無意識地保存下來的緣故。如果在某一地方習慣上喜好強壯的、重型的馬，而在另一地方習慣上喜好輕型的、快速的馬，那麼我們可以肯定，在這兩處地方並不需要挑選出一對馬並使牠們繁育，經過一定時間就會產生出兩個區別分明的亞品種。許多家養族都是這樣形成的，而且形成方式與自然物種的形成方式是密切相似的。我們還知道，運到福克蘭諸島的馬連續經過幾代之後，就變得小而弱，而那些彭巴草原（Pampas）上的野生馬則獲得了較大的、接近原始形狀的頭；這種變化顯然不是由於任何一對配偶而發生的，而是由於所有個體都處於相同的條件之下，也許還有返祖原理的助力。在這等場合中，新的亞品種並非起源於任何單獨一對配偶，而是起源於以不同程度，但按同樣一般方式發生變異的許多個體；我們可以斷言，人類種族的產生也與此相似，其變異或爲暴露在不同條件下的直接結果，或爲某種類型的選擇的間接結果。不過以後我們還要討論後一問題。

關於人類種族的滅絕

許多人類種族或亞種族的部分滅絕或完全滅絕，乃是歷史上已知的事情。洪堡（Humboldt）在南美看見過一隻鸚鵡，牠是能夠說出一個消亡部落的語言中一個單詞的唯一活生物。在世界所有地方都曾發現過古代遺跡和石器，並且在現代居民中對此並沒有保留任何傳說，它們暗示著大量的滅絕。有些破碎的小部落作爲以往種族的殘餘，依然生存在隔絕的、一般是山嶽的地區。按照沙夫豪森的說法，歐洲的古代種族「在等級上全都比最粗野的現存未開化人爲低」；[29]所以他們一定在某種程度上不同於現存的種族。布羅卡曾對萊埃季斯（Les Eyzies）的出土遺骸做過描述，雖然這些遺骸不幸是屬於單獨一個家族，卻還表明了一個種族具有低等特徵（即猴類的）和高等特徵的奇異結合。這個種族「完全不同於我們聽到過的任何其他古代的和近代的種族」，[30]所以與比利時的第四紀洞穴種族也是有差別的。

人類能夠長期忍耐那些看來極其不利於其生存的外界條件[31]。他曾長期生活在極北地區，沒有木料可以製造獨木舟或器具，僅以鯨油爲燃料，而且融雪爲飲。在美洲的極南端，火地人沒有衣服，沒有任何可以稱爲茅舍的建築，以資保護自己，但他們還是活下來了。南非的土著居民漫遊在乾旱的平原之上，那裡充滿了危險的野獸。人類能夠抵抗喜馬拉雅山腳下瘴癘的致命影響，還能抵

㉙ 譯文見《人類學評論》，一八六八年十月，四三一頁。

㉚ 《史前考古學國際會議報告書》，一八六八年，一七二—一七五頁。再參閱布羅卡的文章，其譯文見《人類學評論》，一八六八年十月，四一〇頁。

㉛ 格蘭德博士，《原始民族的消亡》（*Ueber das Aussterben der Naturvölker*），一八六八年，八十二頁。

抗熱帶非洲海岸流行的瘟疫。

滅絕主要是由部落與部落、種族與種族的競爭所引起的。各種抑制經常在起作用，——如週期發生的饑饉，流浪習性以及由此引起的嬰兒死亡，哺乳的延長，戰爭，意外事故，疾病，淫亂、竊取婦女，殺嬰，特別是生育力的降低——各個未開化部落的人數因此而受到壓縮。如果這等抑制中的任何一種增加其力量，哪怕是微小的，也會使受到影響的部落傾向於減少人數；當兩個鄰接部落中的一個變得人數較少、力量較弱時，雙方之間的爭奪問題很快就會被戰爭、屠殺、吃人習俗、奴隸制以及吞併所解決。即使一個較弱的部落沒有這樣被一掃而光，它的人數一旦開始減少，一般就會繼續不斷地減少，直至滅亡[32]。

當文明民族與野蠻人接觸之後，鬥爭是短暫的，除非那裡的嚴酷氣候有助於土著種族。導致文明民族勝利的原因，有些是清楚而簡單的，有些是複雜而曖昧不明的。我們可以知道，土地的耕種在許多方面都是決定未開化人命運的問題，因爲他們不能或者不願改變他們的習性。新的疾病和惡習在某些場合中被證明是有高度破壞性的；一種新疾病看來時常會造成很大的死亡，直到那些最易感受這種破壞影響的人逐漸被清除掉爲止[33]；好酒貪杯的惡劣影響以及如此眾多的未開化人的這種難改的強烈嗜好，亦復如此。還有一個更加不可思議的事實，即區別分明而彼此相隔的人民初次

㉜ 格蘭德（同前書，十二頁）舉出了一些事實以支持這一敘述。

㉝ 關於這種影響，參閱霍蘭（H. Holland）的著作《醫學札記和回憶錄》（*Medical Notes and Reflections*），一八三九年，三九〇頁。

相遇好像會引起疾病的發生[34]。在溫哥華島密切注意過滅絕問題的斯波羅特（Sproat）先生相信，由於歐洲人到來而引起的生活習慣變化導致了嚴重的健康不佳。他還十分強調一種顯然是微小的原因，即，土著居民「被圍繞他們的新生活弄得迷惑而遲鈍了；他們失去努力的動機，又沒有找到新動機以代之」。[35]

競爭諸民族的文明水平似乎是他們取得成功的最重要因素。幾個世紀以前，歐洲害怕東方野蠻人的侵略，現在任何這種害怕大概都是荒謬可笑的了。有一個更加奇妙的事實，像巴奇霍特所說的，往昔未開化人在古代文明民族之前並不像他們現今在近代文明民族之前那樣地衰亡下去；他們倘真如此，古代道德學家大概要對此事加以深思，但是那個時期的任何作者都未曾悲痛地記載過野蠻人的覆滅。[36]在許多場合中，造成滅絕的最有力的原因似乎是生育力的降低和健康的不佳，孩子們的健康不佳尤其會如此，這等情況是由生活條件的變化所引起的，儘管新的生活條件可能對他們本身無害，也是如此。我非常感激豪沃思（H. H. Howorth）先生，他使我注意到這個問題，並向我提供了有關資料。我蒐集到了下述事例。

當塔斯馬尼亞最初殖民時，粗略估計，有些人認爲那裡的土著居民爲七千人，其他人認爲是二萬人。他們的人數很快就大大減少了，這主要是由於與英國人進行戰爭，他們彼此也相互打

---

[34] 我蒐集過許多有關這個問題的好例子（《小獵犬號航海研究日誌》，四三五頁，再參閱格蘭德的資料，同前書，八頁）。波皮格（Poeppig）說「未開化人接受文明如飲毒藥」。

[35] 斯波羅特，《未開化人生活的景象及其研究》（*Scenes and Studies of Savage Life*），一八六八年，二八四頁。

[36] 巴奇霍特，《醫學與政治學》（Physics and Politics），見《雙週評論》，一八六八年四月一日，四五五頁。

仗。在全體殖民者進行了那次著名的所謂狩獵的大屠殺之後，當時向官廳自首的殘餘土著居民僅有一百二十人㊲，這些人在一八三二年被運到弗林德斯（Flinders）島。這個島位於塔斯馬尼亞和澳大利亞之間，四十英里長，十二至十八英里寬：那裡看來適於生活，而且運到那裡的土人得到了良好待遇。儘管如此，他們的健康還是受到損害。到一八三四年，他們的成年男子爲四十七人，成年婦女爲四十八人，兒童十六入，共計：一百一十一人。到一八三五年，僅餘下一百人。由於他們的人數繼續迅速地減少，而且由於他們自己認爲如果在別處，死亡當不至於如此之快，所以一八四七年又把他們遷移到位於塔斯馬尼亞南部的蠔灣（Oyster Cove）。那時他們有男子十四人，婦女二十二人，兒童十人（一八四七年十二月二十日）。㊳但是居住地的變化並沒有帶來好處。疾病和死亡依然糾纏著他們，一八六四年只有一個男子（一八六九年死去）和三個年長的婦女活著。婦女的不孕甚至比全部人都易患健康不良和死亡是更加值得注意的事實。在蠔灣僅剩下九個婦女的時候，她們告訴邦威克（Bonwick）先生說（三八六頁），她們之中只有二人生育過，而且這兩個婦女一共只生過三個孩子！

關於這種異常事態的原因，斯托里（Story）博士述說，死亡是由試圖使土著居民文明化引起的。「如果讓他們自己像以往那樣不受干涉地到處漫遊，他們大概會養育更多的孩子，而且死亡率

㊲ 邦威克（Bonwick）著，《塔斯馬尼亞人的末日》（*The last of the Tasmanians*），一八七〇年，這裡的敘述均引自該書。

㊳ 這是塔斯馬尼亞長官丹尼生（Denison）爵士的記載，《副總督生涯種種》（*Varieties of Vice-Regal Life*），一八七〇年，第一卷，六十七頁。

也會較小。」另一位對土著居民仔細進行過觀察的大衛斯（Davis）先生述說：「出生的少，而死亡的卻極多。這在很大程度上可能是由於他們的生活和食物的變化；更重要的是由於他們從范迪門領地（van Diemen's land）的大陸上被驅逐出來，而引起他們意氣消沉。」

在澳洲兩處大不相同的地方也曾觀察到相似的事實。著名的探險家葛列格里（Gregory）先生告訴邦威克先生說，在昆士蘭，「黑人已經感到生殖的低落，並且已經顯出衰亡的傾向」。有十三個土著居民從鯊魚灣（Shark Bay）遷移到莫爾其遜河（Murchison River）流域，其中十二人在三個月之內都死於肺結核病。[39]

范東（Fenton）先生曾對紐西蘭的毛利人（Maories）的減少詳細進行過研究，他寫過一篇令人欽佩的「報告書」，下面的敘述除了一個例外都引自這份「報告書」。[40]自一八三〇年以後人口數量的減少已為每一位人士所承認，包括土著居民本身在內；而且這一減少仍在穩定地進行著。雖然迄今為止已經看到要想對土著居民進行一次實際的人口調查是不可能的，但許多地方的居民已對他們的人數進行過謹慎的估計。其結果似乎是可信的，表明一八五八年前的十四年中人數減少了百分之十九點四二。受到這樣調查的部落，有些相距一百哩以上，其中有些在海岸，有些在內地，而且他們的生存資源和生活習慣在一定程度上都有所不同（二十八頁）。據信在一八五八年人口總數

---

[39] 關於這些事例，參閱邦威克的《塔斯馬尼亞人的日常生活》（*Daily Life of the Tasmanians*），一八七〇年，九十頁，以及《塔斯馬尼亞人的末日》，一八七〇年，三八六頁。

[40] 《對紐西蘭土著居民的觀察》（*Observations on the Aboriginal Inhabitants of New Zealand*），政府出版，一八五九年。

爲五萬三千七百人，在一八七二年，即在第二個十四年期間，做過另一次人口調查，總數只有三萬六千三百五十九人，表明減少了百分之三十二點二九！[41]一般解釋這一異常減少的原因爲新疾病，婦女的淫亂，酗酒，戰爭等等，但范東詳細闡明了這些原因不足之處以後，非常有根據地斷定，這一減少主要決定於婦女的不生育以及嬰兒特別高的死亡率（三十一、三十四頁）。爲了證明這一點，他指出（三十三頁），一八四四年成年人與未成年人之比爲二點五七比一；到一八五八年，成年人與未成年人之比僅爲三點二七比一。成年人的死亡率也是非常高的。他提出人口減少的又一個原因爲男女人數的不相等；因爲生下來的男比女多。關於後一點，其原因恐怕大不相同，我在後面一章還會談到。范東先生把紐西蘭的人口減少和愛爾蘭的人口增長加以對比之後，感到驚訝；兩地氣候並非很不相似，而且兩地居民的現今習慣差不多是一樣的。毛利人自己（三十五頁）「認爲他們的衰落在某種程度上是由於新的食物和衣著的引入以及伴隨而來的習慣的變化」；當我們考慮到變化了的外界條件對能育性的影響時，可以知道他們的看法很可能是正確的。其人口的減少始於一八三〇至一八四〇年之間；范東先生指出（四十頁），約在一八三〇年，發明了在水中長期浸泡玉米使其發酵的精製技術，這證明了，當移住紐西蘭的歐洲人還很少時，土著居民的習慣就開始了變化。一八三五年我訪問島灣（Bay of Islands）的時候，那裡居民的衣服和食物已經發生了很大改變：他們種馬鈴薯、玉米以及其他農作物，並且用這些農產品交換英國的工業品和菸草。

從帕特森（Patteson）主教傳記[42]中的許多記載可以明顯看出，新赫布里底群島（New

---

[41] 甘迺迪（Alex. Kennedy）著，《紐西蘭》（New Zealand），一八七三年，四十七頁。

[42] 揚格（C. M. Younge）著，《帕特森傳記》（*Life of J. C. Patteson*），一八七四年，特別注意參閱第一卷，五三〇

Hebrides）*及其毗連島嶼上的美拉尼西亞人（Melanesians）當被遷移到紐西蘭、諾福克（Norfolk）島以便對他們進行傳教士的教育時，他們的健康大受損害而且大量死亡。

桑威奇群島（Sandwich Islands）**土著居民人口的減少有如紐西蘭的情形，也是眾所熟知的。根據最有才能的判斷者的約略估計，當庫克（Cook）於一七七九年發現該群島時，那裡的人口大約爲三十萬人。按照一八二三年不嚴格的人口調查，那時的人口約爲十四萬二千零五十人。一八三二年以及此後數年，官方進行了精確的人口調查，但我所能得到的只是下頁的統計表。

從表中可以看出，從一八三二年至一八七二年這四十年期間人口的減少竟不下於百分之六十八！***大多數作者把這一情況歸因於婦女的淫亂、以往血腥的戰爭、加給被征服部落的劇烈勞動，以及若干次導致極端破壞作用的新引入的疾病。毫無疑問，這些原因和其他這樣的原因曾經是高度有效的，而且可以用來解釋從一八三二至一八三六年人口銳減的情形；但其中最有力的一個原因是能育性的降低。從一八三五到一八三七年美國海軍的魯申貝格爾（Ruschenberger）醫生曾經遊歷過這些島嶼，按照他的說法，在夏威夷的某一大島，每一千一百三十四個男子中僅有二十五人的家庭有三個孩子，在另一地方每六三七個男子中僅有十人的家庭有三個孩子。在八十個已婚婦女中，僅有三十九人生過孩子，而且「官方報告指出，全島每一對夫婦平均只有零點五個孩子」。這

頁。

* 位於大洋洲。——譯者注

** 即夏威夷群島（Hawaiian Is.）。——譯者注

*** 根據驗算，應爲百分之六十點四五。——譯者注

年度	土著居民人口（1832年和1836年的數字有少數外國人在內）	每年人口減少的百分率（假定調查是準時舉行的，實際上調查的間隔時間並不固定）＊
1832	130,313	
1836	108,579	4.46
1853	71,019	2.47
1860	67,084	0.81
1866	58,765	2.18
1872	81,531	2.17

＊根據驗算，這一欄的數字按順序應為：4.17，2.03，0.79，2.07，2.05。── 譯者注

一平均值與蠔灣塔斯馬尼亞人的幾乎完全一樣。賈維斯（Jarves）於一八四三年發表的自傳中說道，「有三個孩子的家庭可以免去一切賦稅，有三個以上的孩子賞以土地並可得到其他獎勵」。由政府頒布的這一空前的法令，充分闡明了那裡的種族已經變得多麼不育。一八三九年畢曉普（A. Bishop）牧師在夏威夷的《旁觀者》雜誌上寫道，大量的兒童都早期夭亡，斯特利（Staley）主教告訴我說，現今的情況依然如此，在紐西蘭恰好也是這樣。這種情形常被歸因於婦女對兒童的照顧不周，但很可能是大部分由於兒童體質的先天衰弱，而這與他們雙親能育性的降低又有關係。再者，與紐西蘭情況相似的還有如下事實，即男嬰遠遠超過女嬰，一八七二年的人口調查表明；一切年齡的男和女之比爲三萬一千六百五十人對二萬五千二百四十七人，即每一百名婦女對一百二十五點三六名男子；而在所有文明的地方，女性卻超過男性。婦女的淫亂無疑可以用來部分地解釋其能育性的衰弱；但他們生活習慣的變化則是一個遠爲可能的原因，而且

同時還可以解釋死亡率的增大，特別是兒童死亡率的增大。一七七九年庫克、一七九四年范庫弗（Vancouver）訪問了夏威夷群島，此後捕鯨船也常常來此訪問。一八一九年傳教士到達，發現崇拜偶像在那裡已被廢除，而且國王完成了另外一些改革。在這一時期以後，土著居民的差不多一切生活習慣都迅速發生了變化，不久他們就成爲「太平洋島民中的最文明者」。向我提供資料的一位人士寇恩（Coan）先生出生於該群島，他說那裡土著居民五十年間發生的變化比英國人一千年間發生的變化還要大。根據斯特利主教給我的資料，那裡比較貧窮的階級食物方面的變化似乎並不很大，雖然許多新種類的水果已被引進，而且甘蔗已普遍食用。由於他們熱心地仿效歐洲人，所以他們很早就改變了服裝的樣式，而且飲酒普遍盛行。雖然這等變化看來無足輕重，但我根據所知道的動物情形，充分相信它們足可以降低土著居民的能育性了。㊸

最後，麥克納馬拉（Macnamara）先生㊹述說，在孟加拉灣東側的安達曼群島（Andaman Islands）上的退化的低等居民「對氣候的任何變化都顯著敏感：事實上如果把他們遷移到海島家鄉

㊸ 以上記述，主要引自下列著作：賈維斯（Jarves）的《夏威夷群島的歷史》，一八四三年，四〇〇—四〇七頁。奇弗（Cheever），《桑威奇群島上的生活》（*Life in the Sandwich Islands*），一八五一年，二七七頁。邦威克引用魯申貝格爾的資料，見《塔斯馬尼亞人的末日》，一八七〇年，三七八頁。貝爾徹（E. Belcher）爵士引用畢曉普的資料，見《環球航海記》（*Voyage Round the World*），第一卷，一八四三年，二七二頁。歷史人口調查的統計數字，係在尤曼斯（Youmans）博士的請求下，由寇恩先生慷慨提供的；在大多數情況下，我曾把尤曼斯的數字與上述各書的記載進行過比較，我沒有用一八五〇年的統計，因爲我發現兩個資料相差太遠。

㊹ 《印度醫學公報》（*The Indian Medical Gazette*），一八七一年十一月一日，二四〇頁。

之外，幾乎肯定就要死亡，而且這與食物和外在影響並無關聯」。他進一步述說，夏季極其炎熱的尼泊爾山谷中的居民，還有印度各地的山嶽部落，當在平原居住時常受痢疾和熱病的危害；如果他們試圖全年都在那裡度過，就會死去。

由此我們知道，許多比較野蠻的人類種族當遇到外界條件或生活習慣發生變化時，其健康就容易受到嚴重的危害，如果遷移到新的氣候條件下，也會如此。僅僅是習慣的改變，看來對其本身並無害處，似乎也會產生這種相同的效果；而且在若干場合中，兒童特別容易受害。像麥克納馬拉先生那樣，往往有人說，人類能夠泰然地抵抗多種多樣的氣候以及其他變化；但這只是對文明種族來說才是如此。處於原始狀態的人類在這方面似乎像其親緣關係最近的類人猿那樣，差不多具有同樣的敏感性，當類人猿離開其本土時，絕不會活得很久。

由於條件變化而引起能育性的降低，如塔斯馬尼亞人、毛利人、桑威奇群島居民、顯然還有澳大利亞土著居民的情形，比他們容易健康惡劣和死亡更爲重要；因爲，甚至是輕微程度的不育性，如果與那些可以抑制人口增長的其他原因結合起來，也會遲早導致滅絕。能育性的降低在某些場合中可以由婦女的淫亂（如大溪地人*晚近的情形）得到解釋，但范東先生指出，這一解釋對紐西蘭人來說不夠充分，對塔斯馬尼亞人也是如此。

在上面引用的論文中，麥克納馬拉先生舉出理由使我們相信，流行瘧疾地區的居民容易不育；但這對上述幾個事例不能應用。有些作者提出，海島土著居民由於長期不斷的近親繁殖使能育性和健康都受到損害；但在上述情形中，不育性與歐洲人的到達如此密切符合，以致我們無法承認這種

* 南太平洋大溪地島上的土著居民。——譯者注

解釋。今天我們也沒有任何理由可以相信，人類對近親繁殖的惡劣效果是高度敏感的，特別是紐西蘭的地域如此廣闊，桑威奇群島的位置如此變化多端，更不致如此。相反，我們知道諾福克的現在居民差不多全是從堂兄弟姐妹或近親，就像印度的圖達人（Todas）*和蘇格蘭的某些西方海島居民那樣；但他們的能育性似乎沒有因此受到損害。㊺

根據從低於人類的動物來類推，可以提出一個遠爲可能的觀點。生殖系統對變化了的生活條件的極度敏感是能夠闡明的（我們還不知道爲什麼）；這種敏感性導致了有利的或有害的結果。關於這個問題，我蒐集了大量事實，見《動物和植物在家養下的變異》第二卷，第十八章，在這裡我只能舉出極其簡略的提要；凡是對這個問題有興趣的人可以參考上述著作。很輕微的變化可以使大多數或所有生物增進健康並提高其活力和能育性，而另外的變化據知可以使大量動物成爲不育的。最爲大家所熟知的一個例子是，印度的馴象不生育；但阿瓦（Ava）**的象就常常生育，在那裡，允許雌象在某種範圍內漫遊於森林之中，這樣牠們就被置於更加自然的條件之下了。如各種美洲猴的雄性和雌性在其原產地多年來都養在一起，但牠們很少或者從來不生育，這是一個更加適當的事例，因爲美洲猴與人類的關係很近。值得注意的是，條件多麼輕微的一種變化常常會致使被捕獲的

---

* 尼爾吉里（Nilgiri）山中的牧民。——譯者注

㊺ 關於諾福克島民的密切親緣關係，參閱丹尼生（Denison）爵士的《副總督生涯種種》，第一卷，一八七〇年，四一〇頁。關於圖達人，參閱馬歇爾（Marshall）上校的著作，一八七三年，一一〇頁。關於蘇格蘭西方諸島，米切爾（Mitchell）博士，《愛丁堡醫學雜誌》（*Edinburgh Medical Journal*），一八六五年三—六月。

** 緬甸中部的古城。——譯者注

野生動物發生不育性；而更加奇怪的是，所有我們的家畜都比牠們在自然狀況下更爲能育；其中有些家畜還能抵抗最不自然的外界條件，但其能育性並不降低。㊻動物的某些類群遠比另外一些類群更加容易受到拘禁的影響；而同一類群的所有物種一般都是按照同一方式受到影響。但是，有時只是一個類群中的單獨一個物種成爲不育的，而另外一些物種並不如此；另一方面，可能只有單獨一個物種保持其能育性，而大多其他物種都不生育。某些物種的雄性和雌性在原產地如果受到拘禁，或者，如果不允許牠們完全自由生活，而只是有限地自由生活，那麼牠們從不交配；處於這樣環境條件下的其他物種雖然常常交配，但從不產生後代；還有一些物種產生後代，但比在自然狀況下產生的爲少；與人類的上述事例聯繫起來看，注意兒童易於衰弱多病或畸形以及早期夭亡是重要的。

鑒於生殖系統對生活條件變化的敏感是多麼普遍的一項法則，而且這一法則也適用於人類的最近親屬四手類動物，所以我簡直不能懷疑，同樣它也可以應用於原始狀態的人類。因此，如果任何種族的未開化人的生活習性突然發生變化，他們就會或多或少地變得不育，而且他們孩子的健康也會受到損害，這與印度的象和獵豹（hunting-leopard）*、美洲的許多種類的猴以及所有種類的多數動物當被移出其自然條件時所發生的情況是一樣的，而且其原因也是相同的。

我們可以知道，長期生活在海島上的、而且一定是長期處於差不多一致條件下的土著居民爲什麼特別容易感受到生活習性任何變化的影響；事實似乎就是如此。文明種族在抵抗所有種類的變化方面肯定遠比未開化人爲優；關於這一點，他們與家畜相類似，因爲後者的健康有時雖然受到損害

㊻ 關於這個問題的證據，參閱《動物和植物在家養下的變異》，第二卷，一一一頁。

* 即*Cynaelurus jubatus Schreb.*，印度人馴養之，使其獵羚羊和鹿等。——譯者注

（例如歐洲狗在印度的情況），但他們極少是不育的，不過有少數這樣的事例曾被記載過。㊼文明種族和家畜沒有受到這種影響，很可能是由於他們比大多數野生動物曾在更大範圍內受到多種多樣的、即變化著的外界條件的支配、因而就多少更習慣於這樣條件；還由於他們以往曾到處遷徙或到處被運送；而且還由於不同家族或不同亞種族之間曾相互雜交。土著居民與文明種族只要進行一次雜交，前者似乎就可以立即免除由條件變化所引起的惡劣結果。例如，大溪地人和英國人的雜交後代當移居在皮特肯島（Pitcairn Island）*後，他們增加得如此之快，以致該島很快就人滿之患了；一八五六年六月他們又被移到諾福克島。那時他們的人數中已婚者爲六十人，兒童一百三十四人，共計一百九十四人。同樣的，他們在那裡也增加得非常之快，雖然一八五九年有十六人返歸皮特肯島，但到一八六八年正月仍增加到三百人，男女正好各半。這個事例與塔斯馬尼亞人的情況是多麼明顯的一個對照；諾福克島民僅在十二點五年間由一百九十四人增至三百人；而塔斯馬尼亞人在十五年間由一百二十人減至四十六人，其中只有十個兒童。㊽

再者，根據一八六六至一八七二年這一期間的人口調查，桑威奇群島的純血土著居民減少了八千零八十一人，而那些被認爲健康較好的混血兒卻增加了八百四十七人。但我不清楚後一數字是

㊼《動物和植物在家養下的變異》，第二卷，十六頁。

* 位於大洋洲。——譯者注

㊽ 這些數字引自《受到寬大的叛變者》（*The Mutineers of the "Bounty"*），貝爾契夫人著，以及英國下議院一八六三年五月二十九日命令出版的《皮特肯島》（*Pitcairn Island*）。關於桑威奇群島的下列敘述，引自《檀香山公報》（*Honolulu Gazette*）以及寇恩（Coan）先生的著作。

否包括混血兒的後代，或者僅僅是第一代混血兒。

我這裡所舉的例子全是關於土著居民由於文明人移入而遇到新條件的情況。如果未開化人受到某種原因所迫，例如征服部落的侵入，背井離鄉以及改變習慣，大概也會引起不生育和不健康。有一個有趣的情況：野生動物變爲家養的主要抑制，在於牠們最初被捕獲時的自由繁育能力，而野蠻人初與文明人接觸，能否形成一個文明種族而生存下來的主要抑制，也是一樣的，即在於由生活條件變化而引起的不育性。

最後，人類諸種族的逐漸減少而終至滅絕，雖然是一個由許多原因所決定的高度複雜問題，同時這等原因又隨時隨地而有所不同；但這個問題與高等動物之一，例如化石馬的滅絕問題還是一樣的，化石馬在南美消亡之後不久，就在同一地區內被無數的西班牙馬群取而代之了。紐西蘭人似乎已經意識到這種相似現象，因爲他把自己的將來命運比做當地的鼠，現在後者差不多已被歐洲鼠消滅了。如果我們要確定其眞實原因及其作用的方式，在我們想像中這雖然是困難的，而且的確是困難的，但對我們的推理來說，並不應該這樣困難，只要我們切記各個物種和各個種族的增加會不斷地受到種種方面的抑制就可以了；所以，如果增添了任何新的抑制，哪怕是一種輕微的抑制，這個種族的數量肯定也會減少；數量的減少遲早要導致滅絕：在大多數情形中，其結局將由征服部落的侵入而迅速決定之。

論人類種族的形成

在某些場合中，獨特種族的雜交曾導致新種族的形成。歐洲人和印度人都屬於雅利安（Aryan）人血統，所用的語言基本一致，但他們的面貌卻大不相同，而歐洲人和猶太人的面貌雖差別不大，但後者卻爲閃米特人（Semitic）血統，並且使用一種完全不同的語言，布羅卡[49]對這一奇特事實提出如下解釋：某些雅利安人的分支在其廣泛散布的期間，曾與土著部落的人大量進行了雜交。當兩個種族密切接觸而進行雜交後，其最初的結果乃是一種異質的（heterogeneous）混合：這樣，亨特先生在描述一個印度山地部落桑塔爾人（Santali）時說道：「由黑色的、矮胖的山地部落到具有智慧之額、平靜之眼和高而狹之頭的高個子橄欖色的婆羅門*。」可以追溯出成百上千的級進；所以在法庭上有必要詢問證人，他是桑塔爾人還是印度人。[50]一個異質的種族，如玻里尼西亞群島上的一些居民，係由兩個獨特種族形成的，只留有少數或者沒有留下純種的成員，他們是否會成爲同質的，還沒有直接的證據足以說明。但是，關於我們的家養動物，經過少數幾代細心選擇的過程，[51]肯定能夠形成一個固定的和一致的雜交種，我們於是可以推論，一個異質的混血種族在長期傳衍中的自由雜交大概可以代替選擇的作用，而勝過任何返祖的傾向；所以，雜交種族雖然沒有同等程度的具有雙親種族的性狀，它最終還會成爲同質的。

關於人類種族之間的差異，皮膚的顏色最惹人注目而且最爲顯著。以往認爲，這種差異可以由長期暴露於不同氣候中得到解釋；但帕拉斯闡明，這種解釋是站不住腳的，以後差不多所有人

---

[49]《人類學》（On Anthropology），譯文載於《人類學評論》，一八六八年一月，三十八頁。

* 婆羅門爲印度封建種姓制度的第一種姓。僧侶。——譯者注

[50]《孟加拉農村年報》（*The Annals of Rural Bengal*），一八六八年，一三四頁。

[51]《動物和植物在家養下的變異》，第二卷，九十五頁。

類學者都追隨他的主張。[52]這一觀點之所以遭到駁斥，主要因爲各種不同皮膚顏色的種族一定長期居住在他們現今的故鄉，而他們的分布與氣候的相應差異並不符合。根據最優秀的權威意見，[53]我們聽說有些荷蘭人的家族在南非居住了三百年之後，其皮膚顏色絲毫也沒有發生改變，對這等事例似乎多少應該給予一點重視。屬於這方面的論據還有一個，即世界各地的吉普賽人和猶太人的面貌都是一致的，不過猶太人面貌的一致性多少被誇大了。[54]一種很潮溼的或很乾燥的空氣曾被假定比單純的炎熱對於改變皮膚的顏色更有影響；但杜比尼（D'Orbigny）在南美和李文斯頓（Livingstone）在非洲關於潮溼和乾燥所得出的結論正好相反，對這個問題的任何結論都必須看爲很可疑的。[55]

我在別處所舉的各種事實，證明皮膚和毛髮的顏色時常與完全避免某些植物毒害的作用以及某些寄生蟲的侵襲以一種可驚的方式彼此相關。因此我想到，黑人和其他黑皮膚的種族也許由於較黑的個體在一長列的世代中逃脫了他們家鄉瘴癘的致命影響而獲得了黑的色澤。

後來我發現威爾斯（Wells）博士[56]長期以來就持有同樣見解。黃熱病在熱帶美洲是一種毀滅

---

52 帕拉斯（Pallas），《聖彼德堡科學院院報》（*Act. Acad. St. Petersburg*），第二部，一七八〇年，六十九頁。

53 安德魯・史密斯爵士（Sir Andrew Smith），諾克斯引用，見《人類的種族》，一八五〇年，四七三頁。

54 參閱考垂費什關於這個問題的著作，見《科學報告評論》，一八六八年十月十七日，七三一頁。

55 李文斯頓，《南非旅行調查記》（*Travels and Researches in S. Africa*），一八五七年，三三八，三二九頁。杜比尼和戈德隆在《論物種》中引用，第二卷，二六六頁。

56 參閱一八一三年在皇家學會宣讀的一篇論文，見一八一八年出版的他的《論文集》。關於威爾斯博士的論點，我曾

性的病(57)，而黑人、甚至黑白混血兒幾乎可以完全避免這種病，這種情形早爲世人所知。他們在很大程度上還能避免致命的瘧疾，這種病流行於非洲沿岸至少達二千六百英里之遙，白人殖民者每年有五分之一死於此病，還有五分之一因患此病被送回家鄉。(58)黑人的這種免疫性似乎部分是先天的，這取決於某種未知的體質特性，部分乃是水土適應的結果。普歇說，由埃及總督借來參加墨西哥戰爭的黑人團隊是在蘇丹（Soudan）附近招募的，他們與那些原本來自非洲各地並且習慣於西印度群島（West Indies）的黑人，差不多同樣能夠避免黃熱病。(59)有許多事例表明，黑人在較寒冷的氣候下居住一些時候之後，(60)就變得多少容易感染熱帶的熱病，這一情況闡明了水土適應是有一定作用的。白人曾經久居其下的氣候性質同樣對他們也有某種影響；因爲，一八三七年在德梅拉拉（Demerara）*流行可怕的黃熱病期間，布雷爾（Blair）博士發現，移民的死亡率與其家鄉的緯度是成比例的。黑人的免疫性作爲水土適應的結果而言，這意味著需要非常悠久的時間；因爲，熱帶

在《物種起源》的「歷史概述」中有所說明。關於膚色與體質特性的相關，我曾在《動物和植物在家養下的變異》（第二卷，二二七，三三五頁）舉過種種事例。

(57) 例如，參閱諾特（Nott）和格利敦（Gliddon）合著的《人類的模式》，六十八頁。

(58) 塔洛克（Tulloch）少校一八四〇年四月二十日在統計學會上宣讀的一篇論文，載於《科學協會會刊》（*Athenaeum*），一八四〇年，三五三頁。

(59) 《人類種族的多源論》（*The Plurality of the Human Race*），英譯本，一八六四年，六十頁。

(60) 考垂費什，《人種的一致性》，一八六一年，二〇五頁。魏茨，《人類學概論》，英譯本，第一卷，一八六三年，一二四頁。李文斯頓在他的《旅行記》中舉過同樣事例。

* 在圭亞那。——譯者注

美洲的土著居民自遠古以來就在那裡居住，還不能避免黃熱病；特里斯特拉姆（H. B. Tristram）牧師說，在北非有些地方，雖然黑人能夠安然無恙地住，而土著居民卻要被迫年年從那裡離去。

黑人的免疫性與其皮膚顏色的任何程度的相關不過是一種推測而已：這種免疫性也許與其血液、神經系統或其他組織的某種差異相關。儘管如此，根據上述事實，根據臉色與肺病之間顯然存在的某種關聯，這種推測在我看來並非是不近理的。因此，我曾試圖確定這種推測究竟有多大可靠性，但沒有獲得很大成果。[61]已故的丹尼爾（Daniell）博士曾長期在非洲西海岸居住，他告訴我說，他不相信有任何這種關聯。他本身的皮膚異常之白，卻驚人地經受了那裡的氣候。當他在少年來到非洲西海岸的時候，一位年老的有經驗的黑人酋長根據他的面貌預言他能如此。安地卡

[61] 一八六二年我曾得到陸軍軍醫總監的許可，向海外駐軍的醫生發出空白表格，並附如下意見，但未獲得答覆，「有幾個被記載下來的十分明顯的事例表明，在我們的家畜中，皮膚附屬物的顏色與其體質有一定關聯；眾所周知，人類種族的膚色與其住地的氣候也有某種有限度的關聯；下述調查似乎值得注意。即，歐洲人的毛髮顏色與他們感染熱帶地方疾病之間是否有任何關聯。如果各軍隊的醫生駐在對健康有害的熱帶地區，請在發病時先數一下軍隊中有多少人的毛髮是濃色的，多少人是淡色的，多少人是中間色或不確定的顏色的；如果同一位醫生對瘧疾、黃熱病、痢疾患者，也做出相似的統計，那麼當表上有三千來個這樣事例之後，很快就可以看明，在毛髮顏色與感染熱帶病的體質之間是否存在著任何關聯。也許不會發現這種關聯，但這樣調查還是值得一做的。倘獲得正的結果，則這一結果在選用人員擔負任何特殊任務時是有一定實際應用價值的。在理論上，這一結果大概也是重要的，因爲它指明了自從遠古以來就在對健康有害的熱帶氣候下居住的一個人類種族，在悠久的連續世代中由於深色毛髮和深色皮膚的個體更好地被保存下來而成爲深色的一個途徑。」

（Antigua）*的尼科爾森（Nicholson）博士研究這個問題之後寫信給我說，他不認爲暗色皮膚的歐洲人比淺色皮膚的歐洲人更能避免黃熱病。哈里斯（J. M. Harris）先生完全否認深色毛髮的歐洲人比其他人能夠更好地經受炎熱的氣候；相反，經驗教導他，當挑選在非洲海岸服務的人員時，要找那些紅髮的人。[62]有一種假說認爲皮膚黑色的產生，是由於日益變黑的個體曾經長期在引起發熱的瘴癘中更好地生存下來的緣故，然而僅就以上那些跡象而言，這種假說似乎就沒有什麼根據了。

夏普（Sharpe）博士述說，[63]熱帶的太陽可以把白人的皮膚晒傷而起水泡，但對黑人的皮膚卻一點也不損害；他又說，這並非由於個體的習性所致，因爲六個月或八個月大的黑人小孩常常被裸體抱出，並不受影響。一位醫務人員使我確信，幾年之前每到夏季，他的雙手就出現淡褐色的斑塊，與雀斑相似但較大，一到冬季即行消失，這些斑塊絕不受日灼的影響，而其皮膚的白色部分有幾次卻受到嚴重的日灼而起水泡。在低於人類的動物中，覆被白毛的皮膚部分和其他部分對太陽作

---

* 位於西印度群島。——譯者注

62 《人類學評論》，一八六六年一月，二十一頁。夏普（Sharpe）博士也說，「在印度，生有淡色毛髮和紅潤面色的人比生有深色毛髮和青白面色的人感染熱帶地方病者爲少；據我所知，這一意見似乎有充分的根據」（《人類是一種特殊創造物》，*Man: a Special Creation*，一八七三年，一一八頁）。另一方面，獅子山的赫德爾（Heddle）先生則持有直接相反的觀點，「他手下的職員死於西非海岸氣候者比其他人爲多」（里德，《非洲見聞錄》，*African Sketch Book*，第二卷，五二二頁），伯頓上尉持有同樣見解。

63 《人類是一種特殊創造物》，一八七三年，一一九頁。

用的反應也有一種體質差異。[64]皮膚不被這樣灼傷對說明人類透過自然選擇逐漸獲得暗色是否具有足夠的重要性，我還不能做出判斷。果眞如此，我們就應假定熱帶美洲的土著居民生活在那裡的時間遠比黑人在非洲生活的時間或巴布亞人在馬來群島南部生活的時間爲短，正如淺色皮膚的印度人居住在印度的時間比這個半島中部和南部的深色皮膚的土著居民居住在那裡的時間爲短。

以我們現在的知識來看，雖然還不能解釋人類種族膚色的差異是由於因此獲得任何利益，或是由於氣候的直接作用所致；但我們千萬不要對後一種作用完全加以漠視，因爲有充足的理由可以相信某些遺傳的效果可以由此產生。[65]

我們在本書第二章中已經看到，生活條件以一種直接的方式影響身體構造的發育，而這種效果是遺傳的。這樣，正如眾所公認的，在美國，歐洲殖民者的面貌發生了輕微的、但異常迅速的變化。他們的體部和四肢都變長了；我聽伯尼斯（Bernys）上校說，在晚近的美國戰爭期間，提供了有關這一事實的良好證據，即德國軍隊穿上爲美國市場縫製的現成服裝時，樣子顯得滑稽可笑，這等服裝的各種尺寸對德國人都太長了。還有大量的證據可以闡明，美國南部諸州的第三代家內奴隸

[64]《動物和植物在家養下的變異》，第二卷，三三六，三三七頁。

[65]例如，參閱考垂費什有關在衣索比亞和阿拉伯居住效果的記述（《科學報告評論》，一八六八年十月，七二四頁）以及其他相似的事例。羅爾（Rolle）博士說（《人類的起源》，*Der Mensch,seine Abstammung*，一八六五年，九十九頁），根據漢尼柯夫（Khanikof）的權威資料，大多數德國人的家族在喬治亞（Georgia）定居兩代之後，頭髮和眼睛將會變爲黑色。福布斯（Forbes）先生告訴我說，安地斯山的克丘亞人（Quichuas）按照彼等所住山谷的位置，其膚色變異很大。

在面貌上與田間奴隸已有顯著不同。(66)

然而，如果注意看一看分布於全世界的人類種族，我們就一定會推論他們的特性差異不能由不同生活條件的直接作用得到解釋，即使受到這種作用的時間非常悠久，也是如此。愛斯基摩人完全以動物食品為生，他們穿著厚皮衣，暴露在酷寒和長期黑暗之中；中國南方的居民完全以植物食品為生，幾乎裸體，暴露在炎熱和陽光耀眼的氣候之中，但二者之間並沒有任何極度的差異。不穿衣服的火地人以荒涼海岸的水產品為生；巴西的博托克多人（Botocudos）*漫遊於腹地的炎熱森林之中，主要以植物性食品為生；然而這等部族如此密切相似，以致有些巴西人誤把「小獵犬艦」上的火地人當作博托克多人。再者，博托克多人以及熱帶美洲的其他居民與大西洋彼岸的黑人完全不同，但他們暴露在差不多相似的氣候之下時遵循幾乎一樣的生活習慣。

人類種族的差異也不能由身體各部分的增加使用或減少使用的遺傳效果得到解釋，即便能如此，也只能發揮十分輕微的作用。慣常在獨木舟生活的人們，腿多少有點短；居住在高原地區的人們，胸部可能增大；不斷使用某些感覺器官的人們，容納這等器官的腔可能多少有些增大，因而他們的容貌也會稍有改變。關於諸文明民族，顎部的縮小是由於減少使用——為了表達不同的感情，慣常運轉不同的肌肉——腦的增大是由於智力活動的增強——當與未開化人比較時，所有這些都對

---

(66) 哈倫（Harlan），《醫學研究》（*Medical Researches*），五三二頁。考垂費什（《人種的一致性》，一八六一年，一二八頁）曾就這個問題蒐集了重大證據。

* 巴西的印第安人，他們在下嘴唇穿裝一木塞子，叫做「botoque」，因是得名。——譯者注

文明民族的一般面貌產生了相當的影響。[67]身材增大，而腦的大小不相應增加，可能使某些種族的頭骨加長，而成爲長頭型（由上述家兔的例子可以推斷）。

最後，所知甚少的相關發育原理有時也會發生作用，如肌肉的非常發達與眶上脊的強烈凸出之相關就是如此。皮膚顏色與毛髮顏色顯然相關，如北美曼丹人（Mandans）*的毛髮組織與其顏色就是相關的。[68]皮膚顏色與它發出的氣味同樣也有一定的關係。關於綿羊品種，一定面積上的羊毛數量與分泌孔的數量有關聯[69]。如果我們可以根據家養動物進行類推的話，則人類構造的許多變異大概也在相關發育這一原理的支配之下。

現在我們已經看到，人類外部特徵的差異不能由生活條件的直接作用，也不能由身體諸部分的連續使用、同時還不能由相關原理得到令人滿意的解釋。所以這就引導我們去追問，人類顯著容易發生的輕微個體差異是否不會在一長列的世代中透過自然選擇而被保存下來並有所擴大。但在這

---

[67] 參閱沙夫豪森的著述，其譯文見《人類學評論》，一八六八年十月，四二九頁。

* 賽奧恩印第安人（Siouan Indians）的一個著名部落，在北達科他（Dakota）州，一八三七年由於天花的流行，幾遭覆滅。——譯者注

[68] 凱特林（Catlin）說（《北美的印第安人》，第一卷，第三版，一八四二年，四十九頁），曼丹人（Mandans）的整個部落，十個人或十二個人中就有一個人的頭髮是明亮的銀灰色的，而且這是遺傳的，一切年齡的男女都是如此。現在，這種頭髮之粗硬如馬鬃，而其他顏色的頭髮還是細而軟的。

[69] 關於皮膚的氣味，參閱戈德隆的《論物種》（*Sur l'Espèce*），第二卷，二一七頁。關於皮膚上的分泌孔，參閱威爾肯斯的《家畜飼養技術的任務》（*Die Aufgaben der Landwirth. Zootechnik*），一八六九年，七頁。

裡我們立刻會遇到這樣的障礙，即只有有利的變異才能這樣被保存下來；就我們所能判斷的來說，雖然對於這一問題的判斷往往容易陷於錯誤，人類種族之間的差異對他並沒有任何直接的或特別的用處。當然，智慧的、道德的或社會的能力一定不在此論之內。人類種族之間外在差異的巨大變異性，同樣地表明了它們並不具有多大重要性；如果是重要的，它們很久以前或者被固定而保存下來，或者被消除掉。在這方面，人類與那些被博物學者們稱為變化多端的、即多態的類型相類似，這等類型極其容易變異，這似乎是由於這等變異具有無關緊要的性質，而且由於它們因此逃避了自然選擇的作用。

在我們解釋人類種族之間的差異的所有試圖中，遇到了上述這麼多的阻礙；但還剩下一個重要的力量即性選擇，看來曾對人類而且也對許多其他動物發生過強有力的作用。我的意思並非斷言根據性選擇可以解釋人類種族之間的一切差異。還留有不可解釋的一點，由於我們對此是無知的，我們只能說，因為一些個體生下來，比如，就具有稍微圓一些或狹一些的頭以及稍微長一些或短一些的鼻子，所以，如果誘發這等輕微差異的未知力量比較經常不斷地發生作用，它們就會變得固定而一致。在本書第二章提到這等變異時，是把它們納入暫時的那一類的，由於還缺少較好的術語，常常把它們叫做自發性的（spontaneous）。我也並非妄說性選擇的效果能夠以科學的正確性被表示出來；但可以闡明，看來曾對無數動物發生過強有力作用的這種力量，如果沒有使人類改變，那麼這就是一個無法解釋的事實了。進一步可以闡明，人類種族之間的差異，如膚色、毛髮、臉型等等，預料是處於性選擇影響之下的一類差異。但是，為了恰當地處理這個問題，我發現有必要對整個動物界加以回顧。因此，我在本書的第二部分對此進行討論。最後，我還要回到人類上來，在努力闡明人類透過性選擇發生了怎樣程度的改變之後，再對第一部分的各章做一個簡短的提要。

附錄　人類和猿類的腦部在構造和發育上的異同

英國皇家學會會員赫胥黎教授著

關於人類和猿類腦部構造的差異性質和差異程度，早在十五年前已發生了爭論，直到現在還沒有停止，雖然現在所爭論的主要問題與以往已經完全不同了。最初有人一再異常頑固地斷言，一切猿類的腦，甚至最高等猿類的腦，都和人類的腦有所不同，因其缺少諸如大腦半球的後葉以及這等後葉中所包含的側室後角和小海馬迴（hippocampus minor）等那樣的顯著構造，而這些構造在人類中都是非常明顯存在的。

問題中的這三種構造在猿腦中發育之良好，與人類無異，或者說甚至更好；而且具有良好發育的這三部分乃是一切靈長類的特徵（如果狐猴類除外），這一眞實情況的基礎之穩固有如比較解剖學中的任何命題一樣。再者，一長系列的解剖學家，凡是近年來特別注意到人類和高等猿類大腦半球表面上複雜的腦溝（sulci）和腦迴（gyri）的排列者，無不承認它們在人類和猿類中的配置形式都是完全一樣的。黑猩猩腦的每一個主要腦溝和腦迴都明顯地代表著人腦的這等部分，所以應用於人腦的專門術語完全可以應用於猿腦。關於這一點，已沒有任何不同的意見了。數年前比肖夫教授曾就人類和猿類的腦迴發表過一篇論文。①我這位博學的同事的目的肯定不在於降低猿類和人類關

---

①《關於人類的大部分腦迴》（Die Grosshirn-Windungen des Menschen），《巴伐利亞學院論文集》（*Abhandlungen*

於這方面的差異價值，所以我願引述該文如下：

「猿類尤其是猩猩、黑猩猩和大猩猩在其體制上與人類很接近，比與任何其他動物都更加接近得多，這是眾所熟知的一個事實，已無所爭論。單以體制的觀點來看事物，大概沒有人再對林奈（Linnaeus）的觀點進行爭論，即，人類僅僅作爲一個特殊的物種，也應被置於哺乳動物以及猿類之首。人類和猿類的一切器官表明了它們的親緣關係如此之近，以致爲了證實它們之間確有差異存在，還需要進行極精確的解剖研究。對於腦部也要如此。人類、猩猩、黑猩猩以及大猩猩的腦儘管有非常重要的差異，但彼此還很接近」（原著一〇一頁）。

至於猿腦和人腦在基本性狀上的相似已無爭論餘地了；甚至黑猩猩、猩猩和人類的大腦半球上腦溝和腦迴的排列細節也表現了驚人的密切相似性，對此亦無任何爭論的餘地。高等猿類的腦和人腦之間在差異性質和差異程度上也不存在任何嚴重的問題。眾所周知，人類的大腦半球絕對的和相對的大於猩猩和黑猩猩的這一部分；其額葉由於眶脊向上隆起，因而凹入較少；人類的腦迴和腦溝的配置通常都對稱較差，並且呈現了較大數量的次級褶。而且，眾所共認，人類的顳顬後頭裂（temporo-occipital）、即「外垂直」裂通常不甚顯著，而這是猿腦的一個強烈顯著的特徵。但這等差異顯然並不構成人腦和猿腦之間的明確界限。關於葛拉條雷所謂的外垂直裂，例如人腦的，特

---

der K. Bayerischen Akademie），第十卷，一八六八年。

納教授有如下記述[2]：

「在一些人腦中，它簡單地表現爲大腦半球邊緣的一種齒痕，但在另外一些人腦中，它卻伸長到一定距離，多少橫向外出。我曾見到，它在一隻女腦右半球上向外逾出二英寸以上；在另一個標本上，也是右半球，它向外逾出十分之四英寸，然後向下延伸，直達半球外表面的較低邊緣。在大多數四手類動物中，這種腦裂溝是有顯著特徵的，相比之下，大部人腦的這種裂溝就不那樣完全明確了，其所以如此，乃是由於人腦具有某種表面的、十分顯著的次級腦迴，以溝通諸裂溝，並把頂葉（parietal lobe）和枕葉（occipital lobe）連接在一起了。這等第一級的發揮溝通作用的腦迴位置與縱向溝裂越近，則顱頂後頭的外在溝裂就越短」（原著十二頁）。

因此，葛拉條雷所謂的外垂直裂的消失，並不是人腦的一種固定特性。另一方面，它的充分發育也不是高等猿類腦的一種固定特性。因爲，在黑猩猩腦的這一側或那一側外垂直腦迴由於發揮溝通作用的腦迴或多或少強烈消失的情況，已由羅爾斯頓（Rolleston）教授、馬歇爾先生、布羅卡以及特納教授一再予以記載。特納教授在一篇有關這個問題的專門論文中寫道：[3]

---

[2] 《人類大腦迴局部解剖學》（*Convolutions of the Human Cerebrum Topographically Considered*），一八六六年，十二頁。

[3] 〈特別關於黑猩猩發揮溝通作用的腦迴的記載〉（Notes more especially on the bridging convolutions in the Brain of the Chimpanzee），見《愛丁堡皇家學會會報》，一八六五—一八六六年。

「葛拉條雷曾試圖形成一種概念，把第一級起連接作用的腦迴的完全闕如以及次級腦迴的隱蔽作爲黑猩猩腦的基本特徵，但剛才描述的這種動物腦的三個標本證明了這一概念絕不能普遍應用。只有一個標本的腦在這等特點上符合葛拉條雷所表明的法則。關於作爲溝通作用的上部腦迴，我以爲它是存在於一個腦半球之上的，至少迄今爲人所繪出的或所描述的多數黑猩猩腦是如此。作爲溝通作用次級腦迴的表面位置顯然較不常見，我相信，到目前爲止只見於這份報告中所記載的A腦。兩個腦半球上的旋圈排列是不對稱的，以往的觀察家們對此已有所描述，在這些標本中也得到了清楚的圖示。」（八、九頁）

顳顬後頭腦溝或外垂直腦溝的存在，即便說是高等猿類和人類之間的一個區別標誌，但闊鼻猴類腦的構造作爲區別的性狀的價值就很可懷疑了。事實上，儘管顳顬後頭腦溝爲狹鼻猴類、即舊世界猴類的最固定的一種性狀，但在新世界猴類中，它的發育從來不很強烈；在較小的闊鼻猴類中根本沒有這種性狀；在僧面猴（*Pithecia*）中它的發育是殘跡的；[4]在蜘蛛猴（*Ateles*）中它已經被作爲溝通作用的腦迴或多或少地所消除。

在單獨一個類群範圍內如此容易變異的一種性狀不會有任何重大的分類價值。

已經進一步證實，人腦兩側旋圈的不對稱程度有很大個體變異；而且在經過檢查的布希曼（Bushman）族的那些個體中，其兩半球上的腦迴和腦溝遠不如歐洲人的複雜，但比他們的對稱，然而，在黑猩猩的一些個體中，腦迴和腦溝的複雜性和不對稱性卻是值得注意的。布羅卡所

---

④ 弗勞爾，〈僧面猴的解剖〉（On the Anatomy of Pithecia Monachus），見《動物學會會報》，一八六二年。

繪製的一隻幼小雄猩猩的腦，其情況尤其如此（《靈長目》，*L'ordre des Primates*，一六五頁，圖十二）。

再者，就腦的絕對體積問題來說，已經證明最大的和最小的健康人腦之間的差異，比最小的健康人腦與最大的黑猩猩腦或猩猩腦之間的差異爲大。

還有一種情況使猩猩腦和黑猩猩腦與人腦相類似，而與低等猿類的腦有所區別，這就是前者具有兩個乳頭體（corpora candicantia）——而犬猿這一類（Cynomorpha）只有一個。

鑒於這等事實，在這一八七四年我毫不躊躇地重複並堅持一八六三年我提出的主張：⑤「就腦部構造來說，顯然，人類與黑猩猩或猩猩之間的差異，甚至小於後者與猴類之間的差異，而且，黑猩猩腦與人腦之間的差異，如黑猩猩腦與狐猴腦之間的差異相比，就幾乎微不足道了。」

在我以前引用的那篇論文裡，比肖夫教授並不否認這一敘述的第二部分，但第一，他文不對題地說，如果一個猩猩腦和一個狐猴腦很不相同，那是毫不足怪的；第二，他繼續斷言，「如果我們連續地以人腦與猩猩腦相比較，以猩猩腦與黑猩猩腦相比較，以黑猩猩腦與大猩猩腦相比較，以次及於長臂猿（Hylobates）、天狗猴（Semnopithecus）、鼯猴（Cynocephalus）、長尾猴（Cercopithecus）、獼猴（Macacus）、捲尾猴（Cebus）、絹毛猴（Callithrix）、狐猴（Lemur）、懶猴（Stenops）和狨（Hapale），我們在腦迴發育程度上所看到的間隙並不比人腦與猩猩腦或黑猩猩腦之間的間隙更大，甚至相等。」

對此我回答如下：第一，不論這一主張的眞僞如何，都與《人類在自然界的位置》一書所提出

⑤《人類在自然界的位置》，一八六三年，一〇二頁。

的主張毫無關係，該書所討論的並非僅僅是腦迴的發育，而是腦的整個構造。如果比肖夫教授不厭其煩地閱讀一下他所批評的該書第九十六頁，實際上他將會看到下文：「值得注意的一個情況是，就我們現有知識所能達到的來說，在猿猴類腦的一系列類型中存在著一種眞正的構造上的間隙，而這種間隙並不存在於人類和類人猿之間，而是存在於較低等的和最低等的猿猴類之間，換句話說，即存在於舊世界的和新世界的猿類、猴類和狐猴類之間。每一種已經被檢查過的狐猴的小腦實際上都是可以部分地從上面看得見的；它的後葉及其所包含的後角（posterior cornu）和小海馬迴或多或少都是殘跡的。相反，每一種狨、美洲猴、舊世界猴、狒狒或類人猿的小腦在其後方爲大腦葉所遮蔽，都是完全隱匿不露的，並且有一個大型後角以及一個十分發育的小海馬迴。」

這一敘述是根據當時已知的嚴格準確的有關記載做出的；而且在我看來，此後雖然發現合趾猿（siamang）和吼猴（howling monkey）的小腦後葉相對地不甚發育，但這一敘述顯然並未因此而減弱其力量。儘管這兩個物種的小腦後葉例外地短小，還沒有任何人會以此爲藉口說，牠們的腦以最輕微的程度接近狐猴類的腦。如果不把狨類置於牠的自然位置之外，像比肖夫教授最令人不解地所做的那樣，則可把他所選用的那些動物系列排寫如下：人類，猩猩，大猩猩，長臂猿，天狗猴，鼯猴，長尾猴，獼猴，捲尾猴，絹毛猴，狨，狐猴，懶猴，我敢再次重申，在這一系列中，狨和狐猴之間的間隙最大，這一間隙比這一系列中任何其他二類之間的間隙都大得多。比肖夫教授忽視了在他撰寫該文很久以前葛拉條雷就提出的一個事實，即，完全根據大腦的性狀就可以把狐猴類分出於靈長目之外；弗勞爾教授在描述爪哇懶猴的過程中曾做過如下觀察：⑥

⑥《動物學會學報》（*Transactions of the Zoological Society*），第五卷，一八六二年。

「特別值得注意的是，有些猴類、即闊鼻猴類群的較低成員，通常被認爲在後葉以外的其他方面都與大腦半球短的狐猴類相接近，但就後葉的發育來說，其中沒有一種猴類是與狐猴類接近的。」

過去十多年來如此眾多的研究者所做的研究大大地增進了我們的知識，就成熟的腦的構造而言，這些知識充分證明了我在一八六三年所做的敘述。據說，即使承認人類和猿類的成熟的腦是彼此相似的，但其實它們之間的差異還是重大的，這是因爲它們在發育方式上表現了根本的差異。如果這等發育的根本差異確實存在的話，恐怕我比任何人都樂意承認這一論點的力量。但我否認確有這等根本差異存在。相反，人類和猿類的腦在發育上卻是根本一致的。

引起葛拉條雷做出有關人類和猿類的腦在發育上存在根本差異的論述；在於他認爲：在猿類中，腦溝最先出現在大腦半球的後區，而在人類胎兒中，腦溝最初出現在腦的額葉⑦。

這一論述是以兩種觀察爲基礎的，其一，有一隻快要生產的長臂猿，其後部腦迴十分發達，而額葉的腦迴則「幾乎看不見」⑧（原著，三十九頁）；其二，有一個懷孕二十二或二十三週的人類

---

⑦ 葛拉條雷在其《關於人類腦褶痕的研究報告》（三十九頁，第四圖版，第三圖）中說道，「在一切猿類，皆爲腦後葉褶痕最先發達，而前部褶痕則發達較遲，顱頂後頭部裂溝在胎體中比較大。人類的前部裂溝最先出現，這是顯著的例外，不過大腦額葉的普通發育與猿類均依同一規律」。

⑧ 葛拉條雷說（原著三十九頁）：「此胎體的腦後部裂溝發育甚好，而腦前部的裂溝幾乎不可見。」第四圖版第三圖中的羅蘭德氏裂（Rolando fissure）和前部裂溝均甚明晰。阿利克斯（Alix）在他所寫的《對葛拉條雷的人類學觀點

胎兒，他的腦島還沒有被覆蓋起來，儘管如此，「腦前葉仍有齒痕，一種不很深的裂溝顯示著腦後葉的分離，其溝甚淺，與其發育期相應。而腦之其餘表面則處於完全平滑狀態」。

該書第二圖版的一、二、三圖只示明了這個大腦半球的上面、側面和下面，而未示明其內面。值得注意的是，該圖絕不能證明葛拉條雷的描述，因爲大腦半球後半部表面上的裂溝（前顳）比前半部所模糊顯示的任何裂溝都更顯著。如果該圖是正確的話，則絕不能證明葛拉條雷的結論是正確的。他的結論是：「在絹毛猴和長臂猿的腦與人類胎兒的腦之間，存在著根本的差異，即人類的顳顳腦溝未出現之前，額部腦溝久已存在。」

然而，自從葛拉條雷時代以來，關於腦迴和腦溝的發育，已由施密特（Schmidt）、比肖夫、潘施（Pansch）[9]等人重新進行了研究，尤其埃克的研究[10]不僅是最近完成的，而且是迄今最完善的。

的評論》（見《巴黎人類學會會報》，一八六八年，三十二頁）一文中說道：「葛拉條雷所有者爲一長臂猿胎體的腦，這種猿與猩猩相近，處於生物界的很高等級，最有名的博物學家把牠列入似人猿類。例如，赫胥黎力持這種看法。葛拉條雷從長臂猿的一個胎體發現腦額葉的裂溝尚未出現時，腦後葉的褶痕已有很好的發育了。這就是說，人類的褶痕的出現，由α在ω，而猿類的褶痕的發達，乃由ω在α。」

⑨《人類和猿類大腦半球主要部分的腦溝和腦迴的典型排列方式》（Ueber die typische Anordnung der Furchen und Windungen auf den Grosshirn-Hemisphären des Menschen und der Affen），見《人類學文集》（Archiv für Anthropologie），第三卷，一八六八年。

⑩《人類胎兒大腦半球主要部分的腦溝和腦迴的發育過程》（Zur Entwickelungs Geschichte der Furchen und Windungen der Grosshirn-Hemisphären im Faetus des Menschen），見《人類學文集》，第三卷，一八六八年。

他們研究的最後結果可總結如下：

1. 人類胎兒的薛氏腦裂（Sylvian fissure）是在懷孕的第三個月內形成的。在第三個月和第四個月，大腦半球平滑而圓（薛氏凹除外），遠遠向後凸出於小腦之外。

2. 所謂眞正的腦溝是在胎兒的第四個月末到第六個月初這段時間內才開始出現，但埃克愼重地指出，不僅它們的出現時期，而且它們的出現次序都有相當的個體變異。然而，無論額部腦溝或顳顬腦溝都不是最早出現的。

事實上最早出現的是在大腦半球的內面（無疑，葛拉條雷似乎沒有檢查過胎兒的內面，所以忽略了這一點），無論內垂直腦溝（即頂枕腦溝）或距狀溝都是這樣，此二者密切接近，終於合二而一。通常頂枕腦溝（occipito-parietal）在二者之中較先出現。

3. 在上述期間較晚階段，另一種腦溝，即「頂後腦溝」（posterio-parietal）或羅蘭德氏裂（Fissure of Rolando）發育了，繼此，至胎兒的六個月期間內，其他額葉、頂葉、顳葉和枕葉的重要腦溝發育了。然而，還沒有明顯的證據可以證明，其中某一種腦溝永遠出現在另一種腦溝之前；而且值得注意的是，埃克所描述的和繪製的這一時期的腦（見原著二一二—二一三頁，第二圖版，一、二、三、四圖）示明，作爲猿腦的顯著特徵的前顳顬腦溝（平行裂，scissure parallèle），其發育如果不比羅蘭德氏裂更好，至少也是一樣的，前顳顬腦溝比正常的額部腦溝要顯著得多。

根據現今已知的事實，我以爲人類胎兒的腦溝和腦迴的出現次序，與進化的一般原理以及人類是從某種與猿相似的類型進化而來的觀點完全符合；雖然那種與猿相似的類型在許多方面與現今生存的靈長類任何成員都不相同。

五十年前，馮・貝爾教導我們說，親緣關係相近的諸動物在其發育過程中最初帶有牠們所屬的那較大類群的性狀，以後逐漸地呈現牠們那一科、屬和種所專有的那些性狀；同時他也證明了，一種高等動物的任何發育階段都不會與任何低等動物的成熟狀態確切相似。可以十分正確地說，一隻蛙曾經透過一條魚的狀態，因爲在其生命的某一時期，蝌蚪具有一條魚的所有性狀，如果牠不再進一步發育，勢必要被列入魚類之中。但同等正確的是，一個蝌蚪與任何已知的魚都很不相同。

同樣地，五個月人類胎兒的腦可以被正確地說成不僅是一種猿的腦，而且可以說成是一種鉤爪類（Arctopithecine）*的或一種與狨相似的猿的腦；這是因爲牠的大腦半球具有大的後葉，而且除了薛氏腦溝和小海馬腦溝外，並無其他任何腦溝，這種特性只有在靈長目的鉤爪類中才能找到。但同等正確的是，正如葛拉條雷所說的，在其寬闊的薛氏腦裂方面，它與任何眞正的狨都不相同。毫無疑問，它與一隻狨的後期胎兒的腦就要相似得多。但我們對狨類腦的發育情況卻一無所知。關於闊鼻猴類（Platyrhini），我所知道的唯一觀察是由潘施做的，他發現一隻捲尾猴（*Cebus apella*）胎兒的腦除了薛氏腦裂和深的小海馬裂之外，僅有一個很淺的前顳顬裂（即葛拉條雷所謂的「平行裂」）。

像松鼠猴（*Saimiri*）那樣的闊鼻猴類具有前顳顬腦溝，牠們僅在大腦半球的外部前一半表現有腦溝的殘跡，或根本全無，這一情況以及上述事實毫無疑問爲葛拉條雷的假說提供了良好的證據，即，他認爲闊鼻猴類的後腦溝出現在前腦溝之前。但是，絕不能因此就把適用於闊鼻猴類的規律擴充到狹鼻猴類。關於犬猿類的腦，我們還沒有掌握任何資料；關於類人猿，除了上述有關即將誕生

* 屬靈長類，其性質在狹鼻猴類和闊鼻猴類之間，形小，尾長。前肢的拇指不能與其他四指對向；後肢的拇指雖有普通猿類所具有的那樣扁爪，但其他趾則有鉤爪而與食肉獸類相似。——譯者注

的長臂猿的腦以外，並無其他記載。現在，沒有一點證據可以闡明黑猩猩的或猩猩的腦溝的出現次序和人類的不同。

葛拉條雷以如下格言開始了他的序文：「在科學上急於下結論，極爲危險。」我恐怕他在其著作中討論人類和猿類的差異時一定忘記了這一正確的格言。毫無疑問，這位優秀的作家對於正確理解哺乳動物的腦還是做出了前所未有的最卓越貢獻，如果他活到今天，從這方面研究的進展得到益處，他大概會首先承認他的研究資料是不夠充分的。不幸的是，他的結論被那些不懂得其基本原則的人們用來作爲支持愚昧主義的論據了⑪。

但重要的是應該指出，葛拉條雷在其關於顳顬腦溝或額部腦溝相對出現次序的假說中無論是對還是錯，事實仍然是存在的，即，在顳顬腦溝或額部腦溝出現之前，人類胎兒的腦所呈現的性狀只有在靈長目的最低等類群中（狐猴類除外）才能找到；如果人類從某一類型逐漸變化而成，而這一祖先類型與其他靈長類所來自的類型正好相同，那恰恰是我們所期待的確應如此的情況。

---

⑪ 例如，勒孔特（Lecomte）神父所寫的那本很糟的小冊子，《達爾文主義和人類的起源》（*Le Darwinisme et l'origine de l'Homme*），一八七三年。

第二部分　性選擇

我將在以下幾章討論屬於各個綱的動物的第二性徵，並努力把本章所闡明的原理應用於每個事例。我們用於討論最低等動物綱的時間將很短，而對於高等動物，尤其是對於鳥類，則必須用相當的篇幅詳加討論。請注意，由於已經說明的理由，關於雄性用以尋求雌性並在尋得後牢牢把她抓住的無數構造，我只想舉出少數例子用做說明。另一方面，關於雄性用以戰勝其雄性對手的以及用以魅惑或刺激雌性的全部構造和本能，將予以充分討論，因爲它們在許多方面都是最有趣的。

第八章　性選擇原理

凡是雌雄異體的動物，雄性的生殖器官必然與雌性不同，這就是第一性徵（primary sexual characters）。但雌雄的區別常常表現在亨特所謂的第二性徵（secondary sexual characters）上，而它們與生殖行為並無直接關係。例如，為了易於尋找或接近雌性，雄性具有某些感覺器官或運動器官，這是雌性所沒有的，或比雌性的這等器官更為高度發達；又如，為了將雌性牢牢抓住，雄性具有特殊的抱握器官。這樣器官的種類形形色色，無窮無盡，進級為通常被列為第一性徵的那些器官，而且在某些場合中，它們與第一性徵的器官幾乎無法區別；在雄性昆蟲腹端的複雜附屬物中我們見到許多這方面的例證。因而除非我們將「第一的」（primary）這個術語的涵義限於生殖腺的範疇，否則就幾乎不可能決定何者是第一性徵，何者是第二性徵。

雌性同雄性的區別往往在於前者具有養育或保護其後代的器官，譬如哺乳動物的乳腺以及有袋類的腹袋。在少數場合中，卻是雄性具有類似的器官，而雌性沒有，譬如某些雄魚的儲卵囊，這等器官在某些雄蛙身上也有暫時的發育。大多數蜂類的雌性具有一種採集和攜帶花粉的特殊工具，牠們的產卵器也演變成一根螫針，用於保衛幼蟲和群體。還可以舉出許多相似的事例，但與本文無關。然而，另外一些雌雄差異儘管與初級生殖器官毫無關聯，卻正是我們所特別注意的——譬如雄性體型較大，力量，好鬥性，用於對競爭對手進攻的武器或防禦的手段，絢麗的色彩和各種裝飾，鳴唱的能力以及諸如此類的其他性狀。

除了上述的第一性差異與第二性差異以外，某些動物雌雄二者的構造差異是和不同的生活習性有關，而完全不是或僅是間接地和生殖功能有關。像某些蠅類（蚊科，Culicidae；虻科，Tabanidae）的雌性都是吸血蟲，而雄性則以花爲生，其口器缺少上顎。①某些蛾類和一些甲殼類（異足蟲，Tanais）的雄性具有不完備而封閉的口器，不能取食。某些蔓足類的補雄（complemental males）就像附生植物那樣，或依雌性爲生，或依兩性體爲生，它們既沒有口器也沒有抱握肢。在這等場合中，是雄性發生變異並失去雌性所具有的某些重要器官。在另外一些場合中，則是雌性失去了這等器官；例如，雌螢火蟲無翅，許多種雌蛾也如此，其中有些甚至永遠沒有脫繭而出。許多寄生甲殼類的雌性已失去牠們用於游泳的後肢。有些象蟲科（Curculionidae）的象甲蟲，其雌雄二者的喙長有巨大差異，②但這種性差異以及許多與此相似的差異的意義何在，尚屬不明。與不同生活習性有關的雌雄二者之間的構造差異，一般只限於低於人類的動物；但關於少數一些鳥類的喙，雄性和雌性的卻不相同。紐西蘭兼嘴垂耳鴉（Huia）的這種差異非常之大，我聽布勒博士說，③那種雄鳥用堅固的喙從腐朽樹木中鑿取昆蟲的幼蟲，而雌鳥則用長得多的而且非常柔軟易彎的喙在樹木較柔軟的部位探求之，牠們就這樣彼此互助。在大多數場合中，兩性之間的構造差異多少都與種的繁殖有直接關係，因而一個雌性爲了給大量的卵供應養分，需要比雄性更多的食

---

① 韋斯特伍德，《昆蟲的近代分類》，第二卷，一八四〇年，五四一頁，下面關於異足蟲的描述得到了弗里茨·米勒（Fritz Müller）先生的協助。

② 柯爾比與斯彭斯（*Kirby and Spence*），《昆蟲學導論》，一八二六年，三〇九頁。

③ 《紐西蘭的鳥類》（*Birds of New Zealand*），一八七二年，六十六頁。

物，所以需要特殊的取食手段。一隻生命很短的雄性動物的取食器官由於不使用而消失，並不會帶來什麼損害；但要保持完善狀態的運動器官，以便接近雌性。反之，在雌性方面，如果逐漸獲得一些習性使飛翔、游泳或行走等能力成爲無用的話，也可能失去這等運動器官，而不會不安全。

然而，我們在這裡所涉及的僅是性選擇。性選擇是以某些個體專在繁殖方面比同一性別和同一物種的其他個體占有優勢爲前提的。如上所述，當雌雄二者因生活習性不同而引起構造上的差異時，牠們無疑是透過自然選擇而發生變異，並靠遺傳作用使該變異限於同一性別。除此之外，第一性器官以及養育或保護幼小動物的那些器官也都處於同樣的影響之下；因爲最善於繁殖和養育其後代的那些個體，在其他條件相等的情況下，將會留下最大量的後代，以繼承牠們的優越性；而不善於繁殖和養育其後代的那些個體就會留下少量的後代，以繼承其弱小的能力。當雄性勢必尋找雌性時，他就需要感覺的和運動的器官，但如果這些器官也是其他生活用途所需要的，它們將像在一般情況中那樣，透過自然選擇而得到發展。當雄性找到了雌性時，雄性有時絕對需要抱握的器官以便把雌性抓牢；因此華萊士博士告訴我說，某些蛾類雄性的跗節（即腳）如果破裂，牠們就不能與雌性結合。許多海洋甲殼類的雄性一旦成年，牠們的足和觸角就會以一種異常的方式發生改變，以便抱握雌性；從這一點我們可以設想，這是因爲這等動物被大海的浪濤沖向四方，因此牠們爲了繁殖，就需要有這些器官，如果是這樣的話，這些器官的發展就是正常選擇即自然選擇的結果。有些等級極低的動物也爲了同樣的目的而發生了變異，因此某些寄生蟲的雄性，一旦充分成長，其軀體末端的下表面就變得像一把粗銼刀那樣粗糙，牠們藉此把雌蟲盤繞起來並持久地抱握住雌性。④

④ 佩里埃（M. Perrier）提出這個例子〔見《科學評論》（*Revue Scientifique*），一八七三年二月一日，八六五頁〕以爲

倘若雌雄二者都遵循完全相同的生活習性，而且雄性的感覺器官或運動器官比雌性的更爲高度發達，那麼這些器官的完善化可能就是由於雄性爲了尋求雌性所必不可少的；但這些器官在絕大多數情況下，僅僅是給某個雄性個體提供一種優勢以勝過另一個雄性個體，因爲，那些稟賦較差的雄性只要有充裕的時間也會成功地與雌性交配；再從雌性的構造來判斷，牠們在其他一切方面對於正常的生活習性也都適應得一樣好。在這等場合中，既然雄性獲得其現有構造並非由於要在生存鬥爭中更好地適於生存，而是由於獲得了一種優勢以勝過其他雄性，還由於把這種優勢僅僅傳給了其雄性後代，所以在這裡性選擇一定發揮了作用。正是這種區別的重要性，引導我把這種選擇的形式命名爲性選擇。再者如果抱握器官對雄性的主要用途是在於當其他雄性到來之前或受到其他雄性的攻擊時，防止雌性逃脫，那麼這些器官將會透過性選擇，也就是憑藉某些個體所獲得的勝於其競爭對手的優勢而完善起來。然而在大多數這類場合中，要把自然選擇的效果和性選擇的效果區別開來是不可能的。關於雌雄二者的感覺、運動和抱握器官的種種差異細節可以連篇累牘地加以敘述。然而，由於這些構造並不比那些能適應正常生活用途的其他構造更爲有趣，所以我將幾乎完全略而不談，而只在各個動物綱之下列舉少數例子。

有許多其他構造和本能必定是透過性選擇而發展起來的——諸如雄性用於與其競爭對手進行戰

這是對性選擇信念有決定性的，因爲他猜想我把全部性差異都歸因於性選擇的作用。因此這位著名的博物學者，像許多其他法國人一樣，即使對性選擇最初的那些原則也很容易理解。有一位英國博物學者堅持認爲某些雄性動物的抱握器不是透過雌性選擇而發展起來的。如果我沒有遇到佩里埃這個論述，我想任何人讀了本章之後，都不會認爲我所主張的雌性選擇對雄性抱握器官的發展有所幫助是可能的。

鬥並把牠們趕走的進攻武器和防禦手段——雄性的勇敢和好鬥性——牠們形形色色的裝飾物——牠們用來發生聲樂或器樂的裝置——以及牠們那散發氣味的腺體，後面這些構造中的多數僅僅是爲引誘或刺激雌性服務的。顯然，這些性狀是性選擇而不是自然選擇的結果，因爲要是沒有稟賦較好的雄性在場，那些沒有武裝，沒有裝飾或是沒有魅力的雄性也會同樣成功地在生存鬥爭中留下眾多的後代。我們可以推論，情況正是如此，因爲雌性既沒有武裝又沒有裝飾，也仍然能夠生存下來並繁殖其種類。我們剛剛涉及的這類第二性徵，由於在許多方面都饒有興趣，特別是由於這類性徵有賴於任何一種性別的諸個體的意志、選擇和競爭，所以將在以下幾章詳加討論。當我們見到兩個雄性爲了占有雌性而戰鬥或是一些雄鳥在一群雌鳥面前展示牠們華麗的羽衣並做出奇特滑稽的表演時，我們毫不懷疑牠們這樣做雖然是由於本能所引致，但顯然懂得牠們的所做所爲是爲了什麼，而且是有意識地發揮其心理的和肉體的能力。

正如人們能從鬥雞場上選擇優勝者來改進其鬥雞品種一樣，在自然界裡看來也是那些最強壯的、精力最充沛的或具有最佳武器的雄性占有優勢，並導致自然界裡的品種或種的改進。一種輕微程度的變異性可導致某種優勢，無論這種變異性多麼輕微，但在反覆的生死爭奪中，對於完成性選擇的過程，這已經夠用了；可以肯定第二性徵是顯著容易變異的。正如人類能按照自己的審美標準使雄性家禽產生美色，或更確切地說，人類能對原來由親種所獲得的美色加以改變，從而能使荷蘭原雞（*Sebright bantam*）產生漂亮的羽衣和一種直立而獨特的姿勢——在自然狀況下，看來雌鳥同樣經過對那些魅力較強的雄鳥進行長期選擇，曾使後者增添美色以及其他吸引雌性的屬性。毫無疑問，這意味著雌性方面具有鑑別和審美的能力，乍看這似乎是極其不可能的；但根據以後所提出的事實，我希望能夠闡明雌性確有這等能力。然而，當我們說到低於人類的動物具有美的感覺時，絕不可設想它可以與一個具有多種多樣複雜聯想的文明人的這種感覺相比擬。把動物的美感與最低等未開化人的美感加以比較，是較爲恰當的，這等未開化人讚美任何燦爛發光的或奇特的東西並用來裝飾自己。

由於我們對若干之點還是無知無識，所以有關性選擇作用的確切方式多少有點無法肯定。儘管如此，如果那些已經相信物種可變性的博物學者們讀到以下章節，我想他們會同意我的意見，即性選擇對有機界的歷史發揮了一種重要作用。可以肯定的是，在幾乎所有的動物中，存在著雄性之間爲了占有雌性的鬥爭。這個事實如此爲大家所熟知，以致再舉例說明就成爲多餘的了。假定雌性的心智能力足夠用來選擇對象，那麼雌性就有從若干雄性當中選中一個對象的機會。在許多場合中，特定的環境條件使雄性之間的鬥爭特別劇烈。這樣，英國的雄性候鳥一般都先於雌鳥抵達繁殖地，因此許多雄鳥早就做好了爭奪每隻雌鳥的準備。詹納．韋爾（Jenner Weir）先生告訴我，那些捕鳥人斷言夜鶯（歌鴝，nightingale）和鶯（blackcap）永遠都是如此，而關於後者，詹納．韋爾先生自己就可以證實這種說法。

布里奇頓的斯韋斯蘭德（Swaysland）先生最近四十年來有一種習慣，每當候鳥第一次來到時他就去獵捕，而他從來沒有發現任何物種的雌鳥先於雄鳥到達。在一個春天裡，他打了三十九隻雄黎氏鶺鴒（Budytes Raii）以後，還未見到一隻雌鳥。古爾德先生從解剖那些最先到達這個國家的鷸鳥中斷定雄鳥先於雌鳥到達。美國絕大多數的候鳥也是如此。⑤從海洋溯游到英國一些河裡的大

⑤ 艾倫，〈佛羅里達的哺乳類和冬鳥類〉（Mammals and Winter Birds of Florida），見《比較動物學學報》，哈佛大學出版，二六八頁。

多數雄鮭魚比雌魚先行到達，並做好了繁殖的準備。蛙類和蟾蜍類似乎也是如此。在整個昆蟲的這個大綱中，幾乎總是雄蟲先從蛹期羽化，因此一般在能見到任何雌蟲之前的這段時間裡到處都是雄蟲。⑥雄性和雌性在到達期和成熟期上的這種差異，其原因是十分清楚的。那些每年最先遷徙到任何地方的雄性，在春季最先做好繁殖準備的雄性，或是最富於熱情的雄性，都能留下最大量的後代，而這些後代大概都有遺傳相似的本能和體質的傾向。必須記住，如果不同時干擾雌性的產子時間，就不可能非常實質性地改變雌性性成熟的時間，而產子時間一定是由每年的季節來決定的。總之，在幾乎所有雌雄異體的動物中，雄性之間爲了占有雌性要經常不斷地反覆進行鬥爭，這一點是無可懷疑的。

我們研究性選擇所面臨的難題，在於弄清楚戰勝了其他同性對手的雄性，或者那些被證明對雌性最富有魅力的雄性怎樣比被擊敗的、魅力較差的競爭對手留下了數量較多的後代以繼承牠們的優越性。除非確有上述結果發生，否則使某些雄性比其他雄性占有優勢的那些性狀就不會透過性選擇而臻於完善和增強起來。假如雌雄二者以完全相等的數目存在，那些稟賦最差的雄性（多配性盛行的地方除外）也會最終找到雌性配偶，與那些稟賦最佳的雄性一樣，留下同樣多的後代，並且同樣好地適應其一般的生活習性。根據各種事實和考察，我以前曾推斷，關於第二性徵十分發達的大多數動物，其雄性的數量大大超過了雌性，但這絕不是永遠如此。如果雄性與雌性是二比一，或三比

---

⑥ 即使那些雌雄異株的植物，其雄花一般也比雌花早熟。正如斯普林格爾（C. K. Sprengel）最先指出的，許多雌雄同株的植物都是異花授粉的，這就是說，其雄性器官和雌性器官不在同一時間成熟，因此這些植物不可能自花授粉。現在這種花的花粉一般比柱頭先成熟，雖然也有雌性器官先成熟的例外。

二，甚至其比例多少更低些，那麼整個情況就要簡單了，因爲那些武裝得更好或更富有魅力的雄性將會留下最大量的後代。然而在儘可能考察了不同性別的數量比例之後，我不相信兩種性別在通常情況下，其數量會懸殊太大。在大多數情況下，看來性選擇的效用是透過下述方式來完成的。

讓我們以任何一個物種爲例，譬如說某一種鳥，把居住在某一地區的雌鳥分爲相等的兩群，其中一群包含的個體精力較充沛，營養狀況較好，另一群包含的個體則精力較差，健康較弱。幾乎沒有任何疑問，前者在春季會先於其他雌鳥做好繁殖準備；這正是多年來對鳥類生活習性進行了細緻觀察的詹納．韋爾先生的意見。同樣無可懷疑的是，那些精力最充沛、營養狀況最良好以及最早生殖的雌鳥，平均起來將會成功地養育數量最大的優良後代。⑦至於雄鳥，正如我們所見到的，一般先於雌鳥做好生殖準備；那些最健壯的雄鳥，以及有些物種裡那些武裝得最好的雄鳥，把弱者趕走之後，將會與那些精力較充沛、營養狀況較良好的雌鳥進行交配，這因爲牠們都是最早開始生殖的。⑧這等精力充沛的配偶肯定會比那些發育遲緩的雌鳥養育數量較多的後代，假如雌雄二者的數

---

⑦ 下面是關於後代性狀的有力證據。一位有經驗的鳥類學家艾倫先生（見《佛羅里達的哺乳類和冬鳥類》，二二九頁）講到在最先孵出的雛鳥遭到了意外毀滅之後才又出生的同窩雛鳥時說道，牠們「比在該季節較早孵出的雛鳥，個子比較小，色彩也較暗淡。假如每年都要孵出若干窩的雛鳥來，那麼一般說那較早成窩孵出的雛鳥在所有方面都顯得最完善和精力充沛」。

⑧ 赫爾曼．米勒（Hermann Müller）對那些每年最先羽化的雌蜂，也得出相同的結論。參閱他的著名論文〈達爾文學說在蜜蜂中的應用〉（Anwendung den Darwin'schen Lehre auf Bienen），見《動物比較解剖學年刊》（*Verh. d. V. Jahrg.*），第二十九卷，四十五頁。

量相等，這些發育遲緩的雌鳥勢必要與那些打了敗仗的力量較弱的雄鳥進行交配；對於在連續世代的過程中增加雄性的大小、體力和勇敢或是改進其武器，上述那種情況正是所需要的一切。

但在很多情況中，戰勝了其競爭對手的雄性如果沒有被雌性選中，還是不會占有後者。動物的求偶絕不是如人們所想像的那麼簡單而短促的一椿事。雌性最容易受那些裝飾較美的，或鳴唱最動聽的，或表演最出色的雄性所挑逗，或者喜歡與之配對；但同時雌性們很可能挑選那些精力比較充沛而活躍的雄性，這一點在一些例子裡透過實際觀察得到了證實，⑨這樣，那些最先開始生殖的精力比較充沛的雌性將會在許多雄性中進行選擇，雖然雌性們也許不會總是選最強壯的或武裝最好的對象，但牠們將會選那些精力充沛的、武裝良好的，並在其他方面最有魅力的對象。因此，這些早期交配的雌、雄雙方，有如上面所闡明的，在養育後代方面，就會比其他配偶占有優勢；顯然這在諸代的漫長過程中足可使雄性不僅增加其體力和戰鬥力，同樣地還可增添其各種各樣的裝飾物或其他魅力。

與此相反，雄性選擇特定雌性的事例就比較罕見，在這樣場合中，顯然只有那些精力最充沛的並且戰勝了其他對手的雄性才能最自由地選擇雌性；幾乎可以肯定，牠們將會選擇精力充沛且具有魅力的雌性。這等配偶在養育後代方面將占有優勢，如果雄性在交配季節具有保護雌性的力量，如某些高等動物，或能幫助雌性養育後代，則上述優勢尤其明顯。如果某一性別愛好和選擇某些異性個體，同樣的原理也可應用；假定牠們所選擇的不僅是更有魅力而且也是更精力充沛的個體的話。

---

⑨ 關於家雞，我曾收到有關這一效果的報告，將在以後舉出。甚至關於鳥類，像終生配偶的鴿子，我聽詹納．韋爾先生說，當雄鴿受傷或衰弱了之後，雌鴿也會把牠遺棄而去。

兩種性別數量的比例

我曾說過，要是雄性的數量大大超過雌性，則性選擇就是一樁簡單的事情。因此，我對儘可能多的動物的兩性比例進行了力所能及的調查，但資料是不充分的。我在這裡所提出的只是調查結果的一個簡短提要，而將有關細節留在附錄中去討論，以免干擾我的論述的過程。只有對家畜，才能確定其出生時的性別比例數，但沒有留下有關這個目的的任何紀錄。然而，我透過間接方法蒐集了相當可觀的統計數字，從這些數字可以看出我們大多數的家畜在出生時其雌雄二者的數目接近相等。例如，競賽馬二十一年間的出生紀錄爲二萬五千五百六十匹，公馬出生數與母馬出生數的比例爲九十九點七比一百。格雷伊獵犬（greyhounds）雌雄出生數不相等的程度比任何其他動物都大，在十二年間出生的六千八百七十八隻小狗中，公狗與母狗的比例爲一百一十點一比一百。然而能否可靠地推論自然條件下和家養條件下的性別比例是一樣的，在某種程度上尚屬疑問。因爲環境條件的輕微而未知的差異會影響性別的比例。因此，從人類來看，以女性出生率爲一百，則英國的男性出生率爲一百〇四點五，在俄國爲一百零八點九，而利伏尼亞（Livonia）的猶太人則爲一百二十。但我將在本章的附錄裡再回頭討論這個男性出生數過量的奇妙問題。然而在好望角，若干年內出生的歐洲血統的男孩與女孩的比例數是九十至九十九比一百。

對我們現今的目的來說，我們所關心的不僅是出生時期的性別比例數而且還有成熟時期的性別比例數，這就增加了另一個可疑因素；因爲有一個十分確定的事實：就人類來說，男性在出生前、出生時以及幼兒時期最初幾年內死亡的數目要比女性大得多。公羊羔的情況幾乎肯定也是這樣，有些其他動物的情況大概亦復如此。有些物種的雄性動物彼此爭鬥相殺，或者到處互相追逐直至變爲衰弱不堪。牠們在急切尋求雌性而四處奔走時，也必定常常面臨種種危險。許多種類的雄魚比雌魚小得多，前者據信常常被後者或是別的魚類所呑食。有些鳥類的雌鳥看來要比雄鳥早死，牠們容易在巢裡或照看雛鳥時被消滅掉。就昆蟲來說，雌性幼蟲常常大於雄性幼蟲，從而就更可能遭到呑食。在某些案例中，成熟的雌性比較不愛動而且動作比雄性遲緩，從而不能有效地逃避危險。因此，關於自然狀況下的動物，爲了斷定牠們成熟時期的性別比例，我們必定只有依靠估計；除非性別數目的不相等非常懸殊，否則這種方法的可靠性是很小的。儘管如此，就我們所能做出的判斷來說，我們可以從附錄所列舉的事實中做出這樣的結論，即，少數哺乳類、多數鳥類、一些魚類和昆蟲類的雄性數量要比雌性數量大得多。

雌雄二者的逐年比例稍有變動，例如競賽馬，某年，每產一百匹母馬，相應產一百零七點一匹種馬，而另一年則爲九二點六匹，又如格雷伊獵犬，雄性的比例數從一百一十六點三變動到九十五點三。但是，如果在比英格蘭更廣闊的區域裡蒐集更龐大的數字來列表顯示，則這等變動可能就會消失。像這樣，簡直不足以導致性選擇在自然條件下發生作用。儘管如此，在某些少數野生動物的情況中，正如附錄所表明的，性別比例似乎還在不同季節裡，要不，在不同產地出現足夠程度的變動以導致性選擇發生作用。其所以如此，是因爲可以觀察到，那些能夠戰勝其競爭對手的，或對雌性最有魅力的雄性，在某些年代或某些產地所獲得的任何優越性大概都會遺傳給其後代，而不致在此後消失。在隨後的季節裡，當出現雌雄數目相等時，每個雄性如果都能得到一個雌性，那些產生較早的而且較爲強壯的或更有魅力的雄性至少還會與較弱的或魅力較差的雄性一樣有一個留下後代的良好機會。

多配性

多配性的實行也會導致與雌雄數目實際不相等所引起的相同結果，因爲，如果每個雄性占有兩個或更多的雌性，那麼就會有許多雄性不能找到配偶；後者無疑將是那些較弱的或魅力較差的雄性個體。許多哺乳類或少數鳥類都是一雄多雌，即多配性的，但我未發現低等動物有這種習性的任何證據。這種動物的智力也許不足以導致牠們集攏一群雌性並守住她們。看來多配性和第二性徵的發展之間存在著某種關係，幾乎是確定無疑了。這一點支持了這樣的觀點：即雄性的數量優勢大概顯著地有利於性選擇的作用。儘管如此，許多嚴格單配性的動物，特別是鳥類，還顯示了強烈顯著的第二性徵，而某些少數多配性的動物卻沒有這等性徵。

我們先對哺乳類簡略地瀏覽一下，然後再看看鳥類。大猩猩似乎是多配性的，而且雄性相當不同於雌性。有些狒狒也是如此，牠們聚群而居，所含成年雌性爲雄性的兩倍。南美的卡拉亞吼猴（*Mycetes caraya*）在毛色、髭鬚和發音器官方面都呈現十分顯著的性差異；而且一個雄性一般有二至三個雌性和牠一起生活；白喉捲尾猴（*Cebus capucinus*）*的雄性和雌性多少有些差別，好像也是多配性的。⑩關於大多數其他猴類的這方面情況還了解得很少，但有些物種是嚴格單配性的。

---

* 屬闊鼻類，捲尾猴科。形小，拇指發達，面部肉色，頭部與四肢皆呈黑褐色。尾長，末端捲曲，尾善纏繞，棲於美洲森林中。悲哀時，發一種泣聲，故又名「泣猴」（weeper capuchin）。體有麝香氣，亦名「麝猴」（musk monkey）。——譯者注

⑩ 關於大猩猩，參閱薩維奇（Savage）和懷曼的文章，見《波士頓博物學雜誌》，第五卷，一八四五—一八四七年，四二三頁。關於鼯猴（*Cynocephalus*），參閱布雷姆的《動物生活圖解》（*Illust. Thierieben*），第一卷，一八六四

反芻類顯然是多配性的，牠們所表現的性差異比差不多任何其他哺乳動物類群更加常見；這種情況特別適用於牠們的武器，當然也適用於其他性徵。大多數的鹿、牛和綿羊都是多配性的，大多數的羚羊也是如此，雖然有些是單配性的。安德魯·史密斯爵士在談到南非的羚羊時，指出在十二隻左右的一個羚羊群裡，成熟的公羊很少超過一隻。亞洲的高鼻羚羊（*Antilope saiga*）似乎是世界上最放縱的一雄多雌主義者，因爲帕拉斯說，⑪這種公羚羊會把全部的競爭對手趕走並把一百隻左右的母羊和小羚羊集攏爲一群；母羊無角而有較柔軟的毛，但在其他方面與公羊沒有太大差別。福克蘭群島上的野馬和美國西部諸州的野馬都是多配性的，但是，公馬除了較大的體型、軀體的比例與母馬有所不同之外，其他方面的差別很小。公野豬的獠牙和其他一些方面呈現出十分顯著的性特徵。在歐洲和印度，除了生殖季節之外，公野豬都過著獨居生活；但是，正如在印度有很多機會對這種動物進行過觀察的伊里亞德（W. Elliot）爵士所認爲的那樣，雄性在生殖季節與若干雌性相配。這種情況是否適用於歐洲的野豬還難以確定，但有某種證據支持這一點。成年的雄性印度象與野豬一樣，在其一生中的大部時間裡是獨居的，但如坎貝爾（Campbell）博士所指出的，「當牠與一些別的象在一起時，從一群雌象中發現的雄象很少多於一隻」，較大的雄象把較小的和較弱的雄象趕走

年，七十七頁。關於吼猴，參閱倫格爾的《巴拉圭哺乳動物志》，一八三〇年，十四，二十頁。關於捲尾猴，參閱布雷姆的著作，同前書，一〇八頁。

⑪ 帕拉斯，《動物學專論》（*Spicilegia Zoolog., Fasc.*），第十二卷，一七七七年，二十九頁。安德魯·史密斯爵士，《南非動物學圖解》（*Illustrations of the Zoology of S. Africa*），一八四九年，第二十九圖。歐文在其《脊椎動物解剖學》中（第三卷，一八六八年，六三三頁）列舉了一個表，附帶指出羚羊的哪一個種是群居生活的。

或弄死。雄象的粗長獠牙、龐大的體型，體力和耐力都與雌象有所不同；正因爲這些方面的差異是如此之大，所以當捕到雄象時其價值要比雌象高出五分之一。⑫其他厚皮動物的雌雄二者差別很小或完全沒有差別，如迄今所了解的那樣，牠們都不是多配性動物。我也沒有聽說過翼手目、貧齒目、食蟲目和嚙齒目中的任何物種是多配性的，除了嚙齒目中的普通家鼠，據一些捕鼠人講，雄鼠是與若干雌鼠生活在一起的。儘管如此，有些樹懶（貧齒目）的雌雄二者在性狀以及肩部毛斑的顏色上還有所不同。⑬而許多種類的蝙蝠（翼手目）呈現十分顯著的性差異，不僅在於雄性具有散發氣味的腺體和肚囊，而且在於牠們的體色較淺。⑭在齧齒類這一大目中，就我所知道的，其雌雄二者很少有差別，即使有差別，也不過是毛的色澤稍有不同而已。

正如我聽安德魯·史密斯爵士說的，南非的雄獅有時與單獨一隻母獅一塊生活，但通常是與較多的母獅在一起，有一回竟發現有五隻母獅之多，因而雄獅是多配性的。就目前我所發現的來說，在所有陸棲食肉類中，雄獅是唯一多配性動物，而且只有牠呈現了十分顯著的性徵，然而，如果我們把注意力轉到海棲食肉類，正如我們以後將看到的那樣，情況就大不相同了，因爲海豹科的許多物種表現了異常大的性差異，而且牠們顯然是多配性的。例如佩隆（Péron）認爲，南部海洋（Southern Ocean）的雄海豹經常占有若干隻雌海豹，由福斯特（Forster）命名的雄海獅有二三十

⑫ 坎貝爾博士，《動物學會會報》，一八六九年，一三八頁。再參閱海軍上尉約翰斯東（Johnstone）所寫的有趣論文，見《孟加拉亞洲學會會報》（*Proc. Asiatic Soc.of Bengal*），一八六八年五月。

⑬ 格雷，《博物學年刊雜誌》（*Annals and Mag. of Nat. Hist.*），一八七一年，三〇二頁。

⑭ 參閱多布森博士（Dr. Dobson）的出色文章，見《動物學會會報》，一八七三年，二四一頁。

隻雌海獅在其左右。在北部海洋，由斯特勒（Steller）命名的雄海狗，甚至伴隨著更多的雌性。正如吉爾（Gill）博士的論述，[15]有一個有趣事實，即，單配性的物種，「或是那些小群生活的動物，其雌雄二者之間在體型大小上差別很小；那些社會性的物種或者更確切地說，那些雄性占有許多配偶的物種，其雄性的體型要比雌性大得多」。

在鳥類中，許多物種的雌雄二者之間的差別很大，牠們肯定是單配性的。我們在大不列顛見到有些鳥類的性差異十分顯著，例如，公野鴨只與單獨一隻母野鴨交配，烏鶇（blackbird）*和紅腹灰雀（bullfinch）**據說都是終生配偶。華萊士先生告訴我說，南美的啁啾燕雀（Chatterers或Cotingidae）以及許多其他鳥類同樣也是如此。在若干類群裡我未曾發現這些物種究竟是多配性的還是單配性的。萊遜（Lesson）說，性差異非常顯著的極樂鳥是多配性的，但華萊士懷疑他是否有充分證據。沙爾文先生告訴我說，他曾傾向於相信蜂鳥是多配性的。非洲產的長尾巧織雀（Widow-bird）以其尾羽著稱，確實好像是一種多配性動物。[16]詹納・韋爾先生和其他人士都曾向

---

⑮ 見他所寫的有關海豹（The Eared Seals）一文，《美國博物學者》，第四卷，一八七一年一月。

* 即*Turdus merula L.*，多產於歐洲及北美。——譯者注

** 即*Pyrrhula pyrrhula*。——譯者注

⑯ 關於普羅戈尼長尾巧織雀（*Vidua axillaris*），參閱《彩鸛》（*The Ibis*），第三卷，一八六一年，一三三頁；關於另一種長尾巧織雀，參閱同一著作，第二卷，一八六〇年，二一一頁；關於雷雞和磧鷚，參閱勞埃德（L. Lloyd）的《瑞典的獵鳥》（*Game Birds of Sweden*），一八六七年，十九，一八二頁。蒙塔古（Montagu）和塞爾比（Selby）說，黑松雞是多配性的，而紅松雞則是單配性的。

我保證說，一巢之內有三隻椋鳥來往，似乎是常見之事；但這種情形到底是一雄多雌還是一雌多雄還不能確定。

鶉雞類（Gallinaceae）所顯示的性差異，其強烈顯著的程度差不多與極樂鳥或蜂鳥一樣，眾所周知，其中許多物種都是多配性的；另外一些物種則是嚴格單配性的。多配性的孔雀或雉與單配性的珠雞（guinea-fowl）或山鶉（partridge），其雌雄二者之間呈現了多麼強烈的對照！關於松雞族，也有許多相似的例子，如多配性的公松雞（capercailzie）和公黑松雞與母鳥差別很大，而單配性的紅松雞和雷鳥（ptarmigan）的雌雄二者之間的差別就很小。在走禽類（Cursores）中，除鴇類以外，只有少數物種呈現強烈顯著的性差異，據說大鴇（*Otis tarda*）是多配性的。關於涉禽類（Grallatores）只有極少數物種有性差異，但流蘇鷸（*Machetes pugnax*）則是一個明顯的例外。蒙塔古（Montagu）相信這個物種是多配性的一種動物。由此看來，鳥類的多配性與強烈顯著的性差異的發展之間有一種密切關係。我曾問過動物園的巴特利特（Bartlett）先生，他對鳥類的經驗非常豐富，關於公角雉（tragopan，鶉雞類的一種）是否多配性的問題，他的回答給我留下深刻的印象，他說：「我不知道，但從牠鮮豔的羽色來看，可以這樣認為。」

值得注意的是，這種只與單獨一隻母鳥成配偶的本能容易在家養條件下失去。野鴨是嚴格單配性的，而家鴨則是高度多配性的。福克斯牧師告訴我說，在他鄰近的一口大池塘裡有一群半馴化的野鴨，獵場看守人射死了其中大量的公野鴨，以致剩下來的公野鴨平均每隻攤到七八隻母野鴨，但居然也一窩窩地孵出了非常多的雛鴨來。珠雞是嚴格單配性的，但福克斯先生發現當他將一隻公珠雞與兩三隻母珠雞養在一塊時，牠們繁殖得最為成功。金絲雀在自然狀況下是成雙成對的，但英國的養鳥人把一隻公雀和四五隻母雀養在一塊，成功地使牠們進行了繁殖。我之所以注意到這些事例，是因爲要提出野生的單配性物種可能容易地變成暫時的或永久的多配性物種。

關於爬行類和魚類的習性，我們知道的太少了，以致我們無法說出牠們的婚配方式。然而，據說刺魚（*Gasterosteus*）是多配性的一種動物，⑰雄性在生殖季節期間與雌性差別顯著。

根據我們所能做出的判斷，現對性選擇導致第二性徵發展所透過的途徑做出如下總結。已經闡明，那些在競爭中戰勝其雄性對手的最強壯、武裝得最好的雄性，與那些在春季最早生殖的精力最充沛而且營養狀況最良好的雌性配對以後，將會養育數量最多的精力充沛的後代。如果這等雌性所選中的雄性是魅力較強，同時又是精力充沛的雄性，那麼牠們將比那些發育遲緩的雌性養育數量較多的後代，因爲後者勢必要與一些精力較不充沛、魅力較差的雄性配對。如果精力較爲充沛的雄性所選中的雌性是魅力較強，同時又是健康較好而且精力較爲充沛的雌性，則其後果也將與上述一樣；要是雄性保護雌性並且幫助雌性給後代供應食物，則其結果尤其如此。精力較爲充沛的配偶在養育數量較多後代方面所獲得的這種優勢，顯然已足夠使性選擇產生效果了。但是，雄性比雌性在數量上如果占巨大優勢，其效果就更加顯著，不管這種優勢是否只是暫時性的和區域性的或持久性的，不管這種優勢是否出現於降生時期或雌性大量夭折以後的時期，也不管這種優勢是否間接地由於實行多配所引起的，都是一樣。

雄性的變異一般大於雌性

在整個動物界中，除了很少例外，當雌雄二者在外部形態有所差別時，總是雄性的改變較大。

---

⑰ 諾埃爾・韓弗理斯（Noel Humphreys），《水上公園》（*River Gardens*），一八五七年。

因爲，雌性一般都保持與同一物種的幼者和同一類群的其他成年成員密切相似的外形。產生這個現象的原因似乎在於幾乎所有動物的雄性都比雌性具有較強的激情。因此，正是雄性彼此競爭，孜孜不倦地在雌性面前顯示自己的魅力，而那些優勝者將把牠們的優越性傳給其雄性後代。爲什麼後代的雌雄二者沒有這樣都獲得父方的性狀，將在後面加以探討。眾所周知，所有哺乳動物的雄性都熱切地追求雌性，鳥類也是如此。但許多公鳥追求母鳥並不那麼積極，而只是在母鳥面前顯示其羽衣，做出奇特的表演和縱聲鳴唱。少數魚類的雄性據觀察似乎比雌性熱切得多，短吻鱷類（*alligators*）的情況也確是這樣，蛙類（*Batrachians*）的情況尤其明顯。正如柯爾比先生所論述的，⑱整個龐大的昆蟲綱的「法則是雄性尋求雌性」。布萊克瓦爾和斯彭斯．巴特（C. Spence Bate）這兩位優秀的權威人士告訴我，蜘蛛類和甲殼類的雄性在其習性上比雌性更爲活躍、更爲見異思遷。當昆蟲類和甲殼類的某一性別具有感覺器官或運動器官而另一性別卻不具有的時候，或是像通常的情況那樣，當這等器官在某一性別比在另一性別更加高度發達的時候，就我所能發現的來說，幾乎必然是雄性具有這樣器官，不然就是雄性的這樣器官最爲發達，這就闡明了雄性在兩性求偶中是較爲活躍的一方。⑲

⑱ 柯爾比與斯彭斯，《昆蟲學導論》，第三卷，一八二六年，三四二頁。

⑲ 一種寄生的膜翅目昆蟲（韋斯特伍德，《昆蟲的近代分類》，第二卷，一六〇頁）是這個法則的例外，其雄蟲具有殘跡的翅，從來不離開牠出生的那個小穴，而雌蟲卻有發育良好的翅，奧杜因認爲這個物種的雄蟲是由出生在同一小穴的雄蟲來授精的，但更爲可能的是雌蟲跑到別的小穴以避免近親交配。我們以後還會在各個動物綱中碰到少數例外，即追求者和求偶者是雌性，卻不是雄性。

另一方面，除了極少例外，雌性在求偶中都比雄性缺乏熱情。正如有名的亨特先生[20]早就觀察到的，雌性一般都「需要被討好」，牠是靦腆的，而且往往可以見到牠在很長一段時間裡竭力逃避雄性。每一位觀察過動物習性的人都會回憶起一些這類例子。根據下面所列舉的種種事實，以及根據完全是由性選擇所產生的那些結果，可以闡明雌性雖然相對地比較被動，但一般也實行某種選擇，並對一些雄性優先接受其中的一個。或者，牠所接受的雄性並不是對牠最富有魅力的，而是最少使牠厭惡的；雄性的外貌有時使我們相信情況就是如此。雌性方面做出某種選擇似乎與雄性熱切求偶一樣，幾乎也是一個普遍的法則。

自然我們會追問，爲什麼在如此眾多而且如此截然不同的各個綱中，雄性動物都變得比雌性動物更加熱切求偶，所以是雄性尋求雌性，並在求偶中顯示出更爲積極的態度。假如雄性和雌性彼此相互尋求，這並不會帶來什麼好處，而只會招致一些精力的浪費；然而爲什麼雄性幾乎總是尋求者？植物的胚珠在受精後還要一段時間的滋養，因此花粉必然要被帶到雌性器官——依靠昆蟲或風力，要不就是依靠柱頭的自發的運動，把花粉置於柱頭之上；在藻類等植物中則依靠游動精子的運動能力。體制低的水生動物類永久著生於同一地點而且是雌雄異體，其雄性生殖要素（male element）總是始終不變地被運給雌性；我們不難看出這裡面的原因，這是由於即使卵在受精前就被排出體外，並且不需要隨後的營養和保護，但因爲卵大於雄性生殖要素，而且產生的數量遠比後者爲少，所以卵的運送仍然要比雄性生殖要素的運送困難得多。因此，許多低等動物在這方面和植

[20] 歐文（Owen）編，《觀測報告和論文集》（*Essays and Observations*），第一卷，一八六一年，一九四頁。

物是相似的。[21]固定於一個地點的水生動物的雄性就是被引導沿著上述那個途徑放出牠們的精子，自然，任何牠們的後裔在等級上上升了並變爲能動的以後，還會保持這同樣的習性；爲了避免精子在經過水中較長一段路程中受到損失的風險，牠們就會儘可能地接近雌性。有些少數低等動物，僅是雌性固定不動，這等動物的雄性必定是異性的尋求者。但難以理解的是，爲什麼一些物種的雄性儘管其原始祖先是自由活動的，也總是獲得向雌性接近的習性，而不是反過來雌性向雄性接近。但在所有情況下，爲了雄性能有效地進行尋求，賦予牠們以強烈的激情就成爲必要的了；而熱切的求偶者比不太熱切的求偶者留下數量較多的後代這一情況，自然會引致這等激情的獲得。

雄性強烈的熱切求偶，就這樣間接地導致牠們比雌性更常發展其第二性徵。但是，雄性如果比雌性更容易發生變異，則其第二性徵的發展大概就會得到很大幫助——我經過長期間對家畜的研究得出了這個結論。閱歷很廣的馮·納圖西亞斯（von Nathusius）也強烈地持有同樣觀點。[22]從人類男女兩性的比較中也可得出支持這個結論的有力證據。在諾瓦拉地方探險期間，曾對不同種族身體的好多部位進行了大量測量，幾乎在每個例子裡都發現男人比女人顯示了更大的變異範

㉑ 薩克斯（Sachs）教授（《植物學理論》，*Lehrbuch der Botanik*，一八七〇，六三三頁）在談到雄性和雌性的生殖細胞時說道：「其一在結合時是自動的，另一在結合時似爲被動的。」

㉒ 《關於家畜飼養的報告》（*Vortrage über Viehzucht*），一八七二年，六十三頁。

圍，[23]但我將在後面一章再回頭來論述這問題。伍德先生[24]曾仔細觀察過男人肌肉的變異，他以斜體字做出如下結論，「每具屍體中發現肌肉異常數量最多的都是在男人身上」。在此之前，他曾談過，「在共一百〇二具的屍體中，女人身上所發現的肌肉多餘部分的變異只爲男人的一半，這一情況與以前所描述的女人較多出現肌肉不足的情況形成了鮮明對照」。麥卡利斯特博士也同樣談到[25]男人肌肉的變異「大概要比女人更常見」。人類身上所反常出現的某些肌肉，也是在男性身上比在女性身上更爲發達，更加常見，雖然關於這個規則據說也有例外。伯特·懷爾德（Burt Wilder）博士[26]將一百五十二個有多餘指的人的例子列成表，其中八十六個是男人，三十九個或少於半數是女人，剩下的二十七個則性別不明。然而，不應忽略女人要比男人更愛掩蓋這類生理缺陷。此外，邁耶博士斷言男人的耳朵在形態上比女人更易變異。[27]最後男人的體溫比女人更容易變化。[28]

雄性具有較大的一般變異性，其原因尚屬不明，所知者只是第二性徵特別容易變異，而且這種

---

[23]《諾瓦拉遊記》（*Reise der Novara*）：人類學部分，一八六七年，二一六—二六九頁。魏斯巴赫（Weisbach）博士根據舍策爾和施瓦茨兩位博士的觀測資料計算出來的結果。關於雄性家畜具有較大的變異性，參閱我的《動物和植物在家養下的變異》，第二卷，一八六八年，七十五頁。

[24]《皇家學會會報》，第十六卷，一八六八年七月，五一九，五二四頁。

[25]《愛爾蘭皇家學會會報》，第十卷，一八六八年，一二三頁。

[26]《馬塞諸塞醫學會會刊》，第二卷，第三期，一八六八年，九頁。

[27]《解剖學和生理學文獻集》（*Archiv für Path. Anat. und Phys.*），一八七一年，四八八頁。

[28]斯托克頓·霍夫（J. Stockton Hough）博士最近關於人類體溫所做的結論見《通俗科學評論》，一八七四年一月一日，九十七頁。

變異通常只限於雄性，我們即將看到，這個事實在某種程度上是可以理解的。很多事例說明，透過性選擇和自然選擇使雄性動物大不相同於雌性；但是，不依賴選擇作用，雌雄二者由於體質上的差異也有按照多少不同的方式發生變異的傾向。雌性在形成卵的時候勢必要消耗大量有機物質，而雄性則要把大量精力用於與競爭對手進行劇烈競爭，用於到處尋求雌性，用於呼叫聲，用於散發氣味的分泌物等等；但這種消耗一般只集中在短期。雄性在求愛季節的巨大活力似乎常常致使其色彩加強，而這與任何區別於雌性的顯著差異並無關聯。[29]在人類中，甚至在有機界等級上那樣低的鱗翅類昆蟲，其雄性的體溫都高於雌性，此外還伴隨著男人的脈搏較慢。[30]從整體來看，雌雄二者在物質上和精力上的消耗大概是接近相等的，但其消耗的方式和速率卻大不相同。

由於剛才詳細說明的那些原因，雌雄二者的體質幾乎多少都有所不同，至少在生殖季節是這樣；而且，雖然牠們可能處於完全一樣的條件下，卻有按照不同方式發生變異的傾向。如果這等變異對任何一性都無用處，就不會被性選擇或自然選擇所積累和加強。儘管如此，如果激發的原因持久地起作用，這等變異還會成爲永久性的；並且按照遺傳上一種常見的形式，這等變異首先在哪一性別發生就只會傳遞給哪一性別。在這樣場合中，雌雄二者將呈現永久性的、但不重要

㉙ 曼特加沙（Mantegazza）教授認爲〔《致達爾文先生的一封信》，見《人類學文獻集》（*Archivio per l'Anthropologia*），一八七一年，三〇六頁〕，許多雄性動物常見的鮮豔色彩是由於牠們產生並保存了精液的緣故，但這情況簡直是不可能的，因爲許多公鳥如小公雉在牠們出生第一年的秋季其色彩就變鮮豔了。

㉚ 關於人類，參閱霍夫博士的結論，見《通俗科學評論》，一八七四年，九十七頁。參閱吉拉德（Girard）關於鱗翅目的觀察資料，見《動物學紀錄》（*Zoological Record*），一八六九年，三四七頁。

的性狀差異。例如，艾倫（Allen）先生闡明，就居住在美國北部和南部的大批鳥類來看，得自南部的標本，其羽色比得自北部的標本較深，這大概是由兩個地區的氣溫、光線等差異直接造成的結果。且說，有某些少數事例表明，同一物種的雌雄二者所曾受到的影響好像有所不同；紅翅黑鸝（*Agelaeus phaeniceus*）的雄性在南部其羽色大大加深了；相反，關於北美紅雀（*Cardinalis virginianus*）受到了這樣影響的卻是雌性；關於船尾擬八哥（*Quiscalus major*），雌性的色彩極易變異，而雄性的色彩則幾乎保持一致。[31]

許多綱的動物也出現了少數例外：獲得十分顯著第二性徵的——諸如鮮豔的色彩、較大的體型、體力或好鬥性，是雌性，而不是雄性。關於鳥類，雌鳥和雄鳥所特有的正常性狀有時會完全倒置過來；是雌鳥在求偶時變得更熱切，而雄鳥則比較被動，但我們可以從求偶的結果推斷，雄鳥仍明顯地選擇魅力較強的雌鳥。某些雌鳥就是這樣獲得了更鮮豔的色彩或別的裝飾，也獲得了比雄鳥更大的力量和好鬥性；而這些性狀只傳給其雌性後代。

可以這樣認爲：在某些場合中曾經進行了一種雙重的選擇過程，這就是雄性選擇魅力較強的雌性，而雌性也選擇魅力較強的雄性。然而，這種過程雖然會導致雌雄二者都發生改變，卻不會使某一性別與另一性別產生差異，除非二者的審美力確實不一樣；但這是極不可能的一種假設，除人類以外，對任何動物來說都沒有考慮的價值。不管怎樣，還有許多動物的雌雄二者彼此類似，具有同樣的裝飾，根據類推，我們可以把這種情形歸因於性選擇的力量。在這樣場合中，可以提出一個似乎比較說得通的假設，即有一種雙重的或交互的性選擇過程存在；那些精力較充沛和較早熟的雌

㉛《佛羅里達的哺乳類和鳥類》，二三四，二八〇，二九五頁。

性選擇魅力較強和精力較充沛的雄性，而後者除了那些魅力較強的雌性之外，拒絕接受其他任何對象。但根據我們所了解的動物習性來看，這個觀點幾乎是不可能的，因爲雄性一般都熱切於與任何一個雌性交配。對於雌雄二者所共有的裝飾，比較可能的解釋是，這種裝飾是由某一性別、一般是由雄性獲得的，然後傳遞給雌雄二者的後代。如果任何一個物種的雄性在一個相當長的時期內確實遠遠超過雌性的數量，然後在另一個相當長的時期內，由於條件的改變，卻出現了相反的情況，那麼一種雙重的但不是同時發生的性選擇過程就會易於進行，從而使雌雄二者大不相同。

我們以後會知道有許多動物，其雌雄二者都沒有鮮豔的色彩，也不具備特別的裝飾，而透過性選擇雙方或只有其中一方的成員很可能獲得像白色或黑色那樣的簡單色彩。上述這些動物沒有鮮豔的色彩或其他裝飾可能是由於正常的變異從未發生，也可能是因爲牠們本身就喜歡全白或全黑的顏色。暗淡不鮮豔的色彩常常是爲了保護自己，透過自然選擇而發展起來的；透過性選擇所獲得的鮮明色彩，有時似乎會因此招來危險而受到抑制。但在其他場合中，雄性在悠久的年代中可能爲了占有雌性而互相競爭，但是，除非那些成功較大的雄性比成功較小的雄性留下數量更多的後代以遺傳牠們的優越性，否則就不會產生任何效果。如上所述，這要取決於許多複雜的偶然性。

性選擇的作用方式不像自然選擇那樣嚴峻。自然選擇所產生的效果，不論動物的年齡，將會使成功的個體生存，使不成功的個體死亡。在雄性進行競爭的互相衝突中所造成的死亡確不少見。但是，較少成功的雄性一般僅是得不到雌性，或是在生殖季節的後期得到一個發育遲緩而精力不充沛的雌性，再不然，如果牠們是多配性的，就只能得到爲數較少的雌性；因此牠們留下來的後代數量較少而且精力不充沛，甚至絕後。關於透過正常選擇、即自然選擇所得到的那些構造，只要生活條件保持不變，在大多數情況下，其與某些特殊用途有關的有利變異量都有一個限度；但是關於使某一雄性在鬥爭中或對雌性獻媚中勝過另一雄性的那些構造，其有利變異量就沒有明確的限度；所以只要這種適宜的變異性一旦發生，性選擇的工作就不會停止。這個情況也許可以部分地說明第二性徵何以如此頻繁地發生變異，而且其變異量又何以如此之大。儘管如此，如果這些性狀由於過分消耗動物的生命力，或者由於把牠們暴露在任何巨大危險之下而是高度有害的話，那麼自然選擇還會決定優勝的雄性不致獲得這等性狀。然而，某些構造——例如某些公鹿的角——還是發達到令人吃驚的極端；在某些場合中，就一般生活條件來說，趨向極端對於雄性一定略有危害。根據這一事實我們認識到，由於在戰鬥或求偶時戰勝了其對手因而留下了大量後代所帶給那些雄性的利益，到頭來要比由於對生活條件更能完善適應所帶來的利益爲大。我們還將進一步看到，雄性取媚於雌性的力量有時要比在戰鬥中戰勝其他雄性的力量更爲重要，但這絕不是以前所能預料到的。

遺傳法則

爲了理解性選擇如何作用於不同綱的許多動物，以及如何在世世代代的過程中產生出一種顯著的結果，就必須記住那些已被發現的遺傳法則。「遺傳」這個術語包含兩個不同的要素——性狀的傳遞和性狀的發育；但由於二者一般是相伴進行的，因此它們的區別就往往被忽略了。我們可從那些在生命早期進行傳遞而只在成年期或老年期才發育完成的性狀上見到這二者的區別。從第二性徵上可以更清楚地看到這種區別，因爲這些性狀是透過雌雄雙方傳遞下去的，但只在其中一方發育。當兩個具有強烈顯著性徵的物種進行雜交時，這些性徵存在於雌雄雙方的情況就顯而易見了，這是因爲雄性親本或雌性親本都會把各自特有的那些性徵傳遞給任何一性的雜種後代。當雌性年老或得病時，偶爾也會發育出雄性所特有的那些性徵，例如普通母雞呈現公雞的飄垂尾羽、頸部纖毛、雞冠、腳距、鳴叫，甚至還會呈現公雞的好鬥性，在這裡，上述同樣的事實也是顯而易見的。反過來，關於去勢的公雞，也多少可以清楚看到同樣的現象。此外，與年老或得病無關，雄性的有些性徵偶爾也會傳遞給雌性，如在雞的某些品種中，健康的小母雞會經常地呈現公雞的距。但是，事實上這些性徵只不過是在母雞身上得到發育而已；因爲在每個品種中，腳距的各個細微構造都是透過雌性傳遞給其雄性後代的。以後還要舉出許多事例來說明雌性多少完整地顯示出雄性所特有的性徵，這些性徵必然是最先在雄性身上發育的，然後再傳遞給雌性。至於在雌性身上最先發育的那些性徵被傳遞給雄性的相反事例不甚常見；因此舉出一個顯著的事例，將是有益的。關於蜜蜂，只有雌蜂才用採集花粉的器官爲幼蟲採集花粉，但在大多數物種中，這種器官在雄蜂身上也部分地得到發育，但這對牠卻毫無用處，在雄熊蜂（*Bombus*）身上這種器官則得到了完全的發育。[32]雖然我們有某種理由去猜想雄性哺乳動物在原始時期與雌性哺乳動物一樣也給幼仔餵奶，但由於其他任何膜翅目昆蟲，甚至與蜜蜂有密切親緣關係的小胡蜂（*wasp*）都不具有花粉採集器，所以我們沒有根據去假定雄蜂在原始時期也曾與雌蜂一樣地採集花粉。最後，在返祖的所有情況中，性狀的傳遞是經過兩代、三代或更多的世代，然後在某種未知的有利條件下發育起來。靠泛生論（pangenesis）的幫助，我們將會把性狀的傳遞和性狀的發育二者之間的這種重要區別牢牢記住。按照這個假說，身體每個單位或每個細胞都會放出芽球（gemmules）、即未發育的微粒，它們被傳遞給雌雄二者的後代，並且依靠自體分裂而成倍地增加。它們在生命的早期或在連續的世代內保持不發育狀態；它們是否會發育成像其所來自的那樣的單位或細胞，則取決於在生長的正常次序中與先前發育的其他

[32] H·米勒，《達爾文學說在蜜蜂中的應用》，見《動物比較解剖學年刊》，第二十九卷，四十二頁。

單位或細胞的親和力和結合。

在生命相應時期的遺傳性

這種傾向已經完全得到證實。一隻幼年動物身上出現的一個新性狀，不管它是保持終生或轉瞬即逝，一般都將在後代的同一年齡中重現並保持同樣的時間。另一方面，如果一個新性狀出現於成年，甚至老年，它就傾向於在同樣老的年齡中重現。一旦發生偏離這個規則的情況時，被傳遞的性狀的出現早於相應年齡要比晚於相應年齡更加常見。由於我已在另一著作中充分討論了這個問題，[33]因此，我只準備在這裡舉出兩三個事例以喚起讀者對這兩個問題的回憶。在雞的若干品種裡，全身披著絨毛的雛雞，最初長出眞羽毛的小雞以及成年雞，彼此都有重大差異，就像牠們與其共同親類型原雞（*Gallus bankiva*）之間的差異一樣。每個品種都把這些性狀在其生命相應時期忠實地傳遞給後代。例如亮斑漢堡雞（spangled Hamburgs）的雛雞當初生絨毛時，頭部與臀部只有少數黑暗點，但不像許多別的品種那樣，呈現縱條紋；牠們長出的第一批眞羽毛，「具有美麗的線紋」，這就是說，每根羽毛都有無數的橫條斑；但牠們的第二批羽毛就全部生有亮晶晶的斑點，即每支羽端都具有一個黑色的圓點。[34]因此這個品種的變異是在三個不同生命時期中發生和傳遞的。

㉝《動物和植物在家養下的變異》，第二卷，一八六八年，七十五頁。曾對上述泛生論的假說做過充分解說。

㉞這些事實是根據一位偉大飼養家蒂貝（Teebay）先生的資料提出來的，見特格梅爾（Tegetmeier）的《家禽手冊》（*Poultry Book*），一八六八年，一五八頁。以下一節所提到的有關不同品種小雞的性狀以及鴿子的品種，參閱《動物和植物在家養下的變異》，第一卷，一六〇，二四九頁；第二卷，七十七頁。

鴿類提供了一個更為顯著的例子，因為作為原始祖先的親種除了在成年期胸部虹色變得較深之外，並不隨著年齡的增長發生羽毛變化；但仍然還有些品種不換兩三次甚至四次羽毛就不會獲得牠們所特有的色彩；羽毛的這些變異都是有規則地被傳遞下去的。

在一年相應季節出現的遺傳性

關於生活在自然狀況下的動物，有無數事例說明性狀是在不同季節中定期出現的。我們從雄鹿的角可以看到這一點，從北極動物的毛在冬季變厚變白的現象也可以看到這一點。許多鳥類僅在生殖季節獲得鮮豔的顏色和其他的裝飾。帕拉斯[35]說，西伯利亞家養的牛和馬到冬季顏色變淡；我本人也曾觀察過並聽說過關於顏色的類似強烈顯著變化，那就是英國有些馱馬（ponies）從褐黃色或紅褐色變成全白色。雖然我不了解在不同季節皮毛顏色發生變化的這種傾向是否會傳遞下去，但可能就是這樣，因為各種濃淡的毛色都可以被馬強烈地遺傳下去。這種受季節限制的遺傳形式，並不比受年齡和性別限制的遺傳形式更加顯著。

限於性別的遺傳性

性狀相等地傳遞給雌雄二者是遺傳的最普通形式，至少那些不呈現強烈顯著性差異的動物是

㉟《關於四足獸的新種》（*Novae species Quadrupedum e Glirium ordine*），一七七八年，七頁。關於馬的毛色的傳遞，參閱《動物和植物在家養下的變異》，第一卷，五十一頁，也參閱第二卷，七十一頁上有關於「限於性別的遺傳性」的一般探討。

這樣，許多這類動物確實採取了這種遺傳形式。但最先在某一性別身上出現的那些性狀，多少都是一般地被傳遞給那一性別。我在《動物和植物在家養下的變異》一書中曾提出過有關這個問題的充分證據，然而這裡不妨再舉幾個例子來說明。有些綿羊和山羊的品種，其公羊的角在形態上與母羊的角大有差異；在家養下所獲得的這些差異有規則地傳遞給相同的性別。貓通常只有母的是玳瑁毛的，而公貓相應的顏色則是暗紅色的。在大多數家雞品種中，每一性別所特有的性狀只傳遞給相同的性別。性狀傳遞的這種形式是如此普遍，以致一旦出現某些品種的變異相等地傳遞給雌雄雙方的情況時，就成了一種反常的現象。還有某些家雞的亞品種，其公雞幾乎無法區別，而母雞的顏色則明顯不同。原種岩鴿的雌雄二者在外部性狀上並無差別；儘管如此，某些家養品種的公鴿羽色還和母鴿羽色有所不同。[36]英國信鴿的垂肉和球胸鴿（Pouter）的嗉囊在雄性比在雌性更加高度發育；這些性狀雖是透過人類長期選擇而被獲得的，但雌雄二者之間的輕微差異則完全是由於發生作用的遺傳形式，因爲這些輕微差異的發生與其說是出自於育種者的願望，不如說是違背了育種者的願望。

大多數我們的家養族都是透過輕微變異的積累而形成的，由於有些後續的變異步驟只傳遞給其中一性，還有些後續的變異步驟則傳遞給雌雄兩性，因此在同一物種的不同品種中，從雌雄二者極

㊱ 夏普伊（Chapuis）博士，《比利時信鴿》（*Le Pigeon Voyageur Belge*），一八六五年，八十七頁。布瓦塔爾和科爾比（Boitard et Corbié），《家鴿》（*Les Pigeons de Volière*），一八二四年，一七三頁。關於摩德納地方某些品種的同樣差異，再參閱保羅・旁尼茲（Paolo Bonizzi）著，《家鴿的變異》（*Le variazioni dei Colombi domestici*），一八七三年。

不相似到完全相似之間，可以發現所有的級進。我們已經舉出有關家雞和家鴿諸品種的事例，在自然界裡也常常見到類似的情況。關於家畜，某一性別可能失去其特有的性狀而多少變得與另一性別相似，例如，有些家養品種的公雞失去雄性的尾羽和頸部纖毛，至於自然界的動物是否也有這種情況我不敢亂說。另一方面，在家養下雌雄二者之間的差異可能加大，如母的美麗諾綿羊已失去了牠們的角。此外，某一性別所特有的性狀還會在另一性別突然出現；如有些家雞亞品種，其年幼的母雞有距；又如某些波蘭雞亞品種；有理由可信其母雞原來獲得了冠羽，隨後又將它傳遞給了公雞。根據泛生論假說，所有這些情況都是可以理解的；因爲，所有性狀都取決於下述情形，即，某些部分的芽球雖存在於雌雄二者，但透過家養的影響，它們在這一性別或另一性別中變爲潛伏的或發育的。

爲了方便起見，把下面的一個難題安排在以後的一章來討論較爲合適，這就是，最初在雌雄雙方都發育的一種性狀，是否會透過選擇限於只在某一性別中發育。舉例來說，如果某個育種者觀察到他的一些鴿子（牠們的性狀通常都是以同等的程度傳遞給雌雄雙方）變爲藍灰色，那麼他能否透過長期持續的選擇形成一個只是公鴿具有這種顏色而母雞保持不變的品種呢？我在此只能說，做到這一點雖然並非不可能，但將是極端困難的。因爲以藍灰色公鴿進行繁育的自然結果將使整個類族的雌雄雙方都變成這種顏色。然而，如果人們所希望的顏色變異出現了，而且這種變異一開始就限於在雄性一方發育，那麼要形成一個雌雄顏色不同的品種，就一點也沒有困難，例如一個比利時品種確實就是這樣形成的，只是這個品種的公鴿才具有黑色條紋。同樣，如果有一隻母鴿發生了任何變異，而且這種變異從一開始就限於在母鴿身上發育，那麼要培育出一個只有母鴿才有這種特性的品種也很容易，但是如果這種變異從一開始就沒有上述這樣的性別限制，那麼這一過程將極難實

現，甚至不可能實現。㊲

性狀的發育時期與該性狀向某一性或向雌雄兩性傳遞的關係

爲什麼某些性狀會遺傳給雌雄二者，而另外一些性狀只遺傳給某一性別，即遺傳給最初出現這種性狀的那一性別，在大多數場合中其原因還是完全未知的。我們甚至無法猜想，爲什麼在鴿子的某些亞品種中其黑色條紋雖然透過母鴿傳遞下去，卻只在公鴿身上發育，而另一方面其他每個性狀又是相等地傳遞給雌雄雙方。另外，爲什麼貓的玳瑁色除了很少例外只在雌性身上發育。就人類而言，完全同樣的性狀如缺指，多指，色盲，等等，在某一家族中只遺傳給男性，而在另一家族中則只遺傳給女性，雖然在這兩種情況下，透過相反性別或透過相同性別傳遞都是一樣的。㊳我們雖然這樣無知，但知道有兩條規則似乎往往是適用的——即任何一性在其生命晚期最初出現的變異有只在這相同一性別進行發育的傾向；另一方面，任何一性在其生命早期最初出現的變異有在雌雄雙方都進行發育的傾向。然而，我絕不是假定這就是唯一的決定原因。鑒於我沒有在任何地方討論過這

㊲ 自從本書第一版問世以後，我感到高度滿意的是見到了特格梅爾（Tegetmeier）先生這麼有經驗的育種家的下述見解（《田野》（*Field*），一八七二年九月）。他描述的一些奇妙事例表明，有些鴿子的羽色傳遞只限於一性，並且形成了一個具有這種性狀的亞品種，然後他又說：「達爾文先生提出了用人工選擇的方法改變鳥類性別的顏色的可能性，當他這麼做的時候，並不知道我所提到的這些事實，然而值得注意的是他提出了多麼符合實際程序的正確方法。」

㊳ 參閱我著的《動物和植物在家養下的變異》，第二卷，七十二頁。

問題，鑒於這個問題對於性選擇的重要意義，我必須在此對一些冗長而有些複雜的細節加以論述。

事物的本身存在這種可能性，即在幼年出現的任何性狀都有相等地遺傳給雌雄雙方的傾向，因爲雌雄二者在獲得生殖力之前，牠們的體質並沒有多大差異。另一方面，在獲得生殖力之後，而且雌雄二者的體質已發生了差異，那麼，從某一性別的各個變異著的部分釋放出來的芽球（如果我可以再次使用泛生論的術語的話），將和同一性別的組織相結合並由此發育起來，這種和同一性別的固有親和力比和相反性別的親和力遠遠更加可能發生。

最初我根據以下事實來推論有這種關係存在，即成年雄性與成年雌性無論何時並且無論以何種方式有所差異，則雄性也按照同樣方式而有別於雌雄二者的幼仔。這個事實的普遍性十分顯著：它適用於差不多所有的哺乳類，鳥類、兩棲類和魚類，同樣也適用於許多甲殼類，蜘蛛類以及少數昆蟲類，如某些直翅目昆蟲和蜻蜓科（libellulae）昆蟲。在所有這樣場合中，凡是雄性透過變異的累積而獲得其特有性狀者其變異一定是在生命的稍晚時期發生的；否則年幼的雄性也會具有同樣的特性；而且與上述規則相符合，這等變異只向成年雄性傳遞，也只在成年雄性發育。另一方面，要是成年雄性與雌雄雙方的幼仔密切類似（除了很少例外，雌雄雙方的幼仔都彼此相像），則雄性一般也與成年雌性類似；在大多數這種場合中，凡是老者和幼者透過變異而獲得其現有性狀者，按照上述規則，這等變異大概是在幼年時期發生的。但這裡還有可疑的餘地，因爲有時性狀傳遞給後代時的年齡要比父母最初出現該性狀時的年齡爲早，因而父母在成年時發生變異，而在幼年時將牠們這等性狀傳遞給後代。還有許多動物，其雌雄二者彼此密切類似，但二者都與各自的幼仔有差別，這時，成年動物的那些性狀一定是在生命晚期獲得的；儘管如此，這些性狀還是傳遞給雌雄雙方，這顯然與上述規則相矛盾。我們千萬不要忽視出現下述情況的可能性，即在相同的生活條件下發生的相同性質的連續變異會在生命相當晚的時期同時出現於雌雄雙方；在這樣的情況中，這些變異將在相應的晚年傳給雌雄雙方；這樣，就與上述規則並無眞正的矛盾，即，凡是在生命晚期出現的變異都專門傳遞給最先發生該變異的那一性別。這一規則的適用範圍似乎比第二個規則更爲普遍，後面這個規則表明任何一性在生命早期出現的諸變異都有傳遞給雌雄雙方的傾向。在整個動物界中究竟有多少事例可適用這兩個定理，僅僅對此做個估計也顯然是不可能的，因此，我認爲只能對一些顯著的或有決定意義的事例加以研究，以便得出可以依據的結果。

鹿科提供了進行研究的極好例子。除了一個物種外，在所有物種中，只有公鹿生角，雖然這個性狀肯定是透過母鹿傳遞下去的，而且能在母鹿頭上出現反常的發育。另一方面，母馴鹿（reindeer）*也生角；因此按照上述規則，這個物種的角應該遠在雌雄二者成熟並呈現體質重大差異之前的生命早期出現的。其他所有物種的角則應該在生命較晚時期出現，從而導致牠們的發育只限於一性，這正是整個鹿科祖先最初生角的那一性別。現在屬於鹿科不同組（section）的、並且居住在不同地區的七個物種只有公鹿生角，我發現角的最初出現時期不同，公獐（roebuck）出生後九個月生角，其他六個體型較大的物種的公鹿，最初生角時期在出生後十個月、十二個月甚至更長的時間。[39]但馴鹿的情況就大不一樣，因爲奈爾遜博士熱心地在拉普蘭爲我做了專門調查，他說，

---

* 即*Rangifer tarandus*，屬反芻偶蹄類，鹿科。產於亞、美、歐三洲的北極地，棲地越北者體軀越大。雌雄皆有角，雄性角大，長達五尺左右，角頂生枝，枝端扁平如鍬。雌性角較小，分枝亦少。原係野生，性易馴，北極人民多養之，教以曳橇，行進甚速。馴鹿的化石多產於歐洲洪積層，角多分枝，其斷面爲橢圓形。——譯者注

㊴ 我很感激卡波勒斯（Cupples）先生爲我向布雷多爾本侯爵夫人（Marquis of Breadalbane）手下的有經驗的首席林務

出生後四五個星期以內的幼鹿就生角，而且同時出現於雌雄雙方。因此我們這裡看到鹿科的一個物種的一種構造在生命最早時期的發育，而且只有這一個物種的雌雄二者都生角。

有幾個種類的羚羊，只有公羊生角，而更多種類的羚羊則雌雄二者都生角。關於角的發育時期，布賴茨先生告訴我說，動物園裡的一頭幼南非條紋羚羊（*Ant. strepsiceros*）有一次生角，但只限於雄性；還有一個親緣關係密切接近的物種——南非大羚羊（*Ant. oreas*），牠的小羊無論雌雄都生角。這一情況與上述規則完全符合，即，南非條紋羚羊的小公羊雖然已十個月，但從牠最終的角的大小看來，那時的角顯得很小；另一方面，南非大羚羊的小公羊雖然只有三個月，牠的角都比前者的角大得多。在叉角羚羊（pronghorned antelope）㊵中還有一個值得注意的事實，即只有少數母羊，約五分之一有角。她們的角有時雖也有四英寸長，但都處於殘跡（退化）狀態；因此，要是只就公羊才生角這一點來考慮，則這個物種是處於中間狀態的，而且牠們的角大約要在出生後五至六個月才長出來。因此，與我們還不太清楚的其他羚羊類的角的發育情況相比，並且根據我們已經

官羅伯遜（Robertson）先生做了有關蘇格蘭的公獐和馬鹿（red deer）的調查。我感謝艾頓（Eyton）先生以及其他人士為我提供了有關黇鹿（fallow-deer）的資料。關於北美的一種駝鹿（*Cervus alces*），見《陸與水》（*Land and Water*），一八六八年，二二一，二五四頁；有關該大陸的*C. Virginianus*和*C. Strongyloceros*.參閱凱頓（J. D. Caton）的文章，見《渥太華學院自然科學學會會報》，一八六八年，十三頁。關於勃固（Pegu）的*Cervus Eldi*，參閱比萬（Beaven）中尉文章，見《動物學會會報》，一八六七年，七六二頁。

㊵ 學名為*Antilocapra Americana*。我感謝坎菲爾德（Canfield）博士提供的有關母鹿的角的資料，另參閱他在《動物學會會報》發表的文章（一八六六年，一〇九頁）。還有再參閱歐文的《脊椎動物解剖學》，第三卷，六二七頁。

清楚的關於鹿、牛等動物的角的發育情況，就可看出叉角羚羊的角是在生命的居中時期出現的——換句話說，既不像牛和綿羊那樣早，也不像大型的鹿和羚羊類那樣晚。綿羊、山羊和牛的角，在雌雄雙方其大小雖不完全一樣，但都發育良好，在牠們出生時，或剛出生後不久，就可以摸到甚至看到。㊶然而，上述規則對於綿羊的某些品種，例如美麗諾綿羊似乎就不適用了，在這個品種中只有公羊生角；因爲我在調查中，㊷未能發現這個品種的角的發育時期晚於雌雄二者都生角的普通綿羊。但是，就家養綿羊來說，有角或無角並不是一種十分固定的性狀，因爲美麗諾綿羊有一定比例的母羊也生短角，而有些公羊卻不生角，在大多數品種中偶爾也會產出無角母羊。

馬歇爾博士最近對鳥類頭上常見的凸起做了專門研究，㊸得出以下結論——凡是頭上凸起只限於公鳥的那些物種，該性狀是在生命晚期發育的；凡是頭上凸起爲雌雄二者所共有的那些物種，該性狀是在生命很早時期發育的。這一結論肯定與我的上述兩項遺傳定律顯著符合。

㊶ 我確信北威爾斯綿羊的角在出生時完全可以覺察到，有時甚至長達一英寸。尤雅特（Youatt）說（《牛》，一八三四年，二七七頁）牛在出生時其額骨凸起已穿入表皮，角質物很快在其上形成。

㊷ 我非常感激維克托·卡魯斯（Victor Carus）教授爲我向最高權威人士做了有關薩克森的美麗諾綿羊的調查。然而非洲幾內亞海岸有一個綿羊品種，與美麗諾綿羊一樣，只有公羊才生角；而溫伍德·里德先生告訴我說，他看到過的一個例子表明，一隻小公羊產於二月十日，在三月六日就初現羊角，此例與上述規則相符，其角的出現晚於雌雄二者皆生角的威爾斯綿羊。

㊸ 《鳥類頭骨的骨質凸起》（Ueber die knöchernen Schädelhöcker der Vögel），見《荷蘭的動物學文獻》（*Niederländischen Archiv für Zoologie*），第一卷，第二冊，一八七二年。

在美麗的雉科大多數物種中，公雉和母雉顯著不同，牠們是在生命相當晚的時期才獲得其裝飾物的。然而，藍馬雞（*Crossoptilon auritum*）提供了一個明顯的例外，因其雌雄二者都有尾羽、耳簇毛，而且頭部都有深紅的天鵝絨般的軟毛；我發現這些性狀都是在生命的很早時期出現的，與上述遺傳規則相符。但其成年公雞可根據腳距與成年母雞區別開來，而且與我們的規則相符的是，這些距要到出生六個月後才會開始發育，然而巴特利特（Bartlett）先生向我確言，即使在這個齡期也幾乎無法把雌雄二者區別開來。㊹公孔雀和母孔雀除了共有的華麗冠毛之外，幾乎每一部分的羽毛都明顯不同；而冠毛是在生命的很早時期發育的，牠的發育遠在公孔雀所專有的其他裝飾物的發育之前。野鴨也有類似情況，母鴨翅上美麗的綠色燦點雖然比公鴨小些，模糊些，但由於這個性狀是二者所共有的，因而牠的發育是在生命的早期，另一方面，公鴨的捲曲尾羽和其他裝飾物則要在較晚的時期才發育。㊺在馬雞那樣的雌雄二者非常相像和孔雀那樣的雌雄二者極不相像的兩類極端事

㊹ 普通孔雀（*Pavo cristatus*）只有公的有距，而爪哇綠孔雀（*P. muticus*）提供了一個反常事例，即公的母的都有距。因此我完全預料到後面這個物種的距在發育時期上要早於普通孔雀；但阿姆斯特丹的赫格特（M. Hegt）告訴我說，一八六九年四月二十三日曾對上一年出生的這兩個物種的雛鳥做了比較，牠們距的發育方面沒有差別。然而牠們的距至今只表現爲小瘤或凸起。我認爲以後如果觀察到發育速率有什麼不同，我一定會得到這方面的報告。

㊺ 在鴨科的一些其他物種中，公鴨和母鴨羽毛燦點的差別更大；但我未能發現這些物種的公鴨羽毛燦點的充分發育時期是否晚於普通野公鴨，按照我們的規則，應該如此。然而，有一個親緣關係相近的物種秋沙鴨（*Mergus cucullatus*）的情況就是這樣，雌雄二者不僅在一般羽衣上差異顯著而且在羽毛燦點上也有相當大的差異，公鴨的羽毛燦點是全白色的，母鴨的羽毛燦點則是灰白色的。小公鴨最初與母鴨完全相似，其羽毛燦點也是灰白色的，這些燦點變爲純白色的時期要在成年公鴨獲得其他更加強烈顯著的性差異之前，參閱奧杜邦（Audubon）的《鳥類志》

例之間，還可以舉出許多中間性的事例，在這些事例中性狀的發育順序是遵循上述那兩條規則的。

由於大多數昆蟲都是在成熟條件下才從蛹羽化出來，因此發育週期是否能決定性狀向性別一方或是雙方進行傳遞，尚無法確定。例如蝴蝶有兩個物種，其中一個物種的雌雄顏色不同，另一個物種的雌雄顏色則一樣，但我們不知道這兩個物種的有色鱗粉是否在同一個相應蛹期發育的。我們也不知道全部有色鱗粉是否同時在同一個蝴蝶種的翅上發育的，在這個蝴蝶種中，某些色斑只爲某一性別所具有，還有一些色斑則爲兩性所共有。發育時期的這種差異最初看來好像很不可能，其實並非如此；因爲直翅目昆蟲達到成熟狀態並不是單單由於一次變態，而是由於連續的蛻皮，有些物種的幼齡雄蟲最初與雌蟲相像，而只是在稍晚的一次蛻皮中才獲得其明顯的雄性性狀。某些雄性甲殼類在連續蛻皮的過程中也出現了完全相似的情況。

到現在爲止，我們只考察了與發育時期有關的性狀傳遞，而且所涉及的只是處於自然狀況下的物種的性狀傳遞；現在我們要轉來談談家養動物，而首先要提到的是畸形和疾病的問題。多餘指的出現和某些指骨的闕如，必定在很早的胚胎期就被決定了——大量出血的傾向至少是先天性的，色盲大概也是如此——但這些特性以及其他相似特性的傳遞往往只限於一性；因此早期發育的性狀傾向於傳遞給雌雄雙方的這條規則在這裡就完全失效了。但是，如上所述，這一條規則似乎不如相反的那一條規則普遍有效，後者表明，在某一性別的生命晚期出現的性狀，專門傳遞給同一性別。上述不正常的特性遠在生殖機能活動之前就已爲某一性別所具有，根據這個事實，我們可以推論雌雄二者一定早在極幼小的時期就已經有了某種差異。關於受到性別限制的疾病，我們對其發生的時期

（*Ornithological Biography*），第三卷，一八三五年，二四九—二五〇頁。

了解甚少，以致難以做出可靠的結論。然而痛風病（gout）似乎受我們規則的支配，因爲這種病一般是成年時由酗酒造成的，並且由父親傳給了子女，而在兒子方面遠比在女兒方面表現得顯著。

關於綿羊、山羊和牛的各個家養品種，雄性在角、額、鬃毛、頸部垂肉、尾和肩上隆肉的形狀及其發育情況方面都和雌性有所不同；按照我們的規則，這些特性不到生命相當晚的時期是不會充分發育的。狗類沒有雌雄差異，但某些品種是例外，特別是蘇格蘭獵鹿犬，其雄性比雌性大得多，重得多；而且我們將在後面一章看到，雄性的體型會持續增長到生命異常晚的時期，按照上述規則，這個情況將說明這種體型的增長只傳給雄性後代。另一方面，只限於母貓才有的玳瑁色在其出生時就很明顯，這個情況是違背上述規則的。有一個鴿子的品種，只有公鴿具有黑色條紋，這些條紋甚至在雛鴿身上就可以察覺出來；但這些條紋隨著每次換毛而日益明顯，從而這個情況既是部分地違背又是部分地證實了上述規則。英國信鴿和球胸鴿的垂肉和嗉囊都是在生命的相當晚期才充分發育的，與上述規則相符合，這等性狀充分完善地只傳遞給公鴿。下面的例子也許屬於前面提到的那一類，即雌雄二者在生命的相當晚期以同樣的方式發生變異，從而在相應的晚期將其新性狀傳遞給後代的雌雄雙方；果眞如此，這些情況與我們的規則並不矛盾——根據諾伊邁斯特（Neumeister）的敘述，[46]有這樣一些鴿子的亞品種，其雌雄二者都在兩三次換毛期間改變了毛色〔杏包翻頭鴿（*Almond Tumbler*）也是這樣〕，這等變化雖發生於生命的相當晚期，卻爲雌雄雙方所共有。有一個金絲雀的變種，名爲「倫敦獲獎者」（London Prize），提供了一個很近似的例

㊻《鴿類飼養通論》（*Das Ganze der Taubenzucht*），一八三七年，二十一，二十四頁。關於有條紋的鴿子，參閱夏普伊的《比利時信鴿》，一八六五年，八十七頁。

子。

關於家雞的品種，其種種性狀是由一性遺傳下去，還是由兩性都遺傳下去，似乎一般是由這些性狀的發育時期來決定的。這樣，在所有這許多品種中，如果成年公雞在毛色上與母雞有重大差異，而且與野生親種也有重大差異，那麼成年公雞也會與小公雞有差異，所以新獲得的性狀一定是在生命的相當晚期出現的。另一方面，在公雞和母雞彼此類似的大多數品種中，小雞的毛色則與其雙親的差不多一樣，因此，牠們的毛色最初出現於生命的早期。我們在全黑和全白的品種中可以看到這個事實的例證，這些品種的雌雄小雞和老雞都彼此相似；我們也不能主張全黑的或全白的羽毛有什麼特殊之處可以導致這種性狀傳遞給雌雄雙方；因為有許多自然界的物種，只是公雞的羽色是黑的或白的，而母雞則是別種顏色的。有一個叫做「杜鵑雞」的亞品種，牠的羽毛具有黑色橫條紋，其雌雄雙方和小雞的毛色幾乎都一樣。荷蘭原雞（*Sebright bantam*）的雌雄二者都具有花邊羽衣，小雞的翅羽花邊雖不完善，但很明顯。然而亮斑漢堡雞提供了一個局部例外的情況；因為其雌雄二者雖不完全相像，但比起原始親種的雌雄二者，彼此更加相像得多；然而牠們的特有羽衣是在生命晚期獲得的，因為小雞也具有明顯不同的彩色條紋。至於顏色以外的其他性狀，不論野生親種還是大多數家養品種，只有公雞才有發達的肉冠；但小西班牙雞在很早的齡期其肉冠就十分發育，與公雞肉冠的早期發育相一致，成年母雞的肉冠也異常之大。在獵鳥的品種中，好鬥性的發育早得令人吃驚，在這方面可以舉出一些奇妙的證據；這個性狀是傳遞給雌雄雙方的，所以由於母鳥的極端好鬥，現在一般都分欄展出。關於波蘭雞品種，頭部支持雞冠的骨質凸起甚至在小雞孵化之前就已部分發育了，而雞冠本身也很快開始生長起來，雖然起初它還是柔弱無力的；[47]這品種的成年公雞和成年母雞都有一個大型骨質凸起和一個巨大雞冠作爲特徵。

最後，根據我們現在所見到的許多自然界物種和家養族的性狀發育時期和性狀傳遞方式之間的關係——例如昭然若揭的下述事實：雌雄二者都生角的馴鹿，其鹿角是在早期生長的，而與此相對的是，只有雄性才有角的其他物種，其鹿角則是在晚得多的時期生長的——我們可以得出如下結論，第一，其性狀專門遺傳給雌雄任何一方的原因是由於這些性狀是在生命晚期發育的，雖然這不是唯一的原因。第二，其性狀遺傳給雌雄雙方的原因是由於這些性狀是在雌雄雙方的體質還沒有多大差別的生命早期發育的，雖然這明顯是一個不甚有力的原因。然而，看來雌雄二者之間甚至在很早的胚胎期就一定存在著某種差異，因爲早期發育的性狀只爲某一性別所具有者，並不罕見。

提要和結論

根據上述對遺傳法則的討論，我們認識到雙親的性狀常常是，甚至普遍是傾向於在雙親最初發生這等性狀的同一齡期、同一季節、同一性別的後代中發育的。但是，這些規則由於不明的原因還遠遠不是固定不變的。因此，當一個物種發生變異時，那些連續的變化可能隨時以不同的方式被傳遞下去；有的只傳遞給性別一方，有的則傳遞給雌雄雙方；有的只在一定的齡期傳遞給後代，有的則不問齡期而傳遞給後代。不僅遺傳法則是極端複雜的，而且誘發和控制變異性的諸原因也是極

---

[47] 關於某些雞的品種的細節以及有關所有這方面的參考資料，請參閱《動物和植物在家養下的變異》，第一卷，二五〇，二五六頁。關於高等動物，由家養引起的性差異，均以各個物種爲題在該書中有所描述。

端複雜的。這樣被誘發起來的變異由性選擇保存下來並累積起來，而性選擇本身又是極端複雜的事情，性選擇實際上取決於雄性的求愛熱情、勇氣和競爭，還取決於雌性的識別力、審美力和意願。性選擇還受到有助於物種普遍福利的自然選擇的支配，因此，性選擇對任何一性的個體的影響方式或對雌雄雙方的個體的影響方式必然是高度複雜的。

當變異發生在某一性別的生命晚期並在同一齡期向同一性別傳遞時，另一性別及其幼仔都保持不變。當變異發生在生命晚期、但在同一齡期向雌雄雙方傳遞時，則只有幼仔保持不變。然而變異可能在某一性別或在雌雄兩性的生命任何時期發生，並在一切齡期向雌雄雙方傳遞，於是這個物種的一切個體就會同樣地發生改變。在以下幾章將可看到所有這些情況經常在自然界裡發生。

性選擇在未達生殖年齡之前，絕不會對任何動物發生作用。由於雄性求偶的巨大熱情，性選擇一般是對雄性發生作用，而不對雌性發生作用。這樣，雄性就會獲得與其競爭對手戰鬥的武器，獲得用以發現雌性並牢牢抓住她的器官，也獲得用以刺激雌性或向其獻媚的器官。要是雄性在這些方面都與雌性有所差異，那麼成年雄性與幼年雄性也會多少有所不同，正如我們已經見到的，這是一個極普遍的法則；根據這個事實我們可以斷言，使成年雄性發生改變的那些連續變異，一般不會遠在生殖年齡之前出現。每當在生命早期發生一些變異或許多變異時，則幼年雄性就會或多或少地具有成年雄性的一些性狀；老年雄性和幼年雄性之間的這類差異可以在動物的許多物種中觀察到。

幼年雄性動物大概往往傾向於按照下述方式發生變異；即在幼年時期不僅對牠們毫無益處，實際上反而有害處——例如獲得鮮豔色彩，這將使牠們容易被敵人發現，又如獲得像巨大的角那樣構造，這將使其在發育過程中消耗掉很多生命力。幼年雄性所發生的這類變異，透過自然選擇幾乎肯定要被排除掉。另一方面對於成年而有經驗的雄性來說，由獲得這些性狀而帶來的利益將會抵消冒受危險和損失生命力這兩種危害而有餘。

有些變異可以使雄性有一個較好的機會去戰勝其他雄性，或者去尋求、占有或魅誘異性；如果這樣的變異碰巧發生於雌性，由於它們對雌性毫無益處，它們就不會透過性選擇在雌性身上被保存下來。關於家畜，我們也有良好的證據表明，所有種類的變異如果不加以細心的選擇，透過雜交以及意外的死亡，就會很快消失掉。因此，在自然狀況下，如果上述這類變異偶爾發生於雌性一方並專門在雌性這一方傳遞，那麼這類變異就極其容易消失。然而，如果雌性發生了變異並把牠們新獲得的性狀傳遞給其後代的雌雄雙方，那麼那些對雄性有利的性狀將會透過性選擇被保存下來，結果雌雄雙方都會按照同樣的方式發生改變，雖然這樣的性狀對雌性毫無用處；不過以後我還要回頭對這些更爲複雜的偶然情況進行探討。最後，透過性狀的傳遞，雌性可能獲得而且顯然常常獲得來自雄性的一些性狀。

在生命晚期發生的並只傳遞給一種性別的變異，如果關係到物種的繁殖，就會被性選擇所利用，而且透過性選擇被累積起來；因此，與上述相似的變異，雖然關係到日常的生活習性爲什麼沒有常常透過自然選擇而被累積起來，乍看這好像是無法解釋的事實。如果這種情況發生了，雌雄二者，譬如說爲了捕捉獵物和逃避危險，往往會發生不同的改變。雌雄二者之間的這類差異確會偶爾發生，在低等動物中尤其如此。但是，這意味著雌雄二者在生存競爭中遵循不同的習性，對於高等動物來說這很少見。然而這個情況和生殖機能大不相同，雌雄二者在生殖功能方面必然有差別。這是因爲與生殖機能有關的構造變異，常被證明只對一種性別有價值，而且由於這些變異發生在生命晚期，所以只向同一性別傳遞，這樣保存下來和傳遞下去的變異，便引起了第二性徵的發生。

我將在以下幾章討論屬於各個綱的動物的第二性徵，並努力把本章所闡明的原理應用於每個事例。我們用於討論最低等動物綱的時間將很短，而對於高等動物，尤其是對於鳥類，則必須用相當的篇幅詳加討論。請注意，由於已經說明的理由，關於雄性用以尋求雌性並在尋得後牢牢把她抓住的無數構造，我只想舉出少數例子用做說明。另一方面，關於雄性用以戰勝其雄性對手的以及用以魅惑或刺激雌性的全部構造和本能，將予以充分討論，因爲它們在許多方面都是最有趣的。

附錄 關於不同綱的動物的雌雄比例數

就我所知，還沒有一個人注意過整個動物界雌雄二者的相關數字，因此，我將在這裡列舉我所能蒐集到的有關這方面的資料，儘管這些資料是極不完整的。這些資料所包含的事例只是少數經過實際計算的，而且其數據也不很多。由於只有對人類的這種比例數了解得比較確切，所以我最先列舉這些數據作為一個比較的標準。

人類

在英國從一八五七至一八六六年的十年間，出生嬰兒存活的年平均數是七十萬七千一百二十人，男女的比例為一百零四點五比一百。但在一八五七年全英國的出生率為男嬰與女嬰之比為一百零五點二比一百；而在一八六五年這個比例則為一百零四比一百。再分別看看一些地區的情況，如白金漢郡（那裡每年大約有五千個嬰孩出生）在上述整個十年間，其男女出生的平均比例數為一百零二點八比一百；同時在北威爾斯（那裡平均年出生數為一萬二千八百七十三人）則高到一百零六點二比一百。再看看一個更小的地區，叫做拉特蘭郡（那裡年出生數平均只有七百三十九人），以女嬰出生率為一百，一八六四年男嬰出生率為一百一十四點六，而在一八六二年只有九十七點零。但是，即使在這樣小的地方，整個十年間的平均出生數也有七千三百八十五人，男嬰對女嬰的比例爲一百零四點五比一百，這就是說，這個比例數和全英國的相同。[①]由於一些不清楚的原因，這個比例數有時稍受干擾。因此費伊（Faye）教授說：「挪威有些地區在某一個十年間穩定地缺少男孩，而同時在其他一些地區卻出現了相反的情況。」在法國，四十四年間男女的出生比例爲一百零六點二比一百；但這一期間曾在某一縣出現過五次女嬰出生數超過男嬰的情況，在另一縣曾出現過六次這種情況。在俄國，男嬰的平均出生比例爲一百零八點九，而在美國的費城男女出生比例則高達一百一十點五比一百。[②]比克斯（Bickes）從大約七千萬出生嬰孩推算出歐洲男女平均出生比例爲一百零六比一百。另一方面，關於在好望角出生的白人嬰孩，在連續幾年裡，如以女嬰出生率爲一百，則男嬰出生率竟低至九十到九十九之間。有一個奇特的事實：猶太人的男嬰出生比例數決定性地大於基督教人的，例如在普魯士，其比例爲一百一十三比一百；在波蘭的布雷斯勞（Breslau）爲一百一十四比一百；在利伏尼亞（Livonia）爲一百二十比一百；而基督教人在這些地方的男女出生比例則與普通情況一樣，例如在利伏尼亞爲一百零四比一百。[③]

---

① 在《中央註冊處一八六六年二十九號年報》第七部分有一張特別的十年統計表。

② 關於挪威與俄國的資料，見費伊教授研究報告的摘要，刊於《英國及國外外科學評論》（*British and Foreign Medico-Chirurg. Review*），一八六七年四月，三四三，三四五頁。關於法國的資料，見《男女年齡年鑑》（*Annuaire pour l'An*），一八六七年，二一三頁。關於費城的資料，見斯托克頓·霍夫博士文章，登於《社會科學協會》，一八七四年。關於好望角的資料，祖特文（H. H. Zouteveen）博士在這本書的荷譯本中引用了奎特列特（Quetelet）的文章，其中提供了很多有關性別比例的資料。

③ 關於猶太人的資料，見蒂里（M. Thury）的文章，登於《男女出生數的法則》（*La Loi de Production des Sexes*），

費伊教授述說：「如果在母體中和出生時男女死亡的比例相等，則男性所占的數量優勢還要更大。但事實是，在幾個區域內我們看到，如以死產女嬰爲一百，則死產男嬰爲一百三十四點六到一百四十四點九。四至五歲夭折的嬰兒，也是男的比女的多；例如在英國，如以一歲死亡女嬰爲一百，則一歲死亡男嬰爲一百二十六。在法國這個比例數更大。」④斯托克頓·霍夫博士根據男孩的發育不完全比女孩更加常見這一情況對上述這些事實做了部分說明。我們從上述中已經知道男性在構造上比女性容易變異；而重要器官的變異一般是有害的。但男嬰的身材、特別是其頭部都比女嬰爲大，這又是另一個原因；因爲男嬰在分娩時將因此更容易受到傷害。因此死產的男嬰就更多了；克賴頓·布朗（Crichton Browne）博士⑤是一位有高度權威的鑑定家，他認爲男嬰在出生後的數年內往往會在健康上受到損害。由於男嬰在出生時和出生後一段時期內的死亡率過高，又由於成年男人要面臨種種危險以及他們向別處遷徙的傾向，所以在保存有統計紀錄的一切老殖民地方，⑥

一八六三年，二十五頁。

④《英國及國外外科學評論》，一八六七年四月，三四三頁。斯塔克（Stark）博士也注意到（《蘇格蘭的出生與死亡情況第十次年度報告》，一八六七年，第二十八部分）這個情況，即「這些例子足以表明幾乎在生命的每個階段，蘇格蘭的男性都更易死亡，死亡率均比女性高。男女兩性在衣、食及一般福利都一樣的情況下，上述特性在嬰兒時期表現最強烈，此事實似乎證明男性死亡率高是給人以深刻印象的限於性別的一種天然固有特性」。

⑤《約克郡西部行政區瘋人院報告》，第一卷，一八七一年，八頁。辛普森（J. Simpson）爵士已證明男嬰的頭周長要超過女嬰三分之一至八分之一英寸。奎特列特已證明女人生下來要比男人小，見鄧肯（Duncan）博士文章，登於《生殖力、多產與不孕》，一八七一年，三八二頁。

⑥根據精確的阿扎拉（Azara）的資料見《南美航遊記》（*Voyages dans l'Amérique merid*，第二卷，一八〇九年，

發現女性在數量上都比男性占有相當優勢。

處於不同環境和氣候條件下的不同國家，如那不勒斯、普魯士、威斯特伐利亞、荷蘭、法國、英國以及美國，其非法出生的男嬰數量超過女嬰的情況要少於合法出生的，[⑦]這個事實乍一看好像是難以理解的。不同的作家曾從不同角度解釋這種現象，有的認爲是由於嬰兒們的母親一般都很年輕，有的認爲是第一次懷孕占了很大比例，等等。然而我們已經知道，男嬰由於頭部較大，在分娩時要比女嬰受到較大的損傷；而非法私生嬰兒的母親們一定更容易比其他婦女進行辛苦的勞動，由於種種原因，如緊緊束腰企圖遮蓋懷孕，繁重的工作，精神痛苦等等，她們懷的男嬰大概要相應受到損傷。關於出生的活男嬰與活女嬰的比例，不合法私生者要比合法出生者爲小的情況，上述大概是一切原因中的一個最有力的原因。就大多數動物而言，成年雄性的大小之所以超過成年雌性，乃是由於較強的雄性在占有雌性的鬥爭中征服了較弱的雄性；無疑是由於這個事實，至少某些動物的雌雄二者在出生時的大小就不一樣。這樣，我們便看到一個奇妙的事實，即我們可以把死亡的男嬰多於死亡的女嬰（非法私生的嬰兒尤其如此）這種現象部分地歸因於性選擇。

人們往往假設雙親的相對年齡決定後代的性別，洛伊卡特教授曾提出，[⑧]他認爲，關於人類和

六十，一七九頁），巴拉圭未開化的瓜拉尼人（Guaranys）的男女比例爲十三比十四。

⑦ 巴貝季（Babbage），見《愛丁堡科學雜誌》（*Edinburgh Journal of Science*），第一卷，一八二九年，八十八頁；有關死產的嬰兒，見九十頁。關於英國私生子，見《中央註冊處一八六六年報告》緒言，十五頁。

⑧ 洛伊卡特（Leuckart），瓦格納（Wagner）在《物理學手冊》（*Handwörterbuch der Phys.*）中引用，第四卷，一八五三年，七七四頁。

某些家畜，有充分證據足以證明這即使不是決定後代性別的唯一因素，也是一個重要因素。另外，有些人曾認爲與婦女狀況有關的妊娠期是一個有效的原因；但最近的觀察結果否定了這個信念。根據斯托克頓．霍夫[9]博士的見解，一年中的季節，父母的貧困或富裕，居住於鄉村或城市，與外國移民的雜交等等，對男女性別的比例全有影響。對人類來說，一夫多妻制也曾被假定是導致女嬰出生比例較大的原因；但坎貝爾博士[10]曾就暹羅的妾婦細心地研究過這個問題，並且斷言，一夫多妻下的男嬰與女嬰的比例和一夫一妻下的情況相同。幾乎沒有哪一種動物像英國競賽馬那樣的高度多配性，可是我們馬上就會看到，牠們的雌雄後代在數量上幾乎完全相等。現在我將列舉一些我所蒐集到的有關各種動物雌雄比例數的事實，然後對選擇在決定這種後果時究竟起了多大作用加以簡要的討論。

馬類

特格梅爾先生曾經如此熱心地從「賽馬年曆」中將競賽馬自一八四六至一八六七年這二十一年間的出生情況給我製成一個表，其中缺了一八四九年的情況，因該年沒有發表出生統計報告。出生總數爲二萬五千五百六十，[11]其中包含一萬二千七百六十三匹公馬和一萬二千七百九十七匹母馬，

---

⑨ 見《費城社會學學會》（*Social Science Assoc. of Philadelphia*），一八七四年。

⑩ 《人類學評論》，一八七〇年四月，一〇八頁。

⑪ 有一份關於十一年間不孕母馬和早期流產母馬數字的紀錄，此事值得注意，因爲它表明了這些營養極良的和近親交配的動物已經變得何等不育，以致有將近三分之一的母馬不能生產活駒。例如，在一八六六年，生下了八百零九匹

即公馬與母馬的比例爲九十九點七比一百。由於這些數字相當大，而且是根據全英國各個地方若干年期間的情況統計出來的，因此我們可以充分有信心地做出如下結論：關於家養馬，至少是競賽馬，其所產生的雌雄後代在數量上幾乎相等。歷年中比例的變動與人類在一個人口稀少的小地區所發生的情況密切相似，例如，以母馬出生數爲一百，則一八五六年公馬的出生比例數爲一百零七點一，而一八五七年僅爲九十二點六。統計表裡該比例數的變動是有週期性的，因爲在連續六年裡，公馬數量超過母馬；而在每次爲四年的兩個時期內，母馬數量又超過公馬。然而，這可能是偶然的；至少我從一八六六年公布的「戶口報告」中十年統計表裡查不出人類有任何這種情況。

狗類

從一八五七至一八六八年的十二年間，全英國大多數格雷伊獵犬的出生數字均送給《田野新聞》發表；我再一次感謝特格梅爾先生，蒙他細心地把這些結果列製成表。記錄下來的出生數是六千八百七十八，其中包含三千六百零五隻公狗和三千二百七十三隻母狗，即，公狗和母狗的比例爲一百一十點一比一百。最大一次變動發生在一八六四年，該年公狗和母狗的出生比例爲九十五點三比一百，而一八六七年，則爲一百一十六點三比一百。上述一百一十點一比一百這個平均比例對格雷伊獵犬來說大概是接近正確的，但它是否也符合其他家養品種的情況，在某種程度上還有疑問。卡波勒斯（Cupples）先生曾向一些大養狗家進行過調查，發現他們毫無例外地全都以爲出生

公駒，八百一十六匹母駒，並且有七百四十三匹母馬不育。一八六七年，生下了八百三十六匹公駒，九百零二匹母駒，並且有七百九十四匹母馬不育。

的母狗比公狗多；但他指出這種看法的發生可能是由於母狗的價值較低，並且由於因此而來的失望在頭腦裡產生了比較強烈的印象。

綿羊

農家們在綿羊出生幾個月後給公羊施行閹割的時期才確定其雌雄比例，因而下面的統計並不表示其出生的比例。另外，我發現每年飼養幾千頭綿羊的蘇格蘭大飼養家都堅決相信，在出生後的一兩年間，公羊的死亡率比母羊高。因此公羊出生時的比例數要比閹割時期的比例數要大些。這一點與我們所看到的人類情況顯著符合，而且這兩種情況大概都出於同樣的原因。我曾從在英格蘭飼養低地綿羊（主要是萊斯特羊，Leicesters）的四位先生收到過最近十至十六年間的統計報告；其出生總數爲八千九百六十五頭，其中包含四千四百〇七頭公羊和四千五百五十八頭母羊；即公羊和母羊的比例爲九十六點七比一百。關於在蘇格蘭飼養的切維奧特羊（Cheviot）和黑臉綿羊，我也曾收到過六位飼養家的統計報告，其中有兩位養羊的規模很大，主要是一八六七至一八六九年間的情況，但有些統計則上溯至一八六二年。紀錄總數爲五萬零六百八十五頭，其中包含二萬五千七十一頭公羊和二萬五千六百一十四頭母羊，即公羊和母羊的比例爲九十七點九比一百。如果我們把英格蘭和蘇格蘭的統計數字加起來，其總數爲五萬九千六百五十頭，其中包含二萬九千四百七十八頭公羊和三萬零一百七十二頭母羊，即九十七點七比一百，因而對閹割年齡的綿羊來說，母羊的數量肯定超過公羊，但這個情況大概不適用於其出生時期。⑫

⑫ 我很感激卡波勒斯先生爲我取得上述蘇格蘭的統計資料，以及下述有關牛的統計資料。萊伍德（Laighwood）的伊里

牛類

我曾收到九位先生關於九百八十二頭剛出生的牛犢的統計報告，這個數字太少，不足信賴；該數字包含四百七十七頭公牛犢和五百零五頭母牛犢；即九十五點四比一百，福克斯牧師告訴我說，一八六七年在德比郡（Derbyshire）的一個農莊裡出生了三十四頭牛犢，其中只有一頭是公的。哈里遜．韋爾（Harrison Weir）先生曾向若干養豬者進行過調查，他們大多數都估計出生的公豬和母豬的比例爲七比六。這些先生們還多年飼養家兔，他們注意到生出來的公兔數量遠遠大於母兔。但是這些估計的價值不大。

關於在自然狀況下生活的哺乳類，我知道的很少，至於普通鼠，我曾收過一些互相矛盾的報告。萊伍德（Laighwood）的伊里亞德（R. Elliot）先生告訴我說，有一位捕鼠者向他確言，雄鼠的數量總是大大超過母鼠，即使還在窩裡的幼鼠也是如此。結果，伊里亞德先生接著親自檢查了數百隻老年的鼠，證明上面的說法是正確的。巴克蘭得先生飼養過大量白鼠，他也以爲雄鼠數量大大超過雌鼠。至於鼴鼠（Moles），據說「雄鼠的數量遠遠超過雌鼠」，[13]由於捕捉這種動物是一種專門職業，因而這個說法也許是可信的。史密斯爵士在描述一種南非水羚羊（*Kobus ellipsiprymnus*）[14]時說道，在這個種和其他種的羚羊群裡，公羚羊的數量比母羚羊少：當地土人以

亞德先生最先使我注意到雄性的早期夭折，——後來艾奇遜（Aitchison）先生以及其他人士證實了這一敘述。我感謝艾奇遜先生和佩安（Payan）先生，他們向我提供了有關綿羊的大量統計資料。

⑬ 貝爾，《英國四足獸史》（*History of British Quadrupeds*），一〇〇頁。

⑭ 見《南非動物學圖解》（*Illustrations of the Zoology of S. Africa*），一八四九年，第二十九圖。

爲牠們出生時的比例數也是如此；另外有些人以爲幼小公羚羊是被趕出了群外的，而史密斯爵士說，雖然他本人從未見過僅由幼小公羚羊所成之群，但別人卻斷言確有這種情形。看來，這些幼小公羚羊一旦被趕出群外，就會被當地許多野獸吃掉。

鳥類

關於家雞，我只收到過一份統計資料，即，斯特雷奇（Stretch）先生飼養過交趾雞（Cochins）的一個精心育成的品系，在八年期間生出一千零一隻小雞，判明其中四百八十七隻爲公雞，五百一十四隻爲母雞，即九十四點七比一百。關於家鴿，有良好的證據可以證明公鴿不是數量過多就是活得更長；因爲這等鴿子永遠成雙成對，特格梅爾告訴我說，獨身公鴿的價錢總是比母鴿便宜。在同一窩裡下的兩個卵所孵出來的兩隻小鴿通常都是一公一母；但一位大飼養家哈里遜·韋爾先生說道，他常常從同一窩裡育出兩隻公鴿，而很少從同一窩裡育出兩隻母鴿；此外，育出的兩隻小鴿中，母鴿較弱，更易夭折。

關於自然狀況下的鳥類，古爾德先生及其他人士[15]都確信公鳥一般要比母鳥多；但由於許多物種的小公鳥與母鳥相類似，所以母鳥數量自然顯得比公鳥多。利登赫爾（Leadenhall）的貝克（Baker）先生用野生的雉卵孵出了大量的雉，他告訴詹納·韋爾先生說，孵出的公雉和母雉的比例一般是四或五比一。一位有經驗的觀察家述說，[16]在斯堪的納維亞，松雞和黑琴雞（black-

[15] 布雷姆得出相同的結論，見《動物生活圖解》（*Illust. Thierleben*），第四卷，九九〇頁。

[16] 根據勞埃德的權威意見，見《瑞典的獵鳥》，一八六七年，十二，一三二頁。

cock）一窩孵出的小雞，公多於母；而Dal-ripa（一種雷鳥）到求偶場所來的，公比母多；但有些觀察家對後一情況的解釋是由於被害獸弄死的母鳥比公鳥多。根據塞爾伯恩（Selborne）的懷特先生所提供的種種事實，[17]顯然英格蘭南部的公鷓鴣數量一定大大超過母鷓鴣；有人向我保證說，在蘇格蘭情況也是如此。韋爾先生向那些在一定季節大批收購流蘇鷸（*Machetes pugnax*）的商人做過調查，據說公鷸的數量要多得多。這位博物學者還爲我向捕鳥人做過調查，他們每年都要捕捉數量驚人的各種活的小型鳥供應倫敦市場，一位可信賴的老人毫不遲疑地回答他說，關於蒼頭燕雀（chaffinch），公的數量大大地超過母的，他認爲公和母的比例高達二比一，至少是五比三。[18]同樣地他還堅決主張，用圈套或在夜間用結網方法捕到的鳥，其公鳥的數量遠遠超出了母鳥。這些說法顯然是可信賴的，因爲這個人說，雲雀、黃嘴朱頂雀（*Linaria montana*）和金翅雀（goldfinch）的雌雄二者大致相等。另一方面他肯定普通赤胸朱頂雀的公雀大大超過母雀，但超出的數量在不同年分中也有所不同；有些年頭他發現母雀和公雀的比爲四比一。但必須記住，主要捕鳥季節到九月分才開始，因此有些物種可能已部分開始遷徙他方，這時期的鳥群往往只含有母鳥。沙爾文（Salvin）先生特別研究過中美洲的蜂鳥，他確信大多數物種是公的占多數。例如，有一年他捕獲了屬於十個物種的二百零四個樣本，其中包含一百六十六隻公鳥和僅僅三十八隻母鳥。另外有二個

---

⑰《塞爾伯恩的博物學》（*Nat. History of Selborne*），第一卷，第二十九版，一八二五年，一三九頁。

⑱詹納・韋爾先生於次年進行調查，也收到了類似報告。爲了舉出活捉的蒼頭燕雀數字，我願提一下有兩位能手在一八六九年搞了一次比賽，其中一位每天捉到六十二隻公蒼頭燕雀，另一位捉到四十隻。有一個人一天捉到公蒼頭燕雀的最大數量是七十隻。

物種，是母鳥占多數，但這個比例數不是隨著不同季節就是隨著不同產地而明顯地變化，因爲有個時候豔紫刀翅蜂鳥（*Campylopterus hemileucurus*）的公和母之比爲五比二，而在另一個時候，⑲牠們的比例則正相反。關於後面這一點，我還要做點補充，波伊斯（Powys）先生發現在科孚（Corfu）和伊庇魯斯（Epirus）兩地蒼頭燕雀雌雄二者是分開飼養的，而「母鳥的數量最多」，同時特里斯特拉姆先生發現在巴勒斯坦「公鳥群在數量上似乎大大超過了母鳥群」。⑳再者，泰勒先生說，在佛羅里達船尾擬八哥（*Quiscalus major*）的「母鳥比公鳥的數量少得多」，㉑而在宏都拉斯，這個比例又是另一種情況，這個物種在那裡具有一雄多雌的特性。

魚類

關於魚類的雌雄比例數只有在捕到其成年或接近成年的魚以後才能確定，因而對此做出任何公正的結論將有許多困難。㉒不育的雌魚可能容易被誤認作雄魚，如岡瑟博士向我說過的鱒魚情況就是如此。據信有些物種的雄魚使卵受精後就很快死去。許多物種的雄魚比雌魚小得多，因此有大

---

⑲《彩鸛》，第二卷，二六〇頁，古爾德在其《蜂鳥科》（*Trochilidae*）一書（一八六一年，五二頁）中曾加以引用。關於上述的比例數，我感謝沙爾文先生提供的一張有關他研究結果中的一張表。

⑳《彩鸛》，一八六〇年，一三七頁；以及一八六七年，三六九頁。

㉑《彩鸛》，一八六二年，一八七頁。

㉒洛伊卡特引用布洛克（Bloch）的資料（瓦格納，《物理學手冊》，第四卷，一八五三年，七七五頁），表明魚類的雄性爲雌性的二倍。

量雄魚會從捕獲雌魚的同一張網裡逃掉。卡邦尼爾（M. Carbonnier）[23]特別注意過白斑狗魚（*Esox lucius*）的自然史，他說，許多雄魚由於體型小而被較大的雌魚所吞食；並且他認爲，幾乎所有魚類的雄魚由於同樣的原因比雌魚面臨的危險更大。雖然如此，但對雌雄比例數進行過實際觀察的少數事例還表明了雄魚似乎大大超過了雌魚。例如，斯托蒙特菲爾德（Stormontfield）養魚實驗的負責人布伊斯特（R. Buist）先生說，一八六五年，爲了取卵，最先捕獲上岸的七十條鮭魚中，雄魚之數竟高達六十條。一八六七年他再一次「對這種雌雄數量極不相稱的現象給予了注意。在開頭時我們捕獲的雄魚和雌魚的比例是十比一」。其後，才獲得足夠的雌魚以供取卵之用。他接著說，「由於雄魚的巨大比例，牠們在排卵床上彼此不斷地進行戰鬥和廝殺」。[24]這種數量的不相稱無疑可部分地歸因於雄魚比雌魚先由海溯游至河，但這是否爲全部原因還難肯定。巴克蘭（Buckland）先生記述了有關鱒魚的情況如下，「雄魚的數量遠遠超過雌魚，是一個奇妙的事實，當捕魚旺季時必然發生的情況是，所捕獲的魚中雄和雌的比例至少是七或八比一。我還不能完全解釋這種情形，這是由於雄魚數量本來比雌魚多，還是由於雌魚靠著隱藏而不是靠逃跑以求得安全」。接著他又說，透過仔細搜查沿岸，可以找到足夠數量的雌魚供做取卵之用。[25]李（H. Lee）先生告訴我說，在撲次茅斯動爵的獵園中爲了取卵目的所捕獲的二百一十二條鱒魚中，有一百五十條是雄的，

㉓ 在《農夫》雜誌中引用，一八六九年三月十八日，三六九頁。

㉔ 《斯托蒙特菲爾德的養魚實驗》（*The Stormontfield Piscicultural Experiments*），一八六六年，二三頁。《田野新聞》，一八六七年六月二十九日。

㉕ 《陸與水》，一八六八年，四十一頁。

六十二條是雌的。

同樣地，鯉科（Cyprinidæ）的雄魚在數量上似乎也超過了雌魚；但這個科的某些成員，如鯉魚、丁鱥魚（tench）、歐鯿（bream）和米諾魚（minnow），都正常地實行動物界少見的一雌多雄制，因爲雌魚在排卵時總是有兩條雄魚陪伴左右，而雌歐鯿則有三到四條雄魚陪伴著。這個事實如此爲人所熟知，以致總是勸告在養魚池中養丁鱥魚時，雄和雌的比例應爲二比一，至少是三比二。至於米諾魚，一位傑出的觀察家說，雄魚在排卵床上的數量十倍於雌魚；當有一條雌魚來到雄魚當中時，「她馬上就被兩條雄魚緊緊夾在中間；當牠們在這種局面下經歷一段時間後，又有另外兩條雄魚取而代之」。㉖

昆蟲類

在這個巨大的綱裡，幾乎只有鱗翅目（Lepidoptera）可以用來判斷雌雄二者的比例數。這是因爲有許多著名觀察家曾特別細心地蒐集這個「目」的昆蟲，並從卵或幼蟲狀態大量把牠們繁殖起來。我曾希望有些養蠶者會保存一個確實的紀錄，但經過寫信到法國和義大利並查閱了各種文獻之後，我並沒有找到過這方面的資料。一般的意見好像是雌雄二者接近相等，但在義大利，我聽卡內斯垂尼（Canestrini）教授說，許多飼養者都認爲生出來的雌蟲數量超過雄蟲。然而這位博物學家

㉖ 雅列爾（Yarrell），《英國魚類志》（*Hist. British Fishes*），第一卷，一八二六年，三〇七頁。關於鯉魚（*Cyprinus carpio*）和丁鱥魚（*Tinca vulgaris*），見三三一頁。關於歐鯿（*Abramis brama*），見三三六頁。關於米諾魚（*Leuciscus phoxinus*），參閱勞登主編的《博物學雜誌》，第五卷，一八三二年，六八二頁。

還告訴我說，臭椿蠶（*Bombyx cynthia*）爲一年兩化，在第一造中雄蠶數量大大超過雌蠶，而在第二造中雌雄二者的數量接近相等，或雌蠶稍多。

關於自然狀況下的蝴蝶，其雄性的數量顯然占巨大優勢，這曾使若干觀察家留下深刻印象。[27]例如，貝茨（Bates）先生[28]在提到某些產於上亞馬遜（Upper Amazons）的一百個左右的物種時說，雄蟲的數目大大超過雌蟲，甚至其比例達到一百比一。在北美，具有豐富經驗的愛德華茲（Edwards）估計在鳳蝶屬（genus *Papilio*）中，雄蟲和雌蟲的比例爲四比一；把這一點告訴我的沃爾什（Walsh）先生說，圖爾努鳳蝶（*P. turnus*）的情況正是這樣。特里門（R. Trimen）先生在南非發現有十九個物種都是雄蟲占多數；[29]其中有一個群集於開闊地帶的物種，估計其雄蟲的數量爲雌蟲的五十倍。還有另一個物種，其雄蟲在某些地方爲數至多，以致他在七年間只收集到五隻雌蟲。波旁（Bourbon）島的馬亞爾（M. Maillard）說，鳳蝶屬的一個物種，其雄蟲比雌蟲多達二十倍。[30]垂門先生告訴我說，就他本人所見到或聽到的來說，很少有一種蝴蝶的雌蟲數量超過雄蟲的；但有三個南非的物種也許是例外。華萊士先生述說，[31]在馬來群島，鳥翼蝴蝶（*Ornithoptera croesus*）

㉗ 洛伊卡特引用邁內克（Meinecke）的資料（瓦格納，《物理手冊》，第四卷，一八五三年，七七五頁），表明蝴蝶的雄蟲數量爲雌性的三四倍。

㉘ 《亞馬遜河上的博物學者》，第二卷，一八六三年，二二八，三四七頁。

㉙ 特里門先生在其《南非的錘角蟲亞目》（*Rhopalocera Africae Australis*）一書中舉出了這些例子中的四個。

㉚ 特里門引用的資料，見《昆蟲學會會報》，第五卷，第四部分，一八六六年，三三〇頁。

㉛ 《林奈學會會報》，第二十五卷，三十七頁。

的雌蟲比雄蟲常見，也較容易抓到；但這是一種稀有的蝴蝶。我還要做點補充，蓋內（Guenée）說，從印度送來的紅蛾（*Hyperythra*，蛾類的一個屬）採集品，其雌蟲爲雄蟲的四至五倍。

當把這個昆蟲雌雄比例數問題提到昆蟲學會進行討論時，㉜一般都承認捉到的鱗翅目大多數成年的、即成蟲狀態的雄蟲在數量上超過雌蟲，但各種各樣的觀察家都把這個事實歸因於雌蟲比較隱匿的習性和雄蟲從繭裡羽化較早。眾所周知，大多數鱗翅目的昆蟲以及其他種類的昆蟲都有這種情形發生。因此，正如佩爾索納（M. Personnat）所說的，家養天蠶（*Bombyx Yamamai*）的雄蟲在交配季節開始時並無用處，雌蟲在交配季節結尾時因缺少配偶也無用處。㉝然而，上述某些蝴蝶在其產地極其普通，這些原因是否可以把其雄蟲占大多數的問題解釋得足夠清楚，很難使我信服。斯坦頓（Stainton）先生多年來密切注意小蛾類，他告訴我說，當他蒐集到的蛾子處於成蟲狀態時，他以爲雄蟲的數量爲雌蟲的十倍，但是，自從他把這些蛾子由幼蟲狀態大批養育以來，他就相信雌蟲占多數了。若干昆蟲學家都贊同這個觀點。然而，道布林戴伊（Doubleday）先生以及一些其他人士則持相反的觀點，他們確信在他們從卵和幼蟲養育的成蟲中，雄蟲比雌蟲所占的比例數爲大。

除了鱗翅目雄蟲有較大的活動習性，較早從繭裡羽化，以及在某些場合中群集於較開闊的地帶等這些原因外，關於在成蟲狀態捕獲的鱗翅目昆蟲以及從卵或幼蟲狀態養育起來的鱗翅目昆蟲，在雌雄比例方面所存在的明顯的或眞實的差異，還可以舉出其他原因。我聽卡內斯垂尼教授說，義大利許多養蠶者都相信蠶蛾的雌性幼蟲比雄的更多遭到近代疾病的危害；而斯托丁傑（Staudinger）

㉜《昆蟲學會會報》，一八六八年二月十七日。

㉝華萊士博士引用資料，見《昆蟲學會會報》，第五卷，第三輯，一八六七年，四八七頁。

博士告訴我說，在飼養鱗翅目昆蟲時，死在繭裡的雌蟲比雄蟲爲多。許多物種的雌性幼蟲比雄的大，昆蟲採集者自然要挑選最好的標本，這樣就會無意識地採集到大量的雌蟲。有三位採集者曾告訴我，他們的做法就是這樣；但華萊士博士確信，大多數採集者如果能夠找到比較稀有的種類，他們就會把全部標本都採集下來，因爲只有這些稀有種類才值得他們花工夫去飼養。當鳥類遇到幼蟲時，大概要把最大的幼蟲吞食掉；卡內斯垂尼教授告訴我說，義大利有些養蠶者相信臭椿蠶的第一化幼蟲中，被黃蜂消滅的雌蟲數量超過雄蟲很多。華萊士博士進一步說道，雌性幼蟲因比雄的大，所以需要較多的發育時間並消耗較多的食物和水分；因而就會有更長的時間遭到姬蜂（**ichneumons**）和鳥類等帶來的危險，在荒歉之年就會更大量地死亡。因此在自然狀況下，鱗翅目雌蟲達到發育成熟的數量，很可能要比雄蟲少得多；對我們的特殊目的來說，我們所關心的是，當雌雄二者要繁殖時，即在其成熟時牠們的相對數量。

某些蛾類的大批雄蟲聚集於單獨一隻雌蟲周圍的方式，清楚地表明了雄蟲的巨大多數，雖然這個事實也許可以由雄蟲較早從繭裡羽化而得到解釋。斯坦頓先生告訴我說，經常可以見到有十至二十隻筒蛾（*Elachista rufocinerea*）的雄蟲聚集在一隻雌蟲周圍。眾所周知，如果把櫟樹枯葉蛾（*Lasiocampa quercus*）或鵝耳櫪天蠶蛾（*Saturnia carpini*）的一隻未交配過的雌蟲擺在一個籠子裡，大批雄蟲就會聚集在牠周圍，而且如果把雌蟲關在一個房間裡，雄蟲甚至會從煙囪跑下來找牠。道布林戴伊先生相信，僅在一天之內他就見到一隻關起來的雌蟲吸引來五十至一百隻雄蟲。特里門先生把幾天前就關著一隻櫟枯葉蛾雌蟲的盒子放在維特島上，馬上就有五隻雄蟲竭力向盒子裡鑽。在澳大利亞，韋雷奧（M. Verreaux）把放有一隻小雌蠶的盒子擱在口袋裡，於是招來了一群雄

蟲跟著他，因而約有二百隻雄蟲隨他一起飛進房中。㉞

道布林戴伊先生叫我注意斯托丁傑的鱗翅目價目表，㉟上面開列了蝴蝶（錘角亞目，Rhopalocera）的三百個物種或特徵十分顯著的變種，雄蟲和雌蟲價格均被標明。很普通的物種的雄蟲和雌蟲的價格當然都是一樣的；但有一百一十四個稀有物種，其雄蟲和雌蟲的價格卻不相同；除了一個例外，所有這些物種的雄蟲都比雌蟲的價格便宜。以這一百一十三個物種的價格加以平均，雄蟲和雌蟲價格之比爲一百比一百四十九；這一點顯然表明雄蟲的數量正好成反比地超過雌蟲。編入目錄的蛾類（韁翅亞目，Heterocera）約有二千個物種或變種，由於雌雄二者習性不同而導致雌蟲無翅的種類未編入內。在這二千個物種中，有一百四十一個物種的價格因性別而異，其中一百三十個物種的雄蟲價格比雌蟲便宜，只有十一個物種的雄蟲比雌蟲貴。這一百三十個物種的雄蟲平均價格和雌蟲平均價格之比爲一百比一百四十三。道布林戴伊先生（在英國沒有任何人的經驗勝過他）認爲，雌雄二者價格的不同和這些物種的生活習性沒有任何關係，而只能歸因於雄蟲數量超過雌蟲。但我必須補充一點，即斯托丁傑博士告訴我說，他本人持有不同的意見。他以爲由於雌蟲的習性比較不活潑，並且由於雄蟲從繭裡羽化較早，可以說明昆蟲採集者所獲得的雄蟲數量多於雌蟲，其結果就使雄蟲的價格較低。關於從幼蟲狀態養育起來的樣本，斯托丁傑博士相信，如上所述，雌蟲死於繭內者的數量遠比雄蟲爲多。他接著說，關於某些物種，某一性別在某些年間似乎比

㉞ 布朗夏爾（Blanchard），《昆蟲的變態及其習性》（*Métamorphoses, Moeurs des Insectes*），一八六八年，二二五—二二六頁。

㉟ 《鱗翅目價目表》（*Lepidopteren Doubletten Liste*），柏林，第十號，一八六六年。

	雄蟲	雌蟲
1868年間埃克塞特的赫林斯牧師（The Rev. J. Hellins of Exeter）㊱養育的73個物種的成蟲，含有	153	137
1868年間埃爾特姆的亞伯特·瓊斯（Albert Jones of Eltham）先生養育的9個物種的成蟲，含有	159	126
1869年間他又養育了4個物種的成蟲，含有	114	112
1869年間漢普郡·埃姆斯沃茨的巴克勒（Buckler of Emsworth, Hants）先生養育的74個物種的成蟲，含有	180	169
科爾切斯特的華萊士（Wallace of Colchester）博士同一次養育的臭椿蠶，含有	52	48
1869年間華萊士博士從來自中國的一種蠶（*Bombyx Pernyi*）繭養育出	224	123
1868與1869年間華萊士博士從二組天蠶（*Bombyx yamamai*）繭養育出	52	46
總計	934	761

另一性別占有數量優勢，但並非永遠如此。㊱

關於對鱗翅目昆蟲的直接觀察資料，不論是從卵或從幼蟲養育起來的，我僅收到如上表所示的少數事例。

因此，從這七組繭和卵產生的雄蟲數量超過了雌蟲，合計雄蟲和雌蟲的比例爲一百二十二點七比一百。但整個資料不夠大，幾乎不足爲憑。

總之，證據的來源雖有不同，但均指著同一方向，因此我推論鱗翅目的大多數物種，不論最初從卵孵化時的雄蟲比例大小如何，其成熟雄蟲的

㊱ 這位熱心的博物學家送給我一些數年前的研究結果，其中表明雌性數量似乎超過雄性；但由於好多數字都是估計的，因此我覺得不可能將它們列製成表。

數量一般都比雌蟲多。

至於昆蟲的其他「目」，我收集到的可靠資料很少。關於歐洲深山鍬形蟲（*Lucanus cervus*），「其雄蟲數量看來比雌蟲多得多」；但如科內利烏斯（Cornelius）於一八〇七年所說的，當在德國某個地方異常大量出現這類甲蟲時，雌蟲數量約超出雄蟲六倍。關於叩頭蟲科（Elateridae）的某一類，其雄蟲數量據說多於雌蟲，而且「經常可發現兩三隻雄蟲和一隻雌蟲同在一起；㊲因此在這裡實行的似乎是一雌多雄制」。屬於隱翅蟲科（*Staphylinidae*）的扁蟞（*Siagonium*），其雄蟲有角，而「雌蟲的數量遠超過雄蟲」。詹森（Janson）先生在昆蟲學會說道，有一種吃樹皮的多毛髓蟲（*Tomicus villosus*），其雌蟲多得成災，而雄蟲則少得幾乎無人知道。

昆蟲的某些物種甚至某些群的雄蟲因爲無人見過或爲數極少，而雌蟲又是孤雌生殖的，也就是不需性結合的生殖，因此任何關於其性別比例的議論都幾乎沒有什麼價值；癭蜂科（Cynipidae）的若干種類提供了這類例子。㊳沃爾什先生所知道的形成蟲癭的癭蜂科昆蟲，其雌蟲數量爲雄蟲的四至五倍；他還告訴我說，形成蟲癭的癭蚊科（雙翅目）昆蟲的情況也是如此。關於葉蜂

㊲ 岡瑟的《動物學文獻紀錄》（*Record of Zoological Literature*），一八六七年，二六〇頁。關於雌鍬甲蟲占有數量優勢，見同書，二五〇頁。關於英格蘭的雄鍬甲蟲，參閱韋斯特伍德的文章，見《昆蟲的近代分類》，第一卷，一八七頁。關於扁蟞，見同書，一七二頁。

㊳ 沃爾什，《美國昆蟲學家》，第一卷，一八六九年，一〇三頁。史密斯，《動物學文獻紀錄》，一八六七年，三二八頁。

科（Tenthredinae）昆蟲的一些常見物種，史密斯先生曾從各種大小的幼蟲養育成上百個標本，然而從未養出過一隻雄蟲。另一方面，柯帝士（Curtis）說，[39]他繁育的某一物種——菜葉蜂（*Athalia*），其雄蟲和雌蟲之比爲六比一；而同時在田野裡捕到的這同一個物種的成熟成蟲，其雄蟲和雌蟲之比正好相反。赫爾曼·米勒[40]在蜜蜂科中採集了許多物種的大量標本，並且從繭養育出好多其他標本，然後計算其性別。他發現有些物種的雄蜂數量大大超過雌蜂；而另外一些物種則出現相反情況；還有些物種的雌雄二者接近相等。但與多數情況一樣，雄蜂從繭裡羽化要早於雌蜂，因而在繁殖季節開始時的數量實際上超過雌蜂。米勒還觀察到有些物種在不同產地其雌雄的相對數量大不相同。但是，正如米勒親自向我陳述的，由於其中一種性別可能比另一種性別更難於被觀察到，因此在採納這些意見時必須小心從事。這樣，他的兄弟弗里茨·米勒在巴西曾注意到，同一種蜜蜂的雌雄二者有時群集於花的種類互不相同。關於直翅目（Orthoptera）昆蟲，其雌雄二者的相對數量，我幾乎一無所知。然而，克爾特（Körte）說，[41]他檢查過五百隻蝗蟲，其中雄蟲和雌蟲之比爲五比六。關於脈翅目（Neuroptera），沃爾什先生說，在蜻蜓這個類群的許多物種中，雄蟲數量大大超過雌蟲，但絕非所有物種都是如此。還有一個寬角閻蟲屬（Hetaerina），其雄蟲數量一般至少爲雌蟲的四倍。另外箭蜓屬（Gomphus）的某些物種，其雄蟲多於雌蟲的倍數和上面相同，但另有兩個物種，其雌蟲數量則爲雄蟲的二至三倍。關於齧蟲屬（Psocus）的某些歐洲物種，在採集

---

[39]《農業昆蟲》（*Farm Insects*），四十五—四十六頁。

[40]《達爾文學說在蜜蜂中的應用》，第二十四卷。

[41]《飛蝗的飛遷線》（*Die Strich,Zug oder Wanderheuschrecke*），一八二八年，二十頁。

到的幾千隻雌蟲中可能找不到一隻雄蟲，但同時，這一屬的其他物種，其雌雄二者均係常見。㊷麥克拉克倫（MacLachlan）先生在英格蘭捉到過幾百隻雌性異幻吸蟲（*Apatania muliebris*），但沒有見過一隻雄蟲；至於雪蠍蛉（*Boreus hyemalis*），在我們這裡見到過的雄蟲不過四五隻。㊸關於大多數這些物種（葉蜂科除外）的雌蟲是否屬於孤雌生殖的類型，目前還不能證實；由此可見，我們對引起雌雄二者的比例出現如此明顯不一致的原因是多麼無知。

關於有鉸類（Articulata）動物的其他一些綱，我所蒐集到的資料還要少一些。布萊克瓦爾先生對蜘蛛綱曾仔細進行過多年觀察，他寫信告訴我說，雄蜘蛛由於其遊動的習性，較爲常見，從而顯得數量較多。少數蜘蛛種的情況確是這樣；但他提到六個屬的幾個物種，其雌蜘蛛數量似乎比雄的多得多。㊹雄蜘蛛的體型比雌的小（這個特性有時會極度發達），並且牠們的外貌大不相同，這些情況在某些事例中可能說明牠們的採集品爲何稀見。㊺

有些低等甲殼類能進行無性繁殖，這可以說明其雄蟲爲何極端罕見。馮・賽保德（Von

㊷ 海根（H.Hagen）和沃爾什著，〈對北美脈翅目昆蟲的觀察〉（Observations on N. American Neuroptera），見《費城昆蟲學會會報》，一八六三年十月，一六八，二二三，二三九頁。

㊸ 《倫敦昆蟲學會會報》，一八六八年二月十七日。

㊹ 關於這個綱的另一位大權威，烏普薩拉的托列爾（Thorell）教授說〔《關於歐洲蜘蛛》（*On European Spiders*），第一部分，一八六九—一八七〇年，二〇五頁〕，雌蜘蛛好像一般要比雄性更常見。

㊺ 關於這個問題，參閱坎布里奇（O. P. Cambridge）先生的資料，在《科學季刊》引用，一八六八年，四二九頁。

Siebold）[46]曾仔細調查過來自二十一個產地的不下一萬三千個鱟蟲（Apus）標本，他在其中只找到三百一十九隻雄蟲。正如弗里茨・米勒告訴我的，關於另外一些類型如異足蟲屬（Tanais）和介蟲屬（Cypris）我們有理由相信其雄蟲比雌蟲短命得多；這一點大概可以說明雄蟲爲何稀少，假定雄蟲數量一開始就與雌蟲相等的話。另一方面，米勒在巴西海岸上採集到的針漣蟲科（Diastylidae）和海螢屬（Cypridina）的雄蟲永遠比雌蟲多得多。例如在同一天內捉到的後面這一屬的一個物種的六十三個標本中就有五十七隻雄蟲；但他認爲這個數量優勢可能是由於雌雄二者在生活習性上某種尚未弄清的差異所致。關於一種高等巴西蟹，即招潮蟹（Gelasimus），弗里茨・米勒發現其雄性遠比雌性的數量爲多。根據斯彭斯・巴特先生的豐富經驗，有六種常見的英國蟹的情況似乎正好相反，他曾向我說過這六種蟹的名稱。

自然選擇和雌雄比例的關係

我們有理由設想在某些場合中，人類透過選擇曾間接地影響了其自身產生雌雄的能力。有些婦女在其一生所生育的孩子中有一種性別多於另一種性別的傾向，這種情況也適用於許多動物，如牛和馬。因此「耶爾德斯雷」公所的賴特先生對我說，他有一匹阿拉伯母馬，雖然七次分別與不同的公馬交配，仍生下七匹小母馬。我在這方面所掌握的證據雖然不多，但根據類推方法可使我相信，專門產生任何一種性別的傾向幾乎就像其他每種特性一樣，例如，生雙胞胎的特性，大概是可以遺傳下去的。關於上述傾向，著名權威唐甯（J. Downing）先生寫信對我說，似乎可以證明這

---

[46] 《有關孤雌生殖文獻》（*Beiträge zur Parthenogenesis*），一七四頁。

一點的事實確曾在某些短角牛的族系中發生過。馬歇爾上校㊼經過仔細調查後最近發現印度有一個山地部落叫圖達人（Todas）*的，其一切年齡的人口是由一百一十二個男人和八十四個女人組成的——即男女之比爲一百三十三點三比一百。圖達人的婚姻是一妻多夫制，過去一定實行殺害女嬰；但這種風俗目前已停止一個相當時期了。在晚近幾年內生育下來的嬰兒中，男多於女，其比例爲一百二十四比一百。馬歇爾上校用下面巧妙的方式說明這個事實：「爲了說明問題，讓我們舉出三個家庭作爲整個部落的一般代表。比方說一位母親生育了六個女兒，而沒有生兒子。第二位母親只生了六個兒子。第三位母親生了三個兒子，三個女兒。按照部落的風俗，第一位母親殺死四個女兒，保留兩個。第二位母親保留了她六個兒子。第三位母親殺死二個女兒，保留一個女兒和三個兒子。那麼在這三個家庭中總共有九個兒子和三個女兒，由他們來傳宗接代。然而當這些男人屬於那些生男傾向大的家庭時，則這些家庭中生女的傾向就要小。這種傾向逐代加強，直至像我們所見到的那樣，那些家庭就逐漸慣常地生男多於生女了。」

如果我們假定一種產生雌雄的傾向是遺傳的，那麼殺嬰的風俗就幾乎肯定要引起上述後果。但是，由於上述資料極爲不足，所以我曾搜尋進一步的證據，但不能決定我找到的證據是否可靠。儘管如此，這些事實也許還值得一提。紐西蘭的毛利人長期以來就實行殺嬰，范東先生說㊽：「他

㊼《圖達人》，一八七三年，一〇〇，一一一，一九四，一九六頁。

* 尼爾吉里（Nilgiri）山地的游牧部落。——譯者注

㊽《政府報告，紐西蘭的原始居民》（*Aboriginal Inhabitants of New Zealand: Government Report*），一八五九年，三十六頁。

曾碰到有些婦女弄死了四個、六個甚至七個嬰孩，其中多數是女嬰。然而，根據最好判斷所得到的普遍證據決定性地證明了，這種風俗多年以來幾乎已經滅絕。這種風俗的消亡時期大概可以定爲一八三五年。」目前在紐西蘭人中，正如圖達人的情況一樣，男性出生數超過女性很多。范東先生述說：「有一個事實是肯定的，雖然無法確定這種男女不成比例的奇特情況是在什麼確切時期開始的，但十分明顯的是，這種女人減少的過程在一八三〇至一八四四年間已達到全盛時期，而一八四四年的未成年人口當時正好出生，並以巨大活力延續到現在。」[49]下面的敘述引自范東先生，[50]但由於資料不夠充分，調查不夠精確，因此不能期望獲得一致的結果。應該記住在這個例子以及下述例子中，每個地方人口的正常狀態都是女多於男，至少在所有文明國家裡是如此，這主要由於男性在青少年時期的死亡率較高，部分由於在晚年會遇到各種意外事故。一八五八年紐西蘭一切年齡的土著人口估計共含男性三萬一千六百六十七人，女性二萬四千三百零三人，即男和女之比爲一百三十點三比一百。但在這同一年裡，在某些限定地區內，經過非常仔細核實過的數字表明，所有年齡的男性爲七百五十三人，女性爲六百一十六人，即男和女之比爲一百二十二點二比一百。對我們更爲重要的是，在一八五八年這同一年裡，同一個地區內的未成年男性爲一百七十八人，而未成年女性爲一百四十二人，即一百二十五點三比一百。還可以補充，一八四四年這一年殺害女嬰的風俗僅在不久前才停止，某一地區的未成年男性爲二百八十一人，而未成年女性只有一百九十四人，即男和女之比爲一百四十四點八比一百。

[49] 同上，三十頁。
[50] 同上，二十六頁。

在桑威奇群島，男人的數量超過女人。該地以前盛行殺嬰到了可怕的程度，但是，正如艾理斯（Ellis）先生所指出的，[51]還有斯塔利主教和寇恩牧師告訴我的，所殺害者並不限於女嬰。儘管如此，另一位顯然可以信賴的作者賈維斯先生[52]曾對整個群島進行過觀察，他還說：「可以找到不少婦女，她們承認自己殺死的嬰兒有三至六個或八個之多。」他接著說：「女性因被認爲比男性的用處少，更常被弄死。」從我們所知道的世界其他地方發生的情況來看，這個說法是可能的，但要採納這個說法就得非常謹慎。停止實行殺嬰，約在一八一九年，當時該群島廢除偶像，傳教士已經定居下來。一八三九年曾對考艾島（Kauai）和歐胡島（Oahu）的一個地區成年的和納稅的男子與女子進行了仔細調查，結果是男性爲四千七百二十三人，女性爲三千七百七十六人，即一百二十五點零八比一百。同時考艾島未滿十四歲和歐胡島未滿十八歲的男子爲一千七百九十七人，同齡的女子爲一千四百二十九人，在這裡男女的比例爲一百二十五點七五比一百。

一八五〇年對所有島嶼的調查表明，[53]所有年齡的男子總數爲三萬六千二百七十二人，女子三萬三千一百二十八人，即一百零九點四九比一百。未滿十七歲的男子總數爲一萬零七百七十三人，同年齡的婦女爲九千五百九十三人，即一百一十二點三比一百。根據一八七二年的調查，所有年齡男女（包括混血兒）之比爲一百二十五點三六比一百。必須記住，所有這些關於桑威奇群島的統計報告只提供了現存男子和現存女子的比例，並不是出生人口的比例。根據所有文明國家的情況來判

---

[51] 見《夏威夷遊記》（*Narrative of a Tour through Hawaii*），一八二六年，二九八頁。

[52] 《桑威奇群島史》（*History of the Sandwich Islands*），一八四三年，九十三頁。

[53] 這項資料引自奇弗牧師的《桑威奇群島上的生活》（*Life in the Sandwich Islands*）一書，一八五一年，二七七頁。

斷，如果以出生數爲據，則男子的比例數還要大得多。[54]

根據上面的幾個事例，我們有理由相信上述殺嬰的實行，有助於形成一個產生男性較多的種族。但我絕非假定，人類實行殺嬰或者其他物種的相似過程乃是男性數量過多的唯一決定性原因。可能有某種未知的法則在人口下降的種族中導致了這種結果，而這個種族的生育力已經多少降低

---

[54] 庫爾特（Coulter）博士在描述（《皇家地理學會學報》，第五卷，一八三五年，六十七頁）加利福尼亞州一八三〇年左右的情況時說道，當地土著居民雖然受到良好待遇，也沒有從故鄉被攆走，並且禁止他們飲酒，但在西班牙教士的教化下，幾乎全部瀕於滅亡或正在滅亡。他把這個現象主要歸因於男人數量遠遠超過女人這一無可懷疑的事實；但他不知道這是否由於缺少女性後代還是由於女嬰在幼年時期死亡較多。後一假定按照所有推論都是極不可能的。他接著說：「人們所恰當地稱之爲殺嬰的事雖不流行，但流產卻爲常見。」如果庫爾特博士關於殺嬰問題的說法是正確的，那麼這個例子就不能支持馬歇爾上校的觀點。從被教化的土著人口急劇減少的情況來看，我們可以猜想這和剛才舉出的例子一樣，他們生育力的降低是由於生活習慣的改變。

關於這個問題，我曾希望從狗的繁育中找到一點說明：因爲在大多數狗的品種中，也許格雷伊獵犬是例外，被殺死的小母狗比小公狗的數量多得多，圖達人的幼嬰情況也恰恰如此。卡波勒斯先生向我確言，蘇格蘭獵鹿犬的情況通常就是這樣。不幸的是，除了格雷伊獵犬外，我對其他任何品種的雌雄比例均毫無所知，而格雷伊獵犬生出的公狗和母狗之比爲一百一十點一比一百。現在根據向許多養狗人所做的調查表明，母狗似乎在某些方面更受重視，雖然在其他方面不受歡迎；最優良品種小母狗有計畫的被殺死看來並不比小公狗爲多，雖然有時確實在有限制的範圍內這樣實行過。因此能否根據上述原則來解釋格雷伊獵犬生出的公狗數超過母狗，我還無法決定。另一方面，我們已經知道，關於馬、牛和綿羊，由於幼畜的任何一種性別的價值都很高，所以沒有隨便宰殺的現象，如果其比例有什麼差別的話，那就是雌性稍微超過了雄性。

了。除了上面提到的幾個原因之外，未開化人的分娩比較順利，結果其男嬰受到的傷害較少，這大概有助於提高產後存活的男嬰對女嬰的比例。如果我們可以根據最近尚存的爲數不多的塔斯馬尼亞人後代的特性和居住在諾福克島上的大溪地人的雜種後代的特性來做判斷的話，那麼無論怎樣說，未開化人的生活和男性數量顯著過多之間似乎並不存在任何必要的關聯。

由於許多動物的雄性和雌性的習性多少有些不同，而且所面臨的危險的程度也不一樣，因此，在許多場合中，常常遭到毀滅的一種性別大概要比另一種性別多。但就我所能追查出的各種原因的複雜關係而言，任何一種性別的沒有差別的、雖然是重大的毀滅，都無助於改變物種產生性別的能力。至於嚴格的社會性動物，如蜜蜂或螞蟻，其不育的和能育的雌蟲數量要比雄蟲龐大得多，雌蟲這種數量優勢具有無比的重要性，我們可以看到在任何這等群體中，凡是雌蟲具有一種強烈遺傳傾向以生產越來越多的雌性後代者，其群體就能最好地繁盛起來；而且在這種場合中，一種產生不相等性別的傾向大概會透過自然選擇而被獲得。關於群居的動物，有雄性在前面保衛其群體者，如某些狒狒和北美野牛，可以想像到，產生雄性的傾向大概可以透過自然選擇而被獲得，因爲得到更好保衛的那些群的個體將會留下較多的後代。以人類來說，由於男人數量在部落中占有優勢而發生的利益，可能就是實行殺害女嬰的一個主要原因。

就我們所知道的來說，凡生產雌雄數量相等或生產某一性別超過另一性別的遺傳傾向，能使某些個體較其他個體獲得直接的利益或害處者，尚無一例。譬如說，有一個個體具有生產雄性多於雌性的傾向，這並不會使牠在生存鬥爭中比其他具有相反傾向的個體得到更大成功，因此這樣一種傾向不能透過自然選擇而被獲得。儘管如此，還有某些動物（如魚類和蔓足類）在雌性受精的過程中，看來需要有兩個以上的雄性參加，因而雄性在數量上占有很大優勢，但這種產生雄性的傾向是怎樣獲得的，其原因還不清楚。我過去曾以爲如果生產相等數量的雌雄二者這一傾向對於物種有利，那麼它一定會透過自然選擇而發生，但我現在認識到了整個問題的複雜性，因此把它留待將來去解決會更妥當些。

第九章　動物界低等綱的第二性徵

凡是屬於低等諸綱的動物，其雌雄兩性結合於同一個體之內者並不罕見，因此第二性徵在牠們當中不能發育。在雌雄分離的許多場合中，二者都永久地附生於某種支座上，某一方不能尋找另一方也不能為占有另一方而進行鬥爭。再者，幾乎肯定的是，這些動物的感覺器官太不完善，而且心理能力也太低，以致不能彼此欣賞對方的美或其他魅力，也不會感覺到同性之間需要競爭。

因此，我們必須考慮的那種第二性徵在原生動物、腔腸動物、棘皮動物以及蠕形動物（Scolecida）等這些綱或亞界中都不會發生；這一事實與關於高等諸綱的第二性徵是透過性選擇而獲得的那一信念相符合，而性選擇則依賴於雌雄任何一方的意志、慾望和選擇。儘管如此，依然會發生少數明顯的例外；例如，我聽貝爾德（Baird）博士說，某種體內寄生蟲的雄性和雌性的顏色稍有差異；但我們沒有理由設想這些差異是由於性選擇而被加大的。雄性用來抱握雌性的器官，乃是物種繁殖必不可少的，卻與性選擇無關，而是透過自然選擇獲得的。

許多低等動物，無論是雌雄同體還是雌雄異體，都飾以最燦爛的色彩，或具優雅的色調和條紋。例如，許多珊瑚蟲和海葵（Actiniae），某些水母（Medusae）、銀幣水母（*Porpita*）等等，某些眞渦蟲（Planariae）、許多海星（star-fishes）、海膽類（Echini）、海鞘類（Ascidians）等等。但我們根據已經指明的理由，即，這些動物中有的是雌雄同體，有的是永久附生在其他東西上，以及所有牠們的心理能力都低；可以斷定這等色彩並不是作為一種性的吸引力，也不是透過性選擇而被獲得的。應當記住，除非某一性別比另一性別的色彩燦爛得多或鮮明得多，而且除非雌雄之間在習性上沒有足夠的差異以闡明其色彩的不同，否則我們就沒有充分的證據可以證明其色彩是透過性選擇而獲得的。但是，只有當那些更富於裝飾的個體，幾乎總是雄性如此，主動在另一性別面前誇示其魅力的時候，其證據才可稱爲完全；因爲我們無法不相信這樣誇示是無用的，如果這是有利的，那麼性選擇幾乎不可避免地就會跟著發生作用。然而，當雌雄二者的色彩相同時，如果牠們的色彩僅僅和同一類群的某些其他物種的某一性別的色彩明顯相似，那麼我們就可以把這一結論擴及雌雄雙方。

那麼，我們怎樣來闡明最低等綱的許多動物那種美麗的甚至是燦爛的顏色呢？這等色彩是否常作爲一種保護，好像還有疑問；但只要讀一讀華萊士先生關於這個問題的卓越論著，誰都會承認我們在這個問題上多麼容易陷於錯誤。例如，任何人最初看到水母類的透明性時，大概都不會認爲這對保護牠們自己有最大益處。但是，海克爾提醒我們注意，不但是水母，而且許多浮游軟體動物、甲殼動物、甚至是小的海洋魚類都有這種相同的往往帶有彩虹色的透明外貌，這樣，我們就幾乎無法懷疑牠們正是這樣逃避了海洋鳥類以及其他敵害的注意。捷得（M. Giard）也認爲，某些海綿類和海鞘類的明亮色彩乃是作爲一種保護之用。①明顯的色彩對許多動物同樣也是有利的。這可以用來警告那些攫食之敵，牠們的味道不好或是具有某種特別的防禦手段；但爲了方便起見，有關這個問題將留在後面去討論。

由於對大多數最低等動物的知識貧乏，我們只能說，牠們的明亮色彩或是由其組織的化學性

① 《實驗動物學文獻》（*Archives de Zoolog. Expér.*），一八七二年十月，五六三頁。

質所引起的，或是由其組織的細微構造所引起的，而與這種明亮色彩所產生的任何利益無關。幾乎沒有任何顏色比動脈的血更爲漂亮的了；但沒有理由來設想這種血的顏色本身具有任何利益；雖然這會給少女的雙頰增添美麗，但誰也不會妄說它是爲了這個目的而被獲得的。又如許多動物，特別是低等動物，其膽汁的顏色富麗。例如，漢考克（Hancock）先生告訴我說，無殼的海參類（Eolidae）是極其美麗的，這主要是因爲透過其透明的外膜可以見到膽汁的腺體——這種美麗對這些動物大概不會有什麼益處。美洲森林裡凋謝的樹葉色調，被所有人描寫得燦爛耀眼，但沒有人認爲這等色調對樹木有任何一點利益。請記住，化學家們最近合成的與天然有機化合物密切近似的物質何等之多，它們顯示出最華麗的顏色，那麼在活有機體的複雜實驗室中如果沒有經常創造出同樣顏色的物質，那就是一件奇怪的事情了，雖然它們沒有由此得到任何益處。

軟體動物亞界

在動物界的這整個大部門中，就我所能發現的來說，絕沒有本書所考察的那樣第二性徵。三個最低等的綱，即海鞘類、苔蘚蟲類（Polyzoa）和腕足類（Brachiopods）（構成某些作者所謂的擬軟體動物門），也不能期望牠們有第二性徵，因爲大多數這等動物都是永久地附生在一個支座上的或是雌雄同體的。在瓣鰓綱（Lamellibranchiata）即雙殼類中，雌雄同體並不罕見。緊接的較高一級爲腹足綱（Gasteropoda），即單殼類，有雌雄同體的，也有雌雄異體的。但是，在雌雄異體的場合中，雄性從未有過用以尋求、抱持或媚惑雌性的特別器官，也不具有與其他雄性鬥爭的特別器官。格溫・傑佛瑞斯（Gwyn Jeffreys）先生告訴我說，其雌雄之間的唯一外部差異有時僅僅表現在貝殼形態略有不同；例如，雄濱螺（*Littorina littorea*）的殼比雌性的狹些，螺旋線細長些。但可以假設，這種性質的差異直接與生殖行爲或卵的發育有關。

腹足類動物雖能運動，並且具有不完善的眼睛，但似乎並不賦有足夠的心理能力來和同性諸成員在競爭雌性中互相搏鬥，這樣就不能由此獲得第二性徵。儘管如此，有肺腹足類動物即蝸牛類（land-snails）在交配之前，還有一個求偶的過程；因爲這等動物雖是雌雄同體，但迫於牠們的構造還要互相交配。阿加西斯述說：「凡是觀察過蝸牛求偶活動的人們都不會懷疑，這種雌雄同體的動物在實行雙重交配的過程中存在著對異性進行魅惑的行爲。」②這等動物在某種程度上似乎也容易持久地互相依戀。朗斯代爾（Lonsdale）先生是一位精確的觀察家，他告訴我說，他曾把一對羅馬蝸牛（*Helix pomatia*）放在一個食物缺乏的小花園裡，其中一隻很衰弱。經過短時間後，那個健壯的個體不見了，留下一道有黏液的足跡，原來牠翻過了一道牆來到相鄰的一個食物豐富的花園裡。朗斯代爾先生斷定牠已將其有病的伴侶拋棄了；但過了二十四小時後牠又回來了，而且顯然向其伴侶傳達了牠的有成效的勘察結果，因爲牠們於是沿著原路消失在牆外了。

即使軟體動物中最高等的綱，像雌雄異體的頭足類（Cephalopoda）、即烏賊，就我所能發現的來說，也不具有現在所說的那種第二性徵。這是一個令人感到奇怪的情況，因爲，凡是見過牠們怎樣巧妙地逃避一種敵害的人們都會承認這等動物具有高度發達的感覺器官和相當的心理能力。③然而，某些頭足類動物具有一種異常的性徵，即，雄性生殖素先集中於一條臂或觸手內，這條觸手隨即斷落，依其吸盤附著於雌性，並在一段時間內獨立生活。斷落的這條觸手與一個獨立的動物如

---

②《物種的分類》（*De l'Espèce et de la Class.*），一八六九年，一〇六頁。

③例如，參閱我的有關記載，見我著的《研究日誌》（*Journal of Researches*），一八四五年，七頁。

此完全相似，以致居維葉把它描述爲一種寄生蟲，稱其爲交接腕（Hectocotyle）。但是，把這種奇異的構造歸入第二性徵，倒不如把它歸入第一性徵更爲合適。

性選擇雖然對軟體動物似乎不起作用，但是像渦螺、芋螺、扇貝等許多單殼類和雙殼類的顏色和形狀都很美麗。在大多數場合中，顏色好像沒有什麼保護作用，正如最低等動物綱的情況那樣，顏色大概是組織性質的直接結果，貝殼的樣式和刻紋取決於牠的生長方式。光的量似乎有一定程度的影響，因爲，格溫・傑佛瑞斯先生雖然反覆講過生活在深水裡某些物種的貝殼顏色是明亮的，然而我們一般所看到的是其底面以及由套膜所遮蓋的部分，其顏色不及上部受光表面的顏色濃。④在某些例子中，如生活在珊瑚或色調明亮的海草中的貝類，其明亮的顏色可能是作爲保護自己之用的。⑤但是，在奧爾德（Alder）和漢考克（Hancock）兩位先生的出色著作中可以看到，許多裸鰓軟體動物或者海參（sea-slugs）的顏色之美麗與任何貝類無異；根據漢考克先生熱心給我的資料看來，這等顏色通常是否作爲保護自己之用，似乎極可懷疑。對某些物種來說可能有這種作用，例如有一類是生活在海藻的綠葉上，其本身的顏色也是碧綠的。但許多顏色明亮的、白色的或其他有鮮明顏色的物種並不尋求隱蔽；另外還有某些同等鮮明顏色的物種以及其他暗色的種類生活在石頭底

④ 我舉出過一個奇特的例子（《關於火山島的地質考察》，一八四四年，五十三頁）示明光線對一種在阿森松島海岸沉積的葉狀外殼顏色所產生的影響，這種沉積是由於拍岸浪向海岸岩石的衝擊，並由磨碎了的海貝殼的溶液而形成的。

⑤ 莫爾斯（Morse）博士最近對這個問題進行了討論，見他寫的關於軟體動物的適應性的色彩的論文，載於《波士頓博物學會會報》，第十四卷，一八七一年四月。

下和幽暗的深處。因此對於裸鰓軟體動物來說，牠們的顏色與其棲息場所的性質顯然沒有什麼密切關係。

這些無殼的海參都是雌雄同體，但牠們互相交配，這與蝸牛類的情況一樣，而許多蝸牛都有極漂亮的殼。可以這樣想像：雌雄同體的兩個個體彼此被更富有魅力的美所吸引，因而結合起來並留下後代以繼承雙親的更富有魅力的美。但對於體制如此低等的動物來說，這是極不可能的。而且也完全看不出來自一對比較美麗的雌雄同體動物的後代，怎麼會比來自一對比較不美麗的雌雄同體動物的後代占有任何優勢，以增加其數量，除非精力和美麗的確普遍相符合。在這裡，我們還沒有考慮下述事例，即一定數量的雄性比雌性早熟，以及比較美麗的雄性被精力比較旺盛的雌性所選中。誠然，就有關一般生活習性來說，如果美麗的顏色對於一種雌雄同體動物是有利的，那麼，色調比較明亮的個體大概會獲得最大成功，並且增加其數量，但這是自然選擇而不是性選擇的事例。

蠕形動物亞界：環節動物

在這個綱中，當雌雄異體時，雌雄二者有時在如此重要的性狀上彼此有所差異，以致會把牠們歸入不同的屬甚至不同的科，雖然如此，這似乎不是可以穩妥地歸因於性選擇的那種差異。這些動物往往都有美麗的顏色，但由於雌雄二者在這方面並無區別，因此我們很少考慮牠們。即使紐形動物（Nemertians），雖然其體制如此低等，「在美麗和顏色的豐富多彩方面也可與無脊椎系列中的任何其他類群相競爭」；然而麥金托什（McIntosh）⑥博士未能發現這些顏色有什麼用途。按照考

⑥ 參閱他的專題著作《英國環節動物類》（*British Annelids*），第一部分，一八七三年，三頁。

垂費什的意見，固定不動的環節動物在生殖時期過後，其顏色就變得暗淡了；⑦我認爲這一點可能是因爲牠們在那時處於比較不活躍的狀況。所有這一切蠕蟲狀的動物顯然都由於太低等，以致雌雄雙方的個體都不能盡力去選擇一個對象，或者，同一性別的個體也不會在競爭對象中互相搏鬥。

節足動物亞界：甲殼動物

在這巨大的綱中，我們首先遇到的是，常常以一種顯著方式發育的無可懷疑的第二性徵。不幸的是，我們對甲殼動物的習性了解得很不全面，而且還解釋不了某一性別所特有的許多構造的用途。關於低等寄生性物種，其雄性體型小，而且只有雄性具有完善的游泳肢、觸角和感覺器官；雌性缺少這等器官，其軀體往往只是扭曲的一團。但是，雌雄之間這等異常的差異無疑與牠們的廣泛不同的生活習性有關，因此不在我們考慮之內。不同科的各種甲殼動物的前觸角具有特殊的線狀體，這些線狀體據信可發揮嗅覺器官的作用，而雄性的線狀體數量遠比雌性的爲多。即使雄性的嗅覺器官並不特別發達，牠們幾乎肯定遲早也能找到雌性，因此，嗅覺線狀體大概是透過性選擇而增加了數量，這是因爲具有更多線狀體的雄性在尋找對象和產生後代方面都能獲得較大成功。弗里茨·米勒描繪過異足蟲屬（Tanais）的一個顯著二型的物種，其雄性有兩種不同的類型，絕無中間類型存在。其中一種類型具有數量較多的嗅覺線狀體，另一種類型則具有較強的而且較長的鉗爪或螯，用以抱持雌性。弗里茨·米勒認爲這同一物種的兩個雄性類型之間的這等差異可能起源於某些

---

⑦ 參閱佩里埃（M. Perrier）的〈達爾文以後有關人類起源的討論〉（l'Origine de l'Homme d'après Darwin），見《科學評論》，一八七三年二月，八六六頁。

個體在嗅覺線狀體的數量上發生了變異，同時另一些個體則在鉗爪的形狀和大小上發生了變異；因此前者能夠最有效地尋找雌性，而後者則能最有效地抱持雌性，牠們都會留下最大數量的後代以承繼各自的優越性。⑧

在某些低等甲殼動物中，雄性的右前觸角和左前觸角的構造大不相同，左前觸角的簡單圓錐狀關節與雌性的觸角相類似。雄性那條變異了的觸角不是中間膨大就是呈一定角度的彎曲，不然就是變成某種優雅的有時是異常複雜的抱握器官（圖4）。⑨我聽盧伯克爵士說，它是用來抱持雌性的，而且爲了同一目的，身體同一側的兩條後肢（b）也變成了一種鉗狀物。在另一科中，只有雄性的下觸角，即後觸角呈「奇妙的鋸齒狀」。

高等甲殼動物的前肢發育成鉗爪或螯，而雄性的這等器官一般比雌性的大，——按照斯彭斯·巴特先生的資料，雄黃道蟹（*Cancer pagurus*）因爲螯很大，其市價要比雌蟹貴五倍。許多物種軀體兩側的螯大小不相等，正如巴特先生告訴我的，右側的螯一般都是最大的，雖然並非一律如此。這種大小不相等的程度也常常是在雄性比在雌性爲大。雄性兩隻螯的構造往往也有差異（圖5，6

---

⑧《支持達爾文的事實和論據》（*Facts and Arguments for Darwin*），英譯本，一八六九年，二十頁。參閱上述關於嗅覺線狀體的討論。薩斯（Sars）曾描述過一個多少類似的例子，是關於一種挪威甲殼動物的，即*Pontoporeia affinis*（《自然》，一八七〇年，四五五頁引用）。

⑨參閱盧伯克爵士的文章，見《博物學年刊雜誌》，第十一卷，一八五三年，一、十圖；第十二卷，一八五三年，七圖。再參閱盧伯克的文章，見《昆蟲學會學報》，新刊第四卷，一八五六—一八五八年，第八頁。至於下面提到的鋸齒形觸角，參閱弗里茨·米勒的《支持達爾文的事實和論據》，一八六九年，四十頁，註腳。

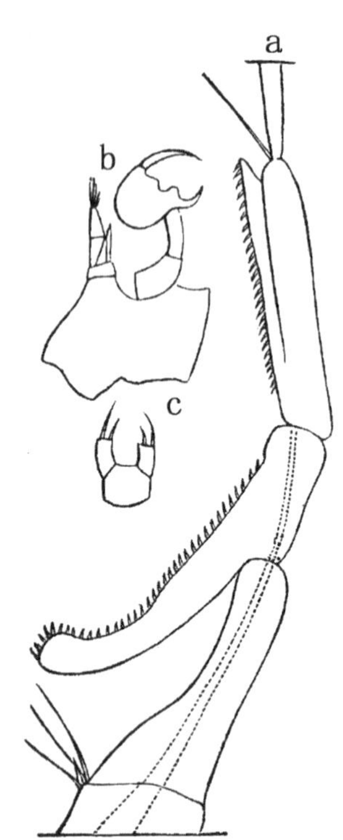

圖4 達氏角水蚤（Labidocera Darwinii）（引自盧伯克）

a.雄性右前觸角形成抱握器官的部分；b.雄性的一對後胸肢；c.雌性的一對後胸肢。

和7），較小的那隻螯與雌性的相類似。牠們軀體相對兩側的螯大小不相等以及雄性兩側的螯大小不相等的程度大於雌性會帶來什麼利益；還有，當兩側的螯大小相等時，雄性的螯爲什麼又往往大於雌性的，其原因都還弄不清楚。我聽巴特先生說，有時牠們的螯是如此之大而且如此之長，以致不能用牠們取食送至口際。某種淡水雄斑節蝦（長臂蝦屬，Palaemon）的右肢實際上比整個身體還要長。[10]這條大型的肢加上牠的螯將有助於牠與其競爭對手進行戰鬥；但是，雌性軀體相對兩側的不相等並不是由於這同樣的原因。根據米爾恩·愛德華茲所引用的一段敘述，[11]在招潮蟹（Gelasimus）中，雄性和雌性同穴而居，這闡明牠們是成雙成對的；雄性用一隻非

---

⑩ 參閱斯彭斯·巴特先生一篇附有圖解的論文，見《動物學會會報》，一八六八年，三六三頁；以及關於屬的系統命名法一文，同前刊，五八五頁，我以上幾乎全部有關高等甲殼動物的螯的論述，均承斯彭斯·巴特先生的大力協助。

⑪ 《甲殼動物志》（*Hist. Nat. des Crust.*），第二卷，一八三七年，五十頁。

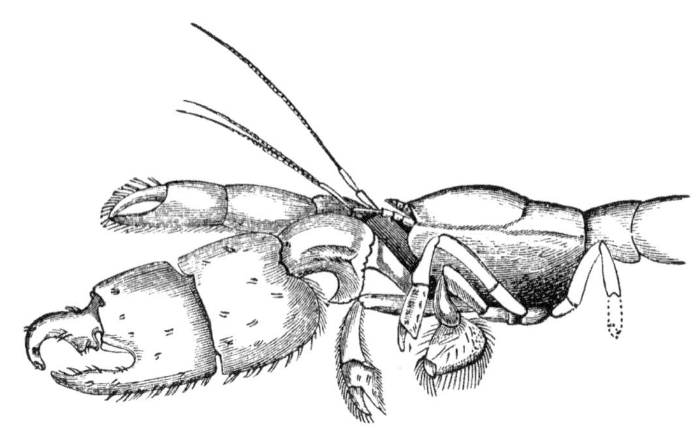

圖5　美人蝦屬（Callianassa）身體的前部，示明雄性右側和左側的螯大小不相等以及構造的不同（引自米爾恩 · 愛德華茲）

注意：繪圖人把圖畫顛倒了，誤把左螯畫成最大的。

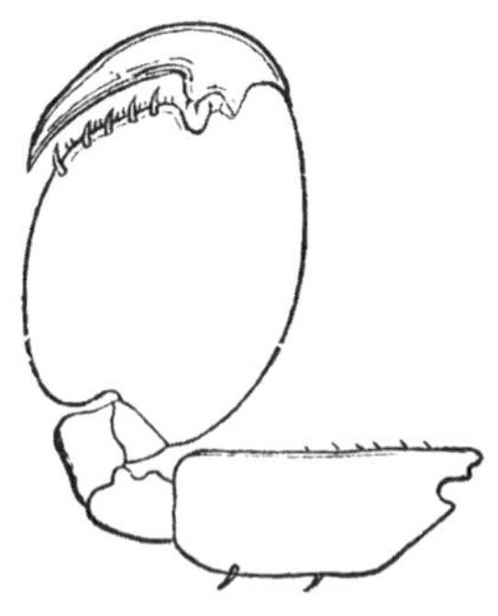

圖6　一種雄跳鉤蝦（*Orchestia Tucuratinga*）的第二肢（引自弗里茨 · 米勒）

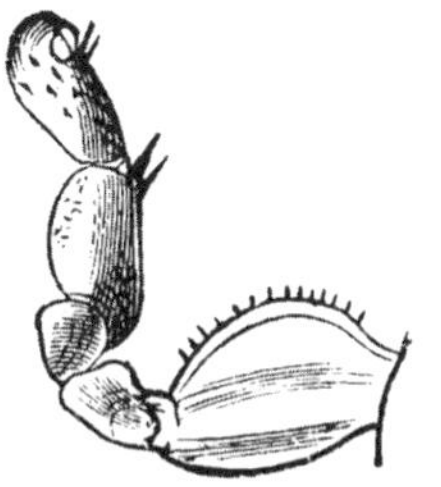

圖7　同圖6，雌性的第二肢

常發達的螯把洞口堵住，因此牠在這裡是間接用作防禦手段的。然而其主要用途大概還是在於抓住和保衛雌性。有些事例，如鉤蝦（Gammarus），據知就是如此。雄寄居蟹或武士蟹（寄居蟹*，*Pagurus*）一連幾個星期攜帶著雌蟹所居住的殼轉來轉去。[12]然而，巴特先生告訴我說，普通濱蟹（*Carcinus maenas*）在雌蟹剛一脫掉硬殼之後，雌雄就直接交合，雌蟹脫殼後是那樣地嬌嫩，這時如果被雄蟹強有力的雙鉗夾住就會受到傷害；但是因爲雄蟹在雌蟹脫殼之前就捉住了牠並把牠帶來帶去，所以在雌蟹脫殼後再抓住牠就不會造成損傷了。

弗里茨．米勒說，Melita的某些物種由於雌性的「倒數第二對足的基節片長成爲鉤狀凸起，以便雄性用第一對前肢把牠們抓牢」，因而與所有其他端足類（Amphipods）都有所區別。這種鉤狀凸起的發育大概由於雌性在生殖行爲中可以最牢固地被雄性抓緊，並留下最大數量的後代。另一個巴西的端足類——達氏跳鉤蝦（*Orchestia Darwinii*，圖8）呈二型現象；與異足水蝨屬的情況相似；因爲牠們有兩種雄性類型，其區別在於螯的構造。[13]由於無論用哪一支螯肯定都完全可以把雌性抱握住——因爲現在這兩支螯都用於這個目的——所以這兩種雄性類型大概起源於有些個體發生了這樣變異，而另一些個體則發生了那樣變異；這兩種類型由於牠們不同形狀的器官都曾經產生了某種特殊的而又接近相等的利益。

---

* 一名「巢螺」第一對肢形大爲鉗狀，其在右方者常比左方大，全體赤色或蒼黑，棲於海濱，寄居螺類遺殼之中，故名。其右方的大螯用以步行和採食，當退居螺殼中時並用它掩蔽螺殼之口。——譯者注

⑫ 斯彭斯．巴特先生著文，見《大不列顛協會，關於南部德文郡動物區系的第四個報告》。

⑬ 弗里茨．米勒，《支持達爾文的事實和論據》，一八六九年，二十五—二十八頁。

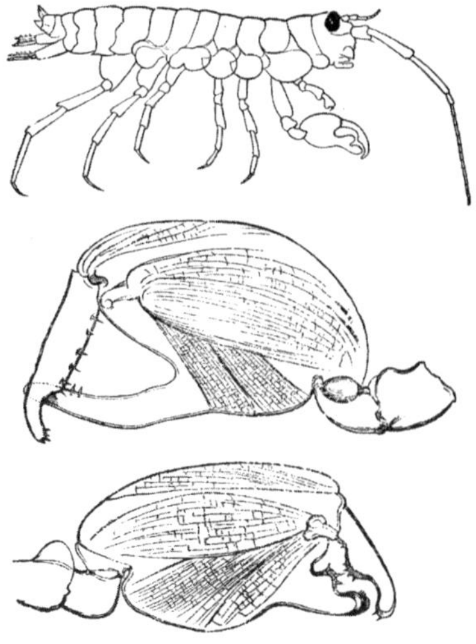

圖8　達氏跳鉤蝦（*Orchestia Darwinii*）（根據弗里茨·米勒）

圖示兩種雄性類型的螯的不同構造。

現在尚未發現雄性甲殼動物爲了占有雌性而互相戰鬥，但這種情況可能是存在的；因爲，對大多數動物來說，當雄性大於雌性時，雄性的較大體型似乎是靠了其祖先與其他雄性經歷了許多世代的戰鬥之故。在大多數的「目」中，尤其是在最高等的「目」、即短尾類（Brachyura）*中，雄性都大於雌性；然而雌雄二者遵循不同生活習性的寄生性的屬，以及大多數的切甲類（Entomostraca）**都是例外。許多甲殼動物的螯都是十分適於戰鬥的武器。例如，巴特先生的兒子曾見到一隻梭子蟹（*Portunus puber*）與一隻濱蟹進行戰鬥，後者很快就被打得背朝下，而且每條肢都從軀體上被撕裂下來。有一個具有巨螯的物種叫巴西招潮蟹（*Brazilian Gelasimus*），當弗里茨·米勒把牠們的若干隻雄性放入一個玻璃容器時，牠們就互相撕裂和殘殺。巴特先生曾把一隻大型的雄濱蟹放入一

* 短尾類爲甲殼類的一個亞目，腹部短而曲屈，密著於頭胸部下，第一對肢大而具螯，次四對小而有爪，或最後一對肢端廣闊，變爲游泳器，如蟹等屬之。——譯者注

** 爲甲殼類的一個亞綱，體型小，當蛻皮爲成蟲時，有肢三對，爲感覺、取食和游泳之用，如水蚤等屬之。——譯者注

盆水中，其中已有一隻雌濱蟹與一隻較小的雄濱蟹交配，但後者很快就被攆走了。巴特先生接著說，「如果牠們戰鬥過，那麼這個勝利是一種不流血的勝利，因爲我沒見到損傷」。這位博物學家把一隻雄海岸鉤蝦（*Gammarus marinus*，在英國的海岸上經常可以見到），與牠的雌性伴侶分開，牠們二者原是與同一個物種的許多個體放在同一個容器裡的。當雌性這樣被分開之後，很快就與其他個體混合在一起了。經過一段時間後，又把原來那隻雄性放回容器裡，牠在四周游了一會兒後，就向蝦群中猛衝進去，沒有經過任何戰鬥，一下子就把其原配帶走了。這個事實闡明了，在動物等級上屬於低等一個「目」——異足類的雄性與雌性是彼此認識的，而且是互相依戀的。

甲殼動物的心理能力大概比初見時所表現的爲高。任何人如果試圖去捉一隻熱帶海濱常見的海岸蟹，就會看到牠們是多麼謹慎和警惕。在珊瑚島上發現有一種大型的蟹（椰子蟹，*Birgus latro*），牠們能從椰實剔出纖維，在一個深洞底部鋪成一個厚床。牠以掉下的椰實爲食，自外殼逐層撕去其纖維，而且總是從椰子上有三個像眼睛那樣凹痕的那一端開始。然後牠用其沉重的前螯敲打，打開其中的一個凹眼，再把它翻過來，用其狹窄的後螯取出裡面含有豐富胚乳的果心。不過這些動作大概是本能的，因爲在進行這些動作時幼蟹與老蟹都完成得一樣好。然而下述情況就幾乎不能認爲也是如此：一位可信賴的加德納（Gardner）先生⑭，當他注視到一隻海岸蟹（招潮蟹屬）在做巢穴時，曾向洞穴扔了若干貝殼。一個貝殼滾進了洞裡，另三個貝殼掉在離洞口幾英寸的地方。五分鐘左右，這隻蟹把掉進洞裡的那個貝殼弄了出來，放到離洞口一英尺的外面；然後牠又見到掉

---

⑭《巴西腹地紀遊》（*Travels in the Interior of Brazil*），一八四六年，一一一頁。在我的《研究日誌》的第四六三頁有關於椰子蟹習性的記述。

在附近的那三個貝殼，並且顯然想到它們會同樣滾進洞裡去的，於是又把它們帶到第一個貝殼所在的地方。我想這種行動與人類借助於理性的行動之間是很難加以區別的。

巴特先生不知道有任何十分顯著的事例表明我們英國的甲殼動物的雌雄顏色有什麼差異，而高等動物的雌雄二者在這方面的差異是很常見的。然而在某些場合中，雌雄二者的色調稍有不同，但巴特先生認爲這無非是由於牠們的不同生活習性所致，譬如雄性遊動性較強，這樣就受光較多。鮑爾（Power）博士曾試圖從顏色來區別產於模里西斯的一些物種的雌雄性別，但除了蝦蛄屬（Squilla）的一個物種之外都失敗了，這個物種大概就是針形蝦蛄（*S. stylifera*），其雄性被描述爲「具有美麗的天藍色」，而且有一些櫻紅色的附器，但雌性的外殼則布滿模糊的褐色和灰色斑點，「其四周的紅色遠不如雄性的鮮豔」。[15]從這個例子，我們可以猜想到性選擇的作用。根據M・伯特（Bert）對水蚤屬（Daphnia）*的觀察，當把牠放進一個通過稜鏡的光線所照射的容器裡時，我們有理由相信甚至最低等的甲殼動物也能辨別顏色。葉劍水蚤屬（Saphirina，切甲類的一個海產屬）的雄性具有許多微型盾狀體或類細胞體，它們表現出變化不定的美麗顏色；這些顏色是雌性所沒有的，有一個物種的雌雄二者都沒有這樣顏色。[16]然而要斷定這些奇妙的器官就是用來吸引雌性就未免過於輕率了。弗里茨・米勒對我說，招潮屬的一個巴西物種的雌性通體幾乎都是一致的

---

[15] 參閱弗雷澤（Ch. Fraser）先生的文章，見《動物學會會報》，一八六九年，三頁。承巴特先生給我提供了鮑爾博士的記述。

* 屬於節肢動物，甲殼類，金魚蟲、紅蟲屬之。——譯者注

[16] 克勞斯（Claus），《關於橈足類的遊動生活》（*Die freilebenden Copepoden*），一八六三年，三十五頁。

灰褐色。雄性頭胸部的後部是全白色的，前部是深綠色的，並逐漸變爲暗褐色；值得注意的是，這些顏色在幾分鐘內就有改變的傾向——由白色變成暗灰色甚至是黑色，而綠色也「失去了其大部光澤」。尤其值得注意的是，雄性要到成熟時才獲得其鮮明的色彩。牠們的數量看來比雌性多得多；牠們的螯也大於雌性。在這個屬的某些物種中，也可能在它的所有物種中，雌雄二者都是成雙成對地居住在同一個洞穴內。正如我們已經看到的，牠們也是高度聰明的動物。根據這種種考察，看來這個物種的雄性大概爲了吸引或刺激雌性而變得裝飾華麗了。

上面剛剛講過雄招潮蟹要到成熟後，接近準備繁殖的時候才獲得其鮮明的色彩。關於雌雄二者之間許多構造上的顯著差異，上述一點似乎是這全綱的一個普遍規則。以後我們將會看到同一法則且通用於脊椎動物這一大的亞界。而且在所有場合中，透過性選擇所獲得的性狀都是區別顯著分明的。弗里茨・米勒[17]提出一些有關這個法則的顯著事例，例如雄跳鉤蝦（Orchestia）要到接近完全成長時才獲得巨大的抱握器，構造和雌性的大不相同，而當雄性幼小時，抱握器則與雌性的相似。

蛛形綱（Arachnida）（蜘蛛類）

其雌雄二者的顏色一般沒有重大區別，但雄性往往比雌性色暗，在布萊克瓦爾（Blackwall）先生的巨著[18]中可以看到這一點。然而有些物種的差異卻是顯著的，例如，雌綠色遁蛛（*Sparassus*

⑰《支持達爾文的事實和論據》，七十九頁。

⑱ 下述事實見《大不列顛蜘蛛志》（*A History of the Spiders of Great Britain*），一八六一—一八六四年，七十七，八十八，一〇二頁。

smaragdulus）呈暗綠色，而成年雄蛛的腹部則呈鮮黃色，並具三道濃豔的紅色縱條紋。蟹蛛屬（Thomisus）某些物種的雌雄二者彼此密切類似，但另外一些物種的雌雄二者則很不相同，許多別的屬也有近似的情況。究竟雌雄二者哪一方與該物種所隸屬的那個屬的正常色彩相差最大，往往很難說。但布萊克瓦爾先生認爲，按照一般的規則，還是雄性如此。卡內斯垂尼說[19]，在某些屬中，雄性特別容易被識別，而識別雌性就非常困難了。布萊克瓦爾先生告訴我說，雌雄二者在幼小時通常是彼此類似的，在牠們成熟之前的連續幾次蛻皮期間二者的顏色就往往發生了重大變化。在另外一些情況中，好像只有雄性的顏色發生變化。因此上述具有鮮明色彩的雄遁蛛最初與雌性相類似，只有當牠接近成熟時才獲得其特有的色調。蜘蛛類具有敏銳的感覺並表現出很高的智力，眾所周知，雌蜘蛛對牠們的卵常常表現了最強烈的感情，牠們用絲網把卵封包起來，隨身攜帶。雄蜘蛛熱切地尋求雌性，卡內斯垂尼以及其他人士還見到過雄蜘蛛爲了占有雌性而進行戰鬥。這位作者還說，他曾觀察過將近二十個物種的雌雄蜘蛛的交配，他肯定地斷言，雌蜘蛛拒絕有些雄蜘蛛的求愛，張開了上顎嚇唬牠們，經過長時間的猶豫之後，最後才接受了牠所挑中的一隻。根據這幾種考察，我們可以多少有些把握地承認，某些物種雌雄二者之間在顏色方面的顯著差異乃是性選擇的結果。雖然關於這一點我們還沒有掌握最好的證據——雄性以其裝飾物進行誇示。從有些物種的雄性在顏色上的極度變異性來看，例如條紋球腹蛛（*Theridion lineatum*），其雄性的這些特徵似乎至今還不十分穩定。卡內斯垂尼根據某些物種的雄性在顎的大小和長短上，呈現了互相區別的兩種類型

---

⑲ 這位作者最近發表了一篇《關於蛛形綱的第二性徵》的有價值論文，見《帕多瓦博物學的威尼托—特蘭提諾協會會報》（*Atti della Soc · Veneto-Trentina di Sc.Nat.Padova*），第一卷，第三冊，一八七三年。

這一事實，也做出了同樣的結論，這一點使我們想起了上述有關甲殼動物二型性的事例。

雄蜘蛛一般要比雌性小得多，有時竟小到異常的程度，[20]迫於此，雄性爲求偶而向雌性接近時，必須極端小心，因爲雌性的羞怯往往會引起危險的攻擊。德吉爾（De Geer）見過一隻雄蜘蛛「浸沉在準備求愛之中時，被其所注意的對象捉住，包入她的蛛網，然後被吃掉，」他接著說：「這一景象使他充滿了恐怖和憤慨。」[21]坎布里奇牧師[22]關於絡新婦（*Nephila*）雄性的極端小型做過如下說明。「萬松（M. Vinson）關於小型雄蜘蛛逃避雌性的兇猛攻擊，做過生動記載，雄蜘蛛採取與雌性捉迷藏的辦法，沿著後者的巨肢，越過後者的軀體，在後者四周滑來滑去。在這樣一場追逐中顯然最小的雄蜘蛛逃脫的機會最多，而大一點的雄蜘蛛很早就會成爲犧牲品；因此一種小的雄性類型就會漸漸受到選擇，直至最後縮到最小的可能程度，以適合實行其生殖機能——事實上大概就是我們現在所看到的那樣大小，這就是說，牠們小得就像雌性身上的一種寄生物，不會引起雌性的注意，或者因爲牠們太小、太敏捷，以致雌性非常難於捉住牠們。」

---

⑳ 奧古斯特·萬松（Aug. Vinson）在《島嶼蜘蛛類》（*Aranéides des Iles de la Réunion*），第六幅插圖的圖1和圖2，書中提供了一個良好例子來說明雄黑蜘蛛（*Epeira nigra*）的小型身體。我可以補充一點，這個物種的雄性是黃褐色的，而雌性是黑色的並且腿上具有紅色帶狀花紋。根據記載，關於雌雄二者大小的不相等，甚至還有更顯著的事例（《科學季刊》，一八六八年七月，四二九頁），但我沒有見到原始資料。

㉑ 柯爾比和斯彭斯，《昆蟲學導論》，第一卷，一八一八年，二八〇頁。

㉒ 《動物學會會報》，一八七一年，六二一頁。

韋斯特林（Westring）有過一個有趣的發現：即球腹蛛屬某些物種的雄性㉓具有摩擦發音的能力，而雌性卻是啞子。牠的發音器的構成是由腹底的鋸齒狀隆起與堅硬的後胸部相摩擦，但在雌性找不到這種構造的任何痕跡。值得注意的是，有幾位作者，其中包括著名的蜘蛛學家瓦爾克納（Walckenaer），曾宣稱蜘蛛類受音樂的吸引。㉔根據下一章所描述的直翅目（Orthoptera）和同翅目（Homoptera）昆蟲來類推，我們幾乎可以肯定這種摩擦發音是用來召喚或刺激雌性，韋斯特林也這樣認爲。在動物界的等級中向下追溯，關於爲了這個目的而發出音響的，這是我所知道的最初的一個事例。㉕

多足綱

這個綱的兩個「目」，無論馬陸類（millipedes）或蜈蚣類（centipedes），都沒有這等雌雄差異的任何十分顯著的事例值得我們更特別關心。然而，有一種球馬陸（*Glomeris limbata*），另外也許還有少數物種，其雄性和雌性的顏色稍有不同，但這種馬陸都是一些高度容易變異的物種。關於

㉓ 球腹蛛類，鋸齒形球腹蛛，四星球腹蛛，斑點球腹蛛：參閱韋斯特林的著文，見克羅耶爾（Kroyer）的《博物學文集》（*Naturhist. Tidskrift*），第四卷，一八四二—一八四三年，三四九頁；以及第二卷，一八四六—一八四九年，三四二頁。關於其他物種，再參閱《瑞典蜘蛛類》（*Araneae Suecicae*），一八四頁。

㉔ 祖特文博士在這本著作的荷蘭文譯本中收集了一些事例（第一卷，四四四頁）。

㉕ 然而，希爾根道夫（Hilgendorf）最近引起人們注意某些高等甲殼動物的相似構造，該構造似乎適於發出聲音：見《動物學紀錄》，一八六九年，六〇三頁。

倍足（Diplopoda）亞綱的雄性，在其軀體某一前節或後節上著生的一對腿變成了可以抱握的鉤狀物，作爲抱持雌性之用。馬陸屬（Iulus）某些物種的雄性的跗節具有膜質吸盤，其用途也是一樣。我們討論到昆蟲類時，將會看到十分異常的情況是，在石蜈蚣（Lithobius）屬中，正是雌性在其軀體末端具有抱握的附器以抱持雄性。[26]

---

[26] 瓦爾克納和熱爾韋茲，《昆蟲志：無翅目》（*Hist. Nat. des Insectes: Apteres*），第四卷，一八四七年，十七，十九，六十八頁。

第十章　昆蟲類的第二性徵

在龐大的昆蟲綱中，雌雄的差異有時表現在運動器官上，但往往是表現在感覺器官上，如許多物種的雄蟲所具有的櫛狀觸角和美麗的羽狀觸角即是。蜉蝣類（Ephemerae）的一種叫做Chloëon的，其雄蟲具有巨大的柱眼，而雌蟲則沒有，①某些昆蟲的雌性沒有單眼，蟻蜂科（Mutillidae）就是如此，同時牠們還沒有翅。然而我們所關心的主要是使某隻雄性或在戰鬥中或在求偶中能憑其體力，好鬥性，裝飾，或音樂去戰勝其他雄性的那些構造。因此，雄性用以抓住雌性的無數裝置，可能簡略地一筆帶過，但腹端的複雜構造除外，這恐怕是要列爲初級器官的，②正如沃爾什先生所說

---

① 盧伯克爵士，《林奈學會會報》，第二十五卷，一八六六年，四八四頁。關於蟻蜂科，參閱韋斯特伍德的《昆蟲的近代分類》，第二卷，二一三頁。

② 在親緣關係密切接近的物種中，雄蟲的這等器官往往不一樣，並呈現最顯著的物種性狀。但從功能的觀點來看，其重要性正如麥克拉克倫先生對我說過的，大概被高估了。有人提出這等器官的輕微差異就足以阻止十分顯著的品種、即端始物種之間的雜交，這就有助於它們的發展。但實際情況簡直不會如此，根據不同物種也可結合的許多觀察紀錄〔例如，參閱勃龍的《自然史》（*Geschichte der Natur*），第二卷，一八四三年，一六四頁；韋斯特伍德的文章，《昆蟲學會學報》，第三卷，一八四二年，一九五頁〕，我們可以這樣推論。麥克拉克倫先生告訴我〔《昆蟲報合訂本》（*Stett. Ent.Zeitung*），一八六七年，一五五頁〕，邁耶博士曾把這種差異非常顯著的石蛾科（Phryganidae）的某些物種關在一起，牠們互相交配了，而且其中一對還產下了受精卵。

的，「爲了使雄性能夠牢固地抓住雌性這個表面上毫不重要的目的，大自然創造了何等眾多的不同器官，實足令人驚異不止」。③昆蟲的上顎或顎有時就用於這種目的。例如，具角魚蛉（*Corydalis cornutus*，一種脈翅目昆蟲，與蜻蜓等有某種程度的親緣關係）的雄性具有大而彎曲的顎，比雌性的顎長達數倍；它們是平滑的，而不是鋸齒形的，所以雄性這樣抓住雌性時就不致使她受到傷害。④北美洲有一種大鍬甲蟲（*Lucanus elaphus*），其雄性的顎比雌性的大得多，也用於同樣的目的，但大概也用於戰鬥。有一種蠮螉（*Ammophila*），其雌雄二者的顎密切相似，但用於大不相同的目的：如韋斯特伍德教授所觀察的，雄蜂「非常熱情，用其鐮刀狀的顎繞住配偶的頸部把後者抓住」⑤；雌蜂則用這種器官在沙壩上打洞築巢。

許多雄甲蟲前肢跗節膨大或具有寬的毛墊，在水生甲蟲的許多屬中，牠們都具有扁圓的吸盤以便雄性能吸附在雌性的滑溜軀體上。有一個更加異常得多的情況，即有些水生甲蟲（龍虱屬，Dytiscus）的雌性具有刻著深槽的鞘翅，而條紋龍虱（*Acilius sulcatus*）雌性的鞘翅上則披著厚厚一層毛，借此以幫助雄性抱持雌性。另外有些水生甲蟲（Hydroporus）的雌性爲了同一目的，具有刻點的鞘翅。⑥

---

③《實際的昆蟲學家》（*The Practical Entomologist*），美國，費城，第二卷，一八六七年五月，八十八頁。

④同上雜誌，一〇七頁，參閱沃爾什先生的文章。

⑤見《昆蟲的近代分類》，第二卷，一八四〇年，二〇五，二〇六頁。沃爾什先生喚起我對顎之雙重用途的注意，他說他反覆觀察到這類事實。

⑥我們在這裡見到一種奇特而費解的二型現象，因爲龍虱屬四個歐洲物種和水生甲蟲的某些物種的一些雌蟲具有光滑

細腰蜂雄性（圖9）的脛節膨大而成寬闊的角質板，其上布滿了微小的膜質點，使它呈現粗篩狀的獨特外形。⑦黴蟄屬（Penthe，甲蟲的一屬）的雄性「顯然因同一目的」，其觸角中部的幾節膨大，而且膨大部分的下表面有毛墊，與步行蟲科（Carabidae）跗節的膨大部分完全一樣。雄蜻蜓「尾巴尖端的跗器變成幾乎數不清的種種奇形怪狀，使牠們能夠用以抱握雌蜻蜓的頸部」。最後，許多雄性昆蟲的肢都具有特殊的刺、節或距；或者整個肢彎成弓狀或變粗，這是一種性的特徵，但絕非永遠如此；或者一對肢變長了，或者三對肢都變長了，有時長到過分的程度。⑧

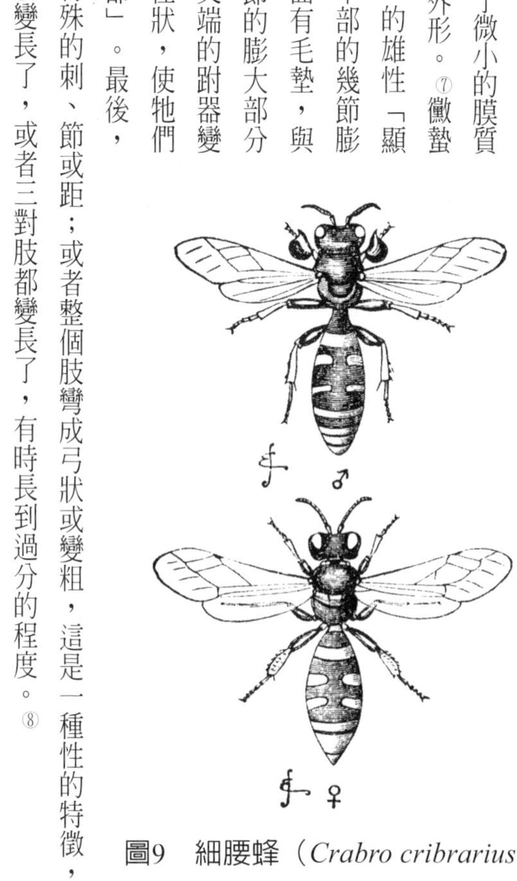

圖9　細腰蜂（*Crabro cribrarius*）
上圖是雄蜂；下圖是雌蜂。

的鞘翅，在有槽或有刻點的鞘翅和十分光滑的鞘翅之間並沒有見過中間的級進類型。參閱紹姆（H. Schaum）博士的資料，《動物學家》（*Zoologist*），第五—六卷，一八四七—一八四八年，一八九六頁，曾被引用。此外，參閱柯爾比和斯彭斯所著《昆蟲學導論》（*Introduction to Entomology*），第三卷，一八二六年，三〇五頁。

⑦ 見韋斯特伍德，《昆蟲的近代分類》，第二卷，一九三頁。以下關於黴蟄（Penthe）的敘述以及其他引文均引自沃爾什先生的資料，見費城出版的《實際的昆蟲學家》，第二卷，八十八頁。

⑧ 見柯爾比和斯彭斯，《昆蟲學導論》，第三卷，三三二—三三六頁。

在所有昆蟲的目中，許多物種的雌雄二者都表現出涵義不明的差異。有一個奇特的例子是關於一種甲蟲（圖10），其雄性的左上顎變得非常之大，因而口器大大歪斜。另一種步行甲蟲，闊顎蟲（Eurygnathus）[9]，其雌性的頭比雄性的寬得多而且大得多，雖然在程度上有所不同，這是沃拉斯頓（Wollaston）先生所知道的獨一無二的事例。這種涵義不明的事例不勝枚舉。鱗翅目中充滿了這類事例。其中最特別的一個是，某些雄蝴蝶前肢多少有些萎縮，其脛節和跗節縮小成僅是痕跡的小瘤。雌雄二者常常在翅的脈序上有所不同，[10]有時其輪廓也相當不同，巴特勒（A. Butler）先生在大英博物館給我看的*Aricoris epitus*就是如此。某

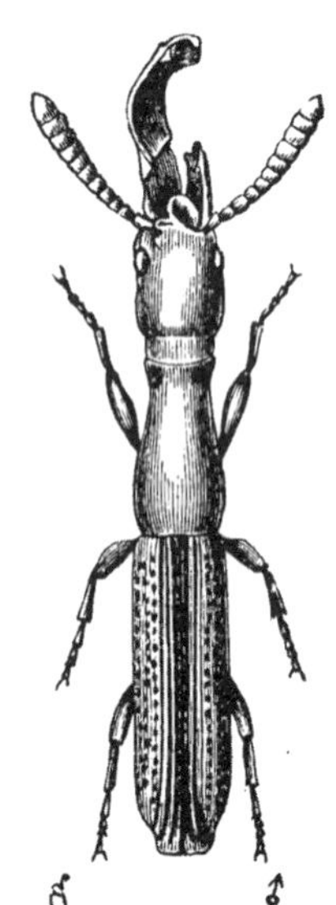

圖10　潛葉吉丁（*Taphroderes distortus*）（放大）
左圖是雄蟲；右圖是雌蟲。

⑨《馬德拉昆蟲》（*Insecta Maderensia*），一八五四年，二十頁。

⑩道布林戴，《博物學年刊》，第一卷，一八四八年，三七九頁。我應再補充一點：某些膜翅目昆蟲的翅脈因性別而異。參閱沙卡德（Shuckard）的《掘土膜翅目昆蟲》（*Fossorial Hymenop.*），一八三七年，三十九—四十三頁。

些南美洲的雄蝴蝶的翅在邊緣上有毛簇，後一對翅的中域有角質贅疣。[11]若干英國蝴蝶，如翁弗爾（Wonfor）先生所闡明的，只有雄性才部分地披有特殊鱗片。

雌性螢火蟲發光的用途，引起了許多討論。雄蟲發光很弱，其幼蟲甚至卵的情況也一樣。有些作者設想螢火蟲的光是用以嚇走敵人，另外有些作者則設想是用以引導雄蟲來找雌蟲的。貝爾特先生好像終於解決了這個難題：[12]他發現所有他用做試驗的螢科（Lampyridae）昆蟲，都是食蟲的哺乳類和鳥類所高度厭惡的。因此，這與後面還要加以說明的貝茨先生的觀點相符合，他認爲許多昆蟲密切模擬螢科是爲了使食蟲動物弄錯，而這樣逃脫毀滅。他進一步相信發光的物種有個好處，即立刻可被認出牠是不可口的。這個解釋大概可引申到彈尾目昆蟲，其雌雄二者都是高度發光的。至於雌螢火蟲的翅爲什麼不發育，還弄不清楚；但雌蟲現在的形態同一種幼蟲密切類似，而幼蟲是許多動物大量捕食的對象，因此我們就可理解爲什麼雌蟲會比雄蟲發出明亮得多的光而且更顯眼得多，同樣地，爲什麼幼蟲本身也會發光。

雌雄之間在大小上的差異

所有種類的昆蟲普遍都是雄性小於雌性，這種差異甚至在幼蟲狀態中已可察覺。家蠶

---

⑪ 見貝茨，《林奈學會會報雜誌》（*Journal of Proc. Linn. Soc.*），第六卷，一八六二年，七四頁。翁弗爾（Wonfor）先生的觀察資料在《通俗科學評論》中引用，一八六八年，三四三頁。

⑫ 見《博物學家在尼加拉瓜》，一八七四年，三一六—三二〇頁。關於有螢光的卵，見《博物學年刊雜誌》，一八七一年十一月，三七二頁。

（*Bombyx mori*）的雄性繭和雌性繭之間的差異是那麼顯著，以致在法國是用一種特殊的稱重方法將二者分離開來。⑬在動物界的低等綱中，雌性體型大於雄性一般似乎是由於前者要育成大量的卵，這在某種程度上也適用於昆蟲類。但華萊士博士提出一個可能性大得多的解釋。他仔細觀察了臭椿蠶和天蠶幼蟲的發育，特別是觀察了用異常食物飼養的第二造短小幼蟲的發育，發現「蠶蛾個體越細小，其變態所需的時間也成比例地越長；正是由於這個原因，雌蛾因爲要產生大量的卵，所以大於而且重於雄蛾，而體型較小、易於成熟的雄蛾將先於雌蛾孵化」。⑭那麼，由於大多數昆蟲都是短命的，而且由於牠們處於許多危險之中，因此雌蛾如能儘早受精，顯然對牠是有利的。如果大批雄蛾先行成熟並隨時等候雌蛾的出現，就可達到上述目的；正如華萊士先生所指出的⑮，這當然也是自然選擇帶來的結果；因爲較小的雄蟲先成熟，就會繁殖出大量繼承其父本短小體型的後代，而體型較大的雄蟲因成熟較晚就要留下數量較少的後代。

然而，雄蟲小於雌蟲這個規則也有例外，其中有些是容易理解的。在占有雌蟲的鬥爭中，體大和力強對雄蟲可能是一種有利條件；在這樣事例中，如鍬甲蟲（Lucanus）雄蟲則大於雌蟲，另外還有些甲蟲，據知彼此並不爲了占有雌蟲進行戰鬥，而其雄蟲在大小上也超過雌蟲；這個事實的意

⑬ 羅比內特（Robinet），《關於蠶絲》（*Vers à Soie*），一八四八年，二〇七頁。

⑭ 《昆蟲學會學報》，第五卷，第三輯，四八六頁。

⑮ 見《昆蟲學會會報雜誌》（*Journal of Proc. Ent. Soc.*），一八六七年二月四日，七十一頁。

義還不清楚；不過在某些這樣例子中，如巨大的大兜蟲（Dynastes）*和象兜蟲（Megasoma）**，我們至少能夠知道，雄性沒有必要爲了先於雌蟲成熟而小於雌蟲，因爲這等甲蟲並不是短命的，故有充分時間保證雌雄的交配。另外，雄蜻蜓（蜻蜓科，Libellulidae）從不小於雌性，有時則明顯地大於雌性；⑯正如麥克拉克倫先生所相信的，雄蜻蜓要經過一週或二週並呈現出牠們特殊的雄性色彩後才會與雌蜻蜓普遍交配。但最奇妙的是關於具有螫刺的膜翅目（Hymenoptera）昆蟲的例子，它闡明了像雌雄二者之間的體型差異這樣一種微小的性狀卻受著多麼複雜而容易被忽略的關係所支配；因爲史密斯先生告訴我說，幾乎在整個這一巨大類群中，按照一般規律，雄蟲都小於雌蟲，而且其羽化先於雌蟲一週左右；但在蜜蜂類中，蜜蜂（*Apis mellifica*）、長袖切葉蜂（*Anthidium manicatum*）和毛花蜂（*Anthophora acervorum*）的雄性，以及在掘土蜂類（Fossores）中，豔蟻蜂（*Methoca ichneumonides*）的雄性都大於雌性。對這種異常現象的解釋是，實行一種飛行交配對這些物種是絕對必要的，而雄性爲了在空中攜帶雌性就需要巨大的體力和體型。在這裡，蟲體的增大是與體型大小和發育期之間的普通關係相違背的，因爲雄性雖比雌性大，但比雌性先羽化。

* 爲現有體型最大的甲蟲，屬金龜子科，鰓角類，雄性頭部生有巨大的角，有時胸部也生有一個或一個以上的角，產於美國的南部和西部。俗名犀甲蟲（rhinoc eros beetle）。——譯者注

** 屬金龜子科，體長達五英寸，頭部生有向上彎曲的叉形大角，產於中美。俗名象甲蟲（elephant beetle）。——譯者注

⑯ 關於雌雄大小的這一敘述以及其他敘述，見柯爾比和斯彭斯的《昆蟲學導論》，第三卷，三〇〇頁；關於昆蟲的壽命，見三四四頁。

我們現在對幾個「目」的昆蟲再檢查一下，從中選用一些與我們有特別關係的事實。關於鱗翅目（蝴蝶類和蛾類），將另立一章進行討論。

纓尾目（Thysanura）

這個「目」的體制低等，其成員都是無翅的、顏色暗淡的、體型微小的昆蟲，具有醜陋的、幾乎是畸形的頭和軀體。牠們的雌雄二者無區別，但使人感到興趣的是，牠們闡明了即使在動物等級的低下階段，其雄性也孜孜不倦地向雌性求愛。盧伯克爵士說：「看到這些小動物（黃圓跳蟲，*Smynthurus luteus*）在一起賣弄風騷很是有趣。比雌蟲小得多的雄蟲繞著雌蟲跑，彼此抵撞，迎面而立，退退進進，活像兩隻相戲的羊羔。然後雌蟲假裝跑開，雄蟲裝著一種憤怒的怪模樣在後面追，趕到雌蟲前面之後，又一次迎面而立；然後雌蟲羞怯地轉身避開，但雄蟲比雌的跑得更快而且更活躍，一溜煙地前後左右追隨，而且似乎用其觸角鞭打雌的，過了一會牠們又迎面對立，用觸角相戲，互相之間的一切似乎全都解決了。」⑰

雙翅目（Diptera）（蠅類）

雌雄之間的顏色差別很小。據沃克（F. Walker）先生所知，雌雄差異最大者爲毛蠅屬（Bibio），其雄性略帶黑色或爲全黑色，雌性是暗褐橙色。華萊士先生⑱在新幾內亞發現的角蠅屬

---

⑰ 見《林奈學會會報》，第二十六卷，一八六八年，二九六頁。

⑱ 《馬來群島》（*The Malay Archipelago*），第二卷，一八六九年，三一三頁。

（Elaphomyia）是高度引人注意的，因雄性有角，而雌性全無。角從眼的下方生出，與雄鹿的角奇妙地相似，不是呈叉狀就是呈掌狀。其中有一個物種的角與軀體的長度相等。大概有人認為這等角是適於戰鬥的，但有一個物種的角呈美麗的淡紅色，黑色鑲邊，並有一道淡色中央條紋，因為這等昆蟲的整個外貌都很優雅，所以更加可能的是，這等角是用做裝飾的。有些雙翅目的雄蠅相互爭鬥是肯定的，因為韋斯特伍德教授[19]好幾次見過大蚊屬（Tipulae）就有這種現象。其他雙翅目的雄性顯然試圖以牠們奏出的音樂贏得雌性的歡心：米勒[20]幾次注意到一種蜂蠅（Eristalis）的兩隻雄性在追求一隻雌性；雄性在雌性上面盤旋，在其周圍飛來飛去，同時發出很響的嗡嗡聲。蚋科（gnat）和蚊科（Culicidae）似乎也靠發出嗡嗡聲互相吸引；梅爾教授最近已證實在雌蟲發出的聲音範圍之內，雄蟲觸角上的毛振動得與音叉的音調相符。長毛的振動與低音調共鳴，短毛的振動與高音調共鳴。蘭多依斯（Landois）也宣稱他曾用某種特殊音調反覆地招來了一整群蚋。還可以補充一點，雙翅目的心理官能大概高於其他大多數昆蟲，這與牠們的高度發達的神經系統是符合的。[21]

---

⑲ 參閱《昆蟲的近代分類》，第二卷，一八四〇年，五二六頁。

⑳ 參閱《動物比較解剖學年刊》，第二十九卷，八十頁。梅爾，《美國的博物學家》（*American Naturalist*），一八七四年，二三六頁。

㉑ 參閱洛恩先生有趣的著作《關於綠頭蒼蠅的解剖學》（*On the Anatomy of the Blow-fly*，*Musca vomitoria*），一八七〇年，十四頁。他說（三十三頁），「被捉住的蠅子發出一種特殊的哀鳴，這聲音使其他蠅子都跑掉了」。

半翅目（Hemiptera）（蝽象類）

道格拉斯（J. W. Douglas）先生對英國物種做過特別研究，他熱心向我提供了一份有關這等物種雌雄差異的報告。有些物種的雄性有翅，而雌性無翅；兩者在軀體、鞘翅、觸角和跗節的形態上都有差異；但由於這些差異的意義不明，故略而不談。雌性一般都比雄性體大而強壯。英國的物種以及道格拉斯先生所知道的外來物種，其雌雄二者在顏色上通常並無多大差異；但是，約有六個英國物種的雄性比雌性的顏色暗得多，另外還有四個物種，卻是雌性的顏色比雄性的暗。有些物種的雌雄二者都有美麗的顏色；由於這些昆蟲散發一種非常令人作嘔的氣味，所以其顯著顏色也許就是對食蟲動物發出的一種不好吃的信號。在某些少數場合中，牠們的顏色似乎直接就是保護性的。例如，霍夫曼（Hoffmann）教授告訴我說，有一種淡紅色和綠色的小型物種經常群集在菩提樹上，他簡直不能把牠們與樹幹上的芽區別開來。

獵蝽科（Reduvidae）的某些物種能摩擦發音，以善鳴黝蝽（*Pirates stridulus*）的例子而言，據說是由於牠們的頸在前胸腔內運動而發音。[22] 按照韋斯特林的見解，盛裝獵蝽（*Reduvius personatus*）也會摩擦發音。對於非社會性的昆蟲來說，除非發音是作為一種性的呼喚，否則發音器官就沒有任何用處了，倘不如此，我就沒有理由設想這種摩擦發音乃一種性徵。

同翅目（Homoptera）

凡是在熱帶叢林中漫步過的人一定都會對雄蟬發出的喧鬧聲感到驚奇。雌蟬卻默不作聲，正如

㉒ 引自韋斯特伍德，《昆蟲的近代分類》，第二卷，四七三頁。

希臘詩人季納卡斯（Xenarchus）說的，「樂哉蟬之生活，有妻皆默女」。當「小獵犬」號在離巴西海岸四分之一英里的地方拋錨泊船時，在甲板上就可清楚聽到這樣的噪音；漢考克船長說，遠在一英里以外的地方就可聽到這種噪音。希臘人過去把牠們養在籠裡，現在中國人還這樣做，為的是欣賞牠們的歌唱，所以有些人一定感到這是悅耳的聲音。[23]蟬科（Cicadidae）通常是在白天歌唱，而樗雞科（Fulgoridae）好像是夜間的歌手。按照蘭多依斯（Landois）的見解，[24]這聲音是由氣門唇邊的振動而產生的，氣門唇邊的振動又是由氣管發出的一股氣流引起的，但對這個觀點最近有所爭論。鮑威爾博士似乎證明了這種聲音是由一塊膜的振動而產生的，[25]而這塊膜則是由一塊特別肌肉牽動起來的。在唧唧鳴叫的活昆蟲身上，可以見到這片膜在振動；在死昆蟲身上，若以針尖撥動那塊稍微變乾和變硬的肌肉，也可聽到其固有的聲響。雌蟲身上也有這整個的複雜音樂器官，但遠不如雄蟲的發達，且絕不用以發聲。

關於這種音樂的目的，哈特曼（Hartman）博士提到美國的週期蟬（即十七年蟬，*Cicada septemdecim*）時說道[26]：「現在（一八五一年六月六日和七日）四面八方都可聽到鼓噪聲。我相信

㉓ 這些細節引自韋斯特伍德的《昆蟲的近代分類》，第二卷，一八四〇年，四二二頁。關於樗雞科，參閱柯爾比和斯彭斯的《昆蟲學導論》，第二卷，四〇一頁。

㉔ 《動物科學雜誌》（*Zeitschrift für wissenschaft Zoolog.*），第十七卷，一八六七年，一五二—一五八頁。

㉕ 見《紐西蘭科學院院報》（*Transact. New Zealand Institute*），第五卷，一八七三年，二八六頁。

㉖ 承蒙沃爾什先生把哈特曼博士的《關於十七年蟬行為》（*Journal of the Doings of Cicada septemdecim*）的摘要送給我，對此謹表感激之意。

這是雄性對雌性發出的召喚。我站在高與頭齊的滿布嫩芽的栗樹叢中，成千上百的雄蟬在我的四周，我看到雌蟬飛來環繞著鼓噪的雄蟬周圍。」他接著說：「在我的花園裡有一株矮生梨樹，這個季節（一八六八年八月）在它上面產生了五十隻左右梨蟬（*Cic. pruinosa*）的幼蟲；我好幾次注意到雌蟬落在一隻正發出響亮聲調的雄蟬附近。」弗里茨．米勒從巴西南部寫信告我說，他常聽到屬於一個物種的兩三隻雄蟬用特別響亮的聲調進行音樂比賽：一隻剛唱完，另一隻馬上開始，然後又一隻接下去。由於雄蟬之間有那麼多的競爭者，因而雌蟬大概不僅是根據音響尋找雄蟬，而且也像鳥類的母鳥一樣，會被具有最動聽的聲音的雄蟬所刺激與誘惑。

關於同翅目昆蟲雌雄二者之間的裝飾差異，我還沒聽說過任何十分顯著的事例。道格拉斯先生告訴我說，有三個英國的物種，其雄性是黑色的或具有黑色帶斑，而雌性則顏色淺淡或黯然無光。

直翅目（Orthoptera）（蟋蟀和蝗蟲）

本目中有三個能跳躍的科，其中雄性都以其音樂能力著稱，這三個科是：蟋蟀科（Achetidae）、螽斯科（Locustidae）和蝗科（Acridiidae）。有些種螽斯摩擦發音如此響亮，以致夜間在一英里以外都可聽到；[27]某些物種的叫聲即使在人聽起來也很悅耳，因此亞馬遜河一帶的印第安人把牠們養在柳條籠子裡。所有的觀察家都一致認為這種叫聲不是用來召喚就是刺激不會發音的雌性的。關於俄國的遷移性蝗蟲，[28]克爾特（Körte）舉出過一個有關雌性選擇雄性的有趣例子。

㉗ 吉爾丁（L. Guilding），《林奈學會會報》，第十五卷，一五四頁。

㉘ 我的這一敘述是根據克彭（Köppen）的《飛越俄國南部的蝗蟲》（*Ueber die Heuschrecken in Südrussland*），

飛蝗（*Pachytylus migratorius*）的雄性當與雌性交配時，如有另一隻雄性走近，牠就會因憤怒或嫉妒而唧唧叫起來。家蟋蟀在夜間受到驚擾時就會用牠的叫聲來警告其夥伴。[29]據記載，[30]北美產的穴居扁葉螽（*Platyphyllum concavum*，螽斯科的一種）登上樹木的頂枝，一到傍晚就開始「發出嘈雜的喧叫」，競爭者的叫聲也同時在鄰近的樹上呼應，整個小樹林迴響著「凱提—底得—施—底得的叫聲，徹夜不休」。貝茨先生談到歐洲田蟋蟀（蟋蟀科的一種）時說道，「一到傍晚就可看到雄蟋蟀呆在洞口唧唧地叫，一直叫到一隻雌蟋蟀到來時，於是叫聲就由高音轉為低音，同時這個成功的演奏家用其觸角愛撫著牠所贏得的配偶」。[31]斯卡德（Scudder）博士用一支羽莖在紙夾上摩擦發音就能刺激一隻這種昆蟲發出叫聲來呼應。[32]馮・西博爾德（Von Siebold）已經發現雄蟲和雌蟲的顯著的聽覺器官位於前肢。[33]

這三個科的發音方法各不相同。蟋蟀科雄性的兩個鞘翅具有相同的器官，田蟋蟀（*Gryllus*

一八六六年，三十二頁，因我極力想弄到克爾特的原著，但未能如願。

㉙ 吉伯特・懷特（Gilbert White），《塞爾伯恩的博物學》（*Nat. Hist. of Selborne*），第二卷，一八二五年，二六二頁。

㉚ 哈里斯，《新英格蘭的昆蟲》（*Insects of New England*），一八四二年，一二八頁。

㉛ 《亞馬遜河上的博物學者》，第一卷，一八六三年，二五二頁。貝茨先生對這三個科音樂器官的級進變化做了很有趣的討論。再參閱韋斯特伍德的《昆蟲的近代分類》，第二卷，四四五，四五三頁。

㉜ 見《波士頓博物學會會報》，第十一卷，一八六八年四月。

㉝ 《新比較解剖學概論》（*Nouveau Manuel d'Anat. Comp.*），法譯本，第一卷，一八五〇年，五六七頁。

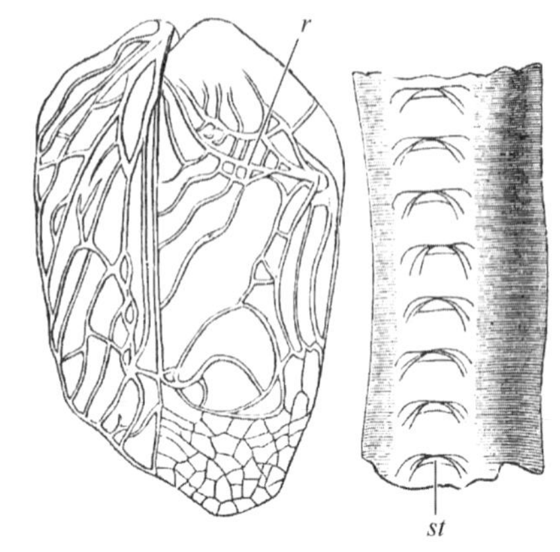

圖11　田蟋蟀（*Gryllus campestris*）
（引自蘭多依斯）

右圖是放大很多的翅脈底面的一部分，st表示上面的齒。
左圖是翅鞘背面圖，上面有翅脈的光滑凸起r，用它與齒（st）交互摩擦。

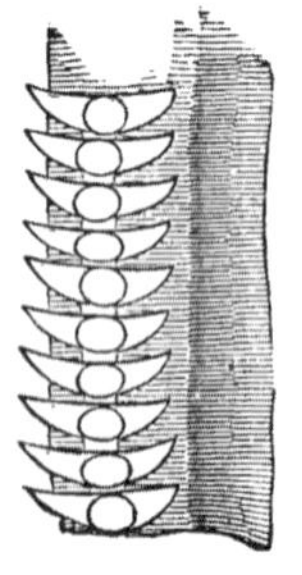

圖12　家蟋蟀（*Gryllus domesticus*）
（引自蘭多依斯）

翅脈上的齒

campestris，圖11）的這類器官，像蘭多依斯所描述的，[34]是由一百三十一至一百三十八個銳利的、橫向的脊或齒（st）構成的，這等脊或齒位於鞘翅脈之一的下表面。這種具齒的翅脈與位於相對一翅上表面的一道凸出而平滑的硬翅脈（r）迅速摩擦。先是一翅向另一翅擦過去，然後又是逆向地擦過來。兩翅同時稍微抬高，以便提高共鳴的效果。在某些物種中，雄性的鞘翅基部具有一片雲母狀的板。[35]圖12表明蟋蟀屬另一個物種叫家蟋蟀（*G. domesticus*）的翅脈下表面的齒。格魯勃

㉞《動物科學雜誌》，第十七卷，一八六七年，一一七頁。

㉟見韋斯特伍德的《昆蟲的近代分類》，第一卷，四四〇頁。

博士曾闡明這等齒是在選擇作用的幫助下由覆蓋於翅和軀體之上的小鱗片和毛形成的，關於鞘翅目（Coleoptera）的齒，我得出了相同結論。但格魯勃進一步闡明這等齒的發展，㊱部分地是直接由於一翅在另一翅上摩擦所產生的刺激。

在螽斯科中，相對的兩個鞘翅彼此在構造上有所不同（圖13），其摩擦動作不同於蟋蟀科，不能逆向進行。左翅的作用有如提琴的弓，位於作爲提琴的右翅之上。左翅底面的翅脈之一具有細齒，在相對的右翅上面的具有凸起的翅脈上擦過。在我看來，我們英國的普通綠螽斯（*Phasgonura viridissima*）的鋸齒狀翅脈似乎是與相對另一翅的圓形後角相摩擦後面這張翅的邊緣較厚，褐色，很銳利。在右翅上，而不是在左翅上，有一塊雲母般的透明小板，被翅脈包圍著，稱爲響板。該科另一成員，葡萄隱螽（*Ephippiger vitium*），有一種奇妙的次要變化；因其鞘翅大爲縮小，但「前胸後部隆起成圓屋頂狀，而超出鞘翅之上，這大概是爲了增強聲音的效果」。㊲

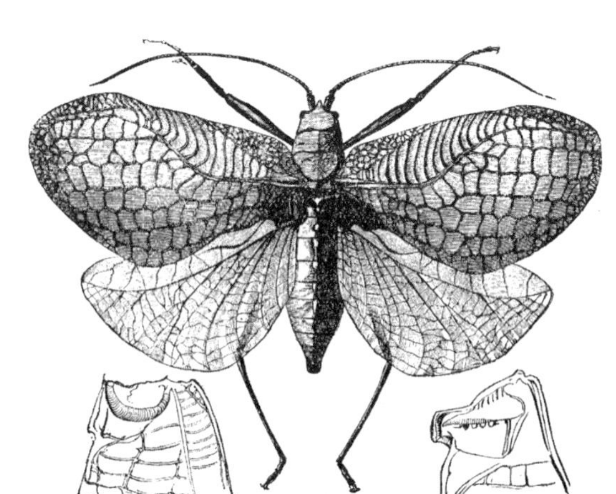

圖13　*Chlorocaelus Tanana*（引自貝茨）

㊱《關於螽斯科的發音裝置，達爾文主義的貢獻》（Ueber der Tonapparat der Locustiden, ein Beitrag zum Darwinismus），《動物科學雜誌》，第二十二卷，一八七二年，一〇〇頁。

㊲韋斯特伍德，《昆蟲的近代分類》，第一卷，四五三頁。

因此，我們看到螽斯科的音樂器官（我相信在這一「目」中包括了最強大的演奏者）比蟋蟀科的更加分化或更加特化了，蟋蟀科的兩個鞘翅在構造上都是一樣，功能也一樣。㊳然而，蘭多依斯在螽斯科的一種、即黑螽斯屬（*Decticus*）中，發現右翅鞘底面有一行既短又窄、僅是殘跡狀態的小齒，其右翅位於左翅之下，從不做琴弓之用。我在普通綠螽斯的右鞘翅底邊觀察到同樣的殘跡構造。因此我們可以有信心地推定，螽斯科是從現存的蟋蟀科那樣的一種類型傳下來的，這個類型的兩張鞘翅底面都有鋸齒狀翅脈，而且同樣都可作爲琴弓之用；但在螽斯科中，這兩張鞘翅就逐漸分化而且完善了，按分工原理，一張專門作琴弓用，另一張則作提琴用。格魯勃博士持有相同的觀點，他曾闡明殘跡齒狀物一般見於右翅的下面。蟋蟀科這種比較簡單的器官是經過怎樣步驟發生的，我們還弄不清楚，但大致的情況可能是這樣：兩張鞘翅的基部就像它們現在那樣地彼此重疊；其翅脈摩擦所產生的音響是嘎嘎的，與現在雌蟲鞘翅摩擦發出的聲音一樣。㊴雄性偶爾或意外發出的這樣嘎嘎聲，如果對雌性曾起過哪怕是一點愛情召喚的作用，大概就會容易地在性選擇的作用下透過翅脈粗糙化的變異而得到加強。

在最後一科也是第三個科即蝗科中，其摩擦發音則是按照很不相同的一種方式進行的，按照斯卡德博士的說法，其叫聲遠不及前兩個科那樣尖銳。在其腿節內表面（圖14，r）有一列縱向

㊳ 蘭多依斯，《動物科學雜誌》，第十七卷，一八六七年，一二一，一二二頁。

㊴ 沃爾什先生還告訴我說，他曾注視過穴居扁葉蝓（*Platyphyllum concavum*）的雌蟲「被捉住時牠們的鞘翅就會在一起摩來摩去，發出一種微弱的摩擦聲」。

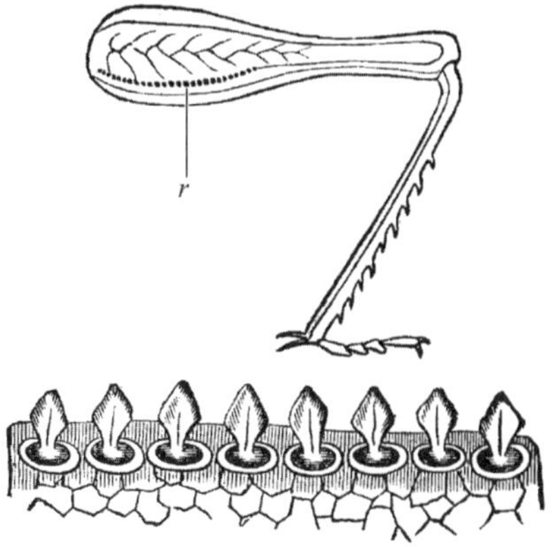

圖14　草蝗（*Stenobothrus pratorum*）的後肢r摩擦發音的脊；下圖是放大很多的組成這條脊的齒（引自蘭多依斯）

的、小巧玲瓏的口針狀彈性齒，齒數八十五到九十三個；㊵這些齒狀物在鞘翅的銳利而凸出的翅脈上擦過，就這樣引起鞘翅振動而發出聲響。哈里斯說，㊶當一隻這種雄蟲開始鳴奏時，牠先「把後腿的脛節彎到股節之下，那裡預先設計有一道小溝以容納之，然後把腿輕快地上移動。兩邊的提琴並不一起演奏，而是先奏一個再奏另一個，交替進行」。在這一科的許多物種中，其腹基凹陷，成一大空腔，據信這是作爲共鳴板之用的。屬於本科一個南非的屬，叫做牛蝗（Pneumora）（圖15），在這裡我們遇到了值得注意的新變異；其雄性從腹部兩邊斜著各伸出一道具有小缺刻的脊，與後股節互相摩擦。㊷值得注意的是，儘管這種雄蟲有翅（雌蟲無翅），但股節不像通常那樣與翅鞘相摩擦；不過這一點也許可用後肢異常短小的情況來解釋。我未能檢查其股節的內面，但根據類推，可以判斷那裡大概有細齒。牛蝗屬（Pneumora）的諸物種在摩擦發音方面所發生的變異比其他任何直翅類昆蟲都更爲深刻；因爲，

㊵ 蘭多依斯，《動物科學雜誌》，第十七卷，一八六七年，一一三頁。

㊶ 《新英格蘭的昆蟲》，一八四二年，一三三頁。

㊷ 韋斯特伍德，《昆蟲的近代分類》，第一卷，四六二頁。

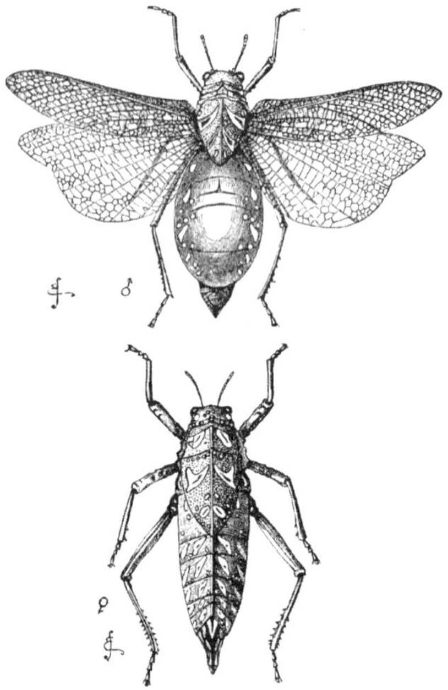

圖15　牛蝗（*Pneumora*）
（根據大英博物館的標本繪製）
上圖爲雄蟲；下圖爲雌蟲。

其雄性全身已經變成一個樂器，體內充滿空氣而膨脹，像一個透明大氣胞，以便增強共鳴的效應。特里門先生告訴我說，在好望角這些昆蟲每到夜間就發出令人吃驚的喧嘈聲。

在以上三個科中，雌蟲幾乎總是缺少某種有效的音樂器官，但這個規則也有少數例外，因爲格魯勃博士曾闡明葡萄隱螽（*Ephippiger vitium*）的雄蟲和雌蟲都有這類器官，儘管牠們的這類器官仍存在某種程度的差異。因此，我們不能假定這類器官是由雄性傳遞給雌性的，而許多其他動物的第二性徵似乎就是這樣。牠們必定是分別在雌雄雙方獨立發展起來的，這些雄蟲和雌蟲一到求偶季節無疑就互相召喚。螽斯科大多數其他昆蟲的雌性（據蘭多依斯說黑螽斯屬（Decticus）除外）具有雄性所特有的摩擦發音器官的殘跡，這大概是由雄性傳遞來的。蘭多依斯還在蟋蟀科雌蟲的鞘翅底面和蝗科雌蟲的腿節上找到這類殘跡物。在同翅目中，雌蟲也具有喪失作用的這種特有的音樂器官；此後我們還會在動物界其他部門中遇到許多這類的事例，即雄性所特有的構造在雌性身上表現爲殘跡狀態。

蘭多依斯觀察了另一個重要事實，即，蝗科雌蟲腿節上摩擦發音的齒其狀態終生保持不變和其最初出現於雌雄幼蟲期的狀態是同樣的。另一方面，雄性的這類器官則繼續進一步發育，當牠們最後一次蛻皮、即已經成熟並準備繁殖的時候，這類器官就獲得了完善的構造。

從現在已經舉出的事實來看，我們知道直翅目雄蟲的發音手段是極其多種多樣的，而且和同翅目所使用的發音手段完全兩樣。[43]然而在整個動物界裡我們常常發現可用極其多樣的手段來達到同一個目的，這似乎是由於世世代代以來整個體制經歷了各種各樣的變化，在一部分跟著一部分發生變異時，不同的變異都給同一個總目的帶來了好處。直翅目這三個科的以及同翅目的各種各樣的發音手段給我們留下的深刻印象是，這類構造爲了雄蟲召喚和誘惑雌蟲是高度重要的。根據斯卡德博士的卓越發現，[44]我們現在知道直翅目有用之不盡的時間在這方面發生變異，所以我們就無需對牠們的變異量之大感到驚奇了。這位博物學家最近在新不倫斯威克泥盆紀形成的地層中發現了一隻化石昆蟲，它具有「螽斯科雄蟲的著名的鼓膜或摩擦發音器官」。這種昆蟲雖然在大多數方面與脈翅目（Neuroptera）有關係；但似乎把兩個有關係的目即脈翅目和直翅目連接起來了，有許多很古老的類型都是如此。

關於直翅目，我還要略談一二。有些物種非常好鬥：當兩隻雄的田蟋蟀（*Gryllus campestris*）關在一塊時，牠們就會鬥到其中一隻被殺死爲止；螳螂屬（Mantis）的一些物種被描寫得像騎兵揮

---

[43] 蘭多依斯最近發現了某些直翅目昆蟲的殘跡構造和同翅目昆蟲的發音器官非常近似，這是一個令人吃驚的事實。參閱《動物科學雜誌》，第二十二卷，第三冊，一八七一年，三四八頁。

[44] 《昆蟲學會學報》，第二卷，第三輯（《會報雜誌》，一一七頁）。

舞馬刀那樣地運用其劍狀前肢。中國人把蟋蟀養在小竹籠裡，使牠們相鬥[45]，就像鬥雞一樣。在顏色方面，有些外來的蝗蟲裝飾得很漂亮；後翅有紅、藍、黑的斑點；但就整個這個「目」來說，雌雄二者在顏色上很少有大的差異，牠們的鮮豔色彩大概不是由於性選擇所致。鮮明顏色對這些昆蟲的用處可能是要引起其他動物注意牠們是不好吃的。例如，有人觀察過[46]把一隻色彩鮮豔的印度蝗蟲給鳥類或蜥蜴去吃時，牠們總是拒絕食用。然而已經知道有幾個例子表明在這個「目」中雌雄體色有差異。有一種雄的美國蟋蟀[47]被描寫白得像象牙一般，而雌性的顏色則變化不定，從接近白色到青黃色或微黑色的都有。沃爾什先生告訴我說，*Spectrum femoratum*（竹節蟲科（Phasmidae）的一種）的雄性成蟲「具有發亮的褐黃色」；雌性成蟲則呈暗淡無光的灰褐色；而雌雄兩性的幼蟲都是綠色的。最後，我還要提一下，有一種奇異種類的蟋蟀[48]，其雄性具有「一個長的膜質附器，就像一幅面紗似的將其臉部蓋住」，但什麼是它可能的用途，還不清楚。

脈翅目（Neuroptera）

除顏色外，在這裡沒有什麼值得一談。在蜉蝣科（Ephemeridae）中，雌雄二者在其暗淡顏色

---

[45] 見韋斯特伍德，《昆蟲的近代分類》，第一卷，四二七頁，有關蟋蟀的資料，見四四五頁。

[46] 霍恩（Ch.Horne）先生，見《昆蟲學會會報》，一八六九年五月，十二頁。

[47] 即雪白樹蜂（*OEcanthus nivalis*），哈里斯，《新英格蘭的昆蟲》，一八四二年，一二四頁。我聽維克托·卡魯斯（Victor Carus）說，歐洲透明樹蜂（*OE. pellucidus*）的雄蟲和雌蟲的差異也幾乎一樣。

[48] 即扁葉蝓（Platyblemnus），見韋斯特伍德的《昆蟲的近代分類》，第一卷，四四七頁。

上往往稍有差異，[49]但這大概不至於使雄性因此就能吸引雌性。蜻蜓科（Libellulidae）以鮮豔的綠色、藍色、黃色和朱紅的金屬色彩來裝飾自己，雌雄二者在體色上常有差異。例如，像韋斯特伍德教授所述說的[50]，有些色蟌科（Agrionidae）昆蟲的雄性「具有濃豔的藍色和黑色翅膀，雌性則呈優雅的綠色而翅膀無色」。但在紅色蟌（*Agrion Ramburii*）中，其雌雄二者的顏色正好與上述相反。[51]北美有一個大屬，叫做寬角閻蟲屬（Hetaerina），只有雄性在每個翅基部具有洋紅色的美麗斑點。有一種蜻蜓（*Anax junius*），其雄性的腹基部呈鮮豔的紺青藍色，而雌性的則呈草綠色。另一方面，在一個親緣關係密切的箭蜓屬（Gomphus）中以及另外一些蜻蜓屬中，雌雄二者在體色上的差別很小。在整個動物界的親緣關係密切的諸類型中，與此相似的情況經常出現，即，有些雌性和雄性的體色差別很大，有些差別很小，有些則完全沒有差別。雖然許多種蜻蜓的雌雄二者在體色上差別很大，但往往很難說何者更漂亮；而且如我們剛剛見到的，在色蟌屬的一個物種中，雄性和雌性的正常體色卻互相顛倒了。牠們在任何情況下所獲得的顏色大概都不是作爲保護之用的。對這一科昆蟲曾經密切研究過的麥克拉克倫先生寫信告訴我說，蜻蜓——昆蟲世界的暴君——是任何昆蟲當中最不容易受到鳥類和其他敵害的攻擊的，他相信牠們的鮮豔色彩是用來吸引異性的。某些蜻蜓

---

[49] 沃爾什，《伊利諾的擬脈翅類昆蟲》（Pseudoneuroptera of Illinois），見《費城昆蟲學會會報》（*Proc. Ent. Soc. of Philadelphia*），一八六二年，三六一頁。

[50] 《昆蟲的近代分類》，第二卷，三十七頁。

[51] 沃爾什，同上書，三八一頁。以下有關寬角閻蟲屬、Anax和箭蜓屬的資料，是由這個博物學家提供的，謹此致謝。

顯然受特殊的顏色所吸引：派特遜先生曾觀察到[52]其雄性爲藍色的色蟌科成群地落在一根釣魚線的藍色浮標上，同時另外兩個物種卻受耀眼的白色所吸引。

有一個有趣的事實，首先是謝爾沃（Schelver）注意到的，即，在隸於兩個亞科的幾個屬中，其雄蟲最初從蛹的狀態羽化時在體色上與雌蟲的一模一樣；但不久牠們的身體就呈現出顯著的乳藍色，這是由於有一種可溶於乙醚和酒精的油類分泌出來的緣故。麥克拉克倫先生相信基斑蜻（*Libellula depressa*）的雄蟲要在變態後經過近兩週的期間，即當雌雄準備交配時，才發生這種顏色的變化。

按照布勞爾（Brauer）的說法，[53]脈翅科的某些物種表現了一種奇妙的二型現象，有些雌蟲具有正常的翅，同時另外一些雌蟲則「像同種雄蟲的翅一樣具有很豐富的網脈」。布勞爾「用達爾文的原理解釋這現象，假定翅脈緊密相接乃是雄蟲的一種第二性徵，這種性徵並不像一般情況那樣傳遞給所有雌蟲，而是突然地傳遞給一部分雌蟲」。麥克拉克倫先生給我講過另一個二型現象的例子，是關於色蟌屬（Agrion）的幾個物種的，在這些物種中有些個體是橙色的，牠們必定是雌蟲。這大概是返祖的一例；因爲在純系的蜻蜓科中，當雌雄二者在體色上有所差異時，則雌蟲都是橙色或黃色的，所以假定色屬起源於某個原始類型，這個原始類型在其第二性徵上與典型的蜻蜓類相似，那麼只在雌蟲方面出現按照這種方式發生變異的一種傾向也就無足爲奇了。

許多蜻蜓雖然都是大型的、強有力的而且兇猛的昆蟲，但麥克拉克倫先生相信，除了色蟌的一

---

[52]《昆蟲學會學報》，第一卷，一八三六年，八十一頁。

[53] 參閱一八六七年《動物學紀錄》的摘要，四五〇頁。

些體型較小的物種外，他還沒有見過雄蜻蜓互相搏鬥的情形。在這個「目」的另一類群中，即白蟻類（Termites），當牠們大群出動時，可以看到雌雄二者相互追逐，「雄蟻追在雌蟻後面，有時兩隻雄的共追一隻雌的，以巨大的激情互相競爭，看誰能占有雌性」。[54]據說有一種齧蟲，叫做白書生（*Atropos pulsatorius*）會用顎發出喧嘈聲，此呼彼應。[55]

膜翅目（Hymenoptera）

無與倫比的觀察家法布爾（M. Fabre）[56]在描述一種類似黃蜂的昆蟲——砂蜂屬（Cerceris）的習性時說道：「爲了占有某隻特殊雌蟲，雄蟲之間屢屢發生爭鬥，雌蟲則坐以觀戰，一旦勝負分曉，牠就安然地與勝利者一塊飛去。」韋斯特伍德說，有一種葉蜂科（Tenthredinae）的雄蟲「在爭鬥中互相用上顎緊緊揪住不放」。[57]由於法布爾提到砂蜂屬的雄蟲努力去獲得一隻特殊雌蟲的情況，因此應好好記住隸於這個「目」的昆蟲經過一段長時間後仍有互相識別的能力，而彼此深深依戀。例如，于伯爾的精確觀察是無可懷疑的，他曾把某些螞蟻分開，四個月後，牠們又碰到原來屬於同一群體的其他螞蟻，彼此都能相識並用觸角相互愛撫。如果碰到的是陌生的螞蟻，就不免於爭

---

[54] 柯爾比和斯彭斯，《昆蟲學導論》，第二卷，一八一八年，三十五頁。

[55] 烏澤（Houzeau），《論心理官能》，第一卷，一〇四頁。

[56] 參閱一篇有趣的文章，《法布爾的著作》（The Writings of Fabre），見《博物學評論》，一八六二年四月，一二二頁。

[57] 《昆蟲學會會報雜誌》，一八六三年九月七日，一六九頁。

鬥。再者，當兩群螞蟻發生戰爭時，有時在一片混戰中同一邊的螞蟻也會互相攻擊，但牠們很快就會發現錯誤，其中一隻連忙安慰另一隻。[58]

在這個「目」中，體色依性別不同而有輕微差異是常見的，但除蜜蜂科外，很少有顯著差異；然而某些類群的雌雄體色是那麼鮮豔——例如青蜂屬（Chrysis）常見的體色是朱紅和金綠色——以致誘使我們把這種結果歸因於性選擇。根據沃爾什先生的見解[59]，姬蜂科（Ichneumonidae）雄蟲的體色幾乎普遍都比雌蟲的淺。另一方面，葉蜂科雄蟲的體色一般都比雌蟲的深。在樹蜂科（Siricidae）中，雄雌的體色常常不同，因此鋼青小樹蜂（*Sirex juvencus*）的雄蟲具有橙色的帶斑，而雌蟲則呈暗紫色；但很難說二者之中何者裝飾得更好。在鴿形樹蜂（*Tremex columbae*）中，雌蟲的體色比雄蟲的鮮明。史密斯先生告訴我說，有幾個物種的雄蟻呈黑色，而雌蟻則呈褐黃色。

我聽同一位昆蟲學家史密斯先生說，在蜜蜂科中，特別是在獨居的物種中，雌雄的體色常常不同。雄性一般都較鮮明，在熊蜂屬（Bombus）以及在*Apathus*這一蜂屬中，雄蟲體色的變異比雌蟲的大。青條花蜂（*Anthophora retusa*）的雄蟲具有一種濃豔的暗黃褐色，而雌蟲則呈全黑色。木蜂屬（Xylocopa）幾個物種的雌蟲也是如此，而雄蟲則是鮮黃色的。另一方面，有些物種的雌蟲，如金黃地花蜂（*Androena fulva*），其體色比雄蟲的鮮明。體色上的這類差異幾乎不能以下面的說法來解釋，即雄蟲缺乏自衛能力因而需要這樣的保護色，而雌蟲則可憑藉其螫針來很好地進行自衛。

---

[58] 于貝爾（Huber），《蟻類習性的研究》，一八一〇年，一五〇，一六五頁。

[59] 《費城昆蟲學會會報》，一八六六年，二三八－二三九頁。

對蜜蜂習性做過特別研究的米勒[60]把這種體色差異主要歸因於性選擇。蜜蜂對顏色有一種敏銳感覺是肯定的。他說，雄蜂熱切地尋求雌蜂並爲占有牠而鬥爭，他把這種競爭看作是導致某些物種的雄蜂的顎大於雌蜂的原因。在某些場合中，雄蜂的數量不論在季節的早期或在所有時間和所有地點或地區性都比雌蜂多得多；反之，在另外一些場合中，雌蜂的數量又超過雄蜂。有些物種的較美麗的雄蜂似乎是雌蜂選擇的對象；另外一些物種的較美麗的雌蜂似乎又是雄蜂選擇的對象。結果在某個屬中有幾個物種的雄蜂在外貌上彼此差異很大，而雌蜂幾乎沒有差別；在另一個屬中情況則相反。米勒相信，某一性別透過性選擇所獲得的顏色往往以不同的程度傳遞給另一性別，就像雌蜂的花粉採集器官往往會傳遞給雄蜂一樣，儘管對後者來說這種器官是根本無用的。[61]

歐洲蟻蜂（*Mutilla Europaea*）會摩擦發出喧嘈的聲音，按照古羅[62]（Goureau）的說法，其雌

---

[60]《達爾文學說在蜜蜂中的應用》，見《動物比較解剖學年刊》，第二十九卷。

[61] 佩里埃，《達爾文以後的性選擇研究》（la Sélection sexuelle d'après Darwin）（見《科學評論》，一八七三年二月，八六八頁），他在這篇文章中顯然未經深思熟慮就提出異議，認爲既然社會性的雄蜂是公認由未受精卵產出來的，牠們就不會把新性狀傳遞給其雄性後代。這眞是一個不同尋常的異議。一隻雄蜂如果具有便於兩性結合的某種性狀或者具有更能吸引雌蜂的某種性狀，那麼，被牠受精的雌蜂所產下的卵將只育出雌蜂；但這些新育成的雌蜂在第二年還會生育出雄蜂，能說這等雄蜂不會承繼其祖父雄蜂的性狀嗎？讓我們從普通動物中儘可能舉出一個近似的例子：如果有一隻雌白色四足獸或鳥與一隻雄黑色品種雜交，雜種後代的雌雄二者又互交，能說這個雜種第二代不會把牠們祖父的黑色傾向承繼下來嗎？不育的工蜂獲得新性狀是一個難得多的問題，但在我的《物種起源》一書中，我盡力闡明了這些不育的生物是如何被自然選擇力量所左右的。

[62] 韋斯特伍德引用，見他寫的《昆蟲的近代分類》，第二卷，二一四頁。

雄二者都有這種能力。他認爲聲音是由第三腹節與前一個腹節摩擦發出的，我發現在這等表面有很細的同心的隆起線；但在頭與前胸分節處凸出的骨片上也有這樣的隆起線，如果用針尖在該骨片上一劃，就會發出其特有聲響。由於雄蟲有翅而雌蟲無翅，因此兩者都有發音能力是相當奇怪的。眾所周知，蜜蜂類以嗡嗡的叫聲表達某些像憤怒那樣的感情；按照米勒的說法，有些物種的雄蜂當追求雌蜂時會發出一種特別的歌聲。

鞘翅目（Coleoptera）（甲蟲）

許多甲蟲的顏色都與牠們常來常往的地面相似，從而避免被其敵害發覺。其他物種，如南美亮殼甲蟲（diamond-beetles）*，乃飾以美麗的顏色，組成條紋，斑點，十字花紋以及其他優雅的式樣。除非在某些食花物種的場合中，這等顏色幾乎不能直接作爲保護之用；但根據螢火蟲散發螢光的同樣原理，這等顏色可能作爲一種警號或識別手段。由於甲蟲雌雄二者的顏色一般相像，所以我們無法證明這等顏色是透過性選擇獲得的；但至少這是可能的，因爲這等顏色可能先在性別的一方發育然後再傳遞給另一方；這個觀點對那些具有其他十分顯著第二性徵的類群在某種程度上甚至也是可能適用的。盲甲蟲當然不能見到彼此的美麗，聽小沃特豪斯（Waterhouse）先生說，牠們雖然往往有光滑的外鞘，但絕不會呈現鮮豔的色彩；但對於其顏色的晦暗可能做如下解釋，即，由於牠們一般居住在洞穴中和其他陰暗地方的緣故。

有些天牛（*Longicorns*），特別是某些鋸天牛科（Prionidae）甲蟲，卻在甲蟲雌雄顏色無差別

* 即*Entimus imperialis*。——譯者注

這個規則之外。大多數這等昆蟲都是大型的，顏色華麗。我在貝茨先生的採集品中看到，鋸天牛屬（Pyrodes）[63]的雄蟲顏色一般與其說比雌蟲紅些莫如說暗些，雌蟲或多或少地具有美麗的金綠色。另一方面，有一個物種的雄蟲是金綠色的，而雌蟲則具有鮮豔的紫紅二色。在斑蛾屬（Esmeralda）中，雌雄二者的顏色差別如此之大，以致被列爲不同的物種；有一個物種，其雌雄二者都具有美麗的鮮綠色，但雄性的胸部則呈紅色。總之，按照我所能判斷的來說，雌雄顏色不同的鋸天牛類，其雌蟲顏色要比雄蟲的更豔麗，這一點與經過

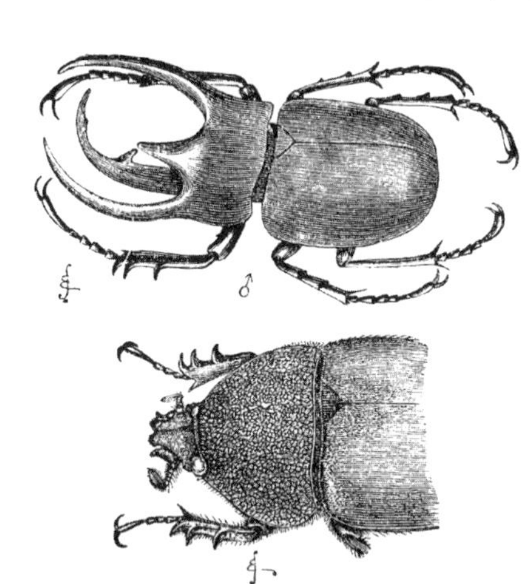

圖16　南洋大兜蟲（*Chalcosoma atlas*）

上圖是雄蟲（縮小）；下圖是雌蟲（原大）。

---

⑥³ 貝茨先生在《昆蟲學會學報》（一八六九年）第五十頁曾描述過鋸天牛（*Pyrodes pulcherrimus*）雌雄二者的明顯差異。我將舉出少數我聽到的例子來說明甲蟲雌雄二者在顏色上的差異。柯爾比和斯彭斯（《昆蟲學導論》，第三卷，三〇一頁）提到一種花螢（Cantharis）、油芫青（Meloe）、Rhagium和磚色天牛（*Leptura testacea*），後者雄蟲呈磚瓦色，胸部黑色，而雌蟲全身暗紅色。後面這兩種甲蟲都屬於天牛科。特里門和小沃特豪斯（Waterhouse），二位先生向我說過兩種鰓角組甲蟲的情況，一種是緣甲類（Peritrichia），一種是斑金龜（Trichius），後者雄蟲顏色比雌蟲晦暗。長形郭公蟲（*Tillus elongatus*）雄蟲呈黑色，雌蟲據說呈暗藍色，胸部爲紅色。沃爾什先生說有一種負泥蟲（*Orsodacna atra*），其雄蟲也呈黑色，而雌蟲（所謂*O. ruficollis*）的胸部則呈赤褐色。

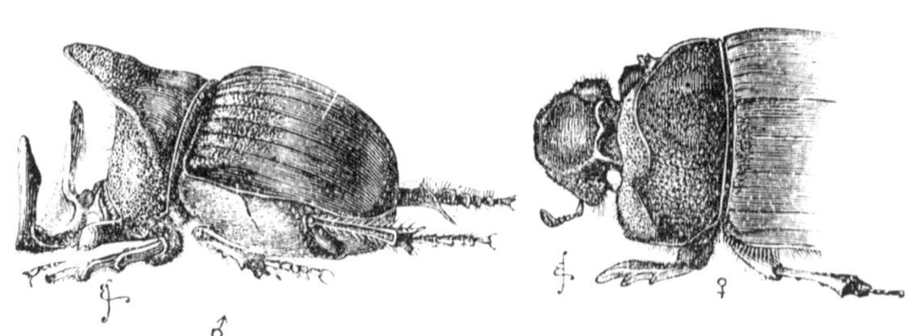

圖17　小犀頭（*Copris isidis*）

左圖是雄蟲

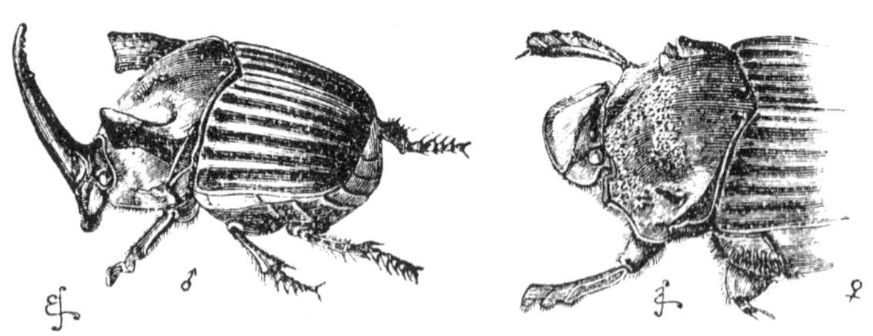

圖18　地區亮蜣螂（*Phanaeus faunus*）

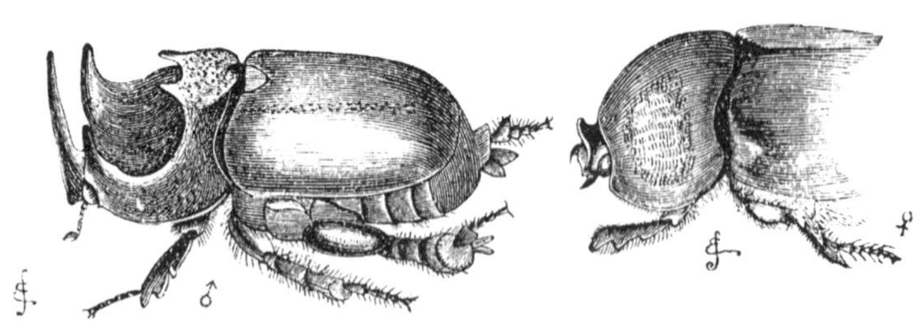

圖19　廣東金龜子（*Dipelicus cantori*）

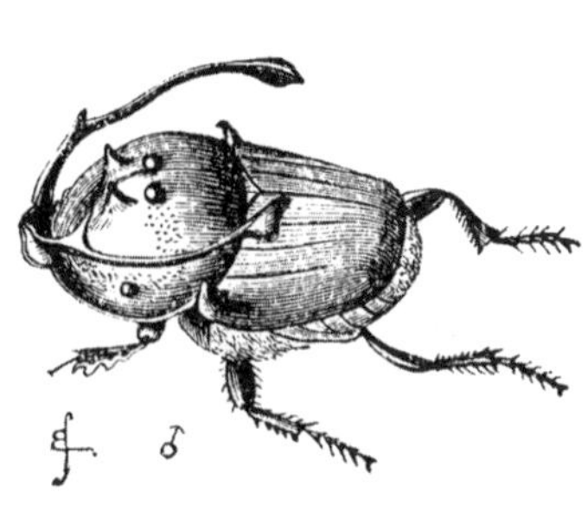

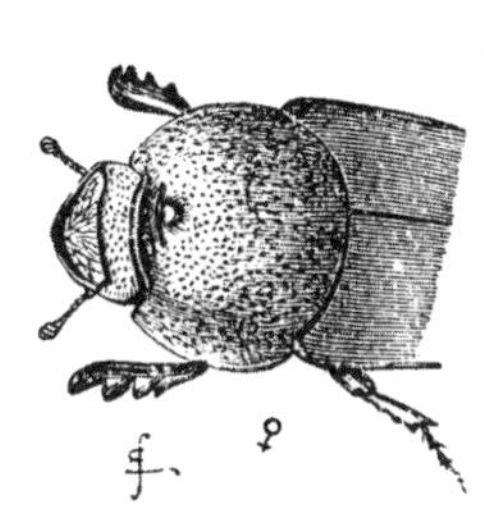

圖20　黑團蜣（*Onthophagus rangifer*）（放大圖）

性選擇獲得顏色的普遍規則是不相符的。

許多甲蟲雌雄之間最明顯的一個區別就是雄蟲由頭部、胸部和唇基等處長出的巨角，在少數情況中是從軀體底面長出來的。在龐大的鰓角組中，牠們的角與各種四足獸，如公鹿、犀牛等的角相似，不論其大小還是其各式各樣的形狀都令人吃驚。爲了免去描述，我舉出了一些比較顯著的類型的雄蟲和雌蟲的繪圖（圖16到圖20）。雌蟲一般以小瘤或隆起的形式來表示角的殘跡；但有些雌蟲甚至連最細小的殘跡物也沒有。另一方面針角亮蜣螂（*Phanaeus lancifer*）雌蟲的角幾乎與雄蟲的一樣發達；該屬以及小犀頭屬（Copris）的另外一些物種，其雌蟲的角雖也發達，但比雄蟲的稍差。貝茨先生告訴我說，這等角的差別與本科某些亞部之間更爲重要的性狀差異並不一致。例如，在黑團蜣屬（Onthophagus）的同一部中，有的物種只生單獨一隻角，另外的物種則生兩隻角。

幾乎在所有情況下，這等角都以它們的極端變異性而著稱，故可形成一個級進的系列，從具有最高度發達的角的雄蟲到角已退化到僅僅能與雌蟲加以區別的其他雄蟲。沃爾什先生[64]發現在閃亮蜣螂（*Phanaeus carnifex*）中，有些雄蟲的角長爲其他雄蟲的三倍。

[64] 《費城昆蟲學會會報》，一八六四年，二二八頁。

貝茨先生對一百隻以上黑團蛺（*Onthophagus rangifer*）（圖20）的雄蟲進行了調查之後，認爲他終於發現了一個物種，牠的角沒有發生過變異；但進一步的研究證明事實正好相反。

角的異常之大以及在近親類型中角的構造的巨大差異都表示這些角是爲了某種目的而形成的，但同一物種的雄蟲的角表現了極端的變異性，這便引導我們推論這種目的並不具有確定的性質。這些角沒有露出曾用於任何正常工作的摩擦痕跡。有的作者設想[65]雄蟲到處漫遊遠比雌蟲爲甚，所以牠們需要角以抵禦敵害，可是由於這些角往往都是鈍的，因此牠們似乎並不適於防禦之用。最明顯的猜測乃是雄蟲用這等角彼此相鬥；可是從未見過雄蟲相鬥；貝茨先生詳細檢查了爲數眾多的物種以後，也沒有能夠從牠們殘斷或破碎的狀態中找到任何充分的證據來證明這等角曾用於相鬥。如果雄蟲是慣常的鬥士，那麼，牠們的軀體大概就會透過性選擇而增大，以致超過雌蟲的軀體；但貝茨先生對金龜子科（Copridae）的一百個物種以上的雌雄二者做了比較之後，也沒有在發育良好的個體中找到任何這方面的顯著差異。此外，*Lethrus*是屬於鰓角組這與一大部的一種甲蟲，據知其雄蟲是相鬥的，但牠們沒有角，雖然牠們的上顎要比雌蟲的大得多。

有一種結論說這等角是作爲一種裝飾而被獲得的，這與下述事實最相符合：即這等角已發展到如此巨大的地步，卻還沒有固定下來——在同一物種中角的極端變異性以及在親緣密切的物種中角的多樣性都闡明了這一點。最初看來，這種觀點好像極不可能；但我們以後將在許多遠爲高等的動物中，如魚類、兩棲類、爬行類和鳥類，發現各種各樣的脊凸、瘤狀物、角和肉冠顯然都是爲了這唯一目的而發展起來的。

[65] 柯爾比和斯彭斯，《昆蟲學導論》，第三卷，三〇〇頁。

叉角蜣螂（*Onitis furcifer*）（圖21），其雄蟲以及本屬一些其他物種的雄蟲在其前肢節上都具有奇特的凸起，並在其胸部底面生有一隻大型叉角或一對角。根據其他昆蟲來判斷，這等構造可能有助於雄蟲緊緊抱住雌蟲。雄蟲雖然在軀體的上部表面連一點角的殘跡也沒有，但雌蟲頭上卻明顯地呈現著一個單角的痕跡（圖22，a），並在胸部有一個胸凸（圖22，b）。雌蟲這種微小的胸凸顯然是雄蟲所特有的一種凸起的殘跡，雖然這個特殊物種的雄蟲完全沒有這種凸起，因爲野牛布蜣螂（*Bubas bison*）（次於Onitis的一個屬）的雌蟲在其胸部具有一個同樣的小凸起，而雄蟲卻在同一部位長出一個大型凸起。因此幾乎毫無疑義的是，叉角蜣螂的雌蟲頭上的那個小點（a）以及兩三個親緣相近的物種的雌蟲頭上的小點，都是代表頭角的一種殘跡，這種頭角實爲許多鰓角組甲蟲的雄性所共有，如亮蜣螂（Phanaeus）（圖18）就是如此。

舊的信念認爲這等殘跡物是爲了完成自然界的計畫而被創造出來的，這與實際的情況非常不符，以致我們在這一科中所看到的正常狀態正好完全相反。我們合理地猜測最初是雄蟲生角，後來以殘跡的狀態把它們傳遞給了雌蟲，正如其

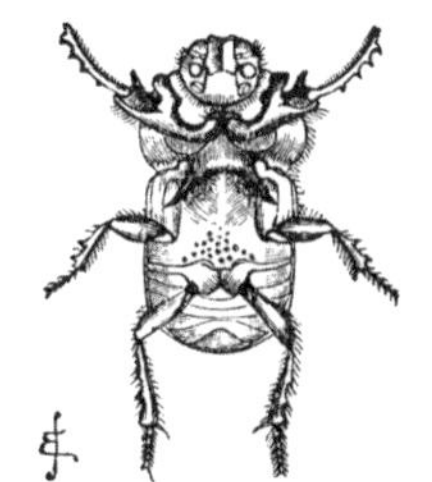

圖21　叉角蜣螂（*Onitis furcifer*）

雄蟲底面圖

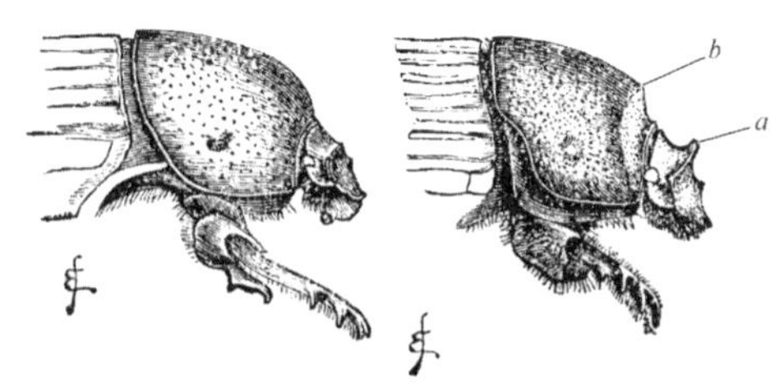

圖22　左方為叉角蜣螂雄蟲的側面圖，右方為雌蟲圖

a.頭角的殘跡；b.胸角或胸凸的殘跡。

他許多鰓角組甲蟲的情況那樣。爲什麼雄蟲後來失去了角，我們還不清楚；但由於其軀體底面發育了巨大的角和凸起，這可能是由補償原理所引起的；而且由於這只限於雄蟲才有，所以雌蟲上部的殘跡角就不會這樣消失掉。

迄今爲止我們所舉的例子都是關於鰓角組甲蟲的，還有少數其他雄甲蟲屬於兩個大不相同的類群，即象蟲科（Curculionidae）和隱翅蟲科（Staphylinidae），也都有角——前者的角在軀體的底面，後者的角則生於頭部和胸部的上面。[66]在隱翅蟲科中，同一物種的雄蟲的角變異多端，正如我們在鰓角組甲蟲中所看到的那樣。在扁鰲（Siagonium）中，我們看到一個二型現象的例子，因其雄蟲可分成兩組，在軀體大小及角的發達等方面都有巨大差異，但無居間的級進。關於隱翅蟲（Bledius）的一個物種（圖23），也是屬於隱翅蟲科的，韋斯特伍德教授說道，「在同一地方能夠找到的雄蟲標本，有的胸部中央角很大，但頭角完全處於殘跡狀態；有的胸角則非常之短，但頭部凸起卻是長的」。[67]這裡我們顯然看到了一個補償的例子，剛才提到的雄叉角蜣螂失去上部角的設想，也可借此得到解釋。

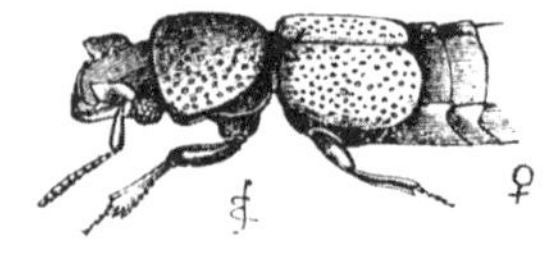

圖23　一種隱翅蟲（*Bledius taurus*）（放大圖）

左圖雄蟲；右圖雌蟲。

[66] 柯爾比和斯彭斯，《昆蟲學導論》，第三卷，三二九頁。

[67] 《昆蟲的近代分類》，第一卷，一七二頁；扁鰲，一七二頁。在大英博物館我見過一隻扁鰲的雄蟲標本處於中間類型，因此這二型現象不是嚴格的。

戰鬥的法則

有些雄甲蟲似乎不適於戰鬥，然而為了占有雌蟲也照樣捲入衝突。有一種喙很長的線狀甲蟲，叫*Leptorhynchus angustatus*，華萊士先生[68]見過兩隻這種雄蟲「為一隻雌蟲而戰鬥，後者則在一旁忙於鑽孔。這兩隻雄蟲用喙相互衝撞，用爪抓來抓去，砰砰地打來打去，顯然處於極怒的狀態」。然而較小的雄蟲「很快跑開了，承認自己敗了」。在少數場合中，雄甲蟲由於具有比雌甲蟲上顎大得多的刻齒的巨大上顎，很適於戰鬥。普通的歐洲深山鍬形蟲（*Lucanus cervus*）就是如此，其雄蟲比雌蟲約早一週從蛹羽化，因而往往可以見到若干雄蟲追逐同一隻雌蟲。在這個季節內，牠們的衝突進行得很激烈。當戴維斯先生[69]把兩隻雄蟲和一隻雌蟲關在一個盒內時，大的雄蟲猛鉗小的雄蟲，直到後者放棄了牠的要求而後已。一位朋友告訴我說，有個小孩常把雄蟲放到一塊看牠們相鬥，他注意到牠們就像高等動物那樣都比雌蟲勇敢而兇猛。要是捉拿雄蟲的前部，牠們就會抓住他的指頭不放，而雌蟲雖有更強大的上顎卻不會這樣。鍬甲科（Lucanidae）許多種類的雄蟲以及上述*Leptorhynchus*的雄蟲，都大於雌蟲而且更有力量。大頭糞金龜（*Lethrus cephalotes*，鰓角組甲蟲的一種）的雌雄二者同住一穴；雄蟲的上顎比雌的大。如果有一隻陌生雄蟲在繁殖季節企圖撞入洞穴裡來，就會受到襲擊；雌蟲不是處於被動地位，而是堵住洞口，並不斷地從後面推其伴侶

---

⑱《馬來群島》，第二卷，一八六九年，二七六頁。賴利（Riley），《關於密蘇里州昆蟲的報告》（*Report on Insects of Missouri*），一八七四年，一一五頁。

⑲見《昆蟲學雜誌》（*Entomological Magazine*），第一卷，一八三三年，八十二頁。關於這個物種的衝突問題，參閱柯爾比和斯彭斯的《昆蟲學導論》，第三卷，三一四頁，韋斯特伍德的《昆蟲的近代分類》，第一卷，一八七頁。

向前以資激勵；戰鬥將一直持續到入侵者被殺死或逃走才告結束。[70]另一種疤痕金龜子（*Ateuchus cicatricosus*）的雌雄二者成雙成對地生活在一起，而且似乎彼此非常依戀；雄蟲鼓勵雌蟲去滾動糞球，產卵其中；如果雌蟲被移走，雄蟲就變得非常焦躁不寧。若雄蟲被移走，雌蟲就會停止一切工作，而且如布律勒里（M. Brulerie）[71]所相信的，牠將留在同一地點不去，直到死去。

鍬甲科雄蟲的巨大上顎在大小和構造兩方面都是極其易變的，在這方面，與許多鰓角組和隱翅蟲科（Staphylinidae）雄蟲的頭角和胸角相類似。因而介於裝備最好的類型和裝備最差或退化的類型之間的一個完整系列得以形成。普通鍬形蟲的、可能還有其他許多物種的上顎雖是用做戰鬥的有效武器，但其上顎之大是否也能如此解釋尚屬疑問。我們已知道北美洲的大鍬甲蟲（*Lucanus elaphus*）是用上顎去抓握雌蟲的。由於牠們如此顯眼並具有如此優美的分枝，再加上長度大，因而並不十分適於抱握雌蟲；我腦子裡交織著這樣猜測，即它們可能附帶有裝飾的作用，正如上述各個不同物種的頭角和胸角那樣。智利南部的巨顎甲蟲（*Chiasognathus grantii*）雄蟲——屬於同一科的一種美麗甲蟲——具有異常發達的上顎（圖24）；牠勇猛而好鬥；當遇到威脅時，牠就轉過身來，張開巨顎，同時摩擦發出高叫。但其上顎不夠有勁，挾住我手指還感不到真正苦痛。

意味著具有相當的知覺能力和強烈情欲的性選擇對鰓角組甲蟲比對任何其他科的甲蟲似乎更加有效。有些物種的雄蟲具有戰鬥的武器；有些物種成對生活，顯示有相互的愛情；許多物種受到刺

---

[70] 引自費舍爾（Fischer），見《博物分類學辭典》（*Dict. Class. d'Hist .Nat.*），第十卷，三二四頁。

[71] 《法國昆蟲學會年報》（*Ann. Soc. Entomolog. France*），一八六六年，默里（A. Murray）在其《旅行記》（一八六八年，一三五頁）一書中曾加以引用。

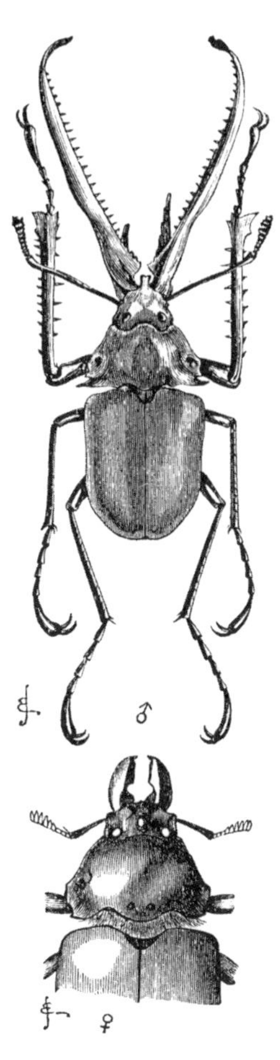

圖24　巨顎甲蟲（*Chiasognathus grantii*）縮小圖

上圖爲雄蟲；下圖爲雌蟲。

激時都有摩擦發音的能力；許多物種具有異常大的角，顯然是作爲裝飾之用；有些物種具晝間活動的習性，牠們的顏色都很華麗。最後，世界上最大的幾種甲蟲都屬這一科，林奈和法布爾都把這一科分類在鞘翅目之首。[72]

摩擦發音器

許多差別很大的科的甲蟲都具有這類器官。這樣發出的聲音有時在幾英尺、甚至幾碼外仍可聽到，[73]但是這種聲音無法與直翅目發出的聲音相比。這種音銼一般是由一個稍微升起的窄表面構

---

[72] 韋斯特伍德，《昆蟲的近代分類》，第一卷，一八四頁。

[73] 沃拉斯頓（Wollaston），《關於某些鳴叫悅耳的象蟲科》（On certain Musical Curculionidae）。見《博物學年刊雜誌》，第六卷，一八六〇年，十四頁。

成的，其上橫亙著很細的平行肋狀凸起，有時如此之細，致成虹色，而且在顯微鏡下顯出很漂亮的模樣。在某些場合中，如歹糞金龜屬（Typhoeus），其音銼整個周圍表面布滿了硬毛狀或鱗片狀微小凸起，差不多成爲平行線，由此逐漸過渡到音銼的肋狀凸起。這一過渡的完成是靠著那些微小凸起彙集成一條直線，而且變得更凸出和平滑。軀體的鄰接部位上有一條硬脊作爲音銼的刮具之用，但在某些場合，爲了這種用途，該刮具已經發生過特殊改變。它迅速地刮過音銼，或者反過來，由音銼擦過刮具。

這類器官所處的位置很不相同。埋葬蟲（*Necrophorus*）*有兩片平行的音銼（圖25，r），位於第五腹節背面，每片音銼[74]由一百二十六到一百四十條細肋凸起構成。這些肋狀凸起與鞘翅的後緣互相刮擦，後者的一小部分伸出其一般輪廓之外。許多負泥蟲科（Crioceridae）甲蟲、四星鋸角葉甲蟲（*Clythra 4-punctata*，葉甲蟲科Chrysomelidae的一種）以及擬步行蟲科（Tenebrionidae）某些甲蟲等[75]的音銼都位於腹部的背端，即臀板或前臀板之上，

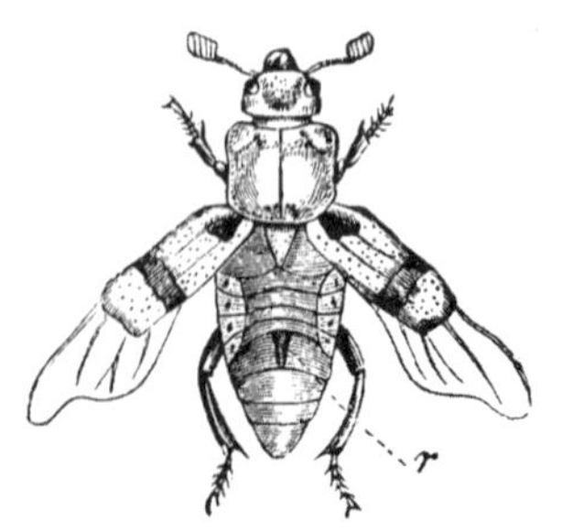

圖25　埋葬蟲（蘭多依斯提供）

r.兩個音銼。左圖是高度放大的音銼一部分。

* 此類甲蟲見於鼠等小動物的屍體，則掘屍旁之土爲穴，使之陷入土中而食之，故名。——譯者注

[74] 蘭多依斯，《動物科學雜誌》，第十七卷，一八六七年，一二七頁。

[75] 克羅契（Crotch）先生曾送給我屬於這三個科以及其他科的各種甲蟲的許多製成標本和有價值的資料，對此我非常

也是用鞘翅按上述同樣方式刮撥。屬於另一科的異角類（Heterocerus），其音銼位於第一腹節的兩側，而用腿節上的隆起線刮撥。[76]某些象蟲科（Curculionidae）和步行蟲科（Carabidae）[77]，其發音部分的位置則完全顛倒，因其音銼位於鞘翅的下表面，接近翅尖或沿著翅的外緣那一部分，而腹節的邊緣則用做刮具。赫氏龍虱（*Pelobius Hermanni*，龍虱科Dytiscidae或水甲蟲的一種）有一條堅固的隆起線靠近鞘翅接合縫的邊緣並與之平行，且諸肋狀凸起橫過其上，這些肋狀凸起中央粗而兩端逐漸變細，上端特別細；當在水中或空中把這種昆蟲抓住時，牠就用腹部的極度角質化邊緣刮撥音銼，發出一種唧唧叫聲。大量的長角甲蟲（*Longicornia*）的這類器官位置則完全不同，其音銼位於中胸，而與前胸互相摩擦；蘭多依斯在英雄天牛（*Cerambyx heros*）的音銼上數出二百三十八條很細的肋狀凸起。

許多鰓角組昆蟲都有摩擦發音能力，但發音器官的位置大不相同。有些物種摩擦發出的聲調很

感激。他認爲鋸角甲蟲的摩擦發音能力以前沒有被發現過。我也非常感激詹森（E. W. Janson）先生提供的資料和標本。我要補充一點，鼠形皮蠹（*Dermestes murinus*）會摩擦發音，是我的兒子F．達爾文先生發現的，但沒有找到發音器官。查普曼（Chapman）博士最近描述過棘脛小蠹蟲（*Scolytus*）是一種能摩擦鳴叫的昆蟲，見《昆蟲學家月刊》（*Entomologist's Monthly Magazine*），第六卷，一三〇頁。

[76] 引自席厄德（Schiödte），其譯文見《博物學年刊雜誌》，第二十卷，一八六七年，三十七頁。

[77] 韋斯特林描述過〔克羅耶爾，《博物學文集》（*Naturhist. Tidskrift*），第二卷，一八四八－一八四九年，三三四頁〕這兩科以及其他科的摩擦發音器官。在步行蟲科中，我檢查了克羅契先生送給我的黏滑斑螯（*Elaphrus uliginosus*）和*Blethisa multipunctata*。根據我所能做出的判斷來說，Blethisa腹節緣邊上的橫向隆起線並沒有刮撥鞘翅音銼的作用。

高，以致當史密斯先生捉到一隻砂蚑（*Trox sabulosus*）時，站在旁邊的一位獵物看守人竟以爲他逮住了一隻老鼠；但我沒有發現這種甲蟲特有的發音器官。在推丸蜣螂（Geotrupes）和歹糞金龜（Typhoeus）中，有一條窄隆起線斜穿（圖26，r）每隻後足的基節（在*G. stercorarius*中，有八十四條肋狀凸起），由一個腹節特別凸出的部分向它刮撥。近親的鐮刀形角金龜子（*Copris lunaris*）沿著其鞘翅邊緣的接合縫有一條非常窄而細的音銼，靠近基部的外緣還有另一片短音銼；但據勒孔特（Leconte）說⑱，有些其他金龜子的音銼則位於腹部的背面。獨角仙（Oryctes）的音銼位於前臀板；據這同一位昆蟲學家說，有些其他獨角仙類（Dynastini）的音銼則位於鞘翅的底面。最後，韋斯特林說，褐絹金龜（*Omaloplia brunnea*）的音銼位於前胸腹，而刮則位於後胸腹板，這樣，發音部分所在的位置是軀體的下表面，而不是像長角甲蟲那樣在上表面。

我們由此看到鞘翅類不同科的摩擦發音器官位置的多種多樣，實是驚人，但在其構造上卻沒有多大差別。在同一科中，有些物種具有這等器官，而另外一些物種就沒有。這種差異是可以理解的，我們如果設想各種甲蟲軀體的任何堅硬而粗糙的部分原先偶然相觸，互相摩擦而發出模糊或嘶

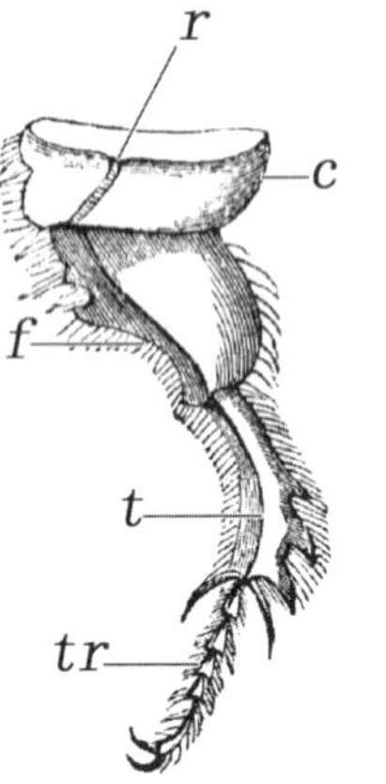

圖26　糞蜣螂（*Geotrupes stercorarius*）後肢圖（引自蘭多依斯）

r.音銼；c.基節；f.股節；t.脛節；tr.跗節。

⑱ 我感謝伊利諾斯州的沃爾什先生，蒙他贈我勒孔特的《昆蟲學導論》，一〇一，一四三頁的摘要。

嘶的聲音；而且由於這樣發出的聲音有點用處，那麼其軀體的粗糙表面就會逐漸發展成爲正規的摩擦發音器官。現在有些甲蟲當行動時，不管有意或無意地還會發出一種模糊的聲音，然而牠們並沒有任何適於這種用途的特殊器官。華萊士先生告訴我說，長臂金龜子（*Euchirus longimanus*，一種鰓角組甲蟲，其雄蟲的前肢奇長）「在移動時靠腹部伸縮發出一種低沉的嘶嘶聲；如果把牠捉住，牠就會用後腿與鞘翅邊緣互相摩擦而發出一種刺耳的聲音」。這種嘶嘶聲顯然是由於一個窄音銼沿著每張鞘翅邊緣的接合縫擦過而發出的；我用牠的腿節的粗糙表面與其對應的鞘翅凸凹不平的邊緣互相摩擦，同樣也能發出那種刺耳的聲響；然而我無法在這裡找出任何特殊的音銼，這種昆蟲如此之大，我很不可能把這種音銼忽略掉的。在考察了高脊步行蟲（Cychrus）並讀過韋斯特林關於這種甲蟲的著述後，我感到儘管牠有發音能力，但是否有任何眞正的音銼，似乎很有疑問。

根據直翅目和同翅目來類推，我曾預期在鞘翅目昆蟲中會發現不同性別有不同的摩擦發音器官；但詳細檢查過若干物種的蘭多依斯並沒見到過這種差異；韋斯特林和克羅契（G. R. Crotch）先生製作了許多標本送給我，他們也沒有見過這種差異。由於這類器官的巨大變異性，即便有任何差異，如果是輕微的話，也是難以被察覺的。例如我檢查的第一對埋葬蟲（*Necrophorus humator*）和**Pelobius**，其雄蟲的音銼要比雌蟲的大得多；但後來檢查的標本就不這樣了。有三隻糞蜣螂雄蟲的音銼在我看來要比三隻雌蟲的音銼更厚，色更暗，也更隆起，因此，爲了弄清楚不同性別的摩擦發音能力是否不同，我兒子F．達爾文先生蒐集了五十七隻活標本，用同樣方法拿著，按照牠們叫聲的大小分成兩堆。然後他檢查了所有這些標本，發現這兩堆雄蟲和雌蟲的比例很接近。史密斯先生保存了許多*Monoynchus pseudacori*（象蟲科）的活標本，他認爲其雌雄二者都會摩擦發音，而其發音程度顯然是相等的。

儘管如此，在某些少數鞘翅目昆蟲中，摩擦發音能力肯定還是一種性徵。克羅契先生發現Heliopathes（擬步行蟲科）的兩個物種只有雄蟲具有摩擦發音器官。我檢查了駝背擬步行蟲（*H. gibbus*）的五隻雄蟲，在最末腹節背面全有一個相當發達的音鋰，其一部分分而為二；而在同樣數目的雌蟲中，甚至連一個音鋰的痕跡也沒有，最末這個腹節的膜是透明的，而且比雄蟲的這種膜薄得多。一種擬步行蟲（*H. cribratostriatus*）的雄性有一個同樣的音鋰，只是其一部分並不分而為二，而雌蟲則完全缺少這種器官；此外雄蟲在鞘翅尖端的邊緣上，在鞘翅接合縫的每一邊，有三四條短的縱向隆起線，其上橫亙著極細的肋狀凸起，這等隆起線與腹部的音鋰平行也相類似；這等隆起線究竟是作為獨立的音鋰之用還是作為腹部音鋰的一個刮具，我還無法斷定：雌蟲一點也沒有後述這種構造的痕跡。

還有，在鰓角類獨角仙屬（Oryctes）的三個物種中，我們看到一個近似的例子。鉤角獨角仙（*O. gryphus*）與尖鼻獨角仙（*O. nasicornis*）雌蟲的前臀板音鋰上的肋狀凸起在連續性和清晰性上均不及雄蟲；但主要的差異還在於這個體節的全部上表面，當把它放在適當光線中時，即可見到它上面覆蓋著毛，而雄蟲並沒有這種毛，或僅以非常微細的絨毛為其象徵。應該注意，在所有鞘翅目昆蟲中，音鋰的有效部分都是無毛的。塞內加爾獨角仙（*O. senegalensis*）雌雄之間的差異更加強烈顯著，當把這個特殊腹節弄乾淨作為透明物體觀察時，就可以最清楚地看到這種差異。雌蟲的這整個表面覆蓋著分散的帶刺小脊凸；而雄蟲的這些脊凸在向腹端延伸的過程中逐漸會合，變得越益規則，越益沒有毛刺；因而這個腹節的四分之三被極細的平行肋狀凸起所覆蓋，是為雌蟲所根本沒有的。然而當把一個軟化了的標本的腹部前後推動時，獨角仙屬所有這三個物種的雌蟲都會發出一種輕微的嘎嘎聲或唧唧聲。

在擬步行蟲屬和獨角仙屬的場合中，雄蟲的摩擦發音乃是爲了召喚或刺激雌蟲，幾乎是無可疑問的了；但對多數甲蟲來說，摩擦發出的叫聲顯然是用於雌雄的相互召喚。甲蟲類在各種情緒下的摩擦發音，也與鳥類一樣，除向配偶鳴唱外，還爲了許多目的來使用牠們的叫聲。巨大的巨顎甲蟲當憤怒和挑戰時就要摩擦發出鳴叫，許多物種如果被捉住因而無法逃脫時，由於絕望或恐懼也會發出鳴叫；沃拉斯頓（Wollaston）和克羅契二位先生在加那利群島用敲打空心樹幹的方法可以引起仙人掌象蟲屬（Acalles）的甲蟲摩擦發出鳴叫，因而探知牠們的所在。最後，金龜子（Ateuchus）雄蟲摩擦發出鳴叫以鼓勵雌蟲工作，當把雌蟲移走後，也因悲痛而摩擦發出鳴叫。[79]有些博物學家相信甲蟲發出這種叫聲是爲了把牠們的敵害嚇走；但我不能想像一隻四足獸或鳥既然能吞食一隻大甲蟲，怎麼會被這麼輕微的一種聲音所嚇倒。摩擦發音是用於性的召喚，這個信念得到了下述事實的支持，即方格斑紋竊蠹蟲（*Anobium tessellatum*）以滴答聲互相呼應而聞名，而且據我親自的觀察，牠們也向一種人爲的輕拍聲呼應。道布林戴伊先生也告訴過我，他不時見到一隻雌蟲發出滴答聲，[80]過一兩小時後發現牠與一隻雄蟲在交配，還有一次被好幾隻雄蟲包圍起來了。最後，許多種

[79] 布律勒里（M. P. de la Brulerie），默里的《旅行記》（第一卷，一八六八年，一三五頁）曾加引用。

[80] 據道布林戴伊先生說，「昆蟲所發出的聲音是靠著用後腿儘可能地把自己抬高，然後用胸部向坐在其下的東西連續五六次急速拍打」。關於這問題的參考資料，參閱蘭多依斯的文章，見《動物科學雜誌》，第十七卷，一三一頁。奧利維爾（Olivier）說（柯爾比和斯彭斯在其《昆蟲學導論》，第二卷，三九五頁，曾加引用）*Pimelia striata*的雌蟲用其腹部向任何堅硬的東西拍打都可發出相當高的聲音，於是雄蟲「按照這種召喚，很快前來伴隨著牠，然後交配了」。

類的雌雄甲蟲起初很可能是靠牠們軀體上鄰接的堅硬部分彼此摩擦而發出輕微的聲音來相互尋找；當那些聲音最響亮的雄蟲或雌蟲最能成功地尋得配偶時，牠們軀體不同部位上的皺紋透過性選擇就會逐漸發展成為眞正的摩擦發音器官。

第十一章　昆蟲類的第二性徵（續）——鱗翅目（蝶類和蛾類）

在這個大「目」中，使我們最感興趣的是，同一物種雌雄二者在顏色上的差異以及同一屬不同物種之間在顏色上的差異。本章的絕大部分都要用來討論這個問題，但在這之前我要先對其他一兩個問題略做陳述。常常可以見到若干雄蟲群集在同一隻雌蟲周圍，向牠求愛。牠們的求偶看來是一件持續很久的事，因爲我屢屢注視一隻或一隻以上的雄蟲環繞一隻雌蟲旋轉，直到我看得累了的時候還沒有結果。巴特勒（A. G. Butler）先生也告訴我說，他曾幾次注視過一隻雄蟲花了整整一刻鐘的時間去向一隻雌蟲求愛，但後者頑固地拒絕牠，最後停息在地面上並合攏雙翅，以逃避牠的求愛。

蝴蝶雖是脆弱的動物，卻都好鬥，有一隻被捉住的「紫閃蛺蝶」①（Emperor butterfly）就是因爲與另一隻雄蝶衝突而把兩片翅尖搞裂了。科林伍德（Collingwood）先生提到婆羅洲蝴蝶經常發生鬥爭時說道，「牠們以最大速度互相圍著旋轉，似乎激起了極大憤怒而兇猛異常」。

有一種蝶（*Ageronia feronia*）發出的一種聲音就像齒輪在彈簧輪擋下透過時的響聲一樣，在幾碼外都能聽到：我只是在里約熱內盧見到兩隻這種蝴蝶在一條不規則的路線上互相追逐時才注意到

---

① 紫閃蛺蝶（*Apatura Iris*），見《昆蟲學家週刊》，一八五九年，一三九頁。關於婆羅洲蝶類，見科林伍德的《一個博物學家的漫談》，一八六八年，一八三頁。

這種聲音的，因此這種聲音可能是雌雄在求偶時發出的。②

某些蛾類也發音，黽蛾（*Thecophora fovea*）的雄蛾就是一例。布坎南・懷特（F. Buchanan White）③先生有兩次聽到山毛櫸青實蛾（*Hylophila prasinana*）的雄蛾發出一種急促的刺耳聲音，他相信，就像蟬屬的發音那樣，這聲音是由具有肌肉的一片彈性膜產生的。他還引用了蓋內的說法，即，毛蛾（Setina）顯然是靠「位於胸部的兩隻鼓狀大囊」之助，發出一種鐘錶那樣的滴答聲，而這類器官「在雄蛾身上遠比在雌蛾身上發達得多」。因此，鱗翅目的發音器官與性機能似乎有某種關係。我所指的不是鬼臉天蛾（Death's Head Sphinx）發出的那種人所熟知的聲音，因爲在這種蛾剛從繭羽化不久就可聽到這種聲音。

霍爾一向觀察到天蛾有兩個物種散發出麝香氣味，這是雄蛾所特有的；④在較高等的動物綱中，我們將會碰到許多只有雄性才散發香氣的事例。

許多蝶類和某些蛾類都極其美麗，無論何人，必加讚賞；或可這樣提問：牠們的顏色及其變化多端的式樣是怎樣形成的？是由於這些昆蟲所暴露於其中的物理條件直接作用的結果嗎？同時並不因此取得任何利益嗎？還是由於作爲一種保護手段，或者爲了某種未知的目的，或者爲了某一性別

---

② 參閱我的《研究日誌》，一八四五年，三十三頁。道布林戴伊先生已發覺（見《昆蟲學會會報》，一八四五年三月三日，一二三頁）在前翅基部有一特別的膜質囊，大概與發音有關。關於黽蛾，見《動物學紀錄》，一八六九年，四〇一頁。關於布坎南・懷特先生的觀察資料，見《蘇格蘭博物學家》，一八七二年七月，二一四頁。

③ 參閱《蘇格蘭博物學家》，一八七二年七月，二一三頁。

④ 參閱《動物學紀錄》，一八六九年，三四七頁。

可以吸引另一性別，世世代代的變異被積累起來並由它們所決定的嗎？再者，某些物種雌雄二者的顏色差異很大，而同一屬其他物種雌雄二者的顏色卻彼此相像，其意義是什麼呢？在試圖回答這些問題之前，一定要先舉出大量的事實來。

關於我們美麗的英國蝴蝶，像紅紋蝶（admiral）、孔雀蛺蝶（peacock）、畫美人蛺蝶（Vanessae）以及其他許多蝴蝶，其雌雄二者都是彼此相像的。熱帶產的豔麗的長翅蝶（Heliconidae）和斑蝶（Danaidae）科的大多數也是如此。但某些其他熱帶類群以及我們英國的某些蝴蝶，像閃紫蝶（purple emperor），橙色翅尖蝶（orange-tip），等等（紫閃蛺蝶，*Apatura Iris* 和紅襟粉蝶，*Anthocharis cardamines*），其雌雄二者在顏色上的差異不是很大就是很小。有些熱帶物種的顏色之壯麗實非語言所可形容。甚至在同一個屬中，我們也常常會發現有的物種雌雄之間表現的差異非常之大，而另外的物種雌雄之間又彼此密切近似。下述大多數事實均蒙貝茨先生見告，並審閱過這裡的全部討論，在南美的黑蛺蝶屬（Epicalia）這一屬中他告訴我說，他知道有十二個物種的雌雄二者常常出沒於同一處所（蝶類並非永遠如此），所以牠們不會受到不同外界條件的影響。⑤這十二個物種中有九個，其雄蝶乃所有蝴蝶中最鮮豔者，牠們與顏色比較平淡的雌蝶有如此巨大差異，以致後者先前曾被放入不同的屬中。這九個物種的雌蝶在其一般色彩上都彼此相似；而且與世界各地所發現的若干親緣關係密切近似屬的物種的雌雄雙方都相類似。因此我們可以推論這九個物種，大概還有該屬的所有別的物種都是起源於一個顏色幾乎相同的祖先類型。第十個物種的

⑤ 再參閱貝茨先生的論文，見《費城昆蟲學會會報》，一八六五年，二〇六頁。關於同樣的問題，華萊士先生還對冠冕蛺蝶（Diadema）進行過討論，見《倫敦昆蟲學會會報》，一八六九年，二七八頁。

雌蝶仍保持相同的一般色彩，但雄蝶與之相似，因此牠的顏色遠不及前面九個物種絢麗，而且差別懸殊。第十一和第十二個物種的雌蝶失去了普通的樣子，因其顏色幾乎與雄蝶一樣華麗，只是比後者稍差一點而已。因此，後面這兩個物種的雄蝶的鮮明色彩似乎已傳給了雌蝶；而第十個物種的雄蝶則保持或復現了雌蝶的以及該屬原始類型的平淡顏色。這三個例子的雌雄二者儘管表現的方式相反，卻很相似。在親緣關係相近的Eubagis屬中，某些物種雌雄二者的顏色都是平淡的而且近似；而大多數物種的雄蝶都裝飾著多種多樣美麗的金屬色澤，與雌蝶差異很大。這整個屬的雌蝶都保持著同樣的一般色彩，因此牠們互相之間的類似要大於牠們和同種雄蝶之間的類似。

在鳳蝶（Papilio）屬中，安尼阿斯蝶（AEneas）類群的所有物種均以牠們顯明和差別懸殊的色彩而著稱，牠們也證明了雌雄二者之間在差異量上常見級進傾向。在少數物種中，例如斑點鳳蝶（*P. ascanius*），雌雄二者彼此相似；在另外一些物種中，雄蝶的色彩或比雌蝶鮮明，或比雌蝶華麗得很多。與英國畫美人蛺蝶有親緣關係的眼蛺蝶（Junonia）屬提供了一個幾乎同樣的情況，因爲儘管該屬大多數物種的雌雄二者都缺少華麗色彩而且彼此相像，但有些物種如青銅色六月蝶（*J. anone*）的雄性顏色則比雌性鮮明些，還有眼蛺蝶的少數物種（例如*J. andremiaja*）的雄性與雌性如此不同，以致可能把雄性誤認爲是一個完全不同的物種。

A．巴特勒先生在大英博物館向我指出過另一個顯著事例，即熱帶美洲蜆蝶（Theclae）屬的一個物種，其雌雄二者幾乎一樣，極其美麗；另一個物種的雄性具有同樣華麗的顏色，但雌性整個上部表面則都是一致的暗褐色。我們常見的英國灰蝶（Lycaena）的小型藍蝴蝶表明其雌雄二者之間在色彩上有種種差異，幾乎與上述外來的屬一樣，雖然不如後者那樣顯著。小丘灰蝶（*Lycaena agestis*）雌雄二者的翅都是褐色的，邊上鑲有像瞳眼的橙色小點，彼此都如此相似。雄愛琴島灰蝶

（*L. agon*）的翅是鮮藍色的，鑲著黑邊，而雌蝶的翅都是褐色的，其鑲邊與小丘灰蝶（*L. agestis*）的翅很近似。最後，豎琴灰蝶（*L. arion*）雌雄二者的翅都是藍色而且很相像，但雌蝶翅緣稍黑，上面的黑點稍淡；有一個鮮藍色的印度物種雌雄二者彼此還更相像。

我列舉上面這些細節是爲了闡明，第一，當蝴蝶的雌雄二者出現差異時，按照一般規則來說總是雄性較爲美麗，而且與該種所隸屬的那一類群的普通色彩距離較遠。因此，在多數類群中若干物種的雌蝶之間的相似遠比雄蝶之間的相似更爲密切。然而在某些例子中，雌蝶的顏色卻比雄蝶更爲豔麗，以後我還會談到這一點。第二，上述這些細節清楚地使我們認識到同一屬的雄蝶和雌蝶從其顏色毫無差異開始，經常出現各種級進，直至彼此的顏色如此不同，以致在昆蟲學家們把牠們歸入同一屬之前，長期以來一直把牠們看作是兩個屬。第三，我們看到，當雄蝶和雌蝶彼此近似時，這似乎是由於雄蝶將其色彩傳給了雌蝶，要不就是由於雄蝶保持或恢復了這一類群的原始色彩。還應注意的是，在雌雄二者有所差異的那些類群中，通常是雌蝶多少有些類似雄蝶，所以當雄蝶美麗到異常程度時，雌蝶也幾乎總要呈現某種程度的美麗。根據雌雄二者在差異量上的許多級進事例，根據同一類群普遍具有的一般色彩，我們可以斷定導致某些物種只有雄蝶才有鮮豔色彩以及另外一些物種雌雄二者都具有鮮豔色彩的原因一般是相同的。

由於這麼多華麗的蝴蝶都產於熱帶，因此人們往往假定牠們的顏色乃是由於該地區的巨大熱量和溼度所致；但是，貝茨先生⑥在比較了許多產於溫帶和熱帶親緣相近的昆蟲類群之後，證明這個觀點不能成立；當同一物種的色彩鮮豔的雄蝶和色彩平淡的雌蝶棲息在同樣的地方，吃同樣的食物

⑥ 參閱《亞馬遜河上的博物學者》，第一卷，一八六三年，十九頁。

並遵循著完全同樣的生活習性時，這個證明就成爲無可爭辯的了。即使雌雄二者彼此相像，我們也幾乎不能相信牠們燦爛鮮豔的色彩乃是牠們組織性質和周圍環境條件的毫無目的之結果。

所有種類的動物，一旦爲了某種特殊目的而發生了顏色變異，根據我們所能判斷的來說，這如果不是爲了直接或間接的保護，就是爲了性別之間的一種吸引。有許多蝴蝶的種，其翅的上表面都是顏色暗淡的，這多半可以使牠們得以避免被發現和逃避危險。但是，蝴蝶在停息時特別容易受到其敵害的攻擊；而且大多數種類在停息時都把翅垂直地豎立於背上，於是只有翅的下表面暴露於外界的視線之中。因此，正是這一面的顏色往往模擬牠們通常停息於其上的物體色彩。我相信是勒斯勒爾（Rössler）博士首先注意到某些畫美人蛺蝶以及其他蝴蝶合攏的雙翅與樹皮的顏色相似。還可以舉出許多類似的顯著事實。最有趣的一個例子是華萊士先生⑦記載的一種印度和蘇門答臘的普通蝴蝶（木葉蝶，Kallima），當牠停息在矮樹叢上時就像變魔術一樣地消失了；因爲牠把頭和觸角都藏在合攏的雙翅中間，這樣從形狀，顏色和翅脈來看就和一片帶葉柄的枯葉無異。另外還有些例子：翅的下表面具有燦爛的顏色，仍然是作爲保護之用。例如紅紋蜆蝶（*Thecla rubi*）的雙翅合攏時其顏色是翡翠綠，與黑莓樹的嫩葉相類似，這種蝴蝶在春天常常停息於其上。還應注意的是，有許多物種的雌雄二者上表面的顏色差異很大，而下表面的色彩卻非常近似或完全一樣，這也是作爲保護之用的。⑧

---

⑦ 參閱《威斯敏特評論》，一八六七年七月，第十頁上的一篇有趣文章。華萊士先生在《哈德威克的科學隨筆》（*Hardwicke's Science Gossip*）一書上提供了一幅木葉蝶的木刻圖，一八六七年九月，一九六頁。

⑧ 弗雷澤先生，《自然》，一八七一年四月，四八九頁。

雖然許多蝶類上下兩面的暗淡色彩無疑是便於隱蔽，可是我們不能把這一觀點引申到上表面具有鮮豔奪目色彩的那樣一些物種，如英國的紅紋蝶、孔雀蛺蝶、畫美人蛺蝶、粉蝶（Pieris），或是常出沒於開闊沼地的大燕尾鳳蝶——因爲這些蝴蝶的顏色使牠們可以被每個生物看到。這些物種的雌雄二者都彼此相似；但鉤粉蝶（*Gonepteryx rhamni*）的雄蝶是深黃色的，而雌蝶的顏色要淡得多；而紅襟粉蝶（*Anthocharis cardamines*）只有雄蝶的翅尖具有鮮明的橘黃色。在這些例子中，無論雄蝶與雌蝶都會惹起注目的，因而認爲牠們的顏色差異與正常的保護有任何關係的說法都是不可信的。魏斯曼（Weismann）教授說，有一種灰蝶的雌性當停息在地上時就把牠褐色的翅展開，從而幾乎無法把牠識別出來⑨；另一方面，其雄性好像明知其翅膀上表面的鮮藍色會招來危險，當停息時就把它們合閉在一起，這說明藍色絕不能用於保護。儘管如此，惹起注目的色彩作爲表示牠們是不好吃的一個警號，對許多物種可能還是間接有利的。因爲某些其他例子表明美麗色彩是透過模擬其他美麗物種而獲得的，後者也居於同一地方並由於牠們對其敵害有某種防衛作用而得以避免受到攻擊；但另一方面我們還必須對模擬的物種之美麗色彩進行解釋。

正如沃爾什先生向我說過的，上述紅襟粉蝶的和一個美國物種（美國襟粉蝶，*Anth. genutia*）的雌蝶大概向我們表明了該屬親種的原始色彩；因爲該屬有四五個散布很廣的物種，其雌雄二者的色彩幾乎是一模一樣的。正如上述的幾個例子，我們可在這裡推斷紅襟粉蝶和美國襟粉蝶（*Anth. genutia*）的雄蝶離開了該屬的通常形式。產於加利福尼亞州的蛛襟粉蝶（*Anth. sara*），橘色翅尖的性狀在雌蝶方面也得到了局部發育；但顏色比雄蝶要淡些，在其他一些方面也稍有差異。有一個

⑨《隔離對種類形成的影響》（*Einfluss der Isolirung auf die Arbildung*），一八七二年，五十八頁。

親緣相近的印度蝴蝶類型叫做齒小蠹（*Iphias glaucippe*），其橘色翅尖的性狀在雌雄雙方都得到了充分發育。正如巴特勒先生向我指出的，這個齒小蠹（Iphias）雙翅的下表面與一片淡色的葉子奇異地相似；而我們英國的紅襟粉蝶的下表面則與野生歐芹的頭狀花相似，牠們常在晚間停息於其上。[10]這些都迫使我們相信下表面的色彩乃是爲了保護的同樣理由，又使我們不得不否認翅尖具有鮮明的黃色是爲了同樣的目的，特別是當這個性狀只限於雄蝶時，尤其如此。

大多數蛾類在整個或大部分白天都不活動，而且其翅垂放；爲了逃避外界的發現，牠們整個上表面的顏色濃淡和著色方式，正如華萊士先生所說的，常常令人讚歎不已。蠶蛾科（Bombycidae）和夜蛾科（Noctuidae）[11]當停息時，其前翅一般重疊而把後翅掩蓋起來；因此後翅大概具有燦爛的色彩而不致遭到大的危險；牠們的後翅事實上往往都是這樣著色的。蛾類在飛翔時常常能夠逃避其敵害，儘管如此，由於其後翅這時完全暴露於外界的視線之中，一般說來其燦爛色彩的獲得一定還是要冒一點危險的。但下述事實闡明，我們要對這個問題做出結論應該如何地謹愼。普通黃色後翅蛾的毛夜蛾（Triphaena）往往在白天或傍晚飛來飛去，由於牠們後翅的顏色，那時是易於被察見的。人們自然要認爲這可能是危險的一個根源；但詹納．韋爾先生相信這實際上是逃避危險的一種手段，因爲鳥類所注意到的是這等色彩燦爛而易碎的表面，並非牠們的軀體。例如，韋爾先生把一隻健壯的一種黃毛夜蛾（*Triphaena pronuba*）標本放進他的鳥舍裡，馬上就受到一隻知更鳥的追逐；但是，把這隻鳥的注意力吸引住的是標本的彩色翅膀，經過五十次左右的嘗

---

⑩ 參閱伍德先生寫的、有趣的觀察報告，見《學生》（*The Student*），一八六八年九月，八十一頁。

⑪ 華萊士先生，《哈德威克的科學隨筆》，一八六七年九月，一九三頁。

試，而且蛾翅反覆被撕裂成碎片後，才把牠捉住。他用一隻燕子和緣飾毛夜蛾（*T. fimbria*）在露天做過相同的實驗；但這種蛾的巨大體形妨礙了燕子把牠捉獲。⑫由此我們想起了華萊士先生的一段敘述，他說在巴西森林和馬來群島有許多非常漂亮的普通蝴蝶，牠們雖有寬闊的翅膀，但都不善於飛翔；牠們「被捉獲時，其翅往往因被刺穿而破裂，好像牠們曾被鳥類捉住後又逃脫了。倘若翅膀與蟲體的比例小得多，那麼這種昆蟲的致命部位看來就可能更加頻繁地受到打擊和刺穿，因此翅膀的增大可能有間接的利益」。⑬

誇耀

許多蝶類和有些蛾類的燦爛色彩都是爲了誇示而特別安排的，所以牠們容易被看見。在夜間，顏色是不會被看見的，毫無疑問，夜蛾作爲一個整體來說，其裝飾遠不及具有夜息晝出習性的蝶類華麗。但某些科的蛾類，如斑蛾（Zygaenidae）科、若干天蛾（Sphingidae）科、燕蛾（Uraniidae）科、某些燈蛾（Arctiidae）科和天蠶蛾（Saturniidae）科，在白天或傍晚四處飛翔，牠們之中有許多都是極其美麗的，與嚴格夜出晝息的類型相比，其顏色要燦爛得多。然而也有少數夜出物種具有鮮豔色彩的例外案例曾被記錄下來。⑭

---

⑫ 關於這個問題再參閱韋爾先生的論文，見《昆蟲學會學報》，一八六九年，二十三頁。

⑬ 《威斯敏特評論》，一八六七年七月，十六頁。

⑭ 例如虎蛄蟖（Lithosia），但韋斯特伍德教授（見《昆蟲的近代分類》，第二卷，三九〇頁）對這例子似乎感到驚奇。關於晝出和夜出的鱗翅目昆蟲的相對色彩，見《昆蟲的近代分類》，第二卷，三三三，三九二頁；再參閱哈里

關於誇示，還有另一類證據。如上所述，蝶類當停息時便豎起牠們的翅，但在晒太陽的時候，往往把雙翅交替地豎起或垂放，這樣，翅的兩面就充分可見；雖然下表面的色彩往往暗淡，以爲保護，但有許多物種，其翅的下表面與上表面裝飾得一樣，非常華麗，而且其式樣有時迥然不同。有些熱帶物種，其翅的下表面色彩甚至比上表面還要鮮豔。[15]英國蛺蝶（Argynnis）只有下表面才裝飾著閃閃的銀光。儘管如此，以一般規則而言，上表面大概暴露的更加充分，其顏色要比下表面更燦爛，更多樣化。因此，在鑑定不同物種之間的親緣關係時，下表面對昆蟲學家們一般可以提供更爲有用處的性狀。弗里茨·米勒告訴我說，在巴西南部他的住宅附近發現了蝶蛾（Castnia）屬的三個物種：其中兩個物種的後翅顏色都是暗淡的，這兩種蝴蝶停息時，其後翅總是被前翅所掩蓋；但第三個物種的後翅是黑色的，其上有美麗的紅色和白色斑點，這種蝴蝶不論在什麼時候停息，牠們的後翅都充分展開以顯示其色彩。尚有其他這等事例可以舉出。

現在我們轉來談談蛾類這龐大的類群，我聽斯坦頓先生說，牠們習慣上不把翅的下表面暴露得很清楚，我們很少發現這一面的色彩比上表面更燦爛或與之相當。關於這一規則的某些例外，不論是眞實的還是表面的，如合歡蟌（Hypopyra）的例子[16]，都必須加以注意。特里門（Trimen）

斯著作《關於新英格蘭昆蟲類的論文》（*Treatise on the Insects of New England*），一八四二年，三一五頁。

⑮ 關於幾個鳳蝶種的翅膀上下表面的這等差別，見華萊士先生的《關於馬來亞地區鳳蝶科的研究報告》（*Memoir on the Papilionidae of the Malayan Region*）一文中的圖版，載於《林奈學會會報》，第二十五卷，第一部分，一八六五年。

⑯ 參閱沃莫爾德（Wormald）先生討論這種蛾的文章，見《昆蟲學會會報》，一八六八年三月二日。

先生告訴我說，在蓋內的偉大著作中有三隻蛾的繪圖，牠們的下表面要鮮豔得多。例如，澳洲枯葉蛾（Gastrophora）的前翅上表面是淡灰赭石色的，而下表面則飾以華麗的鈷藍色眼點，位於一塊黑斑的中央，黑斑之外圍繞著一層橙黃色，再外一層是淺藍白色。但關於這三種蛾子的習性還不清楚；因而對牠們色彩的不尋常式樣無法加以說明。特里門先生也告訴我說，某些別的尺蠖蛾（Geometrae）類⑰和四裂的夜蛾（Noctuae）類，其翅膀的下表面或比上表面更色彩斑駁，或更鮮豔燦爛；但其中一些物種具有這樣的習性：「牠們的翅完全豎立於背上，並在相當長的時間內保持著這種姿勢」，這樣就把下表面暴露於外界的視線之中。另外有些物種，在停息於地上或草本植物上時，不時突然而輕微地抬起牠們的翅。因此，某些蛾類翅的下表面比上表面的顏色鮮明就不會像最初看來那麼令人感到異常了。天蠶蛾科中有些蛾是所有蛾類中最美麗的，牠們的翅像英國的天蠶蛾那樣，飾有漂亮的眼點；伍德先生⑱觀察到牠們的一些活動與蝶類相似：「例如，牠們的翅好像爲了誇示其美而輕輕起伏，畫出的鱗翅目昆蟲比夜出的鱗翅目昆蟲更具有這種誇示的特性。」

雖然許多顏色燦爛的蝶類的雌雄二者差異頗大，但根據我所能發現的，沒有一種顏色燦爛的英國蛾類，其雌雄二者在顏色上有很大差異，幾乎任何外國物種也是如此。然而，有一種美國蛾，叫做河神天蠶蛾（*Saturnia Io*）的，有人描述其雄性具有深黃色的前翅，其上奇妙地點綴著紫紅色

⑰ 再參閱有關南美洲的一個屬Erateina〔尺蠖蛾（Geometrae）類的一種〕的記載，見《昆蟲學會學報》，新輯，第五卷，十五，十六頁。

⑱ 參閱《倫敦昆蟲學會會報》，一八六八年七月六日，二十七頁。

斑點；而雌蛾的雙翅卻是紫褐色的，點綴著灰色的線條。⑲雌雄顏色不同的英國蛾爲全褐色，或爲各式各樣的暗黃色，或接近白色。有幾個物種，其雄蛾的顏色比雌蛾暗得多，⑳這些物種都屬於一般在下午四處飛翔的類群。另一方面，正如斯坦頓先生告訴我的，在許多屬中，雄蛾的後翅要比雌蛾的白些——關於這個事實，鳴夜蛾（*Agrotis exclamationis*）提供了一個生動的實例。忽布蝙蝠蛾（*Hepialus humuli*）的這種差異更爲顯著；其雄蛾是白色的，雌蛾呈黃色並帶有較暗的斑紋。㉑這些事例或可說明雄蛾像這樣表現得較爲顯眼，大概是爲了在黃昏四處飛翔時比較容易被雌蛾看到。

根據上述若干事實來看，不能認爲蝶類和某些少數蛾類通常是爲了保護自己而獲得其燦爛的

---

⑲ 哈里斯，《關於新英格蘭昆蟲類的論文》，弗林特校，一八六二年，三九五頁。

⑳ 例如，我在我兒子的標本箱內見到櫟樹枯葉蛾（*Lasiocampa quercus*）、吸飲枯葉蛾（*Odonestis potatoria*）、*Hypogymna dispar*、蘋紅尾毒蛾（*Dasychira pudibunda*）以及平紋細布蛾（*Cycnia mendica*）的雄蛾都比雌蛾的顏色更暗淡。後一物種雌雄之間在顏色上差異顯著；華萊士先生告訴我說，他相信我們在這裡見到一個事例表明保護性的模擬只限於一種性別，這在後面還要更充分地加以說明。平紋細布蛾的白色雌蛾與很普通的具斑燈蛾（Spilosoma menthrasti）相似，而後者雌雄都呈白色；斯坦頓先生觀察到後面這種蛾子爲整窩小火雞極端厭惡地所拒食，而牠們卻愛吃其他蛾類；因此若英國鳥類普通把平紋細布蛾誤認作具斑燈蛾，牠們就可避免被吃掉，這樣，其僞裝的白色就是高度有利的。

㉑ 值得注意的是，在昔得蘭群島這種蛾的雄性不但與雌性沒有很大差別，反而在色彩上與雌性密切相似（參閱麥克拉克倫先生的文章，《昆蟲學會學報》，第二卷，一八六六年，四五九頁）。弗雷澤先生提出（《自然》，一八七一年四月，四八九頁）當蝙蝠蛾出現在這北方群島的季節，月色微明，爲了使雌蛾易於見到，雄蛾的白色就不是必要的了。

色彩。我們已經看到，牠們所安排和展示的色彩和優雅樣式好像都是爲了誇示其美。因此，我被引導著去相信，雌性愛好顏色比較燦爛的雄性，要不後者最能使雌性激動；因爲，根據我們所能知道的來說，若依其他設想，都無法說明雄性裝飾的目的何在。我們知道，蟻類和某些鰓角類甲蟲都能感到彼此依戀之情，而且蟻類在間隔數月之後還能認出牠們的夥伴。因此，在系統上與這等昆蟲大概居於差不多相等或完全相等位置上的鱗翅目，具有充分的精神能力來讚賞燦爛的色彩，在理論上並非是不可能的。鱗翅類肯定是憑藉顏色來發現花的。常常可以見到蜂鳥天蛾（Humming-bird Sphinx）在若干距離以外向綠葉叢中一束花猛撲過去；有兩位海外人士向我保證說，這等蛾曾反覆光臨一間屋子牆上畫的花，而且徒勞地試圖把牠們的吻管插進去。弗里茨・米勒告訴我說，巴西南部有幾種蝴蝶準確無誤地愛好某些顏色勝於愛好其他顏色：他觀察到牠們時常光臨五六個植物屬的燦爛紅花，但從不光臨同一花園裡的同一屬或其他屬植物開白花或黃花的物種；我也收到過同樣意義的其他報導。道布林戴伊先生告訴我說，普通白蝶常飛向地面上的一塊小片紙，無疑是把牠錯誤地當作自己的同種。科林伍德（Collingwood）先生[22]當談到在馬來群島收集某些蝶類的困難時說道：「把一隻死標本釘在一條易見的小樹枝上，往往會把一隻正在匆忙飛翔中的同種昆蟲引到捕蟲網容易達到的範圍之內，如果牠與死標本的性別不同，就尤其容易用此法捕獲。」

如上所述，蝶類的求偶是一個冗長的過程。有時雄蝶因競爭而互鬥，也可看到有許多雄蝶在追逐同一隻雌蝶或聚在其周圍。那麼，除非雌蛾喜愛某隻雄蛾勝過其他雄蛾，否則雌雄配合必定完全委於機會，看來這似乎是不可能的。另一方面，如果雌蛾時常或者甚至偶爾選擇更美麗的雄蛾，則

㉒《一個博物學家在中國諸海漫筆》（*Rambles of a Naturalist in the Chinese Seas*），一八六八年，一八二頁。

後者的顏色將逐漸日益增其鮮明，按照普遍的遺傳規律，這種顏色將傳遞給雌雄雙方或只傳給性別的一方。如果在第九章附錄中根據種種證據所做出的結論是可信的話，即許多鱗翅目的雄蟲數量至少在成蟲狀態時遠遠超過雌蟲，則性選擇的過程將會大大被推進。

然而有些事實與雌蝶喜愛比較美麗雄蝶的信念不相符合；例如，有幾位昆蟲採集者向我保證說，常常可以看到生氣勃勃的雌蝶與傷損的、憔悴的或光彩暗淡的雄蝶交配；但這幾乎總是由於雄蟲早於雌蟲出繭羽化的一種情況。關於蠶蛾科的蛾，其雄蛾和雌蛾一進入成蟲狀態即行交配；因爲牠們的口器處於殘跡狀態而無法取食。正如幾位昆蟲學家向我說的，雌蛾幾乎處於麻木狀態，對其配偶似乎毫不顯示選擇之意。歐洲大陸和英國的一些飼養家告訴我說，普通家蠶蛾（*B. mori*）就是這樣情況。華萊士博士對飼養臭椿蠶（*B. cynthia*）有豐富的經驗，他相信這種雌蛾毫無選擇或偏愛的表示。他曾把三百隻以上的這種蛾子飼養在一起，並且經常發現最強壯的雌蛾與發育不全的雄蛾相配。雄蛾對雌蛾好像並不如此；因爲，正如他所信的，較強壯的雄蛾置衰弱的雌蛾而不顧，卻被最富生命力的那些雌蛾所吸引。儘管如此，蠶蛾科雖顏色暗淡，但由於牠們那優雅而複雜的色調，在我們看來往往還是美麗的。

迄今爲止，我所談到的只是雄蟲顏色比雌蟲更爲鮮明的那些物種，並且我把雄蟲的美麗歸因於雌蟲許多世代以來總是選擇更有吸引力的雄蟲，並與之交配。相反的事例雖然很少，但也是有的，即雌蟲的顏色比雄蟲更爲燦爛；在這種情況下，正如我相信的雄蟲所選擇的乃是比較美麗的雌蟲，因而使雌蟲慢慢地增添了牠們的美麗。在各個不同的動物綱中都有少數物種的雄性選擇比較美麗的雌性，而不是心甘情願地接受任何雌性，這似乎是動物界的普遍規則，不過爲什麼如此，我們還弄不清楚。但是，如果與鱗翅目所發生的一般情況相反，雌性數量遠比雄性多得多，則雄性大概就可能挑選更美麗的雌性。巴特勒先生讓我看過大英博物館入藏的幾個Callidryas的物種，其雌蟲之美有和雄蟲相等者，另外還有大大超過雄蟲者；因爲只有雌蟲的翅緣才滿布著豔紅色和橙色，並具有黑色斑點。這些物種的雄蟲色彩比較平淡，彼此密切相似，這說明在這裡發生變異的是雌蟲；而在雄蟲更富有裝飾的那些事例中，發生變異的乃是雄蟲，雌蟲則保持密切相似。

在英國我們看到一些類似的情況，儘管不是那麼顯著。蜆蝶屬（Thecla）的兩個物種只有雌蟲在其前翅上具有一種鮮紫色或橙色塊斑。草地褐蝶（Hipparchia）的雌雄顏色差別不大；但有一種複面草地褐蝶（*H. janira*），其雌蟲在翅上有一種顯著的鮮褐色塊斑；另外有些物種的雌蟲也比雄蟲顏色更爲鮮豔。還有，可食粉蝶（*Colias edusa*）與黃紋豆粉蝶（*C. hyale*）的雌蟲「在其黑色翅緣上有橙色或黃色斑點，在雄蟲方面只表現爲細條紋」；在粉蝶屬（Pieris）中，雌蟲「在其前翅上裝飾著黑色斑點，而這在雄蟲的翅上只有部分表現」。那麼，已知許多蝶類的雄性在其飛行結婚期間支撐雌性；但剛剛提到的那些物種卻是雌性支撐雄性；因此雌雄雙方所發揮的作用正好相反，這正如牠們相對的美色也顚倒了一樣。在整個動物界中，雄性在求偶過程中一般比較積極主動，由於雌性所接受的是吸引力較強的雄性個體，因而雄性的美似乎因此而增加了；但對這等蝶類來說，在最後的交尾儀式中乃是雌性居於比較積極主動的地位，所以我們可以設想牠們在求偶過程中也發揮了同樣的作用；在這樣的情況中，我們就能理解牠們更加美麗的原因。上述係引自梅爾朵拉（Meldola）先生的論述，他在總結時說道：「雖然我不相信昆蟲的顏色是由性選擇的作用而產生的，但不能否認這些事實明確地證實了達爾文先生的觀點。」㉓

㉓《自然》，一八七一年四月二十七日，五〇八頁。梅爾朵拉（Meldola）先生引用了唐塞爾（Donzel）關於蝴蝶交配

由於性選擇主要依靠變異性，因此必須對這個問題稍做補充，關於顏色的變異性，並沒有什麼困難問題，因爲可以舉出任何數目的鱗翅目昆蟲都是高度易變的。舉一個明顯的例子就夠了。貝茨先生給我看過兩種鳳蝶（*Papilio sesostris*和*P. childrenae*）的一整套標本，後者的雄蝶在前翅的翡翠綠色美麗塊斑的寬窄方面，在白斑的大小方面，以及後翅上豔紅色的華麗條紋方面，都有很大變異；因此在最絢麗的雄蝶和最不絢麗的雄蝶之間形成了強烈對照。前者（*Papilio sesostris*）的雄性遠不及後者（*P. childrenae*）的雄性美麗；在其前翅上綠色斑塊的大小以及後翅上偶爾出現的豔紅色小條紋等方面也同樣稍有變異，後一性狀看來好像是來自本種的雌蝶；因爲這個物種的雌蝶以及安尼阿斯蝶（Aeneas）類群其他許多物種的雌蝶都具有這種豔紅色條紋。因此，在*P. sesostris*最鮮明的標本和*P. childrenae*最暗淡的標本之間只有一小段間隔，顯然僅就變異性來說，憑藉選擇作用不斷地給任何一個物種增添其美麗，並非困難之事。這裡的變異性差不多只限於雄蝶；但華萊士先生和貝茨先生都曾指出㉔，有些物種的雌蝶是極易變異的，而雄蝶則幾乎保持不變。我在後面一章將有機會說明許多鱗翅目昆蟲的翅上美麗眼斑是顯著易變的。這裡我願補充說明這些眼斑給性選擇學說提供了一難點；因爲在我們看來這些眼斑雖然非常富有裝飾性，但從來沒有只見於一種性別而

飛行的資料，見《法國昆蟲學會》，一八三七年，七十七頁。再參閱弗雷澤先生關於若干英國蝴蝶的性別差異的文章，見《自然》，一八七一年四月二十日，四八九頁。

㉔ 見華萊士關於馬來西亞地區鳳蝶科的著作，見《林奈學會會報》，第二十五卷，一八六五年，八，三十六頁。華萊士先生提出過一個稀有變種的顯著事例，這個稀有變種嚴格介於其他兩個特徵顯著的雌蝶變種之間。再參閱貝茨先生的文章，見《昆蟲學會會報》，一八六六年十一月十九日，四十頁。

不見於另一性別的，而且兩種性別的眼斑也從來沒有很大差異。㉕對這個事實目前還無法解釋，但如果以後能發現眼斑的形成是由於翅膀組織有某種改變，譬如說，這種變化發生於很早的發育時期，則根據我們所知道的遺傳規則，我們就可期待這種性狀將會傳遞給雌雄雙方，儘管它只在一種性別發生並完成。

總之，雖有許多嚴重的反對主張，但大多數鱗翅目的色彩鮮豔物種的顏色大概是由於性選擇的結果，當然在即將談到的某些事例中，其鮮明色彩的獲得乃是由於作為保護的擬態。在整個動物界中，雄性因其熱情一般都樂於接受任何雌性；而雌性則通常要盡力選擇雄性。因此，如果性選擇曾對鱗翅目發生過有效作用，則在雌雄相異的場合中，雄性的色彩應是更燦爛的，而事實無疑也正是如此。在雌雄雙方都有著燦爛的色彩並彼此類似時，雄性所獲得的這等性狀大概傳遞給了雌雄雙方。我們做出這個結論的根據是，即使在同一屬中，雌雄二者之間在顏色上存在著從顏色差異非常之大到完全一樣的等級。

但或可提問，關於雌雄二者之間的顏色差異，除性選擇外，難道不能用其他方法來解釋嗎？例如，在若干事例中，據知同種的雄蝶和雌蝶棲息於不同的場所，㉖前者一般曝於日光之下，後者則出沒於幽暗的森林中。因此不同的生活條件可能會直接作用於雌雄二者；但看來這似乎不可能如

㉕ 熱心的貝茨先生曾在昆蟲學會上提出這個問題，關於這種效果，我收到過幾位昆蟲學家的答覆。

㉖ 貝茨，《亞馬遜河上的博物學者》，第二卷，一八六三年，二二八頁。再參閱華萊士的文章，見《林奈學會會報》，第二十五卷，一八六五年，十頁。

此，[27]因爲處於成蟲狀態的雄蝶和雌蝶只是在很短時期內暴露於不同的生活條件下，而牠們在幼蟲期則都暴露於同樣的生活條件下。華萊士先生相信，性別之間的差異，其原因在於雄性的變異並非那樣多，而在所有或幾乎所有的場合中大都是由於雌性爲了保護自己而獲得了陰暗的色彩。在我看來，情況正好相反，遠爲可能的是，透過性選擇主要發生變化的正是雄性。雌性的變化是比較小的。這樣，我們就能理解親緣關係密切的雌性之間的類似爲什麼一般甚於雄性之間的類似。於是這些雌性向我們大致顯示了牠們所隸屬的這個類群的親種的原始色彩。然而由於某些連續變異傳遞給了雌性，牠們幾乎總得要或多或少地發生改變，而雄性正是透過這些連續變異的積累而增添了美麗。但是，我無意否定在某些物種中僅是雌性爲了保護自己而發生了特別變異。在大多數情況下，不同物種的雄性和雌性在其漫長的幼蟲狀態中將暴露於不同的生活條件下並因此受到不同的影響；然而雄性由此發生的任何細微的顏色變化一般都要被性選擇所引起的燦爛色彩所掩蓋。在我們論及鳥類時，關於雌雄二者之間的顏色差異有多大程度是由於雄性爲了裝飾目的而透過性選擇發生的變異，或者有多大程度是由於雌性爲了保護自己而透過自然選擇發生的變異，對這整個問題我還要加以討論，因此在這裡稍微談一下就可以了。

如果雌雄二者與等遺傳的方式更爲普遍，在所有這種情況下，色彩鮮明的雄性的受到選擇也傾向於引起雌性色彩變得鮮明；而色彩陰暗的雌性的受到選擇也傾向於使雄性色彩變得陰暗。如果這兩個過程同時進行，它們則傾向於相互發生作用，其最終結果將決定於如下情況：究竟是雌性由於暗淡的色彩而得到保護並占有多數，以成功地留下了更多的後代，還是雄性由於色彩鮮明並因此覓

㉗ 關於這整個問題，參閱《動物和植物在家養下的變異》，一八六八年，第二卷，二十三章。

得配偶而占有多數，以成功地留下了更多的後代。

爲了說明性狀常常只傳遞給一種性別的現象，華萊士先生表示相信雌雄二者比較普通的同等遺傳方式可以透過自然選擇轉變爲只向一種性別遺傳的方式，但我還沒有支持這種觀點的任何證據。根據在家養狀況下所發生的情況，我們知道新性狀常會出現，牠們一開始只傳遞給一種性別；經過對這等變異的選擇，只使雄性具有鮮明的色彩，同時或者隨後只使雌性具有暗淡的色彩，這並沒有一點困難。按照這種方式，某些蝶類和蛾類的雌性可能是爲了保護自己而變得顏色暗淡並與其同種的雄性大有差異。

然而，如果沒有明顯的證據，我無論如何也不願承認在大量的物種中有兩個複雜的選擇過程在進行，牠們各自要求把新性狀只傳遞給一種性別——即雄性靠著擊敗其競爭者而變得顏色更燦爛，而雌性由於逃避其敵害而變得顏色更暗淡。例如普通黃粉蝶（Gonepteryx）的雄性，其黃色比雌性強烈得多，雖然其雌性的黃色也是同等顯著的；其雄性獲得鮮明色彩可能是作爲一種性的吸引，但是要說雌性是爲了保護自己而特別獲得了暗淡的色彩似乎是不大可能的。紅襟粉蝶（*Anthocharis cardamines*）的雌性不像雄性那樣具有美麗的橙色翅尖；結果牠與我們花園中常見的粉蝶密切類似；但我們還沒有證據可以證明這種類似對牠是有益的。另一方面，由於牠與居住在世界不同地方的該屬若干其他物種的雌雄二者都相類似，因而牠可能只是在很大程度上保持了其原始的色彩。

最後，正如我們所見到的，不同的考察都引出了下面的結論，即對大多數色彩燦爛的鱗翅目昆蟲來說，主要透過性選擇發生變異的乃是雄性，雌雄二者之間的差異量大都決定於起作用的遺傳方式。遺傳是受到如此眾多未知的法則和條件所支配的，其作用方式在我們看來是捉摸不定的；[28]因此，在某種程度上我們可以理解爲什麼近親物種的雌雄顏色或是驚人地不同或是完全一樣。由於變異過程的所有後續步驟都必須透過雌性來傳遞，因而這類步驟就容易在雌性方面多少發展起來；於是我們就可以理解，在所有親緣相近的物種中，雌雄二者從極端不同到毫無差別之間常常會出現一系列的級進。可以補充說明的是，這等級進的例子是如此普遍，以致不能支持我們在下述設想，即我們在這裡所見到的雌性實際上經歷了轉變的過程，並爲了保護自己而失去其鮮明色彩。因爲我們有各種理由可以斷定隨便在任何時候大多數物種都是處於固定狀態的。

擬態

這一原理是由貝茨先生在一篇令人欽佩的論文中首次闡明的，[29]因而對許多曖昧不明的問題提供了大量解釋。以前曾有人觀察過屬於完全不同科的某些南美洲蝶類與長翅蝶（Heliconidae）科在每一條紋和每一色調上如此密切類似，以致如果不是一位有經驗的昆蟲學家，就無法將牠們區別開來。由於長翅蝶科所具者乃是本來的色彩，而別的蝶類則偏離了牠們所屬的類群的正常色彩，因此後者顯然是模擬者，而長翅蝶科則是被模擬者。貝茨先生進一步觀察到，模擬的物種較少，而被模擬的物種則很多，這兩組昆蟲混在一起生活。長翅蝶科爲顏色鮮明而美麗的昆蟲，但牠們的種和個體數量非常之多，他根據這個事實斷定牠們必定靠某種分泌物或氣味來保護自己免受敵者的攻擊；

---

[28]《動物和植物在家養下的變異》，第二卷，十二章，十七頁。

[29]《林奈學會會報》，第二十三卷，一八六二年，四九五頁。

這一結論現已得到廣泛的證實，㉚尤其是得到了貝爾特先生的證實。因此，貝茨先生推論模擬有所保護的物種的蝶類透過變異和自然選擇而獲得了牠們目前那種不可思議的僞裝，以圖被誤認爲是那些有所保護的種類而逃避被吞食的危險。這裡只想說明一下模擬的蝶類的鮮明色彩，而對被模擬的蝶類的鮮明色彩則不做任何解釋。我們對後者的色彩必須按照本章以前討論的諸例所用的同樣方式進行說明。自從貝茨先生的論文發表之後，華萊士先生在馬來亞地區，特里門先生在南非，並且賴利先生在美國都觀察到了同等顯著的相似事實。㉛

鑒於有些作者感到非常難於理解擬態過程的最初步驟如何能夠透過自然選擇而被完成，因此最好注意這一過程很久以前在顏色上並無顯著差別的類型之間大概就開始了。在這種情況下，即使是一種輕微的變異大概也是有益的，如果這種變異能使其中一個物種更像另一個物種；以後被模擬的物種也許透過性選擇或其他途徑而被改變到極端的程度，如果這等變化是漸進的，則模擬者大概會容易地沿著同一軌道而隨著變化，直至與牠們原始狀態的差別達到同等的極端程度；於是牠們最終便獲得了與牠們所隸屬的那個類群的其他成員完全不同的一種外貌或顏色。還應記住，鱗翅目的許多物種在顏色上都容易發生大量而突然的變異。本章已舉出過少數例子，在貝茨先生和華萊士先生

㉚《昆蟲學會會報》，一八六六年，十二月三日，四十五頁。

㉛華萊士，《林奈學會會報》，第二十五卷，一八六五年，一頁；以及《昆蟲學會學報》，第四卷（第三輯），一八六七年，三〇一頁。特里門，《林奈學會會報》，第二十六卷，一八六九年，四九七頁。賴利，《關於密蘇里州害蟲類第三次年報》（*Third Annual Report on the Noxious Insects of Missouri*），一八七一年，一六三—一六八頁。後面這篇文章是有價值的，因賴利先生在這裡討論了所有反對貝茨先生理論的意見。

的論文中還可找到更多的例子。

有幾個物種，其雄蟲和雌蟲是相似的，並且模擬另外一些物種的雌雄二者。但特里門先生在已經提到的那篇論文中舉出三個例子，說明被模擬的類型的雌雄顏色彼此不同，而模擬的類型的雌雄顏色也以同樣的方式而有所不同。還記載過若干事實，說明只有雌性才模擬色彩鮮豔的有所保護的物種，而雄性則保持「其直系同性的正常外貌」。在這裡使雌性發生改變的連續變異顯然只傳遞給了雌性一方，然而，在這許多連續變異中有些傳遞給了雄性並發展起來是可能的，如果不是獲得這類變異的雄性因此失去對雌性的吸引力而被淘汰了的話；所以只有從一開始就嚴格限於傳遞給雌性的那些變異才會保持下來。貝爾特（Belt）先生在一項敘述中對這些意見曾作了部分證明，㉜他說有的Leptalides的雄性在模擬有所保護的物種時仍以隱蔽的方式保留了牠們一些原始狀態。例如，雄蟲「的下翅上半部是純白色，其餘部分則布滿了黑的、紅的以及黃的條斑和點斑，與牠們所模擬的物種相似。雌蟲則無此白色斑紋，雄蟲通常用上翅將下翅掩蓋起來而使它得以隱蔽，因此當牠們把它展示於雌蟲之前因而滿足了後者對Leptalides所隸屬的那一『目』之正常顏色的根深柢固的愛好時，我不能想像它有任何別的用處可以比得上作爲求偶時的一種吸引」。

蠋的鮮明顏色

回顧許多蝶類的美麗，使我想起有些幼蟲的顏色也是燦爛的；由於性選擇在這裡不可能起作用，因此，除非對其幼蟲的鮮明色彩能以某種方式進行解釋，否則把成年昆蟲的美麗歸因於性選擇

㉜ 見《博物學家在尼加拉瓜》（*The Naturalist in Nicaragua*），一八七四年，三八五頁。

就未免輕率了。第一，可以看出蠋（幼蟲）顏色與成年昆蟲顏色並無任何密切的相關。第二，牠們鮮明的顏色在任何正常意義上都不是作爲保護之用的。貝茨先生向我說過這方面的一個例子：有一種天蛾幼蟲生活於南美開闊的洛斯亞諾斯（Llanos）上一株樹的大綠葉子上，這是他看到過的顏色最鮮明的一種幼蟲，長約四英寸，橫向有黑和黃的帶斑，頭、足和尾均呈鮮紅色。凡是路過的人，即使在許多碼以外都會看到牠。至於每隻過路的鳥無疑也會看到牠。

於是我請教了華萊士先生，他是一位解決難題的天才。他考慮了一下回答說：「大多數幼蟲都需要保護，這一點可從下述情況推論出來，即，有些種類的幼蟲具有棘狀凸起或刺激性的毛，許多幼蟲都是綠色的，與牠們所取食的葉子顏色相似，或者與牠們生活於其上的小樹枝相似。」還有一個關於保護的事例，是曼塞爾．威勒（J. Mansel Weale）先生提供給我的，可以補充談談，即，有一種蛾的幼蟲，生活於南非的含羞草上，把自己僞裝得與其周圍的棘刺完全區別不出來。根據這等考察，華萊士先生想像顏色顯著的幼蟲可能由於有一種惡味而得到保護的；但是，由於牠們的皮極嫩，一受到創傷腸子就容易脫出，一隻鳥只要用牠的嘴輕輕把牠們一啄，對牠們來說就如同被吞食一樣地可以致死。因此，正如華萊士先生所說的，「僅僅味道討厭也許還不足於保護一隻幼蟲，除非有外在的標誌向其可能的破壞者表示其犧牲品是一種味道惡劣的食物」。在這等情況下，一隻幼蟲能被所有鳥類和其他動物馬上確定地認出牠們是不好吃的，這也許對牠非常有利。這樣，最絢麗的顏色可能就有用了，並且透過變異和最易被識別的個體的生存而獲得了這種顏色。

這一假說最初看來好像很大膽，但一把它提到昆蟲學會，[33]卻受到了種種發言的支持。詹納．

㉝《昆蟲學會會報》，一八六六年十二月三日，四十五頁；一八六七年三月四日，八十頁。

韋爾先生在一個鳥舍裡養過大量的鳥，他告訴我說，他做過許多試驗，發現所有夜出日伏習性的而且表皮光滑的幼蟲，所有綠色的幼蟲，以及所有模擬樹枝的幼蟲，一概都被他養的鳥貪婪地吃掉，對此毫無例外。那些有毛的和有刺的種類一律都被拒而不食，四個顏色顯著的物種亦復如此。當這些鳥拒絕不吃一種幼蟲時，牠們用搖頭和擦淨鳥喙來明確表示討厭這種味道。㉞巴特勒先生也把三種顏色顯著的幼蟲和蛾子給一些蜥蜴和蛙吃，牠們雖愛吃其他種類的幼蟲和蛾子，但對這三種卻拒而不食。因此，華萊士先生觀點的可能性得到了證實，即，某些幼蟲變得顏色顯著乃是爲了其自身的利益，以便使其敵害容易地把牠們認出，這與藥商把毒藥裝在有色瓶裡出售乃是爲了人類安全幾乎是同樣道理。然而我們現在還不能這樣來解釋許多幼蟲多種多樣的雅致顏色；但是，任何一個物種在某一既往時期如果由於模擬周圍的物體或者由於氣候的直接作用等等，而獲得了暗淡的、具有點斑的或條紋的外貌，那麼，當這個物種的色調變得強烈而鮮明時，牠的顏色幾乎肯定不會一致；因爲，僅僅爲了使一種幼蟲易於辨認，大概不會按照任何一定方向進行選擇的。

有關昆蟲類的摘要和結論

就上述幾個「目」來看，我們知道雌雄常常在種種性狀上有所差異，但其意義一點也弄不明

㉞ 參閱詹納·韋爾先生關於昆蟲類和食蟲鳥類的論文，見《昆蟲學會學報》，一八六九年，二十一頁；以及巴特勒先生的論文，同前學報，二十七頁。賴利先生也舉出過類似的事實，見《關於密蘇里州害蟲類第三次年報》，一八七一年，一四八頁。然而，華萊士博士和道威爾（M. H. d'Orville）提出過一些相反的事例，見《動物學紀錄》，一八六九年，三四九頁。

白。雌雄二者的感覺器官和運動手段也常有差異，因而雄性可以迅速發現雌性並抵達那裡。雌雄二者更常見的區別還有：雄性具有種種構造以抱持所找到的雌性。然而，我們這裡所涉及的這些種類的雌雄差異僅僅是次要的方面而已。

在幾乎所有的「目」中，有些物種的雄性，即使是嬌弱的種類，據知也是高度好鬥的；有少數物種具有特殊的武器，與其競爭者戰鬥。但戰鬥之法則在昆蟲中幾乎不像在高等動物中那樣普遍。因此，可能只有在少數情況中，才會發生雄蟲變得比雌蟲更大更強壯。相反，牠們通常都小於雌蟲，以便在較短時間內可以完成發育，而爲雌蟲的出現準備大量雄蟲。

在同翅目的兩個科、直翅目的三個科中，只有雄蟲才具備有效狀態的發音器官。這些器官在繁育季節不停地使用，這不僅是爲了召喚雌蟲，顯然也是爲了與其他雄蟲競賽以誘惑和刺激雌蟲。凡是承認有任何種類的選擇作用的人在讀了上述討論後，都不會再爭論這些音樂器官是透過性選擇而獲得的。在其他四個目中，一種性別的成員，更常見的是雌雄雙方的成員都具有可以發出各種聲音的器官，這些聲音顯然只是作爲呼喚之用。當雌雄雙方都具有這類器官時，聲音最高的或叫得最持久的個體也許比那些聲音較低的個體先找到配偶，所以牠們的器官大概是透過性選擇而獲得的。仔細想一想或者僅僅雄蟲或者雌雄雙方具有多樣發音手段者不少於六個目，是會有所啓發的。我們由此可以認識到性選擇如何有效地引起了變異，這等變異如在同翅目中那樣，與體制的重要部分是有關聯的。

根據上一章所舉出的原因，許多鰓角組昆蟲以及某些其他甲蟲，其雄性所具有的巨角大概是作爲裝飾物而獲得的。因昆蟲的體積小，我們就容易低估了其外貌。如果我們能想像披著一身亮光閃閃的青銅鎧甲，而且長著複雜的大角的大兜蟲（Chalcosoma）（見圖16）放大到一匹馬、哪怕是一隻狗那樣大小，那麼牠也許是世界上最壯觀的動物之一。

昆蟲的顏色是一個複雜而曖昧不明的問題。當雄蟲與雌蟲的差別輕微而且雙方顏色都不鮮豔時，這可能是由於雌雄二者在差別輕微的途徑上進行變異的，而且這等變異各向其自身性別那一方傳遞下去，並不因此帶來任何好處也不帶來任何害處。當雄蟲的顏色鮮豔並與雌蟲差別顯著時，如某些蜻蜓類和許多蝶類那樣，那麼雄蟲的顏色可能是由於性選擇所致；如果雌蟲保持一種原始的或很古老形式的顏色，則由於上述作用所發生的變異就是輕微的了。但在某些情況中，雌蟲顯然由於單獨傳遞給牠的變異而變得顏色暗淡，以作爲直接保護自己的一種手段；幾乎肯定的是，有時雌蟲也會變得顏色鮮豔，以模擬棲息在同一地區的其他具有保護性的物種。當雌雄二者彼此相似而顏色又都暗淡時，在很多情況中牠們的顏色之所以變得這樣，無疑是爲了保護自己。當雌雄二者都具有鮮明顏色時，有些情況也與上述一樣，因爲牠們這樣來模擬具有保護性的物種，或與周圍的物體如花朵等相類似；或使其敵害注意到牠們是不好吃的。在另外一些情況中，雌雄二者彼此相似又都顏色鮮豔，尤其是牠們的顏色如果是爲了誇耀，我們就可斷定雄蟲獲得的這種顏色乃是作爲一種性吸引，並把這種顏色傳遞給了雌蟲。任何時候當在整個類群中普遍存在著同樣的顏色形式時，而且我們如果發現有些物種的雄蟲和雌蟲的顏色差別很大，而另外一些物種的雌雄顏色差別很小或完全沒有差別，並且有中間的級進把這兩個極端的狀態連接起來，那麼，這等情況尤其足以引導我們做出上述結論。

正如鮮明的顏色常常由雄性部分地傳給雌性一樣，許多鰓角組昆蟲和某些其他甲蟲異常巨大的角也是如此。還有，同翅目和直翅目雄蟲所特有的發音器一般以殘跡（退化）狀態甚至以幾乎完善的狀態傳遞給雌蟲，但沒有完善到有任何用途。還有一個同性選擇有關的有趣事實，即，某種同翅目雄蟲的摩擦發音器要到蛻最後一次皮時才完全發育，某些雄蜻蜓的顏色也要在從蛹羽化後不久並準備繁育時才完全發育。

性選擇意味著，爲異性所喜愛的是更富吸引力的個體；而對昆蟲來說，當雌雄二者有所差異時，除少數例外，更富裝飾的以及偏離這個物種所隸屬的那種模式更遠的，乃是雄蟲——因爲正是雄蟲熱切地尋求雌蟲，所以我們必須假定雌蟲常常地或者偶爾地偏愛更美麗的雄蟲，因而後者獲得了牠們的美。雄蟲具有許多抱持雌蟲的獨特裝置，如巨顎，黏著墊、刺、延伸的腿等，用以抓住雌蟲，從這等情況看來，在大多數或所有的「目」中，雌性昆蟲可能具有拒絕任何特殊雄蟲的能力；因這些裝置表明在求偶活動中還有某種困難，所以雌性的同意似乎是必要的。根據我們所了解的各種昆蟲的知覺能力和愛情來判斷，認爲性選擇曾起了很大作用並無不可信之理。但關於這個問題我們還沒有直接的證據，而且還有些事實與這個信念正相抵觸。儘管如此，當我們見到許多雄蟲追逐著同一隻雌蟲時，我們還是幾乎無法相信這種配對是完全盲目的——即雌蟲既不盡力實行選擇，也不受雄蟲的華麗顏色或牠們所具有的其他裝飾物所影響。

如果我們承認同翅目和直翅目的雌蟲欣賞其雄性配偶的和諧音調，而且牠們的各種發音器官是透過性選擇而完成的，那麼其他雌性昆蟲欣賞形狀上顏色上的美麗，並因而導致雄蟲獲得這類性狀，看來也很少有不可信之理。但由於顏色非常易變，並且由於爲了保護自己顏色如此經常地發生改變，所以難於斷定性選擇所起的作用究竟占有多大比率。這一點在直翅目、膜翅目以及鞘翅目的那些「目」中尤其難於得到斷定，牠們的雌雄二者在顏色上很少有重大差異。因爲在這裡除類推法外並無其他方法可循。如上所述，在鞘翅目中有一鰓角大類群，某些作者把牠置於該目之首，我們時常看到其中雌雄之間的相互依戀，我們還發現某些物種的雄蟲爲了占有雌蟲的鬥爭而具有武器，另外一些雄蟲則具有異常大的角，許多雄蟲具有摩擦發音器官，其他則裝飾著輝煌的金屬色澤。因此，所有這等性狀大概都是透過同樣的途徑、即性選擇而獲得的。至於蝶類，我們則掌握有最好的證據，因爲雄蝶有時盡力誇示其美麗的顏色；這種誇示除非是用於求偶，否則我們就無法相信牠們爲什麼要這樣做。

當我們討論鳥類時，我們將看到牠們在其第二性徵方面與昆蟲類是最相似的。於是，許多雄鳥都非常好鬥，有些還具有特別的武器，與其競爭者戰鬥。牠們還具有在繁育季節中用來發出聲樂和器樂的器官。牠們往往裝飾著各式各樣的肉冠，角狀物，垂肉和羽毛，並且還具有美麗的顏色，這些顯然都爲了誇耀其美。我們將會發現，正如昆蟲類那樣，有某些群的雌雄二者都同樣美麗，都同樣地具有一般限於雄蟲才有的那種裝飾物。在其他類群中，雌雄二者則都顏色平淡，且無裝飾。最後，還有某些少數異常的例子，表明雌性反比雄性更爲美麗。我們將會常常發現，在同一個鳥的類群中，從雌雄之間毫無差異到雌雄之間具有極端差異，其間有各種等級。我們還會看到，母鳥像雌性昆蟲那樣，往往或多或少具有一些雄性所固有的並只對牠們有用的那種性狀，但這等性狀是殘跡的、即不發育的。確實，在鳥類和昆蟲類之間所有這些方面的相似性是非常密切的。能應用於一個綱的無論什麼解釋大概也能應用於另一個綱，而這種解釋，正如以後我們將進一步詳細加以闡明的，就是性選擇。

第十二章　魚類、兩棲類和爬行類的第二性徵

魚類

我們現在討論的是脊椎動物門的大亞界，先從最低等的綱、即魚類開始。橫口魚類（Plagiostomous fishes，鯊類，鰩魚類）和銀鮫類（Chimaeroid fishes）的雄性都有用以守住雌性的鰭腳，就像許多低等動物所具有的各種這樣構造一樣。除鰭腳外，許多魚類的雄性在其頭部都生有堅固銳利的刺叢，沿著「牠們胸鰭的上部外表面」也有數行。有些物種的雄性生有這種刺叢，而其體軀的其餘部分則是光滑的。刺叢只在繁殖季節才臨時發育起來，岡瑟（Günther）博士懷疑牠們靠著把軀體兩側向內和向下彎曲而起抱握器官那樣的作用。有一個值得注意的事實，即，有些物種，如刺背鰩魚（*Raia clavata*），其背上生有鉤狀大刺者爲雌魚而非雄魚。①

毛鱗魚（*Mallotus villosus*，鮭科的一種）只有雄魚才具有一條密集的毛刷狀鱗隆起，當雌魚在海濱沙灘飛泳和產卵時，有兩個雄魚憑藉毛刷狀鱗隆起之助各在一邊以挾持之。②和毛鱗魚大不相同的氈毛單角魨（*Monacanthus scopas*）也有一種多少相似的構造。正如岡瑟博士向我說的，其雄性在尾部兩側生有一團肉冠似的堅硬直刺；在一個六英寸長的標本身上這種刺約爲一點五英寸；雌

① 雅列爾（Yarrell），《英國魚類志》（*Hist. of British Fishes*），第二卷，一八三六年，四一七，四二五，四三六頁。
岡瑟博士告訴我，刺背鰩魚的刺只限於雌性才有。

② 《美國博物學家》（*The American Naturalist*），一八七一年四月，一一九頁。

魚在同一部位則生有一簇硬毛，可與牙刷的硬毛相比擬。還有一種魨魚（*M. peronii*），其雄魚生有的那種毛刷與後一物種的雌魚所生的那種毛刷相似，而雌魚尾部兩側則是光滑的。在同一屬的某些其他物種中，可以看出其雄魚尾部稍現粗糙，而雌魚的尾部則完全是光滑的；最後，在其他物種中，則雌雄二者的尾部兩側都是光滑的。

許多魚類的雄性都要爲占有雌性而鬥爭。例如，有人描寫光尾刺魚（*Gasterosteus leiurus*）的雄性當雌性跑出其隱藏處來到前者爲雌魚做好的巢進行觀察時，表現得「欣喜欲狂」。「牠在雌魚的周圍鑽來鑽去，又鑽到儲備在巢裡的物資那裡，馬上又折回雌魚這裡，當雌魚不前進時，牠就試圖用吻去推雌魚，然後又用尾巴和邊刺試著把雌魚推進巢裡」。③據說雄魚是多配性的，④牠們特別勇敢而好鬥，而「雌魚則都十分溫和」。雄魚之間的鬥爭常常是不顧死活的，「因爲這些短小的鬥士緊緊地互相纏住達數秒鐘之久，翻過來滾過去，一直到牠們顯得體力已完全耗盡爲止」。至於尾部粗糙的刺魚（*G. trachurus*），其雄魚在互鬥中繞來繞去，相互撕咬並以豎起之側刺試圖把對方刺穿。這同一位作者接著說，「這些狂暴的小東西撕咬起來很兇猛。牠們還運用其側刺造成如此致命的效果，以致我曾見到在一次戰鬥中有一條雄魚確實把其對手完全撕開使之沉下水底而死去」。當有一條魚被征服時，「即行停止再向雌魚獻殷勤；牠的華麗顏色隨之減退；忍辱於其安靜的夥伴之中，但在若干時間內牠還是征服者所經常迫害的對象。」⑤

③ 參閱韋林頓（Warington）先生的有趣文章，見《博物學年刊雜誌》，一八五二年十月和一八五五年十一月。

④ 諾埃爾·韓弗理斯（Noel Humphreys），《水上公園》，一八五七年。

⑤ 勞登主編的《博物學雜誌》，第三卷，一八三〇年，三三一頁。

雄鮭魚與小刺魚一樣好鬥，我聽岡瑟博士說，雄鱒魚（trout）也是如此。蕭（Shaw）先生見過兩條雄鮭魚的一次激烈鬥爭持續了整整一天，漁場監督布伊斯特（Buist）先生也告訴我說，他從伯斯（Perth）的橋上常常看到在雌魚產卵時，雄魚把牠的競爭者趕走。這些雄魚「總是在產卵床上互相廝打不已，許多受傷嚴重而造成相當的死亡，還有許多在體力竭盡的狀態下在岸邊游動，顯然已處於垂死之中」。[⑥]布伊斯特先生告訴我說，一八六八年六月斯托蒙特菲爾德養魚場的管理員訪問了泰恩河北段，發現有三百條死鮭魚，其中只有一條雌魚，其餘都是雄魚，他相信牠們是在廝鬥中喪生的。

雄鮭魚最奇異之處是，牠們在生殖季節，除色彩出現輕微變化外，「下顎延長並在顎端生出一個朝上翻捲的軟骨凸起，當上下顎閉合時，該凸起就占滿了上顎顎間骨之間的那個深腔」。[⑦]（圖27和圖28）英國鮭魚這等構造的變化只發生在繁殖季節；但洛德（J. K. Lord）[⑧]先生認爲，在美洲西北部所產的一種狼鮭（*Salmo lycaodon*）這種變化卻是永久性的，並且以前溯游到河裡來的那些較老的雄魚表現得最爲顯著。這些老雄魚的下顎已經發展爲一個巨大的鉤狀凸起，上面的尖齒生長

---

⑥《田野新聞》（*The Field*），一八六七年六月二十九日。關於蕭先生的敘述，參閱《愛丁堡評論》（*Edinburgh Review*），一八四三年。另一位有經驗的觀察家說道〔斯克羅普（Scrope）的《在捕鮭魚的日子裡》（*Days of Salmon Fishing*）；六十頁〕雄鮭魚就像公鹿那樣，如牠能夠做到的話，就會把其他雄魚全趕走。

⑦雅列爾，《英國魚類志》，第二卷，一八三六年，十頁。

⑧《博物學家在溫哥華島上》（*The Naturalist in Vancouver's Island*），第一卷，一八六六年，五十四頁。

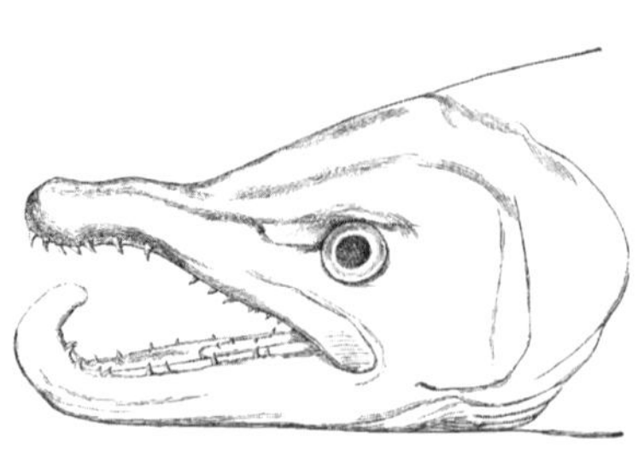

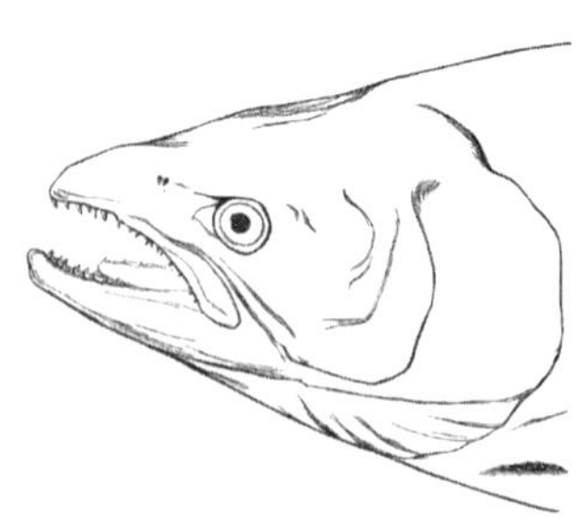

圖27　在生殖季節普通雄鮭魚　圖28　雌鮭魚頭部（*Salmo salar*）頭部

（這幅圖以及本章其他插圖都是由著名畫家G.福特先生在岡瑟博士誠懇指導下根據大英博物館的標本畫出的）

規則，長度往往超過半吋。按照勞埃德⑨先生的見解，當一條雄歐洲鮭魚猛攻另一條雄魚時，這種臨時性的鉤狀構造既加強了魚嘴的力量，也爲牠提供了防護；但美洲雄鮭魚極其發達的牙齒則可以與許多雄性哺乳動物的獠牙相比擬，這意味著這等尖牙與其說是爲了防護的目的，倒不如說是爲了進攻的目的更爲恰當。

鮭魚不是雌雄牙齒相異的唯一魚類，許多魟魚也是如此。成年雄刺背鰩魚（*Raia clavata*）具有朝後長的尖銳牙齒，而雌魚的牙齒則闊而平，有如鋪石路面；所以同一物種雌雄二者牙齒的這等差異要比同科不同屬之間的通常差異更甚。雄魚的牙齒要到成年時才變得尖銳，牠們的牙齒在幼小時就像雌魚那樣是闊而平的。正如第二性徵所屢屢發生的情況那樣，鰩魚類的某些物種（如*R. batis*）在成年時，其雌雄二者都具有尖利的牙齒；在這裡，爲雄性所固有並首先爲牠所獲得的一種性狀似乎傳遞給了雌雄雙方的後代。斑鰩（*R. maculata*）雌雄二者的牙齒同樣也是尖形的，但只在牠們完全成熟時才如此；而雄魚獲得這種性狀

⑨《斯堪的納維亞探險記》（*Scandinavian Adventures*），第一卷，一八五四年，一〇〇，一〇四頁。

的時期則早於雌魚。關於某些鳥類，俟後我們還會遇到相似的情況，即雄鳥獲得雌雄二者在成熟時所共有的羽衣的時期，多少要比雌鳥爲早。至於魚類的其他物種，即使雄魚在年老的時候也從不生長尖銳的牙齒，因而其成年的雌雄二者的牙齒都與牠們幼小時一樣，也與上述物種的成熟雌魚的牙齒一樣，長得闊而平。[10]由於鰩魚是一種勇敢、強壯而貪婪的魚類，我們可以想像其雄魚之所以需要尖銳的牙齒乃是爲了與其競爭對手進行爭鬥；但由於牠們具有已發生變異而適於抱握雌魚的許多部分，所以牠們的牙齒也可能用於這一目的。

關於魚的大小，卡邦尼爾[11]主張幾乎所有魚類的雌性都大於雄性；岡瑟博士也不知道有任何一個事例可以說明雄性確比雌性爲大。至於某些鰷類（Cyprinodonts），其雄性的大小甚至不及雌性的一半。正因爲許多魚類的雄性經常互鬥，它們沒有透過性選擇的作用變得比雌魚大而壯，確令人感到詫異。根據卡邦尼爾的意見，雄魚因體形小而蒙受損害，這個物種若是肉食性的，那麼牠們就容易被本種的雌魚所吞食，也無疑會被別種魚所吞食。雄魚需要力強體大以與其他雄魚進行爭鬥，而雌魚體形的增大，在某種意義上其重要性必然大於此者。這也許是爲了可以大量產卵之故。

在許多物種中，只有雄魚才飾有鮮明的色彩；或者說，雄魚的色彩比雌魚鮮明得多。有時，雄魚也具有附器，但牠們對雄魚的正常生活用途並不比尾羽對孔雀更大。我感謝岡瑟博士的善意，他向我提供了大部分的下述事實。有理由猜想許多熱帶魚類的雌雄二者在顏色和構造上都有差異，英

---

⑩ 雅列爾，《英國魚類志》，第二卷，一八三六年，四一六頁，關於鰩魚類的說明，附精美插圖，再參閱四二二，四三二頁。

⑪ 爲《農夫》（*The Farmer*）一書所引用，一八六八年，三六九頁。

國魚類在這方面就有一些顯著的事例。雄鰤（*Callionymus lyra*）「因其寶石般的鮮豔色彩」，而有寶石鰤（*gemmeous dragonet*）之稱。從海裡捕獲的這種活魚，其軀體帶有各種濃淡不同的黃色，其頭部具有亮藍色的條紋和斑點；其背鰭呈淡褐色並有暗色縱帶斑；其腹鰭、尾鰭和臀鰭均呈藍黑色。其雌魚或稱泥色鰤（*sordid dragonet*），曾被林奈以及其後的許多博物學者當作一個不同的物種；雌魚們的顏色是紅褐的，沒有光澤，背鰭呈褐色，其他諸鰭則爲白色。雌雄二者在頭部和嘴部的大小比例上以及眼睛著生的位置上也有差異；[12]但最顯著的差異還在於雄性背鰭的特別延長（圖29）。薩維爾・肯特（W. Saville Kent）先生說道，「我就圈養魚種所做的觀察得知，這等獨特的附器與鶉雞類雄性的垂肉、羽冠以及其他異常附器所從屬的目的一樣，都是爲了雄性向其配偶獻媚之用」。[13]幼小雄魚在構造和顏色上都與成年雌魚相似。在整個鰤屬[14]中，雄魚的斑點一般遠比雌魚的鮮明得多，還有幾個物種，其雄魚不僅背鰭長得多，而且臀鰭也長得多。

蠍杜父魚（*Cottus scorpius*）亦稱海蠍魚（*sea-*

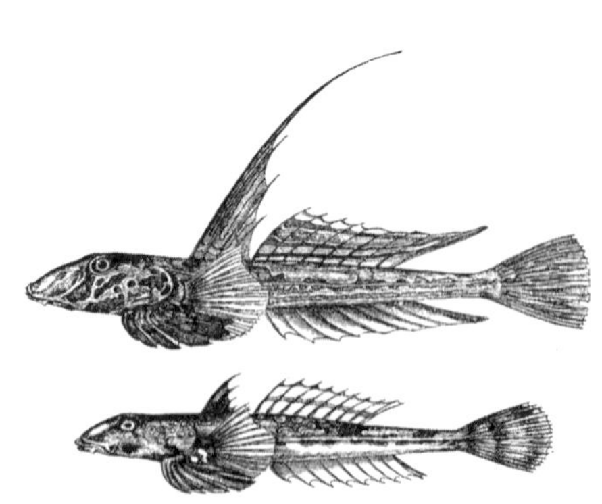

圖29　鰤（*Callionymus lyra*）
上圖爲雄魚；下圖爲雌魚。
注意：下圖較上圖更爲縮小。

---

[12] 我的這一描述系根據雅列爾的《英國魚類志》，第一卷，一八三六年，二六一，二六六頁。

[13] 《自然》，一八七三年七月，二六四頁。

[14] 岡瑟博士，《大英博物館棘魚（Acanth）魚類目錄》，一八六一年，一三八—一五一頁。

scorpion），其雄性比雌性細而小。牠們之間在色彩上也有巨大差異。正如勞埃德先生[15]所說的，「當產卵時這種魚的色彩極爲鮮豔，任何人要是沒有見過這種情況，他將難於想像這種混合的鮮豔色彩正是在那時裝飾起來的，而在其他方面這種魚並沒有任何美麗之處。」雜種隆頭魚（*Labrus mixtus*）的雌雄二者雖在色彩上很不相同，但都是美麗的；其雄性呈橙色並帶有亮藍色的條紋，雌性呈鮮紅色，背上有一些黑斑點。

在大不相同的鱂科中——國外的淡水魚類——雌雄二者在種種性狀上有時差異很大。黑帆鱂（*Mollienesia petenensis*）[16]雄性的背鰭極其發達，其上有一行顏色鮮明的大而圓的眼狀斑；而雌性的背鰭卻較小，形狀也不同，其上只有不規則的曲線形的褐色斑點。雄性臀鰭的底邊稍有延長，且色暗。一個親緣關係相近的類型叫做劍尾魚（*Xiphophorus Hellerii*）（圖30），其雄性尾鰭的下緣發展成一條長的絲狀物，正如岡瑟先生對我述說的，其上有色彩鮮明的線條。這等絲狀物不含任何肌肉，顯然它對這種魚不

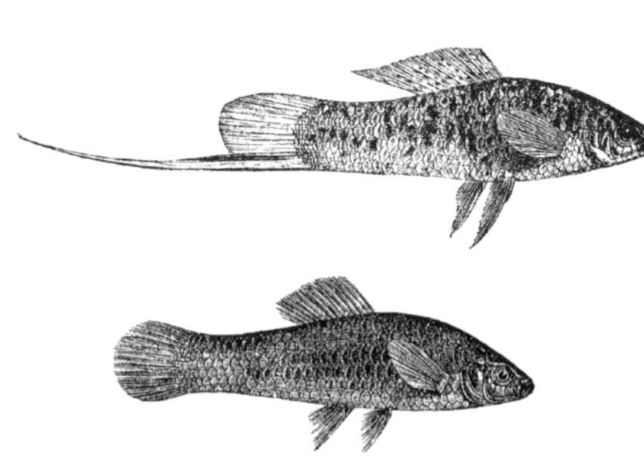

圖30　劍尾魚（*Xiphophorus Hellerii*）
上圖爲雄魚；下圖爲雌魚。

⑮《瑞典的獵鳥》，一八六七年，四六六頁等。

⑯ 有關這個和以下的物種，我感謝岡瑟博士所提供的資料；另參閱他寫的論文，《中美洲的魚類》，見《動物學會學報》，第六卷，一八六八年，四八五頁。

會有任何直接的用處。同屬情況一樣，其雄魚當幼小時在色彩和構造上都與成年雌魚相似。這類性差異可以嚴格地與鶉雞類如此常見的性差異相比擬。⑰

產於南美洲淡水中的一種鯰魚叫做有鬚鯰魚（*Plecostomus barbatus*⑱）（圖31），其雄性的嘴和內鰓蓋骨邊緣布滿硬毛鬍鬚，而這在雌性方面連一點痕跡也沒有。這等硬毛具有鱗片的性質。同屬的另一個魚種，從其雄性的頭前部伸出一些柔軟易彎的觸鬚，而雌性則闕如。這等觸鬚乃是眞皮的延長物，因此和上述魚種的硬毛不是同源；然而，幾乎無法懷疑它們都是用於同一目的。至於這個目的究竟是什麼，就難於猜測了；在這裡它們似乎不可能是用做裝飾，但我們幾乎無法設想這等硬毛和易彎的絲狀物只對雄性有任何正常的用途。那個叫做怪銀鮫（*Chimaera monstrosa*）的陌生怪物，其雄性頭頂長出一個鉤形骨指向前方，其頂端變圓且爲銳刺所覆蓋；而雌性則完全沒有這等冠飾，但這等冠飾對雄性可能有

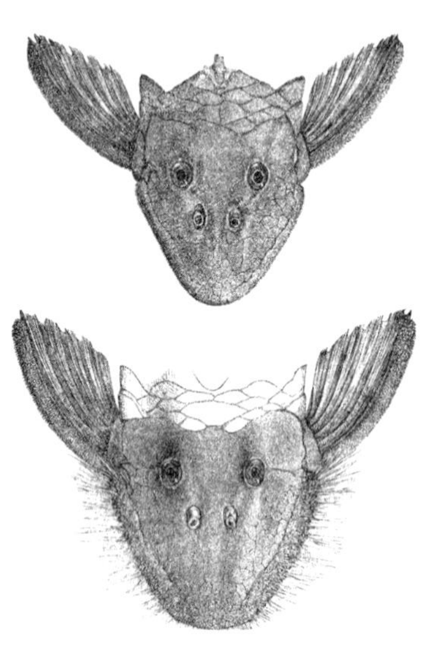

圖31　有鬚鯰魚（*Plecostomus barbatus*）

上圖爲雄魚的頭；下圖爲雌魚的頭。

⑰ 這是岡瑟博士的論述，見《大英博物館魚類目錄》，第三卷，一八六一年，一四一頁。

⑱ 參閱岡瑟博士關於這個屬的文章，《動物學會會報》，一八六八年，二三二頁。

什麼用途，則全屬未明。[19]

到目前爲止所談到的那些構造都是在雄魚到達成熟後才成爲永久性的；但在鳚屬（Blennies）以及其他親緣相近的屬中，[20]有些種類只在繁殖季節，其雄魚頭上的冠飾才發育起來，而且其軀體的色彩也同時變得更加鮮豔。此等冠飾只是作爲一種臨時性的裝飾，看來很少有疑問，因爲雌魚絲毫沒有呈現這種痕跡。同屬的其他物種，其雌雄二者均有冠飾，至少有一個物種其雌雄二者都不具有這樣構造。阿加西斯教授對我說[21]，在雀鯛科（Chromidae）的許多魚類中，如*Geophagus*，尤其是麗魚（*Cichla*），其雄性在前額上有一顯著的凸起部，而在雌性和幼小雄性的前額上則完全闕如。阿加西斯教授接著說，「我常常見到這些魚類前額凸起部在產卵季節爲最大，而在其他季節則完全消失，以致雌雄二者這時從頭部側面輪廓看來一點也顯不出什麼差別。我絲毫不能確定它對任何特殊機能有何幫助，亞馬遜河上的印第安人對它的用途也一無所知」。此等凸起部在定期出現方面與某些鳥類頭上的肉瘤相似，但它們是否用作裝飾，目前仍有疑問。

阿加西斯教授和岡瑟博士對我說，有些魚類的雄性在色彩上與雌性永不相同，這些魚類往往在繁殖季節就會變得更加鮮豔。還有大量的魚類也是如此，其雌雄二者的色彩在繁殖以外的所有季節裡都完全相同。可舉出丁鱥（tench）、擬鯉（roach）和鱸魚（perch）爲例。雄鮭魚當此繁殖

---

[19] 巴克蘭得，見《陸與水》（*Land and Water*），一八六八年七月，三七七頁，附插圖。有關雄性的特殊構造還可補充許多其他情況，它們的用處均屬不明。

[20] 岡瑟博士，《魚類目錄》，第三卷，二二一，二四〇頁。

[21] 另參閱阿加西斯教授及其夫人合著的《巴西紀遊》（*A Journey in Brazil*），一八六八年，二二〇頁。

季節，「其雙頰呈現橙色條紋，這使牠具有隆頭魚（*Labrus*）的外觀，其周身也現金橙色。而雌性的顏色則是暗黑的，故通常稱爲黑魚」。[22]強壯紅點鮭（*Salmo eriox*）雄性所發生的變化也與此類似，甚至更大；瑞士紅點鮭（*S. umbla*）雄性的色彩當此繁殖季節同樣也比雌性更爲鮮明。[23]美國網紋狗魚（*Esox reticulatus*）的色彩，尤其是雄性的色彩，在繁殖季節變得極其濃烈、鮮豔和富於虹彩。[24]雄光尾刺魚（*Gasterosleus leiurus*）是這許多顯著事例中的又一個，韋林頓（Warington）先生[25]描述牠在繁殖季節所表現的「美麗非筆墨所可形容」。而雌魚的背和眼的顏色單調，均爲褐色，腹部白色。反之，雄刺魚的眼乃「最豔麗的綠色，且具金屬光澤，如同某些蜂鳥的綠羽。其喉部和腹部均呈鮮明的豔紅色，背部爲灰綠色，整條魚看來多少有點透明，猶如體內有個白熱的光源在閃閃發亮」。繁殖季節一過，這等色彩就全變了，其喉部和腹部的紅色變淡了，背部的綠色變深了，發亮的色調消失了。

關於魚類求偶的問題，自本書第一版問世以來，除已舉出的刺魚事例外，又觀察到了一些其他例子。正如我們所知道的，雜種隆頭魚的雌雄二者在色彩上互不相同，肯特（W. S. Kent）先生說，這種雄魚「在池塘沙灘做好一深穴，然後不厭其煩地極力誘使同種的一條雌魚與之同居，牠在雌魚和已竣工的新居之間游來游去，對於雌魚的依從顯然表示了最大的熱望」。海管魚

---

[22] 雅列爾，《英國魚類志》，第二卷，一八三六年，十，十二，三十五頁。

[23] 湯普森（W. Thompson），《博物學年刊雜誌》，第六卷，一八四一年，四四〇頁。

[24] 《美國農學家》（*The American Agriculturist*），一八六八年，一〇〇頁。

[25] 《博物學年刊雜誌》，一八五二年十月。

（*Cantharus lineatus*）的雄性當繁殖季節，則呈深鉛黑色，然後離開魚群並挖穴爲巢。「現在每條雄魚均走上警衛各自巢穴的崗位，並向任何其他雄魚猛烈進攻，把牠們趕走。然而對其異性的配偶，雄魚的行爲就大不相同。許多雌魚眼下因懷卵而軀體膨大，雄魚便以力所能及的各種辦法，逐一地把雌魚極力引誘至牠所準備好的巢穴，以便把牠們滿懷的無數魚卵產在那裡，然後，雄魚就以最大的小心保護和守衛著這些魚卵」。[26]

卡邦尼爾舉出一種中國紅鯉（Chinese Macropus）雄性求偶以及誇示其美的顯著事例。他對這等圈養中的魚類進行了仔細觀察。[27]雄魚的色彩最爲漂亮，比雌魚要美得多。牠們在繁殖季節爲占有雌魚而爭鬥；雄魚在求偶行動中把鰭展開，鰭上具有斑點並飾以色彩鮮明的鰭刺，據卡邦尼爾說，其方式有如孔雀開屏一樣。然後牠們非常活潑地在雌性周圍竄來竄去，炫耀「其鮮豔動人之色彩以便吸引雌魚的注意，而雌魚對雄魚的這等動作也未嘗不感興趣，於是牠們慢慢隨著雄魚一起游去，似乎很樂於與雄魚作伴而待在一起」。雄性贏得了其配偶之後，就從嘴裡吹出空氣和黏液形成一個小泡沫盤。接著牠把雌魚產的受精卵集攏在嘴裡，這一現象曾使卡邦尼爾大爲吃驚，以爲這些卵要被雄魚所吞食。但實際不然，雄魚迅速地把卵附著在泡沫盤中，然後就守衛魚卵、修補泡沫並對孵化的幼魚進行照顧。我之所以要陳述這些細節，是由於我們馬上就要見到有些魚類的雄性是把卵擱在嘴裡孵化的；那些不相信逐漸進化原理（the principle of gradual evolution）的人們大概要問這樣一種習性何由而始；但是，我們如果知道某些魚類是像上述那樣收集和攜帶魚卵的，那麼這個

[26] 見《自然》，一八七三年五月，二十五頁。

[27] 《馴化協會會報》（*Bull. de la Soc. d'Acclimat*），巴黎，一八六九年七月和一八七〇年一月。

難題就很容易理解了；因爲，要是把卵存放於泡沫中的這件事因任何一種原因而受到耽擱，那麼，也許就會獲得把卵放在嘴裡孵化的這種習性。

讓我們回到更爲直接的主題上來。情況是這樣：就我所知，如無雄魚在場，雌魚絕不願意產卵；而如無雌魚在場，雄魚也絕不給卵授精。雄魚爲占有雌魚而互相爭鬥。有許多物種，其雄魚當幼小時在顏色上與雌魚相似；但一到成年，就變得比雌魚鮮豔得多，而且始終保持著這種顏色。另外有些物種，其雄魚的顏色只在求偶季節才變得比雌魚鮮豔，或者更富於裝飾。雄魚孜孜不倦地向雌魚求偶，有一個例子，像我們所見過的，雄魚賣力地在雌魚面前誇示其美色。難道能認爲牠們在求偶過程中的這等行爲是毫無目的的嗎？若有目的，則雌魚一定要盡力進行某種選擇，而且選取牠們最中意的或使牠們最受刺激的那些雄魚。如果雌魚盡力進行這等選擇，那麼所有上述有關雄魚裝飾的事實就可以借性選擇之助立刻得到說明。

其次我們勢必要追問，某些雄魚透過性選擇獲得其鮮明色彩的這個觀點，能否依據性狀向雌雄雙方同等傳遞的法則，引申到雌雄二者色彩鮮豔的程度和式樣都相同或幾乎相同的那些類群上去。像隆頭魚這樣的一個屬，牠含有世界上一些最絢麗的魚類——以孔雀隆頭魚（*L. pavo*）爲例，有人用可以諒解的誇張手法描繪說，[28]牠的鱗片是用閃閃發亮的黃金製成的，周身還鑲飾著天青石、紅寶石、藍寶石、翡翠和紫水晶——關於這個屬，我們多半可以接受上述說法；因爲我們已經知道，該屬至少有一個物種的雌雄二者在色彩上是大不相同的。至於有些魚類，正如許多低等動物那樣，其華麗的色彩可能是其組織性質以及環境條件的直接結果，而並未借助於任何種類的選擇。金魚

---

[28] 聖文森特（Saint Vincent），《博物分類學辭典》（*Dict. Class. d'Hist. Nat.*），第九卷，一八二六年，一五一頁。

（*Cyprinus auratus*），根據普通鯉魚的金色變種來類推，也許是一個恰當的例子，因爲牠的華麗色彩大概是由一種單純的突然變異所形成的，而這種突然變異乃是牠所處的圈養條件引起的。然而，更爲可能的是這等顏色是透過人工選擇而被加強的，因爲從遙遠的古代這個物種在中國就被精心培育出來了。㉙在自然條件下，像魚類這樣高級體制的動物，生活於如此複雜的關係中，要說從如此一種巨大的變化中既沒有受到某種禍害也沒有得到某種益處，因而沒有受到自然選擇的干預，牠們就會變得色彩鮮豔，看來是不大可能的。

那麼，對於雌雄色彩都華麗的許多魚類，我們將做出怎樣的結論呢？華萊士先生認爲㉚，有些物種常常出沒於礁石之間，那裡富有珊瑚蟲和其他色彩鮮明的有機體，因而這等物種的色彩也變得鮮明，以免被其敵害發現；但根據我的回憶，牠們卻因此表現得極其顯眼。在熱帶的淡水中並無色彩鮮豔的珊瑚蟲或其他有機體可供魚類模仿；但亞馬遜河的許多魚種卻有著美麗的色彩，印度的肉食性鯉科有許多魚類也飾有「各種色彩鮮明的縱線條」。㉛麥克萊蘭（M'Clelland）先生在描寫這

㉙ 由於我在《動物和植物在家養下的變異》一書中有關於這一問題的一些論述，因而邁耶斯（W. F. Mayers）先生〔見《關於中國的筆記和質疑》（*Chinese Notes and Queries*），一八六八年八月，一二三頁〕查閱了中國古代百科全書，他發現金魚最早是在宋朝於圈養中培育出來的，該朝始於西元九六〇年。到西元一一二九年這等金魚已遍及各地。該書另一處宣稱，西元一五四八年以來，「在杭州產生了一個變種，以其濃烈的紅色而稱之爲火魚。牠受到了普遍的讚賞，乃至沒有一家不養牠，而且以其顏色互相競賽，並把牠作爲一種贏利的來源」。

㉚ 《威斯敏特評論》，一八六七年七月，七頁。

㉛ 麥克萊蘭先生的《印度的鯉科》（Indian Cyprinidae）一文，見《亞細亞的研究》（*Asiatic Researches*），第十九

些魚類時竟離奇地設想「其色彩之特別鮮豔」是給「那些注定要來抑制其數量增殖的翠鳥、燕鷗以及其他鳥類提供一種較易識別的標誌」；然而今日博物學家們很少承認任何動物之所以變得顯眼乃是爲了加速其自身的毀滅。某些魚類變得顯眼可能是爲了警告那些猛禽和猛獸，表示牠們是不好吃的，就像我們討論鱗翅目幼蟲時所闡明了的那樣；但我相信，還不知道有任何一種魚，至少是任何一種淡水魚，因味道不好而被食魚的動物所拒絕。總之，關於雌雄色彩都鮮豔的魚類，最可能的觀點是，這等色彩作爲一種性的裝飾先由雄性所獲得，而後把它同等地或幾乎同等地傳遞給了雌性。

我們現在必須考慮的是，當雄性在色彩上或其他裝飾上以顯著的方式與雌性有所差異時，是否只是雄性發生了變異，而且這等變異只遺傳給其雄性後代；或者，雌性發生了特殊變異，爲了保護自己而變得顏色暗淡，這等變異是否只遺傳給雌性。無可懷疑，許多魚類所獲得的色彩乃是作爲一種保護；凡是察看過比目魚（flounder）斑點累累上部表面，誰都無法忽視這等表面與牠所棲息於其上的海底砂床的相似性。再者，某些魚類能透過其神經系統的作用在短時間內改變其顏色以與周圍物體相適應。㉜關於利用其顏色以及利用其形狀來保護自己的動物，見諸記載的最顯著事例之一（根據保藏的標本所能判斷的來說），是由岡瑟博士舉出的，㉝即，具有紅光四射的絲狀體的海龍（pipe-fish）與海草之間幾乎無法加以區別，而牠是用抱握性的尾部纏附於海草之上的。但現在所要考慮的問題在於是否只有雌魚才爲了保護的目的而發生變異。我們可以知道，假定雌雄雙方爲

卷，第二部分，一八三九年，二三〇頁。

㉜ 普歇，《研究》（*L'Institut.*），一八七一年十一月一日，一三四頁。

㉝ 《動物學會會報》，一八六五年，三二七頁，圖十四和十五。

了保護的目的透過自然選擇都發生了變異，那麼任何一方所發生的變異絕不會超過另一方。除非是其中一方暴露於危險之中的期間比另一方較長，或者逃避這樣危險的能力比另一方較差；然而在這些方面魚類的雌雄二者看來並沒有什麼差別。如果說有任何差別的話，充其量也無非是雄魚因其體形一般較小，而且較常游動，所以比雌魚所面臨的危險較大而已；儘管如此，一旦雌雄之間出現差異時，幾乎總是雄魚的色彩更爲顯著。魚卵一經產下馬上就會受精；如果這個過程像鮭魚的情況那樣，要持續數日的話，則雌魚在這整個產卵期間裡一直都會由雄魚伴隨左右。[34]在大多數場合中，魚卵受精後就被其雙親棄置不顧，而失去了保護，因此就產卵而論，雄魚和雌魚所面臨的危險是相等的，而且對於受精卵的產生，雙方的重要性也是同等的；因此，任何一性的色彩鮮豔的個體，無論其鮮豔程度或大或小，其遭受毀滅或得到保存的傾向大概都是同等的，而且雙方對其後代色彩的影響大概也是同等的。

屬於若干個科的某些魚類會築巢，其中有些還會照顧剛孵化出來的幼魚。顏色鮮明的鋸隆頭魚（*Crenilabrus massa*和*C. melops*）的雌雄二者共同合作用海草和貝殼等材料修築其巢穴。[35]但某些魚類的雄性則單獨承擔了所有這項工作，以後還專門負責照顧幼魚。顏色暗淡的刺鰕虎魚類（gobies）的情況正是如此，[36]其雌雄二者的顏色據知並無差異，刺魚（Gasterosteus）的情況也是

㉞ 雅列爾，《英國魚類志》，第二卷，十一頁。

㉟ 根據格貝（M. Gerbe）的觀察；參閱岡瑟的《動物學文獻著錄》（*Record of Zoolog. Literature*），一八六五年，一九四頁。

㊱ 居維葉，《動物界》（*Règne Animal*），第二卷，一八二九年，二四二頁。

如此，其雄性的色彩在產卵季節則變得鮮豔。光尾刺魚（*G. leiurus*）的雄性在一段長時間內以堪稱模範的謹慎和警惕履行其作爲一個「保母」的義務，當幼魚離巢太遠之際，牠還不斷地徐徐把牠們引還巢去。牠還勇敢地把所有敵害趕走，包括其本種的雌魚在內。倘若雌魚產卵完畢後馬上就被某種敵害所吞食，這對於雄魚的確可能是一個不小的安慰，因爲要不如此，牠就得不停地把雌魚從巢裡趕走。[37]

棲息於南美和錫蘭的某些其他魚類，屬於兩個不同的「目」者，其雄魚有一種異常的習性，把雌魚產下來的卵集攏在嘴裡或鰓腔裡孵化。[38]同樣地，岡瑟博士也描述過其他事例。阿加西斯教授告訴我說，亞馬遜河的魚種的雄性就有這種習性，「牠不僅在一般時期比雌魚顏色鮮明，而且這種差異在產卵季節比在其他任何時期還要大」。Geophagus的魚種也同樣如此；在這個屬中，雄魚的前額在生殖季節有一個顯著的凸起物發育起來。關於鯛魚類的各個物種，阿加西斯教授同樣告訴我說，在以下各種場合中都可觀察到其顏色上的性差異，即，「無論牠們把卵產與水生植物之間的水裡或把卵產於穴中，任其孵化，不再進一步給予照顧；還是在河泥裡築造淺巢，就像英國的刺蓋太陽魚（Pomotis）那樣坐在其上。還應注意到這等坐巢魚在牠們各自所屬的科中乃是顏色最鮮明的物種。例如，Hygrogonus是亮綠色的，具有黑色大眼斑，眼斑環以最顯著的豔紅色」。在鯛魚類的所有物種中，是否只有雄魚才坐守卵上，尚屬不明。然而，魚卵受到雙親保護或不受到保護這一事

---

[37] 參閱韋林頓先生對光尾刺魚習性的最有趣的描述，《博物學年刊雜誌》，一八五五年十一月。

[38] 懷曼教授，見《波士頓博物學會會報》，一八五七年九月十五日，特納教授，見《解剖學和生理雜誌》，一八六六年十一月一日，七十八頁。

實顯然對於雌雄之間的顏色差異並無多大影響或根本沒有影響。更加顯然的是，在雄魚專門負責守護魚巢和幼魚的所有場合中，顏色較鮮明的雄魚之毀滅，其對於本族性狀的影響比顏色較鮮明的雌魚之毀滅所造成的影響要深遠得多，這是因為在卵的孵化或養育幼魚期間，雄魚的死亡將會招致幼魚的死亡，所以就不能將其特性遺傳給幼魚；儘管如此，在許多這等場合中，雄魚的色彩還是比雌魚的更為顯著。

在大多數總鰓類（Lophobranchii，海龍，海馬等）中，雄魚的腹部不是具有袋囊就是具有半圓形的凹陷，用以承受雌魚產下來的卵並孵化之。雄魚還顯示了對幼魚的強烈依戀。㊴雌雄二者的色彩通常差異不大；但岡瑟博士相信雄海馬的色彩比雌海馬的鮮明。然而，剃刀魚屬（Solenostoma）提供了一個奇妙的例外，㊵因其雌性色彩之強烈以及斑點之多均遠比雄性為甚，而且只有雌性具袋狀腹囊以孵化魚卵；所以剃刀魚的雌性在後述這一點和所有其他總鰓類都不相同，而在其色彩比雄性更為鮮豔方面也幾乎和所有其他魚類不同。雌性性狀這種雙重的顛倒，看來不可能是一種偶然的巧合。由於專門照顧魚卵和幼魚的若干魚類的雄性在色彩上比雌性更為鮮豔，還由於這裡提到的剃刀魚的雌性負有同樣的責任，而且其色彩比雄性更為鮮明，因而可以這樣辯說：雌雄兩性中對後代繁榮較為重要的那一性，其顯著色彩必定在某種方式上是保護性的。但從雄性色彩比雌性更為鮮豔的大量魚類來看，無論這等色彩是永久性的還是臨時性的，雄魚的生命對於本種的

㊴ 雅列爾，《英國魚類志》，第二卷，一八三六年，三二九，三三八頁。

㊵ 自從記述這個物種的《桑吉巴的魚類》（*The Fishes of Zanzibar*）一書出版後（普萊費爾上校著，一八六六年，一三七頁），岡瑟博士又重新檢查了這些標本，並給我提供了上述資料。

繁榮絕不比雌魚的更爲重要，因此上述這種見解幾乎無法成立。當我們討論鳥類時，還會遇到相似的情況，即，雌雄二者的正常屬性完全顚倒了，到那時我們將會提出一個也許是合理的解釋，這就是說，雄性選擇更富吸引力的雌性，而不是按照整個動物界的正常規則，由雌性選擇更富吸引力的雄性。

總之，我們可以斷定，關於雌雄色彩或其他裝飾性狀有所差異的大多數魚類，雄性最先發生了變異，然後將其變異傳遞給同一性別，並且透過以吸引或刺激雌性來實現的性選擇把這等變異積累起來。然而，在許多情況中，這等性狀或是部分地或是全部地轉移給了雌性。再者，在其他一些場合中，雌雄二者爲了保護自己而著有相似的色彩；但似乎沒有任何事例表明，只有雌性爲了保護的目的而在顏色或其他性狀上特殊地發生了變異。

需要加以注意的最後一點是，據知魚類會發出各種各樣的聲響，有的聲響據描寫猶如音樂一般。對這個問題特別注意的狄福塞（Dufossé）博士說，這等聲音是由不同魚類以若干方法故意發出的：或靠咽頭骨摩擦而發聲——或靠附於鰾上的某些肌肉振動而發聲，而鰾則用做一種回聲板——有的還靠鰾的內肌振動而發聲。魴鮄屬（Trigla）用後面這種方法發出一種純正而拖長的聲音，約在八音度範圍之內。但使我們最感興趣的一個事例是鼬鳚屬（Ophidium）有兩個物種，只有牠們的雄性才具發音器官，這種器官是由具有專門肌肉的、同鰾相連接的、能動的諸小骨構成的。[41]歐洲海洋中的蔭魚類（Umbrinas）據說在二十噚*深的海底發出來的鼕鼕響聲還可以被聽

㊶《法蘭西科學院報》（*Comptes Rendus*），一八五八年，第四十六卷，三五三頁；一八五八年，第五十七卷，九一六頁；一八六二年，第五十四卷，三九三頁。蔭魚類（鷹石首魚，*Sciaena aquila*）所發出的聲音，據一些作者

到；羅歇爾（Rochelle）地區的漁民斷言，「只有其雄魚在產卵時期才會發出這樣響聲；其聲音可加以模仿，因此不用誘餌即可將牠們捕獲」。㊷根據這個說法，尤其是根據鼬鳚屬的事例，幾乎可以肯定，脊椎動物中這個最低等魚綱的發音器官，就像如此眾多的昆蟲類以及蜘蛛類那樣，至少在某些場合中是作爲把雌雄聚合在一起的一種手段，而且這等發音器官是透過性選擇而發展起來的。

兩棲類

有尾目（Urodela）

我從有尾兩棲類開始。蠑螈的雌雄二者往往在色彩和構造上都大不相同。在某些物種中，雄性的前肢於生殖季節有抱握爪發育起來；雄蹼足北螈（*Triton*[*] *palmipes*）的後足在此季節有游泳蹼，而在冬季又幾乎完全被吸收了；因而這時雄性的足遂與雌性的相類似。㊸毫無疑問這等構造有助於雄性對雌性的熱切追求。牠向雌性求愛時即迅速擺動其尾端。關於英國的普通小蠑螈（斑北螈，

說，與其說像鼓聲，莫如說更像笛聲或風琴聲：祖特文博士在這本書的荷文譯本（第二卷，三十六頁）中進一步舉出了有關魚類發聲的一些細節。

* 一噚（fathom）等於六英尺。——譯者注

㊷ 金斯利（C. Kingsley）牧師，《自然》，一八七〇年五月，四十頁。

* *Triton*即*Triturus*。——譯者注

㊸ 貝爾，《英國爬行類志》（*History of British Reptiles*），第二版，一八四九年，一五六—一五九頁。

*Triton punctatus*和冠北螈，*T. cristatus*），雄性在生殖季節有一條深缺刻的多鋸齒冠飾沿其脊背和尾巴發育起來，而到冬季就消失了。聖喬治・米伐特（St. George Mivart）先生告訴我說，這種冠飾無肌肉，因此不能用於運動。由於這種冠飾的邊緣在求偶季節變得色彩鮮明，所以這是一種雄性的裝飾，幾乎沒有疑問。還有許多物種的軀體呈現了差別非常懸殊的色調，平時是灰黃色，但到生殖季節則變得比較鮮豔。例如英國普通小蠑螈（斑北螈）的雄性，其「上面爲灰褐色，下面爲黃色，到春季又變爲一種鮮豔的橙色，並有圓形黑斑分布於身體各處」。這時，其冠飾的邊緣也呈鮮紅色或紫色。其雌性平時爲黃褐色，雜以褐色斑點，其底面的顏色則往往十分單調。[44]幼者的色彩是暗淡的。卵在排出過程中即受精，隨即被其雙親棄之不顧。由此我們可以斷定，雄性是透過性選擇獲得其十分顯著的色彩和裝飾性附器的；這等性狀或專向雄性後代傳遞，或向雌雄雙方傳遞。

圖32　冠北螈（*Triton cristatus*）（原體大小之半，引自貝爾的《英國爬行類志》）

上圖爲生殖季節的雄性；下圖爲雌性。

㊹ 貝爾，《英國爬行類志》，第二版，一八四九年，一四六，一五一頁。

無尾目（Anura）或蛙類（Batrachia）

許多蛙類和蟾蜍類的色彩顯然是作爲一種保護之用的，如雨蛙的鮮綠色彩以及許多陸棲物種的斑駁而暗淡的色調就是如此。我曾見過的色彩最顯著的蟾蜍是黑蟾蜍（*Phryniscus nigricans*）㊺，其軀體的整個上表面黑如墨水，腳蹠以及腹的局部則有最鮮明的朱紅斑點。在拉普拉塔（La Plata）的灼熱太陽下，牠在不毛的沙地或開闊的草原上到處爬行，不會不被每一隻路過的動物所看見。這等色彩對牠大概是有利的，因爲這可以使所有猛禽類知道這種動物是一種味道惡劣的食物。

尼加拉瓜有一種小蛙，「披著一身紅色和藍色的鮮豔裝束」，牠不像大多數其他物種那樣把自己隱蔽起來，而在大白天到處蹦跳，貝爾特先生說㊻，他一見到牠那泰然自若的樣子，就深信牠是不可食的了。經過若干次試驗後，他才成功地誘使一隻幼小雛鴨銜住一隻這種幼蛙，但馬上就把牠丟掉了；這隻鴨子「甩動腦袋走來走去，猶如試圖甩掉某種討厭的味道一樣」。

關於雌雄顏色的差異，無論是蛙類還是蟾蜍類，岡瑟博士也不知有什麼顯著的事例；但他常常能憑雄性比雌性的稍爲濃烈的色彩就可以把雄性與雌性區別出來。關於外部構造，他也不知道雌雄二者有任何顯著差異，除了雄性的前肢上有些凸起在生殖季節變得發達起來，借此以抱持雌性。㊼這等動物沒有獲得更爲強烈顯著的性徵是令人奇怪的；因爲，牠們雖是冷血動物，但其激情卻是強

㊺《「小獵犬」號艦航海中的動物學研究》，一八四三年，貝爾，四十九頁。

㊻《博物學家在尼加拉瓜》（*The Naturalist in Nicaragua*），一八七四年，三二一頁。

㊼有一種錫金蟾蜍（*Bufo sikimmensis*），只是其雄性的胸部有兩塊碟狀老繭皮，腳趾上也有某些皺紋，這也許和上述的凸起物一樣有助於達到同一目的（安德森博士，《動物學會會報》，一八七一年，二〇四頁）。

烈的。岡瑟博士告訴我說，他有幾次發現一隻不幸的雌蟾蜍因被三四隻雄性如此緊緊地抱住而窒息悶死。霍夫曼（Hoffman）教授在吉森（Giessen）見過蛙類當生殖季節終日爭鬥不止，而且進行得如此激烈，以致其中一隻的軀體竟被撕裂。

蛙類和蟾蜍類有一種有趣的性差異，即雄性具有發出音樂聲響的能力；但說到音樂，如果把這個名詞應用於雄棕蛙和某些其他物種所發出的那種壓倒一切的不諧和聲響，按照我們的欣賞力來說，似乎是非常不適當的。然而，有些蛙類的鳴唱無疑還是悅耳的。在里約熱內盧附近，我慣於在傍晚坐下來，傾聽那些棲息在水草上的小雨蛙（Hylae）發出來的諧和美妙的聲調。這各種聲音主要是雄性在生殖季節發出的，猶如英國普通蛙在這種場合中也哇哇地亂叫一樣[48]。與此事實相一致的是，雄性的發音器官比雌性的更為高度發達。在一些屬中，只有雄性才具有與喉相通的囊[49]。例如，食用蛙（*Rana esculenta*）「的囊是雄性所特有的，在哇哇鳴叫時囊中充滿了空氣，成為球狀的大氣胞，位於頭部兩側的咀角附近」。這樣，雄性的哇哇叫聲表現得十分有力；而雌性的叫聲只不過是一種微弱的呻吟而已[50]。在這一科的某些屬中，發音器官的構造大有差異，在所有情況中，牠們的發達大概可以歸因於性選擇。

㊽ 貝爾，《英國爬行類志》，一八四九年，九十三頁。

㊾ 比肖波，《陶德編的解剖學和生理學全書》，第四卷，一五〇三頁。

㊿ 貝爾，同前書，一一二－一一四頁。

爬行類

龜類（Chelonia）

龜類和海龜類都沒有呈現十分顯著的性差異。在某些物種中，雄性的尾比雌性的較長。有些物種的雄性，其腹甲或其甲殼的下表面輕微凹陷而與雌性的背甲隆起相吻合。美國雄錦龜（*Chrysemys picta*）前足的爪爲雌性的兩倍長，在交配時使用。[51]加拉巴哥群島有一種巨龜，名爲黑陸龜（*Testudo nigra*），其雄性成熟後的軀體據說大於雌性；雄性只在交配季節期間，而不在其他期間，發出一種嘶啞的吼聲，可聞於一百多碼以外；反之，雌性絕不發出叫聲。[52]

關於印度的麗陸龜（*Testudo elegans*），據說「其雄性在爭鬥中互相衝撞時所發出的聲音可聞於一定的距離」。[53]

鱷類（Crocodilia）

其雌雄二者的顏色顯然無差異，我也不知道有雄性互鬥之事，儘管這是可能的，因爲有些種類的雄性在雌性面前極盡誇示自己之能事。巴特蘭姆（Bartram）[54]描寫過在鹹水湖中有一隻雄性短吻

---

[51] 梅納德（C. J. Maynard），《美國博物學家》（*The American Naturalist*），一八六九年十二月，五五五頁。

[52] 參閱我的《「小獵犬」號艦航海研究日誌》，一八四五年，三八四頁。

[53] 岡瑟博士，《英屬印度的爬行類》（*Reptiles of British India*），一八六四年，七頁。

[54] 《卡羅利納遊記》（*Travels through Carolina*），一七九一年，一二八頁。

鱷，爲了盡力贏得雌性，而在湖中興浪作波和大聲吼叫，「鼓氣到快要爆裂的程度，頭尾高舉，在水面上跳躍轉圈，猶如一個印第安人的酋長在練習他的武藝一樣」。在求愛季節，鱷的頷下腺散發出一種麝香氣味彌漫在牠經常出沒的地方[55]。

蛇類（Ophidia）

岡瑟博士告訴我說，其雄性總是小於雌性，而且一般具有比較細而長的尾巴；但在外部構造上，他不知道有任何其他差異。關於顏色，他依據雄性的更爲強烈顯著的色彩，幾乎總能把牠與雌性區別開來；例如，英國雄蝮蛇背上的那種之字形黑色帶斑比雌性的更爲清晰顯著。北美響尾蛇雌雄之間的差異就越益明顯得多了，如動物園管理員指給我看的，其雄性周身均具有更爲灰白的黃色，所以立刻可以把牠與雌性區別開來。南非洲有一種蛇叫做牛頭蛇（*Bucephalus capensis*），牠表現有某種相似的差異，因其雌性「從不像雄性那樣在其身體兩側如此充分地具有黃的斑駁」。[56]反之，印度有一種毒蛇，名爲雙突齒食螺蛇（*Dipsas cynodon*），其雄性呈黑褐色，腹部的一部分爲黑色，而雌性則呈微紅色或淡綠黃色，腹部或一律爲黃色或有黑色大理石斑紋。該地還有一種蛇，叫做*Tragops dispar*，其雄性爲鮮綠色，而雌性則呈青銅色。[57]某些蛇類的色彩無疑是保護性的，如樹蛇類（tree-snakes）所呈現的綠色以及生活在沙質地方的那些物種所呈現的各種濃淡顏色

---

[55] 歐文，《脊椎動物解剖學》，第一卷，一八六六年，六一五頁。

[56] 安德魯·史密斯爵士，《南非動物學：爬行綱》，一八四九年，圖十。

[57] 岡瑟博士，《英屬印度的爬行類》，雷蒙特協會（Ray Soc.），一八六四年，三〇四，三〇八頁。

的斑駁都是如此；但有許多種類，如英國的蛇和蝮蛇，其色彩是否用來隱蔽自己仍是一個疑問；對許多具有極爲漂亮色彩的外國蛇的物種來說，這一疑問就更大了。有些蛇的物種，其色彩在成年時和幼小時很不相同。[58]

蛇類肛門香腺的功能在生殖季節變得活躍了，[59]蜥蜴類的肛門腺以及鱷類的頜下腺都是如此。由於大多數動物都是雄性尋求雌性，所以這等香腺與其說是爲了把雌性引至雄性所在的地點，莫如說是爲了刺激雌性或向牠獻媚。雄蛇雖然顯得那樣懶惰，卻也多情；因爲，曾見過許多條雄蛇集攏在同一條雌蛇的周圍，甚至後者是一條死蛇，也會如此。尚未發現雄蛇因競爭雌蛇而互鬥。牠們的智力要比可能預料到的爲高。牠們在動物園裡很快就懂得不能去碰撞用來打掃其籠子的鐵柵門；費城的基恩（Keen）博士也告訴我說，他養的某些蛇類經歷四五次後就懂得避開一種活套，用這種活套，起初很容易就把這些蛇逮住。錫蘭有一位傑出的觀察者萊亞德（E. Layard）先生見過[60]一條眼鏡蛇把頭伸入一個窄洞去吞食一隻蟾蜍。「由於增加了蟾蜍這個障礙，牠無法從窄洞縮回來；發現了這一點後，就勉強吐出了這口開始掙脫的寶貴食物；但這與蛇的哲學太不相容了，於是蟾蜍再次被牠咬住，這條蛇經過劇烈的努力以圖逃脫後，不得不再把口中的食物捨掉。然而這一次牠得到了教訓，於是咬住蟾蜍的一隻腿，把牠拖出，然後吞之大吉」。

動物園的管理員證實，某些蛇類，如響尾蛇屬（Crotalus）和蟒蛇屬（Python），都能把他與

---

[58] 斯托里茲卡（Stoliczka）博士，《孟加拉亞細亞協會雜誌》，第三十九卷，一八七〇年，二〇五，二一一頁。

[59] 歐文，《脊椎動物解剖學》，第一卷，一八六六年，六一五頁。

[60] 見《錫蘭漫筆》（Rambles in Ceylon），見《博物學年刊雜誌》，第九卷，第二輯，一八五二年，三三三頁。

別的人區別開。關在同一個籠裡的眼鏡蛇（Cobras）相互之間顯然有某種依戀之情。[61]

然而，不能因爲蛇類具有某種推理力、強烈的激情以及相互的愛情，就認爲牠們也同樣賦有充分的鑑賞力以欣賞其配偶的鮮豔色彩，因而透過性選擇使鮮豔色彩成爲物種的裝飾。但某些物種的極端美麗是難於以任何其他方法加以說明的，舉例說，南美的珊瑚蛇類（coral-snakes）呈豔紅色，並具黑色和黃色的橫帶斑。我記得很清楚，當我在巴西第一次見到一條珊瑚蛇滑過一條小路時，牠的美色令我何等驚奇。正如華萊士先生根據岡瑟博士的資料所說的[62]，全世界除南美洲外，沒有任何一處地方的蛇類有這種特殊顏色，而且在南美洲發現的這種蛇至少有四個屬。其中一個屬叫做Elaps，是有毒的；第二個大不相同的屬，是否有毒尚屬疑問，其他兩個屬則完全是無害的。屬於這幾個不同屬的物種均棲息於同一地區，而且彼此如此相像，以致「除非博物學者大概誰也不能把無害的種類和有毒的種類加以區分」。因此，正如華萊士先生所相信的，無毒的種類大概是爲了保護自己，根據擬態的原理，而獲得其色彩的；這是因爲其敵害自然會認爲牠們是危險的。然而，有毒的Elaps鮮明色彩的形成原因尚有待於闡明，這個原因也許就是性選擇。

蛇類除嘶嘶鳴叫外還能發出其他聲音。劇毒的龍首蝮蛇（*Echis carinata*）其軀體兩側各有數行構造特殊的斜鱗片，鱗片邊緣爲鋸齒形；當引起這種蛇激動時，這等鱗片就互相摩擦，產生「一種奇妙而拖長得近似嘶嘶的聲音」。[63]關於響尾蛇所做的嘎啦嘎啦響聲，我們終於得到了一些確實的

---

61 岡瑟博士，《英屬印度的爬行類》，一八六四年，三四〇頁。

62 《威斯敏特評論》，一八六七年七月一日，三十二頁。

63 安德森博士，《動物學會會報》，一八七一年，一九六頁。

資料：因爲奧蓋（Aughey）教授說[64]，他曾兩次把自己蔭蔽起來，在一段不遠處注視著一條響尾蛇盤蜷昂首，持續發出間隔短暫的嘎啦嘎啦響聲達半小時之久：最後他見到另一條蛇來到了，牠們相遇後即行交配。因此，他滿意地認爲這種嘎啦嘎啦聲的用途之一就是把雌雄二者引到一塊。遺憾的是，他不能確定在原處保持不動而招引異性的到底是雄性還是雌性。但根據上述事實，絕不能說這等嘎啦嘎啦聲對這些蛇類就不會有其他用途，例如作爲對某些動物的警告大概就是一種用途，否則這等動物也許要對牠們進行攻擊。關於這等聲響會使牠們的捕獲物嚇得癱瘓的若干記載，我也不能完全置之不信。還有某些其他蛇類，把牠們的尾部對著周圍的樹幹迅速擺動，而發出一種清晰的聲響，我在南美親自聽過一條蝮蛇（*Trigonocephalus*）就發出這種聲音。

蜥蜴類（Lacertilia）

蜥蜴類的一些種類的雄性，也許是許多種類的雄性都因競爭雌性而互鬥。例如南美樹棲的冠飾安樂蜥（*Anolis cristatellus*）就極其好鬥：「在春季和初夏期間，兩隻成熟的雄性相遇時很少不發生爭鬥的。牠們最初相遇之際，頻頻點頭三四次，同時喉下的襞狀部或喉囊便膨脹起來；雙眼閃耀著憤怒的光芒，左右擺尾數秒鐘，好像是聚集氣力，然後彼此猛撲，上下翻滾，互相用牙齒緊緊地咬住不放。這場衝突一般以戰鬥的一方失去尾巴而告結束，常常是勝利者把對方的尾巴吃掉。」這個物種的雄性遠遠大於雌性，[65]根據岡瑟博士所能確定的來說，這一點乃是一切蜥蜴類的一般規

---

[64]《美國博物學家》，一八七三年，八十五頁。

[65] 奧斯丁先生把這些動物養活了相當長的一段時間，見《陸與水》，一八六七年七月，九頁。

則。安達曼群島的紅裸趾虎（*Cyrtodactylus rubidus*）只有雄性具肛前孔（preanal pores），根據類推，這種孔大概是用以散發香氣的。[66]

雌雄二者的各種外部性狀往往大不相同。上述安樂蜥的雄性沿著其脊背和尾巴生有一條冠飾，可以隨意豎起；但雌性沒有呈現這等冠飾的絲毫痕跡。印度聾蜥（*Cophotis ceylanica*）的雌性也有一脊冠，但遠不及雄性的發達。正如岡瑟博士告訴我的，許多鬣鱗蜥類（Iguanas）、避役類（Chameleons）以及其他蜥蜴類的情況也是如此。然而，在某些物種中，雌雄二者的冠飾是同等發達的，如瘤疣鬣鱗蜥（*Iguana tuberculata*）即是。在賽塔蜥蜴（*Sitana*）這一屬中，只有雄性才具有一個大喉袋（圖33），它可以像一把扇子那樣折疊起來，呈藍、黑、紅三種色彩；但這等色彩只在求偶季節才有所表現。雌性沒有這種附器，甚至連一點痕跡也沒有。按照奧斯丁先生的資料，冠飾安樂蜥的雌性也有喉袋，呈豔紅色並具黃色大理石花紋，儘管它是處於殘跡狀態的。再者，另外還有某些蜥蜴類，其雌雄二者都有同等發達的喉袋。在這裡，我們看到了與上述許多事例一樣的情況，即，在屬於同一類群的諸物種中，同一種性狀，有的只限於雄性才有，有的在雄性方面遠比在雌性方面發達，有的在雌雄兩方面都同等發達。飛蜥屬（Draco）的小蜥蜴類

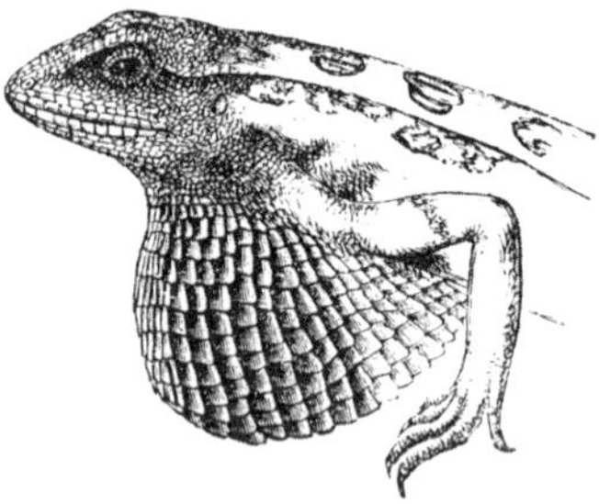

圖33　小賽塔蜥蜴（*Sitana minor*）具有膨脹喉袋的雄性（引自岡瑟的《英屬印度的爬行類》）

---

[66] 斯托里茲卡，《孟加拉亞細亞協會雜誌》，第三十五卷，一八七〇年，一六六頁。

借附於肋骨的膜傘在空中滑翔，其色彩之美麗實非語言所能形容，牠的喉部具有皮質附器，「猶如鶉雞類的垂肉」。當這種動物激動時，這等附器就會豎起。雌雄二者都有這等附器，然而它在雄性發育成熟時最爲發達，這時，中央附器有時竟有頭的兩倍長。同樣地，大多數物種沿著頸部也生有一條矮冠，完全成熟的雄性的這種矮冠比雌性的或幼小雄性的都發達得多。[67]

據說有一個中國的物種在春季成雙成對地生活在一塊，「要是有一隻被捕獲，另外一隻就會自樹上墜至地面，泰然就擒」——我推測這是出於絕望。[68]

某些蜥蜴類雌雄二者之間尚有其他更顯著的差異。有一種角蜥（*Ceratophora aspera*），其雄性在吻端生有一種附器，長達頭部的一半，圓柱狀，覆以鱗片，易彎，顯然能豎立，但在雌性方面這等構造完全是殘跡的。同屬的第二個物種在其易彎的附器頂部有一個小角，是由一個末端鱗片形成的。而第三個物種斯氏角蜥（*C. Stoddartii*，圖34）的整個

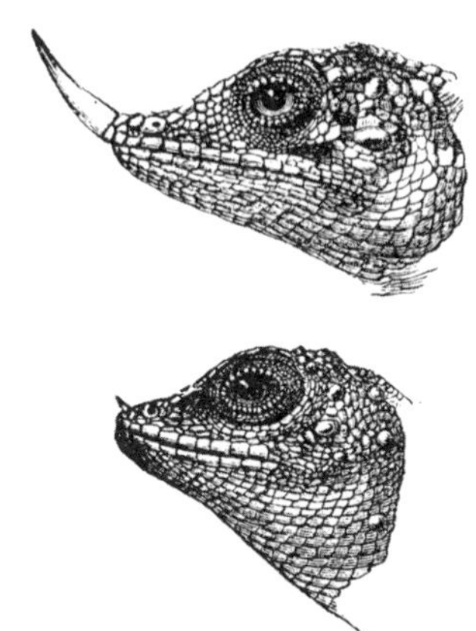

圖34　斯氏角蜥（*Ceratophora Stoddartii*）

上圖爲雌性；下圖爲雄性。

---

[67] 以上有關聾蜥屬、賽塔蜥蜴和飛蜥屬的全部敘述和引文，以及下述有關角蜥屬（*Ceratophora*）和避役屬的事實，都引自岡瑟博士本人的述說或其輝煌的著作《英屬印度的爬行類》，雷蒙特協會，一八六四年，一二二，一三〇，一三五頁。

[68] 斯溫赫先生，《動物學會會報》，一八七〇年，二四〇頁。

附器已變成一支角，通常爲白色，但當這種動物激動時，就會呈現帶紫的色彩。後面這個物種的成熟雄性的這支角長達半英寸，但雌性和幼小雄性的這支角則十分小。這等附器，如岡瑟博士對我說的，可與鶉雞類的肉冠相比擬，而且顯然是用做裝飾的。

在避役屬中，我們見到雌雄之間的差異已達到頂點。棲息於馬達加斯加的雄性雙角避役（*C. bifurcus*，圖35）在其頭骨的上部生出兩個堅硬的巨大骨質凸起，就像頭部其餘部分那樣地覆以鱗片，這等構造上的奇異改變在雌性方面僅顯示一點痕跡而已。再者，非洲西海岸的歐氏避役（*Chamaeleon Owenii*，圖36），其雄性的吻部和前額生有三支奇異的角，而在雌性方面則連一點痕跡也沒有。這種角是由一種骨的贅生物構成的，覆以平滑的外鞘，外鞘乃軀體普通外皮的一部分，因而牠們與公牛、山羊或其他具有鞘角的反芻動物的角在構造上是相同的。儘管這三支角和雙角避役頭骨上那兩個巨大的延長物在外觀上如此大不相同，但我們幾乎無法懷疑牠們在這兩種動物的組織中都是爲了同一個總目的服務的。每個人所產生的第一種猜測將認爲雄性利用這種角

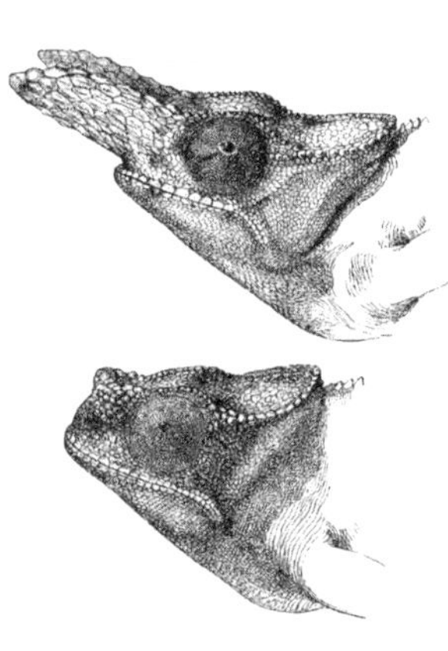

圖35　雙角避役

上圖爲雄性；下圖爲雌性。

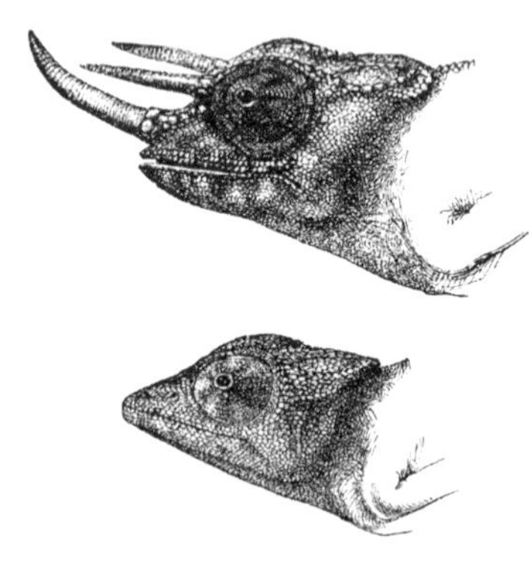

圖36　歐氏避役

上圖爲雄性；下圖爲雌性。

互鬥，由於這些動物很善於爭吵，[69]因此這個觀點也許是正確的。伍德先生也告訴我說，他有一次見到兩隻小避役（*C. pumilus*）在樹枝上激烈廝鬥；用頭猛衝，彼此試圖咬住對方，然後休息一會兒，接著又繼續廝鬥。

有許多蜥蜴類，其雌雄二者的顏色有輕微差異，雄性的色彩和條紋比雌性的較爲鮮明和輪廓較爲清楚。例如，上述聾蜥屬和南非洲的棘趾蜥（*Acanthodactylus capensis*）的情況就是如此。南非繩蜥屬（Cordylus）的雄性不是比雌性紅得多就是綠得多。印度黑唇樹蜥（*Calotes nigrilabris*）的雌雄差異還要大，雄性嘴唇爲黑色而雌性嘴唇乃綠色。英國的普通胎生小蜥蜴（*Zootoca vivipara*），「其雄性的軀體底面和尾基呈鮮橙色並具黑色斑點；雌性的這些部分則呈淺灰綠色而且無斑點」。[70]我們已經知道賽塔蜥蜴只是雄性生有一個喉袋，並呈華麗的藍、黑、紅三種色彩。智利的瘦蜥蜴（*Proctotretus tenuis*）只有雄性才呈現藍色、綠色和紅銅色的斑點。[71]在許多場合中，雄性全年都保持一樣的色彩，但在另外一些場合中，雄性的色彩在生殖季節則變得鮮明得多；我再補充一個例子，即瑪麗亞樹蜥（*Calotes maria*）的雄性在這生殖季節，其頭部呈鮮紅色，而軀

---

[69] 布肖爾茨（Bucholz）博士，《普魯士科學院月刊》（*Monatsbericht K. Preuss. Akad.*），一八七四年一月，七十八頁。

[70] 貝爾，《英國爬行類志》，第二版，一八四九年，四十頁。

[71] 關於瘦蜥蜴，見《「小獵犬」號艦航海中的動物學研究：爬行類》，貝爾先生著，八頁。關於南非蜥蜴類，見《南非動物學：爬行類》，安德魯・史密斯爵士著，二十五，三十九頁。關於印度樹蜥屬，見《英屬印度的爬行類》，岡瑟博士著，一四三頁。

體其餘部分則爲綠色。[72]

許多物種的雌雄二者，其美麗的色彩完全相似，把這等色彩設想爲保護色是毫無理由的。關於那些生活於草木之中的鮮綠色種類，這樣的顏色無疑是爲著蔭蔽牠們自己而服務的。在巴塔哥尼亞（Patagonia）*北部我見過斑點蜥蜴（*Proctotretus multimaculatus*）一受驚就伸平其軀體，閉上眼，於是憑其斑駁的色調幾乎無法把牠與周圍的沙地分別開。不過，如此眾多蜥蜴類所裝飾的鮮豔色彩，以及牠們所具有的各種奇異的附器，大概還是作爲一種魅力先由雄性獲得的，然後此等性狀或只被傳遞給其雄性後代或被傳遞給其雌雄雙方的後代。性選擇對爬行類所起的作用確實就像對鳥類所起的作用那樣，差不多是同等重要的：雌性的色彩不及雄性的顯著，正如華萊士先生所相信的鳥類情況那樣，是不能用雌鳥在孵卵期間面臨著較大的危險來解釋的。

---

[72] 岡瑟，《動物學會會報》，一八七〇年，七七八頁，附彩色插圖。

* 位於南美阿根廷南部。——譯者注

第十三章　鳥類的第二性徵

鳥類的第二性徵，與任何其他動物綱相比，也許不會引起其構造發生更重要的變化，但鳥類的第二性徵卻更加多種多樣而且更加顯著。因此，我將用相當長的篇幅來討論這個問題。雄性鳥類有時也具有用於相鬥的特殊武器，雖然這並不多見。牠們用各種各樣的聲樂和器樂來魅惑雌鳥。從牠們軀體的各個部分生出各種各樣優美的肉冠、垂肉、隆起物、角、鼓氣的囊、頂結、裸羽軸、羽衣以及修長的羽毛，用以裝飾自己。牠們的喙、頭部周圍的裸皮以及羽毛常常具有華麗的色彩。雄鳥有時會靠舞蹈在地上或天空做出古怪的滑稽表演來表達牠們的求愛。至少有一個事例表明雄鳥散發出一種麝香氣味，我們可以設想這是用來魅惑或刺激雌鳥的；因爲傑出的觀察家拉姆齊（Ramsay）先生[1]說道，澳洲麝鴨（*Biziura lobata*）「在夏季月分裡散發這等氣味的，只限於雄鴨，同時有些個體可以把這種氣味保持全年；甚至在繁殖季節我也從未打下過一隻具有任何麝香氣味的雌鴨」。這種氣味在交配季節是如此強烈，以致遠在見到這種鳥類之前就可發覺這種氣味了。[2]總之，鳥類大概是所有動物中的最善於審美者，當然不及人類，牠們幾乎具有與我們一樣的審美力。這一點可從下述情況得到說明，即，我們喜愛傾聽鳥類的鳴唱，我們的婦女，不論是文明

---

① 《彩鸛》（*Ibis*），第三卷（新輯），一八六七年，四一四頁。

② 古爾德，《澳大利亞鳥類手冊》（*Handbook to the Birds of Australia*），第二卷，一八六五年，三八三頁。

的還是未開化的，都愛用鳥類羽毛來裝飾頭部，而且還愛戴寶石，但其色彩幾乎並不比某些鳥類的裸皮和垂肉的色彩更為鮮豔。然而，人類既開化之後，他們的美感顯然是一種越益複雜得多的感覺，而且這是與種種理智的觀念（intellectual ideas）聯繫在一起的。

當討論我們這裡所特別關切的性徵以前，我想先略微談一談雌雄之間顯然取決於不同生活習性的某些差異；因為這等情況在低等動物綱中雖是普通的，但在高等動物綱中卻是罕見的。棲息於胡安·費爾南德斯（Juan Fernandez）群島上的Eustephanus屬的兩種蜂鳥長期被人認為是不同的物種，但現已弄清楚，正如古爾德（Gould）先生告訴我的，牠們原來是同一物種的雄性和雌性，二者在喙的形狀上有輕微差異。在蜂鳥的另一個屬（Grypus）中，雄性的喙緣為鋸齒狀，喙端為鉤狀，因而與雌性的喙大不相同。紐西蘭的新態鳥（Neomorpha），正如我們已經見過的，其雌雄二者因取食方式的關係，喙的形狀出現了更加廣闊的差異。已經觀察到金翅雀（*Carduelis elegans*）有某種類似的差異，因為詹納·韋爾先生曾向我保證說，捕鳥人能根據其雄鳥的稍長的喙，而把牠們識別出來。常常發現成群的這種雄鳥吃起川續斷（Dipsacus）的種子，牠們的長喙可以啄到這些種子，而雌鳥更常吃的卻是水蘇（betony）或玄參屬（Scrophularia）植物的種子。以這樣一種輕微的差異為基礎，我們可看到雌雄二者的喙如何透過性選擇而形成巨大差異。然而，在上述某些場合中，雄鳥的喙最初發生變異可能與其他雄鳥進行鬥爭有關，而以後這又導致了生活習性的輕微變化。

鬥爭的法則

幾乎所有的雄性鳥類都極其好鬥，牠們用喙、翅和腿互相爭鬥。每年春季我們可以看到英國的知更鳥（robins）和麻雀（sparrows）就是如此。所有鳥類中體型最小的爲蜂鳥，而牠卻是最好爭吵的鳥類之一。戈斯（Gosse）先生[3]描述過一對蜂鳥的一次爭鬥，牠們互相咬住對方的喙不放，在空中來回旋轉，直到幾乎落地；孟斯・德奧卡（M. Montes de Oca）當談到蜂鳥的另一屬時說道，兩隻雄鳥如果在空中相遇很少不發生激烈衝突的：當把牠們一塊關進籠裡時，「牠們之間的戰鬥結果多半是其中之一的舌頭被撕裂開，因而以後肯定因不能進食而死去。」[4]至於涉禽類（Waders），普通黑水雞（*Gallinula chloropus*）的雄鳥「在求偶時，爲爭奪雌鳥而激烈爭鬥：牠們幾乎直立水中，用腳互相踢打」。有人見過兩隻這種雄鳥如此爭鬥了半小時之久，直到其中一隻抓住了另一隻的頭，要不是旁觀者加以干涉的話，被抓住的那隻雄鳥大概要被弄死；而雌鳥在這整個期間猶如一個安靜的觀眾，站在一旁看熱鬧。[5]布賴茨先生告訴我說，有一種與親緣相近的鳥（鳳頭董雞，*Gallicrex cristatus*），其雄鳥大於雌鳥三分之一，牠們在繁殖季節非常好鬥，因而東孟加拉當地人把牠們養起來，讓牠們相鬥。在印度也飼養各種其他的鳥用於相同的目的，例如，紅鵯（*Pycnonotus haemorrhous*）就是「鬥志昂揚地進行爭鬥」。[6]

多配性的流蘇鷸（*Machetes pugnax*，圖37）以其極端的好鬥性而聞名；其雄鳥的體形大大超過雌鳥，牠們在春季裡日復一日地聚集於某一特定的地點，那裡就是雌鳥打算產卵的地點。捕鳥人

---

③ 古爾德先生引用，見《蜂鳥科導論》（*Introduction to the Trochilidae*），一八六一年，二十九頁。
④ 古爾德，同上著作，五十二頁。
⑤ 湯普森，《愛爾蘭博物志：鳥類》（*Nat. Hist. of Ireland: Birds*），第二卷，一八五〇年，三二七頁。
⑥ 傑爾登，《印度鳥類》（*Birds of India*），第二卷，一八六三年，九十六頁。

圖37　流蘇鷸（*Machetes pugnax*）（引自布雷姆的《動物生活》）

根據草皮被踐踏得有點光禿的情況就可發現這種地點。雄鳥在這裡廝打，很像鬥雞那樣，互相用喙啄住不放，彼此以翅相擊。這時，頸部周圍的長羽毛直豎，據蒙塔古上校說，「牠像一面盾牌似的掃過地面，以保護軀體比較脆弱的部分」；關於鳥類的任何構造當作盾牌用的情況，這是我所知道的唯一例子。然而，從其頸羽的種種富麗色彩看來，大概這主要是作為一種裝飾之用的。就像大多數好鬥的鳥類那樣，牠們似乎做好了隨時戰鬥的準備，一旦把牠們關在一起，就往往互相殘殺；但蒙塔古觀察到牠們的好鬥性在春季變得較強，這時其頸部長羽就充分發育了；而且在這期間，任何一隻鳥的最小動作都會引起一場普遍的戰爭。[7]關於蹼足鳥類的好鬥性，舉出兩個例子來說明就足夠了：在蓋亞那，「野麝鴨（*Cairina moschata*）的雄性在繁殖季節就會發生血腥的戰鬥；凡發生過這等戰鬥的地方，河面上便有一段距離布滿了羽毛。」[8]似乎不適於戰鬥的鳥類便進行激烈的衝突。例如，鵜鶘（**pelican**）的較強雄性會把較弱者趕走，用其巨大的喙猛啄，以其翅膀進行沉重的打擊。雄沙錐（**snipe**）在互鬥時，「用嘴以能想像的最奇妙方式

[7] 麥克吉利夫雷，《英國鳥類志》（*Hist. Brit. Birds*），第四卷，一八五二年，一七七—一八一頁。

[8] 肖姆勃克爵士，《皇家地理學會會報》（*Journal of R. Geograph. Soc.*），第十三卷，一八四三年，三十一頁。

又曳又推」。某些少數鳥類據信從不相鬥，按照奧杜邦（Audubon）的資料，美國的金黃色啄木鳥（*Picus auratus*）就是如此，雖然「跟隨這種雌鳥的放蕩追求者竟有半打之多」。⑨

許多鳥類的雄性都大於雌性，這無疑是許多世紀以來較大、較強壯的雄性在勝過其競爭對手方面占有優勢的結果。有幾個澳大利亞的物種，其雌雄二者在體形上的差異已達到了極端。例如，雄麝鴨（Biziura）和雄*Cincloramphus cruralis*（與英國鷚的親緣接近）經過實測各爲其雌性的兩倍大。⑩另外有許多鳥類，則是雌鳥大於雄鳥。如上所述，對這種現象提出的解釋，常常認爲是由於雌鳥在養育幼鳥方面承擔了大部分工作，但這種解釋是不夠充分的。以後我們將會見到，在某些少數情況中，雌鳥顯然是爲了戰勝其他雌鳥並占有雄鳥而獲得其較大的體形和較強的體力。

許多鶉雞類的雄性，尤其是一雄多雌的種類，都具有與其競爭對手進行戰鬥的特殊武器，叫做距，使用這種武器能產生可怕的效果。一位可信賴的作者曾做過這樣記載⑪：在德比郡（Derbyshire）有一隻鳶（kite）襲擊一隻帶著小雞的雌鬥雞，這時，雄鬥雞飛奔來救，躍起一踢，用距準確地刺穿了侵略者的眼和頭骨。把距從鳶的頭骨中拔出是不容易的，而且鳶雖死了，仍牢牢地抓住對手不放，因而這兩隻鳥緊緊地連在一起了；但把雄鬥雞解脫出來之後，才知道牠只不過受了點輕傷而已。雄鬥雞大無畏的勇氣是有名的：有位先生很久以前曾目睹過下面的殘酷景象，他告訴我說，有一隻鬥雞因鬥雞場的某種事故而雙腿折斷了，牠的主人打賭說，如果能把這隻鬥雞的腿

⑨《鳥類志》（*Ornithological Biography*），第一卷，一九一頁。關於鵜鶘類和鷸類，見第三卷，一三八，四七七頁。

⑩古爾德，《澳大利亞鳥類手冊》，第一卷，三九五頁；第二卷，三八三頁。

⑪引自休伊特（Hewitt）先生，見《特戈梅爾的家禽手冊》（*Poultry Book by Tegetmeier*），一八六六年，一三七頁。

接好使牠直立，牠就會繼續鬥下去。結果骨折處被接好了，這隻鬥雞又勇敢地投入戰鬥，直到牠受到了致命的一擊。在錫蘭有一個親緣相近的野生物種，名爲斯氏原雞（*Gallus stanleyi*），據知牠們在「保衛其配偶」時進行殊死的戰鬥，因而常常發現鬥者之一死於戰鬥之中。⑫一種印度石雞（*Ortygornis gularis*）的雄性具有堅固而銳利的距，牠們如此喜歡爭吵，以致「你所捕殺的幾乎每隻鳥的胸部都有以往戰鬥的累累傷痕」。⑬

幾乎所有鶉雞類的雄性，每當繁殖季節都進行猛烈的衝突，即使無距者亦復如此。松雞（capercailzie）和雄黑松雞（*Tetrao urogallus*和*T. tetrix*）都是一雄多雌性，牠們有約好的固定地點，群集於此，進行戰鬥並向雌鳥獻媚達數週之久。柯瓦列夫斯基博士告訴我說，他在俄國曾經看到松雞相鬥過的場所，那裡的雪全被血染紅，當幾隻雄黑松雞「進行一場大戰之後」，也弄得羽毛四處飛揚。在德國，把雄黑松雞求偶的歌舞稱爲巴爾茲（Balz），老布雷姆對此做過奇妙的記載。這種鳥幾乎連續地發出最奇怪的叫聲：「高舉其尾，展開爲扇，昂起頭和頸，所有羽毛全都豎起，並展其雙翅。然後牠朝不同的方向跳躍幾步，有時是繞圈跳躍，並用其喙的下部抵住地面，而且抵得如此用勁，以致頦部羽毛紛紛被磨掉。當做這些動作時，牠拍擊雙翅，轉了一圈又一圈。牠的熱情越高，就變得越活潑，直到最後這種鳥看來就像一個瘋狂的動物。」在這樣的時候，雄黑松雞是如此精神貫注，以致幾乎變得什麼也看不見，什麼也聽不到了，但與雷雞相比，還有遜色，因此可在同一地點一隻接一隻地把牠們射殺，甚至可徒手把牠們挨個捉住。雄鳥在做完這些滑稽表演之後

---

⑫ 萊亞德，《博物學年刊雜誌》，第十四卷，一八五四年，六十三頁。

⑬ 傑爾登，《印度鳥類》，第三卷，五七四頁。

就開始相鬥：同一隻雄黑松雞為了證明其體力勝過若干敵手，要在一個清晨裡走訪幾處巴爾茲舞場（Balz-places），而這等場所在連續數年內都是保持不變的。[14]

具有長尾羽的孔雀與其說牠像個戰士，不如說牠更像個紈綺子弟，但牠們有時也發生猛烈的衝突：福克斯（W. Darwin Fox）牧師告訴我說，離賈斯特不遠的地方有兩隻相鬥的孔雀變得如此激怒，以致牠們飛越了整個城市仍在廝打，直到牠們降落在聖約翰塔頂上才算結束。

鶉雞類所具有的距一般只是單獨一個；但多距的鳥類每隻腿上則具有兩個或兩個以上的距；已經見過一種血雉（*Ithaginis cruentus*）的腿上有五個距。距一般只限於雄鳥才有，而在雌鳥腿上僅表現為小瘤、即殘跡物；但爪哇綠孔雀（*Pavo muticus*）的雌性以及布賴茨（Blyth）先生告訴我的小型火背雉（*Euplocamus erythropthalmus*）的雌性都有距。在鶉雞屬（*Galloperdix*）中，通常是雄雞每隻腿上有兩個距而雌雞隻有一個距。[15]因此可以把距視為一種雄性構造，偶爾或多或少地傳給了雌雞。就像大多數其他第二性徵那樣，同一物種的距無論在數量上或發育程度上都是高度容易變異的。

各種各樣的鳥類在其雙翅上有距。但埃及鵝（*Chenalopex aegyptiacus*）只有「光禿而不銳利的小瘤而已」，而這等小瘤大概向我們展示了在其他物種中發展起來的眞距的最初步驟。具有翅距

---

[14] 布雷姆，《動物生活圖解》，第四卷，一八六七年，三五一頁。上述有些引自勞埃德，《瑞典的獵鳥》，一八六七年，七十九頁。

[15] 傑爾登，《印度鳥類》，關於血雉屬（*Ithaginis*），見第三卷，五二三頁；關於鶉雞屬（*Galloperdix*），見五四一頁。

的鵝，即距翅鵝（*Plectropterus gambensis*），其雄性的距比雌性的大得多；正如巴特利特先生告訴我的，牠們用這等翅距進行爭鬥，因此在這種場合中，翅距是作為性的武器來用的；但按李文斯頓（Livingstone）的見解，牠們主要是用來保衛幼者的。叫鳥（Palamedea）（圖38）在每張翅上都裝備了一對距，這是一種非常可怕的武器，據了解，只要用它一擊就會把狗打得哀號而逃。但在這種場合或在某些具有翅距的秧雞類（rails）的場合中，雄鳥的距並不見得比雌鳥的大。⑯然而，在某些鴴類（plovers）中，必須把其翅距視為一種性徵。例如，英國普通鳳頭麥雞（*Vanellus cristatus*）的雄性在繁殖季節其翅肩上的小結節變得更為凸出，而且互相爭鬥。跳鳧屬（Lobivanellus）的某些物種有一種相似的小結節在生殖季節就會發展成「一支短的角質距」。澳大利亞的裂跳鳧（*L. lobatus*）的雌雄二者都有距，但雄性的距比雌性的大得多。與此親緣相近

圖38　角叫鳥（*Palamedea cornuta*）（引自布雷姆）
圖示其雙翅距，以及頭頂的絲狀物。

⑯ 關於埃及鵝，參閱麥克吉利夫雷的《英國鳥類志》，第四卷，六三九頁。關於距翅鵝（Plectropterus），見《李文斯頓遊記》（*Livingstone's Travels*），二五四頁。關於叫鳥見布雷姆的《動物生活》，第四卷，七四〇頁。關於這種鳥，再參閱阿扎拉的《南美航遊記》，第四卷，一八〇九年，一七九，二五三頁。

的一種鳥，叫作*Hoplopterus armatus*，牠的距在生殖季節並不增大；但在埃及曾見過這種鳥互相爭鬥，牠們爭鬥的方式與英國鳳頭麥雞一樣，在空中突然轉向對方，從側面互相攻擊，時常會造成致命的後果。牠們還這樣把其他敵對者趕走。⑰

求偶的季節同時也是相鬥的季節，但有些鳥類的雄性，如鬥雞和流蘇鷸的雄性，甚至野火雞和松雞類的年青雄性⑱，不論何時，只要一相遇就會隨時發生爭鬥。雌鳥的在場是這等可怕的戰爭之根源（**teterrima belli causa**）。孟加拉的印度紳士們挑起梅花雀（*Estrelda amandava*）小而美的雄性進行鬥爭的方法是，把三個小鳥籠排成一行，中間那只鳥籠關的是一隻雌鳥，兩頭各關著一隻雄鳥，過一會兒把這兩隻雄鳥放開，牠們就立即開始了一場殊死的戰鬥。⑲當許多雄鳥聚集在同一個約定的地點進行爭鬥時，就像松雞類和其他種種鳥類的情況那樣，一般都有雌鳥待在旁邊⑳，爭鬥

---

⑰ 關於英國的鳳頭麥雞，參閱卡爾（R. Carr）先生著述，見《陸與水》，一八六八年八月八日，四十六頁。關於跳鳧，見傑爾登的《印度鳥類》，第三卷，六四七頁，以及古爾德的《澳大利亞鳥類手冊》，第二卷，二二〇頁。關於*Holopterus*，參閱艾倫先生著述，見《彩䴉》，第五卷，一八六三年，一五六頁。

⑱ 奧杜邦，《鳥類志》，第二卷，四九二頁；第一卷，四—十三頁。

⑲ 布賴茨先生，《陸與水》，一八六七年，二一二頁。

⑳ 見理查森（Richardson）關於傘松雞（*Tetrao umbellus*）的著述，見《美國邊境地區動物志：鳥類》（*Fauna Bor. Amer.: Birds*），一八三一年，三四三頁。關於松雞和雄黑松雞，見勞埃德的《瑞典的獵鳥》，一八六七年，二十二，七十九頁。然而，布雷姆認為（《動物生活》等，第四卷，三五二頁）德國的雌灰色松雞一般不光臨雄黑色松雞的巴爾茲舞場，但這是普遍規則的一個例外；可能雌松雞隱藏於周圍灌木叢中，如同斯堪的納維亞的雌灰色松雞的情況以及北美洲其他物種的情況那樣。

結束後，牠們就和勝利的鬥士相配。但在某些情況中，交配是在爭鬥之前而不是在爭鬥之後進行的：例如，按照奧杜邦的資料㉑，維吉尼亞夜鷹（*Caprimulgus virgianus*）的若干雄鳥「以一種非常殷勤的方式向雌鳥求偶，當雌鳥剛一做出選擇後就同意追擊所有其他入侵者，並把牠們趕出其領地之外」。雄鳥一般在交配前就試圖把其競爭對手趕走或殺死。然而，看來雌鳥並不見得總是喜愛勝利的雄鳥。柯瓦列夫斯基博士的確曾向我保證說，雌松雞有時會攜一隻年青的雄鳥私奔而去，後者是不敢與年長的雄鳥一塊進入爭鬥場所的，蘇格蘭的雌赤鹿偶爾也會如此。當兩隻雄赤鹿在單獨一隻雌赤鹿面前進行爭奪時，勝利者通常無疑會遂其意願；但有些這類鬥爭是由於到處亂跑的雄性試圖破壞已經成爲配偶的安寧所引起的。㉒

即使是最好鬥的物種，其雌雄的交配也可能不完全取決於雄性單純的體力和勇氣；因這等雄性一般都有種種裝飾物來打扮自己，這些裝飾物在生殖季節往往變得更鮮豔，並殷勤地在雌性面前進行誇示。雄性還用愛情的呼叫、鳴唱和滑稽表演來盡力獻媚或刺激雌性，這種求愛在許多場合中是一種費時甚久的事。因此，雌性對異性的魅惑大概既不是無動於衷，也不總是被迫順從勝利的雄性。更加可能的是，在雄性衝突之前或以後，雌性受到了一定雄性的刺激而不知不覺地愛上了牠們。關於傘松雞（*Tetrao umbellus*），一位傑出的觀察家㉓甚至相信其雄性的相鬥「完全是假裝的，牠們的表演是爲了向集合於雄性周圍而表示讚美的雌性顯示其最大的優越性；因爲我從來沒有

㉑《鳥類志》，第二卷，二七五頁。

㉒布雷姆，《動物生活》，第四卷，一八六七年，九九〇頁；奧杜邦，《鳥類志》，第二卷，四九二頁。

㉓《陸與水》，一八六八年，七月二十五日，十四頁。

找到過一隻受了傷的英雄，而所看到的折斷的羽毛，很少超過一支」。以後我還要重新來討論這個問題，但我願在這裡補充一點：關於美國的一種狂熱松雞（*Tetrao cupido*），約有二十隻雄性集合於一特定地點，大搖大擺地走來走去，空中到處迴響著其喧囂聲。當從一隻雌性得到第一個回應後，雄性便投入了猛烈的相鬥，結果是弱者敗走了；但這時，據奧杜邦說，勝敗雙方都尋求雌性，因此，雌性必須立即做出選擇，否則爭鬥必定還要重新發生。再者，美國有一種草地鷚（*Sturnella ludoviciana*），其雄性激烈相鬥，「但一見到雌性，就瘋狂般地全都隨著牠飛去」。㉔

聲樂和器樂

鳥類的鳴聲是用以表達其種種感情的，諸如痛苦、恐懼、憤怒，勝利或單純的歡樂。有時它顯然是用以激起恐怖，如某些雛鳥所發出的嘶嘶叫聲。奧杜邦說，他所馴養的一隻夜鷺（*Ardea nycticorax Linn.*）常常在一隻貓來近時躲藏起來，然後「突然跳起，發出一種最可怕的叫聲，顯然以貓之驚慌逃走爲樂」。㉕普通家養公雞找到一口好吃的食物時就會咯咯地召喚母雞，母雞又會咯咯地召喚其小雞。母雞下蛋時，「頻頻地重複同一種叫聲，以高於六度音程而截止，最後這聲調持續較久」，㉖以此來表達其歡樂。有些群居性的鳥類顯然是爲了尋求幫助而互相呼喚，當牠們從這棵樹飛往那棵樹時，就靠著嘁嘁喳喳的叫聲互相呼應而保持鳥群的完整。在鵝類（geese）和其他

㉔ 奧杜邦，《鳥類志》，關於狂熱松雞，見第二卷，四九二頁；關於椋鳥屬（*Sturnus*），見第二卷，二一九頁。

㉕ 《鳥類志》，第五卷，六〇一頁。

㉖ 戴恩斯・巴林頓，《自然科學學報》，一七七三年，二五二頁。

水禽類夜徙的期間，我們可以聽到夜空中帶頭鳥所發出的響亮鳴叫和後繼者相呼應的鳴叫聲。某種鳴叫聲是作爲危險信號發出的，獵人懂得這種信號所給他帶來的損失，而且這種信號能爲同一種鳥和其他種鳥所理解。戰勝其競爭對手之後，家公雞便引頸長鳴，公蜂鳥也嘁嘁喳喳地鳴叫起來。然而，大多數鳥類主要是在繁殖季節才發出眞正的鳴唱以及種種奇特的叫聲，這是用以獻媚異性，或僅僅是用以召喚異性的。

關於鳥類鳴唱的目的，博物學者們的看法有很大分歧。蒙塔古堪稱最精細的觀察者，但他主張「鳴禽類和許多其他鳥類的雄性一般並不尋求雌性，而正好相反，牠們在春季的事務都是停息於某一顯眼的地點，縱聲唱出其多情的音調；對此，雌性依其本能自能領會並前往該地擇其配偶」。㉗詹納．韋爾先生告訴我說，夜鶯的情況肯定如此。畢生從事養鳥的貝奇斯坦（Bechstein）斷言，「雌金絲雀（canary）總是選擇最善於鳴唱的公鳥，雌燕雀在自然狀態下也是百裡挑一地去選擇最使牠感到高興的那些善於鳴唱的公鳥」。㉘毫無疑問，鳥類非常注意彼此的鳴唱。韋爾先生曾向我說過一個例子：有一隻紅腹灰雀（bullfinch）被教會了鳴唱一支德國圓舞曲，牠演奏得那麼好，以致牠的身價竟達十個吉尼（guineas）*；當這隻鳥首次被放進一間養著其他鳥類的屋內並開始鳴唱時，所有其他鳥類，約爲二十隻紅雀（linnets）和金絲雀，都排列在各自鳥籠裡最靠近牠的一邊，

㉗《鳥類學辭典》（*Ornithological Dictionary*），一八三三年，四七五頁。

㉘《籠鳥志》（*Naturgeschichte der Stubenvögel*），一八四〇年，四頁。哈里遜．韋爾先生同樣寫信對我說：「我聽說養在同一鳥舍裡的最善於鳴唱的雄鳥，一般會首先獲得一個配偶。」

* 英國以往的金幣名，合現在二十一先令。——譯者注

以最大的興趣傾聽這個新來客的演奏。許多博物學者都相信鳥類的鳴唱幾乎完全是敵對和競賽所引起的結果，並非爲了向其配偶獻媚。這就是戴恩斯・巴林頓和塞爾伯恩的懷特（White）的見解，他們對這個問題都有特別的研究。[29]然而，巴林頓承認，「鳥類的善於鳴唱者比其他鳥類占有無比的優勢，這是捕鳥人所熟知的」。

雄鳥之間在鳴唱方面肯定有激烈的競爭。玩鳥的人比賽他們所養的鳥，看哪隻鳥鳴唱的時間最長，雅列爾先生告訴我說，第一流的鳥有時會一直鳴叫到墜落在地而幾乎死去，或按貝奇斯坦的說法[30]，因肺部一條血管破裂而完全死去。不管其原因可能是什麼，正如韋爾先生對我說的，雄性鳥類在鳴唱季節往往會突然死去。鳴唱的習性有時顯然與愛情完全無關，因爲有人曾描寫過一隻不育的雜種金絲雀[31]在鏡子裡見到自己形象時就鳴唱起來了，隨後就向自己形象猛撲過去；把牠和一隻雌金絲雀關在同一個籠子時，牠同樣向雌鳥憤怒地進行攻擊。由鳴唱行爲所激起的妒忌性經常被捕鳥人所利用，把一隻唱得好的雄鳥隱藏起來並加以保護，同時把一個剝製的鳥暴露在視線之內，並在其周圍放置塗上黏鳥膠的小枝。正如韋爾先生告訴我的，有一個人用這種方法在一天之內所捉到的雄性歐洲蒼頭燕雀（chaffinch）就有五十隻之多，另一次則高達七十隻。鳥類在鳴唱能力和鳴唱愛好方面的差異非常之大，一隻普通雄性歐洲蒼頭燕雀的價錢雖只有六便士，但韋爾先生見到捕鳥

---

[29]《科學學報》，一七七三年，二六二頁。懷特的《塞爾伯恩博物志》（*Natural History of Selborne*），一八二五年，第一卷，二四六頁。

[30]《籠鳥志》，一八四○年，二五二頁。

[31]博爾德（Bold），《動物學家》（*Zoologist*），一八四三—一八四四年，六六五九頁。

人有一隻這種鳥竟索價三鎊之多。對一隻眞正善於鳴叫的鳥的檢驗方法是，把鳥籠在其主人頭上轉動時，牠還會繼續鳴唱。

雄性鳥類因競爭而鳴唱，也因獻媚雌性而鳴唱，二者完全不矛盾；也許可以期待這兩種習性會同時發生作用，就像誇示本身之美和好鬥那兩種習性同時發生作用一樣。然而，某些作者爭辯說，雄鳥的鳴唱不能用以迷惑雌鳥，因爲某些少數物種，諸如金絲雀、知更鳥、百靈鳥（lark）和歐洲蒼頭燕雀的雌性，尤其當牠們處於寡居的狀態時，正如貝奇斯坦所說的，都會縱聲唱出委婉動聽的曲調。在某些這等事例中，鳴唱的習性可以部分地歸因於雌鳥所受到的高度餵養和被圈禁，[32]因爲這就擾亂了與物種繁殖有關的一切正常功能。關於雄鳥的第二性徵部分地傳遞給雌鳥，已舉出過許多事例，因而某些物種的雌鳥具有鳴唱的能力就完全不足爲奇了。還有人爭辯說，雄鳥的鳴唱不是作爲一種魅惑，因爲某些物種的雄鳥，例如知更鳥，在秋季也鳴唱。[33]動物爲了某種眞實的利益在某一時期所遵循的無論什麼本能，在另一時期還會以實踐這種本能爲樂，這是最常見的事。我們不是多麼經常地見到飛行自如的鳥類顯然由於取樂而在空中滑行和翱翔嗎？貓戲弄捕得的鼠，鸕鷀戲弄捕得的魚。織布鳥（Ploceus）被關進籠裡時，仍在鳥籠的鐵絲柱之間靈巧地編織草葉而自娛。習慣於在生殖季節相鬥的鳥類一般在所有時期都準備進行戰鬥；雄松雞有時在秋季也會在牠們通常

---

[32] 巴林頓，《科學學報》，一七七三年，二六二頁；貝奇斯坦（Bechstein），《籠鳥志》（*Stubenvögel*），一八四〇年，四頁。

[33] 河鳥（water-ouzel）的情況也是如此，參閱赫伯恩（Hepburn）先生著述，見《動物學家》，一八四五—一八四六年，一〇六八頁。

集會的場所舉行其巴爾森（Balzen）或勒克斯（leks）舞會。[34]因此，雄性鳥類在求偶季節過後還繼續鳴唱以自娛，就完全不足爲奇了。

正如前章所闡明的，鳴唱在某種程度上是一種藝術，而且透過實踐會大大提高。鳥類可被教會鳴唱各種不同的曲調，即使叫得難聽的麻雀也曾學會像一隻紅雀那樣地鳴唱。牠們可學得養父養母的歌聲[35]，有時也可學得鄰居的歌聲。[36]所有普通的鳴禽都屬於燕雀類（Insessores）這一目，牠們的發音器官要比大多數其他鳥類的發音器官複雜得多；但也存在一個奇特的事實，即，某些燕雀，諸如渡鴉、烏鴉和喜鵲，雖然從來不鳴唱，自然也不會發出抑揚的音調，但牠們都具有這種正規的發音器官。[37]亨特斷言[38]，關於眞正的鳴禽，其雄鳥的喉肌都比雌鳥的更爲強有力；但除這點輕微的差異外，雌雄二者的發聲器官並無任何差別，儘管大多數物種的雄鳥鳴唱起來要比雌鳥好聽得多，而且更加連綿不斷。

值得注意的是，善於鳴唱者皆爲小型鳥。然而澳洲的琴鳥屬（Menura）必須除外，因爲，像半成熟火雞那樣大小的阿氏琴鳥（*Menura Alberti*）不僅模仿其他鳥類鳴叫，而且「牠自己的囀鳴

㉞ 勞埃德《瑞典的獵鳥》，一八六七年，二十五頁。

㉟ 巴林頓，同上著作，二六四頁；貝奇斯坦，同上著作，五頁。

㊱ 瑪律（Malle）舉出一個奇妙的事例，表明在他的花園內有些野生鶇從一隻籠鳥那裡自然學會了一曲共和國的歌調。（《自然科學年刊》，第三輯，動物學部分，第十卷，一一八頁）

㊲ 比肖波，《陶德編的解剖學和生理學全書》，第四卷，一四九六頁。

㊳ 如巴林頓在《科學學報》（一七七三年，二六二頁）上所記述的。

聲也極其美妙而富有變化」。其雄鳥集合起來組成「柯洛伯瑞舞場（corroborying places）*」，牠們在那裡鳴唱，像孔雀那樣地高舉並展開其尾羽，同時雙翅下垂。[39]同樣值得注意的是，善於鳴唱的鳥類很少具有鮮豔的色彩或其他裝飾物。以我們英國的鳥類來說，歐洲蒼頭燕雀和金翅雀除外，最善於鳴唱的都是色彩平淡的。魚狗（king-fisher）、蜂虎（bee-eater）、德國佛法僧（roller）、戴勝（hoopoe）啄木鳥等都發出刺耳的叫聲；並且色彩鮮豔的熱帶鳥類幾乎都不是善於鳴唱者。[40]因此，鮮明的色彩和鳴唱的能力似乎是可以互相取代的。我們可以看到如果羽衣色彩不變得鮮明，或者鮮明的色彩危及物種的生存，那麼就可能採用其他手段來魅惑雌鳥，而悅耳的音調就提供了這樣的手段。

某些鳥類雌雄二者的發音器官差異很大。狂熱松雞（圖39）的雄性在其頸部兩側各有一個無毛的橙色囊，

圖39　狂熱松雞（*Tetrao cupido*）雄性（引自伍德）

* corroboree係澳洲土著慶祝勝利舞蹈晚會。——譯者注

[39] 古爾德，《澳大利亞鳥類手冊》，第一卷，一八六五年，三〇八—三一〇頁；再參閱伍德先生在《學生》雜誌（*Student*，一八七〇年四月，一二五頁）上的記述。

[40] 參閱古爾德的《蜂鳥科導論》，一八六一年，二十二頁，有關這一效果的記述。

這種囊在繁殖季節即行膨大，此時雄鳥便發出奇妙的空洞叫聲，在相當的距離以外都可聽到。奧杜邦證實說，這種叫聲與這等器官密切關聯（這使我們回想起某些雄蛙在嘴的兩側各有一個氣囊），因爲他發現如果一隻馴養的這種鳥的一個囊被刺破，其叫聲就大大減弱，如果兩個囊都被刺破，叫聲則完全喪失。雌鳥的「頸部也有一塊多少相似的、雖然稍微小一些的裸皮，但它不能膨脹」。㊶另一種細嘴松雞（*Tetrao urophasianus*）的雄性向雌性求愛時，其「黃色的無毛食管膨脹得非常之大，足有其軀體的一半」；於是牠發出各種嘎嘎的、深沉而空洞的聲調。是時頸羽豎起，雙翼低垂，跑來跑去，其長而尖的尾羽展開有如一把扇子，表現了種種奇形怪狀。而這種雌鳥的食管則無任何值得注意的地方。㊷

現在似乎已弄清楚，歐洲雄性大鴇（*Otis tarda*），至少還有其他四個物種的雄鳥，牠們的大喉袋並非以前所設想的那樣用以存水，而是與繁殖季節中所發出的那種類似「喔克（oak）」的特殊叫聲有關係。㊸一種棲息於南美的形似烏鴉的傘鳥（*Cephalopterus ornatus*，圖40）以其覆蓋了整

㊶《加拿大的獵人和博物學者》（*The Sportsman and Naturalist in Canada*），羅斯·金（W. Ross King）少校著，一八六六年，一四四—一四六頁。伍德先生在《學生》雜誌（一八七〇年四月，第一一六頁）上對這種鳥在求偶季節的姿態和習性做過最好的記載。他說道，其耳簇毛或頸羽都豎起來了，因而在頭冠上面相遇。參閱他的繪圖，圖三十九。

㊷理查森，《美國邊境地區動物志：鳥類》，一八三一年，三五九頁。奧杜邦，同前著作，第四卷，五〇七頁。

㊸關於這個問題最近發表的文章有：A·牛頓教授，見《彩鸛》（*Ibis*）一八六二年，一〇七頁；卡倫（Cullen）博士，同前著作，一八六五年，一四五頁；弗勞爾先生，見《動物學會會報》，一八六五年，七四七頁；以及莫利博

圖40　傘鳥（*Cephalopterus ornatus*）的雄性（引自布雷姆）

個頭部的巨大頂結而被稱爲傘鳥（umbrella-bird），這種頂結是由羽毛形成的，羽根呈白色，裸露無毛，其頂端則生有暗藍色的羽毛，它們豎起來便形成直徑不下於五英寸的一個大圓頂。這種鳥的頸部有一條長而細的圓筒狀肉質附器，其上厚厚地被覆著一層鱗片狀的羽毛。它大概一部分用爲裝飾物，同時也用爲一種回聲器，因爲貝茨先生發現它「與氣管和發音器官的異常發育」有關係。當這種雄鳥發出那種獨特的深沉、高昂而持久的嘹亮聲調時，肉質附器就膨脹起來了。而雌鳥的羽冠和頸部附器則處於殘跡狀態。㊹

各種蹼足鳥類和涉禽類的發音器官極爲複雜，且在雌雄二者有一定程度的差異。在某些場合中，氣管是盤旋的，像支彎管樂號，且深深嵌入胸骨內。關於野天鵝（*Cygnus ferus*），其成熟雄性氣管所嵌入的程度比成熟雌性和年青雄性更深。

士，見《動物學會會報》，一八六八年，四七一頁。後面這篇論文中有一幅繪圖示明，一隻雄澳洲鴨充分誇示其膨脹起來的喉囊，並非同一物種的所有雄性都有這種發達的喉囊，卻是一個奇特的事實。

㊹ 貝茨，《亞馬遜河上的博物學者》，一八六三年，第二卷，二八四頁；華萊士，《動物學會會報》，一八五〇年，二〇六頁。最近發現一個新的傘鳥物種（*C. penduliger*），牠的頸部附器還要大些，見《彩鸛》，第一卷，四五七頁。

雄秋沙鴨（Merganser）的氣管擴大部分具有一對附加的肌肉。[45]然而，有一種叫做斑點鴨（*Anas punctata*）的，其雄性的骨質擴大部分僅比雌性的稍微發達一點。[46]但鴨科（Anatidae）雌雄二者在氣管方面的這等差異，其意義何在，尚屬不明；因爲雄鴨並不總是喧叫得更凶；例如，普通家鴨，其雄性不過是嘶嘶地叫，而雌性卻大聲嘎嘎地叫。[47]有一種小鶴（*Grus virgo*），其雌雄二者的氣管均深陷胸骨中，但表現了「某種性別變化」。雄黑鸛（black stork）在支氣管的長度和彎曲度兩方面都表現了十分顯著的性差異。[48]因此，在這等場合中，如此高度重要的構造也因性別而發生了變異。

雄性鳥類在繁殖季節所發出的許多奇妙的叫聲和音調，究竟是用以魅惑雌鳥，或僅僅作爲一種召喚，是難以猜測的。或可假定，鳩和許多鴿類的柔和咕咕叫聲是取悅雌性。雌野火雞在早晨鳴叫時，雄雞則答以一種不同於咯咯叫聲的音調，同時豎起羽毛，沙沙地抖動翅膀鼓起垂肉，並在雌雞面前高視闊步並噗噗噴氣。[49]雄黑松雞的鳥語（spel）肯定是用以召喚雌性的，因爲，據知一隻關

---

[45] 比肖波，見《陶德編的解剖學和生理學全書》，第四卷，一四九九頁。

[46] 牛頓教授，《動物學會會報》，一八七一年，六五一頁。

[47] 琵鷺（*Platalea*）的氣管盤旋成八字形，雖然這種鳥（傑爾登，《印度鳥類》，第三卷，七六三頁）是不會叫的；但布賴茨先生告訴我說，氣管的這樣盤旋並非經常出現，所以牠們正趨向發育不全。

[48] R·瓦格納（Wagner）著，《比較解剖學原理》（*Elements of Comp. Anat.*），英譯本，一八四五年，一一一頁。上述有關鵝的情況，見雅列爾的《英國鳥類志》，第三卷，第二版，一八四五年，一九三頁。

[49] 波那派特（C. L. Bonaparte），在《博物學者叢書：鳥類》（*Naturalist library: Birds*），第六卷，一二六頁。

在籠中的雄性曾用這種鳥語把四五隻雌性從遠處召來。但是，由於雄黑松雞連續做此鳥語達數小時並持續數日不斷，並且在松雞的情況中還「伴以熾烈的激情」，因此這就使我們設想那些光臨的雌性是這樣被迷住了。[50]據知，普通禿鼻烏鴉（rook）的叫聲到繁殖季節就會改變，所以從某一方面來看這是性的變化。[51]然而關於那種刺耳的尖叫聲，如某些種類的金剛鸚鵡（macaws）的叫聲，我們又該怎樣說呢；這些鳥類的不善於欣賞音樂聲調是否就像牠們不善於欣賞色彩那樣呢？根據牠們的羽毛呈鮮黃色和藍色這種不協調的顏色對比，可以判斷牠們欣賞色彩的能力顯然是低劣的。從這樣叫聲不會獲得任何利益，的確是可能的，許多雄性鳥類的高聲鳴叫可能是由於牠們當受到強烈的愛情、嫉妒和憤怒等感情的刺激時連續使用其發音器官的遺傳效果所造成的；但關於這一點，在我們討論四足獸時還要談到。

到目前爲止，我們所談論的僅僅是鳥類的發聲，但各種鳥類的雄性在其求偶期間所發出的鳴叫都可稱之爲器樂。孔雀和極樂鳥收攏其羽根，格格作響。雄火雞以翼擦地，發出沙沙響聲，松雞的某些種類也這樣發聲。另一種北美松雞叫傘松雞，當牠將尾羽豎起時，其頸羽即行張開，「向藏在附近的雌鳥誇耀其美」，按照海蒙德（R. Haymond）先生的資料，這時牠用雙翼急擊其背而發出鼓聲，並非像奧杜邦所想的是以雙翼擊其軀體兩側。這樣發出的聲音，有些人把它比作遠方的雷聲，另外有些人則把它比作快速擂鼓之聲。雌鳥從不發出這樣鼓聲，「但牠徑直飛往雄鳥發出這種聲音的場所」。喜馬拉雅山的黑鷴（kalij-pheasant）的雄性，「常常以其雙翅發出一種獨特的鼓

---

[50] 勞埃德，《瑞典的獵鳥》，一八六七年，二十二，八十一頁。

[51] 詹納，《科學學報》，一八二四年，二十頁。

聲，就像搖動一張僵硬的布塊所產生的那種聲音」。非洲西海岸的小型黑色織布鳥常常小群地在圍繞一小塊空地的灌木叢中聚會，又是鳴唱，又是以其抖動著的雙翅在空中滑翔，「這樣弄出來的一種急速轉動的呼呼聲，猶如一個小孩喋喋不休的語聲」。一隻鳥跟著一隻鳥這樣地進行表演，達數小時之久，但這種情況僅僅在求偶季節才發生。某些夜鷹屬（Caprimulgus）的雄性只在這個季節，而不是在另外的時候，才用其雙翅奏出一種奇特的隆隆聲。啄木鳥的各個物種用喙敲擊樹枝而發出一種響亮的聲音，敲擊時頭部的往復動作是如此迅速，以致「在一瞬間牠的頭好像是在兩處」。這樣發出的聲音可在相當遠的地方聽到，但無法被描寫出來；而且我可以肯定，任何人首次聽到這種聲音時，都不會猜出它的聲源在何處。由於這種刺耳的聲響主要是在生殖季節發出的，因而它被認爲是一種愛情之歌；但更嚴格地說，這也許是一種愛情的呼喚。當把雌鳥從巢裡趕出來時，曾經觀察到雌鳥就這樣呼喚其配偶，後者以同樣方式應答並很快出現在雌鳥的面前。最後，雄戴勝（*Upupa epops*）會把聲樂和器樂結合起來；因爲，正如斯溫赫（Swinhoe）先生所觀察的，在生殖季節，這種鳥先吸進空氣，然後用喙端垂直地在一塊石頭或一棵樹幹上輕輕敲擊，「這時使勁地把氣從其管狀喙呼出，於是就產生了正確的聲音」。如果不用喙這樣敲擊某些物體，所發出的聲音就完全不一樣。同時吸進空氣，食管也因而大爲膨脹；這大概起了一個回聲器的作用，不僅戴勝如此，鴿類和其他鳥類也都如此。[52]

---

[52] 上述事實有關極樂鳥類的，參閱布雷姆的《動物生活》，第三卷，三二五頁。有關松雞類的參閱理查森的《美國邊境地區動物志：鳥類》，三四三，三五九頁；羅斯·金少校的《加拿大的獵人》，一八六六年，一五六頁；海蒙德先生，見柯克斯（Cox）教授的《印第安那的地質調查》（*Geol. Survey of Indiana*），二二七頁；奧杜邦，

上述事例所表明的是，聲音的產生係借助於早已存在的而且在其他方面所必須的構造；但下述事例所表明的卻是，某些羽毛乃是爲了發聲的特殊目的而發生變異的。普通丘鷸（*Scolopax gallinago*）所發出的鼓聲、羊叫聲、馬嘶聲或雷鳴聲（不同的觀察家對此有不同的表達），無論何人聽到，都一定要感到驚奇。這種鳥在交配季節飛到「也許高達一千英尺的天空」，彎彎曲曲地飛了一會兒之後，就展開尾羽，抖動著雙翼，以驚人的速度沿著一條曲線降落地面。只有在這樣快速降落時牠才能發出這種響聲。這樣發聲的原因，在梅費斯（M. Meves）以前沒有一個人能加以說明，直到梅費斯才觀察到：其尾部兩邊的外側羽毛具有特殊的構造（圖41），羽軸堅硬，呈馬刀形，羽軸上的斜羽枝極長，羽枝外側的短毛緊緊結合在一起。他發現如果吹動這些羽毛，或把它們綁牢在一條長而細小棍上，迅速在空中揮動，就可重現這種活鳥所發出的那樣鼓聲。其雌雄二者

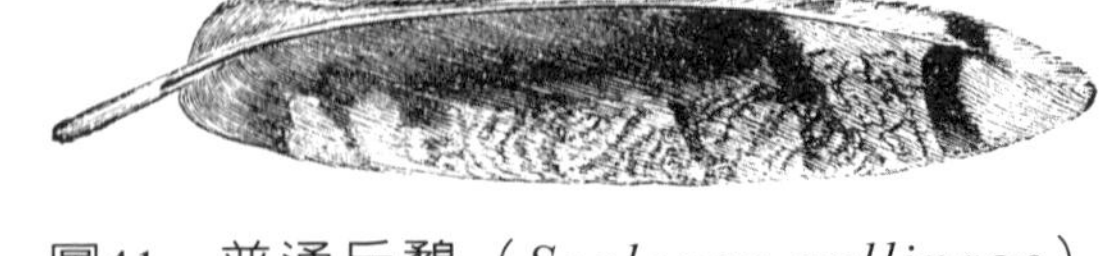

圖41　普通丘鷸（*Scolopax gallinago*）的外側尾羽（引自《動物學會會報》，一八五八年）

《美國鳥類志》，第一卷，二一六頁。關於黑鷴，參閱傑爾登的《印度鳥類》，第三卷，五三三頁。關於織布鳥（weavers），參閱李文斯頓的《贊比西探險記》（*Expedition to the Zambesi*），一八六五年，四二五頁。關於啄木鳥類，參閱麥克吉利夫雷的《大不列顛鳥類》，第三卷，一八四〇年，八十四，八十八，八十九，九十五頁。關於戴勝，參閱斯溫赫先生的記述，見《動物學會會報》，一八六三年六月二十三日和一八七一年，三四八頁。關於夜鷹，參閱奧杜邦的上述著作，第二卷，二五五頁，以及《美國博物學家》，一八七三年，六七二頁。英國夜鷹在春天快速飛行時也同樣發出一種奇妙的響聲。

都具有這種羽毛，但雄性的一般要比雌性的大些並發出一種更爲深沉的聲調。某些物種，如馬韁丘鷸（*S. frenata*），其尾部兩側各有四支羽毛大大變異了（圖42），而爪哇丘鷸（*S. javensis*）尾部兩側大大變異了的這種羽毛（圖43）則不少於八支。把不同物種的這等羽毛在空中揮動時，就發出不同的音調；美國的韋氏丘鷸（*Scolopax wilsonii*）當快速向地面降落時所發的聲音有如揮鞭。[53]

美洲所產的鶉雞類一種大型鳥，叫做單色鐮翅冠雉（*Chamaepetes unicolor*）的，其雄性的第一初級翼羽頂端彎曲，而且遠比雌性的爲細。有一種親緣相近的鳥，即*Penelope nigra*，沙爾文（Salvin）先生觀察到一隻這種雄鳥在往下飛時「展開雙翼，發出一種衝擊折裂之聲」，猶如一棵樹傾倒的聲音一般。[54]印度的耳鴇（*Sypheotides auritus*）只有雄性的初級翼羽才大大變

圖42　馬韁丘鷸（*Scolopax frenata*）的外尾羽

圖43　爪哇丘鷸（*Scolopax javensis*）的外尾羽

---

[53] 參閱梅費斯的有趣論文，見《動物學會會報》，一八五八年，一九九頁。關於丘鷸的習性，參閱麥克吉利夫雷的《英國鳥類志》，第四卷，三七一頁。關於美國的丘鷸，參閱布萊基斯頓（Blakiston）的記述，見《彩鸛》，第五卷，一八六三年，一三一頁。

[54] 沙爾文先生，《動物學會會報》，一八六七年，一六〇頁。我非常感謝這位著名的鳥類學家所提供的鐮翅冠雉（Chamaepetes）的羽毛草圖以及其他資料。

尖；據知有一個親緣相近的物種，其雄性當追求雌性時會發出一種嗡嗡之聲。[55]在鳥類的一個大不相同的類群中，即蜂鳥，某些種類只有雄性的初級翼羽的羽軸膨大甚闊，或其羽枝在近尖端處陡然削細。例如，亮羽蜂鳥（*Selasphorus platycercus*）這種蜂鳥的雄性到成年時，其初級翼羽的頂端就這樣削細（圖44）。牠在花叢中飛來飛去時發出「一種尖銳的幾乎與口哨一樣的聲音」；[56]但沙爾文先生並不認爲這種聲音是有意發出的。

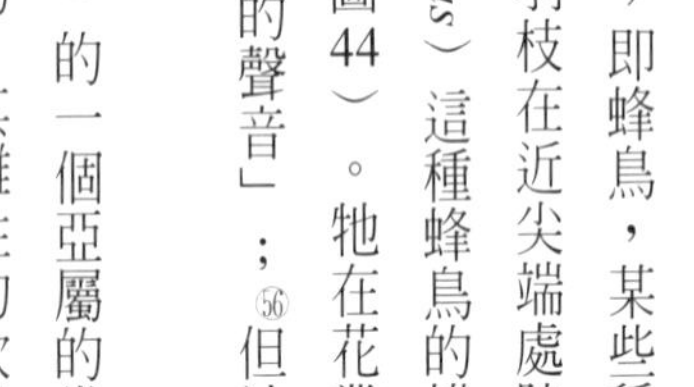

圖44 亮羽蜂鳥（*Selasphorus platycercus*）的初級翼羽（引自沙爾文先生的繪圖）

上圖爲雄性的；下圖爲雌性的。

最後，美洲產燕雀類小鳥（Pipra或Manakin）的一個亞屬的幾個物種，正如斯克萊特（Sclater）先生所描述的，其雄性的次級翼羽以更加顯著的方式發生了變異。色彩鮮豔的*P. deliciosa*，有三支第一次級翼羽的羽莖變粗，且向體部彎曲；第四和第五支次級翼羽（圖45，a）的變化還要更大些；而第六和第七支次級翼羽（圖45，b，c）的羽軸則「加粗到異常的程度並形成一個堅固的角質塊」。羽枝的形狀與雌鳥的相應羽枝（圖45，d，e，f）相比，也大大改變了。甚至支撐著這些獨特羽毛的翼骨，據弗雷澤說，在雄鳥方面也要粗得多。這種小型鳥類發出一種異常的聲響，其頭一個「尖銳的聲調就像抽鞭子那樣的劈啪聲」。[57]

---

[55] 傑爾登，《印度鳥類》，第三卷，六一八，六二一頁。

[56] 古爾德，《蜂鳥科導論》，一八六一年，四十九頁；沙爾文，《動物學會會報》，一八六七年，一六〇頁。

[57] 斯克萊特，《動物學會會報》，一八六〇年，九十頁；《彩鸛》，第四卷，一八六二年，一七五頁；還有沙爾文的著述，見《彩鸛》，一八六〇年，三十七頁。

許多鳥類的雄性在生殖季節所發出的聲樂和器樂聲音的多樣性，以及發出這些聲音的方法的多樣性，都是高度值得注意的。這樣，我們對於它們在性的用途上的重要性便提高了認識，並由此可以回憶到從昆蟲類所得出的結論。不難想像鳥類發聲所經歷的步驟有如下述：牠們的聲調最初僅僅是作爲一種召喚或用於某種其他目的，繼而可能改進成爲一種有旋律的愛情歌唱。在鳥類用變形的羽毛發出鼓聲、口哨聲或轟鳴聲的場合中，我們知道有些鳥類在求偶期間會拍擊、抖動其未變形的羽毛或使它們嘎啦嘎啦地作響；如果雌鳥被引導去選擇那些最佳的表演者，那麼在軀體任何部分具有最堅固或最厚密或最尖細的羽毛的那些雄鳥大概是最能成功的；這樣，其羽毛大概就會以緩慢的程度發生幾乎任何程度的改變。當然，雌鳥不會注意到其形狀的每個細微的連續改變，而只是注意到由此所產生的聲音。奇怪的是，在這同一個動物綱中，其聲音是如此不同，諸如鷸的尾巴所發出

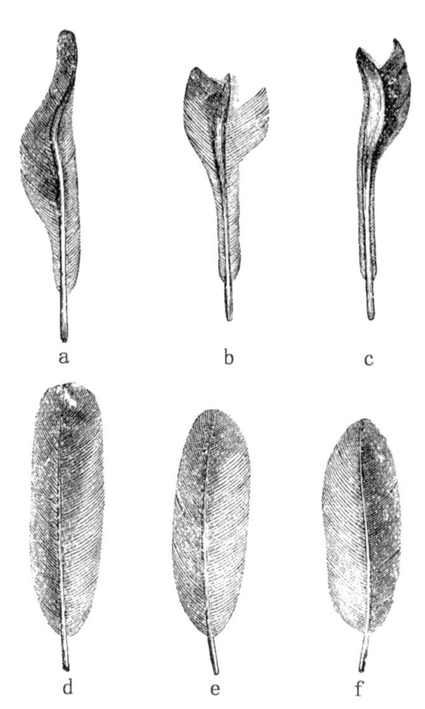

圖45　*Pipra deliciosa*的次級翅羽（引自斯克萊特先生，見《動物學會會報》，一八六〇年）

上面三根羽毛a，b，c係採自雄性；下面三根相應的羽毛d，e，f係採自雌性。a和d，爲雄性和雌性第五次級翅羽的上表面。b和e，爲第六次級翅羽的上表面。c和f，爲第七次級翅羽的下表面。

的鼓聲，啄木鳥的喙所發出的篤篤輕敲聲，某些水禽粗裡粗氣的類似喇叭的叫聲，斑鳩的咕咕聲，以及夜鶯的歌唱，卻全會取悅於若干物種的雌鳥。但我們絕不能用一個一致的標準去衡量不同物種的欣賞能力；而且也不能用人類的欣賞標準去做這種衡量。我們應該記住，即使對人類來說，有些不協調的聲音，如銅鑼的鑼聲和蘆笛的刺耳聲，都會使未開化人感到悅耳動聽。貝克（Baker）爵士說，[58]「如同阿拉伯人的胃喜愛剛從動物身上取下的熱乎乎的生肉和冒著熱氣的肝臟一樣，他的耳朵也喜愛同樣粗俗而不諧和的音樂，卻不喜歡聽所有其他音樂」。

求愛的滑稽表演和舞蹈

有些鳥類的奇特求愛姿態已經順便提到過了，因此在這裡不需多加補充。在北美有一種松雞叫做尖尾松雞（*Tetrao phasianellus*），在生殖季節的每天早晨，牠們成群地在某個選中的平坦地點相會，沿著直徑約十五或二十英尺的圓圈，一圈又一圈地奔跑，因而地面被踩得光禿禿的，猶如一個仙環（蘑菇圈）*。獵人稱此爲石雞舞（partridge-dances），在這等鳥舞中，鳥類表現了最奇特的姿態，牠們跑圓圈，有的向左，有的向右。奧杜邦描述過一種蒼鷺（*Ardea herodias*）的雄性，牠們在雌性面前邁著長腿非常威嚴地走來走去，顯示著對其他競爭對手的蔑視。關於令人討厭的一種吃腐肉的兀鷲（*Cathartes jota*），同一位博物學家說道，「其雄性在求愛季節開始時所做出的姿態和炫耀都是極其滑稽可笑的」。某些鳥類求愛的滑稽表演是在飛翔中而不是在地面上進行的，

---

[58]《衣索比亞的尼羅河支流》（*The Nile Tributaries of Abyssinia*），一八六七年，二〇三頁。

* fairy-ring，蕈類在草地上形成的環狀斑紋，從前迷信地認爲這是由仙女跳舞而成的。——譯者注

如我們所見過的非洲黑織布鳥就是如此。英國小白喉雀（*Sylvia cinerea*）春天常在某些灌木上空幾英尺或幾碼高的地方飛翔，「牠以一種間歇的古怪動作拍著翅膀，並鳴唱不已，然後落到牠的棲木上」。英國大鴇當追求雌性時做出一種無法形容的奇特姿態，沃爾夫曾繪過牠的圖。在這樣時期，親緣相近的孟加拉鴇（*Otis bengalensis*）則「急拍雙翼，垂直地高飛入空，豎起羽冠，鼓起頸羽和胸羽，然後落至地面」；這等表演要重複幾次，同時哼出一種特殊的聲調。那些碰巧在近旁的雌鳥「聽從了這種舞蹈式的召喚」，等牠們一到，雄鳥就像雄火雞那樣地拖著雙翼，並展開尾羽。[59]

但最爲奇特的例子乃得自澳大利亞鳥類三個親緣相近的屬，即著名的亭鳥（Bower-birds）——牠們無疑是某些古代物種的共同後裔，這些物種最先獲得了造亭的奇異本能以進行其求愛的滑稽表演。這等用羽毛、貝殼、骨頭和葉子裝飾起來的亭子（圖46），正如我們以後就要見到的，係建於地面之

圖46　亭鳥（*Chlamydera maculata*）及其所造之亭（引自布雷姆）

---

[59] 關於尖尾松雞（*Tetrao phasianellus*）見理查森的《美國邊境地區動物志》，三六一頁，有關進一步的細節，參閱布萊基斯頓船長的記述，見《彩鸛》，一八六三年，一二五頁。關於兀鷲屬（*Cathartes*）和鷺屬（*Ardea*），參閱奧杜邦的《鳥類志》，第二卷，五一頁；第三卷，八十九頁。關於白喉雀，參閱麥克吉利夫雷的《英國鳥類志》，第二卷，三五四頁；關於印度鴇，參閱傑爾登的《印度鳥類》，第三卷，六一八頁。

上，其唯一用途是為了求偶，因為它們的巢是築在樹上的。雌雄二者在造亭上互相幫助，但雄鳥是主要的勞動者。這等本能是如此強烈，甚至在圈養的條件下也照樣造亭，斯特蘭奇（Strange）先生曾描述過他在新南威爾士一間鳥舍裡所養的一些薩丁亭鳥（Satin bower-birds）的習性。⑥他說：「雄鳥不時在鳥舍裡到處追逐雌鳥，然後向亭子走去，啄起一根華麗的羽毛或一張大的葉片，發出一種奇異的叫聲，把全身羽毛豎起，繞亭奔跑並變得如此激動，以致牠的雙眼好像就要從頭部迸出；牠不斷地舉起一翼，然後再舉起另一翼，發出一種低沉的哨聲，並像家養的公雞那樣，好像從地上啄到了什麼東西，這樣的表演一直要繼續到最後雌鳥向牠溫柔地走去為止。」斯托克斯（Stokes）船長描寫過另一個物種即大型造亭鳥的習性及其「遊戲室」，他見過這種鳥「飛前飛後，輪流從貝殼的每一邊把它銜起，並用嘴把它帶過拱道，借此以自娛」。這等奇異建築乃專門作為聚會場所之用，雌雄二者皆集此取樂，並進行求偶，造此建築一定要花費這種鳥的巨大勞動。例如，一個胸部淡黃褐色的物種所造的亭子，長度近四英尺，高度近十八英寸，而且是在一層厚厚的樹枝所鋪成的平臺上建造起來的。

裝飾

我首先要討論的事例是，雄鳥的裝飾物為牠所專有，或者其裝飾程度遠遠高於雌鳥，在下一章所討論的事例是，雌雄具有同等的裝飾，最後所討論的事例是比較罕見的，即雌鳥的色彩多少比

---

⑥ 古爾德，《澳洲鳥類手冊》，第一卷，四四四，四四九，四五五頁。薩丁亭鳥的亭子可以在攝政公園（Regent's Park）內的動物學會花園裡看到。

雄鳥的更爲鮮豔。鳥類的天然裝飾物也如同未開化人和文明人所使用的人工裝飾物一樣，其主要裝飾部位是在頭部。[61]這等裝飾物，如本章開頭所說的，極其多種多樣。頭的前部或後部的羽飾有各種不同的形狀，有時能豎起或展開，借此來把漂亮的色彩充分顯示出來。耳部偶爾生有漂亮的簇毛（見前面圖39）。頭部有時像雉那樣地被以天鵝絨般的柔毛；或裸露無毛而具有生動的色彩。喉部有時也裝飾著一把髯子、垂肉或肉瘤。這等附器一般都是色彩鮮明的，雖然它們在我們眼裡並不總是那麼有裝飾性，但無疑是作爲裝飾之用的；因爲當雄鳥向雌鳥進行求偶時，這等附器往往脹大並呈現生動的色彩，就像雄火雞的情況那樣。在這種時候，雄角雉（*Ceriornis temminckii*）頭部周圍的肉質附器就膨脹起來而成爲喉部一個大垂肉和兩支角，這兩支角分別位於其漂亮頂結的兩邊；這時這等附器便呈現我有生以來所見過的最濃烈的藍色。[62]非洲犀鳥（*Bucorax abyssinicus*）鼓起頸部的深紅色囊狀垂肉，低垂雙翼並展開尾羽，「形成了十分雄壯的外觀」。[63]甚至雄鳥的眼球虹膜，其顏色有時也比雌鳥的更爲鮮豔；鳥喙的情況也常常是這樣，例如，我們英國的普通鶇即然。還有一種犀鳥（*Buceros corrugatus*）的雄性，其整個喙部和巨大頭盔的色彩都比雌性的更爲顯著；而「下顎兩側的斜溝，乃雄鳥所特有的」。[64]

---

[61] 對於這一效果的意見，參閱J・蕭（Shaw）先生的《動物的美感》（Feeling of Beauty among animals），見《科學協會會刊》（*Athenaeum*），一八六六年十一月二十四日，六八一頁。

[62] 參閱莫利博士的文章，見《動物學會會報》，一八七二年，七三〇頁，附彩色圖。

[63] 蒙蒂羅（Monteiro）先生，《彩鸛》，第四卷，一八六二年，三三九頁。

[64] 《陸與水》，一八六八年，二一七頁。

此外，頭部還往往支持著肉質附器、絲狀物以及堅固的突起物。這等附器若非雌雄二者所共有，則總是只限於雄性所有。馬歇爾博士對這等堅固的凸起物做過詳細描述，他指出它們或是由包在皮裡面的松質骨所形成或是由上皮組織和其他組織所形成。[65]哺乳動物的眞角永遠生於額骨之上，但在鳥類，各種骨都爲了這一目的而發生了變異；而在屬於同一類群的諸物種中，這種凸起物可能具有骨髓，也可能完全沒有，在這兩個極端之間有一系列的中間級進把它們連接起來。因此，正如馬歇爾博士所正確指出的，種類最不相同的變異透過性選擇爲這等裝飾附器的發展作出了貢獻。延長了的羽毛、即羽飾幾乎發生於軀體的各個部分。喉部和胸部的羽毛有時發展成美麗的輪狀縐領和項圈。尾羽常常增加了長度，如同我們看到的孔雀尾部覆羽（tail-coverts）以及錦雉（*Argus pheasant*）尾部本身的羽毛就是如此。至於孔雀，甚至其尾骨也發生了改變以支持沉重的尾部覆羽。[66]錦雉的軀體並不大於家雞，但從其喙端到尾端的長度卻不下於五英尺三英寸，[67]而其飾以美麗眼斑的次級翅羽，其長度也將近三英尺。一種非洲小型夜鷹（*Cosmetornis vexillarius*）在生殖季節有一支初級翼羽長達二十六英寸，而該鳥本身的長度才僅僅十英寸。在另一個親緣相近的夜鷹屬中，其延長了的翅羽的羽幹除末端著有圓盤羽毛外全都裸露無毛。[68]此外，另一個夜鷹屬中，其尾羽的發達甚至還要驚人。一般說來，尾羽的延長往往比翼羽爲甚，因爲翼羽的任何過分延長都會有

---

[65] 《鳥類頭骨的骨質突起》，見《荷蘭的動物學文獻》，第一卷，第二期，一八七二年。

[66] 馬歇爾博士，《論鳥尾》（*Über den Vogelschwanz*），見前雜誌，第一卷，第二期，一八七二年。

[67] 賈丁（Jardine）的《博物學家叢書：鳥類》，第十四卷，一六六頁。

[68] 斯克萊特，《彩鸛》，第六卷，一八六四年，一一四頁。李文斯頓，《贊比西探險記》，一八六五年，六十六頁。

礙飛翔。這樣，我們就可看見在親緣密切相近的鳥類中雄鳥透過大不相同的羽毛的發育而獲得了同類的裝飾物。

有一個奇妙的事實是，屬於很不相同的類群的物種，其羽毛卻按照幾乎完全一樣的特殊方式進行改變。例如上述一種夜鷹，其翼羽的羽幹都是裸露無毛的，至其末端才著生圓盤羽毛，有時人們稱它爲勺狀羽毛或球拍狀羽毛。這種羽毛在摩特鳥（*Eumomota superciliaris*）、魚狗、燕雀、蜂鳥、鸚鵡、幾種印度莊哥鳥（捲尾鵙屬，*Dicrurus*和毛蟲鵙屬，*Edolius*，其中之一的圓盤羽毛與羽幹成直角）以及某些極樂鳥類的尾部也有發生。極樂鳥的頭部也裝飾著相似的羽毛，其上有美麗的眼斑，某些鶉雞類的鳥也有這種情況。有一種印度耳鴇（*Sypheotides auritus*），組成其耳簇的羽毛約四英寸長，其末端也著有圓盤羽毛。[69]正如沙爾文先生所明確指出的[70]，最獨特的一個事實是，摩特鳥啄去羽枝使其尾羽呈球拍狀，而且進一步指出，這種不斷的自殘行爲產生了某種程度的遺傳效果。

此外，在各種大不相同的鳥類中，羽枝呈絲狀或羽毛狀，諸如某些蒼鷺類、彩鸛類（ibises）、極樂鳥類以及鶉雞類都是如此。在其他場合中，羽枝消失了，整個羽幹全部裸露無毛；而阿波達極樂鳥（*Paradisea apoda*）尾部的這等裸羽幹竟達三十四英寸長；[71]在巴布亞極樂鳥

---

[69] 傑爾登，《印度鳥類》，第三卷，六二〇頁。

[70]《動物學會會報》，一八七三年，四二九頁。

[71] 華萊士，《博物學年刊雜誌》，第二十卷，一八五七年，四一六頁，另見他的《馬來群島》，第二卷，一八六九年，三九〇頁。

（*P. papuana*，圖47），這等裸羽幹就短得多而且細得多。這樣沒有羽枝的小羽毛看來就像火雞胸部的鬃毛一般。正如人類讚賞時裝的飛速變換那樣，雄鳥羽毛在構造或色彩上的任何一種變化似乎也會受到雌鳥的讚賞。在大不相同的類群中，羽毛按照相似的方式發生改變這一事實，無疑主要決定於所有羽毛都具有幾乎相同的構造和發育方式，因而有按照同樣方式發生改變的傾向。在我們那些屬於不同物種的家養品種中，我們常常看到牠們的羽毛有一種發生相似變異的傾向。例如，若干物種都生有頂結。有一個已滅絕的火雞變種，其頂結是由裸露無毛的羽翮形成的，其頂端著生柔軟的絨羽，因而多少與上述球拍狀羽毛相類似。在鴿和雞的某些品種中，羽毛呈絲狀，羽幹有某種裸化的傾向。塞瓦斯托波爾（Sebastopol）鵝的肩羽大大延長了，蜷曲，甚至呈螺旋狀，其邊緣爲絲狀。[72]

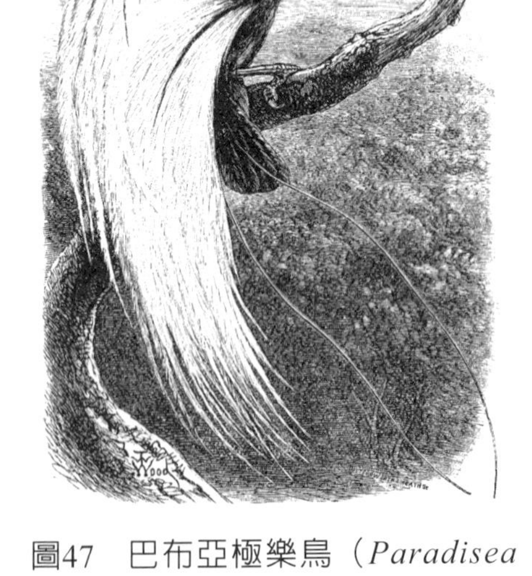

圖47　巴布亞極樂鳥（*Paradisea papuana*）（引自伍德）

關於色彩，幾乎不需在此多談了，因爲，每個人都知道許多鳥類的色彩是多麼華麗，而且，這等色彩的配合又多麼協調。鳥類的顏色往往具有金屬的和彩虹的光澤。在圓點的周圍有時環以一層

[72] 參閱我的《動物和植物在家養下的變異》，第一卷，二八九，二九三頁。

或多層濃淡不同的色帶，因而變成了眼斑。關於許多鳥類雌雄二者在顏色方面的巨大差異，也無需多贅。普通孔雀提供了一個顯著的事例。雌極樂鳥的色彩暗淡而且缺少任何裝飾物，反之，雄極樂鳥大概是所有鳥類中最精於裝飾者，其裝飾如此多種多樣，以致見者無不讚歎。在阿波達極樂鳥雙翼下生出來的金橙色長羽，當垂直豎起並使之顫動時，有人把這種情景描寫成猶如形成了一種太陽暈輪，位於中央的頭「看去就像一個由綠玉做成的小太陽，其光線乃是由兩支羽毛形成的」。[73]另有一個最美麗的物種，其頭部卻是禿的，「具有一種鮮豔的鈷藍色，其上有幾道橫穿而過的天鵝絨般的黑色羽毛」。[74]

雄蜂鳥（圖48和圖49）之美幾乎可與極樂鳥相匹敵，凡是見過古爾德先生的佳作或其豐富採集品的人都會承認這一點。很值得注意的是，這些鳥類的不同裝飾方法是何等之多。牠們羽毛的幾乎每一部分都被利用了，而且發生了變異；在屬於幾乎每個亞群的一些物種中，正如古爾德先生向我指出的，這種變異已達到

圖48　花冠蜂鳥（*Lophornis ornatus*），雄鳥和雌鳥（引自布雷姆）

---

[73] 引自德拉弗雷內（M. de Lafresnaye）的著述，見《博物學年刊雜誌》，第十三卷，一八五四年，一五七頁；再參閱華萊士先生寫的內容更為豐富的文章，見該刊第二十卷，一八五七年，四一二頁，以及見他的《馬來群島》。

[74] 華萊士，《馬來群島》，第二卷，一八六九年，四〇五頁。

圖49 長尾蜂鳥（*Spathura underwoodi*），雄鳥和雌鳥（引自布雷姆）

了令人吃驚的極端。這等情況與我們看到的人類爲了裝飾所培育出來的那些觀賞品種的情況非常相似；某些個體最初在某一性狀上發生了變異，而同一物種的其他個體則在其他性狀上發生了變異；人類抓住了這等變異，並把它們大大地加以擴充——如扇尾鴿的尾羽、毛領鴿（jacobin）的羽冠、信鴿的喙和垂肉等等表明了上述一點。這兩類事例之間的唯一不同之處在於：一方面是由於人類選擇的結果，而另一方面，如蜂鳥類、極樂鳥類等，乃是由於雌性選擇了比較美麗的雄性的結果。

我只再談談另一種鳥，牠是以雌雄二者色彩的極其強烈對照而聞名的，這就是著名的南美鈴鳥（*Chasmorhynchus niveus*），遠在三英里左右尚可辨別其鳴聲，每一個人最初聽見牠的鳴聲時，無不感到驚奇。其雄鳥呈純白色，其雌鳥呈暗綠色；而白色在中等大小和沒有侵害習性的陸棲物種中，是很罕見的色彩。正如沃特頓（Waterton）所描述的，這種雄鳥還有一個三英寸左右的螺旋形管從喙的基部伸出來。牠的顏色漆黑，點綴著微細的絨毛。此管和齶相通，可充氣膨脹，不膨脹時則掛在一邊。這個屬包含四個物種，其雄鳥很不相同，而雌鳥則如斯克萊特先生在一篇很有趣的論文中所描述的那樣，彼此密切相似，於是這向我們提供了有關共同規律的一個最好例證，即，在同一類群中雄性相互的區別遠比雌性相互的區別爲大。在第二個物種裸頸鈴鳥（*C. nudicollis*）中，雄鳥同樣是雪白色的，只有喉部和眼睛周圍的一大塊裸皮除外，這種裸皮在生殖季節呈豔綠色。在第三個物種三絲鈴鳥（*C. tricarunculatus*）中，雄鳥的頭部和頸部都是白色的，而軀體的其餘部分則呈栗褐色，這個物種的雄性有三條絲狀凸起物，其長度爲其軀體的一半——一條從喙的基部伸出來，另兩條從嘴的兩角伸出來。[75]

成年雄鳥的彩色羽衣和某些其他裝飾物或保持終生，或在夏季和繁殖季節定期地更新。在繁殖季節裡，牠們的喙及其頭部周圍的裸皮也常常改變顏色，諸如某些蒼鷺類、鸛類、鷗類以及剛剛提到的一種鈴鳥等都是如此。白彩鸛的雙頰、喉部能鼓起的皮膚以及喙的基部在那時都變爲豔紅色。[76]有一種秧雞，叫做冠董雞（*Gallicrex cristatus*），在這期間其雄性的頭頂有一塊紅色大肉冠發育起來了。紅嘴鵜鶘（*Pelecanus erythrorhynchus*）喙上的一個薄角質凸起也是如此；因爲，在生殖季節過後，這種薄角質凸起就像雄鹿頭上的角那樣地脫落了，有人發現在內華達州一個湖中小島的岸邊上，布滿了這種脫落下來的奇異殘骸。[77]

羽衣色彩的季節性變化決定於：第一，每年兩次的換羽，第二，羽毛自身色彩的實際變化，第三，暗色羽毛邊緣的週期性脫落，或者，決定於這三個過程或多或少的結合。暫時性羽毛邊緣的脫

---

[75] 斯克萊特先生，《知識界觀察家》（*Intellectual Observer*），一八六七年一月。《沃特頓遊記》（*Waterton's Wanderings*），一一八頁。再參閱沙爾文先生的有趣論文，附圖，見《彩鸛》，一八六五年，九十頁。

[76] 《陸與水》，一八六七年，三九四頁。

[77] 伊里亞德先生，《動物學會會報》，一八六九年，五八九頁。

落可與其幼鳥絨毛的脫落相比擬。因爲在大多數場合中，絨毛是由第一眞羽的頂端長出來的。[78]

關於每年兩次換羽的鳥類，可分下列五種：第一，雌雄二者彼此相類似，而且無論在什麼季節牠們的毛色都不改變，如鷸類、燕鴴類（swallow plovers，Glareolae）和杓鷸類（curlews）皆是。我不知道牠們的冬羽是否要比夏羽厚些和暖和些，不過毛色既不改變，保暖似乎是換羽兩次的最可能的目的。第二，雌雄二者相類似，但冬羽與夏羽稍有差異，如紅腳鷸（*Totanus*）和其他涉禽類的某些物種皆是。然而冬羽和夏羽的差異如此輕微，以致這種差異幾乎不會給牠們帶來任何益處；也許，這可能是這些鳥類在兩個季節中所處的不同條件直接作用的結果。第三，還有許多其他鳥類，其雌雄二者彼此相類似，但夏羽和冬羽則大不相同。第四，有些鳥類，其雌雄二者在色彩上彼此不同，但雌性雖兩次換羽卻整年都保持著同樣的色彩，而雄性則經歷色彩的變化，有時變化頗大，如某些鴇類就是如此。第五，也是最後一種，有些鳥類，其雌雄二者無論夏羽和冬羽均彼此不同；但雄性在周而復始的每個季節裡所經歷的色彩變化，其程度要比雌性爲大——在這方面流蘇鷸（*Machetes pugnax*）提供了一個良好的事例。

關於夏羽和冬羽在色彩上相異的原因或目的，在某些事例裡，例如雷鳥，[79]可能在兩個季節中都是作爲一種保護之用的。倘若夏羽和冬羽的差異輕微，這也許像已經說過的，可能是生活條件直接作用的結果。但對許多鳥類來說，夏羽作爲裝飾品幾乎是無可懷疑的，即使雌雄二者彼此相類

[78] 尼奇（Nitzsch）的《羽區學》（*Pterylography*），斯克萊特校訂，雷蒙特協會（Ray Soc.），一八六七年，十四頁。

[79] 雷鳥的有斑駁的褐色夏羽，作爲一種保護色，對牠來說其重要性不亞於白色冬羽；因爲在斯堪的納維亞的春季期間，當積雪融化時，這種鳥據了解在獲得其夏羽之前受猛禽之害極甚。參閱威廉·馮·符里特（Wilhelm von Wright）的記述，見勞埃德的《瑞典的獵鳥》，一八六七年，一二五頁。

似，也是如此。我們可以斷定，許多蒼鷺類、白鷺類等的情況都是如此，因爲牠們只在繁殖季節才獲得美麗的羽飾。還有，這等羽飾、頂結等，雖爲雌雄二者所具有，但雄性的比雌性的偶爾稍爲發達，而且雄性的羽飾和裝飾物只與其他鳥類雄性所具有的相類似。我們還知道圈養可以影響雄性鳥類的生殖系統，因爲圈養常常會抑制其第二性徵的發育，但對其他任何性徵卻沒有直接的影響；巴特利特先生告訴我說，在動物園中圈養的漂鷸（*Tringa canutus*）有八九個樣本整年保持其不加裝飾的冬羽，根據這一事實，我們可以推論許多其他鳥類的夏羽雖爲雌雄二者所共有，卻帶有完全的雄性性質。⑳

根據上述事實，尤其是根據某些鳥類無論雌雄在每年任何一次換羽時都不改變色彩，或改變得如此輕微以致這種改變對牠們幾乎沒有任何用處，以及根據其他物種的雌性雖兩次換羽卻還整年保持著同樣的色彩，我們可以斷定，鳥類所獲得的每年換羽兩次的習性並非爲了雄鳥在繁殖季節呈現一種裝飾的性狀，而是原先爲了某種不同目的所獲得的兩次換羽習性，後來在某些場合中爲了取得婚羽而被利用了。

某些親緣相近的物種有規律地經歷每年兩次換羽，而其他物種只是一年換羽一次，最初一看，這似乎是一個令人驚奇的情況。例如，雷鳥每年換羽兩次甚至三次，而黑琴雞每年僅換羽一

⑳ 上述換羽情況，有關鷸類的，參閱麥克吉利夫雷的《英國鳥類志》，第四卷，三七一頁；有關燕鴴類、麻鷸類和鴇類的，參閱傑爾登的《印度鳥類》，第三卷，六一五，六三〇，六八三頁；有關鷸屬（*Totanus*）的，參閱前書，七〇〇頁；有關蒼鷺羽飾的，同前書，七三八頁，以及麥克吉利夫雷的前書，第四卷，四三五，四四四頁，還有斯塔福德艾倫先生的著述，見《彩鸛》，第五卷，一八六三年，三十三頁。

次。印度某些色彩華麗的花蜜鳥類（honey-suckers，太陽鳥類，Nectariniae）以及色彩暗淡的鷚（Anthus）的某些亞屬一年換羽兩次，而其他僅每年換羽一次。[81]但是，已知各種鳥類換羽方式的種種級進向我們表明：鳥類的物種或整個類群最初怎樣獲得了其每年兩次換羽的習性，或者怎樣一度獲得了這種習性而後又失掉了。某些鴇類和鷸類的春季換羽遠遠是不完全的，有些羽毛更新了，有些羽毛顏色改變了。還有理由可以相信，關於正常換羽兩次的某些鴇類和形似秧雞的鳥類，其較老的雄鳥有些整年保持其婚羽不變。在春季可能只有少數高度變異的羽毛增添於羽飾之中，如某些印度捲尾鳥（*Bhringa*）的圓盤形尾羽，以及某些蒼鷺背部、頸部、胸部上的延長羽毛，就是如此。按照上述這些步驟，就可使婚羽的脫換越來越完全，直到最終便獲得完全的換羽兩次的習性。有些極樂鳥類整年保持其婚羽，這樣就僅換羽一次；另外一些極樂鳥類在繁殖季節過後其婚羽就立即脫落，這樣，便進行換羽兩次；還有其他極樂鳥的婚羽只在頭一年的繁殖季節脫落，此後則不，所以後面這些物種的換羽方式乃處於中間地位。許多鳥類每年保持這兩種羽衣的期限長短也大不相同，所以其中一種羽衣也許保持全年，而另一種羽衣就完全消失了。例如，流蘇鷸在春季只能把牠的頸羽保持兩個月。在納塔爾（Natal），雄長尾巧織雀（*Chera progne*）在十二月和正月獲得其美麗的羽衣和長尾羽，一到三月它們就脫落了，因此它們大約只保持三個月。換羽兩次的大多數物種可把其裝飾性的羽毛保持六個月左右。然而，野生原雞（*Gallus bankiva*）的雄性可把其頸部長羽保持九個月或十個月；當這等羽毛脫落後，下面的黑色頸羽就充分顯現出來了。但是，就這個物種

[81] 關於雷鳥的換羽，參閱古爾德的《大不列顛鳥類》。關於花蜜鳥，參閱傑爾登的《印度鳥類》，第一卷，三五九，三六五，三六九頁。關於鷚類的換羽，參閱布賴茨著述，《彩鸛》，一八六七年，三十二頁。

的家養後裔來說，雄鳥的頸部長羽馬上就會被新羽所置換，因此在這裡我們看到，羽衣的一部分由兩次脫換變爲在家養狀況下的一次脫換了。[82]

眾所周知，普通公鴨（*Anas boschas*）在繁殖季節過後就失去其雄性羽衣達三個月之久，在這期間牠的羽衣與雌鴨的一樣。雄針尾鴨（*Anas acuta*）失去其雄性羽衣的時間要短些，爲六週或二個月。蒙塔古說：「在這麼短的時間內換羽兩次是一種最異常的情況，這似乎是向人類的一切推理進行挑戰。」但是，相信物種漸變的人在發現所有級進類型時絕不會感到驚奇。如果雄尖尾鴨在更短的期間內獲得其新羽衣，那麼，新的雄性羽毛幾乎必然要和舊的羽毛混在一起，而且新舊羽毛又會和雌性所固有的羽毛混合在一起；一種親緣不遠的鳥，即紅胸秋沙鴨（*Merganser serrator*）的情況就是如此，因爲，據說其雄性「經歷了羽衣的一種變化，從而使牠的羽衣變得與雌性的有幾分相像」。這個過程稍微再加快一點，則換羽兩次就會完全消失了。[83]

---

[82] 上述有關部分換羽和成年雄鳥保持其婚羽的情況，參閱傑爾登論述鵪類和鶲類的文章，見《印度鳥類》，第三卷，六一七，六三七，七〇九，七一一頁。還有布賴茨的文章，見《陸與水》，一八六七年，八四頁。關於極樂鳥的換羽，參閱馬歇爾博士的有趣論文，見《荷蘭文獻》（*Archives Neerlandaises*），第六卷，一八七一年。關於長尾巧織雀，參閱《彩鸛》，第三卷，一八六一年，一三三頁。關於莊哥伯勞鳥，參閱傑爾登的前書，第一卷，四三五頁。關於蒼鷺（*Herodias bubulcus*）的春季換羽，參閱艾倫先生的著述，見《彩鸛》，一八六三年，三十三頁。關於原雞，參閱布賴茨的著述，見《博物學年刊雜誌》，第一卷，一八四八年，四五五頁；關於這個問題還可參閱我的《動物和植物在家養下的變異》，第一卷，二三六頁。

[83] 麥克吉利夫雷，《英國鳥類志》，第五卷，三十四，七十，二二三頁。關於鴨科的換羽資料，引自沃特頓和蒙塔古。另參閱雅列爾著述，《大不列顛鳥類》，第三卷，二四三頁。

如上所述，有些雄鳥的色彩在春季變得更爲鮮明，並非由於春季換羽，而是由於其羽色發生了實際變化，要不，就是由於其色彩暗淡的暫時性羽毛邊緣脫落了。如此而引起的色彩變化所持續的時間可能有長有短。在春季，白鵜鶘（*Pelecanus onocrotalus*）的全部羽衣都具有美麗的玫瑰色彩，胸部有檸檬顏色的斑點；但這等色彩，正如斯克萊特先生說的，「保持不久，一般約在六週或兩個月後就消失了」。某些雀類的羽毛邊緣於春季脫落，這時其色彩變得更鮮明，而燕雀類其他的種則不經歷這樣的變化。例如，美國的暗色燕雀（*Fringilla tristis*）與許多其他美國的物種一樣，只在冬季過後才呈現其鮮明的色彩，而確切表現了這種鳥的習性的英國金翅雀，以及在構造上與這種鳥還要接近的英國黃雀（siskin），則不經歷這樣的年度變化。但是，親緣接近的物種在羽衣上有這類差異並不爲奇，因爲屬於同一科的普通紅雀，其豔紅色的前額和胸部只在英國的夏季才呈現出來，而在馬德拉，這等色彩則可保持全年。[84]

雄鳥誇耀其羽衣

一切種類的裝飾物，不論是永久獲得的或暫時獲得的，均爲雄鳥孜孜不倦地加以誇示，顯然這是爲了刺激、吸引或魅惑雌鳥。但是，當沒有雌鳥在場時，雄鳥有時也誇示其裝飾物，如松雞類

---

[84] 關於鵜鶘，參閱斯克萊特文章，見《動物學會會報》，一八六八年，二六五頁。關於美國的燕雀類，見奧杜邦的《鳥類志》，第一卷，一七四，二二一頁，以及傑爾登的《印度鳥類》，第二卷，三八三頁。關於馬德拉的燕雀（*Fringilla cannabina*），參閱弗農·哈考特（Vernon Harcourt）先生的著述，見《彩鸛》，第五卷，一八六三年，二三〇頁。

在其巴爾茲舞場偶爾發生的情況，又如孔雀也有這種情況；然而，孔雀顯然渴望得到某種觀眾，正如我常常看到的，牠在家禽甚至在豬的面前也顯示其華麗的羽衣。[85]所有曾經密切注意過鳥類習性的博物學家們，不論所注意的是自然狀況下的或是圈養狀況下的，都一致承認雄鳥樂於誇耀其美。奧杜邦屢次談到雄鳥用各種辦法盡力獻媚雌鳥。古爾德先生在描述了一隻雄蜂鳥的某些特性之後說道，他不懷疑牠在雌鳥面前能夠最有效地表現其特性。傑爾登博士[86]堅持認爲雄鳥的美麗羽衣乃是用於「魅惑和吸引雌鳥的」。倫敦動物園的巴特利特先生用最有力的字眼向我表達了他自己對這種效果的同樣看法。

出現於印度森林裡的下述情景必定是很壯觀的：「忽然出現了二十或三十隻孔雀，在感到喜悅的雌性之前，雄性誇示其華麗的尾羽，意氣揚揚，昂首闊步。」野生雄火雞豎起其燦爛的羽毛，展開其具有精美輪紋的尾羽和具有條紋的翼羽，再加上其豔紅色和藍色的垂肉，一起形成了美麗的模樣，雖然這種模樣在我們的眼裡是奇形怪狀。有關各種松雞的相似事實已經列舉過了。現在讓我們轉來談談鳥類的另一個「目」。雄美洲巨冠黃鳥（*Rupicola crocea*，圖50）是世上最美麗的鳥類之一，牠具有華麗的橙色，有些羽毛奇妙地縮短而成羽狀。其雌鳥爲褐綠色並蒙上紅暈，而且其羽冠比雄鳥的小得多。肖姆勒克（R. Schomburgk）爵士描述過牠們的求愛，他發現牠們的一個聚會場所，那裡有十隻雄鳥和兩隻雌鳥。場所的直徑爲四至五英尺，其中沒有一片葉子，而且平滑

---

[85] 再參閱《有裝飾的家禽》（*Ornamental Poultry*），狄克遜（E. S. Dixon）牧師著，一八四八年，八頁。

[86] 《印度鳥類》，第一卷，緒論，第二十四頁；關於孔雀，第三卷，五〇七頁。參閱古爾德的《蜂鳥科導論》，一八六一年，十五，一一一頁。

圖50　美洲巨冠黃鳥（*Rupicola crocea*）的雄性（引自伍德）

得就像用人手整理過的一樣。一隻雄鳥「在跳躍著，顯然使若干其他鳥感到高興。牠隨即展翅昂首，或展開羽尾如扇；接著以一種跳躍的步法大搖大擺地走來走去，直到累了為止，這時牠急促地發出某種聲調，跟著讓位給其他雄鳥。於是，有三隻雄鳥相繼占領了這塊空地，然後自我欣賞地退下去休息」。印第安人為了獵取其鳥皮，守候在牠們的一個聚會場所，等這些鳥都熱衷於跳舞之際，就能用毒箭一隻又一隻地射殺四五隻。[87]至於極樂鳥類，有一打或一打以上羽毛豐滿的雄鳥集合於一株樹上舉行當地土人所謂的舞會：牠們在這裡飛來飛去，高舉雙翼，豎起其優美的羽毛並使之顫動，就像華萊士先生所說的，這整株樹好像充滿了飄動的羽毛。當牠們這樣進行時，竟變得如此凝神專注，以致一個好射手幾乎可把整個舞會上的鳥全部射下來。當把這些鳥圈養在馬來群島時，據說牠們很注意保持其羽毛的整潔；常常伸開其羽毛加以檢查，並把每一個塵粒都清除掉。有一位養了幾對這種鳥的觀察家並不懷疑雄鳥的誇示其美是為了取悅於雌鳥。[88]

---

[87] 《皇家地理學會會報》，第十卷，一八四〇年，二三六頁。

[88] 《博物學年刊雜誌》，第八卷，一八五四年，一五七頁；再參閱華萊士的前書，第二十卷，一八五七年，四一二

金雉（gold pheasant）和雲實樹雉（amherst pheasant）在求偶期間不僅展開和抬高其華麗的頸羽，而且如我親自看到的，還把牠扭曲並使之斜對著雌鳥，不論牠站在哪一邊都是如此，這顯然是爲了把一個大的表面顯示在雌鳥之前。[89]同樣地，牠們還把其美麗的尾羽和尾覆羽稍微轉向雌鳥那一邊。巴特利特先生見過一隻在求偶活動中的雄孔雀雉（Polyplectron，圖51），並給我看了按當時姿態製作的一個標本。這種鳥的尾羽和翼羽都飾以美麗的眼斑，就像孔雀尾羽上的眼斑那樣。當雄孔雀誇示自己時，便展開並豎起其尾羽，使其與軀體相橫切，這是因爲牠站在雌鳥之前，需要同時顯示其鮮藍色的喉部和胸部。但孔雀雉胸部的色彩是暗淡的，而且眼斑並不限於尾羽才有。因而孔雀雉不是站在雌鳥之前；但牠略爲斜斜地抬高

圖51　孔雀雉（*Polyplectron chinquis*），雄鳥（引自伍德）

頁，以及《馬來群島》，第二卷，一八六九年，二五二頁，還有貝內特（Bennett）博士的著述，布雷姆在《動物生活》中予以引用，第三卷，三二六頁。

[89] 伍德先生就這種誇示方法做過充分記載（《學生》，一八七〇年四月，一一五頁），一是關於金雉的，一是關於日本雉（*Ph. versicolor*）的，他稱此爲側面的或單面的誇示。

和展開其尾羽，把對著雌鳥那邊的一翅展開並低垂下來，而把另一邊的一翅高舉起來。依此姿勢，遍布全身的眼斑就可以同時暴露在對此讚賞的雌鳥眼前，從而構成一幅寬闊燦爛的景象。雌鳥不論轉到哪個方向，雄鳥張開的雙翼羽和斜舉的尾羽也會轉向雌鳥那一邊。雄紅胸角雉的行為也幾乎一樣，雖然牠不展開翼羽，卻把向著雌鳥那一方的軀體上的羽毛豎起，牠們在其他時候隱蔽不顯，一豎起來則幾乎一切具有美麗斑點的羽毛都同時顯示出來了。

錦雉提供了一個更為顯著得多的事例。其極為發達的次級翼羽只限於雄鳥才有，每張翼羽飾以一行二十至三十個直徑一英寸以上的眼斑。這些羽毛還具有雅致的斜條紋和成行的暗色斑點，猶如把虎皮和豹皮上的紋彩結合起來一樣。這些美麗的裝飾物平時隱而不露，等到雄鳥在雌鳥面前誇示自己時才顯露出來。這時牠豎起尾羽並把翼羽展開，成為一把幾乎筆直的大圓扇或一張大盾牌，置於軀體的前方。牠的頸和頭均保持在一邊，因而被大圓扇所遮住（圖52）；但這種雄鳥為了望見正向其誇示自己的雌鳥，有時把頭從兩支翼羽之間伸出去（像巴特利特先生所見過的），於是表現了一副奇形怪狀。這必定是這種鳥在自然狀況下的一種常見的習性，因為巴特利特先生和他的兒子在檢查從東方送來的一些完整鳥皮時，發現在那兩支翼羽間有一處磨損得很厲害，好像鳥頭曾經常常在該處伸進伸出。伍德先生認為這

圖52　雄錦雉側面圖，正在雌鳥之前誇耀自己。伍德先生根據在自然界的觀察繪製而成

種雄鳥也能越過圓扇的邊緣從一邊窺視雌鳥。

翼羽上的眼斑是一種不可思議的裝飾物，正如阿蓋爾公爵所說的，[90]其濃淡如此合宜，以致牠們形狀凸出得就像鬆鬆置於球穴中的一隻球。我在大英博物館看到過這種標本，牠兩翼展開，向下垂放，但牠使我大失所望，因爲這等眼斑顯得扁平，甚至凹陷。不過古爾德先生很快就把情況給我講清楚了，因爲，雄鳥當在自然狀況下誇示其美的位置上豎起羽毛時，光線是從上方照射下來的。因而各個眼斑立刻就會顯得類似那種所謂球與穴的裝飾物了。這等羽毛曾給幾位藝術家看過，他們對其色彩的濃淡適宜無不表示讚賞。似乎應該這樣提問：這種色彩濃淡適宜的藝術性裝飾物會不會依據性選擇的手段而形成的呢？不過把這個問題推延到我們下一章討論級進的原則時再予以回答將會方便些。

以上所說的是關於次級翼羽的情況，至於初級翼羽，在大多數鶉雞類中其色彩都是一致的，但在錦雉中則同樣是不可思議的。牠們具有柔和的褐色以及大量的暗黑斑點，每個斑點都是由二至三個小黑點組成的，並圍以暗黑環帶。與暗藍色羽幹相平行的有一處空白，它的輪廓是由一支位於眞羽之內的次級羽毛形成的，這正是其主要的裝飾所在。其裡層部分著有較淡的栗色並有微小的白點密布其上。我曾把這等羽毛給若干人士看過，其中有許多人對它的讚賞甚至超過了對球與穴的那些裝飾物的讚賞，他們還聲稱與其說它是自然生成的，莫如說它更像是一種藝術作品。在通常所有情況下這些羽毛完全隱而不現，只有當它們和長長的次級羽毛一起全部展開而形成一把大扇或一面盾牌的時候才充分顯示出來。

---

[90]《法則的支配》（*The Reign of Law*），一八六七年，二〇三頁。

雄錦雉的情況是顯著有趣的，因爲它提供了很好的證據來說明最優雅的美可能是作爲一種性的魅誘而無其他目的。我們必須斷定情況確係如此，因爲在雄鳥進行求偶之前，其次級翼羽和初級翼羽完全不顯露，而且球與穴那種裝飾也不完全充分顯露。錦雉的色彩並不鮮豔，因此牠求愛的成功似乎決定於其巨大的羽型以及精心製作的最優雅樣式。許多人將會宣稱，一隻雌鳥能夠欣賞濃淡合宜的色彩和雅致的樣式乃是極不可信的。這誠然是一個不可思議的事實：雌鳥大概具有近乎人類水平的鑑賞力。凡是認爲能夠可靠地估計低等動物的鑑別力和欣賞力的人，可能都會否定錦雉能夠欣賞這種優雅的美；但是，這時他將被迫承認，雄鳥在求偶活動中所表現的異常姿勢，借此以充分顯示其非常美麗的羽衣，乃是無目的的。這是我永遠不會承認的一個結論。

雖然那麼多的雉類以及親緣接近的鶉雞類都不厭其煩地在雌鳥面前誇示其羽衣，但是，正如巴特利特先生告訴我的，値得注意的卻是，顏色暗淡的藍馬雞（*Crossoptilon auritum*）和歡樂雉（*Phasianus wallichii*）的情況卻非如此，所以說這等鳥類似乎意識到了牠們沒有多少可以誇示的美。巴特利特先生從未見過這兩個物種的雄鳥相互爭鬥，雖然他觀察歡樂雉的機會不如觀察角雉的機會那樣好。詹納．韋爾先生也發現一切雄鳥如果具有色彩濃豔或特徵強烈顯著的羽衣，就比同一類群中那些色彩暗淡的物種更好爭吵。例如，金翅雀就遠比紅雀好鬥，烏鶇也比畫眉好鬥。同樣地，羽衣發生季節性變化的那些鳥類也在牠們裝飾最華麗的期間變得更加好鬥得多。某些顏色暗淡的鳥類無疑也會互相進行殊死的戰鬥，但是，當性選擇發揮其高度影響並使任何物種的雄鳥具有鮮明色彩時，似乎也往往使這些雄鳥具有一種好鬥的強烈傾向。我們在討論哺乳動物時將會遇到差不多相似的事例。另一方面，同一物種的雄鳥既獲得鳴唱的能力又獲得燦爛的色彩卻是罕有的；但這兩方面所獲得的利益也許是一樣的，這就是魅誘雌鳥的成功。儘管如此，還必須承認，若干色彩燦爛的鳥類，其雄性的羽毛爲了發出器樂鳴叫的緣故也曾經發生過特別的變異，雖然這種美，至少按我們的鑑賞標準來說，是無法與許多鳴禽類所發出的聲樂鳴叫之美相比擬的。

我們現在轉來談談沒有高度裝飾的雄鳥，牠們在求偶時仍將其可能有的無論什麼吸引力都顯示一番。這等事例在某些方面比上述那些事例更爲奇妙，但很少爲人所注意。感謝韋爾先生爲我提供了下述事實，他長期圈養過許多種類的鳥，包括所有英國的燕雀科（Fringillidae）和鵐科（Emberizidae）的鳥。這些事實就是從他好心寄給我的大量有價值的紀錄中選出來的。紅腹灰雀爲了求愛而走近雌鳥之前時，噗地一下鼓起其胸部，因此其豔紅色的羽毛立刻得見，這比在任何位置上都顯示得更清楚。與此同時，牠把黑尾低垂，從這一邊扭轉到那一邊，做出一副可笑的樣子。歐洲蒼頭燕雀也站在雌鳥之前，這樣來顯示其紅色胸部和「藍鐘」——養鳥行家以此名其頭；同時雙翼微張，使其肩部的純白帶斑顯露無遺。普通紅雀鼓起其玫瑰色胸部，微張其褐色的雙翅和尾部，以使這等羽毛的白色邊緣最充分地顯露出來。然而，要斷言雙翅的展開僅僅是爲了顯示之故，必須要謹慎，因爲某些鳥類的翅膀並不漂亮，但也會這樣做。家養雄雞的情況就是這樣，但牠所展開的那個翅膀總是對著雌雞的，同時以翅擦地而過。雄金翅雀的行爲不同於所有其他英國常見籠養鳥類：牠的雙翅是美麗的，肩部黑色，翼羽上散布著白色斑點，其尖端呈黑色，邊緣爲金黃色。當牠向雌鳥求偶時，其軀體擺來擺去，並迅速將其略微張開的雙翅先轉到一邊，然後再轉到另一邊，於是產生了金光閃閃的效果。韋爾先生告訴我說，沒有其他英國常見籠養鳥類在求偶期間這樣轉來轉去的，即使親緣相近的雄金雀也是一樣，這大概因爲其美麗並不因此而有所增添。

大多數英國的鵐類（Buntings）都是顏色平淡的鳥；但雄葦鵐（*Emberiza schoeniculus*）的頭部羽毛到春天就脫去其汙色的毛尖，而獲得一種優美的黑色；這等羽毛在求偶活動中就會豎起來。韋爾先生曾經養過澳大利亞產的環喉雀（Amadina）的兩個物種：*A. castanotis*是一種體型很小而色彩樸素的燕雀類，具有一條黑尾，白臀，以及漆黑的尾上覆羽（upper-tail-coverts），後者每根羽毛上都有三個顯著的橢圓形白色大斑點。[91]這個物種當向雌鳥求偶時，便把這等雜色的尾覆羽微微張開並以很奇特的方式進行搖晃。雄拉塔環喉雀（*Amadina lathami*）的行爲則很不相同，牠們在雌鳥之前展示其具有鮮豔斑點的胸部、猩紅色的臀部以及猩紅色的尾上覆羽。根據傑爾登博士的資料，我在這裡還可以補充一點：印度紅鵯（*Pycnonotus haemorrhous*）具有鮮紅色的尾下覆羽，可以想像，這等尾覆羽永遠不會充分展示的；但這種鳥「一旦激動時，也往往會把這等尾覆羽橫向地張開，因而即使從上面也能看到牠們」。[92]某些其他鳥類的鮮紅色尾下覆羽，即使不進行誇示，也能看見，大型啄木鳥（*Picus major*）的情況就是如此。普通鴿子的胸部具有彩虹色的羽毛，大家一定都看到過這種雄鴿當向雌鴿求偶時，便把胸部鼓起，這樣就會使胸部羽毛顯示到充分的程度。澳大利亞有一種具有漂亮的青銅色翅膀的鴿子，叫做冠毛野鴿（*Ocyphaps lophotes*），其行爲，如韋爾先生向我描述的，則迥然不同：當雄鴿站在雌鴿之前時，低垂其頭幾乎達到地面，張開並高舉其尾，並半張其雙翅。然後牠交替地使其軀體緩慢起落，因而那些具有彩虹色金屬光澤的羽毛立刻盡收眼底，並在陽光下閃閃發亮。

現在已經舉出了足夠的事實來闡明雄鳥會多麼細心地顯示其種種魅力，而且牠們是極其熟練地進行這種顯示。當牠們用嘴來啄理其羽毛時，牠們經常有機會進行自我欣賞並學習如何最好地展示

---

91 有關這些鳥類的描述，參閱古爾德的《澳大利亞鳥類手冊》，第一卷，一八六五年，四一七頁。

92 《印度鳥類》，第二卷，九十六頁。

其美。但是，由於同一物種的所有雄鳥都以完全一樣的方式來顯示自己，因此，這種行爲最初也許是有意的，以後就變成爲本能的了。果眞如此，我們就不應責備鳥類有意識地進行虛誇，然而當我們見到一隻把尾羽展開並使其抖動著的孔雀大搖大擺地走來走去時，牠似乎就是驕傲與虛誇的唯一典型。

雄性的各種裝飾物對牠們肯定具有最高的重要性，因爲在某些場合中，牠們獲得這等裝飾物是以面臨飛行或奔跑的巨大阻力爲代價的。非洲夜鷹（Cosmetornis）在交配季節有一支初級翼羽發展成很長的飄帶，因而大大減慢了其飛行速度，雖然牠在其他時候是以飛得快而著稱的。雄錦雉的次級翼羽「非常笨重」，據說這「幾乎完全剝奪了牠的飛翔能力」。雄極樂鳥的美麗羽毛使牠們在大風之際處於困境。南非的雄長尾巧織雀（Vidua）的極長的尾羽使「牠們飛翔吃力」，一旦這等尾羽脫落後，牠們就飛得與雌鳥一樣好了。由於鳥類總是在食物豐富時進行繁殖，因此雄鳥在尋找食物時大概不會由於牠們行動的阻力而遇到很多不便；但幾乎無可懷疑的是，牠們一定會更容易地被猛禽類所擊落。我們也無法懷疑孔雀的長尾以及錦雉的長尾和翼羽一定會使牠們更容易被任何四處覓食的山貓所捕獲，否則就不會如此。甚至許多雄鳥的鮮明色彩也必定會使牠們易於被各種敵害所發現。因此，正如古爾德先生說過的，這種鳥類大概一般都具有一種膽怯的性情，好像意識到了牠們的美就是危險的根源，牠們比顏色暗淡、性情較爲溫順的雌鳥或者比尚未裝飾的幼小雄鳥更難被發現或者更難接近。[93]

---

[93] 關於非洲夜鷹（Cosmetornis）參閱李文斯頓的《贊比西探險記》，一八六五年，六十六頁。關於錦雉，參閱賈丁的《博物學者叢書：鳥類》，第十四卷，一六七頁。關於極樂鳥類，參閱萊遜的著述，布雷姆引用，見《動物生

一個更爲奇特的事實是，某些鳥類的雄性具有進行戰鬥的特殊武器，牠們在自然狀況下如此好鬥以致常常互相殘殺致死，這等鳥類由於具有某些裝飾而身受其苦。鬥雞者修剪鬥雞的頸部纖毛，割去其肉冠和垂肉，據說這時牠們才取得了鬥雞的稱號。一隻尚未取得鬥雞稱號的公雞，正如特格梅爾先生所主張的，「是處於一種可怕的劣勢，牠的雞冠和垂肉容易被其對手啄住，雄鬥雞總是向牠所啄住的地方進行打擊，一旦牠啄住其對手時，就把對手完全控制在自己的力量之下了。即使假定這隻雄鬥雞沒有被殺死，未經修剪者所流的血也遠比修剪者多得多」。[94] 幼小雄火雞在相鬥時總是啄住對方的垂肉，我相信成年火雞也是按照同樣的方式彼此爭鬥。也許有人會反對說，肉冠和垂肉並非裝飾性的，因而在這方面不會對牠們有什麼用處；但是，即使以我們的眼光來看，光澤閃閃的黑色雄西班牙雞之美也會被其白臉和鮮紅色肉冠大大加強；雄紅胸角雉在求偶時便鼓起華麗的藍色垂肉，凡是見過這種情景的人將會毫不遲疑地承認牠要達到的目的正是在於美觀。根據上述事實，我們清楚地看到了雄鳥的羽飾以及其他裝飾物對牠們一定具有最高的重要性；我們進一步看到這種美甚至有時比相鬥的勝利還更重要。

活》，第三卷，三二五頁。關於長尾巧織雀，見巴羅（Barrow）的《非洲遊記》（*Travels in Africa*），第一卷，二四三頁，以及《彩鸛》，第三卷，一八六一年，一三三頁。古爾德先生關於雄鳥膽怯的論述，見《澳大利亞鳥類手冊》，第一卷，一八六五年，二二〇，四五七頁。

[94] 特格梅爾，《家禽之書》，一八六六年，一三九頁。

第十四章　鳥類的第二性徵（續）

當雌鳥和雄鳥在美麗方面或在鳴唱能力方面或在演奏我所謂的器樂能力方面有所差異時，幾乎總是雄鳥勝過雌鳥。這些屬性，如我們剛剛見過的那樣，對雄鳥顯然具有高度的重要性。如果只在一年的一部分時間表現有這等屬性，這總是在生殖季節以前。只有雄鳥才盡力顯示其種種的魅力，並常常在地面或空中於雌鳥之前進行奇怪的滑稽表演。每隻雄鳥都要把其競爭對手趕走，要是辦得到的話，就要把牠們殺死。因此，我們可以斷言，雄鳥的目的就在於誘使雌鳥與之交配，爲了達到這個目的，牠試圖用各種方法去刺激她，媚惑她；這就是所有仔細研究過活鳥習性的人們所持的見解。但是，還留下一個與性選擇有非常重要關係的問題尚待解決，即，同一物種的每隻雄鳥是否都同等地刺激和吸引雌鳥呢？或者，雌鳥是否實行選擇並且偏愛某些雄鳥呢？後面這個問題，可用許多直接的和間接的證據予以肯定的回答。究竟是那些屬性來決定雌鳥的選擇，殊難斷言；但我們在這裡也有某些直接的和間接的證據可以證明雄鳥的外在魅力在很大程度上是決定雌鳥選擇的因素；雖然雄鳥的精力、勇敢以及其他心理屬性無疑也有作用。我們將從間接的證據開始。

求偶歷時甚久

某些鳥類的雌雄二者日復一日地在一個約定的場所相會，歷時頗久，這大概部分地決定於鳥類求偶是一件費時的事情，而且部分地決定於交配行爲是反覆進行的。例如，在德國和斯堪的納維亞，黑松雞所舉行的巴爾茲（Balz）或勒克斯（leks）舞會從三月中開始，經過四月分整整一個月，一直到五月才結束。在勒克斯舞會上聚會的鳥竟達四十或五十隻之多，甚至還要多；而且以後連續數年往往都在這同一場所聚會。松雞的勒克斯舞會從三月底開始，到五月中、甚至到五月底才結束。在北美，尖尾松雞（*Tetrao phasianellus*）的「鷓鴣舞」「要持續一個月或者還要長些」。無論北美或西伯利亞東部的其他種類的松雞差不多都遵循相同的習性。[①] 捕鳥人根據草被踏光的情況可以發現流蘇鷸相聚的小丘，這說明此處是牠們長期出沒的場所。蓋亞那的印第安人十分熟悉岩鴿的清潔的活動場所，他們可以期望在那裡找到漂亮的雄岩鴿；新幾內亞土人知道極樂鳥聚會於其上的那些樹，十至二十隻羽飾豐滿的這種雄鳥常集合於此。在後面這個例子裡，沒有明確提到在這些樹上是否有雌鳥來會，但是，捕鳥人如果沒有被特別詢及，大概不會談到有無雌鳥在場，因爲她們的鳥皮是毫無價值的。一種非洲織巢鳥（Ploceus）在繁殖季節集合起來舉行小型舞會並表演其優美的舞蹈動作達數小時之久。大量的獨居丘鷸（*Scolopax major*）每於黃昏時節在沼澤中相聚；以後連續幾年牠們爲了同樣目的仍然常常出沒於同一場所；在那裡可以看到牠們「像許多大老鼠似的」跑來跑去，高聳其羽毛，拍打其雙翼，並發出最奇異的叫聲。[②]

---

① 諾曼（Nordman）描述〔《莫斯科自然科學皇家學會公報》（*Bull. Soc. Imp. des Nat. Moscou*），第三十四卷，一八六一年，二六四頁〕阿莫爾細嘴松雞（*Tetrao urogalloides*）的巴爾茲舞會。他估計集合在舞場中的鳥約在一百隻以上，不包括臥藏於周圍灌木中的雌鳥。牠們發出的喧囂聲和松雞（*T. urogallus*）的有所不同。

② 關於上述松雞的集會，見布雷姆的《動物生活》（*Thierleben*），第四卷，三五〇頁；再參閱勞埃德的《瑞典的獵鳥》，一八六七年，一九，七十八頁。理查森，《美國邊境地區動物志：鳥類》，三六二頁。有關其他鳥類集會

在上述鳥類中有些據認爲是一雄多雌性，如黑松雞、松雞、雉松雞（pheasant-grouse）、流蘇鷸、獨居鷸即是，大概還有其他鳥類也是這樣。對這等鳥類來說，可以認爲其雄鳥之強者大概只要把弱者趕走後，馬上就可以占有儘可能多的鳥；但如果雄鳥必須去刺激或取悅於雌鳥的話，那麼我們就能理解爲什麼需要那樣長的時間進行求偶，而且需要在同一個地點集合那麼多雌雄二者。某些嚴格單配的物種也同樣舉行結婚集會；斯堪的納維亞有一種松雞似乎就是如此，其勒克斯舞會從三月中旬開始一直到五月中旬才結束。澳大利亞琴鳥（*Menura superba*）做成的「小圓丘」，以及阿氏琴鳥（*M. alberti*）給自己扒成的淺穴，都被當地土人稱爲「克羅伯瑞舞場」，據認爲那裡就是雌雄二者相聚的場所。澳大利亞琴鳥的集會有時規模很大。最近一位旅遊者發表的一文章說，③他曾到過一處地方，其下爲一茂密叢林所覆蓋的山谷，他聽到從那裡發出了「一陣使他十分震驚的喧嘩」；他慢慢地走近該處，驚奇地看到了約有一百五十隻華麗的琴鳥「列陣相爭，並以無法形容的狂怒進行戰鬥」。亭鳥的亭子乃其雌雄二者在生殖季節常去之處；「雄鳥在此相遇並爲了取悅於雌鳥而互相爭鬥，雌鳥則集合於該處向雄鳥賣弄風情」。該屬有兩個物種，牠們許多年都常常在同一個亭子相聚。④

的參考資料已列舉過了。關於極樂鳥類，參閱華萊士的著述，見《博物學年刊雜誌》，第二十卷，一八五七年，四一二頁。關於鷸，參閱勞埃德的上述著作，二二一頁。

③ 伍德先生引用，見《學生》雜誌，一八七〇年四月，一二五頁。

④ 古爾德，《澳大利亞鳥類手冊》，第一卷，三〇〇，三〇八，四四八，四五一頁。關於以上提到的雷鳥，參閱勞埃德的上述著作，一二九頁。

普通喜鵲（*Corvus pica*, Linn.），如達爾文·福克斯牧師告訴我的，常從德勒密爾（Delamere）森林各處集合起來，以慶祝其「盛大的喜鵲婚禮」。數年前這種鳥的數量特別多，因而一個獵場看守人在一個早晨就打死了十九隻雄鳥，另一人一槍就打死了棲息在一起的七隻鳥。再者，牠們有早春集合於特殊地點的習性，在那裡可以看到成群的這種鳥嘰嘰啁啁亂叫，有時互相爭鬥，並在樹的周圍喧鬧著飛來飛去。這種鳥顯然把這全部情況看做是極其高度重要的事情之一。在集會後不久牠們就各自分散了，於是福克斯先生和其他人士會見到牠們就在這一季節交配。凡是一個物種沒有大量成員存在的任何地區，自然無法在那裡舉行盛大集會，因而同一物種在不同地方可能有不同的習性。例如，韋德伯恩（Wedderburn）先生向我說過一個例子：黑松雞在蘇格蘭只舉行一次例會，而在德國和斯堪的納維亞這等集會是如此聞名，以致獲得了專用名稱。

喪偶的鳥類

根據現在提出的事實，我們可以得出結論說，屬於大不相同的類群的鳥，其求偶往往是一件費時、微妙而麻煩的事情。甚至還有理由推測，最初看起來這好像是不可能的，即，棲息於同一地區、屬於同一物種的某些雄鳥和雌鳥並非總是相互喜歡，因而不互相交配，已經發表過的許多記載表明，一對配偶中的雄鳥或雌鳥如果被射殺，很快就會有另一個來代替。在喜鵲比在任何其他鳥類更會經常看到這種情況，恐怕這是由於其外貌和鳥巢惹人注目之故。著名的詹納說，在維爾特郡（Wiltshire），一天之內就射殺了一對喜鵲中的一隻不下七次之多，「但全無用處，因爲剩下的那隻喜鵲很快又找到了另一隻配偶」；而最後這一對照樣養育幼鳥。新配偶一般要在隔天才會找到；但湯普森先生舉出過一個例子表明在同一天傍晚就換了一個配偶。即使在鳥卵孵化之後，若有老鳥之一被殺，也會找到一隻配偶；盧伯克爵士的獵場看守人最近觀察到的一個例子⑤表明，這種情形發生在兩天之後。首先的和最明顯推測將是，雄喜鵲的數量一定比雌喜鵲多得多；而且在上述場合中，以及在能夠舉出的許多其他場合中，被殺死的只是雄鳥。這種推測對某些事例顯然是適用的，因為德勒密爾森林的獵場看守人向福克斯先生保證說，以前有大量的喜鵲和食腐肉的烏鴉在其鳥巢附近被相繼打死，而且被打死的全是雄鳥；他們對這一事實的解釋是，雄鳥在把食物帶給孵卵的雌鳥時比較容易被打死。然而，麥克吉利夫雷根據一位優秀觀察家的資料，舉出一個事例表明，在同一個窩裡相繼被打死的三隻喜鵲都是雌鳥；另外還有一個事例表明，有六隻喜鵲連續被打死，當時牠們都相繼在抱同一窩的卵，從抱窩這一點來看，牠們多數可能是雌鳥；但是，我聽福克斯先生說過，雌鳥一旦被打死，雄鳥就要代之孵卵。

盧伯克爵士的獵場看守人曾反覆地用槍射死了一對松鴉（*Garrulus glandarius*）中的一隻，但不能詳說其射擊次數，射殺一隻以後，總能發現另一隻未亡者又再婚配了。福克斯先生、勃恩德（Bond）先生以及其他人士都曾用槍打死過一對食腐肉的小嘴烏鴉（*Corvus corone*）中的一隻，但其巢很快又有一對鴉住上了。這些鳥類都是相當普通的，但游隼（*Falco peregrinus*）則是罕見的，然而湯普森先生說道，在愛爾蘭「如果其成熟的雄性或雌性在生殖季節中任何一個被打死了（這並非是不常有的事），另一隻配偶在很短幾天內就會被找到，因此，隼鷹儘管有了這類傷亡，肯定還會產出足夠的幼鳥來補充。」詹納．韋爾先生所知道的灘頭堡（Beachy Head）的隼也是如此。同

---

⑤ 關於喜鵲，參閱詹納的論述，見《科學學報》，一八二四年，二十一頁。麥克吉利夫雷，《英國鳥類志》，第一卷，五七〇頁。湯普森，《博物學年刊雜誌》，第八卷，一八四二年，四九四頁。

一位觀察家告訴我說，三隻紅隼（*Falco tinnunculus*），全係雄性，在先後光顧同一鳥巢時都相繼被打死了；其中兩隻都具成熟的羽衣，第三隻則具前一年的羽衣。一位蘇格蘭的可信賴的獵場看守人向伯貝克（Birkbeck）先生保證說，即使是罕見的金雕（*Aquila chrysaëtos*），倘若一對中有一隻被打死了，很快就會找到頂替牠的另一隻。短耳鴞（*Strix flammea*）也是如此，「未亡者很容易找到一隻配偶，雖然射殺不斷進行」。

塞爾伯恩（Selborne）的懷特，即舉出鴞的實例者，進一步說，他知道有一個人相信山鶉的交配會由於雄性的相鬥而受到干擾，所以常常去射死牠們；他雖然幾次使同一隻雌鳥喪偶，但她總是很快地又找到了一個新配偶。同一位博物學家又因麻雀奪去了家燕的巢，命令把前者射殺；但一對中所留下的「不論是雄性或雌性，立刻就會得到一隻配偶，這樣連續進行幾次都是如此」。有關蒼頭燕雀、夜鶯以及紅尾鴝的情況，我還可以補充幾個近似的例子。就紅尾鴝（*Phoenicura ruticilla*）來說，一位作家感到非常驚奇的是，抱窩的雌鳥如何能夠那麼快地做出有效的表示，使雄鳥知其爲寡者而來就之；之所以感到驚奇還因爲附近並不常見這個種鳥。詹納．韋爾先生向我說過一個非常相似的事例；他在布萊克希思（Blackheath）從未見過野紅腹灰雀，也沒有聽過牠的鳴叫，然而當他養在籠子裡的一隻雄鳥死後，一般在幾天之內就會有一隻野生雄鳥飛來棲於喪偶的雌鳥附近，而雌鳥的叫聲並不高。根據同一位觀察家的資料，我還要再舉另一個事實；有一對紫翅椋鳥（*Sturnus vulgaris*），其中之一在早晨被打死，到了中午一個新配偶就被找到了；這一隻又被打死，但到晚上以前這一對又配齊了。因此那個憂傷的寡鳥或鰥鳥在同一天之內就三次得到了安慰。恩格爾哈特（Engleheart）先生也告訴我說，在布萊克希思有一處房屋，椋鳥在這所房屋一個空穴內築巢，幾年以來他常常把配偶的一隻打死，但失去的那一隻的位置總是立刻就會補上。在某一個季節裡，他做了紀錄，發現從同一個巢打死了三十五隻，其中有雌鳥、也有雄鳥，但二者的比例如何，他說不清楚：儘管如此，在經歷了所有這樣災禍以後，一窩鳥還是生育出來了。⑥

這些事實十分值得注意。怎麼會有那麼多的鳥隨時可以立即頂替雄性或雌性任何一方所失去的一個配偶呢？我們在春季所看到的喜鵲、松鴉、小嘴烏鴉、山鶉和其他一些鳥類總是成雙成對的，從未見過牠們是獨身的；乍一看，這種情況是極其複雜的。但是，同一性別的鳥，當然不會眞正地相配，雖然如此，有時也成對或成小群地生活在一起，據知鴿子和鷓鴣的情況即是。有時鳥類還會三隻一組地生活在一起，有人觀察到椋鳥、小嘴烏鴉、鸚鵡和山鶉就是如此。關於山鶉，已知有兩隻雌性和一隻雄性生活在一起以及兩隻雄性和一隻雌性生活在一起。在所有這類場合中，這種結合大概容易破裂；因爲三者之一隨時都會同一隻寡鳥或一隻鰥鳥相配。偶爾會聽到某些鳥類的雄性在過了特定的季節很久以後還縱聲高唱其求愛的歌曲，這表明牠們已經失去或從未得到過一隻配偶。一對配偶中的一隻如死於事故或疾病，就會使另一隻成爲自由而孤單的；有理由相信雌鳥在生殖季節特別容易夭折。此外，巢窩被毀的鳥，或不育的配偶，或發育遲緩的個體，大概都容易誘使其一離去，而且還會出於樂趣和義務去撫養雖非自己所生的後代。⑦這種偶然發生的事情大概可以說明

---

⑥ 關於游隼，參閱湯普森的《愛爾蘭博物學：鳥類》，第一卷，一八四九年，三十九頁。關於梟、麻雀和鷓鴣，參閱懷特的《塞爾伯恩的博物學》，第一卷，一八二五年，第一版，一三九頁。關於紅尾鴝，參閱勞登主編的《博物學雜誌》，第七卷，一八三四年，二四五頁。布雷姆（《動物生活》，第四卷，九九一頁）也提到了鳥類在同一天交配三次的例子。

⑦ 參閱懷特關於在該季節的早期有小群雄鷓鴣存在的著述（《塞爾伯恩的博物學》，第一卷，一八二五年，一四〇

大多數上述事例。⑧儘管如此，在同一地區內，正值生殖季節的高峰期間，成對之鳥損失其一，竟有如此眾多的雄鳥和雌鳥隨時準備補上，也還是一個奇怪的事實。爲什麼這等孤獨諸鳥沒有彼此立刻相配呢？難道我們沒有某種理由來推測，由於鳥類的求偶看來在許多場合中都是一件費時而麻煩的事，所以會偶爾出現某些雄鳥和雌鳥在特定季節內沒有能夠成功地激起彼此的愛情，因而沒有結爲配偶嗎？詹納．韋爾先生就曾做過這樣的推測。當我們看到了雌鳥會偶爾對特殊的雄鳥表示何等強烈的憎惡和偏愛之後，可知這種推測似乎就不那麼不可能了。

鳥類的心理屬性及其對美的鑑賞力

在我們進一步探討雌鳥究竟選擇魅力較強的雄鳥還是接受牠們所可能碰到的頭一隻雄鳥這個

頁），我還聽到過有關這一事實的其他例子。參閱詹納關於某些鳥類生殖器官延緩發育的著述，《科學學報》，一八二四年。關於三鳥同居，詹納．韋爾先生爲我提供了有關椋鳥和鸚鵡的事例，福克斯先生提供了有關鷓鴣的事例，謹此致謝。有關小嘴烏鴉，參閱《田野新聞》，一八六四年，四一五頁。關於各種雄鳥在特定時期過後的歌唱，見詹尼斯牧師的《博物學觀察》，一八四六年，八十七頁。

⑧下述事例是由莫里斯（F. O. Morris）牧師根據尊敬的福里斯特牧師（Rev. O. W. Forester）的權威資料提出的，（《泰晤士報》，一八六八年八月六日），他說：「獵場看守人今年在此發現了一個鷹巢，內有五隻小鷹。他捕殺了其中四隻，留下一隻剪短了翅膀的小鷹作爲媒鳥，用以誘殺老鷹。次日，有兩隻老鷹給小鷹餵食，都被打死了，看守人以爲事情就會至此完結。但第二天他來到那裡，發現又有兩隻慈悲的老鷹懷著收養和救助孤雛的心情到了那裡。他又把牠們打死了，然後離開鷹巢而去。後來他回去時又發現兩隻更加慈悲的老鷹來辦理同樣的慈善事。他用槍打死了其中一隻，另一隻也被打中，但未能找到。此後就再沒有老鷹來做這種徒勞無功的事了。」

問題之前，大致地考察一下鳥類的精神能力將是合宜的。牠們的理智一般被認爲是低等的，這種意見也許是正確的；但還可以舉出導致相反結論的一些事實。⑨然而，低級的理解力與強烈的感情、敏銳的知覺以及對美的鑑賞力是並存的，我們從人類可以看到這種情形；而我們在這裡所要討論的正是後面這些屬性。往往聽說，鸚鵡如此深深地相互依戀，以致有一隻死了，另一隻會長期悲傷憔悴；但詹納·韋爾先生認爲大多數鳥類感情的強度是被誇大了。儘管如此，當配偶的一隻在自然狀況下被打死之後，還會聽到未亡者在此後幾天要發出一種痛苦的鳴叫；聖約翰先生（Mr. St. John）舉出了各種事實來證明已成配偶的鳥類有相互依戀之情。⑩貝內特先生述說⑪，中國所產的美麗鴛鴦，如果其雄性被偷走之後，剩下的雌鴛鴦儘管有另一隻雄鴛鴦在雌性面前顯示其全部的魅力，殷勤地向其求愛，仍然鬱鬱不樂。三週以後那隻被偷走的雄鴛鴦又出現了，於是這一對鴛鴦立即以極大的喜悅彼此認出來了。另一方面，如我們已經見到的，椋鳥同一天內三次失偶，三次換配新偶，

⑨ 下面一段是牛頓教授從亞當先生的《一個博物學家的遊記》（*Travels of a Naturalist*，一八七〇年，二七八頁）中摘錄的。他在談到籠養的鳾（nut-hatches）時說道，日本五十雀通常的食物爲漿果紫杉比較容易破裂的果實，有一次我用榛果代替了這種食物，這種鳥由於不能把榛果弄破，就把榛果一粒一粒地放到水盂裡去，顯然以爲早晚能把它泡軟。——這是有關這種鳥的智力的一個有趣證據。

⑩ 《薩瑟蘭郡遊記》（*A Tour in Sutherlandshire*），第一卷，一八四九年，一八五頁。布勒（Buller）博士說（《紐西蘭的鳥類》，一八七二年，五十六頁），一隻大型長尾雄鸚鵡被打死了；於是雌鳥「表現焦急和鬱鬱不樂，拒絕進食，因過度悲傷而死」。

⑪ 《新南威爾斯流浪記》（*Wanderings in New South Wales*），第二卷，一八三四年，六十二頁。

而感到欣慰。鴿子對地點具有非常卓越的記憶力，據知牠們離開原地九個月後還能飛回，可是，如我聽哈里遜．韋爾先生所說的，如果有一對自然終生匹配的鴿子在冬天被分開少數幾個星期，又分別與其他鴿子相配，那麼，此後把原來那一對鴿子再放到一起時，彼此還能相認者，即使有的話，也是罕見的。

鳥類有時表現有仁慈的感情；牠們餵養甚至屬於不同物種的幼鳥，不過也許應認爲這是一種錯誤的本能。牠們還餵養雙目失明的同種的成年鳥，本書前一部分對此已有所論及。巴克斯頓先生做過一項奇妙的記載，表明一隻鸚鵡照管一隻異種的凍傷了而殘廢的鳥，將其羽毛弄乾淨，保護牠免受其他在花園周圍自由飛翔的鸚鵡的攻擊。更爲奇妙的是，這些鳥對於同夥的歡樂明顯表示了某種同情。當一對白鸚（cockatoos）在一株合歡樹上做巢時，「同種的其他鸚鵡對這件事表示了高度的興趣，其態至爲滑稽可笑」。這等鸚鵡還表現有無限的好奇心，而且明顯地具有「財產和所有權的觀念」。⑫牠們有良好的記憶力，因爲在動物園裡經過幾個月後牠們還能明確地認出以前的主人。

鳥類具有敏銳的觀察能力。已配的每一隻鳥當然都認識其伴侶。奧杜邦說，「模擬畫眉（*Mimus polyglottus*）有一定數量一年到頭都留在路易斯安那（Louisiana），而其餘的那些則向東部各州遷徙；這些鳥一回來馬上就會被其南方同胞認出，而且總要遭到牠們的攻擊。籠養的鳥能辨認不同的人，牠們對某些個人並無明顯原因的強烈而持久的憎惡或喜愛證明了這一點。我聽說過不少關於松鴉、山鶉、金絲雀，尤其是灰雀在這方面的事例。赫西（Hussey）先生描述過一隻馴養的

---

⑫ 巴克斯頓議員（C. Buxton, M. R.）著，《鸚鵡的馴化》（Acclimatization of Parrots），見《博物學年刊雜誌》，一八六八年十一月，二八一頁。

鷓鴣如何奇異地認出了每個人；牠的愛和憎都很強烈。——這隻鳥似乎「喜歡華麗的顏色，誰穿上新上衣或戴上新帽子沒有不引起牠的注意的」。⑬休伊特先生描述過某些鴨的習性（乃野鴨的最近後代），牠們一見陌生的狗或貓來到，就急速縱身入水，竭力逃避；但牠們與休伊特先生的狗和貓如此熟識，甚至臥於其旁晒太陽。牠們見到陌生人就避開，餵養牠們的婦女如果在衣服方面有任何重大改變，牠們也會避開。奧杜邦說，他馴養過一隻野火雞，牠一見到任何陌生的狗總是跑掉；牠曾逃入森林，幾天後奧杜邦以爲他見到了一隻野火雞，就叫他的狗去追牠，當狗追到時卻不攻擊這隻火雞，原來牠們彼此早就是老相識了。⑭

詹納・韋爾先生相信鳥類特別注意其他鳥類的色彩，這有時是出於嫉妒，有時表示彼此是親屬。例如，他把一隻具有黑色頭飾的葦鵐放進他的鳥舍，除一隻紅腹灰雀外，沒有引起任何鳥對這隻新客的注意，而這隻紅腹灰雀的頭同樣也是黑色的。這隻紅腹灰雀很安靜，以前從未和任何同伴爭吵過，包括另一隻頭部尚未變黑的葦鵐在內：但是，這隻黑頭葦鵐受到的虐待如此之凶，以致不得不把牠移走。藍頂雀（*Spiza cyanea*）在生殖季節呈鮮藍色；雖素性溫和，但也攻擊僅頭部呈藍色的藍頂雀（*S. ciris*），甚至把後面這不幸者的頭皮完全剝掉。韋爾先生也不得不把一隻知更鳥從他的鳥舍移走，因爲牠在其中大肆攻擊所有在羽衣上帶有紅色的鳥類，對其他鳥則不攻擊，事實上牠弄死了一隻紅交嘴雀（crossbill），而且幾乎把一隻金絲雀弄死。另一方面，他也觀察到，當把

---

⑬《動物學家》，一八四七—一八四八年，一六〇二頁。

⑭休伊特關於野鴨的著述，見《園藝雜誌》，一八六三年一月十三日，三十九頁。奧杜邦關於野火雞的著述，見《鳥類志》，第一卷，十四頁。關於「模擬畫眉」，參閱上述著作，第一卷，一一〇頁。

某些鳥類首次放進鳥舍時，牠們就飛向那些色彩最像牠們的物種，並落於其旁。

由於雄鳥在雌鳥之前很細心地顯示其漂亮的羽衣和其他裝飾物，所以這等雌鳥欣賞那些求婚者的美，顯然是可能的。然而要獲得有關雌鳥審美力的直接證據卻是困難的。當鳥類注視其鏡中之影時（關於這方面的例子已有許多記載），我們無法肯定這不是出自牠對一個假想競爭對手的嫉妒，雖然有些觀察家的結論與此相反。在其他場合中，要把單純的好奇和鑑賞區別開來也是困難的。正如利爾福（Lilford）爵士所說的，[15]吸引流蘇鷸向任何明亮目標飛去的恐怕就是好奇心，因此在愛奧尼亞群島（Ionian Islands），「牠不顧反覆射擊，急向一塊顏色明亮的手絹飛下」。用一面小鏡子在太陽底下晃動使其閃閃發光，這樣就可以把普通雲雀從天空引至地面而大批捕獲牠們。喜鵲、烏鴉和其他某些鳥類偷藏諸如銀器和珠寶等某些明亮物體，究竟是出於鑑賞還是出於好奇呢？

古爾德先生說，某些蜂鳥「極有品味的」來裝飾其鳥巢外部，「牠們本能地在上面貼上美麗平坦的地衣塊，大者置於中央，小者放在和樹枝相連的地方。不時把一根美麗的羽毛纏結在或黏著於鳥巢外面，把羽梗總是放在適當的位置，以使羽毛凸出於表面之外」。然而，關於審美力的最好證據，還是前面提到的澳洲亭鳥三個屬所提供的。牠們的亭子（圖46）是雌雄二者相聚和進行奇異滑稽表演的場所，其構造各不相同，但與我們的討論最有關聯的乃是幾個物種以不同的方式去裝飾牠們的亭子。薩丁亭鳥收集色彩華麗的物品，諸如長尾鸚鵡的藍色尾羽、漂白的骨頭和貝殼，把它們插於樹枝之間或擺在門口。古爾德先生在一個亭子裡發現了一柄工藝靈巧的石斧和一束藍色棉花，顯然這是從當地土人的一個野營裡取來的。這些物體不斷地被重新擺設，這些鳥在嬉戲時還把它們

---

⑮ 參閱《彩鸛》，第二卷，一八六〇年，三四四頁。

帶來帶去。斑點亭鳥（spotted bowerbird）的亭子「係用高高的草造成，諸草排列整齊美觀，草尖幾乎相碰，而且裝飾物極其豐富」。圓石子被用來把草梗固定於適當的位置，並用它們鋪成一些通往亭子的曲徑。石子和貝殼常常是從遠方運來的。大王亭鳥如拉姆齊（Ramsay）先生所描述的，用五六種漂白的陸貝殼以及「藍的、紅的和黑的各種顏色漿果裝飾其矮亭，這些漿果的外貌在新鮮時非常漂亮。」此外，還有新摘回來的幾片葉子和淡紅色的嫩枝用做裝飾，整個情況表明「牠有一種明確的審美力」，古爾德先生也許說得好：「這等高度裝飾起來的聚會大廈必被認爲是迄今所發現的鳥類建築的最奇異事例」；而幾個物種的這種審美力，如我們所見到的，肯定有所不同。⑯

雌鳥對特殊雄鳥的偏愛

在對鳥類的鑑別力和審美力預先做了以上這些記述後，我將把我所知道的有關雌鳥偏愛特殊雄鳥的全部事例列舉出來。有一點是肯定的，即鳥類的不同物種在自然狀況下會偶然交配並產生雜種。可舉出這方面的許多事例：麥克吉利夫雷述說，一隻雄烏鶇和一隻雌畫眉「彼此多麼相愛」，並產生了後代。⑰關於松雞和雉之間的雜種，幾年前在英國曾記載過十八個事例；⑱但是，大多數這等例子，根據獨身雄鳥找不到本種的雌鳥與之相配這一情況，或者可以得到說明。關於其他鳥

---

⑯ 關於蜂鳥的有裝飾的鳥巢，參見古爾德的《蜂鳥科導論》，一八六一年，十九頁。關於亭鳥參閱古爾德的《澳大利亞鳥類手冊》，第一卷，一八六五年，四四四－四六一頁。拉姆齊，《彩鸛》，一八六七年，四五六頁。

⑰ 《英國鳥類志》，第二卷，九十二頁。

⑱ 《動物學家》，一八五三－一八五四年，三九四六頁。

類，如詹納．韋爾先生有理由相信的那樣，其雜種有時是近巢諸鳥偶爾互相雜交的結果。但這種說法對馴養或家養的異種鳥類的許多見於記載的事例不能適用，牠們雖和本種的同類生活在一起，卻被異種強烈地吸引住了。例如，沃特頓說⑲，有一大群加拿大的白頸雁，共二十三隻，其中一隻雌雁和一隻獨居的伯尼克爾雄雁（Bernicle gander）交配了，儘管牠們的外觀和大小是那樣不同，可是還產生了雜種後代。一隻雄赤頸鳧（*Mareca penelope*）雖和同種的雌性生活在一起，據知卻和一隻針尾鴨（*Querquedula acuta*）交配了。勞埃德描述過一隻雄麻鴨（*Tadorna vulpanser*）和一隻普通母鴨之間的明顯相戀。還可進一步舉出許多例子；狄克遜牧師說，「凡是把許多異種的鵝養在一起的人都很了解牠們彼此之間常常極相依戀，但其原因不明，牠們十分願意和一個顯然跟自己最不相同的族（物種）的諸個體交配，並養育其後代，其情況正如和本種交配一樣。」

福克斯牧師告訴我說，他同時飼養著一對鴻雁（*Anser cygnoides*）和一隻雄的、三隻雌的歐洲普通雁。開始時這兩種鵝的界限十分分明，後來一隻雄鴻雁竟引誘了一隻雌普通雁與之共同生活。尤有甚者，從雌普通雁下的蛋孵出來的小雁只有四隻是純種的，另外十八隻都證明是雜種；因此這隻雄鴻雁的魅力似乎在雄普通雁之上。我只再舉一個例子；休伊特先生說，有一隻圈養的雌野鴨，

⑲ 沃特頓，《博物學論文集》（*Essays on Nat.Hist.*），第二輯，四十二，一一七頁。在以下的敘述中，關於赤頸鳧，參閱勞登主編的《博物學雜誌》，第九卷，六一六頁；勞埃德，《斯堪的納維亞探險記》，第一卷，一八五四年，四五二頁。狄克遜，《有裝飾的家禽》（*Ornamental and Domestic Poultry*），一三七頁；休伊特，《園藝雜誌》，一八六三年一月十三日，四十頁，貝奇斯坦，《籠鳥志》（*Stubenvögel*），一八四〇年，二三〇頁。詹納．韋爾先生最近就鴨的兩個物種向我提供了一個相似的事例。

「與雄野鴨交配繁育了幾年之後，因我把一隻雄尖尾鴨放入水中，她立刻就把雄野鴨甩掉了。這是一個一見鍾情的事例，因爲她在新來者的周圍游來游去，愛撫備至，儘管雄尖尾鴨對此感到驚奇，並厭惡她主動表示的熱情。從此以後，她就把原來的配偶忘掉了。冬季過去之後，到了翌年春天，這時雄尖尾鴨似乎接受了雌野鴨的獻媚，因爲牠們同巢而居並產生了七八隻小鴨」。

在若干這等場合中，除了單純的新奇之外，還會有什麼魅力呢，對此我們甚至無法進行猜測。然而色彩有時會起作用；因爲按照貝奇斯坦的資料，要使黃雀（*Fringilla spinus*）和金絲雀產生雜種，最好的辦法是選擇同樣色彩的這兩種鳥，把牠們放在一起。詹納・韋爾先生把一隻雌金絲雀放進他的鳥舍，那裡原來已有雄朱頂雀、雄金燕雀、雄黃雀、雄金翅雀、雄歐洲蒼頭燕雀以及其他種類的雄鳥，其目的是爲了看看她選擇何者；毫無疑問，當天她就選定了金翅雀，與之交配並產生了雜種後代。

雌鳥選中同種的某一雄鳥並與之交配的事實，似不及我們剛才看到的異種間所發生的這種情況更容易吸引我們的注意。前一情況最適於在家養的或圈養的鳥類中進行觀察；但這些鳥類由於高水平的飼養而吃得過飽，牠們的本能有時受到了極度損害。關於後面那種情況，我可舉出有關鴿子、尤其是雞的充分證據，但無法在此述及。上述某些雜種組合也許可用受損害的本能加以說明；但在許多這種場合中，那些鳥類是允許自由地生活於大水塘中的，所以沒有理由設想牠們會由於高水平的飼養而受到了不自然的刺激。

關於自然狀況下的鳥類，每個人最初和最明顯的設想是，雌鳥在繁殖季節接受她可能遇到的第一個雄鳥；但是，由於雌鳥幾乎總是被許多雄鳥所追求，所以她至少有實行選擇的機會。奧杜邦——我們必須記住他曾長期潛行在美國的森林中，並對鳥類進行觀察——並不懷疑雌鳥審慎地選擇配偶；例如，當他談到一隻啄木鳥時，說道：這種雌鳥有六隻華麗的追求者，牠們不斷做出奇異的滑稽表演，「直到雌鳥對某隻雄鳥表示了明顯的偏愛而後已」。紅翅黑鸝（*Agelaeus phoeniceus*）的雌性同樣被若干雄性所追求，「等到牠們都變得疲乏之後，雌性才落下來接受牠們的求愛並迅速做出選擇」。他還描述過幾隻雄夜鷹如何屢屢以驚人的速度從空中急速下降，而後突然旋轉，這樣便發出一種獨特的聲響；「但雌鳥一做出選擇，其他雄鳥就全被趕走了」。美國有一種禿鷲（*Cathartes aura*），其雌雄二者常有八隻、十隻或更多只在伐倒的木材上聚會，「表示其彼此求悅的最強烈願望」，幾經愛撫之後，每隻雄鳥便偕其配偶飛去。奧杜邦同樣仔細觀察過成群的野生加拿大雁（*Anser canadensis*）並對其求愛的滑稽表演做過圖解描繪；他說，以前有過配偶的雁「早在一月就開始重新進行求偶，而其他未曾有過配偶的雁則每天要花數小時去爭鬥和獻媚，直到所有的鳥似乎對各自的選擇都感滿意爲止，以後，牠們雖然仍聚集在一起，但任何人都可容易地看出牠們是在小心翼翼地保持其配偶。我也觀察過越是年長的鳥其求愛序曲就越短。那些獨身的雄性和老處女，無論是處於抱恨之中或是不在意那種喧鬧的攪擾，而靜靜地走到一旁，臥於遠離其餘諸鳥的地方」。[20]這位觀察家對其他鳥類所做的相似敘述，尚有許多可以引用。

現在讓我們轉來看看家養和圈養的鳥類，我將從我了解得不多的有關家雞求偶的情形開始。我曾收到休伊特先生和特格梅爾先生關於這個問題的長信，並還收到過已故布倫特（Brent）先生一篇將近完成的論文。這幾位先生由於他們已發表的著作而聞名於世，每個人都會承認他們是細心而有經驗的觀察家。他們都不相信雌鳥偏愛某些雄鳥是由於後者羽衣美麗的緣故；但必須對這些鳥類

[20] 奧杜邦，《鳥類志》，第一卷，一九一，三四九頁；第二卷，四十二，二七五頁；第三卷，二頁。

長期被養於人爲狀態下的情況做些考慮。特格梅爾先生相信一隻雄鬥雞雖被刈掉垂肉，拔掉頸羽，以致容貌毀損，但牠仍會像一隻保持著全部自然裝飾的雄性那樣容易地被雌性所接受。然而，布倫特先生承認，雄鳥的美麗大概有助於刺激雌鳥；而雌鳥的默認也是必要的。休伊特先生認爲雌雄二者的結合絕不是單純碰巧發生的，因爲雌性幾乎總是挑選精力最旺盛、最好鬥而且最勇敢的雄性；因此，正如他說的，「如果一隻健康良好而有力的雄鬥雞在那個地點活動，要想進行純種繁育幾乎是無效的，因爲，幾乎每一隻雌雞當離開雞棚時，都會前去找那隻雄鬥雞相會，即使雄鬥雞實際上可能不把和雌雞變種相同的雄雞趕走，也是如此」。布倫特先生向我描述說，在正常情況下家雞的雄性和雌性似乎依靠某些姿勢而達到相互了解。但雌雞對幼小雄雞的過分殷勤，乃常避之。老母雞和性情好鬥的母雞，正如同一位作者告訴我的，不喜歡陌生的雄雞，而且牠在被狠狠打得順從之前，是絕不屈服的。然而，弗格森（Ferguson）描述過一隻好爭吵的母雞如何被一隻上海雄雞溫存的求愛所征服。[21]

有理由相信雌鴿和雄鴿都喜歡和同品種的鴿子交配；普通家鴿對所有高度改良的品種都不喜歡。[22]哈里遜·韋爾先生最近聽一位可信賴的觀察家說，他飼養藍色的鴿，這種鴿把所有其他顏色的變種，諸如白的、紅的和黃的，全都趕走；另一位觀察家也說過，有一隻暗褐色的雌信鴿經過反覆試驗之後，還是不能與一隻黑色雄鴿相配，但同一隻暗褐色的雄鴿馬上就配上了。此外，特格梅爾先生養過一隻雌藍色浮羽鴿（turbit），牠頑固地拒絕和同品種的兩隻雄鴿交配，這兩隻雄鴿曾

---

[21] 《稀有和獲獎的家禽》（*Rare and Prize Poultry*），一八五四年，二十七頁。

[22] 《動物和植物在家養下的變異》，第二卷，一〇三頁。

連續和雌鴿共同關在一起達數週之久；但一放出去，雌鴿馬上就接受了向牠提供的第一隻雄藍色龍鴿（dragon）。由於牠是一種有價值的鴿子，所以把雌鳥和一隻銀色（即很淡的藍色）的雄鴿在一起關了許多星期，最後牠還是和這隻雄鴿交配了。儘管如此，就一般規律而言，羽色對於鴿的交配似乎沒有多大影響。特格梅爾先生根據我的請求，把他養的一些鴿子染上了洋紅，但牠們並沒有引起其他鴿子的很多注意。

雌鴿偶爾也會對某些雄鴿感到強烈憎惡，而無任何明顯原因可言。例如，積有四十五年以上經驗的布瓦塔爾和科爾比說，「當一隻雌鴿厭惡一隻被弄來和牠交配的雄鴿時，儘管雄鴿燃起了愛情的全部火焰，儘管餵以白燕米和大麻仁以增加其情欲，儘管把牠們關在一起達六個月乃至一年之久，這隻雌鴿還是斷然拒絕了雄鴿的求愛。牠的殷勤、牠的挑逗、牠的迴旋表演、牠那溫柔的咕咕叫聲，所有這一切都不能引起牠的喜愛，也不會使牠激動；雌鴿氣鼓鼓地蜷縮於籠子的一角，除了飲水和進食以及對雄鴿的糾纏不休而狂怒的時候，牠總是蹲在那裡不動。」[23]另一方面，哈里遜・韋爾先生親自觀察過而且聽幾位養鴿人說過：一隻雌鴿偶爾會強烈愛上一隻特殊的雄鴿並且爲著牠而拋棄了原來的配偶。另一位富有經驗的觀察家里德爾（Riedel）說[24]，有些雌鴿性情放蕩，牠們幾乎對任何所遇到的雄鳥的喜愛皆勝過對其原有配偶的喜愛。某些好色的雌鴿，被我們英國的鳥類玩賞家稱爲「花花鳥」（gay birds）的，是從事風流豔事的能手，以致必須把牠們關起來以免去搗

㉓ 布瓦塔爾和科爾比，《鴿類》，一八二四年，十二頁。呂卡（Lucas），《自然遺傳的特點》（*Traité de l'Héréd. Nat.*），第二卷，一八五〇年，二九六頁，親自觀察到有關鴿類的幾乎同樣的事實。

㉔ 《鴿的培育》（*Die Taubenzucht*），一八二四年，二十六頁。

亂。

按照奧杜邦的資料，美國的雄野火雞「有時會向家養的雌雞求愛，一般都會受到她們的歡迎」。因此，在野生雄雞和家養雄雞之間母雞們顯然喜歡前者。㉕

這裡還有一個更奇妙的事例。赫倫（R. Heron）爵士曾大量繁育過孔雀，關於牠們的習性，他保存有多年的記載。他說，「雌孔雀常常很偏愛一隻特殊的雄孔雀。牠們都非常偏愛一隻老的雄斑孔雀，有一年牠被關了起來，但仍可以看到，這些雌孔雀經常聚集在這隻雄孔雀的鐵絲籠之旁，而且不容許一隻黑翼雄孔雀去碰牠們。到了秋天，這隻雄斑孔雀被放出來了，於是最老的雌孔雀馬上向牠求愛並獲得了成功。翌年，這隻雄斑孔雀被關進一個馬廄，這時，雌孔雀就全向那隻雄孔雀的一個競爭對手求愛了」。㉖這隻競爭對手乃是雄黑翼孔雀，在我們看來，牠比普通孔雀更美麗。

利希滕施泰因（Lichtenstein）是一位優秀的觀察家，而且有極好的機會在好望角進行觀察，他向魯道菲（Rudolphi）保證說，雄長尾巧織雀在生殖季節飾有長尾羽，如果長尾羽脫落後，雌鳥就會與牠脫離關係。我想他所觀察的這種鳥類一定是圈養的。㉗這裡還有一個近似的例子；維也納動

㉕《鳥類志》，第一卷，一三頁。關於同樣的效果，參閱布賴恩特（Bryant）博士的意見，見艾倫編著的《佛羅里達的哺乳類和鳥類》（*Mammals and Birds of Florida*），三四四頁。

㉖《動物學會會報》，一八三五年，五十四頁。斯克萊特先生認爲黑翼孔雀是一個獨特的物種，並命名爲*Pavo nigripennis*；但在我看來這些證據不過表明牠只是一個變種而已。

㉗魯道菲，《人類學研究》（*Beyträge zur Anthropologie*），一八一二年，一八四頁。

物園主任耶格爾博士（Dr. Jaeger）說，㉘一隻雄白鷳（silver-pheasant）戰勝了所有其他雄鷳而成爲雌鷳所接受的愛侶，可是其羽飾被弄壞之後，牠的位置馬上就被一隻競爭對手頂替了，後者占了上風，然後把整個雉群帶走了。

已經表明色彩對鳥類的求偶是何等重要，因此下述事實値得注意：博多曼（Boardman）先生，一位多年在美國北部從事鳥類收集和考察工作的著名人士，在其廣泛的經歷中從未見過一隻白變鳥與另一隻鳥相配的；雖然他有機會去觀察屬於若干物種的白變鳥。㉙簡直不能肯定，白變鳥在自然狀況下不能繁育，因爲牠們在圈養條件下能夠極其容易地進行繁殖。因此，看來我們必須把牠們沒有相配這一事實歸因於牠們遭到了其正常色彩的同夥所拒絕。

雌鳥不僅實行選擇，而且在少數場合中，還追求雄鳥，或者甚至爲占有雄鳥而互相爭鬥。赫倫爵士說，關於孔雀，最先的求愛總是由雌性進行的；按照奧杜邦的資料，野火雞的年長雌性也是如此。關於松雞，當雄性在一個聚會地點昂首闊步行進時，雌性則在其周圍飛來飛去，吸引雄性注意。㉚我們知道，有一隻馴養的野鴨經過長時間的求偶後，終於將一隻不情願的雄尖尾鴨勾引上

㉘《達爾文學說及其在道德和宗教上的位置》（*Die Darwin'sche Theorie, und ihre stellung zu Moral und Religion*），一八六九年，五十九頁。

㉙這段敘述由利思·亞當斯（A. Leith Adams）先生所提供，參閱他的《田野和森林散記》（*Field and Forest Rambles*），一八七三年，七十六頁，這與他自己的經驗是一致的。

㉚關於孔雀，參閱赫倫爵士的著述，見《動物學會會報》，一八三五年，五十四頁，以狄克遜牧師的《有裝飾的家禽》，一八四八年，八頁。關於火雞，見奧杜邦的上述著作，四頁；關於松雞，參閱勞埃德的《瑞典的獵鳥》，

了。巴特利特先生相信虹雉屬（Lophophorus）和其他許多鶉雞類的鳥一樣，天生是一雄多雌性，但不能將兩隻雌性和一隻雄性關在同一個籠裡，因爲這樣牠們會激烈相鬥。下述有關競爭的例子更加令人驚奇，因爲這是一個敘述紅腹灰雀的例子，而紅腹灰雀通常是終身配偶的。詹納·韋爾先生把一隻顏色暗淡而醜陋的雌鳥引進了他的鳥舍，牠馬上向另一隻已有配偶的雌鳥發動了如此無情的攻擊，以致不得不把後者隔離開。新來的雌鳥盡其愛之能事，最後獲得了成功，因爲牠和那隻雄鳥交配了；但過了一段時間，雌鳥受到了公正的報應，因爲，當其好鬥性停息後，牠就被原來的雌鳥取而代之，於是雄鳥捨棄了新歡而與舊偶重歸於好。

在所有正常場合中，雄鳥對雌鳥是如此熱切以致牠會接受任何一隻雌鳥，就我們所能判斷的來說，雄鳥不會選來選去；但是，如我們今後將要看到的，在少數某些類群中這一規則顯然還有例外。關於家養的鳥類，我聽說過的僅有一例表明，雄性對某些雌性有所偏愛，根據休伊特先生高度具權威的資料，雄雞喜愛年輕母雞勝於喜愛年老母雞。相反地，凡雄雉和普通母雞雜交奏效者，休伊特先生相信，雄雉總是選擇年老的母雞。雄雞似乎絲毫不受雌雞色彩的任何影響，而「其愛情最反覆無常」㉛：由於某種莫名其妙的原因，雄雞對某些母雞表示了斷然的憎惡，繁育者雖想盡力矯正這種毛病，也是枉然。休伊特先生告訴我說，有些母雞即使對本種的雄性也毫無魅力，因此，牠們可能與幾隻雄雞在整個繁殖季節都被關在一起，但所下的四五十個卵竟被證明無一受精者。另一方面，埃克斯特龍（M. Ekström）說，「長尾鴨（*Harelda glacialis*）的某些雌性據說遠比其他雌性

一八六七年，二十三頁。

㉛ 休伊特先生的論述，在《特格梅爾的家禽之書》（一八六六年，一六五頁）中引用。

受到更多的追求。確實可以常常看到一隻雌性被六隻或八隻好色的雄性所包圍」。我不清楚這一敘述是否可靠，但當地獵人射殺這些雌性是爲了把牠們剝製成媒鳥的。㉜

關於雌鳥對特殊雄鳥感到偏愛，必須記住，我們只能用類比方法來判斷雌鳥實行選擇。如果有一位另一星球的居民看見了許多年輕的鄉下人在一處集市上追求一位漂亮姑娘並爲她而爭吵，就像鳥類在一處聚會地點所做的那樣，那麼，他將根據追求者熱心地取悅於姑娘和顯示他們的華麗服飾來推論這位姑娘有選擇的能力。那麼對鳥類來說，實行選擇的證據是這樣的：牠們具有敏銳的觀察能力，而且對色彩和聲音似乎都有某種審美力。有一點是肯定的，即，雌鳥由於未知的原因偶爾會對特殊雄鳥表示最強烈的憎惡和偏愛。如果雌雄二者在顏色或其他裝飾上有所差異，除了很少例外，總是雄鳥裝飾得更美，無論這等裝飾是永久性的或只是在生殖季節暫時表現的，都是一樣。牠們在雌鳥之前孜孜不倦地炫耀各種裝飾，發出鳴聲並進行奇特的滑稽表演。即使武裝良好的雄鳥在大多數場合中也是具有高度裝飾的，雖然牠們的成功完全是按戰爭的法則來決定的；而且牠們獲得這些裝飾乃是以某些能力的損失爲代價。在其他場合中，裝飾物的獲得則是以增加來自猛禽和猛獸的危害爲代價的。各個物種的許多雌雄個體集合於同一地點，而且牠們的求偶是一件費時甚久的事情。由此看來，甚至有理由猜想同一地區內的雄性和雌性在相互取悅和交配方面並非總是成功的。

那麼，根據這些事實和考察我們應做出怎樣的結論呢？雄鳥以如此浮誇的姿態和以如此激烈競爭的手段來顯示其魅力，難道這是毫無目的的嗎？我們相信雌鳥會實行選擇並接受最使她喜愛的那些雄鳥的求愛，難道是不正確的嗎？雌鳥大概不會有意識地進行周密考慮；但那些最美麗的、或最

㉜ 在勞埃德的《瑞典的獵鳥》（二四五頁）中引用。

善於鳴叫的，或最會獻殷勤的雄鳥最能使雌鳥激動，或最能吸引她。無需設想雌鳥會研究色彩的每一條紋或每一斑點，譬如說，無需設想雌孔雀會讚賞雄孔雀華麗尾巴上的每個細節——雌性所受到的大概只是一般影響而已。儘管如此，當聽到雄錦雉多麼仔細地顯示其優美的初級翼羽並將其具有眼斑的羽飾豎起到恰當位置以達到充分的效果之後；或者當聽到雄金翅雀如何交替地顯示其金光閃閃的翅膀之後，我們就不應過於肯定地認爲雌鳥不會注意到美的每個細節。如上所述，我們只能根據類比方法來判斷雌鳥是實行選擇的；而且鳥類的心理能力與我們的並無根本差異。根據這種種考察，我們可以斷言，鳥類的交配並非完全靠機會；在正常情況下那些被接受的，是以其種種魅力最能取悅和引起雌鳥激動的雄鳥。如果這一點得到承認，那麼在理解雄鳥如何逐漸獲得其種種裝飾方面就沒有太多困難了。一切動物都表現有個體差異，而且，正如人類靠著選擇那些他認爲最美麗的個體就能改變其家養的鳥類那樣，雌鳥經常地或者甚至偶爾地偏愛那些魅力較強的雄鳥，幾乎肯定也會導致雄鳥的改變；而這種改變只要同物種的存在不相矛盾，則幾乎可以隨著歲月的推移而擴大到任何程度。

鳥類的變異性尤其是其第二性徵的變異性

變異性和遺傳性是選擇工作的基礎。家養鳥類肯定發生了重大變異，而且牠們的變異肯定是遺傳了的。鳥類在自然狀況下發生了變異而成爲不同的族，這一點現在已得到了普遍承認。[33]變異可

---

[33] 按照布拉西烏斯（Blasius）博士的資料（《彩鸛》，第二卷，一八六〇年，二九七頁），在歐洲繁殖的有四百二十五個眞實的物種，此外還有六十個類型常常被看成爲獨特的物種。關於後者，布拉西烏斯認爲只有十個類

分爲兩類；一類似乎是自然發生的，我們迄今還不能了解其原因，另一類與周圍環境有直接關聯，因此同一物種的一切或幾乎一切個體所發生的變異是相似的。艾倫先生對後一類情況曾進行過仔細觀察，㉞他指出美國鳥類的許多物種越往南方其色彩越逐漸加強，越往西方內陸乾旱平原其色彩則越變淡。其雌雄二者似乎一般都受到了相等的影響，但有時某一性所受到的影響比另一性所受到的爲大。這一結果與下述看法並不矛盾，即，鳥類色彩主要是由於在性選擇作用下的連續變異的積累；因爲，甚至在雌雄兩性已發生了重大分化之後，氣候還可能對雙方產生相等的影響，或者因某種體質差異對某一性產生的影響比對另一性爲大。

同一物種諸成員之間在自然狀況下所發生的個體差異是每個人都承認的。強烈顯著的突然變異則屬罕見；如果這等變異是有益的，牠們是否會常常透過選擇而被保存下來並傳遞給後代，還

型確有疑問，而其餘五十個類型則應歸入親緣關係最近的物種；不過這表明了我們歐洲的某些鳥類必定有相當大的變異量。博物學家們對於一點還肯定不下來，即某些北美鳥類是否與其相應的歐洲物種有區別而列爲不同的物種。還有許多北美類型不久以前被視爲不同的物種，現在則認爲不過是地方族而已。

㉞《佛羅里達東部的哺乳類和鳥類》，以及《堪薩斯鳥類考察》等。儘管氣候對鳥類的色彩有影響，但仍難說明棲息於某些地方的幾乎所有物種何以是暗色的或黑色的，例如赤道下的加拉巴哥群島，巴塔哥尼亞（Patagonia）溫暖的廣闊平原，以及像埃及那樣的地方（參閱哈茨霍恩先生的論述，見《美國博物學家》，一八七三年，七四七頁）。這些地方是開闊的，爲鳥類提供的庇蔭處很少；但具有明亮色彩的物種的闕如是否能用保護原理加以解釋，似乎尚屬可疑。因爲彭巴草原雖爲綠草所覆蓋，卻是同等開闊的，而鳥類也面臨著同等的危險，然而許多具有鮮豔和顯著色彩的物種在彼此卻是常見的。我有時猜想，上述地方的景色普通都是暗淡的，這是不是會影響那裡的鳥類欣賞鮮明色彩。

是一個疑問。㉟儘管如此，舉出少數我所能蒐集的主要有關色彩的例子還是值得一做的，——單純的白化（albinism）和暗化（melanism）則除外。古爾德先生承認只有少數變種存在，乃是人所共知的，因爲他把很輕微的差異評價爲物種的差異；然而他還說，㊱靠近波哥大，闊嘴蜂鳥屬（Cynanthus）的某些蜂鳥分爲兩三個族或變種，牠們彼此的差異在於尾羽的顏色——「有的整個尾羽呈藍色，而其他只有八支中央尾羽的尖端呈美麗的綠色」。在這個場合以及下述一些場合中，似乎沒有觀察到中間的級進。有一種澳大利亞長尾鸚鵡（parrakeets），只有某些雄性的「大腿呈猩紅色，而其他雄性的大腿則爲草綠色」。另外還有一種澳大利亞長尾鸚鵡，「牠們某些個體的翼覆羽上有一鮮黃色橫帶斑，而其他個體的同一部位則爲紅色」。㊲在美國，猩紅色的紅灰雀*（*Tanagra rubra*）的某些少數雄性「在較小的翼覆羽上有一條美麗的紅光閃閃的橫帶斑」；㊳但

㉟《物種起源》，第五版，一八六九年，一〇四頁。我一向見到構造上罕有的和極顯著的偏差，值得稱爲畸形的，很少能夠透過自然選擇被保存下來，甚至高度有利的變異的保存在某種程度上也決定於機會。我還充分理解單純的個體差異的重要性，這引導我如此強烈地主張人類無意識選擇的重要性，其結果是各個品種的最有價值的個體得到保存，而不需要人類事先有任何改變這個品種性狀的意圖。但一直到我讀了《北英評論》上所刊載的一篇有水準的文章以前（一八六七年三月，二八九頁及以後各頁），我沒有看出單獨個體所發生的變異，無論是輕微的或強烈顯著的，被保存下來的機會是何等之多；這篇文章對我極爲有用。

㊱《蜂鳥科導論》，一〇二頁。

㊲古爾德，《澳大利亞鳥類手冊》，第二卷，三十二，六十八頁。

* *Tanagra*來自南美圖皮印第安語，意爲顏色鮮明的鳥，這種鳥是中南美產的一個灰雀類。——譯者注

㊳奧杜邦，《鳥類志》，第四卷，一八三八年，三八九頁。

是，這種變異似乎多少是罕見的，因此牠只有在特殊有利環境下才能透過性選擇而被保存下來。在孟加拉，蜂鷹（*Pernis cristata*）或在其頭頂上有一個小型的痕跡羽冠，或完全沒有：然而，如果不是印度南部的這同一物種具有「由若干漸次變化的羽毛所形成的一個十分顯著的後頭羽冠」，[39]那麼上述那種非常輕微的差異就不值得注意了。

下述事例在某些方面更爲有趣。渡鴉的一個黑白斑變種只限於法羅群島（Feroe Islands）才有，其頭部、胸部、腹部以及翼羽和尾羽的一部分均呈白色。這個變種在該處並不少見，因爲格拉伯（Graba）在訪問那裡期間曾見過八至十隻活標本。儘管這個變種的性狀不十分穩定，卻仍然被幾位著名的鳥類學家定爲一個獨特的物種。這種黑白斑鳥受到島上其他渡鴉大吵大鬧的追求和迫害，這一事實是使布呂尼哈（Brünnich）斷定牠們是一個獨特物種的主要原因；但現在已經知道這是一個錯誤。[40]這個事例與剛剛舉出的下述事例似乎是相似的，即，白化的鳥類由於遭到其同夥的拒絕而不能交配。

在北方海域的各個不同部分都發現有普通海雀（*Uria troile*）的一個顯著變種，而在法羅群島，據格拉伯估計，每五隻鳥中就有一隻發生了這樣的變異。其特徵爲眼睛周圍有一純白色的圈，從白圈向後伸出一條彎曲的白色窄線條，長達一吋半。[41]這個顯著的特徵使幾位鳥類學家把這種鳥

㊴ 傑爾登，《印度鳥類》，第一卷，一〇八頁；以及布賴茨先生的論述，見《陸與水》，一八六八年，三八一頁。

㊵ 格拉伯，《法羅旅遊日記》（*Tagebuch Reise nach Färo*），一八三〇年，五十一—五十四頁。麥克吉利夫雷，《英國鳥類志》，第三卷，七四五頁。《彩鸛》，第五卷，一八六三年，四六九頁。

㊶ 格拉伯，同上著作，五十四頁。麥克吉利夫雷，同上著作，第五卷，三二七頁。

列爲一個獨特的物種，命名爲*U. lacrymans*，但現在已弄清牠不過是一個變種而已。牠常和普通種類交配，然而從未見有中間級進；這也不足爲奇，因爲那些突然發生的變異，如我在別處所指出的，㊷往往是不變地傳遞下去，要不就是完全不傳遞。於是，我們看到同一物種的兩個不同類型可在同一地區共存，我們不能懷疑如果其中某一個類型具有超出另一個類型的任何優勢，則牠就會迅速地成倍增殖起來而把後者排斥掉。例如，如果黑白斑的雄渡鴉不是受其同夥的迫害，而是能夠高度吸引黑色雌渡鴉（像上述黑白斑雄孔雀那樣），那麼牠們的數目就會迅速地增加起來。這大概就是性選擇的一例子。

就同一物種一切成員所共有的輕微個體差異而言，不論其程度大小如何，我們有各種理由可以相信這等差異對於選擇工作是最重要的。第二性徵是顯著易於變異的，無論對自然狀況下的動物還是對家養狀況的動物來說，都是這樣。㊸還有理由相信，如我們在第八章中所看見的那樣，雄性比雌性容易發生變異。所有這等偶然發生的情況都是高度有利於性選擇的。這樣獲得的性狀究竟是傳遞給雌雄中的一性還是傳遞給雌雄兩性，如我們將在下一章看到的，乃決定於遺傳形式。

鳥類雌雄二者之間的某些輕微差異，究竟是單純地由於變異受到了限於性別的遺傳，而不借助於性選擇；還是這等輕微差異透過性選擇的作用而被擴大了，對此難以形成一種見解。我在此沒有論及雄鳥顯示華麗羽彩和其他裝飾物而且雌鳥在這方面也稍有表現的許多事例，因爲這幾乎肯定是由於最先由雄鳥獲得的性狀或多或少地傳遞給雌鳥了。但關於某些鳥類，譬如說，其雌雄二者

㊷《動物和植物在家養下的變異》，第二卷，九十二頁。

㊸ 關於這幾點，再參閱《動物和植物在家養下的變異》，第一卷，二五三頁；第二卷，七十三，七十五頁。

的眼睛在色彩上有輕微差異者，我們又該怎樣來做結論呢？[44]在某些場合中，雌雄二者的眼睛差異顯著；例如黑頸鸛屬（Xenorhynchus）屬的鸛（stork），其雄性的眼睛爲淡黑褐色，而雌性的眼睛則爲橙黃色；我聽布賴茨先生說[45]，雄犀鳥的眼睛呈強烈的豔紅色，而雌性的眼睛則爲白色。關於犀鳥（*Buceros bicornis*），其雄性的頭羽後緣以及喙部凸起上的一道條紋均呈黑色，而雌性並不如此。我們可否假設雄鳥的這等黑色標誌以及眼睛的豔紅色彩係透過性選擇而被保存下來或被擴大的呢？這是很有疑問的；因爲巴特利特先生在倫敦動物園中向我說明，雄犀鳥嘴的內側爲黑色而雌犀鳥嘴的內側則爲肉色；至於牠們的外貌或牠們的美並不受這樣影響。我在智利見過一隻一歲左右的新域鷲（condor），其眼睛虹彩爲暗褐色，到了成年，其雄性的眼睛虹彩就變爲黃褐色，而雌性的則變爲鮮紅色。[46]這種神鷹的雄性還有一個小而長的鉛色肉冠。許多鶉雞類的肉冠都是高度富有裝飾性的，而且在求偶活動中其色彩變得鮮豔；但是，神鷹的鉛色肉冠在我們看來一點也沒有裝飾性，對此我們又該做何解釋呢？關於各種其他性狀，也可以提出同樣的問題，例如鴻雁（*Anser cygnoides*）喙基上的瘤狀物，在雄性就比在雌性大得多。對於這些問題均無法做出確切的回答；但是，我們在假設那些瘤狀物以及各種肉質附器對雌性不會有吸引力時，務必要愼重；如果我們想到未開化人的種種可怕的毀形風俗——面部的深刻傷痕使肌肉凸出而成爲若干肉疙瘩，用細枝或骨頭

㊹ 譬如說，關於管足鳥（Podica）和董雞（Gallicrex）的虹彩，參閱《彩鸛》，第二卷，一八六〇年，二〇六頁；第五卷，一八六三年，四二六頁。

㊺ 再參閱傑爾登的《印度鳥類》，第一卷，二四三—二四五頁。

㊻ 《「小獵犬」號艦航海中的動物學研究》，一八四一年，六頁。

穿透的鼻壁，大大拉開的耳孔和唇孔——全都作爲裝飾而受到讚賞，我們就知道爲什麼在做出上述假設時一定要慎重了。

雌雄二者之間無關緊要的差異，諸如上面所舉出的那些，不管是否透過性選擇而被保存下來，這等差異以及其他所有差異最初一定是由變異法則來決定的。根據相關發育的原理，羽毛常常在身體的不同部位或在全身按照同樣的方式發生變異。我們看到家雞的某些品種在這方面提供了很好的例證。所有這些品種的雄性，其頸部和腰部的羽毛都延長了，因而被稱爲長絨羽（hackles）；那麼，當雌雄二者都獲得了作爲該屬一種新性狀的頂結時，雄性頭部羽毛則變爲長羽狀，這顯然是由於相關原理起的作用所致；而雌性頭部羽毛仍保持正常形狀。構成雄性頂結的長羽在色彩上也常常與頸部和腰部的長羽相關，例如，我們把金斑和銀斑波蘭品種的這等羽毛，以及把霍丹雞（Houdans）*、V形肉冠雞（Crève-caeur）**等品種的這等羽毛，加以比較，就可看出上述情形。關於某些生活於自然界的物種，我們可以觀察到這等相同的羽毛在色彩上完全一樣的相關，例如華麗的金雉和雲實樹雉的雄性就是如此。

各個單獨羽毛的構造一般會致使羽色的任何變化成爲對稱的；我們在家雞的花邊品種、亮斑品種以及條紋品種中可以看到這種現象；根據相關原理，全身羽毛常常是按照同樣方式著色的。因此，我們不必費多大勁就可育出羽色與自然物種一樣對稱的品種來。花邊品種和亮斑品種的羽毛邊緣的顏色，其界限是截然分明的；但是，我用一隻帶有綠色光澤的雄西班牙黑雞與一隻白色雌鬥雞

---

* 法國霍丹地方育成的品種。——譯者注

** 法國品種，黑色，具羽冠。——譯者注

雜交，育成了一個雜種，這個雜種的全身羽毛全是黑中略帶微綠，只有每根羽毛的尖端是白中略帶微黃；不過在每根羽毛白色頂端和黑色基部之間有一個彎曲而對稱的暗褐色區域。在某些事例裡，羽軸決定著羽色的分布範圍；例如，用同一隻雄西班牙黑雞和雌銀斑波蘭雞雜交所育出的一隻雜種雞，其體部羽毛的羽軸及其兩側的一窄條部位全是黑中略帶微綠，它又被一個有規則的暗褐色區域所環繞，其邊緣則系白中略帶微褐。在這些事例中，我們看到羽毛的顏色都是對稱的，就像許多自然物種的情形那樣，這等對稱的顏色使其羽衣增添了無限的華麗。我還注意過普通家鴿的一個變種，其翼部帶斑對稱地環以三種鮮明色調的羽毛，而不像其親種那樣，這等帶斑只是單調地在石板青的底色上呈現出黑色而已。

鳥類有許多類群，其若干物種的羽色雖不相同，但全都保持著一定的點斑、塊斑或條斑。一些鴿的品種也有類似的情況，牠們通常都保有兩條翼帶斑，儘管帶斑的顏色可以是紅的、黃的、白的、黑的或藍的，而羽毛的其餘部分則呈現某種完全不同的色彩。這裡還有一個更爲奇妙的事例：某些斑記的顏色雖然與自然物種的這等斑記的顏色差不多完全相反，但這等斑記仍被保持著；原鴿有一條藍色的尾，其中兩根外尾羽的外部羽瓣位於末端的那一半呈白色；於是出現了一個亞變種，牠的尾部不是青色，而是白色，而且原種呈白色的那一部分顯然變爲黑色的了。㊼

㊼ 貝奇斯坦，《德國博物志》（*Naturgeschichte Deutschlands*），第四卷，一七九五年，三十一頁，關於「僧侶鴿」的一個亞變種之論述。

鳥類羽衣眼斑的形成及其變異性

沒有裝飾物之美勝過各種鳥類羽毛上的、某些哺乳類毛皮上的、爬行類和魚類鱗片上的、兩棲類皮膚上的、許多鱗翅類和其他昆蟲翅膀上的眼斑，因此它們值得特別予以注意。一個眼斑是由一個斑點圍以另一種顏色的圓環所構成的，猶如瞳孔位於虹彩之內一樣，但其中央的斑點往往被附加的若干同心色帶所環繞。孔雀尾覆羽上的眼斑以及孔雀蛺蝶（Vanessa）翅上的眼斑向我們提供了一個人所熟知的例子。特里門先生給過我一份描述一種產於南非的蛾（*Gynanisa isis*）的資料，牠與英國的天蠶蛾有親緣關係，這種蛾每張後翅的全部表面差不多被一個壯麗的眼斑所占滿；這個眼斑含有一黑色中心，其中有一個半透明的新月形斑，其外挨次圍以赭黃的、黑的、赭黃的、桃紅的、白的、桃紅的、褐的以及白的色帶。雖然我們

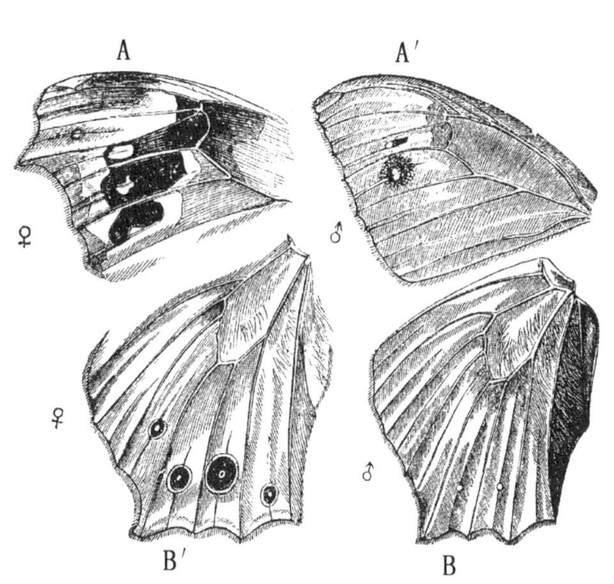

圖53　莉達蝶（*Cyllo leda,* Linn.）

（引自特里門先生的繪圖，表明眼斑有極廣泛的變異範圍）

A. 引自模里西斯的標本，圖示前翅上表面。

B. 引自爪哇的標本，圖示後翅上表面。

A'. 引自納塔爾的標本，同上。

B'. 引自模里西斯的標本，同上。

還不了這等異常美麗而複雜的裝飾物的發展步驟，但其過程似甚簡單，至少對昆蟲類來說是這樣；因爲，正如特里門先生所函告的那樣，「在鱗翅類中作爲單純斑記或色彩的諸性狀，沒有一種像眼斑那樣不穩定的，無論其數目還是其大小都是如此。」華萊士先生最先使我注意到這個問題，他給我看過英國普通草地尺蠖（*Hipparchia janira*）的一套標本，這套標本顯示了由一個簡單的小黑點到一個色調優美的眼斑之間有大量的級進。在同一科中還有一種產於南非的莉達蝶（*Cyllo leda*, Linn.）。其眼斑甚至更容易變異。牠的一些標本（圖53，A）的翅膀上表面大部分作黑色，其中有不規則的白色斑記；從這種狀態到一個相當完善的眼斑（A'）之間，可以追蹤出一套完整的級進這個完善的眼斑乃是由不規則色斑的收縮而形成的。在另一套標本中，從非常小的一些白斑點環以勉強看得見的黑線這種狀態（B）到一個完全對稱的大眼斑（B'）⑱之間也可以找出牠們的級進。在與此相似的一些場合中，一個完善眼斑的發展並不需要一個變異和選擇的長過程。

關於鳥類以及其他許多動物，根據親緣相近的物種比較的結果，似乎圓斑的產生常常是由於條紋的斷裂和收縮。就紅胸角雉來說，其雌性身上模糊不清的白線正是相當於雄性身上那些美麗的白斑點；⑲在錦雉的雌雄二者身上也可觀察到多少類似的情況。不論其形成原因如何，牠的外觀支持了下述信念；即，從一方面來看，一個黑點往往是因有色物質從周圍區域向中心點收縮而成，因而其周圍區域的顏色因此變淡；從另一方面來看，一個白點則往往是因有色物質從一中心點被驅散而

⑱ 這幅木刻係由特里門先生根據一幅美麗的繪圖爲我製成的，謹此致謝；再參閱他對這種蝴蝶翅膀的色彩和形狀變異的非常變異量的描述，見其所著《非洲和澳洲的蝶類》（*Rhopalocera Africae Australis*），一八六頁。

⑲ 傑爾登，《印度鳥類》，第三卷，五一七頁。

成，因而其周圍區域由於有色物質的集聚而加深。無論在哪一種場合中，其結果都會導致一個眼斑的形成。這等有色物質的量大概差不多是固定的，但它既可向心地也可離心地重新分布。普通珠雞（guinea-fowl）的羽毛提供了一個良好的例子，表明白色的斑點環以較暗的色帶；凡是在白色斑點既大而彼此接近的地方，則周圍的暗色諸帶就會融合在一起。在錦雉的同一根翼羽上既可觀察到黑色斑點爲一淡色帶所環繞，又可觀察到白色斑點爲一暗色帶所包圍。因此，一個最基本狀態的眼斑的形成看來是一件簡單的事情。至於進一步還要經過那些步驟才能產生那些更爲複雜的、依次環以許多層色帶的眼斑，我不敢妄加評說。但是，不同顏色的家雞所產生的雜種，其羽毛具有色帶，並且鱗翅類昆蟲的眼斑具有異常大的變異性，這兩種情況可以引導我們做出下列結論：眼斑的形成並不是一個複雜的過程，而是決定於相鄰組織的性質所發生的某種輕微而逐漸的變化。

第二性徵的級進

級進的情況是重要的，因爲它向我們表明了高度複雜的裝飾物可由一些連續的小步驟而獲得。爲了發現任何現存鳥類的雄性獲得其華麗的色彩或其他裝飾物所經過的實際步驟，我們就應該追溯其滅絕的祖先的悠久系譜；但這顯然是不可能做到的。然而，一般我們可以用比較同一類群所有物種的方法——如果它是一個大類群的話，找到一點頭緒；因爲它們之中有些大概還會保存、至少部分地保存其以往性狀的痕跡。在各個類群中固然有一些關於級進的顯著事例可舉，但爲了避免討論那些煩瑣的細節，最好的辦法似乎是對一兩個非常典型的事例加以研究，例如孔雀的事例，看看這樣是否可以說明這種鳥的裝飾經過了怎樣步驟而變得如此華麗。雄孔雀之所以引人注目，主要在於其尾覆羽特別長；而尾羽本身並沒有延長多少。幾乎沿著尾羽全長的尾枝都是分離的或分解的；但

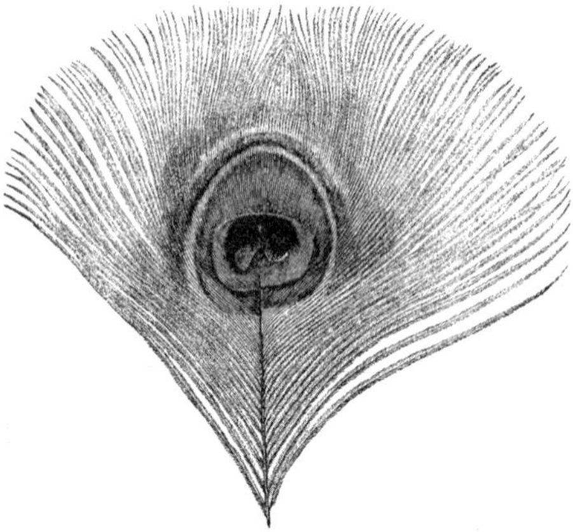

圖54　孔雀的羽毛，福特（Ford）先生繪，透明的環帶以最外面的白色環帶代表之，只限於圓盤的上端

許多物種的羽毛以及家雞和家鴿的羽毛也是如此。這些羽枝向羽幹的末端合攏而形成一個橢圓形的圓盤或眼斑，它肯定是世界上最漂亮物體之一。它包含一個閃光的、深藍色的鋸齒狀中心，環以一層鮮綠的色帶，其外又環以一層銅褐色的寬色帶，在這層寬色帶外面又環以五層彼此略有不同的閃光的窄色帶。在圓盤上有一種微小的性狀值得注意；沿著某一同心環帶的羽枝或多或少地都缺少小羽枝，所以圓盤的一部分被一個幾乎透明的環帶所圍繞，使它具有一種非常精緻完美的外觀。不過我在別處也曾描述過[50]雄鬥雞的一個亞變種，其頸部長羽的變異與上述情形完全相似，具有金屬光澤的這種長羽頂端，「由一個對稱形狀的透明環帶把它與其下的羽毛隔開，這個透明環帶系由羽枝的無毛部分構成的」。眼斑的藍黑中心的下緣或底部在羽幹線上成深鋸齒形。周圍的色帶同樣顯露了缺刻甚至破裂的痕跡，如圖54所示。這些缺刻是印度孔雀（*Pavo cristatus*）和爪哇綠孔雀（*P. muticus*）所共有的，鑒於這等缺刻與眼斑的發展可能有關係，似乎值得特別注意；然而長期以來我未能猜出其意義何在。

[50]《動物和植物在家養下的變異》，第一卷，二五四頁。

如果我們承認逐漸進化的原理，那麼在孔雀那特別長的尾覆羽和所有普通鳥類的短尾覆羽之間；還有，在孔雀那壯麗的眼斑和其他鳥類的比較簡單的眼斑或僅僅是有色的斑點之間，必定有許多體現了每個連續步驟的物種存在過，至於孔雀的所有其他性狀亦復如此。讓我們透過親緣相近的鶉雞類來看一看今天依然存在的任何級進。團花雉的物種和亞種所棲息的地方與孔雀的原產地相毗鄰；牠們與孔雀如此相似，以致牠們有時也叫做孔雀雉（peacock-pheasants）。巴特利特先生也向我說過，團花雉在鳴聲和某些習性方面也與孔雀相似。如上所述，其雄性於春季期間，在色彩相對平淡的雌性之前大搖大擺地走來走去，展開並豎起牠們的尾羽和翼羽，其上裝飾著大量的眼斑。我請讀者再看一下前面那幅團花雉的圖（圖51）。拿破崙團花孔雀雉（*P. napoleonis*）身上的眼斑只限於尾羽才有，其背部呈華麗的藍色，具金屬光澤；這個物種在這些方面都接近於爪哇孔雀。哈德團花孔雀雉（*P·hardwickii*）有一個特殊的頂結，與爪哇孔雀的頂結多少相似。所有物種的翼眼斑和尾眼斑不是圓的就是橢圓的，這種眼斑含有一個閃光的藍綠色或紫綠色的美麗圓盤，圓盤的周圍環以黑色的邊緣。這個黑色邊緣在成吉思團花孔雀雉（*P. chinquis*）身上逐漸向外變爲褐色，鑲著淡黃的邊，因此這裡的眼斑是由各種不同色調的、但不明亮的同心色帶環繞著。團花雉另一個顯著的性狀是牠的尾覆羽特別長；因爲在某些物種中其尾覆羽爲眞尾羽的一半長，在另外一些物種中，其長度爲眞尾羽的三分之二。其尾覆羽就像孔雀那樣地具有眼斑。這樣，團花雉的幾個物種在其尾覆羽的長度、眼斑的環帶以及其他一些性狀方面都明顯地向著孔雀逐漸接近。

儘管有這種接近，但我檢查的第一個團花雉的物種幾乎使我放棄這方面的探索；因我不僅發現其眞尾羽裝飾著眼斑——孔雀的眞尾羽則完全沒有這種裝飾，而且其所有羽毛的眼斑都與孔雀的眼斑有根本差異，在團花雉的同一根羽毛上有兩個眼斑，各居羽幹的一側（圖55）。因此，我斷定孔

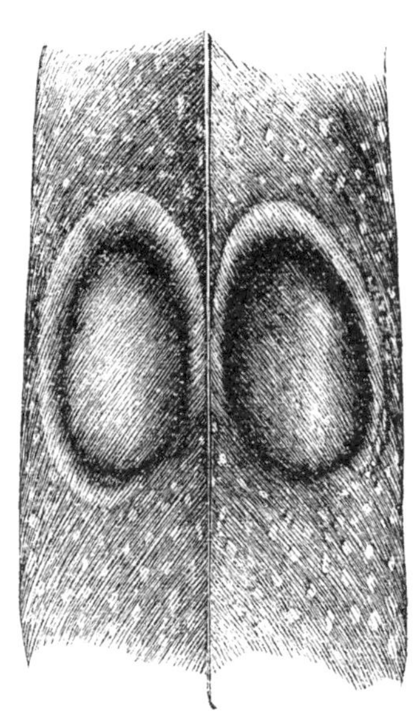

圖55　成吉思團花孔雀雉的尾覆羽局部，其上有兩個眼斑，原大

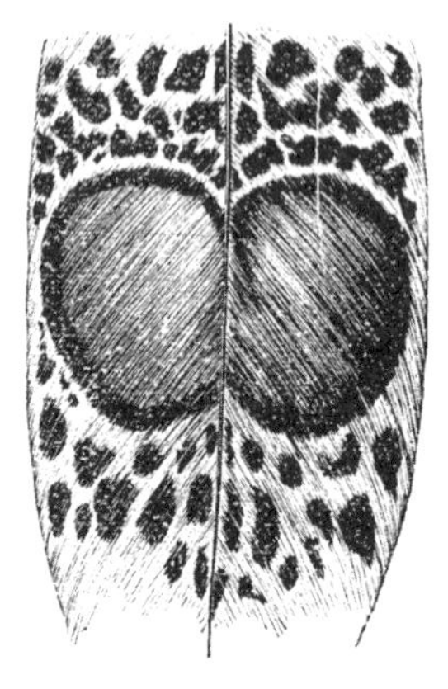

圖56　麻六甲團花孔雀雉（*Polyplectron malaccense*）的尾羽局部，具有兩個眼斑，原大，部分地融合在一起

雀的早期祖先不能和團花雉相似。但隨著我的研究繼續深入，我觀察到某些物種的那兩個眼斑彼此挨得很近；在哈德團花雉的尾羽上它們相互接觸了；而且這同一物種尾覆羽上的以及麻六甲團花孔雀雉（*P. malaccense*）尾覆羽上的兩個眼斑終於實際上融合在一起了（圖56）。由於融合起來的只是中央部分，因此在上下兩端都有一個缺刻，其周圍的色帶同樣也有缺刻。一個簡單的眼斑就這樣在每根尾覆羽上形成了，雖然它還明顯地表現著兩個眼斑的來源。這等融合而成的眼斑和孔雀的單個眼斑之間的差異在於前者的上下兩端都有缺刻，而不像後者那樣只在下端或底端才有缺刻。然而，這種差異並不難以說明；關於團花雉的某些物種，其同一根羽

毛上的兩個卵形眼斑彼此平行；其他物種（如成吉思團花孔雀雉）的那兩個眼斑則向一端收斂；那麼這兩個收斂的眼斑的局部融合將會在岔開的一端比在收斂的一端明顯地留下一個深得多的缺刻。如果這種收斂極其顯著而且融合得完全，那麼在收斂一端的缺刻就會趨於消失。

有兩個孔雀的物種，其尾羽完全沒有眼斑，這顯然與牠們被長的尾覆羽所掩蓋有關係。在這一點牠們與團花雉的尾羽顯著不同，大多數團花孔雀雉的尾羽上的眼斑都大於尾覆羽上的眼斑。因此，這引導我對若干物種的尾羽進行了仔細檢查，其目的在於發現牠們的眼斑是否有任何消失的傾向；使我感到很滿意的是，情況似乎正是這樣。拿破崙團花雉的中央尾羽在羽幹的兩側各有一個充分發達的眼斑；但越靠外邊的尾羽其內側的眼斑就越來越不顯著，到了最外邊的那根尾羽，其內側眼斑就只剩下了一個暗影或痕跡而已。此外，麻六甲團花孔雀雉（*P. malaccense*）尾覆羽上的那兩個眼斑，就像我們已經看到的那樣，融合起來了；而且這等尾覆羽特別長，竟達尾羽長度的三分之二，因此在這兩方面麻六甲團花孔雀雉都與孔雀接近。那麼，在麻六甲團花孔雀雉中，只有兩根中央尾羽有所裝飾，每一根中央尾羽有兩個色彩明亮的眼斑，所有其他尾羽的內側眼斑則全消失了。結果，團花雉這個物種的尾覆羽和尾羽在構造和裝飾這兩方面都很接近於孔雀的相應羽毛。

按照級進原理既然可說明孔雀獲得其華麗尾羽所經歷的步驟，那麼幾乎不需要再多談什麼了。如果我們給自己勾畫出一個孔雀的祖先，牠幾乎完全處於一種中間狀態，介乎現存孔雀和一種普通鶉雞類的鳥之間，前者具有大大延長了的並裝飾著單個眼斑的尾覆羽，而後者的尾覆羽則是短的，其上僅有某一種顏色的斑點，那麼我們將會看到一種與團花雉相似的鳥——這就是說，這種鳥具有能豎起和展開的尾覆羽，其上裝飾著兩個局部融合起來的眼斑，牠的尾覆羽特別長，幾乎足可以把尾羽掩藏起來，而尾羽上的眼斑已部分地消失了。兩個孔雀種的眼斑中心圓盤的缺刻及其周圍色帶的缺刻都明顯地表明它們與這個觀點是吻合的，否則這種缺刻就無法得到解釋。團花雉的雄性無疑是美麗的鳥，但從稍遠的地方去看，牠們的美就無法與孔雀相比了。許多雌孔雀的祖先，在其由來的悠久系統中必定欣賞這等優越性，因爲透過對最漂亮雄性的不斷選擇，牠們已無意識地使雄孔雀變成了現存鳥類中的最佼佼者。

錦雉

另一個可供研究的極好事例乃錦雉翼羽上的眼斑，其色彩濃淡適宜，令人驚異，猶如鬆鬆地置於穴中的諸球，因而和普通眼斑有所不同。我想沒有人會把這種曾激起許多有經驗藝術家讚歎的色調歸因於偶然——即有色物質的原子之偶然彙集。如果認爲這等裝飾物的形成是透過對許多連續變異的選擇，而其中沒有一種變異打算產生「球與穴」的效果，那麼這種說法之不可信，猶如認爲拉斐爾（Raphael）所畫聖母瑪利亞像是由於對青年藝術家長期連續的亂塗胡抹所進行的選擇的結果，而其中沒有一位藝術家曾經最初打算過去畫人體像的。爲了發現眼斑是如何發展起來的，我們無法追溯其悠久的祖先系統，也無法考察其許多親緣密切相近的類型，因爲牠們目前已不復存在了。但幸運的是，某些翼別足可以給我們提供一個解決問題的線索，它們可以證明從一個簡單的斑點逐漸發展成一個像「球與穴」那樣精緻完美的眼斑至少是可能的。

具有眼斑的翼羽布滿黑色條紋（圖57）或數行黑色斑點（圖59），每根條紋或每行斑點皆自羽幹外側斜趨向下而達於一個眼斑。那些斑點一般延長成一條線而橫過其所在的那一行。它們往往會合起來，使其所在的那一行連成一線——這時便形成了縱條紋——或是橫向會合，即由相鄰諸行的斑點會合起來，這時便形成了橫條紋。有時一個斑點會分裂爲若干小斑點，這些小斑點仍位於其固

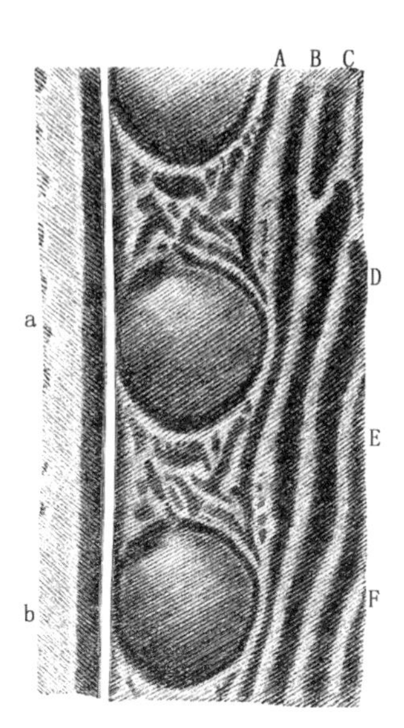

圖57　綿雉次級翼羽的一部分，圖示兩個完整的眼a和b、A、B、C、D等乃暗色條紋，斜趨向下各至一個眼斑（羽幹兩側的羽瓣尤其是在羽幹左側者，大部分被去掉了）

有的位置。

爲方便起見，我們先描述一個形似「球與穴」的完整眼斑，這種眼斑包含一個漆黑的圓環，圓環之內的部分著色濃淡非常適宜，使其恰似一個球。這裡刊出的圖係由福特先生精巧繪製的，而且雕刻甚佳，不過一幅木刻圖是無法顯示出原來優美色調的。這個圓環差不多總是略有破裂或中斷（見圖57），中斷之處在上半部的某一點，位於球外白影上方略偏右之處；有時圓環也在右側靠基部處破裂。這等小破裂具有一種重要意義。圓環靠左上角處總是大大變粗，這裡的邊緣界限模糊不清，這根羽毛是直豎的，其位置如圖所示。在變粗的那一部分下面，有一道幾乎純白的傾斜斑記位於球的表面，往下顏色逐漸變淡，先變成一種鉛灰色，再變成黃色，而後爲褐色，於是朝著球的下部再徐徐地越變越黑。正是這種色調當光線照射到一個凸面時便產生了如此令人讚歎的效果。如果檢查一下其中的一個球，就會看到其下部係褐色，它與上部被一條斜曲線所模糊地分開，上部顏色較黃，鉛色也較深；這道斜曲線與白色光塊的長軸、確實也與所有色調的長軸相垂直；當然這種顏色差異是不能在木刻圖上表現出來的，但這種顏色差異一點也不妨礙這個球的完整色調。特別要加以觀察的是，每個眼斑都和一根黑條紋、要不就和一縱行黑斑點明顯地相連，因爲二者都出現於同一根羽毛之上，並無差別，如

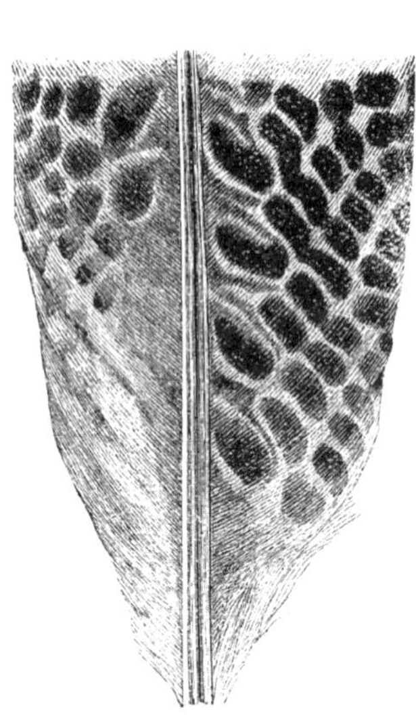

圖58　次級翼羽的基部，最靠近身體的部位。

圖57所示，條紋A走向眼斑a；條紋B走向眼斑b；條紋C的上部斷裂了，它走向下一個眼斑，但在木刻圖上沒有表示出來；條紋D又走向更下的一個眼斑，條紋E和F則照此類推。最後，這幾個眼斑彼此被一個帶有不規則黑色斑記的淡色表面所分開。

其次我將描述這個系列的另一極端，即一個眼斑的最初痕跡。那些短次級翼羽（圖58）最靠近身體的部分就像其他羽毛那樣，具有斜走的、縱向的、不甚規則的數行顏色很暗的斑點。其下方五行（最下一行除外）的基部斑點，即距羽幹最近的斑點，比同行的其他斑點略大並在橫的方向略長。它和其他斑點的差別還表現在其上部邊緣是以某種模糊的暗黃色調爲界的。但這個斑點在任何方面並不比許多鳥類羽衣上的那些斑點更惹人注目，因而容易被忽略掉。在它上方的那個斑點和同行上部的其他斑點就完全沒有差別了。短次級翼羽的這等較大的基部斑點所在的位置正是較長翼羽的完整眼斑所在的相應位置。

透過對依次的另外兩三根翼羽的觀察，可從剛剛描述的那個基部斑點以及在它上面的那個同一行斑點到一個不能稱爲眼斑的奇妙裝飾物——由於還沒有更好的名稱，所以我命名它爲「橢圓裝飾物」，可以追蹤出一個絕對不知不覺的級進過程。所有這些都在圖59中示明。我們在這裡看到具有平常性狀的幾行斜趨的暗色斑點A、B、C、D等（參閱右側的文字圖解）。每行斑點都下趨至一個橢圓裝飾物並與之相連，其方式正與圖57所示的每根條紋下趨至一個形似「球與穴」的眼斑並與之相連的情況完全一樣。拿任何一行來看，譬如圖59的B行，其最下方的斑點b比它上面的那些斑點更粗，而且長得多，其左端變尖並向上彎曲。這個黑斑的上邊突然出現一個具有鮮豔色調的寬闊部分，始於一條褐色狹帶，然後逐漸變爲橙色，由橙色又逐漸變爲一種淡鉛色，其向羽幹的那一端顏色還要淡得多。這等濃淡具備的色彩充滿了橢圓裝飾物的整個內部。斑記（b）在每個方面都與上一節（圖58）所描述的簡單羽毛的那個濃淡適宜的基部斑點相當，只不過是發達得更爲高度、而且色彩更爲鮮明而已。這個斑點的右上方色調鮮明，那裡有一個屬於同一行的窄而長的黑斑（c），稍微向下彎曲，正好與（b）相對。這個黑斑有時斷裂爲兩個部分。其下部邊緣也是窄的，呈暗黃色。c的左上方尚有另一個黑斑（d），亦居於同一傾斜的方向，但總是或多或少地不同於c。這個斑記一般爲亞三角形，而且形狀不規則，但這個圖解中所示的，它異常地窄而長並且是規則的。它顯然包含斑點（c）已斷裂的橫向延長部分，以及與之會合的上面那個斑點已斷裂的延長部分；但關於這一點我還不能肯定。這三個斑記b、c和d，以及它們之間的明亮色調一起構成了所謂的「橢圓裝飾物」。這些裝飾物與羽幹平行，其位置明顯地與那些形似「球與穴」的眼斑的位置相當。我們無法從圖中來欣賞其非常優美的外觀，因爲橙色和鉛色與黑斑之間的襯托如此之美，那是無法從該圖顯示出來的。

在橢圓裝飾物和形似「球與穴」的完善眼斑之間有如此完整的級進，以致幾乎不可能決定應該何時使用眼斑這一術語才是。從前者過渡到後者是這樣來完成的，即，下面的黑斑（圖59，b）伸長並朝上彎曲，尤其是上面的黑斑（c）更爲如此，同時那個伸長的亞三角形，即那個狹斑（d）收縮，所以這三個斑記最後會合在一起，形成一個不規則的橢圓環。這個環逐漸變得越來越圓，越來越規則，同時擴大了其直徑。我在此提供一幅按天然大小畫下來的一個尚未十分完善的眼斑圖

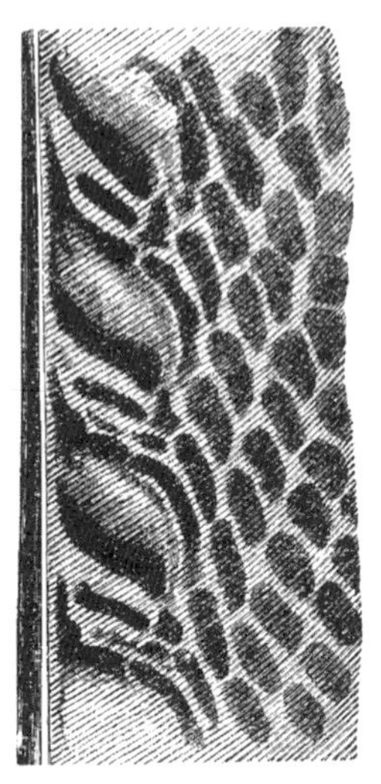

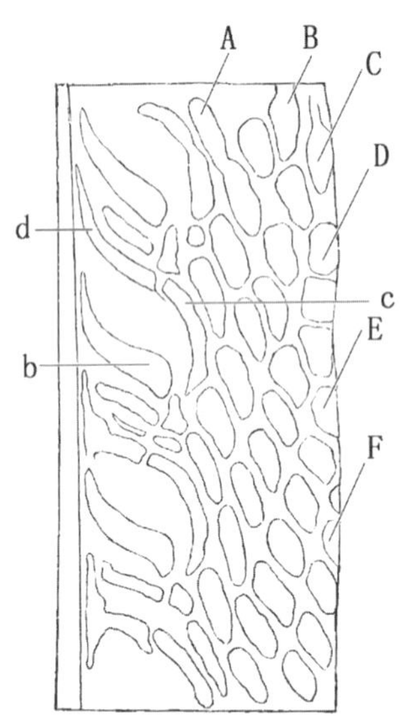

圖59　一根次級翼羽靠近身體的部分，示明所謂的「橢圓裝飾物」。右圖僅為文字說明的圖解：A、B、C、D等分別代表下趨的諸斑點行列以及形成的橢圓裝飾物。

b. 爲B行最下方的斑點或斑記；c. 同一行中的次一斑點或斑記；d. 顯然是同一B行的斑點C已經斷裂的一個延長部分。

（圖60）。黑環的下部比橢圓裝飾物（圖59，b）的下部斑記彎曲得多。黑環的上部包含兩三處分開的部分；形成白影上方那塊黑斑的部位只有一點變粗的痕跡。這白影本身尚未十分集中；而且在其下方的表面比一個形似「球與穴」的完整眼斑的色彩更爲明亮。即使在最完善的眼斑中，也可以觀察到形成圓環的那三四個伸長的黑斑的接合。這個不規則的亞三角形或狹斑（圖59，d），透過它的收縮和均等化，明顯地在形似「球與穴」的完善眼斑的那個白影上方形成了圓環的加粗部分。圓環的下部總是比其他部分略粗一些（見圖57），這是由於橢圓裝飾物的下部黑斑（圖59，b）原來就比其上部的黑斑（c）爲粗。會合和改變的過程所經歷的每個步驟都能被追查出來；圍繞圓形眼斑的黑環無疑是由橢圓裝飾物的那三個黑斑b、c、d所形成的。相鄰眼斑之間的那些不規則的彎曲黑斑顯然都是由

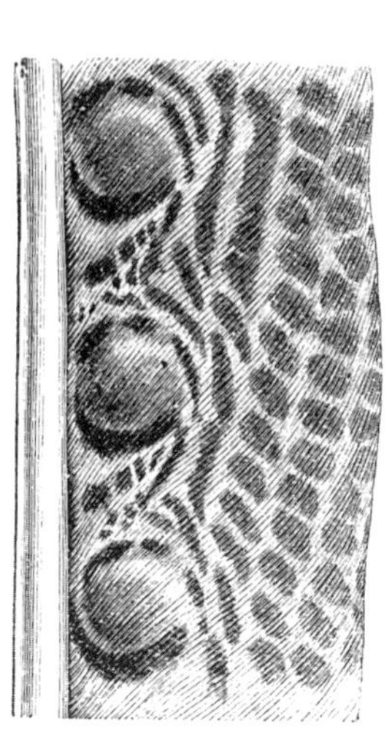

圖60　一個中間狀態的眼斑，介於橢圓裝飾物和形似「球與穴」的完善眼斑之間

於橢圓裝飾物之間的那些較爲規則、但彼此相似的黑斑破裂所成。

形似「球與穴」的眼斑，其色調形成的連續步驟也同樣可以清楚地被追查出來。那些褐色的、橙色的和淡鉛色的狹帶構成了橢圓裝飾物下部黑斑的界線，可以看到它們的顏色變得越來越弱並且逐漸融合起來，上面顏色較明亮的那一部分靠左角越益變得明亮，以致幾乎變成白色，同時也更加收縮。如上所述，甚至在形似「球與穴」的最完善眼斑中，還可以察覺出球的上部和下部之間在色彩上有一種輕微差異，雖然並非色調上的差異；球的上部和下部的分界線是斜的，其傾斜的方向正如橢圓裝飾物的具有明亮顏色的光影的方向。於是可以闡明，形似「球與穴」的眼斑在形狀和顏色上的幾乎每一個細節都是來自橢圓裝飾物的逐漸變化；而且從兩個差不多是簡單的斑點的結合，透過同等的小步驟，可以追蹤出橢圓裝飾物的發展過程，居於下方的那個斑點的上部邊緣呈暗淡的黃褐色。

具有形似「球與穴」的完善眼斑的次級長羽末端都有特別的裝飾（圖61）。那些斜的縱條紋向上突然中止並相互混合起來；在這個界限之上的整個羽毛上端（a）布滿了白色小點，圍以黑色小環，位於暗色背景之上。屬於最上眼斑（b）的斜條紋僅僅成爲一個很短的不規則黑斑，仍具有平常那樣的橫向彎曲的底部。由於這個條紋是那樣突然地斷掉了，因此我們根據前面所發生的一切，也許能夠理解這個圓環上方的加粗部分是如何在這裡消失的；因爲，如上所述，這個加粗部分顯然

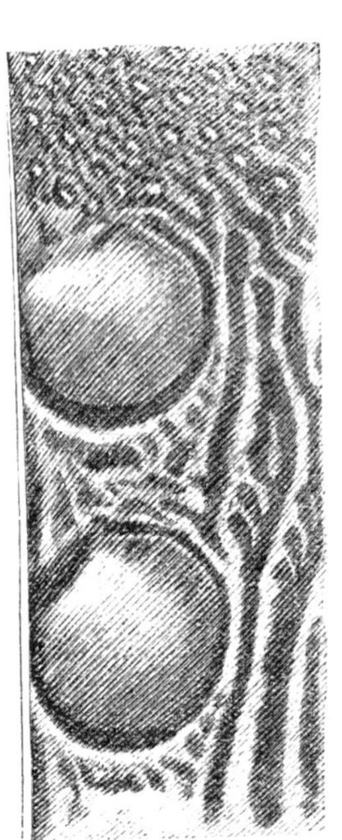

圖61　一根具有形似「球與穴」完善眼斑的次級翼羽近末端的部分

a. 具有裝飾的上部；b. 最頂端的形似「球與穴」的不完善眼斑（眼斑頂端的白色斑記光影在這裡顯得太暗了點）；c. 完善的眼斑。

與上面那個較高斑點已斷裂的一個延長部分存在著某種關係。由於圓環上部加粗部分的闕如，最高的那個眼斑儘管在其他所有方面都是完善的，但其頂端好像斜斜地被削去了一塊。我想，任何一個人如果認爲錦雉的羽衣一創造出來就像我們現在所看到的那樣，那麼在他說明最高眼斑的不完善狀態時就會感到困惑。我應該再做一點補充，即距離身體最遠的那些次級翼羽上的所有眼斑都比其他羽毛上的眼斑爲小，而且較不完善，其圓環的上部闕如，恰如剛才提到那種情況一樣。這種不完善的情況在此似乎與下述事實有關，即，這種羽毛上的斑點會合成條紋的傾向比通常的情況爲小；相反，它們往往斷裂成較小的斑點，所以有兩三行斑點走向同一個眼斑。

現在留下來的還有一個很奇妙的問題值得注意，這是伍德（Wood）先生首先觀察到的。[51]伍德先生給過我一張照片，其上爲一個進行誇耀自己的人工製作標本，可以看到其垂直舉起的羽毛上

[51]《田野新聞》，一八七〇年五月二十八日。

諸眼斑的白色斑記皆在上端或最遠的一端，也就是對著上方，這一白色斑記呈現著從一凸面反射出來的光線；當這隻鳥在地面上誇耀自己時光線自然是從上面照射下來的。但妙處就在於此：牠的外部羽毛保持著幾乎水平的狀態，其眼斑所處的位置似乎應該適於接受來自上方的光照，因而那個白色斑記應該位於眼斑的上側；它們的位置果然如此，眞是令人不可思議！因此，若干羽毛上的眼斑就光線而言雖處於很不相同的位置，但看來好像光線都是從上方照射的一般，恰如一位美術家給它們塗上了濃淡適宜的色彩一樣。儘管如此，它們並非嚴格地從同一點接受光照，像它們應該表現的那樣；因爲保持幾乎水平狀態的羽毛上諸眼斑的白色斑記位置過於接近較遠的一端；也就是說它們並非完全橫向的。無論如何我們無權期望透過性選擇所獲得的具有裝飾性的那一部分是絕對完善的，正如透過自然選擇所獲得的具有實際用途的那一部分也不是絕對完善的一樣；例如，像人類眼睛那樣奇妙的器官亦復如此。我們都知道亥姆霍茲（Helmholtz）——關於這個問題的歐洲最高權威——對人類眼睛說了些什麼；他說，如果一位光學儀器商賣給他的儀器粗製濫造得像人類眼睛那樣，他大概會認爲自己有充分的正當理由去退貨。[52]

我們現在已經看到從一個簡單斑點到形似「球與穴」的奇妙裝飾物之間可以追蹤出一個完整的系列。古爾德先生給過我一些這種羽毛，盛情可感，關於這個級進的完整性，他完全同意我的意見。同一隻鳥的羽毛所顯示的發展階段顯然完全沒有必要向我們表明這個物種的滅絕祖先在發展過程中所經歷的步驟；但是，牠們大概向我們提供了有關這個實際步驟的線索，至少牠們證明了漸次

---

[52] 《科學問題通俗講演集》（*Popular lectures on Scientific Subjects*），英譯本，一八七三年，二一九，二二七，二六九，三九〇頁。

的級進是可能的。如果沒有忘記雄錦雉如何小心翼翼地在雌鳥之前誇示其羽衣，而且如果沒有忘記前此所舉的許多事實，證明雌鳥會偏愛更有魅力的雄鳥，那麼凡是承認性選擇在任何情況中都會發生作用的人，就不會否認一個簡單的暗黃褐色斑點透過相鄰的兩個斑點的接近和變異，再加上顏色的稍微變深，就可以變爲一種所謂的橢圓裝飾物。曾把這等橢圓裝飾物給許多人看過，他們莫不承認它們是美麗的，有的人甚至認爲它們比形似「球與穴」的眼斑更美麗。由於次級羽毛透過性選擇而變長了，又由於橢圓裝飾物的直徑加大了，因此它們的顏色顯然變得較不鮮明了；於是，勢必透過樣式和色調的改進而獲得羽衣的裝飾性；這個過程繼續進行不已，直到最後發展爲奇妙的形似「球與穴」的眼斑爲止。這樣我們就能理解——在我看來用別的方法都不能理解——錦雉翼羽裝飾物的現在狀態及其起源。

根據級進原理所提供的說明——根據我們所知道的變異法則——根據我們許多家養鳥類所發生過的變化——最後，根據幼鳥未成熟的羽衣性狀（對此我們以後將會看得更清楚）——我們有時能夠以某種程度的自信來示明雄鳥獲得其鮮豔羽衣以及各式各樣的裝飾物所經歷的大致步驟；但在許多場合中我們還是完全處於黑暗之中的。古爾德先生若干年前曾向我指明，有一種名叫白尾梢蜂鳥（*Urosticte benjamini*）的，以雌雄二者之間的奇特差異而著稱。其雄性除了有一個華麗的新月形頸飾外，還有黑綠色尾羽，其中四根中央尾羽的尖端爲白色；其雌性和大多數親緣相近的物種一樣，其每側三根外尾羽的尖端爲白色，因此這種白色尖端的尾羽，雄性有四根是在中央而雌性有六根是在外側。使這種情況更加奇妙的是，儘管許多蜂鳥種類的雌雄二者的尾羽顏色有顯著差異，但除了白尾梢蜂鳥屬（*Urosticte*）以外，古爾德先生再也不知道有任何物種的雄性具有四根白色尖端的中央尾羽。

阿蓋爾（Argyll）公爵評論這一情況時竟完全忽略了性選擇，並且問道，「對這等特殊的變種，自然選擇法則能夠給予什麼解釋呢？」他的回答是，「什麼都解釋不了」；[53]我完全同意他。但這種看法能夠令人信服地用於性選擇嗎？鑒於蜂鳥類的尾羽有如此多方面的差異，爲什麼那四根中央尾羽不應該單在這一個物種中發生變異從而獲得其白色的尖端呢？這等變異可能是逐漸的或者是突發的，像最近所舉出的波哥大附近蜂鳥類的例子就是如此，這個例子表明「中央尾羽尖端呈豔綠色者」僅爲某些個體。我注意到白尾梢蜂鳥屬的雌性的那四根黑色中央尾羽，其外側兩根有極細小的或殘跡的白尖；因此我們在這裡便有了關於這個物種羽衣的某種變化跡象。如果我們承認雄性的中央尾羽有變白的可能性，那麼關於這等變異係出於性選擇，就毫不足怪了。這種白色羽尖以及白色小耳簇毛，正如阿蓋爾公爵所承認的，肯定會增添雄性的美貌；而白色顯然是其他鳥類所欣賞的顏色，這從雪白的雄鈴鳥的情況可以推論出來。赫倫爵士所做的敘述不應忘記，他說，如果禁止他的雌孔雀與雄斑孔雀接近，那麼前者就不同其他任何雄孔雀交配，因而在那個季節就沒有後代產生出來。白尾梢蜂鳥屬的尾羽異變乃是專門爲了裝飾而受到選擇，並不是奇怪的事。因爲該科中緊挨著的下一個屬就是由於牠的華麗尾羽而取得了輝尾蜂鳥屬（Metallura）這個名稱。此外，我們還有良好的證據可以證明蜂鳥特別盡力地誇示其尾羽；貝爾特先生[54]描述了白頸蜂鳥（*Florisuga mellivora*）的美麗之後說道，「我見過停息在一條樹枝上的這種雌鳥，而且有兩隻雄鳥在雌鳥面前誇示其魅力。一隻雄鳥像火箭似的向上飛去，然後突然展開其雪白的尾羽，猶如一隻倒置的降落

---

[53]《法則的支配》，一八六七年，二四七頁。

[54]《博物學家在尼加拉瓜》，一八七四年，一一二頁。

傘，徐徐地降到雌鳥的面前，順序回轉，展示其全身的前前後後。……其展開的白色尾部遮蓋了身體的下餘部分還有餘，當進行這種表演時，其容貌顯然是壯麗的。在一隻雄鳥降落的同時，另一隻雄鳥就會向上突飛，展開其尾羽，徐徐下降。這場表演將以兩個表演者的相鬥而告終；但究竟是最美麗的還是最勇敢的成爲被接受的求婚者，我還弄不清楚。」古爾德先生在描述了白尾梢蜂鳥屬的特殊羽衣之後，接著說道：「我本人一點也不懷疑其唯一的目的乃是爲了裝飾和變異。」[55]如果承認了這一點，我們就能看出原先以最優美和最新奇的方式來裝飾自己的雄性，在與其他雄性的競爭中，而非在正常的生存鬥爭中，將會獲得一種優勢，而且會留下較大數量的後代來繼承其新獲得的美貌。

[55]《蜂鳥科導論》，一八六一年，一一〇頁。

第十五章　鳥類的第二性徵（續二）

我們在本章所探討的是，爲什麼許多鳥類的雌性沒有獲得和雄性一樣的裝飾；另一方面，爲什麼其他許多鳥類的雌雄二者都有一樣的或幾乎一樣的裝飾？在下一章，我們將探討有關雌鳥的色彩比雄鳥的更爲顯著的少數事例。

在我的《物種起源》一書中，[1]我曾簡略地提到過雌孔雀如果具有雄孔雀那樣的長尾，在孵卵時大概不會方便，而且雌松雞如果具有雄松雞那樣的顯著黑色，在孵卵時大概會招致危險；結果，透過自然選擇這些性狀從雄性向雌性後代的傳遞就會受到抑制。我原來認爲這種情況還可能在少數事例中出現：但對我所能收集到的全部事實加以深思熟慮之後，我現在傾向於相信，如果雌雄二者有所差異，一般說來其連續變異的傳遞一開始就只限於首先出現這種變異的那一性別。自從我發表了這個見解以來，華萊士先生在他寫的一些很有趣的論文中探討了這個性別色彩的問題，[2]他相信幾乎在所有情況中，那些連續變異在最初都傾向於相等地傳遞給雌雄二者，只不過雌鳥透過自然選擇避免了獲得雄鳥的顯著顏色，不然的話，雌鳥在孵卵期間就會因此招來危險。

爲了說明這個見解，需要對一個難題進行冗長的討論，即，最初由雌雄二者所承繼的一種性

① 《物種起源》，第四版，一八六六年，二四一頁。

② 《威斯敏特評論》，一八六七年七月。《旅遊記》（*Journal of Travel*），第一卷，一八六八年，七十三頁。

狀，此後是否能夠透過自然選擇只限於向某一性別傳遞。我們必須記住，正如在最先討論性選擇的第八章中所表明的，那些只限於在某一性別發育的性狀在另一性別總是潛伏的。下面這個假想的例證將會最好地幫助我們去理解這個問題的難點：我們假設有一位鳥類玩賞家希望育出一個鴿品種，僅使這個品種的雄鴿具有淡藍色而讓雌鴿保持其原有的石板青色。由於鴿的各種性狀通常都是相等地傳遞給雌雄二者，因此這位玩賞家就必須試著把後面這種遺傳形式轉變爲限於性別的傳遞。他所能做的全部事情無非是百折不撓地把每隻稍微具有淡藍色的雄鴿選擇下來；如果長期堅持進行這種選擇，而且，如果這種淡藍色變異得到強烈的遺傳或常常重現，那麼這種選擇過程的自然結果大概可以使他的整個鴿群都具有一種較淡的藍色。但我們這位玩賞家將被迫一代又一代地使其淡藍色雄鴿與石板青色雌鴿進行交配，因爲他希望使後者仍保持石板青色。其結果一般是育出許多雜色的雜種，而更可能是淡藍色迅速而澈底地消失；這些因爲原始的石板青色將以優勢的力量傳遞下來。然而，假設在連續的每一個世代中都產生了一些淡藍色的雄鴿和石板青色的雌鴿，並且總是彼此雜交，那麼石板青色的雌鴿，如果我可以用下面方式來表達的話，就會在雌鴿們血管裡有大量的藍色血液，因爲牠們的父代、祖代等全都是藍色的鳥。在這種情況下可以想像得到（儘管我不知道有什麼顯著的事實可以說明這是可能的），石板青色雌鴿所獲得的淡藍色的潛伏傾向是如此強烈，以致不會破壞其雄性後代的淡藍色，而其雌性後代仍會承繼石板青色。果眞如此，那麼育成一個雌雄二者的色彩永不相同的品種這個所要求的目的就會達到。

上述場合中所要求的性狀，即淡藍色這個性狀，雖然在雌鴿方面處於潛伏狀態，但它的存在還是極端重要的，毋寧說是必不可少的，這樣，雄鴿的淡藍色就不致惡變，下述情況將使這一點得到最好的說明：銅色雉（Soemmerring's pheasant）雄性的尾羽長達三十七英寸，而雌性尾羽的長度僅為八英寸；普通雄雉的尾羽長約二十英寸，而其雌性尾羽的長度為十二英寸。那麼，如果具有短尾的雌銅色雉與普通雄雉進行雜交，毫無疑問其雄性雜種後代的尾羽將會比普通雉純種後代的尾羽長得多。另一方面，普通雌雉的尾羽比雌銅色雉的尾羽長得多，如果前者與雄銅色雉進行雜交，那麼其雄性雜種後代的尾羽就會比銅色雉純種後代的尾羽短得多。③

我們的玩賞家為了育成一個這樣的新品種：其雄鴿為淡藍色，其雌鴿保持原色不變，他必須在許多世代中連續對雄鴿進行選擇；而且顏色變淡每一階段都必在雄性方面固定下來，並且使其在雌性方面潛伏下來。這將是一項極其困難的工作，從未有人試過，但卻是可能實現的。其主要障礙大概是，由於必須與石板青色雌鴿反覆進行雜交，而後者一開始就沒有產生淡藍色後代的任何潛伏傾向，則淡藍的色調將在早期內完全消失。

另一方面，如果有一兩隻雄鴿出現了非常輕微的淡藍色變異，而且這種變異從一開始就只限於傳遞給雄性一方，那麼要育成一個預期類型的新品種的工作大概就會容易了，因為只要簡單地選擇這種雄鴿並使之與普通雌鴿交配就可以了。實際上有一個類似情況曾經出現過，因為在比利時有些鴿的品種只有其雄性才具有黑色條紋。④再者，特格梅爾先生最近指出，⑤龍鴿（dragons）產生了

---

③ 特米克（Temminck）說，雌銅色雉（*Phasianus soemmerringii*）的尾羽只有六英寸長，參閱《彩色版畫》（*Planches coloriées*），第五卷，一八三八年，四八七和四八八頁；以上面列舉的資料是斯克萊特先生為我測得的。關於普通雉，參閱麥克吉利夫雷的《英國鳥類志》，第一卷，一一八—一二一頁。

④ 夏普伊（Chapuis）博士，《比利時信鴿》，一八六五年，八十七頁。

⑤ 《田野新聞》，一八七二年九月。

不少銀色的鴿，這等鴿幾乎都是雌的；他自己就育成了十隻這樣的雌鴿。反之，如果育成一個銀色的雄鴿，那就是一件很特殊的事情了；因此如果願意的話，沒有比育成一個龍鴿品種——其雄性爲藍色、其雌性爲銀色——更爲容易的了。這種傾向的確是非常強烈的，因而當特格梅爾先生最後獲得了一隻銀色雄鴿並使牠與一隻銀色雌鴿進行交配時，他期望獲得雌雄二者都是這等色彩的一個品種，但他失望了，因爲雄幼鴿復現其祖代的藍色，只有雌幼鴿呈銀色。毫無疑問，只要有耐心，用偶爾出現的銀色雄鴿與銀色雌鴿進行交配，這樣育成的雄鴿，其返祖傾向還是可以排除的，於是雌雄二者的色彩便是同樣的了；埃斯奎蘭特（Esquilant）先生在銀色浮羽鴿的情況中成功地實現了這一過程。

至於家雞，其傳遞只限於雄性的那些顏色變異是經常發生的。當這種遺傳形式居於優勢時，大概常常會發生下述情況：即，有些連續變異也會傳遞給雌雞，於是這等雌雞就會與雄雞稍微相似，如某些品種實際上所發生的情況那樣。此外，大多數的但並非全部的連續變異可能傳遞給雌雄二者，於是雌性就會與雄性密切相似。雄球胸鴿（pouter）比雌球胸鴿的嗉囊大不了多少並且雄信鴿比雌信鴿的垂肉大不了多少，其原因無可懷疑地正在於此；因爲玩賞家們所選擇的某一性並不比另一性爲多，而且沒有任何意圖使這等性狀在雄性方面比在雌性方面表現得更爲強烈，儘管這兩個品種的情況正是如此。

如果期望育成一個只是雌性具有某種新色彩的品種，那麼就必須遵循同樣的過程，而且會遇到同樣的困難。

最後，我們的玩賞家也許希望育成一個這樣的品種：其雌雄二者彼此不同，而且和親種也不相同。在這種情況中要想獲得成功是極其困難的，如果那些連續變異一開始在雌雄雙方都有性別限制，那麼大概就不會有什麼困難。我們在家雞中可以看到這種情況；例如條斑漢堡雞的雌雄二者彼此大不相同，而且與原始祖先原雞（*Gallus bankiva*）的雌雄二者也不相同；於是靠著連續選擇，其雌雄二者在其優秀標準上都保持了穩定；除非雌雄二者的獨特性狀在傳遞上有所限制的話，那麼這種連續選擇就幾乎是不可能的了。

西班牙雞提供了一個更加奇妙的事例：其雄性有一個巨大的肉冠，這一性狀係透過連續變異的積累而獲得的，但有些連續變異似乎已傳遞給了雌性；因爲牠的肉冠比親種雌性的肉冠要大許多倍。但雌性的肉冠和雄性的肉冠在某一點上有所不同，因爲雌性的肉冠容易垂下；最近玩賞家決定使牠永遠如此，並迅速獲得成功。現在肉冠下垂這一性狀在傳遞上必定有性別限制，否則它就會制止雄性肉冠的完全直立，而每個玩賞家對此都感到厭惡。另一方面，其雄性肉冠的直立也必定同樣是有性別限制的一種性狀，否則它也會制止雌性肉冠的下垂。

根據以上說明，我們知道即使有幾乎不受限制的可以自由支配的時間，透過選擇把一種傳遞方式改變爲另一種方式，也是極端困難而複雜的、也許是不可能實現的過程。因此，無論在什麼情況中，若無顯著的證據，我不願承認自然物種會完成這一過程。另一方面，憑藉一開始在傳遞上就有性別限制的連續變異，要使一隻雄鳥在顏色或其他任何性狀方面和雌鳥大不相同，就不會有絲毫困難了；同時雌鳥仍保持不變，或稍有改變，或爲了保護自己而發生特殊改變。

由於鮮明的色彩有助於雄鳥與其他雄鳥進行競爭，因此這等色彩無論是否專門向同一性別傳遞，都會受到選擇，結果，可以期望雌鳥往往會程度不同地分享雄鳥的鮮明色彩；很多物種都發生過這種情形。如果所有連續變異都相等地傳遞給雌雄二者，則雌性和雄性就沒有區別；許多鳥類所發生的情況正是如此。然而，如果暗淡的色彩對於雌鳥在孵卵期間的安全是高度重要的話，例如許多地棲鳥類（ground birds）的情況，那麼那些色彩變得鮮明的雌鳥，或那些透過遺傳從雄鳥方面繼承了任何顯著鮮明色彩的雌鳥，遲早都不免於毀滅。但是，雄鳥把自身的鮮明色彩傳遞給其雌性後代已經歷了無限長的時期，要想消除這種傾向，就必須透過遺傳方式的改變；這，正如我們前面的例證所表明的那樣，大概是極端難的。假設同等地向雌雄二者傳遞的方式占主導地位，那麼那些色彩比較鮮明的雌鳥長期不斷遭到毀滅的更加可能的結果將是色彩鮮明的雄鳥的減少或覆滅，這是由於雄鳥，與色彩比較暗淡的雌鳥不斷進行雜交的緣故。要一一列舉所有其他可能的結果會令人厭煩；但我願提醒讀者注意一點，如果雌鳥發生了有性別限制的鮮明色彩的變異，即使這等變異並沒有給牠們帶來絲毫損害，因而也沒有使牠們覆滅，可是牠們仍然不會因此受益或受到選擇，這是因爲雄鳥通常會接受任何一隻雌鳥，並不選擇更有魅力的個體；結果這等變異就容易消失，而對於這個族的性狀並不會發生多大影響；這有助於我們解釋雌鳥的色彩爲何普遍都比雄鳥的色彩暗淡。

在第八章曾舉出過一些事例，表明諸變異在不同年齡出現者，亦於後代的相應年齡遺傳之，在此還可以對此等事例做許多補充。牠們還表明在生命晚期發生的變異通常都是傳遞給最先出現這種變異的那一性別；而在生命早期發生的那些變異則傾向於傳遞給雌雄雙方；並非對受得性別限制的一切傳遞事例都能這樣給予解釋。上述事例進一步表明，如果一隻雄鳥在幼小時發生了色彩更加鮮明的變異，那麼這等變異在達到生殖年齡之前是沒有用處的，而到了生殖年齡，雄鳥之間就會發生競爭。但是，生活於地面的鳥類通常都需要暗淡的色彩作爲保護，在這種場合中，鮮明的色彩對於沒有經驗的幼小雄鳥比對於成年雄鳥更加危險得多。因此，那些發生鮮明色彩變異的幼小雄鳥就會受到大量損害並透過自然選擇而覆滅；另一方面，那些在接近成熟期發生這樣變異的雄鳥，儘管處於更多的危險之中，但仍會活下去，而且由於透過性選擇得到了利益，牠們的種類就會繁衍起來。

由於在變異的時期和傳遞的方式之間往往存在著一種關聯，因此，倘若具有鮮明色彩的幼小雄鳥遭到了毀滅而且具有鮮明色彩的成熟雄鳥在求偶方面獲得了成功，那麼就只有雄鳥會獲得鮮明色彩並把這種性狀專門傳遞給其雄性後代。但我絲毫沒有堅持認爲年齡對傳遞方式的影響乃是許多鳥類雌雄二者在鮮明顏色方面存在著巨大差異的唯一原因。

當鳥類的雌雄二者在顏色上有所差異時，令人感到有趣的是，決定這等差異究竟是因爲只有雄鳥在性選擇作用下發生了變異而雌鳥保持不變呢，還是因爲雄鳥只是部分地和間接地發生了這種變化呢；或者，是否因爲雌鳥在自然選擇作用下爲了保護自己而發生了特殊變異呢。因此，我將用一定的篇幅來充分討論這個問題，從其內在的重要性來看，我的討論也許過於充分，因爲只有這樣才可以便利地對各個並行的奇妙問題進行考察。

在我們討論色彩問題、尤其是有關華萊士先生的一些結論之前，用同樣觀點先討論一下某些別的性差異，也許是有用處的。以前在德國有一個家雞品種[6]，其雌性有足距，是很好的產卵雞，但牠們的足距對於雞窩的損壞如此之大，以致不能允許牠們去孵自己的卵。因此，有一個時期我以爲野生鶉雞類（Gallinaceae）雌性足距的發展大概透過自然選擇而受到了抑制，這恐怕也是由於其足距給雞窩造成了損壞的緣故。從下述事實看來，這一點就似乎完全可能了，即，由於翼距在孵卵期間不會給鳥窩造成損壞，因此雌鳥翼距往往和雄鳥翼距一樣地發達；儘管在不少場合中雄鳥翼距略大。如果雄鳥具有足距，雌鳥幾乎總是表現有足距的殘跡，——這個殘跡物像在原雞屬（Gallus）中那樣，有時僅僅是由一個鱗片構成的。因此，有人會爭辯說，雌雞原來都具有十分發達的足距，

⑥ 貝奇斯坦，《德國博物志》，一七九三年，第三卷，三三九頁。

不過後來由於不使用或自然選擇作用而消失了。但是，如果承認這個觀點，就得把它引申到其他無數事例，而這意味著現存的有距物種的雌性祖先曾一度受到一種有害附器的拖累。

在少數某些屬和物種中，諸如山鷓屬（Galloperdix）、團扇雉（Acomus）以及爪哇綠孔雀（*Pavo muticus*），其雌性和雄性一樣都有十分發達的足距。根據這一事實我們是否可以推論說雌鳥們所造的巢不同於其近親物種所造的巢，這種巢不容易受到牠們的足距的損壞，所以牠們的足距並沒有因此消失呢？或者我們是否可以假設這幾個物種的雌性特別需要足距以保衛牠們自己呢？一個更爲可能的結論是，雌鳥足距的存在和闕如都是占有主導地位的不同遺傳規律所造成的結果，而與自然選擇無關。關於足距以殘跡狀態出現的許多雌鳥，我們可以斷定，透過連續變異，雄鳥的足距發達了，其中少數連續變異是在雄鳥的生命很早時期發生的，結果傳遞給了雌鳥。另外有些雌鳥的足距也是充分發達的，關於這非常罕見的事例，我們可以斷定全部的連續變異都傳遞給了雌鳥；而且牠們逐漸獲得了並遺傳了不弄壞其鳥巢的習性。

雌雄二者的發音器官和經過種種改變以便發音的羽毛，以及運用這等器官的固有本能，往往彼此有所差異，但有時是彼此相同的。能否用下述原因來說明這等差異呢？即，雄鳥獲得了這些器官和本能，而雌鳥並不遺傳它們，以免引起猛禽或猛獸的注意而處於危險之中。每當我們想起大量的鳥類在春天無憂無慮地以其鳴聲給鄉村帶來歡樂時，就覺得這個原因似乎是不可能的。⑦較爲可靠的一個結論是，由於聲樂器官和器樂器官的特別用途在於雄鳥的求偶，所以這些器官是透過性選擇

---

⑦ 然而，戴恩斯．巴林頓認爲會鳴唱的雌鳥只有少數，可能是因爲這種本事在其孵卵期間會招來危險（《科學學報》，一七七三年，一六四頁）。他進一步說，用類似的觀點可能說明雌鳥的羽飾何以劣於雄鳥的羽飾。

並在雄性中不斷使用而發展起來的——其連續變異以及使用的效果從一開始就或多或少地只限於傳遞給雄性後代。

還有許多相似的事例可以引證；諸如雄鳥頭上的羽飾一般比雌鳥的長，有時二者的長度相等，偶爾雌鳥頭上缺少羽飾，——這幾種情形竟在鳥的同一類群中發生。用下述說法很難解釋雌雄二者之間的這等差異，即認爲雌鳥的冠毛小於雄鳥的冠毛對雌鳥來說是有利的，因而透過自然選擇牠的冠毛縮小了或完全受到抑制了。但是，我將舉一個有關尾羽長度的更好事例。如果雌孔雀具有雄孔雀那樣的長尾羽，在其孵卵期間以及伴隨幼者期間不僅使牠不方便而且會給牠招來危險。因此，牠的尾羽的發育透過自然選擇而受到抑制，在演繹上並非一點也不可能。各種雌雉在其開放的鳥巢中所面臨的危險顯然與雌孔雀所面臨的一樣大，但前者仍具有相當長的尾羽。琴鳥（*Menura superba*）的雌性和雄性一樣，也具有長長的尾羽，牠們還修造了一種有圓頂的鳥巢，這種鳥巢對於如此大型的一種鳥來說是一種重大的反常現象。雌琴鳥在孵卵期間如何處理牠的長尾羽曾使博物學家們感到疑惑；但是，現在已經知道，「入巢時頭部在先，然後轉過身來，牠的尾羽有時彎在背上，但更常見的是彎在身邊。一到這樣的時候，雌鳥的尾羽就變得十分歪斜，這是一個忍受痛苦的標誌，表明這種鳥的孵卵期間很長」。⑧一種澳洲翠鳥（*Tanysiptera sylvia*）的雌雄二者都具有大大變長的中間尾羽，其雌性造巢於穴中；我聽夏普先生說，這等尾羽在孵卵期間變得非常彎曲。

在後面這兩種情況中，尾羽的巨大長度在某種程度上一定對雌鳥是不方便的；這兩個物種的雌鳥的尾羽或多或少地短於雄鳥的尾羽，因此有人也許會爭辯說，雌鳥尾羽的充分發展透過自然選擇

---

⑧ 拉姆齊先生，《動物學會會報》，一八六八年，五十頁。

受到了阻止。但是，如果雌孔雀尾羽的發展只是在牠變得不方便或危險性增大時才被阻止，那麼牠保留的尾羽，大概要比牠實際有的尾羽長得多；因爲，按尾羽和體型大小的比例來說，雌孔雀的尾羽並沒有像許多雌雉的尾羽那樣長，也不長於雌火雞的尾羽。還必須記住，按照這個觀點來說，一旦雌孔雀的尾羽長度達到招致危險的地步，因而牠的發展受到抑制時，牠大概就會不斷地對其雄性後代發生作用，這樣就要阻止雄孔雀獲得其現在那樣華麗的長尾羽。因此，我們可以推斷說，雄孔雀尾羽之長和雌孔雀尾羽之短都是雄孔雀必然發生的變異的結果，而這些變異從一開始就只傳遞給其雄性後代。

有關雉的各個物種的尾羽長度，也會引導我們做出幾乎相似的結論。藍馬雞（*Crossoptilon auritum*）雌雄二者的尾羽長度是相等的，即十六英寸或十七英寸長；雄普通雉的尾羽長約二十英寸，雌普通雉的尾羽長爲十二英寸；雄銅色雉的尾羽長爲三十七英寸，而雌銅色雉的尾羽長僅八英寸；最後，雄中國雉（Reeve's pheasant）尾羽的實際長度有時竟達七十二英寸，而雌中國雉的尾羽長度僅爲十六英寸。這樣，姑置若干物種的雄鳥尾羽不論，雌鳥尾羽的長度也有巨大差異；在我看來，這種差異可以用遺傳法則——即，連續變異從一開始就或多或少緊密地限於傳遞給雄性一方——得到解釋；這比用自然選擇的作用——即，其結果是由尾羽長度或多或少地有害於這幾個親緣相近的物種的雌性所引起的——來進行解釋更加合理得多。

我們現在可以考察一下華萊士先生有關鳥類的性別色彩問題的論點。他認爲雄鳥原先透過性選擇所獲得的鮮明色彩，在所有的或幾乎所有的情況中，都傳遞給了雌鳥，除非這種傳遞透過自然選擇受到了抑制。我在這裡可以提醒讀者注意，與這個觀點相矛盾的各種事實已在有關爬行類、兩棲類、魚類和鱗翅類的章節中列舉過了。如我們將在下一章看到的，華萊士先生將其信念主要建立在而並非專門建立在下列陳述的基礎之上，[9]即，當雌雄二者都具有很顯著的色彩時，其鳥巢就具有隱蔽對孵卵之鳥加以隱蔽的性質；但是，如果雌雄二者的色彩存在著顯著的對比，雄鳥色彩鮮豔而雌鳥色彩暗淡，那麼牠們的鳥巢就是開放的，孵卵之鳥一望得見。這種巧合，就其所表現的來說，似乎肯定有利於下述信念，即，在開放鳥巢中孵卵的雌鳥爲了保護自己發生了特殊的變異；但我們馬上就會知道還有另一種更爲合理的解釋，即，色彩顯著的雌鳥比色彩暗淡的雌鳥獲得營造圓頂鳥巢之本能者更加常見。華萊士先生承認，像可以預料到的那樣，關於他的那兩條規則，有一些例外，但問題在於這些例外是否沒有多到可以使這兩條規則歸於無效的嚴重程度。

阿蓋爾公爵[10]認爲一種圓頂大鳥巢比開放的小鳥巢容易爲其敵害所見，尤其容易爲攀行樹間的食肉獸所見，這是非常正確的看法。我們一定不要忘記，營造開放鳥巢的許多鳥類的雄性也會孵卵而且幫助雌性餵養幼鳥：例如美國最華麗的一種鳥（*Pyranga aestiva*）的情況就是如此，[11]。這種雄鳥呈朱紅色，雌鳥則爲淡褐綠色。那麼鮮豔的色彩對於在開放鳥巢裡孵卵的鳥如果是極端危險的話，則雄鳥在這等場合中就會大大受害。然而，爲了擊敗其雄性對手，雄鳥具有鮮豔色彩是最重要的，這是以補償某種附加的危險而有餘。

華萊士先生承認，短尾屬（Dicurus）、黃鸝屬（Orioles）以及八色鶇科（Pittidae）的雌性都具有顯著的色彩，但牠們卻造開放的巢；然而他極力主張，第一類群的鳥高度勇猛善鬥，能夠保衛

---

⑨ 默里編，《旅遊記》，第一卷，一八六八年，七十八頁。
⑩ 同上書，二八一頁。
⑪ 奧杜邦，《鳥類志》，第一卷，二三三頁。

自己；第二類群的鳥則極端謹愼地把其開放的鳥巢隱蔽起來，但實際情況並非永遠如此；⑫至於第三類群的鳥，其雌性的鮮明色彩主要在身體的底面。除這些事例外，鴿子的色彩有時也是鮮明的，而且幾乎總是顯著的，眾所熟知，牠容易遭受猛禽的攻擊，因而這對華萊士的規則又提供了一個突出的例外，因爲鴿子所造的巢幾乎總是開放的和外露的。另一大科，即蜂鳥科，其所有物種都營造開放的鳥巢，可是有些最華麗的物種，其雌雄二者的色彩是彼此相似的；從大多數物種來看，儘管雌鳥的華麗色彩不及雄鳥，但牠們的色彩仍然是鮮明的。認爲一切色彩鮮明的雌蜂鳥由於具有綠的色澤就可逃避察覺也是不對的，因爲有些雌蜂鳥的體部上表面呈現紅色、藍色以及其他顏色。⑬

關於鳥類在穴中做巢或營造圓頂鳥巢，華萊士先生認爲，這樣除了有蔭蔽的好處以外，還有其他好處，諸如可以避雨和避酷熱，而且在熱帶可以防止太陽的照射；⑭據此，他的觀點，即許多鳥類的雌雄二者雖然都呈暗淡的色彩，卻造蔭蔽的巢，這是沒有道理的。⑮以印度和非洲的雌犀

---

⑫ 傑爾登，《印度鳥類》，第二卷，一〇八頁。古爾德的《澳大利亞鳥類手冊》，第一卷，四六三頁。

⑬ 例如：燕尾蜂鳥（*Eupetomena macroura*）的雌性，其頭部和尾部呈暗藍色，腰部爲紅色；火炬蜂鳥（*Lampornis porphyrurus*）雌性的上表面爲黑綠色，其眼和喉部兩側呈豔紅色；*Eulampis jugularis*雌性的頭頂和背部呈綠色，但腰部和尾部爲深紅色。關於具有高度顯著色彩的雌蜂鳥，還可以舉出許多其他例子。請參閱古爾德先生有關這一科的巨著。

⑭ 沙爾文先生在瓜地馬拉注意到（《彩鸛》，一八六四年，二七五頁），當太陽強烈照射時，蜂鳥類在很炎熱天氣裡比在涼爽、陰天或下雨的時候更不願意離開其鳥巢；牠們的卵在炎熱天氣裡好像更容易受到損害。

⑮ 關於色彩暗淡的鳥類營造蔭蔽的鳥巢，我可以列舉八個澳洲屬的物種作爲例子，在古爾德的《澳大利亞鳥類手冊》，第一卷，三四〇，三六二，三六五，三八三，三八七，三八九，三九一，四一四等頁均有對牠們的描述。

鳥（*Buceros*）爲例，牠在孵卵期間非常細心地把自己保護起來，牠在穴中孵卵，用自己的排泄物封閉穴口，只留一個小孔，以便雄鳥給牠進食；於是牠在整個孵卵期間成了一個被禁閉的囚徒⑯；然而雌犀鳥的色彩並不比那些營造開放鳥巢的其他許多同等大小的鳥類的色彩更爲顯著。如華萊士先生自己所承認的，與他的觀點相矛盾的還有一個更嚴重的情況，即，某些少數類群的雄鳥色彩鮮豔而雌鳥色彩暗淡，但後者仍然在圓頂鳥巢中孵卵。澳大利亞的鶴類（Grallinae）和同一地方的「超等歌手」（Superb Warblers*；Maluridae）、太陽鳥類（Nectariniae）以及某些澳大利亞吸蜜鳥科（Meliphagidae）的情況都是如此。⑰

倘若我們觀察一下英國的鳥類，就會知道在雌鳥的色彩和牠所營造的鳥巢的性質之間並沒有密切而普遍的關聯。大約有四十種英國的鳥類（那些能保衛自己的大型鳥類除外）把巢做在河岸的穴、岩石的穴或樹穴中，或者營造有圓頂的巢。我們若將金絲雀、紅腹灰雀或烏鶇的雌性色彩作爲顯著程度的一個標準，因爲這等色彩對孵卵的雌鳥並沒有高度的危險性，那麼在上述四十種鳥類中只有十二種雌鳥色彩的顯著程度可以認爲達到危險的地步，其餘二十八種的色彩可視爲不顯著。⑱

---

⑯ 霍恩先生，《動物學會會報》，一八六九年，二四三頁。

* Superb Warblers係鳥名。——譯者注

⑰ 有關後面這些物種的造巢及其色彩，參閱古爾德的《澳大利亞鳥類手冊》，第一卷，五〇四，五二七頁。

⑱ 關於這個問題，我曾查閱過麥克吉利夫雷的《英國的鳥類》，雖然在某些場合中有關鳥巢蔭蔽的程度，和雌性色彩的顯著程度等問題還存在著一些疑問，可是把卵產於穴中或圓頂鳥巢內的下述鳥類，根據上述標準幾乎不能認爲牠們是色彩顯著者：麻雀，有兩個物種；椋鳥（Sturnus）其雌性不及雄性鮮豔遠甚；河鳥屬（Cinclus），脊鴒

在同一屬中，雌雄二者色彩十分顯著的差異和其所造的鳥巢的性質之間並無任何密切關係。例如，雄家麻雀（*Passer domesticus*）和雌家麻雀差異很大，而雄樹麻雀（*P. montanus*）和雌樹麻雀幾乎沒有差異，可是二者都營造十分蔭蔽的巢。普通食蟲的鶲（*Muscicapa grisola*）的雌雄二者幾乎沒有區別，而斑色鶲（*M. luctuosa*）的雌雄二者差異頗大，可是這兩個物種都做巢於穴中，即將其鳥巢蔭蔽起來。雌烏鶇（*Turdus merula*）和雄烏鶇差異很大，雌環紋黑鶇（*T. torquatus*）和雄環紋黑鶇差異較小，而普通雌鶇（*T. musicus*）和雄鶇幾乎完全沒有差異；但牠們做的巢全是開放的。反之，與上述鳥類親緣關係不很遠的河鳥（*Cinclus aquaticus*）則營造一種圓頂鳥巢，其雌雄二者之間的差異程度卻和環形黑鶇的情形一樣。黑松雞和紅松雞（*Tetrao tetrix*和*T. scoticus*）在同等十分蔭蔽的地點營造開放的巢，但其中一個物種的雌雄二者差異很大，而另一物種的雌雄二者差異卻很小。

儘管有上述與華萊士先生的論點相矛盾的事實，但讀了他那篇優秀的論文之後，我還是不能懷疑：從全世界的鳥類來看，確有大多數物種，其雌鳥色彩顯著者（在這種情況中，除很少例

（*Motallica boarula*（?））；鴝屬（Erithacus（?））；灌木䳭屬（Fruticola）有兩個物種，石䳭屬（Saxicola）；紅尾鴝屬（Ruticilla），有二個物種；鶯屬（Sylvia），有三個物種，山雀屬（Parus），有三個物種，長尾鳥屬（Mecistura），Anorthura，旋木雀屬（Certhia），鳾屬（Sitta），蟻鴷屬（Yunx）；鶲屬（Muscicapa）有二個物種，燕屬（Hirundo）有三個物種，以及雨燕（*Cypselus*）。下面十二種鳥類之雌性按同一個標準衡量可視爲色彩顯著者，即，粉紅椋鳥（Pastor），白鶺鴒（*Motacilla alba*），大山雀（*Parus major*）和青山雀（*P.caeruleus*），戴勝屬（Upupa），啄木鳥屬（Picus）四個物種，佛法僧屬（Coracias），翠鳥屬（Alcedo）和蜂虎屬（Merops）。

外，其雄鳥的色彩也同等顯著），爲了保護自己而營造蔭蔽的巢。華萊士先生列舉了長長的一系列類群合乎這一規則；[19]但在這裡，舉出一些比較馳名的類群，如翠鳥，鵎鵼（toucans），咬鵑（trogons），鬚鴷科（Capitonidae），蕉鵑（Musophaga），啄木鳥以及鸚鵡，就足夠了。華萊士先生相信，在這些類群中，由於雄鳥透過性選擇逐漸獲得了其鮮豔色彩，這些鮮豔色彩遂傳遞給雌鳥，因爲雌鳥們的造巢方式已經使牠們得到了保護，所以沒有因自然選擇而消滅。按照這個觀點，牠們現在的造巢方式的獲得先於牠們現在的色彩的獲得。但是，在我看來，遠遠更加可能的是，在大多數情況中，由於雌鳥分享了雄鳥的色彩而逐漸變得越來越鮮豔，所以導致牠們逐漸改變了其本能（假定牠們原來造的是開放的巢），而營造有圓頂的或蔭蔽的巢，以尋求保護。關於美國北部和南部的同一物種的鳥巢差異，奧杜邦做過報導，[20]譬如說，凡是讀過這篇報導文章的人，就不會感到任何重大困難去承認：鳥類，或透過其習性的改變（按其嚴格的字義來講），或透過本能的所謂自發變異的自然選擇，大概會容易地被引導去改變其造巢方式。

關於雌性鳥類的鮮明色彩和其造巢方式之間的關係，這種觀察方法，就其所能適用的範圍來看，可以從撒哈拉沙漠所發生的某些事例得到某種支持。在那裡，就像在其他大多數沙漠那樣，各種鳥類以及其他許多動物的色彩以驚奇的方式與周圍地面的色澤相適應。儘管如此，正如特里斯特拉姆（Tristram）牧師告訴我的，關於這一規則還有一些奇妙的例外；如磯鶇（*Monticola cyanea*）

---

⑲ 默里編，《旅行記》，第一卷，七十八頁。

⑳ 參閱《鳥類志》中的許多論述，再參閱尤哥蒙・比托尼（Eugenio Bettoni）對義大利的鳥巢所做的一些奇妙考察，見《義大利科學協會會報》（*Atti della Società Italiana*），第六卷，一八六九年，四八七頁。

的雄性因其鮮明的藍色而惹人注目，其雌性因其褐色和白色相雜的羽衣幾乎同等地惹人注目；白尾岩鶇（Dromolaea）有兩個物種，其雌雄二者都有一種黑色光澤；因此，這三個物種因其色彩而遠遠不能得到保護，但牠們還是能夠生存下來了，這是因爲牠們已經獲得了在洞穴中或岩石裂縫中躲避危險的習性。

關於雌鳥既有顯著色彩又造蔭蔽鳥巢的上述類群，不需要假設每個物種的造巢本能分別地發生過特殊的改變；只不過是每個類群的早期祖先逐漸被引導去建造圓頂的或蔭蔽的鳥巢，而且，後來又把這種本能以及鮮明的色彩一起傳遞給其變異了的後代。就所能相信的來說，下述結論會是有趣的，即，性選擇以及雌雄二者相等的或幾乎相等的遺傳性，曾經間接地決定了整個鳥類的造巢方式。

有些類群的雌鳥由於在孵卵期間受到了圓頂鳥巢的保護，所以其鮮明色彩未曾透過自然選擇而被消除，按照華萊士先生的意見，即使在這種場合中，雄鳥和雌鳥往往還有輕微的差異，有時有很大程度的差異。這是一個有重要意義的事實，因爲對於這等色彩的差異一定要以雄性的某些差異從一開始就限於只向同一性別傳遞來進行解釋；必須做如此解釋的原因在於，簡直不能認爲這等差異可以用於保護雌性；如果這等差異輕微就尤其如此。例如，在咬鵑這一華麗類群中，所有物種都在穴中造巢；古爾德先生提供了其二十五個物種的雌雄二者的繪圖，[21]其中除有一個物種表現了局部的例外，全部物種的雌雄二者的色彩有時差異輕微，有時差異顯著——儘管這等雌鳥也同樣好看，但雄鳥總是比雌鳥更漂亮。翠鳥的所有物種都在穴中造巢，而且大多數物種的雌雄二者的色彩都同

㉑ 見其《咬鵑科（Trogonidae）專論》一書，第一版。

等鮮豔，因此華萊士先生的規則在此頗爲適用；但在某些澳大利亞物種中，雌鳥的色彩比雄鳥的稍欠鮮豔；還有一個色彩華麗的物種，其雌雄二者的差異如此之大，以致最初一看會把牠們當作不同的物種。㉒對這個類群進行過特別研究的夏普先生給我看過一些美國的物種魚狗（Ceryle），其雄性胸部有黑色帶斑。此外，還有一種翠鳥（Carcineutes），其雌雄二者差異顯著：雄鳥上表面呈暗藍色，具有黑色帶斑，下表面局部呈淡黃褐色，而頭部甚紅，雌鳥上表面呈紅褐色，具有黑色帶斑，下表面呈白色，並有黑色斑紋。有一個有趣的事實，表明雌雄色彩的同一獨特樣式往往構成了親緣相近的諸類型的共同特徵，在鳩屬（Dacelo）的三個物種中，雄鳥不同於雌鳥之處僅在於前者的尾羽呈暗藍色並具黑色帶斑，而雌鳥的尾羽則爲褐色並具微黑的條紋；因此，在這裡雌雄二者尾羽色彩的差異恰如一種翠鳥（Carcineutes）雌雄二者整個上表面色彩的差異一樣。

關於同樣在穴中造巢的鸚鵡類，我們發現有相似的事例：大多數物種的雌雄二者的色彩都是鮮豔的，而且難以區分，但也有不少的物種，其雄色的色彩比雌性的更加鮮豔，甚至和雌性的很不相同。例如，除了其他強烈顯著的差異之外，雄性澳洲猩猩鸚鵡（*Aprosmictus scapulatus*）的整個下表面均呈猩紅色，而雌性的喉部和胸部則爲綠色，帶有紅的色調。另一種鸚鵡（*Euphema splendida*）也有類似的差異，其雌性的臉部和翼覆羽的藍色都比雄性的爲淡。㉓在營造蔭蔽巢的山雀（Paridae）這一科中，英國普通藍山雀（*Parus caeruleus*）的雌性在色彩上遠不及雄性的鮮明。

㉒ 即深藍翠鳥（*Cyanalcyon*）。見古爾德的《澳大利亞鳥類手冊》，第一卷，一三三，一三〇，一三六頁。

㉓ 雌雄之間各個級進差異可以在澳洲鸚鵡中追查出來。見古爾德的《澳大利亞鳥類手冊》，第二卷，十四—一〇二頁。

而印度的華麗的蘇丹黃山雀（Sultan yellow tit）其雌雄二者的差異還要大。[24]

此外，在啄木鳥這個大類群[25]中，其雌雄二者一般差不多是相像的，但是，大型綠啄木鳥（*Megapicus validus*）雄性的頭部、頸部和胸部呈豔紅色，而雌性的所有這等部分則爲淡褐色。由於幾種啄木鳥的雄性頭部呈鮮明的豔紅色而雌性頭部的色彩是平淡的，所以在我看來，如果雌性具有雄性頭部的那種色彩，只要牠把頭伸出鳥巢洞口之外，就可能有惹起注目的危險，因而按照華萊士先生的信念，雌性頭上的這種色彩被消除了。馬勒布（Malherbe）關於印度啄木鳥（*Indopicus carlotta*）的敘述加強了這個觀點；他說，幼小的雌啄木鳥和幼小的雄啄木鳥一樣牠們的頭部稍呈豔紅色，但在成熟的雌啄木鳥，頭部這種色彩就消失了，相反，在成熟的雄啄木鳥頭部這種色彩卻加強了。儘管如此，下述考察還是使這個觀點顯得極其可疑：雄啄木鳥在孵卵期間也承擔了相當的責任，[26]這就使得牠們幾乎相等地暴露於危險之中；有許多物種，其雌雄二者的頭部具有同等鮮明的豔紅色；另外有些物種，其雌雄二者的猩紅色差異程度如此輕微，以致幾乎不能在招致危險方面形成任何可以覺察的差別；最後，雌雄二者頭部的色彩也往往在其他方面有輕微的差異。

在雌雄二者按照一般規則彼此相似的那些類群中，凡是雌雄之間在色彩上有輕微的和級進的差異者，迄今所舉的事例，都與營造圓頂鳥巢或蔭蔽鳥巢的物種有關係。但是，有些類群的雌雄二者按照一般規則是彼此相似的，但營造開放的鳥巢，在這等場合中同樣可以觀察到相似的級進差異。

㉔ 麥克吉利夫雷的《英國的鳥類》，第二卷，四二三頁。傑爾登，《印度鳥類》，第二卷，二八二頁。

㉕ 所有以下事例全引自馬勒布的巨著《啄木鳥類專論》（*Monographie des Picidées*）一八六一年。

㉖ 奧杜邦的《鳥類志》，第二卷，七十五頁；再參閱《彩鸛》，第一卷，二六八頁。

由於我在前面曾以澳洲鸚鵡爲例，因此我願在這裡以澳大利亞鴿類爲例，㉗但不舉任何細節。値得特別注意的是，在所有這些情況中，雌雄二者羽衣的輕微差異的一般性質與偶爾出現的較大差異的一般性質是相同的。關於這個事實，那些翠鳥已經提供了良好的例證，其雌雄二者或僅在尾羽或在羽衣的整個上表面都以同樣的方式而有所差異，相似的情況也可在鸚鵡類和鴿類中觀察到。同一物種的雌雄二者之間在色彩上的一般差異性質也和同一類群的不同物種之間在色彩上的一般差異性質相同。這是因爲在雌雄二者通常彼此相似的類群中，如果雄性相當不同於雌性，那麼雄性色彩的風格並不見得是全新的。因此我們可以推斷說，在同一類群中，雌雄二者彼此相似時的特殊色彩，以及雌雄性二者稍微不同，甚至相當不同時的雄性色彩，在大多數情況中，都是由相同的一般原因所決定的；這個原因就是性選擇。

正如已經說過的，雌雄二者之間的色彩差異如果很輕微，這種差異對於保護雌鳥大概就不會有什麼作用。然而，假定這等差異有這種作用，那大概就會認爲牠們是處於過渡狀態；但我們沒有理由相信許多物種都同時發生變化。因此我們簡直無法承認在色彩上和其雄鳥差異很輕微的大量雌鳥爲了保護自己現在一齊開始變得色彩暗淡了。即使我們考察多少更爲顯著的雌雄差異，例如雌歐洲蒼頭燕雀的頭部，——雌紅腹灰雀胸部的豔紅色彩——雌金翅雀（greenfinch）的綠色——雌金冠鷦鷯（golden-crested wren）的冠羽，可能全是爲了保護自己而在緩慢的選擇過程中變得較不鮮明嗎？我不能認爲是這樣；尤以營造蔭蔽鳥巢的那些鳥類的雌雄之間差異輕微者，更不是這樣。反之，雌雄之間的色彩差異，不論大小，都可以在相當大的程度上根據連續變異的原理得到說明，

㉗ 古爾德的《澳大利亞鳥類手冊》，第二卷，一〇九—一四九頁。

即，雄鳥透過性選擇所獲得的連續變異，從一開始就或多或少地限於只傳遞給雌性一方。在同一類群的不同物種中，這種傳遞的限制程度大概也是不同的，凡是研究過遺傳法則的任何人對此都不會感到驚奇，因爲這等法則是如此複雜，而且由於我們的無知，在我們看來，其作用好像是彷徨不定的。㉘

就我所能發現的情況來說，在鳥類中只有少數的大類群，其所有物種的雌雄二者都彼此相似，而且都具有鮮明的色彩，但我聽斯克萊特先生說，蕉鵑似乎就是如此。我也不相信有任何這樣的大類群存在，即其全部物種的雌雄二者在色彩上會有天壤之別：華萊士先生告訴我說，南美洲的傘鳥科（Cotingidae）在這方面提供了一個最好的例子；在其中有些物種，其雄鳥的胸部呈美豔的紅色，而雌鳥的胸部也稍微呈現一點紅色；其他物種的雌鳥也表現了雄鳥所具有的綠色和其他色彩的痕跡。儘管如此，我們還有一些近似的事例表明，在幾個類群中其全部物種的雌雄二者都是密切相似的，或者是不相似的。而這一點，從剛才聽說的遺傳的彷徨性質來看，乃是一個多少令人奇怪的情況。但是，相同的法則可以廣泛地通用於親緣相近的動物，卻不足爲奇。家雞已經產生了大量的品種和亞品種，牠們的雌雄二者的羽衣一般都有差異；所以當某些亞品種出現了雌雄二者彼此相似的現象時就會被看做是一種異常的情況。另一方面，家鴿也同樣產生了一大批不同的品種和亞品種，除了罕見的例外，牠們的雌雄二者都是完全相似的。

因此，雞屬和鴿屬的其他物種如果經過家養和變異，那麼我們預言由遺傳形式所決定的雌雄相似和不相似的同樣規則在這兩種情況都可適用，並不算輕率。和上述一樣，在自然狀況下，同樣

㉘ 關於這種效果，參閱我的《動物和植物在家養下的變異》，第二卷，第十二章。

的傳遞方式一般也通用於相同的整個類群，儘管對這一規則還有一些顯著的例外。這樣，在同一科裡，甚至在同一屬裡，其雌雄二者的色彩或完全相同，或差異很大。關於同一屬的這等事例早已舉出過了，諸如麻雀、鶲科食蟲鳥、畫眉和松雞的例子。在雉科中，幾乎所有物種的雌雄二者都非常不相似，但馬雞（Crossoptilon）的雌雄則完全相似。鵝的一個屬，即白雁屬（Chloephaga），其兩個物種的雄性除體型大小外，在其他方面都無法與雌性區別；而另外兩個物種，其雌雄二者如此不相似，以致容易地把牠們誤作不同的物種。㉙

只有用遺傳法則才能說明下述情況，即，雌性在其生命後期獲得了雄性所特有的某些性狀，最終會或多或少地與雄性完全相似。「保護」在這裡幾乎不起作用了。布賴茨先生告訴我說，黑頭黃鸝（*Oriolus melanocephalus*）以及某些親緣相近的物種，其雌性當成熟到足以生殖時，牠的羽衣與成熟雄性的羽衣差異很大；但在第二次或第三次換羽後，雌鳥們和雄性的差異僅僅在於其鳥喙有一種淡綠色彩而已。在矮小的鳽屬（*Ardetta*）中，根據這位權威人士的意見，「其雄性在第一次換羽時就獲得了其最後羽衣，而雌性在第三或第四次換羽之後才獲得其最後羽衣，這時牠的羽衣呈現一種中間的色彩，最終乃換成與雄性一樣的羽衣」。還有游隼（*Falco peregrinus*）的雌性也是這樣，牠獲得藍色羽衣比雄性較慢。斯溫赫先生說，有一種黑捲尾（*Dicrurus macrocercus*），其雄性當幾乎還是未離巢的雛鳥時，就換掉柔軟的褐色羽衣，而變成均勻的富有光澤的綠黑色了；但是，其雌性卻長期在腋羽上保持著白色條紋和斑點；而且歷時三年後才呈現雄性那樣的均勻黑色。這位傑出的觀察家說，中國的雌琵鷺（Platalea）在第二年春天才與第一年的雄性相像，顯然，不

㉙《彩鸛》，第六卷，一八六四年，一二二頁。

到第三年春季牠不會獲得雄性在早得多的年齡所具有的那樣成年羽衣。加羅林太平鳥（*Bombycilla carolinensis*）的雌性和雄性的差異很小，但其翼羽上有一種火紅色念珠般的裝飾物，㉚這種附器在雌性身上發育較晚而在雄性生命的很早的時期就發育了。有一種印度的長尾鸚哥（*Palaeornis javanicus*），其雄性的上喙在最早的幼年期即呈珊瑚紅色，但其雌性的上喙，如布賴茨先生就籠養的和野生的這種鳥所觀察到的，最初是黑色，至少在一歲以後才變爲紅色，這時雌雄二者在所有方面都彼此相似了。野火雞雌雄二者的胸部最終都會具有一簇刺毛，但在兩歲時，雄野火雞的這簇刺毛約爲四英寸長，而雌野火雞這簇刺毛，還不十分顯露；然而，當雌野火雞到四歲時，這簇刺毛即長達四至五英寸。㉛

千萬不要把這等事例與下述情況混淆起來，即，有病的或年老的雌性會反常地呈現雄性特徵，

㉚ 雄鳥在追求雌鳥時，這些裝飾都在顫動，並展翅以「賣弄其巨大優越性」：見利思·亞當斯的論述，《田野和森林散記》，一八七三年，一五三頁。

㉛ 關於鳽屬（*Ardetta*），見居維葉的《動物界》（一五九頁註腳），布賴茨譯。關於游隼，參閱布賴茨先生的著述，見查理斯沃思編的《博物學雜誌》，第一卷，一八三七年，三〇四頁。關於捲尾屬，見《彩鸛》，一八六三年，四十四頁。關於琵鷺，見《彩鸛》，第六卷，一八六四年，三六六頁，關於太平鳥屬（*Bombycilla*），見奧杜邦的《鳥類志》，第一卷，二二九頁。關於長尾鸚哥屬（*Palaeornis*），再參閱傑爾登的《印度鳥類》，第一卷，二六三頁。關於野火雞，見奧杜邦的《鳥類志》，第一卷，十五頁；但我聽凱頓（J. Caton）說，在伊利諾，雌野火雞獲得一簇硬毛者很少。關於岩棲鳴禽類（*Petrocossyphus*）的雌性，夏普先生在《動物學會會報》（一八七二年，四九六頁）舉出過類似事例。

或者，能育的雌性在幼小時透過變異或某種未知的原因而獲得雄性特徵。㉜但所有這等事例都有一個密切的共同點，即，根據泛生論的假說，它們是由來自雄性身體各個部分的芽球（gemmules）所決定的，這等芽球在雌性身上也是存在的，卻處於潛伏狀態；芽球的發育乃是由雌性構造組織的選擇親和力的輕微變化所左右的。

還必須對羽衣的季節性變化稍做補充。根據以前所舉出的那些理由，關於白鷺、蒼鷺以及其他許多鳥類只在夏季發育和保持的華麗羽飾、下垂的長羽、冠毛等係用於裝飾和婚配的目的，並無多大可疑之處，雖說這等羽毛爲雌雄二者所共有。這樣就會使雌鳥的色彩在孵卵期間比在冬季更顯著；但是，像蒼鷺和白鷺這等鳥類大概是能夠保衛自己的。然而由於羽飾在冬季大概會帶來不方便而且確實沒有用處，所以可能透過自然選擇而逐漸獲得了一年換羽兩次的習性，這是爲了到冬季去掉其不方便的裝飾物的緣故。但這個觀點不能引申到許多涉禽類，牠們的夏羽和冬羽在色彩上差別很小。關於不能自衛的物種，凡雌雄二者或只有雄性的色彩，在生殖季節變得極其顯著者，——雄性在這個季節獲得那樣長的以致妨礙其飛翔的翼羽或尾羽者，如非洲小型夜鷹（*Cosmetornis*）和長尾巧織雀（Vidua），最初看來，肯定高度可能的是，第二次換羽習性的獲得乃是專門爲了去掉這等裝飾物。然而，我們必須記住，有許多鳥類，如某些極樂鳥、錦雉和孔雀，在冬季並不脫落其羽飾；而且幾乎不能認爲這些鳥類的體質，至少是鶉雞類的體質，使牠們不可能有兩次換羽的習

㉜ 有關後面這些情況，布賴茨先生曾就伯勞屬（*Lanius*）、鴝屬（*Ruticilla*）、朱頂雀屬（*Linaria*）和鴨屬（*Anas*）記載下許多例子，居維葉的《動物界》，英譯本，一五八頁。關於*Pyranga aestiva*，奧杜邦也記載過一個相似的事例（《鳥類志》，第五卷，五一九頁）。

性，因爲雷鳥就一年換羽三次。[33]因此，在冬季脫換其羽飾或失去其鮮明色彩的許多物種，是否爲了免除不便或危險、不然就要受害而獲得了這種習性，仍屬疑問。

所以我的結論是，獲得一年換羽兩次的習性在大多數或所有場合中首先是爲了某種不同的目的，也許是爲了得到比較暖和的冬裝；而羽衣在夏季發生的那些變異則是透過性選擇而被積累起來的，並在每年的同一季節傳遞給其後代；這等變異或被雌雄雙方所承繼，或只被雄性一方所承繼，視何種遺傳形式占主導地位而定。這一結論比下述見解似乎更爲合理，即，物種在所有場合中原本都傾向於在冬季保持其裝飾性的羽衣，但由於它帶來了不便或危險，結果透過自然選擇而擺脫了這種傾向。

有人認爲，武器，鮮明色彩以及各種裝飾物現在只限於雄性所有，乃是由於透過性選擇這等性狀向雌雄雙方同等傳遞轉變爲只向雄性一方傳遞的緣故，我在本章曾試圖闡明支持這一觀點的論證是不可信賴的。許多鳥類雌性的色彩是否由於爲了保護自己而把最初只限於向雌性一方傳遞的那些變異保存了下來，也是可疑的。但是，對這個問題的進一步探討，留待下一章我討論幼鳥和老鳥的羽衣差異時再進行，將是方便的。

---

[33] 古爾德，《大不列顛鳥類》。

第十六章　鳥類的第二性徵（續完）

我們現在必須考察同性選擇有關的受到年齡限制的性狀傳遞。關於在相應年齡的遺傳原理的眞實性和重要性沒有必要在此多贅，因爲對這個問題已經進行過足夠的討論了。在列舉我所知道的有關幼鳥和老鳥羽衣差異的幾項相當複雜規則或幾類事例之前，最好先稍做緒論如下。

在所有種類的動物中，如果成年動物的色彩異於幼年動物，且幼年動物的色彩，就我們所能知道的來說，並沒有任何特殊的用途，則幼年動物的色彩正如各種胚胎的構造那樣，乃是以往性狀的保留。但是，只有當幾個物種的幼年動物密切相似同時和屬於同一類群的其他成年物種密切相似時，才能有把握地堅持這一觀點，因爲後者乃是這種狀況在以往可能存在過的活證據。幼獅以及幼美洲獅（Puma）都有不明顯的條紋或成行的斑點，而且像許多親緣相近的物種那樣，無論幼者或老者都有相似的斑記，凡是相信進化論的人都不會懷疑獅和美洲獅的祖先都是一種具有條紋的動物，而且其幼者就像黑色小貓那樣，保持了這等條紋的殘跡，可是黑色小貓一長大就沒有一點這種條紋的殘跡了。許多鹿的物種在成熟時沒有斑點，而在幼小時都布滿了白色斑點，就像某些少數物種在成長狀態時那樣。再者，還有整個豬科（Suidae）的幼者以及某些親緣關係相當遠的動物、如貘（tapir）的幼者，都有暗色縱條紋；但我們在這裡所看到的顯然是來自一個滅絕祖先的性狀，而現在只被幼者所保存。在所有這等情況中，老年動物的色彩隨著歲月的推移而發生改變，但幼年動物仍保持原樣，很少改變，這是透過在相應年齡遺傳的原理來實現的。

這同一原理可以應用於各個類群的許多鳥類，牠們的幼者彼此密切相似而與各自的成年父母差異很大。幾乎所有鶉雞類的幼者以及某些遠親的鳥類、如鴕鳥類的幼者，都被有縱條紋的絨毛；但這種性狀反映了如此遙遠的事物狀況，以致簡直與我們沒有什麼關係。幼小嘴雀（Loxia）最初具有直喙，與其他燕雀類的喙相似，牠們未成熟時的具有條紋的羽衣則與成熟紅雀（redpole）和成熟雌金雀的羽衣相類似，也與金翅雀、綠鶯以及其他一些親緣相近的物種的幼者羽衣相類似。有許多種類的鵐（Emberiza），其幼者彼此相似，也與普通鵐（*E. miliaria*）的成年狀態相類似。在鶇的差不多整個大類群中，其幼者的胸部都具有斑點——這是許多物種終生保持的一種性狀，但其他物種卻完全失去了這種性狀，如候鶇（*Turdus migratorius*）即是。再者，許多鶇類的背部羽毛在第一次換羽前都是雜色的，這是某些東方物種終生保持的一種性狀。伯勞屬（Lanius）許多物種的幼者，一些啄木鳥和一種印度的綠背金鳩（*Chalcophaps indicus*）的幼者，其體部底面具有橫條紋；而某些親緣相近的物種或整個屬當成年時也有相似的斑記。在一些親緣相近、色彩燦爛的印度金色杜鵑（Chrysococcyx）中，成熟的物種彼此在色彩上差異相當大，然而牠們的幼者則無法區別。一種印度瘤鴨（*Sarkidiornis melanonotus*）的幼者在羽衣方面同一個親緣相近的屬、即樹鴨（Dendrocygna）的成熟者密切相似。①以後還要列舉有關某些蒼鷺類的相似事實。黑琴雞（*Tetrao*

① 關於鶇、伯勞和啄木鳥，參閱布賴茨的論述，查理斯沃思主編的《博物學雜誌》，第一卷，一八三七年，三〇四頁；以及他譯的居維葉的《動物界》一書，一五九頁註腳。我舉出的交喙鳥屬的例子係根據布賴茨先生的資料。關於鶇，再參閱奥杜邦的《鳥類志》，第二卷，一九五頁。關於金色杜鵑和印度鴿，參閱布賴茨的論述，在傑爾登《印度鳥類》，第二卷，四八五頁引用。關於瘤鴨（*Sarkidiornis*），參閱布賴茨的論述，《彩鸛》，一八六七年，一七五頁。

tetrix）的幼者與某些其他物種、如紅松雞（*T. scoticus*）的幼者及其老者相類似。最後，正如精密研究過這個問題的布賴茨先生所恰當說過的，許多物種的未成熟羽衣最好地表現了牠們的自然親緣關係；由於所有生物的眞正親緣關係都是由牠們來自一個共同祖先這一事實所決定的，因此布賴茨先生的這個意見有力地證實了一個信念：即，未成熟的羽衣大致向我們表明了該物種以前的或祖化的狀態。

各個不同科的許多幼鳥雖然這樣隱約地閃現了其遙遠祖先的羽衣狀況，但還有其他許多鳥類，無論色彩暗淡的或色彩鮮明的，其幼者卻和牠們的父母密切類似。在這種場合中，不同物種幼者的彼此相似就不能比牠們和各自父母的相似更爲密切；當牠們成長時也不能和親緣相近的類型顯著相似。牠們只不過使我們稍微知道一點其祖先的羽衣狀況而已，除非整個類群的所有物種的幼鳥和老鳥都具有同樣的一般色彩，否則其祖先大概不會具有相似的色彩。

現在我們要對各類的事例進行考察，以便把雌雄雙方或單獨一方的幼鳥和老鳥在羽衣方面的差異和相似加以分類。這等規則首先是由居維葉提出的；但隨著知識的進展，需要對牠們做某種修改和補充。在這個問題的極端複雜性所允許的範圍內我曾試圖根據從不同方面得到的資料來完成這一工作；但由一位有才華的鳥類學家就這個問題寫出一篇內容充實的論文還是非常需要的。爲了證實每個規則可以通用到什麼程度，我把四種巨著所舉出的事實列成了表，這些著作是麥克吉利夫雷關於英國鳥類的著作，奧杜邦關於北美鳥類的著作，傑爾登關於印度鳥類的著作以及古爾德關於澳大利亞鳥類的著作。我在這裡可以先談談，第一，有若干事例或規則在逐漸互相轉化，第二，當提到幼鳥與其父母相似時，並不是說牠們是完全相像的，因爲幼鳥的色彩幾乎永遠不及父母的鮮豔，而且其羽毛比較柔軟，羽毛形狀也往往不同。

規則或事例的分類

1. 如果成年雄鳥比成年雌鳥更為美麗或更為顯著，則雌雄幼鳥在第一次羽衣方面與成年雌鳥密切相似，普通家雞和孔雀就是如此；或者，像偶爾發生的情況那樣，牠們與成年雌鳥的相似遠比與成年雄鳥的相似更為密切得多。

2. 如果成年雌鳥比成年雄鳥的色彩更為顯著，則雌雄幼鳥在第一次羽衣方面與成年雄鳥相似，這種情況有時發生，但不多見。

3. 如果成年雄鳥與成年雌鳥相似，則雌雄幼鳥具有特殊的羽衣，如知更鳥的情況就是如此。

4. 如果成年雄鳥與成年雌鳥相似，則其雌雄幼鳥在第一次羽衣方面與成鳥相似，如翠鳥、多種鸚鵡、烏鴉以及籬鶯（hedge-warblers）即是。

5. 如果雌雄成鳥的冬羽和夏羽不一樣，不論雄鳥和雌鳥是否有所不同，其幼鳥在冬羽方面與雌雄成鳥相似；或者，其幼鳥在夏羽方面與雌雄成鳥相似，但這種情形要罕見得多；或者，幼鳥與雌鳥相似。或者，幼鳥可能具有一種中間的性狀；再不然，牠們與成鳥的冬羽和夏羽都迥然不同。

6. 在少數情況中，雌雄幼鳥的第一次羽衣彼此相異；幼年雄鳥多少與成年雄鳥密切相似，而幼年雌鳥多少與成年雌鳥密切相似。

第一類　在這一類中，幼年的雌雄二者與成年的雌鳥多少密切相似，而成年的雄鳥與成年的雌鳥則有差異，而且其差異往往極為顯著。在所有的「目」中可以舉出無數這類例子；只要想一想普通雉、鴨和家雀的例子就足夠了。這類事例逐漸進入別類。這樣，其雌雄二者在成年時的差異如此輕微，而且幼鳥與成鳥的差異也如此輕微，以致令人懷疑這等事例究竟應該歸入現在這一類還是應該歸入第三類或第四類。此外，幼年的雌雄二者不但不十分相似，反而可能有輕微程度的差異，如第六類所示。然而，這些過渡性的事例還是少數，或者說，與那些可以嚴格歸入現在這一類的事例比較起來，至少不是非常顯著的。

按照一般規則雌雄二者與幼鳥全都相似的那些類群，完善地闡明了現在這個法則的確切意義；因爲在這等類群中，如果雄鳥和雌鳥確有差異，如某些鸚鵡、翠鳥、鴿子等的情況，那麼幼年的雌雄二者就會與成年的雌鳥相似。②我們看到在某些異常的情況中同樣的事實表現得更加明顯；例如黑耳仙蜂鳥（*Heliothrix auriculata*），其雄性顯著不同於雌性，因爲雄性具有美麗的新月形頸飾和耳簇毛，而雌性的尾羽由於比雄性尾羽長得多而著稱；那麼，幼年的雌雄二者（除胸部有青銅色斑點外）與成年的雌鳥在所有其他方面都相似，包括尾羽的長度在內，所以雄鳥到了成熟時，其尾羽實際上是變短了，這是一種極不尋常的情況。③再者，雄秋沙鴨（*Mergus merganser*）的羽衣色彩要比雌性的更顯著，肩羽和次級翼羽都長得多；但成年雄鳥的冠羽，就我所知，與其他任何鳥類的都不同，雖比雌鳥的寬，卻相當地短，其長度只有一英寸剛出頭；而雌鳥的冠羽竟有二點五英寸

---

② 請參閱例如古爾德對Cyanalcyon（藍翠鳥的一種）的說明（《澳大利亞鳥類手冊》，第一卷，一三三頁），其幼年雄鳥雖與成年雌鳥相似，但色彩鮮豔較差。在屬的一些物種中，其雄鳥具有藍色尾羽，而雌鳥的尾羽卻呈褐色；夏普先生告訴我說，有一種鴗（*D. gaudichaudi*），其幼年雄鳥的尾羽最初呈褐色。古爾德先生曾描述過某些黑色美冠鸚鵡和大型長尾鸚鵡的雌雄二者及其幼鳥，牠們也受同一規則所支配。還有傑爾登關於紅色鸚哥（*Palaeornis rosa*）的論述（《印度鳥類》，第一卷，二六〇頁），牠的幼鳥與雌鳥的相似勝於與雄鳥的相似。參閱奧杜邦關於雀形鴿（*Columba passerina*）雌雄二者及其幼鳥的論述（《鳥類志》，第二卷，四七五頁）。

③ 關於這個資料，我感謝古爾德先生，他給我看過這些標本，再參閱他的《蜂鳥科導論》，一八六一年，一二〇頁。

長。於是，幼年的雌雄二者與成年的雌鳥完全相似，所以幼鳥的冠羽實際上長度較大，雖然比成年雄鳥的冠羽較窄。④

如果幼鳥與雌鳥密切相似，而且二者都與雄鳥相異，則最明顯的結論是只有雄鳥發生了變異。即使在黑耳仙蜂鳥和秋沙鴨那樣異常的情況中，可能是其中一個物種的成年雌雄二者最初具有大大加長了的尾羽，另一個物種的成年雌雄二者具有大大加長了的冠羽——此後由於某種無法解釋的原因，成年雄鳥部分地失去了這等性狀，並以減弱的狀態只把這等性狀傳遞給在相應成熟年齡的雄性後代。在本類的事例中只有雄鳥發生改變，這一信念，就雄鳥和雌鳥及其幼鳥之間的差異而言，得到了布賴茨先生所記載的一些顯著事實的有力支持，⑤這些事實是關於不同地方的可以互相代表的近親物種的情況。因爲，若干這等代表性的物種，其成年雄鳥發生了一定程度的變異，而且是可以區別的；來自不同地方的雌鳥和幼鳥卻是無法區別的，因此牠們絕對沒有發生過變化。某些印度鳴禽類（Thamnobia）、某些花蜜鳥（Nectarinia）、林鵙（Tephrodornis）、某些翠鳥類（Tanysiptera）、卡利雉*（Gallophasis）以及樹鷓鴣（Arboricola）的情況都是如此。

在某些類似的情況中，即夏羽和冬羽相異而雌雄相似的鳥類，其某些親緣密切相近的物種

---

④ 麥克吉利夫雷，《英國鳥類志》，第五卷，二〇七—二一四頁。

⑤ 參閱他的可欽佩的論文，見《孟加拉亞細亞協會雜誌》，第十九卷，一八五〇年，二二三頁；再參閱傑爾登的《印度鳥類》，第一卷，導言，第二十九頁。關於翠鳥類，施勒格爾（Schlegel）教授告訴布賴茨先生說，他根據對成年雄鳥的比較，就能區別若干不同的族。

* Kalij pheasant，爲Kallege的一個變種，與銀雉的親緣關係相近。——譯者注

可以容易地從其夏羽或婚羽加以區別，然而從其冬羽以及未成熟的羽衣方面則無法加以區別。某些親緣密切相近的印度鶺鴒的情況就是如此。斯溫赫先生告訴我說，[6]蒼鷺有一個屬叫做池鷺屬（Ardeola），牠的三個物種分居於各大陸，牠們的夏羽，「彼此差異極爲顯著」，但到了冬季牠們簡直完全沒有區別。這三個物種的幼鳥的未成熟羽衣與成鳥的冬羽密切相似。這一情況越發有趣，因爲池鷺屬另外兩個物種的雌雄二者的冬羽和夏羽與上述三個物種的冬羽及其未成熟羽衣差不多是一樣的；幾個不同物種在不同年齡和不同季節中所共有的這種羽衣大概向我們闡明了該屬的祖先具有怎樣的色彩。在所有這些情況中，婚羽已發生了變異，而冬羽和未成熟羽衣則保持不變；我們可以假定婚羽原本是由成年雄鳥在生殖季節中獲得，並且在相應的季節傳遞給成年的雌雄二者。

問題自然由此產生：在後面這些情況中雌雄二者的冬季羽衣，並且在前面那些情況中成年雌鳥的羽衣，以及幼鳥的未成熟羽衣，何以完全沒有受到影響呢？那些在不同地方互爲代表的物種幾乎總是處於多少不同的條件下，但我們簡直不能把只有雄鳥羽衣發生變異的這種情況歸因於這一作用，因爲雌鳥和幼鳥雖然也處於同樣的條件下，卻沒有受到影響。幾乎沒有任何事實比許多鳥類雌雄二者的驚人差異更清楚地向我們闡明，與無限變異透過選擇的累積相比，生活條件直接作用的重要性就顯得非常次要了；因爲雌雄二者都吃相同的食物並處於相同的氣候中。儘管如此，我們並不排除下述信念，即，隨著歲月的推移，新的條件可能對雌雄雙方都發生某種直接作用，或者，由於雌雄之間的體質差異，只對某一性別發生作用。我們看到的只是與選擇的累積結果相比，其重要性

---

⑥ 再參閱斯溫赫先生的論述，《彩鸛》，一八六三年七月，一三二頁，以前還有一篇論文，附載布賴茨先生的筆記摘要，見《彩鸛》，一八六一年一月，二十五頁。

就是次要的了。然而，根據廣泛的類推來判斷，當一個物種遷入一處新地方時（這必定發生在形成代表性物種之前），牠們幾乎總要處於改變了的外界條件之中，這等外界條件將致使牠們發生一定程度的彷徨變異。在這種場合中，受一種易變因素所左右的性選擇——雌性的審美力或鑑賞力——將會對新的色調或其他差異發生作用並把它們累積起來；由於性選擇經常在發揮作用，所以，根據我們所知道的人類對家畜所進行的無意識選擇的結果來源，如果居住在隔離地區的、因而絕不能夠雜交並把牠們新獲得的性狀混合起來的那些動物，經過了充分的時間以後還沒有發生不同的變異，那將是令人驚奇的事。這些意見同樣可以應用於婚羽或夏羽，不論它們爲雄鳥所專有，或爲雌雄二者所共有，都是一樣。

雖然上述親緣密切相近的或代表性的物種的雌鳥及其幼鳥彼此幾乎完全沒有區別，所以可以區別的只有牠們的雄鳥，可是同一屬中大多數物種的雌鳥顯然還是有區別的。然而雌鳥之間的差異程度像雄鳥之間差異那麼大的，則屬罕見。我們在整個的鶉雞科中清楚地看到了這一點：例如，普通雉和日本雉的雌性，特別是金雉和雲實樹雉的雌性——銀雉和野雞的雌性——彼此在色彩上都很近似，而其雄性之間的差異都達到了異常的程度。傘鳥科、燕雀科以及其他許多科的大多數物種的雌鳥都是如此。按照一般規則，雌鳥的改變不及雄鳥那樣大，確無疑問。然而，少數某些鳥類提供了一個異常而費解的例外；例如阿波達極樂鳥（*Paradisea apoda*）和巴布亞極樂鳥（*P. papuana*）的雌性之間的差異大於牠們與各自雄鳥之間的差異⑦；後一物種的雌性的體部底面爲純白色，而極樂鳥的雌性的體部底面則爲深褐色。再者，我聽牛頓教授說，伯勞類（Oxynotus）有兩個在模里西斯

⑦ 華萊士，《馬來群島》，第二卷，一八六九年，三九四頁。

島和波旁島互爲代表的物種，其雄鳥彼此只在色彩上稍有差別，而雌鳥彼此差異甚大。⑧在波旁島的那個物種的雌鳥似乎部分保持了羽衣的未成熟狀態，因爲乍一看來，雌鳥「會被當作模里西斯的那個物種的幼鳥」。這等差異可與那些和人工選擇無關的某些鬥雞亞品種的差異相比擬，這些亞品種雌雞彼此很不相同，而雄雞則幾乎無法加以區別。⑨

關於親緣相近的物種，其雄鳥之間的差異，我既然用性選擇進行了大量的說明，那麼對所有普通場合中的雌鳥之間的差異，又該如何解釋呢？我們沒有必要在這裡去考察不同屬的物種；因爲對這些物種來說，對不同生活習性的適應以及其他動因都會發生作用。關於同屬的雌鳥之間的差異，在我觀察了各個大類群之後，幾乎可以肯定其主要動因乃是雄鳥所獲得的性狀透過性選擇或多或少地傳遞給了雌鳥。在若干英國鶯類中，其雌雄二者之間的差異或很輕微或很顯著；如果我們把綠鶯、蒼頭燕雀、金翅雀、紅腹灰雀、交喙鳥、麻雀等的雌性加以比較，我們就會看出牠們之間的差異之點主要在於牠們與各自雄鳥局部相似的那些部分；而雄鳥的色彩可以穩妥地歸因於性選擇。關於許多鶉雞類的物種，雌雄之間的差異已經達到了極度，如孔雀、雉以及家雞的情況就是如此，另外還有一些物種，其雄鳥的性狀部分地或者甚至全部地傳遞給了雌鳥。因花雉類若干物種的雌性以一種模糊的狀態表現了其雄性所具有的華麗眼斑，尤以尾部爲甚。雌鷓鴣和雄鷓鴣的差異之處僅僅在於雌性胸部的紅斑較小；而雌野火雞和雄野火雞的差異之處則在於雌性的色彩要暗淡得多。珠雞（guinea-fowl）的雌雄二者則彼此無法區分。這種鳥的色彩平淡、但具有特殊斑點的羽衣最先由雄

---

⑧ 波倫（M. F. Pollen）曾描述過這些物種，見《彩䴉》，一八六六年，二七五頁，附彩色插圖。

⑨ 參閱《動物和植物在家養下的變異》，第一卷，二五一頁。

鳥獲得、然後傳遞給雌雄雙方，並非是不可能的；因爲牠們的羽衣與雄紅胸角雉所專有的那種美麗得多的斑點羽衣並無本質的區別。

從某些例子裡應該看到從雄鳥向雌鳥的性狀傳遞顯然是在一個遙遠的時期就已經完成了，此後雄鳥又經歷了巨大變化，而牠後來所獲得的任何性狀卻沒有傳遞給雌鳥。例如，黑色琴雞（*Tetrao tetrix*）的雌性和幼者與紅色松雞（*T. scoticus*）的雌雄二者及其幼者相當密切類似；因此，我們可以推斷說，黑色松雞係起源於其雌雄色彩幾乎和紅色松雞色彩一樣的某一古老物種。由於後一物種的雌雄二者所具有的帶斑在生殖季節比在其他任何時期更加顯著，又由於雄鳥以其更強烈顯著的紅色和褐色而稍異於雌鳥，⑩因此我們可以斷定，牠的羽衣至少在某種程度上受到了性選擇的影響。倘情況果眞如此，我們可以進一步推斷說，雌黑色琴雞的差不多相同的羽衣是在以前的某個時期同樣這麼產生出來的。但是從那個時期以後，雄黑色琴雞便獲得了其優美的黑色羽衣，具有分叉而向外捲曲的尾羽；但幾乎沒有任何這等性狀傳給了雌鳥，除了雌鳥的尾羽現了捲曲分叉的一點痕跡。

所以我們可以得出結論說，那些親緣相近但彼此不同的物種的雌鳥，其羽衣之所以往往或多或少地有所不同，乃是由於雄鳥在遠期或近期透過性選擇所獲得的性狀不同程度地傳遞給了雌鳥。但值得特別注意的是，鮮豔色彩的傳遞要比其他色彩罕見得多。例如，紅喉藍胸的瑞典藍雀（*Cyanecula suecica*）的雄性具有豔藍色的胸，其上有一個亞三角形的紅斑；現在幾乎相同形狀的斑記已傳給了雌鳥，但斑記的中央呈暗黃色而非紅色，而且其周圍的羽毛爲雜色而非藍色。鶉雞科提供了許多相似的事例；因爲諸如在鷓鴣、鵪鶉、珠雞等物種中，其雄鳥的羽衣色彩已大量傳給了

---

⑩ 麥克吉利夫雷，《英國鳥類志》，第一卷，一七二－一七四頁。

雌鳥，這等物種沒有一個是色彩鮮豔的。雉類是這方面的良好例證，雄雉一般都比雌雉鮮豔得多；但藍馬雞（*Crossoptilon auritum*）和歡樂雉（*Phasianus wallichi*）的雌雄二者彼此密切類似，而且牠們的色彩都是暗淡的。我們甚至可以相信：如果這兩種雉的雄性羽衣的任何部分已變得色彩鮮豔，這等色彩大概不會傳給雌鳥。這些事實強有力地支持了華萊士先生的觀點，即，關於那些在孵卵期間暴露在大量危險之中的鳥類，其鮮明色彩從雄鳥向雌鳥的傳遞已經透過自然選擇而受到了抑制。然而，我們一定不要忘記，上述有另一種解釋還是可能的；那就是，當雄鳥在幼小和無經驗的時期發生了變異而色彩鮮明，牠們大概也會暴露在大量危險之中，而且一般會遭到毀滅；反之，年齡較老和富有警惕性的雄鳥，如果以同樣的方式發生了變異，牠們恐怕不僅能夠生存下來，而且在與其他雄性對手的競爭中還會處於有利的地位。那麼，在生命晚期發生的變異有專門向同一性別傳遞的傾向，所以在這種場合中，極端鮮明的色彩大概不會向雌鳥傳遞的。另一方面，一種較不顯著的裝飾物，諸如角雉和歡樂雉所具有的，大概不會有什麼危險，如果這等裝飾物是在幼年早期出現的，一般會傳遞給雌雄雙方。

親緣密切相近的物種，其雌鳥之間的某些差異，除了由於雄鳥向雌鳥部分傳遞其性狀這一效果之外，還可歸因於生活條件的直接或一定的作用。[11]對雄性來說，任何這類作用一般都會被透過性選擇所獲得的鮮豔色彩所掩蓋；但對於雌性來說，就不是這樣了。我們在家禽中所看到的羽衣每個無止境的變化當然都是某種一定原因所造成的結果；而在自然的和更一致的條件下，假定某種色彩決無害處，幾乎肯定它遲早會占優勢。屬於同一物種的許多個體的自由雜交最終會使這樣誘發起來

⑪ 關於這個問題，參閱《動物和植物在家養下的變異》，第二十三章。

的任何色彩變化在性狀上成為一致的。

沒有人會懷疑許多鳥類雌雄二者的色彩適於保護之目的；也可能有些物種，僅是其雌鳥為了這一目的而發生了改變。正如上一章所闡明的，透過選擇把一種傳遞形式轉變為另一種形式，雖然是一個困難的、也許是不可能的過程，但是，透過一開始就限於傳遞給雌鳥的那些變異的積累，使雌鳥的色彩——與雄鳥無關的色彩——適應於周圍的物體，卻沒有一點困難。如果這等變異不是受到這樣的性別限制，那麼雄鳥的鮮明色彩就會退化或遭到破壞。許多物種是否只有雌鳥才有這樣特殊的改變，在目前來說還很有疑問。但願我能充分領會華萊士先生的見解；因為承認他的見解就可解決一些難題。任何變異幾對雌鳥的保護無所裨益者即被消除，而不單是由於沒有被選擇、或由於自由雜交而被取消，也不是由於傳遞給雄性的變異在任何方面都有害於它而被消除。這樣，雌鳥的羽衣性狀就會保持穩定。如果我們能承認許多鳥類的雌雄二者獲得和保持其暗淡色彩是為了保護自己，那麼這在解決難題上大概也是一種幫助——例如，岩鷚（*Accentor modularis*）和普通鷦鷯（*Troglodytes vulgaris*）的暗淡色彩就是如此，關於牠們的暗淡色彩，我們還沒有掌握性選擇作用的充分證據，然而，當我們斷定在我們看來是暗淡的色彩就會對某些物種的雌鳥沒有魅力時，應該小心；我們應該記住普通家雀那樣的情況，牠們的雄鳥和雌鳥差異很大，但沒有表現任何鮮明色調。在開闊地面上生活的許多鶉雞類的鳥為了保護自己，已經獲得現有色彩，至少是部分地獲得這種色彩，對此大概已沒有任何爭論。我們知道牠們藉此被隱蔽得多麼好；我們知道羽腳松雞類當從冬羽換成夏羽時，雖則冬羽和夏羽都具有保護性的色彩，仍受猛禽類為害甚大。但是，我們能夠相信黑色松雞和紅色松雞的雌性在色彩以及斑記上的很輕微差異是用於保護的嗎？鷓鴣現在的色彩是否比它們與鵪鶉的色彩相類似可以受到更好的保護嗎？普通雉、日本雉和金雉的雌性之間的輕微差異是作爲保護之用嗎？或者，牠們的羽衣是否可以彼此交換而不受害？根據華萊士先生對東方某些鶉雞類習性所做的觀察，他認爲這種輕微差異是有益的。至於我自己，我要說的只是：我不信。

以前解釋雌鳥的色彩比較暗淡時，我傾向於把重點放在保護作用上，那時我以爲雌雄二者及其幼鳥的色彩可能原來都是同等鮮明的；但後來雌鳥由於在孵卵期間招致了危險以及幼鳥由於缺少經驗，所以牠們的色彩都變得暗淡以作爲保護。但這一觀點沒有得到任何證據的支持，而且是不可能有的事；因爲，如果我們這樣來設想，那就是使雌鳥及其幼鳥在過去都暴露於危險之中，因此保護其變異了的後裔，此後便成爲必要的了。透過逐漸的選擇過程，我們還勢必使雌鳥和幼鳥具有幾乎完全相同的色彩和斑記而且勢必使牠們在相應的生命時期把這等性狀傳遞給相應的性別。如果假定雌鳥和幼鳥在變異過程的每一階段中共同都傾向於變得像雄鳥那樣的鮮明色彩，那麼雌鳥不會變得色彩暗淡，倘幼鳥不參與這種變化，這也是一件多少奇怪的事；因爲就我所能發現的來說，還沒有一個事例表明雌鳥色彩暗淡而幼鳥色彩鮮明的物種。然而，某些啄木鳥的幼者提供了一個局部的例外，因爲牠們「頭的整個上部都呈紅色」，而雌雄二者以後到達成年時，它就減弱爲僅僅一圈紅線，或者雌鳥到達成年時，它就完全消失。[12]

最後，關於我們眼前這一類事實最可能的解釋似乎是：只有在雄鳥生命相當晚的時期在鮮明色彩或其他裝飾性狀方面發生的連續變異才被保存了下來；而這等變異的大部分或全部，由於它們出現的時期是在生命晚期，因而從一開始就只向成年的雄性後代傳遞。雌鳥或幼鳥所發生的任何鮮

---

⑫ 奧杜邦，《鳥類志》，第一卷，一九三頁。麥克吉利夫雷，《英國鳥類志》，第三卷，八十五頁。再參閱前此所舉的有關印度啄木鳥的事例。

明色彩的變異，對牠們都沒有用處，因而不會被選擇；若有危險的話，甚至會被消除掉。這樣，雌鳥和幼鳥或保持不變，或透過傳遞從雄性那裡接受某些連續變異而發生局部改變（這更是常見得多）。雌雄二者恐怕都受到了牠們長期暴露於其中的生活條件的直接作用：但雌鳥將會更好地表現任何這等效果，因爲除此之外別無他法可使它大大改變。這些變化以及所有其他變化由於許多個體之間的自由雜交將會保持一致。在某些場合中，特別是在地棲鳥類的場合中，雌鳥和幼鳥爲了保護自己，可能發生與雄鳥無關的變異，結果是獲得了同樣的暗淡色彩的羽衣。

第二類　凡是成年雌鳥比成年雄鳥的色彩更顯著的，則雌雄幼鳥的第一次羽衣與成年雄鳥的相似。——這一類事實同上一類恰恰相反，因爲在這裡雌鳥的色彩比雄鳥的更鮮明或更顯著；而其幼鳥，就已知情況來看，是與成年雄鳥相似而不是與成年雌鳥相似。但是，雌雄之間的差異絕不像第一類許多鳥類的雌雄差異那麼大，而且這一類的情況比較罕見。華萊士先生最先注意到雄鳥較不鮮明的色彩和牠們承擔孵卵義務之間存在著一種獨特關係，他非常強調這一點，[13]認爲這是一個決定性的考察，可以證明在孵卵期間暗淡色彩的獲得乃是爲了保護自己。還有一個不同的觀點，在我看來，似乎更爲合理。由於這些事實奇特而且爲數不多，我將把我所能找到的全部事實簡要列舉如下。

三趾鶉屬（Turnix）有一個組（section），形似鵪鶉，其雌鳥永遠大於雄鳥（有一個澳大利亞的物種，差不多要大兩倍），對鶉雞類來說，這卻是一種異常的情況。在該屬大多數物種中，雌

---

⑬《威斯敏特評論》，一八六七年七月。默里，《旅行記》，一八六八年，八十三頁。

鳥的色彩比雄鳥的更顯著而且更鮮明，[14]但在少數一些物種中雌雄二者則彼此相似。印度三趾鶉（*Turnix taigoor*）的雄性，其「喉部和頸部缺少黑色，其羽衣的整個色調比雌鳥的較淡而且較不鮮明」。雌鳥看來比雄鳥更愛吵鬧，肯定比雄鳥更加好鬥得多；因此，當地人民常常養雌鳥而不是養雄鳥，使牠們相鬥，就像養鬥雄雞那樣。英國捕鳥人用雄鳥爲媒鳥，置於陷網的近旁，以激起其他雄鳥的競爭心而捕獲之，在印度則用三趾鶉的雌性作爲媒鳥。當雌鳥被這樣用做媒鳥時，牠們很快就開始「咕嚕咕嚕地高聲鳴叫，這種叫聲在遠處還能聽到，任何雌鳥聽到叫聲時就會迅速奔往該地，並開始與放在那裡的籠中鳥相鬥」。用此方法僅在一天之內就可以捕到十二至二十隻鳥，全都是正在生殖期的雌鳥。當地人民斷言，雌鳥在下完卵以後就集合成群並且留下雄鳥去孵卵。沒有任何理由可以懷疑這個斷言的眞實性，它得到了斯溫赫先生在中國所做的一些考察資料的支持。[15]布賴茨先生相信其幼年的雌雄二者與成年雄鳥相似。

彩鷸（*Rhynchaea*，圖62）有三個物種，其雌鳥「不僅比雄鳥大，而且色彩華麗得多」。[16]凡是雌雄二者氣管構造有所不同的一切其他鳥類，都是雄鳥的氣管比雌鳥的更爲發達而且更爲複雜；但在南方彩鷸（*Rhynchaea australis*）來說，則雄鳥的氣管構造簡單，而雌鳥的氣管要經過四道顯

---

⑭ 關於澳大利亞的物種，參閱古爾德的《澳大利亞鳥類手冊》，第二卷，一七八，一八六，一八八頁。在大英博物館可以看到澳大利亞的漂鳥（*Pedionomus tonquatus*）標本也表現了相似的性差異。

⑮ 傑爾登，《印度鳥類》，第三卷，五九六頁。斯溫赫先生的論述，見《彩鷸》，一八六五年，五四二頁；一八六六年，一三一，四〇五頁。

⑯ 傑爾登，《印度鳥類》，第三卷，六七七頁。

著的盤旋才進入肺部。⑰因而這個物種的雌鳥已獲得了一種顯著的雄性特徵。布賴茨先生在檢查了許多標本之後，查明孟加拉彩鷸（*R. bengalensis*）的雌雄二者的氣管也都不盤繞，這個物種與南方彩鷸如此相似，以致除了腳趾較短以外，簡直沒有其他區別。親緣密切相近的類型的第二性徵往往差異很大，關於這一法則，上述事實又是一個顯著的例證；但這等差異與雌性有關時，那便是一種很罕見的情況了。孟加拉彩鷸雌雄幼鳥的第一次羽衣據說與成熟雄鳥的相似。⑱也有理由相信其雄鳥承擔了孵卵的義務，因為斯溫赫先生⑲發現其雌鳥在夏末以前就集合成群，正如雌三趾鶉所發生的情況一樣。

圖62　彩鷸（*Rhynchaea capensis*）（引自布雷姆）

灰瓣蹼鷸（*Phalaropus fulicarius*）和紅領瓣蹼鷸（*P. hyperboreus*）的雌性都比雄性大，牠們的夏羽也「裝束得更華麗」。但是，雌雄二者在色彩上的差異則絕不是顯著的，按照斯廷斯特拉普（Steenstrup）教授的資料，灰瓣蹼鷸只有雄鳥擔任孵卵的義務；雄鳥在生殖季節中的胸羽也表明

⑰ 古爾德的《澳大利亞鳥類手冊》，第二卷，二七五頁。

⑱《印度的田野》（*The Indian Field*），一八五八年九月，三頁。

⑲《彩鷸》，一八六六年，二九八頁。

了這一點。斑點鴴（*Eudromias morinellus*）的雌性比雄性大，其體部底面具有紅和黑的色彩，胸部新月形白斑以及眼睛上面的條紋都更強烈顯著。其雄鳥至少也參與孵卵；但雌鳥同樣照看幼鳥。[20]我沒有能夠弄清楚這些物種的幼鳥與成年雄鳥的相似是否甚於與成年雌鳥的相似；因爲做出這種比較或多或少是困難的，這是由於兩次換羽的緣故。

現在來談談鴕鳥目：普通鶴鴕（*Casuarius galeatus*）的雄鳥由於其體型較小，由於其附器和頭部裸皮的顏色遠不如雌鳥的那樣鮮明，所以任何人都會把牠當作雌鳥；並且巴特利特先生告訴我說，在動物園裡肯定只有其雄鳥孵卵並照看幼鳥。[21]伍德先生說[22]，其雌鳥在生殖季節表現了一種最好鬥的性情；這時其垂肉變大而且色彩更鮮豔。此外，斑鴯鶓（*Dromoeus irroratus*）的雌鳥比雄鳥大得多，牠具有一個微小的頂結，除此之外，在羽衣其他方面則無法加以區別。然而，牠「在憤怒或受到其他刺激時，似乎比雄鳥的力氣更大，頸部和胸部的羽毛皆豎起，就像雄火雞那樣。牠通常更勇敢而且更好鬥。尤其在夜間牠會發出一種空洞深沉的隆隆喉音，就像一面小鑼的響聲一

---

⑳ 關於這若干記述，參閱古爾德先生《大不列顛鳥類》，牛頓教授告訴我說，他根據自己和其他人的觀察，長期一直相信上述物種的雄鳥全部地或者大部地擔負起孵卵的義務，而且「在危險中牠們對幼鳥的獻身精神遠比雌鳥大得多」。正如他告訴我的，斑尾塍鷸（*Limosa lapponica*）和少數一些涉禽類的雌鳥都比雄鳥大，而且具有更強烈對比的色彩。

㉑ 塞蘭島土人斷言（華萊士，《馬來群島》，第二卷，一五〇頁），其雄鳥和雌鳥輪流孵卵；但巴特利特先生認爲這大概是雌鳥來巢下卵之誤。

㉒ 《學生》，一八七〇年四月，一二四頁。

般。其雄鳥的骨骼較纖細，而且較馴順，憤怒時只發出一種壓抑的嘶嘶聲，或一種嘎嘎聲」。牠不僅承擔了孵卵的整個義務，而且還要保護幼鳥不受牠們母親的危害：「因爲母親一看見其後代就變得非常激動，不顧父親的抵抗，似乎要盡最大努力去毀滅幼鳥。數月之後，把雙親放在一起，還是不安全的，激烈的爭吵乃是不可避免的結果，在這場爭吵中雌鳥一般都是勝利者。」㉓因此，關於鷸鴕，我們看到了一種完全顚倒的情況，不但父母的和孵卵的本能顚倒了，而且雌雄二者的正常精神素質也顚倒了；其雌鳥兇猛，好爭吵而且喧鬧，而雄鳥則溫和而且良善。非洲鴕鳥的情況遠非如此，因爲其雄鳥比雌鳥多少要大些，而且具有比較美觀的羽飾，其色彩對比更爲強烈，儘管如此，雄鳥還是擔負著整個孵卵的義務。㉔

我將列舉我所知道的其他少數事例來做說明，這些事例表明其雌鳥比雄鳥的色彩更爲顯著，雖然對其孵卵方式毫無所知。關於福克蘭群島（Falkland Islands）上的一種食腐肉的鳶（*Milvago leucurus*），我在解剖時非常驚奇地發現，那些全身色彩強烈顯著的個體——蠟膜和腿部呈橙色，都是成年的雌鳥；而那些羽衣色彩比較暗淡的、腿部呈灰色的個體，都是雄鳥或幼鳥。澳大利亞有一種紅喉短嘴旋木鳥（*Climacteris erythrops*），其雌鳥異於雄鳥之處在於「喉部有美麗發亮的赤

㉓ 關於這種鳥在圈養條件下的習性，參閱貝內特先生的傑出文章，見《陸與水》，一八六八年五月，一二三頁。

㉔ 斯克萊特先生關於鴕鳥孵卵問題的論述，見《動物學會學報》，一八六三年六月九日游鴕（*Rhea darwinii*）的情況也是如此；馬斯特斯（Musters）船長說（《和巴塔哥尼亞的印第安人相處的日子》，一八七一年，一二八頁），其雄鳥比雌鳥更大、更強壯而且動作更快，其色彩稍暗淡；但牠擔負孵卵和照看幼鳥的全部責任，正如游駝屬普通物種的雄鳥那樣。

褐色斑記，而雄鳥這一部分的色彩則十分平淡」。最後，澳大利亞有一種夜鷹，「其雌鳥體型總是大於雄鳥，色彩之鮮豔也超過雄鳥，另一方面，雄鳥初級飛羽上的兩個白斑點比雌鳥的更爲顯著」。㉕

於是我們看到，雌鳥的色彩比雄鳥的更顯著，幼鳥的未成熟羽衣與成年雄鳥的羽衣相似，而不是像前章所述的那樣與成年雌鳥的羽衣相似，這些事例雖見於各個「目」，但爲數不多。雌雄二者之間的差異量比前一類常常發生的差異量小到無法相比的程度；所以差異的原因，不論它可能是什麼，在這裡對雌鳥發生的作用，不及對第一類雄鳥發生的作用那樣有力或那樣持久。華萊士先生認爲雄鳥的色彩在孵卵期間爲了保護自己而變得較不顯著；但是幾乎所有上述事例都表明雌雄二者之間的差異並不夠大，似不足據以穩妥地接受這一觀點。在一些這類場合中，雌鳥較爲鮮明的色彩幾乎都限於體部底面，而雄鳥體部底面的色彩如果鮮明，牠們在孵卵時大概也不會暴露在危險之中。

㉕關於食腐肉的鳶，見《「小獵犬」號艦航海中的動物學研究：鳥類》，一八四一年，十六頁。關於旋木鳥和夜鷹（*Eurostopodus*），見古爾德的《澳大利亞鳥類手冊》，第一卷，六〇二，九十七頁。紐西蘭的麻鴨（*Tadorna variegata*）提供了一個完全相似的情況；其雌鳥的頭部呈純白色，而背部則比雄鳥的顏色更紅，雄鳥的頭部爲一種鮮豔的暗青銅色，其背部覆以美麗的細紋鼠色羽衣，因此這兩方面加起來牠就會被認爲是兩性中更漂亮者。牠比雌鳥大，更好鬥，而且不孵卵，因而從所有這些方面看，這個物種應歸入我們第一類；但斯克萊特先生（《動物學會學報》，一八六六年，一五〇頁）非常驚奇地看到幼年雌雄二者在孵出後三個月左右的時候，牠們暗色的頭部和頸部與成年雄鳥相似，而不與成年雌鳥相似；因此在這種場合中似乎是雌鳥發生了改變，而雄鳥和幼鳥則保持其羽衣的以往狀態。

還應該記住，雄鳥不僅在色彩顯著程度上稍遜於雌鳥，而且比雌鳥小而弱。此外，牠們不僅獲得了母性孵卵的本能，而且還不如雌鳥那樣好鬥和大聲喧叫，有一個例子表明牠們的發音器官也比較簡單。這樣，雌雄二者之間的本能、習性、性情、色彩、大小以及某些構造之點便完成了幾乎完全的倒置。

現在如果我們可以假定本類的雄鳥已經失去了牠們這一性通常具有的一些熱情，因而不再急切地尋求雌鳥；或者，如果我們可以假定其雌鳥的數量比雄鳥的多得多——在印度三趾鶉的情況中據說其雌鳥「遠比雄鳥更爲常見」㉖——那麼這導致雌鳥追求雄鳥而不是被雄鳥所追求，就不見得不可能了。在一定程度上某些鳥類的情況確係如此，我們在雌孔雀、野火雞以及某些種類的松雞中所看到的情況就是這樣。如果把大多數雄鳥的習性作爲指標，則三趾鶉和鼫鶅的雌鳥的較大體型和體力以及異常的好鬥性，都必定意味著牠們爲了占有雄鳥而盡力把競爭的雌性對手趕跑；從這個觀點來看，全部事實就變得一清二楚了；因爲，雌鳥由於具有鮮明色彩、其他裝飾物以及發音能力，所以最能吸引雄鳥，而雄鳥大概最容易受這等雌鳥的媚惑和刺激。於是，性選擇就發生作用，不斷地給雌鳥增添魅力；而雄鳥和幼鳥則完全不變，或改變甚少。

第三類　凡成年雄鳥和成年雌鳥相似的，則雌雄幼鳥就具有自己特殊的第一次羽衣。在這一類中，雌雄成鳥彼此相似並異於幼鳥。許多種類的鳥所發生的情況就是如此。雄知更鳥和雌知更鳥幾乎無法區別，但其幼鳥則大有差異，牠具有暗橄欖色和褐色的斑點羽衣。華麗的猩紅色鸛鳥的雄性和雌性彼此相似，而其幼鳥卻呈褐色；至於這種猩紅色雖爲雌雄所共有，但顯然是一種性的特徵，

㉖ 傑爾登，《印度鳥類》，第三卷，五九八頁。

因爲在圈養的條件下，這種性徵在任何一性都不會充分發育；當鮮豔的雄鳥被圈養時，這種色彩往往就會消失。有許多蒼鷺的物種，其幼鳥和成鳥彼此差異很大；成鳥的夏羽雖爲雌雄所共有，卻清楚地具有婚羽的特徵。幼天鵝呈鼠色，而成熟的天鵝卻爲純白色；不過再舉一些這方面的例子大概就是多餘的了。幼鳥和老鳥之間的這等差異，正如上述兩類情況那樣，顯然在於幼鳥保持了既往的古老狀態的羽衣，而雌雄老鳥則獲得了新的羽衣。如果成鳥具有鮮明的色彩，我們根據剛才對猩紅色鸛鳥和許多種蒼鷺所做的記述，以及根據第一類諸物種所做的類推，可以得出結論說，這等色彩是由接近成熟的雄鳥透過性選擇而獲得的；但不同於上述兩類情況的是，這種性狀的傳遞雖然限於相同的年齡，卻不限於相同的性別。結果，雌雄二者在成熟時彼此相似而異於幼鳥。

第四類　凡成年雄鳥與成年雌鳥相似的，則雌雄幼鳥的第一次羽衣與成鳥的羽衣相似。——在這一類中，幼年的和成年的雌雄二者，不論其色彩鮮豔或暗淡，都彼此相似。我想，這一類情況比上一類情況更爲常見。在英國可舉之例有：翠鳥、某些啄木鳥、松鴉、喜鵲、烏鴉以及許多色彩暗淡的小型鳥類，如籬鶯或普通鷦鷯。但幼鳥和老鳥之間在羽衣方面的相似絕不完全，而漸次變爲不相似。例如，魚狗科某些成員的幼鳥不僅在色彩上不及成鳥鮮豔，而且其體部底面的許多羽毛具有褐色的邊，[27]這大概是其已往羽衣狀態的痕跡。在這種鳥的同一類群中，甚至在同一屬中，例如在錦鸚（Platycercus）的一個澳大利亞的屬中，某些物種的幼鳥與其彼此相似的雙親密切相似，而其

---

[27] 傑爾登，《印度鳥類》，第一卷，二二二，二二八頁。古爾德，《澳大利亞鳥類手冊》，第一卷，一二四，一三〇頁。

他物種的幼鳥則與其彼此相似的雙親相當不同。㉘普通鳥的雌雄二者及其幼鳥都彼此相似；但加拿大噪鴉（*Perisoreus canadensis*）的幼者與其雙親的差異如此之大，以致過去曾把牠們描述爲不同的物種㉙。

在繼續往下討論之前，我願指出，在這一類以及下述兩類的情況中，事實是如此複雜，而且結論是如此可疑，因而對這個問題不感特別興趣的任何人還是略而不談爲好。

這一類的許多種鳥都是以其鮮豔的或顯著的色彩作爲特徵，這等色彩很少有或者絕不會有保護作用；因此大概是雄鳥透過性選擇獲得了這等色彩，而後傳遞給了雌鳥和幼鳥。然而，有可能雄鳥選擇更有魅力的雌鳥，如果這些雄鳥將其性狀傳遞給雌雄雙方的後代，則其結果與雌鳥選擇更有魅力的雄鳥所產生的結果是一樣的。但有證據可以證明，在雌雄二者一般彼此相似的任何鳥的類群中，這種偶然情況即便曾經有過，也是很少發生的；因爲這等連續變異未能傳遞給雌雄二者的甚至只是少數，則雌鳥也會在美觀方面稍微超過雄鳥。在自然狀態下發生的情況恰好相反；因爲，在雌雄二者一般彼此相似的差不多每一個大類群中，某些少數物種的雄鳥色彩的鮮明程度略勝於雌鳥。也有可能雌鳥會選擇比較美麗的雄鳥，而這等雄性反過來也會選擇比較漂亮的雌鳥；但這種雙重選擇過程是否可能發生，還是有疑問的，這是因爲其中一性的熱情要大於另一性，再者，這種雙重選擇過程是否比只有一方的選擇更爲有效，也是有疑問的。因此最合理的觀點是，按照動物界的一般規則，就所涉及的裝飾性狀而言，性選擇曾經對雄鳥發生過作用，而且這些雄鳥把牠們漸次獲得

㉘ 古爾德，同上著作，第二卷，三十七，四十六，五十六頁。

㉙ 奧杜邦，《鳥類志》，第二卷，五十五頁。

的色彩或是相等地或是幾乎相等地傳給了其雌雄二者的後代。雄鳥最初發生的連續變異究竟在其接近成熟之後，抑在其十分幼小的時候，是一個更大的疑問，在任何上述一種情況中，只要雄鳥為了占有雌鳥勢必與其對手進行競爭時性選擇就一定會對雄鳥發生作用；在那兩種場合中這樣獲得的性狀就會傳遞給雌雄雙方，而且這種傳遞係在所有年齡中進行的。但是，這等性狀如果是由成年雄鳥獲得的，那麼就只傳遞給成鳥，並且在此後的某個時期再傳遞給幼鳥。因為已經知道，在相應年齡遺傳的法則一旦失效，其後代承繼那些性狀的時期，往往要早於雙親最初出現那些性狀的時期。㉚在處於自然狀況下的鳥類中可以明顯地觀察到這等情況。例如，布賴茨先生見過紅色伯勞（*Lanius rufus*）和冰雪群鳥鸊（*Colymbus glacialis*）的標本，牠們在幼小的時候便十分反常地呈現了其雙親的成年羽衣。㉛再者，普通天鵝（*Cygnus olor*）的幼者要到十八個月或兩歲才脫掉其暗色羽毛而變成白色的；但福勒爾（**F. Forel**）博士描述過三隻精力旺盛的幼天鵝，牠們這一窩一共有四隻，而這三隻一生下來就是純白色的。這些幼鳥並非白化體（albinoes），因為牠們的喙和腿的顏色和成鳥的同一部分接近相似。㉜

本類雌雄二者以及幼鳥可能按照上述三種方式而彼此相似，用麻雀屬的奇妙事例來說明這三

㉚《動物和植物在家養下的變異》，第二卷，七十九頁。

㉛查里斯沃思主編的《博物學雜誌》，第一卷，一八三七年，三〇五，三〇六頁。

㉜《科普協會簡報》（*Bulletin de La Soc. Vaudoise des Sc. Nat.*），第十卷，一八六九年，一三二頁，波蘭天鵝，即雅列爾命名的變天鵝（*Cygnus immutabilis*），其幼鳥永呈白色；但是，正如斯克萊特先生告訴我的，據認為，這個物種不過是普通天鵝（*Cygnus olor*）的一個變種而已。

種方式，這是值得一試的。[33]家雀的雄性與其雌性以及幼者差異很大。其幼者和雌性彼此相似，並在很大程度上與巴勒斯坦麻雀（*P. brachydactylus*）的以及親緣關係密切相近的物種的雌雄二者和幼者相似。因此我們可以假定家雀的雌性和幼者大致向我們表明了該屬祖先的羽衣狀況。且說，山麻雀的雌雄二者和幼者都與家雀的雄性密切相似，所以說，牠們全都按照同樣的方式發生變異，而且全都背離了牠們早期祖先的典型色彩。這可能是由山麻雀的一個早期雄性祖先來實現的，牠發生變異，第一可能是在接近成熟的時期，第二可能在牠十分幼小的時期，而且無論在上述哪一種情況中，都把改變了的羽衣傳遞給了雌鳥和幼鳥；或者第三，牠也許在成年發生變異，並把其羽衣傳遞給了成年的雌雄二者，並且，由於在相應年齡遺傳的法則失效，在以後某個時期傳遞給了幼鳥。

這三種方式在這一類情況中何者屬於主導地位，仍是無法確定的。最可能的是，雄鳥在幼年發生變異，並把牠的變異傳遞給了其後代的雌雄二者。我可以在此做點補充，我曾查閱各種著作，試圖確定鳥類的變異時期對於性狀傳遞給一性或傳遞給兩性究竟可以決定到什麼程度，但很少成功。常常提到的那兩條規則（即，在生命晚期發生的變異只傳遞給相同性別的一方，而在生命早期發生的變異則傳遞給雌雄雙方），明顯地適用於第一類[34]、第二類以及第四類的情況；但對第三類，往

---

[33] 我感謝布賴茨先生提供有關這個屬的資料。巴勒斯坦麻雀乃是一個石雀（Petronia）的亞屬。

[34] 例如，夏鶯（*Tanagra aestiva*）和藍燕雀（*Fringilla cyanea*）的雄鳥的漂亮羽衣完全長好，需時三年，而燕雀（*Fringilla crris*）的雄鳥需時四年（見奧杜邦的《鳥類志》，第一卷，二三三，二八〇，三七八頁），斑鳧（Harlequin duck）需時三年（同上著作，第三卷，六一四頁）。我聽詹納．韋爾先生說，雄金雉在孵出三個月左右就可與雌金雉區別開來，但其華麗的完善羽衣要到來年九月底才會出現。

往還對第五類㉟，而且對小小的第六類就不適用了。然而，就我所能判斷的來說，它們可以應用於相當多數的物種；我們千萬不要忘記馬歇爾博士對鳥類頭部凸起所做的驚人類化。這兩條規則是否一般都能適用，我們根據第八章所舉出的事實可以斷言，變異的時期在決定傳遞形式方面是一個重要的因素。

關於鳥類，我們應該用什麼標準去判斷變異時期的遲或早，是根據與生命期限有關的年齡，還是根據生殖能力，要不根據物種的換羽次數，都是難以決定的。鳥類的換羽，即使在同一科裡，有時沒有任何可指出的原因也彼此大不相同。有一些鳥類那麼早就換羽，以致在其初級翼羽充分成長之前其體部的羽毛就幾乎全脫光了；我們不能相信這是事物的原始狀態。如果換羽時期提前了，則其成熟羽衣顏色最先發育的年齡會使我們錯誤地認爲牠比實際的發育年齡爲早。有些鳥類玩賞家所用的鑑定性別的方法可以說明這一點，他們從尚未離巢的紅腹灰雀的胸部，從幼小金雉的頭部或頸部，拔掉少許羽毛，以確定牠們的性別；因爲，若是雄鳥，則在拔掉的那些羽毛原處立即會長出有色的羽毛。㊱我們只知道少數鳥類的生命期限，所以我們幾乎無法用這個標準來做出判斷。至於獲得生殖能力的時期，有一個值得注意的事實，即，各種鳥類在保持其未成熟的羽衣時就偶爾進行繁

㉟ 這樣，坦塔羅斯彩鸛（*Ibis tantalus*）和美洲鶴（*Grus americanus*）需時四年，紅鸛（*Flamingo*）需時數年，而游鷺（*Andea ludovicana*）需時兩年，才獲得其完善的羽衣。參閱奧杜邦的上述著作，第一卷，二二一頁；第三卷，一三三，一三九，二一一頁。

㊱ 布賴茨先生的論述，見查理斯沃思主編的《博物學雜誌》，第一卷，一八三七年，三〇〇頁。有關金雉的資料是巴特利特先生告訴我的。

育。[37]

鳥類在保持其未成熟羽衣時就進行繁育的事實似乎與以下信念相反，即，如我所相信的，性選擇在使雄性獲得裝飾性的色彩、羽飾等並透過同等傳遞把這些性狀傳遞給許多物種的雌性等方面發揮了重要的作用。如果年齡較小和裝飾較差的雄性能像年齡較大和外觀較美的雄性那樣成功地贏得雌性和繁殖其種類，那麼這種相反的情況就是有確實根據的了。可是我們沒有理由假定情況確係如此。奧杜邦曾把一種彩鸛（*Ibis tantalus*）的未成熟雄性進行繁殖當作一種稀罕的事來說，斯溫赫先生也提到過黃鸝屬（*Oriolus*）的未成熟雄性發生過這種情況。[38]如果任何物種的幼鳥在羽衣尚未成熟的狀況下能夠比成鳥更成功地贏得配偶，則成年的羽衣大概很快就會消失，因爲那些最長久保持未成熟羽衣雄鳥大概居於優勢，這樣，物種的性狀最終要發生變異。[39]反之，如果幼鳥在獲得雌鳥

㊲ 我曾注意到奧杜邦的《鳥類志》中的下述事例。美國的紅尾鶲（*Muscapica ruticilla*，第一卷，二〇三頁），坦塔羅斯彩鸛需時四年才達到完全成熟，但有時在孵出後第二年就繁育（第三卷，一三三頁）。美洲鶴需要同樣長的時間，但在獲得其完善羽衣前就繁育（第三卷，二一一頁）。青鷺（*Ardea caerulea*）的成鳥呈藍色，幼鳥則呈白色；可以看到白色的、雜色的以及成熟的藍色鳥全都在一塊繁育（第四卷，五十八頁）；但布賴茨先生告訴我說，某些蒼鷺顯然是二型的，因爲可以看到同齡的白色和有色的個體。斑鳧（*Anas histrionica*, Linn.）需時三年才能獲得其完善羽衣，雖然許多鳧類在孵出後第二年就繁育（第三卷，六一四頁）。白頭隼（*Falco leucocephalus*，第三卷，二一〇頁）據知同樣在未成熟時就繁育。黃鸝屬的一些物種（根據布賴茨先生和斯溫赫先生的資料，見《彩鶴》，一八六三年七月，六十八頁）同樣在獲得其完善羽衣前就繁育。

㊳ 見上注。

㊴ 屬於完全不同綱的其他動物，無論是慣常地還是偶然地都能在完全獲得其成年性狀之前就可以繁育。鮭魚的幼年雄

方面從未成功，那麼早期生殖的習性恐怕遲早要歸於消滅，因爲這一定要消耗體力，但無此必要。

某些鳥類的羽衣在充分成熟後的許多年裡還不斷增添其美麗；孔雀和一些極樂鳥的尾羽，以及幾種蒼鷺（如*Ardea ludovicana*）的羽冠和羽飾就是如此。[40]但這種羽毛的不斷發育究竟是對連續的有利變異的選擇的結果（儘管這個觀點對極樂鳥來說是最合理的）還是單純的不斷生長的結果，尚有疑問。大多數魚類在牠們健康和食物豐富的期間，其大小還在不斷增長；鳥類的羽飾可能也受一種與此多少相似的法則所支配。

第五類　凡成年的雌雄二者具有不同冬羽和夏羽的，無論其雄鳥是否異於雌鳥，其幼鳥的冬羽與成年雌雄二者的冬羽相似，或與牠們的夏羽相似，但這種情況要罕見得多；或者幼鳥僅與雌鳥相似。或者，幼鳥可能具有一種中間的性狀；還有幼鳥與雄鳥的冬羽和夏羽都迥然不同。——這一類情況異常複雜；這也不奇怪，因爲它們決定於遺傳，而這種遺傳不同程度地受到三方面、即性別、年齡以及季節性的限制。在某些情況中同一物種的一些個體至少要經過五種不同的羽衣狀態。關於

性就是如此。有幾種兩棲動物，據知尚保持其幼體構造時就進行繁育。弗里茨・米勒指出（《支持達爾文的事實和論據》，英譯本，一八六九年，七十九頁）有幾種異腳類甲殼動物的雄性在幼小時即達到性成熟了；我推論這是成熟前就進行繁育的一個例子，因爲那時牠們還沒有獲得其完全發育的抱握器。所有這類事實都是非常有趣的好像憑一種手段就可使物種實現性狀的巨大改變。

[40] 傑爾登，《印度鳥類》，第三卷，五〇七頁，關於孔雀。馬歇爾博士認爲極樂鳥的較老和較鮮豔的雄鳥比較年幼的雄鳥有更大優越性；見《荷蘭文獻》，第六卷，一八七一年。——關於鷺屬，見奧杜邦的上述著作，第三卷，一三九頁。

雄鳥只在夏季或更為罕見地在冬夏兩季異於雌鳥的物種，其幼鳥一般與雌鳥相似——所謂北美的金翅雀、顯然還有鮮豔的澳洲莫魯里鳥（*Maluri*）都是如此。[42]關於雌雄二者在夏季和冬季都彼此相像的物種，其幼鳥與成鳥的相似在於：第一，牠們的冬羽；第二，牠們的夏羽，但這種情況要罕見得多，第三，介於以上兩種狀態之間；第四，幼鳥可能在所有季節裡都和成鳥迥然不同。這四種情況的第一種有一種印度白鷺（*Buphus coromandus*）為例，其幼鳥和成年的雌雄二者在冬季均呈白色，到夏季，成鳥就變為淺金黃色。關於印度的懶鉗嘴鴨（*Anastomus oscitans*），其情況與此相似，但其色彩正好相反：因為在冬季其幼鳥和成年的雌雄二者均呈灰色和黑色，到夏季其成鳥就變為白色。[43]作為第二種情況的一個例子，如剃刀喙海雀（*Alca torda*, Linn.），其幼鳥的早期羽衣在色彩上與成鳥的夏季羽衣相像；而北美白冠燕雀（*Fringilla leucophrys*）的幼鳥，一會飛時，頭上就有優美的白色條紋，到冬季幼鳥和老鳥的這等性狀都消失了。[44]關於第三種情況，即幼鳥具有介

---

[41] 關於圖例見麥克吉利夫雷的《英國鳥類志》一書，關於鶺屬見第二二九，二七一頁；關於流蘇鷸，見第一七二頁；關於劍鴴（*Charadrius hiaticula*），見一一八頁；關於雨鴴（*Charadrius pluvialis*），見第九十四頁。

[42] 有關北美洲金翅雀、暗色燕雀見奧杜邦的《鳥類志》第一卷，一七二頁。關於莫魯里鳥，見古爾德的《澳大利亞鳥類手冊》，第一卷，三一八頁。

[43] 我感謝布賴茨先生提供的有關印度白鷺的資料；再參閱傑爾登的《印度鳥類》，第三卷，七四九頁。關於懶鉗嘴鴨，見布賴茨的論述，《彩鸛》，一八六七年，一七三頁。

[44] 關於海雀，見麥克吉利夫雷的《英國鳥類志》，第五卷，三四七頁。關於白冠燕雀見奧杜邦的上述著作，第二卷，八十九頁。我以後還會提到某些蒼鷺和白鷺的幼鳥呈白色的問題。

於成年的夏羽和冬羽之間中間性狀，雅列爾㊺堅決認爲許多涉禽類都發生過這種情況。最後，關於幼鳥和雌雄二者的成年夏羽和成年冬羽都迥然不同的情況，在北美和印度的一些蒼鷺以及白鷺中均有發生——只有牠們的幼鳥呈白色。

關於這些複雜的情況我僅稍做陳述。凡幼鳥和雌鳥的夏羽相似或與成年雌雄二者的冬羽相似的，其情況與第一類和第三類情況的不同之點僅在於雄鳥在生殖季節最先獲得的並限於在相應季節傳遞的那些性狀。凡成鳥具有不同的夏羽和冬羽，而且其幼鳥異於雌雄二者的，其情況就比較費解了。我們可以承認幼鳥大概保持了一種古老的羽衣狀態；我們根據性選擇能夠說明成鳥的夏羽或婚羽，可是我們如何說明其不同的冬羽呢？如果我們能承認這種羽衣在所有情況中都是作爲保護之用的，那麼它的獲得就是一件簡單的事了；但似乎沒有恰當的理由來承認這一點。或可提出這樣的意見：冬季和夏季迥然不同的生活條件對這種羽衣發生了直接作用；這也許有一些影響，但我沒有多大信心來承認我們所看到的這兩種羽衣之間的如此重大差異是這樣引起的。比較合理的一種解釋是，透過夏羽某些性狀的傳遞古老的羽衣樣式發生了部分變異，而這種古老的羽衣樣式在冬季還爲成鳥所保持。最後，屬於這一類的所有情況，顯然都是由成年雄鳥獲得的性狀所支配的，這些性狀的傳遞受到了年齡、季節和性別的各種不同限制；但要試圖進一步探明這些複雜的關係也許是不值得的。

第六類　凡幼鳥的第一次羽衣按不同性別而彼此相異的，則幼小的雄鳥與成年的雄鳥多少密切相似，而幼小的雌鳥與成年的雌鳥多少密切相似。屬於這一類的情況，雖出現於各種類群，但爲

㊺ 參閱《英國鳥類志》，第一卷，一八三九年，一五九頁。

數不多；幼鳥一開始就應該或多或少地和同一性別的成鳥相似，而且逐漸變得越來越相似，好像是最自然不過的事了。黑冠鶯（*Sylvia atricapilla*）的成年雄鳥的頭部爲黑色，而雌鳥的頭部則呈紅褐色；布賴茨先生告訴我說，其雌雄幼鳥甚至在還沒有離巢的時候也能根據這等性狀加以區分。在鶇這一科中，有異常多的相似事例已被注意到了；例如雄烏鶇（*Turdus merula*）的雛鳥就能與雌烏鶇的雛鳥相區別。饒舌鶇（*Turdus polyglottus*, Linn.）的雌雄二者彼此差異很小，可是其雄鳥在年齡很小時由於呈現更純的白色而能容易地與雌鳥區分開來。⑯樹鶇（*Orocetes erythrogastra*）和岩鶇（*Petrocincla cyanea*）的雄鳥有很多羽毛呈現一種優美的藍色，其雌鳥則呈褐色；這兩個物種的雄性雛鳥其主要的翼羽和尾羽都有藍色的邊，而雌鳥則具有褐色的邊。⑰幼小烏鶇的翼羽表現了成熟的性狀，而且在其他羽毛之後變黑；反之，剛才提到的那兩個物種的翼羽則在其他羽毛之前變藍。關於這一類情況，最合理的觀點是，和第一類情況有所不同，即，雄鳥把這種色彩傳遞給雄性後代的年齡早於牠們最初獲得這種色彩的年齡；因爲，如果雄鳥是在十分幼小時發生變異的，那麼其性狀大概就會傳遞給雌雄二者。⑱

---

⑯ 奧杜邦，《鳥類志》，第一卷，一一三頁。

⑰ 賴特（C. A. Wright）先生的著述，見《彩鸛》，第六卷，一八六四年，六十五頁。傑爾登，《印度鳥類》，第一卷，五一五頁。再參閱布賴茨關於烏鶇的論述，見查理斯沃思主編的《博物學雜誌》，第六卷，一八三七年，一一三頁。

⑱ 尚有數例補充如下：玫紅唐納雀（*Tanagra rubra*）的年幼雄鳥與年幼雌鳥有區別（奧杜邦，《鳥類志》，第四卷，三九二頁），一種印度的藍鶲（*Dendrophila frontalis*），其雛鳥也同樣地雌雄有別（傑爾登，《印度鳥類》，第一

有一種蜂鳥，叫亮羽蜂鳥（*Aïthurus polytmus*），其雄鳥具有黑和綠的燦爛色彩，而且有兩條大小延長了的尾羽；雌鳥只有一條平常的尾羽而且色彩也不顯著；於是其幼小雄鳥不是按照普通的規則與成年雌鳥相似，而是以一開始就呈現這種性別所固有的那種色彩而且其尾羽也迅速變長了。我感謝古爾德先生提供這個資料，他還向我提供下述更驚人的而且迄今尚未發表的事例。有兩種屬於*Eustephanus*的蜂鳥均具美麗的色彩，棲居於胡安·費爾南德斯的小島上，而且永遠被劃爲不同的物種。但最近已經證實，其中呈鮮豔栗褐色、頭部爲金紅色的一種乃是雄鳥，而呈綠色和白色斑駁的優美色彩、頭部爲金綠色的另一種則是雌鳥。於是，其幼鳥在最初就與相應性別的成鳥或多或少地相似了，以後這種相似逐漸變得越來越完全。

如果我們像以前那樣地把幼鳥的羽衣作爲我們的指標，那麼雌雄二者似乎彼此無關地各自變得美麗；而不是某一性把其美麗部分地傳遞給了另一性。雄鳥顯然是透過性選擇獲得了鮮明的色彩，其方式正如第一類情況中的孔雀和雉那樣；而雌鳥則是按照第二類情況中彩鷸屬或三趾鶉屬的雌鳥那樣方式獲得其顯著色彩的。但是要理解同一物種雌雄二者爲何能夠同時實現這一過程那就困難得多了。沙爾文先生說，正如我們在第八章所見到的，關於某些蜂鳥，其雄鳥在數量上大大超過了雌鳥，而棲居在同一地方的其他物種則是雌鳥的數量大大超過了雄鳥。於是，如果我們可以假定在以前某個長時期裡胡安·費爾南德斯物種的雄鳥在數量上大大超過了雌鳥，而在另一個長時期裡又是

卷，三八九頁）。布賴茨先生也告訴我說，黑喉石雕（*Saxicola rubicola*）在很早的年齡其雌雄二者就可彼此區別。

沙爾文先生舉出（《動物學會會報》，一八七〇年，二〇六頁）一個例子表明一種蜂鳥與下面所說的*Eustephanus*相似。

雌鳥的數量遠遠超過了雄鳥，那麼我們就能理解如何透過對任何一性的色彩鮮明的諸個體的選擇在某一個時期使雄鳥、又在另一個時期使雌鳥增添了美麗；雌雄二者在比平常相當早的年齡把牠們的性狀傳遞給了幼鳥。這種解釋正確與否，我不想妄加評說；但這個事例極其值得注意，以致不能把它忽略過去。

我們現在已於所有這六大類中看到幼鳥羽衣和雌雄兩性的或某一性別的成鳥羽衣之間所存在的密切關係。這些關係可根據下述原理而得到相當確切的解釋，即，某一性別——在大多數情況中這是雄性——透過變異和性選擇最先獲得了鮮明色彩或其他裝飾物，然後按照那些公認的遺傳法則以不同方式把它們傳遞下去。爲什麼有時即使是屬於同一類群的物種，牠們的變異也會發生於生命的不同時期，我們還不清楚，但就傳遞的形式而言，一個重要的決定性原因似乎是變異最先出現時的年齡。

根據在相應年齡遺傳的原理，並且根據雄性早期發生的任何顏色變異，在那時都不受到選擇的原理——反之往往由於有危險而被淘汰——儘管在生殖期前後發生的相似變異都被保存了下來，幼鳥的羽衣還往往會保持不變或變得很少。這樣我們就可略窺現存物種的祖先是什麼顏色了。在這六類情況中的五類有大量物種其某一性別或雌雄兩性的成鳥是色彩鮮明的，至少在生殖季節期間是如此，而同時幼鳥的色彩總不如成鳥的鮮明，或是色彩十分暗淡；因爲，就我所能發現的來說，沒有一個事例表明色彩暗淡的物種其幼鳥呈鮮明色彩的，或色彩鮮明的物種其幼鳥比其父母更鮮豔。然而，在第四類中，幼鳥和老鳥彼此相似，有許多物種（儘管絕非全部物種）其幼鳥呈鮮明的色彩，既然古老類群是由這些物種組成的，所以我們可以推論其早期祖先也同樣是鮮明的。除了這一例外，如果我們從全世界鳥類去看，自從牠們的未成熟羽衣給我們做了部分紀錄的那個時期以來，牠們的美似乎大大增加了。

與保護有關的羽衣色彩

已經看到我不能追隨華萊士先生去相信暗淡的色彩，當限於雌鳥所專有時，在大多數情況中乃是特別爲了保護而被獲得的。然而，毫無疑問，如上所述，許多鳥類雌雄二者的色彩都發生了變異，以便逃避其敵害的注意；或者在某些事例中，乃是爲了接近其捕食對象時不會被發覺，正如貓頭鷹具有柔軟的羽毛乃是爲了在飛行時不聞其聲。華萊士先生說，「只有在熱帶不落葉的叢林裡我們才會找得到其主要色彩是綠色的整群鳥類」。㊾凡曾試過的，每個人都會承認要把鸚鵡從一株長滿綠葉的樹識別出來有多麼困難。儘管如此，我們還必須記住許多鸚鵡都裝飾了深紅的、藍的和橙黃的色彩，而這些色彩幾乎是沒有保護作用的。啄木鳥顯然是樹棲的，但除了綠色物種以外，還有許多黑的以及黑白相間的種類——所有這些物種都明顯地暴露在幾乎相同的危險之中。因此，大概是出沒於樹間的鳥類透過性選擇獲得了強烈顯著的色彩，但由於額外的保護利益，故綠色的獲得往往多於任何其他顏色。

關於在地面上生活的鳥類，每個人都承認牠們的色彩是模擬其周圍地面的。要看見一隻伏在地上的小鶉、沙錐、丘鷸（woodcock）、某些鴴類、雲雀和夜鷹是多大地困難。在沙漠居住的動物提供了最驚人的事例，因爲那裡的地面是裸露的，沒有藏身之處，幾乎所有較小的四足獸類、爬行類以及鳥類的安全都依靠其體色。特里斯特拉姆先生說，所有撒哈拉的居住者都是以其「淡黃色或

㊾ 見《威斯敏特評論》，一八六七年七月，五頁。

沙色」來保護自己。㊿當我想起南美的沙漠鳥類以及大不列顛的大多數地棲鳥類，在我看來其雌雄色彩一般差不多是一樣的。因此，我向特里斯特拉姆先生請教有關撒哈拉沙漠鳥類的情況，他好心地向我提供了下述資料。有十五個屬的二十六個物種，都明顯具有保護色彩的羽衣；這種保護色越發驚人的是，大多數這等鳥類的色彩都異於其同種的鳥類。在這二十六個物種中有十三個其雌雄二者的色彩是一樣的；但這些物種都是屬於通常受這一規則所支配的屬，因此，關於沙漠鳥類雌雄二者具有一樣的保護色，這些物種並沒有向我們說明什麼。至於其他十三個物種，其中有三個是屬於其雌雄二者平常有差異的屬，而在這裡牠們都彼此相似。其餘的十個物種，其雄鳥異於雌鳥，但這種差異主要侷限於羽衣的底面，當這等鳥伏於地面時就把這一部分掩蓋住了；其雌雄二者的頭部和背部也具有同樣的沙色。因此，這十個物種的雌雄二者的上表面為了保護之故在自然選擇的作用下而彼此相像；同時為了裝飾之故只有雄鳥的體部底面透過性選擇而多樣化了。在這裡，既然雌雄二者都相等地得到了妥當的保護，我們可以清楚看到自然選擇並沒有阻止雌鳥繼承其父方的色彩；因此我們必須求助於受性別限制的傳遞法則了。

在世界所有部分的許多軟嘴鳥類，特別是那些常常出沒於蘆葦或苔草中的鳥類，其雌雄二者均呈暗淡的色彩。毫無疑問，如果其色彩是鮮明的，惹起其敵害的注目就要容易得多；可是牠們的暗淡色彩是否特別為了保護自己而獲得的，就我所能判斷的來說，似乎還有相當疑問。至於獲得這種暗淡色彩是否會為了裝飾之故，就更加可疑了。然而我們必須記住，雄鳥儘管是色彩暗淡的，但

㊿《彩䴉》，一八五九年，第一卷，四二九頁，及以下諸頁。然而，羅爾夫斯（Rohlfs）博士在一封信中對我說，根據他在撒哈拉沙漠的經驗，這個說法未免過火。

往往還與雌鳥有很大差異（像普通麻雀那樣），這就使我們相信爲了吸引雄鳥這等色彩是透過性選擇而被獲得的。許多軟嘴鳥類都是鳴禽；不應忘記前章的那一段討論，它表明裝飾著鮮明色彩的鳴禽是罕見的。如此看來，作爲一般的規則，選擇配偶的好像是雌鳥，牠們或取雄鳥甜蜜的鳴聲或取雄鳥漂亮的色彩，而並非二者兼取。有一些物種的色彩顯然是爲了保護自己，諸如姬鷸（jacksnipe）、丘鷸以及夜鷹即是，但牠們的斑紋和色調按照我們的審美標準來看，照樣是極其優美的。在這等情況中我們可以做出結論說，自然選擇和性選擇爲了保護和裝飾而共同發揮作用。是否有任何這樣一種鳥存在，牠並不具有某種用來誘惑異性的特殊魅力，實屬可疑。如果雌雄色彩是如此暗淡，以致不應輕率地去假定性選擇可以發生作用，而且如果不能提出直接的證據來表明這等色彩係作爲保護之用，那麼最好還是承認我們對其原因一無所知，或者，幾乎是一回事，把其結果歸因於生活條件的直接作用。

許多鳥類雌雄二者的色彩雖不鮮豔，卻是觸目的，諸如數目眾多的黑的、白的或黑白相間的物種即是；這些色彩大概都是性選擇的結果。普通烏鶇、松雞、黑色公松雞、黑鳧（Oidemia）、甚至還有一種黑極樂鳥（*Lophorina atra*），只有其雄鳥是黑色的，而雌鳥則呈褐色或雜色；這種黑色乃是一種性選擇的性狀，幾乎是無可懷疑的。所以像烏鴉、某些美冠鸚鵡、鸛和天鵝，以及許多種海鳥那樣的一些鳥類，其雌雄二者的全局部的黑色同樣是性選擇的結果，並伴以向雌雄雙方的同等傳遞，在某種程度上是可能的；因爲黑色在任何場合中幾乎都不能作爲保護之用。有若干鳥類，僅是其雄鳥呈黑色，另有一些鳥類，其雌雄二者均呈黑色，而牠們的喙或頭皮則呈鮮明的色彩，由此產生的顏色對比大大增添了牠們的美；從雄烏鶇的鮮明的黃喙，從黑色公松雞和松雞眼睛上方的豔紅色皮膚，從雄黑鳧的各種鮮明顏色的喙，從黃嘴山鴉（*Corvus graculus*, Linn.）、黑天鵝以及黑鸛的紅喙，我們看到了這種美。這個情況使我注意到巨嘴鳥的巨型鳥喙也許是性選擇的結果，這樣來顯示裝飾在其巨喙上的各式各樣色彩鮮豔的條紋。我看這並不是不可信的。[51]鳥喙基部和眼睛周圍的裸皮往往也同樣是色彩燦爛的；古爾德先生在提到某一個物種時說道，其喙色「在支配期間無疑是最優美和最燦爛的」。[52]巨嘴鳥以其巨喙來顯示其優美的色彩（在我們看來，誤以爲不重要），巨喙的鬆質構造雖然能使它變輕，但也給牠帶來了不便，正如雄錦雉以及某些其他鳥類的羽飾妨害了牠們的飛行，給牠們帶來了不便一樣，前一情況的可能性未必小於後一情況。

如上所述，各個物種只有雄鳥呈黑色，而雌鳥則呈暗色，與這種情況一樣，在少數場合中只有雄鳥全部或局部呈白色，而雌鳥則呈褐色或暗淡的雜色，如南美的幾種鈴鳥（*Chasmorhynchus*）、南極黑雁（*Bernicla antarctica*）、銀雉等即是。因此，按照上述同樣的原理，許多鳥類的雌雄二者透過性選擇獲得了其多少完全白色的羽衣是可能的，諸如鸓、若干種有漂亮羽飾的白鷺、某些鸛類、鷗類（gulls）、燕鷗類（terns）等就是這樣。在某些這種情況中，只有到了成熟期羽衣才變爲

---

[51] 關於巨嘴鳥的巨嘴迄今尚無滿意的解釋，至於其鮮豔的色彩，有關解釋還要少。貝茨先生說（《亞馬遜河上的博物學者》，第二卷，一八六三年，三四一頁），牠們是用嘴來啄取樹枝末端的果實；同樣地，像其他作者說過的，牠們還用巨嘴去攫取其他鳥類巢裡的卵和幼鳥。但是，正如貝茨先生所承認的，這種鳥嘴「對於用牠所要達到的目的來說簡直不能認爲是形狀很完善的工具」。如果說這種鳥嘴僅僅用做把握器官，則其寬度、深度以及長度所示明的那樣巨大體積乃是不可理解的。貝爾特先生相信這等鳥喙的基本用途在於抵禦敵害，特別是在樹洞裡孵卵的雌鳥尤其需用它（《博物學家在尼加拉瓜》，一九七頁）。

[52] 即龍首鵎鵼（*Ramphastos carinatus*），見古爾德的《鵎鵼科專論》（*Monograph Ramphastidae*）。

白色。若干種鰹鳥（gannets）、熱帶鳥類等，還有雪雁（*Anser hyperboreus*）的情況均係如此。後者既然是在尚未被雪覆蓋的「不毛地面上」產卵繁育，並且在冬季向南遷居，因此毫無理由假設其雪白的成年羽衣是作爲保護之用的。關於懶鉗嘴鴨，我們有更好的證據可以證明這種白色羽衣乃是一種婚羽的性狀，因爲它只在夏季發育；而不成熟的幼鳥以及身著冬裝的成鳥都呈灰色和黑色。至於有許多種類的鷗（Larus），牠們的頭部和頸部在夏季變爲純白色，在冬季以及在其幼小狀態則呈灰色或雜色。反之，較小的鷗鳥、或潛鳥（Gavia）以及某些種燕鷗（Sterna），所發生的情況正好相反；因爲其幼鳥在頭一年，以及成鳥在冬季，牠們的頭部或呈純白色或比在生殖季節的色彩暗淡得多。後面這些情況提供了另一種事例，表明性選擇好像往往以不定的方式發生作用。[53]

水棲鳥類獲得白色羽衣者遠比陸棲鳥類常見得多，這大概決定於水棲鳥類的巨大體型和強大飛行能力，所以牠們能容易地防衛自己或逃避猛禽類，此外牠們也不常遇到猛禽類。結果，性選擇在這裡並沒有受到保護作用的干擾或支配。毫無疑問，在廣闊海洋上方翱翔的鳥類，當因其全白色或深黑色而容易得見時，其雄鳥和雌鳥的彼此覓得就容易得多；因此這等色彩可能就像許多陸棲鳥類呼喚鳴叫那樣地用於同一目的。[54]當一隻白色的或黑色的鳥發現一具在海上漂動或沖上海灘的屍體

---

[53] 關於鷗屬、潛鳥以及燕鷗，見麥克吉利夫雷的《英國鳥類志》，第五卷，五一五、五八四、六二六頁。關於雪雁，見奧杜邦的《鳥類志》，第四卷，五六二頁。關於懶鉗嘴鴨，見布賴茨先生的論述，《彩鸛》，一八六七年，一七三頁。

[54] 關於兀鷲，可以注意到牠們在高空翱翔，既遠又廣，就像海洋上的水鳥那樣，牠們有三或四個物種幾乎是完全白色或大部白色，許多其他物種則呈黑色。因此這裡再一次表明了顯著的色彩在生殖季節也許能幫助雌雄二者互相找到

並向它飛下時，在很遠的地方就可看到這隻鳥。而且牠會引導同一物種的和其他物種的鳥飛向那具屍體，但是，這對第一個發現者是不利的，所以那些最白的或最黑的個體所獲得的食物不會多於色彩較不強烈的個體。因此不能爲此目的透過自然選擇而逐步獲得這種顯著色彩。

既然性選擇受到像審美那樣一種彷徨不定的因素所支配，於是，我們就能理解在具有幾乎相同習性的鳥的同一類群中，何以會存在白的或接近白的物種，而且存在黑的或接近黑的物種——例如，既有白的又有黑的美冠鸚鵡、鸛、鶚、天鵝、燕鷗和海燕。同樣地，黑白斑物種有時和黑的以及白的物種一起在同一類群中出現；如黑頸天鵝，某些燕鷗和普通喜鵲皆是。我們在經過澈底調查任何大量採集品之後可以斷言，鳥類對強烈對比的色彩是喜愛的，因爲雌雄二者的差異往往是，就淡白色和純白色的對比而言，雄鳥的白色比雌鳥的更純，就各種暗色與較深的暗色對比而言，雄鳥的暗色比雌鳥的更深。

甚至還會出現這種情形：單純的新穎，即爲了改變而發生的輕微變化，有時也會作爲一種魅力對雌鳥發生作用，就像風尚的改變對我們發生作用一樣。例如，有些鸚鵡的雄性幾乎不能說比其雌性更美麗，至少按我們的審美標準來看是如此，但牠們有這樣幾點是不同的，如具有一條玫瑰色的頸圈，而不是「一條鮮明的翡翠般的綠色狹頸圈」，或者雄鸚鵡具有一條黑頸圈，而不是「位於頸部前方的黃色半頸圈」，而且其頭部呈淺玫瑰色而不是梅青色。[55]既然有那麼多雄鳥以其延長的尾羽或冠羽作爲牠們主要的裝飾，所以上述雄蜂鳥的縮短尾羽以及雄秋沙鴨的縮短冠羽，大概就像我

對方。

[55] 參閱傑爾登關於長尾鸚鵡屬的論述，見《印度鳥類》，第一卷，二五八—二六〇頁。

們所欣賞的許多時裝改變中的一種改變那樣。

蒼鷺科的一些成員提供了一個更爲奇妙的例子，表明新穎的顏色似乎爲了新穎而受得讚賞。灰鷺（*Ardea asha*）的幼鳥呈白色，而其成鳥則呈暗鼠色；親緣相近的一種印度白鷺（*Buphus coromandus*）不僅其幼鳥而且其成鳥的冬羽均呈白色，這種白色到生殖季節就變爲鮮豔的淡金黃色。要說這兩個物種的以及同一科某些其他成員的幼鳥由於任何特殊目的而變爲純白色(56)並因而引起其敵害的注目，乃是不可置信的，或者說這兩個物種之一，其成鳥在一個冬季從不下雪的地方特別變爲白色，也是不可置信的。反之，我們有良好的理由來相信許多鳥類獲得這種白色乃是作爲性的裝飾的。因此，我們可以做出結論說，灰鷺和印度白鷺的某一早期祖先爲了婚配的目的而獲得了白色羽衣，並把這種顏色傳遞給了幼鳥；因而其幼鳥和老鳥就像某些現存的白鷺那樣變成了白色；此後這種白色由幼鳥保存了下來，同時成鳥以更強烈顯著的色彩代替了這種白色。但是，如果我們能夠進一步追溯這兩個物種的早期祖先，我們大概可以看到，其成鳥是色彩暗淡的。根據幼鳥呈暗色、成鳥呈白色的許多其他鳥類的類比，我可以推論出情況大概就是這樣的；根據另一種喉鷺（*Ardea gularis*）的情況來類比，問題就清楚了，這種鷺的色彩與灰鷺的色彩正相反，其幼鳥呈暗色，而成鳥呈白色，幼鳥保持了往昔的羽衣狀態。因此，在悠久的生物由來的系統中，灰鷺、印度白鷺及其某些近親的成年祖先似曾經歷了下述變化：第一，暗淡的色調；第二，純白色；第三，由於風尚（如果我可這樣表達的話）的另一種變化，牠們表現了現今的鼠色、微紅色或淡金黃色。只

---

(56) 美國的青色鷺和紅色鷺的幼鳥也是白色的，成鳥的顏色猶如各自特有的名稱。奧杜邦（《鳥類志》，第三卷，四一六頁；第四卷，五十八頁）在想到羽衣的這種顯著變化將大大使「分類學家們爲難」時，似乎頗爲高興。

有根據鳥類本身崇尙新穎這一原理才可以解釋這等連續的變化。

某些作者設想雌性動物和未開化女人對某些色彩和其他裝飾物的審美不會在許多代裡保持固定不變；最初讚美這一種顏色，後來又讚美另一種顏色，結果就不能產生持久的效果；他們以此來反對性選擇的整個理論。我們可以承認審美是彷徨不定的，但並不是完全隨心所欲的。它多半是由習性所決定的，我們在人類所看到的就是如此；我們可以推論這也適用於鳥類和其他動物。即使我們的服裝也長期保留了其一般的特徵，其變化在某種程度上還是逐漸的。在後面一章的兩個地方將舉出大量的證據，表明許多種族的未開化人若干代以來都讚美同樣的皮膚瘡痕、同樣醜陋的穿孔的嘴唇、鼻孔或耳朵，變形的頭部等等；而這種毀形與各種動物的天然裝飾物表現了某種類似。儘管如此，對未開化人來說，這種風尚並不會永久保持下去，因爲我們可以從同一個大陸上親緣相近的部落之間在這方面的差異推論出來。再者，珍奇動物的飼養者許多代以來肯定讚美一些同樣的品種，而且現今還在讚美這些品種；他們熱切期望出現一些輕微的變化，輕微的變化被視爲改進，而任何重大的或突然的變化則被視爲最大的瑕疵。關於自然狀況下的鳥類，我們沒有理由設想牠們會讚美一種樣式全新的色彩，即使重大的或突然的變異常常發生也是如此，而在自然狀況下的變異絕不會這樣。我們知道，普通家鴿不願意與各種色彩的珍奇品種合夥；白化的鳥平常找不到配偶；法羅群島（Feroe Islands）的黑渡鴉把其黑白斑的弟兄趕走。但是，對突然變異的這種厭惡並不妨礙牠們對輕微變化的欣賞，這種情況不會有任何超出人類好惡的地方。因此，審美是受許多因素所支配的，但它部分決定於習性，部分決定於對新穎的愛好，關於審美，動物既很長時期地讚美，裝飾物或其他吸引物的同樣的一般樣式，還欣賞顏色、形狀或聲音的輕微變化，這似乎不是沒有可能性的。

關於鳥類四章的提要

大多數雄鳥在生殖季節是高度好鬥的，而且有的還具有適於與其競爭對手進行戰鬥的武器。但最好鬥和武裝得最好的雄鳥很少或從來不是單單依靠趕跑或殺死其競爭對手的能力而取得成功的，牠們還有媚惑雌鳥的特殊手段。這等手段有些是鳴唱的能力，或發出奇怪的叫聲，或爲器樂的演奏，結果雄鳥在發音器官，或某些羽毛構造方面就要與雌鳥有所差異。根據產生各種聲響的多種多樣的奇特手段，我們深刻意識到這種求偶手段的重要性。許多鳥類在地面或天空、有時還在事先預備好的地方進行愛情舞蹈或做滑稽表演以盡力媚惑雌鳥。但許多種類裝飾物，最鮮豔的色彩，雞冠和垂肉，漂亮的羽飾，延長的羽毛，頂結等等，乃是最常見的手段。在某些場合中單是新穎似乎也起了一種媚惑作用。雄鳥的一些裝飾物對牠們來說一定是高度重要的，因爲在並非少數的場合中，獲得這等裝飾物是以增加來自敵害的危險爲代價，甚至以損害與其競爭對手進行戰鬥的某種能力爲代價的。很多物種的雄鳥不到成熟時不會披上其裝飾性的裝束，或只在生殖季節才披上這等裝束，或者其色彩到這時才變得更爲鮮豔。某些裝飾性的附器在求偶行爲的期間增大了，飽滿了，而且色彩鮮明了。雄鳥精心地誇示其魅力，以達到最佳的效果；這一切都是在雌鳥的面前進行的。求偶有時是一件冗長的事，而且許多的雄鳥和雌鳥集合於一個預定的地點。要是假定雌鳥不欣賞雄鳥的美麗，就無異於承認牠們那些燦爛的裝飾、牠們所有的盛大儀式和誇示魅力都是無用的；而這種假定是不可置信的。鳥類具有敏銳的識別能力，在少數情況中，可以表明牠們具有一種審美力。還有，據了解雌鳥對某些雄性個體偶爾顯露出一種顯著的偏愛或厭惡。

如果承認雌鳥喜愛比較漂亮的雄鳥，或無意識地受到這等雄鳥的刺激，那麼雄鳥透過性選擇大概就會緩慢地、但肯定地變得越來越富有魅力。主要發生變異的乃是雄鳥，從下述事實我們可以推論出這一點，即：在雌雄相異的幾乎每個屬中，雄鳥彼此之間的差異遠比雌鳥彼此之間的差異大得多；這種情況又可從下述事實得到充分闡明，即：在某些親緣密切接近的諸代表性物種中，其雌鳥幾乎無法區別，而其雄鳥則十分不同。自然狀況下的鳥類所提供的個體差異可以充分滿足性選擇工作的需要；不過我們已經看到牠們偶爾會表現更強烈的顯著變異，而這等變異如此經常重現，以致它們如果可以誘惑雌鳥就會馬上被固定下來。變異的法則必然決定最初變化的性質並將大大影響其最後結果。在親緣相近物種的雄鳥之間可以觀察到的級進指明了牠們所透過的那些步驟的性質。牠們還以最有趣的方式說明了某些性狀是如何發生的，諸如孔雀尾羽上的齒狀眼斑，以及錦雉翼羽上的球與穴眼斑。許多雄鳥的燦爛色彩、頂結、優美的羽飾等等不會是作爲保護手段而被獲得的；它們的確有時會招致危險。我們可以肯定這等性狀的產生並不是由於生活條件之直接而一定的作用，因爲雌鳥也暴露在相同的條件之下，卻往往與雄鳥極度不同。雖然變化了的外界條件的長期作用在某些場合中可能對雌雄兩性、有時對某一性別產生一定的效果，但更重要的結果將是一種變異傾向的加強或產生更強烈顯著的個體差異；而這種差異將爲性選擇提供最好的基礎。

雄鳥爲了裝飾自己、爲了產生各種聲響以及爲了彼此相鬥而獲得的那些性狀，永久地或者在一年的某些季節定期地只傳遞給雄性一方還是傳遞給雌雄雙方，皆由遺傳法則來決定，而與選擇無關。爲什麼各種性狀有時會按某一種方式傳遞，有時又按另一種方式傳遞，在大多數情況中都是我們所不知的；但變異的時期似乎常常是決定性的原因。當雌雄二者共同遺傳了所有性狀時，牠們必然彼此相似；但是，由於連續變異的傳遞方式不同，因此，甚至在同一屬中，從雌雄二者彼此最密切相似到最廣泛不相似之間，可以找到每一個可能的級進。關於遵循差不多相同生活習性的親緣密切相近的物種，其雄鳥彼此之間的差異主要是由性選擇作用造成的，而雌鳥彼此之間的差異則主要是由於或多或少地分享了雄鳥這樣獲得的那些性狀。加之，由於強烈顯著的色彩和其他裝飾物透過性選擇而被積累起來，生活條件一定作用的效果在雄鳥中便被掩蓋，而在雌鳥中則不然。雌雄二者的諸個體雖受這樣影響，但由於許多個體間的自由雜交，在各個相繼的時期內仍能保持接近一致。

關於雌雄色彩相異的物種，有些連續變異可能是常常傾向於相等地傳遞給雌雄雙方的；但是，當這種情況發生時，雌鳥由於在孵卵期間所遭到的毀滅，牠獲得雄鳥的鮮明色彩就會受到阻止。沒有任何證據可以證明透過自然選擇把一種傳遞形式轉變為另一種是可能的。但是，透過一開始就限於傳遞給同一性別的連續變異的選擇，使一隻雌鳥呈暗淡色彩而雄鳥仍保持其鮮明色彩，並沒有絲毫困難。許多物種的雌鳥是否實際上發生了這樣的改變，目前一定還有疑問。透過性狀相等地向雌雄雙方傳遞的法則，當雌鳥的色彩變得和雄鳥一樣顯著時，牠們的本能似乎也常常發生了改變，所以牠們被引導去建造有圓頂的或蔭蔽的鳥巢。

一小類奇妙的事例表明，雌雄二者的性狀和習性正好完全顛倒，因為雌鳥比雄鳥更大，更強壯，更好鬥，而且色彩更鮮明。牠們還變得如此愛爭吵，以致為了占有雄鳥而常常互相搏鬥，就像其他好鬥物種的雄鳥為了占有雌鳥而相鬥一樣。如果這類雌鳥慣常地把其競爭對手趕走，並且靠顯示其鮮明色彩或其他魅力以盡力吸引雄鳥的話——看來這是很有可能的，那麼我們就能理解牠們如何透過性選擇和受性別限制的遺傳而逐漸變得比雄鳥更美麗——而後者則保持不變或只有輕微的改變。

無論何時，只要在相應年齡遺傳的法則起支配作用，而不是受性別限制的，遺傳法則起支配作用，那麼，如果其雙親發生變異的時候是在生命晚期——我們知道，我們的家雞偶爾也有其他鳥類所發生的情況永遠如此——則其幼鳥將不受影響，而其成鳥的雌雄二者將會發生改變。如果這兩個遺傳法則都起支配作用，而且無論哪一性別的變異均發生在生命晚期，那麼就只有那一性別才發生改變，而另一性別和幼鳥都不受影響。當鮮明色彩或其他顯著性狀的變異都發生在生命早期時，無疑就像常常發生的情況那樣，不到生殖時期性選擇不會對牠們發生作用；因而，如果它們對幼鳥有危險的話，就會透過自然選擇而被淘汰。這樣，我們就能理解那些發生在生命晚期的變異何以被保存下來，作爲雄鳥的裝飾；而雌鳥和幼鳥則幾乎不曾受到影響，所以彼此相似。關於具有不同的夏羽和冬羽的物種，其雄鳥在冬夏兩季或只在夏季不是和雌鳥相似就是和雌鳥有差異，幼鳥和老鳥彼此相似的程度和性質都是極其複雜的；而這等複雜性是由雄鳥最初獲得的性狀來決定的，這等性狀以各種不同的方式，如在年齡、性別和季節的限制下傳遞下去。

既然有那麼多物種的幼鳥在色彩和其他裝飾方面只發生很小改變，所以這使我們能夠對其早期祖先的羽衣做出某種判斷；如就全類情況來看，我們就可推論出我們的現存物種自從那個時期以來已大大增加了其美麗，而幼鳥不成熟的羽衣向我們指明了有關那個時期的間接紀錄。許多鳥類，尤其是那些多半生活在地面上的鳥類無疑是爲了保護自己而呈現暗淡色彩的。在某些事例中，其雌雄二者羽衣暴露在上方表面的均呈暗淡色彩，同時只有雄鳥的底面透過性選擇才裝飾著各式各樣的色彩。最後，根據這四章所列舉的事實，我們可以做出結論說，戰鬥的武器、發聲的器官、許多種類的裝飾物、鮮明而顯著的色彩，一般都是由雄鳥透過變異和性選擇而獲得的，並且按照幾項遺傳法則以各種不同的方式傳遞下去——雌鳥和幼鳥則相對地改變很小。[57]

---

[57] 我非常感激斯克萊特先生爲我審閱了有關鳥類的四章以及後面有關哺乳動物的兩章內容。這樣在一些物種的名稱上，以及在敘述任何一件爲這位著名博物學家所清楚了解的事實上，我得以避免發生謬誤。不過關於我從不同作者引用來的敘述的精確性如何，他當然完全沒有責任。

第十七章　哺乳類的第二性徵

關於哺乳類動物，其雄性贏得雌性似乎是透過鬥爭，而不是透過魅力的誇耀。最怯懦的、不具有任何特殊鬥爭武器的動物，在求愛季節也進行殊死的衝突。兩隻雄野兔據知相鬥到其中一隻死去爲止，雄鼴鼠常常相鬥，有時會造成致命的結果；雄松鼠屢屢爭鬥，「彼此皆負重傷」，雄河狸也是如此，因而「幾乎沒有一張皮不是有傷痕的」。①我在巴塔哥尼亞看到美洲羊駝（guanacoes）的皮也是傷痕累累；有一次幾隻美洲羊駝如此精神貫注地進行爭鬥，以致衝到我身旁也無所畏懼。李文斯頓說，南非許多雄性動物差不多都顯示有在以往爭鬥中所負的傷痕。

水棲哺乳動物也受鬥爭法則的支配，與陸棲哺乳動物無異。眾所周知，雄海豹在繁殖季節如何用牙和爪拚命地進行爭鬥；牠們的皮同樣也是傷痕累累。雄抹香鯨在繁殖季節是很嫉妒的；在鬥爭中「牠們的顎往往咬在一起，扭來扭去」，所以牠們的下顎常常被弄歪。②

---

① 參閱沃特頓關於兩隻野兔相鬥的記載，《動物學家》（*Zoologist*），第一卷，一八四三年，二一一頁。關於鼴鼠，貝爾，《英國獸類志》，第一版，一〇〇頁。關於松鼠，奧杜邦和巴克曼，《北美的胎生四足獸》（*Viviparous Quadrupeds of N.America*），一八四六年，二六九頁。關於河狸，格林先生，《林奈動物學會會刊》（*Journal of Lin. Soc.Zoolog.*），第十卷，一八六九年，三六二頁。

② 關於海豹的戰鬥，艾博特（C. Abbott），《動物學會會報》（*Proc. Zool.Soc.*），一八六八年，一九一頁；布朗先生，同上「會報」，一八六八年，四三六頁；勞埃德，《瑞典的獵鳥》，一八六七年，四一二頁；還可參閱彭南特

眾所熟知，具有特殊戰鬥武器的一切雄性動物都進行猛烈鬥爭。關於雄鹿的勇敢及其殊死的爭鬥，常見於記述；世界各地都曾發現過牠們的骨骼，雙方的角緊緊扭在一起而不可解，表明爭鬥雙方同歸於盡。③世界上沒有一種動物比求偶時的象更爲危險的了。坦克維爾（Tankerville）勳爵給過我一份有關奇靈厄姆（Chillingham）狩獵公園中公野牛相鬥的圖解，牠們是巨大原牛（*Bos primigenius*）的後裔；雖在身體大小上退化了，但勇氣依然如舊。一八六一年有數牛爭霸；人們看到有兩頭比較年輕的公牛合夥向一頭老的帶頭公牛進行攻擊，把牠打倒，使其喪失戰鬥力，所以狩獵公園管理人以爲這頭老公牛已經受到致命傷而倒在附近的樹林中了。但是，數日之後當其中一頭幼公牛單獨走近那片樹林時，這位「狩獵地之王」激起了復仇的火焰，跑出樹林，很快就把牠的敵對者弄死了。於是這頭老公牛悠然地回到牛群，長期保持了其無可爭辯的統治。沙利文海軍上將告訴我說，當他住在福克蘭群島時，他曾輸入一匹英國幼種馬，牠常與八匹母馬往來於威廉港（Port William）附近的山中。在這座山裡還有兩匹野公馬，各領一小群母馬；這些公馬一相遇就要發生爭鬥。這兩匹野公馬都曾試圖單獨地與那匹英國種馬爭鬥並把牠的母馬趕走，但都失敗了。有一天，這兩匹野公馬一齊來了，並對英國種馬進行攻擊。管理馬群的隊長看到這種情況，乘馬驅至該處，發現其中一匹野公馬與英國種馬爭鬥，另一匹則驅趕母馬，而且已經趕走了四匹。於是那位隊

（Pennant）的文章。關於抹香鯨，J. H. 湯普森，《動物學會會報》，一八六七年，二四六頁。

③ 參閱斯克羅普（《鹿的狩獵技術》，*Art of Deer-stalking*，十七頁）關於兩隻馬鹿（*Cervus elaphus*）的角糾結在一起的記載。理查森，《美國邊境地區動物志》，一八二九年，二五二頁，他說，馬鹿、駝鹿以及馴鹿的角都會這樣地糾結在一起。史密斯在好望角發現過兩隻角馬（gnus）的骨骼，牠們的角也是如此。

長把整個馬群趕入畜欄，問題才告解決，否則那兩匹野公馬是不會捨母馬而去的。

雄性動物凡具有用於普通生活目的之切斷齒或撕裂齒者，如食肉類、食蟲類和齧齒類，很少再有另外與其競爭對手進行戰鬥的特殊武器。至於許多其他動物的雄性，其情況就很不相同了。我們看到鹿和某些種類的羚羊就是如此，牠們的雄性有角，而雌性無角。有許多動物，其雄性的上顎犬齒、或下顎犬齒、或上下顎雙方犬齒都遠比雌性的大得多，也許雌性完全沒有這等犬齒，有時僅留有一個隱蔽的殘跡。某些羚羊、麝、駱駝、馬、野豬、各種猿類、海豹、海象均為可舉之例。雌海象有時完全不具獠牙。[4] 印度的雄象以及儒艮（dugong）的上顎切齒乃是攻擊性的武器。[5] 雄獨角鯨（narwhale）唯有左側犬齒非常發達，呈螺旋狀，有時長達九至十英尺，所謂角者即是。人們相信雄獨齒鯨用這種角相鬥；因為「很少找到一隻沒有損壞的角，偶爾在損壞處還會發現另一個齒尖」。[6] 雄獨角鯨的左側犬齒僅是一個殘跡，長約十英寸，埋藏於顎中；但是，有時左右兩側的犬齒也同等發達，雖然這是罕見的。雌獨角鯨的左右兩側犬齒永遠是殘跡的。雄抹香鯨的頭大於雌

---

④ 拉蒙特（Lamont）先生說（《海象的交配季節》（*Seasons with the Sea-Horses*，一八六一年，一四三頁），雄海象的良好獠牙重達四磅，比雌海象的獠牙為長，後者重約三磅。據描述雄海象相鬥兇猛異常。關於雌海象偶爾缺少獠牙，參閱布朗的文章，《動物學會會報》，一八六八年，四二九頁。

⑤ 歐文，《脊椎動物解剖學》，第三卷，二八三頁。

⑥ 布朗先生，《動物學會會報》，一八六九年，五五三頁。關於這個獠牙的同源性質，參閱特納教授的論著，《解剖學及生理雜誌》，一八七二年，七十六頁。關於雄性兩隻獠牙都發達的情況，參閱克拉克的論著，《動物學會會報》，一八七一年，四十二頁。

性，在水戰中大的頭無疑是有助益的。最後，成年的雄鴨嘴獸（*Ornithorhynchus*）具有一種奇器，即前腿上的距（spur），與毒蛇的毒牙密切相似；但是，按照哈廷（Harting）的說法，這個腺體的分泌物並無毒；而且在雌鴨嘴獸的腿上有一個凹陷，顯然爲承受那個距之用。⑦

如果雌性沒有雄性所具有的那樣武器，則這等武器係用於與其他雄性進行爭鬥就毫無疑問了；這等武器是透過性選擇獲得的，而且只傳遞給雄性。要說雌性由於武器對牠們無用、多餘或在某一方面有害而被阻止去獲得這等武器，乃是不可能的。相反，既然雄性常常把牠們用於各種不同的目的，尤其是用於防禦其敵手，所以它們在許多動物的雌性身上如此發育不良，或完全闕如，卻是一件可怪的事。關於雌鹿，如果在每年的一定季節內有大型的枝角發育，關於雌象，如果有巨大獠牙發育，假定它們對雌性沒有任何用處，那麼這大概會造成生命力的重大浪費。結果，倘連續變異的傳遞僅限於雌性，則這等角和牙透過自然選擇在雌性方面就會傾向於消失；因爲倘不如此，則雄性的武器大概就要受到有害的影響，而且這會造成較大的惡果。從全面來看，並且根據對下列事實來考慮，可能的情況似乎是，如果各種武器在雌雄兩方面有所差異，那麼這種差異一般決定於通行的傳遞方式。

在整個鹿科中雌性具角的只有馴鹿這一個物種，但雌鹿們的角比雄馴鹿的角稍小、稍細而且分枝略少，因此，自然會認爲這種角對於雌性有某種特殊用途，至少在這一情況中是如此。雌馴鹿的角充分發育時係在九月，從那時起，經過整個冬季，直到四月或五月雌鹿產小鹿時爲止，都保持

---

⑦ 關於抹香鯨和鴨嘴獸，歐文，同前雜誌，第三卷，六三八，六四一頁。祖特文（Zouteveen）在該書的荷蘭文譯本（第二卷，二九二頁）中，曾引用哈廷的說法。

著角。克羅契（Crotch）先生曾在挪威特別爲我調查過此事，看來雌馴鹿在這個季節爲了生產小鹿似乎要隱匿兩週之久，然後又再現，那時一般已經沒有角了。然而我聽里科斯先生說，在新斯科舍（Nova Scotia）雌馴鹿保持的角的期間有時要長些。另一方面，雄馴鹿角的脫落時期要早得多，約在十一月末。雌雄馴鹿皆有同樣的需要，遵循同樣的生活習性，而且雄馴鹿在冬季無角，因此這等角在冬季對雌馴鹿來說不見得會有任何特殊用途，冬季占其具角時期的大部分。雌馴鹿的角也未必是由鹿科的某一古代祖先遺傳而來的，這是因爲地球上所有地方的如此眾多的物種的雌性均不具角，所以我們可以做出結論說，這是該類群的原始性狀。[8]

馴鹿的角在極其幼小的時候就發育了；但其原因是什麼，現在還弄不清楚。顯然是角向雌雄雙方傳遞起了作用。我們應該記住，角永遠是透過雌性向下傳遞的，而且牠有一種發育角的潛在能力，我們從老年的或患病的雌性可以看到這種情形。[9]再者，鹿的其他一些物種的雌性正常地或偶爾地表現有角的殘跡；例如，雌羌鹿（*Cervulus moschatus*）「具有硬而短的毛簇，其先端形成一

---

⑧ 關於馴鹿角的構造及其脫落，霍夫勃格（Hoffberg），《動物研究院院報》（*Amoenitates Acad.*），第四卷，一七八八年，一四九頁。關於美國的變種或物種，理查森，《美國邊境地區動物志》，二四一頁；再參閱羅斯・金（Ross King）少校的《加拿大的獵人》（*The Sportsman in Canada*），一八六六年，八十頁。

⑨ 小聖伊萊爾，《動物學通論》（*Essais de Zoolog. Générale*），一八四一年，五一三頁。除去角之外，其他雄性性狀有時也可照樣地傳給雌性；例如，邦納（Boner）先生在談到雌性小羚羊時說道（《巴伐利亞山區中小羚羊的狩獵》，*Chamois Hunting in the Mountains of Bavaria*，一八六〇年，第二版，三六三頁），老齡雌性小羚羊「不僅其頭部與雄性的極相似，而且沿其背部有一行長毛，通常這只在雄性身上才有」。

個瘤狀物，以代替角」；大多數雌美洲赤鹿（*Cervus canadensis*）的標本表明，「在角的位置上生有尖銳的骨質凸起」。[10]根據這幾種考察結果，我們可以做出結論說，雌馴鹿具有十分發育良好的角，乃是由於雄性最初獲得了角作爲與其他雄性進行爭鬥的武器；其次由於某種未知原因，它們在雄性年齡異常小的時候就發育了，結果遂傳遞給雌雄二者。

現在轉來談談鞘角反芻動物：關於羚羊，可以形成一個級進的系列，從雌性完全不具角的物種開始——進而到雌性的角小至幾乎成爲殘跡的那些物種〔例如叉角羚羊（*Antilocapra americana*）〕，這個物種在四隻或五隻中僅有一隻具角者[11]，再進而到一些物種具有相當發達的角，但顯然比雄性的角較小、較細，而且有時角的形狀也不同，[12]最後到達雌雄二者具有相等的角的那些物種爲止。對馴鹿來說，同樣地對羚羊來說，如上所述，在角的發育時期和角向某一性傳遞或向雌雄兩性傳遞之間存在著一種關係；所以某些物種的雌性有角或無角以及其他物種的雌性具有較完善狀態的角或較不完善的角，並不取決於它們有任何特殊用途，而是簡單地取決於遺傳。下述情況與這種觀點相符合，即，甚至在同一個屬中，有些物種的雌雄二者均具角，而另外一些物種唯獨雄性具角。還有一個值得注意的事實：印度黑羚（*Antilope bezoartica*）的雌性通常不具角，但布賴茨

---

⑩ 關於羌鹿，格雷博士，《大英博物館哺乳動物目錄》（*Catalogue of Mammalia in the British Museum*），第三部分，二二〇頁。關於美洲赤鹿，凱頓，《渥太華自然科學研究院院報》，一八六八年五月，九頁。

⑪ 此項資料由坎菲爾德（Canfield）博士提供，這篇論文見《動物學會會報》，一八六六年，一〇五頁。〕

⑫ 例如，雌南非羚羊（*Ant. euchore*）的角與一個不同物種南美羚羊（*Ant. dorcas. var. Corine*）的角相似，參閱德馬雷（Desmarest）的《哺乳動物學》（*Mammalogie*），四五五頁。

先生曾看到具角的雌性不少於三隻，而且沒有理由來假定牠們是老的或患病的。

山羊和綿羊的一切野生種，其雄性的角都比雌性的角爲大，而且雌性常常完全無角。⑬這兩種動物的幾個家養品種，唯獨其雄性具角，還有一些品種，例如北威爾斯（North Wales）綿羊，雖然雌雄二者正常都具角，但母羊很容易變得無角。有一位可信賴的目擊者在產羔季節有目的地對一群這種羊進行過檢查，他告訴我說，羊羔初生時，其雄性的角一般比雌性的角發育得更充分。皮爾（J. Peel）先生曾用雌雄二者永遠都具角的隆克（Lonk）綿羊與無角的萊斯特（Leicester）綿羊以及無角的希羅普郡絨毛綿羊（Shropshire Downs）進行雜交；結果是，其雄性後代的角相當地縮小了，同時雌性後代則完全無角。這幾個事實表明，母綿羊的角遠遠不像公綿羊的角那樣地是一個十分穩定的性狀；這就引導我們相信綿羊的角最初起源於雄性。

關於成年的麝牛，其雄性的角大於雌性的角，而且雌性的角基不相接觸。⑭至於普通牛，布賴茨先生指出：「在大多數野生牛類中，公牛的角比母牛的牛既大且粗，母爪哇牛（*Bos sondaicus*）*的角顯著地小，而且非常向後傾斜。」關於牛的家養族，無論是隆背的還是不隆背的類型，其公牛的角既短且粗，而母牛和閹牛的牛則比較長而細；關於印度水牛，也是公牛的角既短且粗，而母牛的角比較長而細。關於印度野牛（*Bos gaurus*），其雄性的角大都比雌性的角既長又粗。⑮福爾

---

⑬ 格雷，《大英博物館哺乳動物目錄》，第三部分，一八五二年，一六〇頁。

⑭ 理查森，《美國邊境地區動物志》，二七八頁。

* 產於爪哇及東印度群島的野牛，行動迅速，常爲小群，馬來人有飼養這種牛。——譯者注

⑮ 《陸與水》，一八六七年，三四六頁。

西・馬若爾（Forsyth Major）博士也告訴我說，在瓦爾達諾（Val d'Arno）發現過一個頭骨化石，據信這是屬於狂野牛（*Bos estruscus*）這種母牛的，它完全沒有角。我再補充一點，雌白獨角犀（*Rhinoceros simus*）的角一般大於雄白犀的角，但不及後者那樣有力；另外有些犀牛的物種，據說其雌性的角較短。⑯根據這幾個事實我們可以推論說，所有種類的角，甚至在雌雄雙方同等發育時，大概也是最初由雄性獲得，以便戰勝其他雄性，而且或多或少完全地傳遞給了雌性的。

去勢的效果值得注意，因爲它對上述同一問題的解決投射了光明。公鹿在去勢之後，永不重新生角。但雄馴鹿必須除外，因爲牠在去勢後仍然重新生角。這一事實以及雌雄二者均具角的情況，最初一看似乎證明了在這一物種中角並不構成性的特徵；⑰但是，它們是在雌雄體質尚無差異的很幼小年齡中發育的，所以它們不應受到去勢的影響，這並沒有什麼奇怪，即使它們最初是由雄性獲得的，也是如此。關於綿羊，雌雄二者正常均具角；我聽說雄威爾斯綿羊（Welch sheep）的角由於去勢而相當地縮小了；但縮小的程度大部分視其實行去勢的年齡而定，其他動物的情況也是如此。公美麗諾羊具有大角，而母美麗諾羊則「一般沒有角」；去勢對這個品種所產生的作用多少要大些，所以倘在早期實行去勢，牠們的角「就幾乎保持不發育的狀態」。⑱在幾內亞海岸有一個品

⑯ 安德魯・史密斯，《南非動物學》（*Zoology of S. Africa*），圖版第十九。歐文，《脊椎動物解剖學》，第三卷，六二四頁。

⑰ 這是賽德利茨（Seidlitz）的結論，《達爾文學說》（*Die Darwinsche Theorie*），一八七一年，四十七頁。

⑱ 我非常感激維克托・卡魯斯教授，他爲我在薩克森做過有關這一問題的調查。馮・納修西亞斯（H. von Nathusius）說，如對綿羊在其幼年時進行閹割，牠們的角或者完全消失，或者僅留一點殘跡〔《家畜飼養》（*Viehzucht*），

種，牠們的雌羊絕不具角，溫伍德·里德先生告訴我說，其公羊在去勢之後就完全沒有角。公牛在去勢之後，牠們的角就發生很大改變，不再短而粗，而是比母牛的角更長，在其他方面則與母牛的角相似。印度黑羚提供了多少相似的情況：其雄性具有長而直的螺旋形角，二角接近平行，並且向後傾斜；其雌性偶爾具角，但是當這等角出現時，其形狀卻很不相同，因爲它們不是螺旋形的，而且彼此相距甚遠，彎曲而角尖向前。那麼，正如布賴茨先生告訴我的，在去勢的雄性動物中，牠們的角就像雌性動物的角那樣地具有同樣特殊的形狀，不過比較長而粗罷了，這是一個值得注意的事實。如果我們可以根據類推法來判斷，那麼雌性在牛和羚羊這兩種場合中大概向我們表明了各個物種的某一早期祖先所具之角的往昔狀態。但去勢爲什麼會導致對角的早期狀態的重視，目前還不能肯定地加以說明。儘管如此，下述說明似乎還是近理的，即：正如兩個不同物種或兩個不同族之間的雜交在後代中造成體質的擾亂，因而會導致長久亡失性狀的重現，[19]同樣地，由去勢在個體體質中所引起的擾亂，也會產生同樣的效果。

不同物種或不同族的象的獠牙，依性別不同而有所差異，其情況與反芻類幾乎一樣。在印度或緬六甲，只是雄象具有十分發達的獠牙。大多數博物學者認爲錫蘭象是一個不同的族，但有些博物學者則認爲牠們是一個不同的物種，「在一百頭中未曾發現一頭具有獠牙，少數具有獠牙者也都是

一八七二年，六十四頁）；但我不知道他所談的是美麗諾羊，還是普通品種。

⑲ 我曾舉出各種試驗以及其他證據，證明情況確係如此，見我的著作《動物和植物在家養下的變異》，一八六八年，三十九—四十七頁。

雄象」。[20]非洲象無疑是不同的，牠們的雌性具有大而充分發達的獠牙，雖然它們不及雄象的獠牙那樣大。

象的幾個族和幾個物種的獠牙差異——鹿角的巨大變異性，這在野生的馴鹿中表現得尤其顯著——黑印度羚（*Antilope Bezoartica*）的雌性偶爾具角，以及叉角羚羊（*Antilocapra americana*）的常常不具角——少數一些雄獨角鯨具有兩個獠牙——有些雌海象完全沒有獠牙——都是有關第二性徵極端變異性的事例，也是第二性徵在親緣關係密切接近的諸類型中易於出現差異的事例。

雖然獠牙和角在所有場合中似乎是最初作爲性武器而發達起來的，但它們常常用於其他目的。象用牠的獠牙向虎進攻；按照布魯斯（Bruce）的資料，牠用牙刻截樹幹，直到容易把它弄倒時爲止，牠還會用牙把棕櫚樹的含澱粉的樹心取出；非洲象常常使用一支獠牙，而且永遠使用這一支，去探查地面是否能承當牠的重量。普通公牛用角來保衛其牛群；按照勞埃德的資料，瑞典的駝鹿（*elk*）用牠的大角一下就可以把狼擊死。還可以舉出許多相似的事實。動物角的第二種最奇妙用途，曾爲赫登（Hutton）上尉所見，[21]即：喜馬拉雅角羊（*Capra aegagrus*）的雄性如果不愼自高處跌落，就把頭向內彎，以其巨角觸地，減輕震盪，據說北山羊（*ibex*）也會如此。母山羊的角較小，不能做此用，但是，由於母羊的性情比較溫和，並不那樣迫切需要這種奇怪的防護。

每一種雄性動物各以特有的方式來使用牠的武器。普通公羊的角基猛撞之力如此強大，以致我

---

⑳ 愛默生·坦南特（J. Emerson Tennent）爵士，《錫蘭》（*Ceylon*），第二卷，一八五九年，二七四頁。關於麻六甲，見《印度群島雜誌》（*Journal of Indian Archipelago*），第四卷，三五七頁。

㉑ 《加爾各答博物學雜誌》（*Calcutta Journal o f Nar. Hist.*），第二卷，一八四三年，五二六頁。

曾見到一個強壯的漢子猶如兒童那樣被撞翻在地，山羊以及綿羊的某些物種，如阿富汗的圓角盤羊（*Ovis cycloceros*）[22]，使其後腿立起，然後不僅猛烈頂撞，「而且以其彎刀形雙角的有稜頂尖向下刺入，再猛然向上一拉，就像一把馬刀一般。當阿富汗圓角盤羊向一隻以好鬥聞名的大型家養公羊進攻時，採取了一種全然新奇的戰鬥方法而獲勝，牠總是立即接近其敵手，對準其面鼻，用頭猛撞，然後在反擊來到之前即飄然逸去」。在彭布羅克郡（Pembrokeshire）有一隻公山羊，牠是一群羊的頭羊，這群羊野化已有數代之久，據知牠僅在一次戰鬥中就把幾隻公羊殺死了；這隻公羊具有巨大的角，全長足有三十九英寸。眾所周知，普通公牛用角抵撞和掀挑其敵手；但是，據說義大利水牛從來不用牠們的角，而是用牠們的凸額對其敵手進行猛擊，當後者倒翻在地後，更以膝蓋踐踏之——這是普通公牛所不具有的一種本能。[23]因此，一隻狗如果被水牛的鼻子按住，就會立刻被碾成齏粉。然而，我們必須記住，義大利水牛是長期家養的，其野生親類型肯定不會具有相似的角。巴特利特先生告訴我說，如果把一頭母好望角水牛（*Bubalus caffer*）放進圍欄，和一頭同種的公水牛生活在一起，這頭母水牛就要對公水牛進行攻擊，而後者則猛烈地把母水牛推來推去，以爲回敬。但是，巴特利特先生明瞭，如果不是這頭公水牛表現了高貴的克制，只要用牠的巨角從側面一擊，就可以容易地把那頭母水牛殺死。雄長頸鹿的角比雌長頸鹿的角稍長，前者以奇妙的方式使用牠的帶有茸毛的短角；牠向兩邊搖擺頭部，幾乎是由上而下，其力至大，我曾看到一塊堅硬的木板

㉒ 布賴茨先生，《陸與水》，一八六七年三月，一三四頁，係根據赫登上尉以及其他人士的資料。關於彭布羅克郡山羊，參閱《田野新聞》，一八六九年，一五〇頁。

㉓ 貝利，《關於獸角的使用》（Sur l'usage des Cornes），見《自然科學年刊》，第二卷，一八二四年，三六九頁。

在牠一擊之下就出現了深深的刻痕。

羚羊角的形狀甚為奇特，其如何使用，有時難以想像；例如南非跳羚（*Ant. euchore*）的角相當短而直，角尖銳利，向內彎曲，幾成直角，彼此相對；巴特利特先生不知道這等角如何使用，但他認為它們可以重創敵手面部的兩側。阿拉伯大羚羊（*Oryx leucoryx*，圖63）的角微向後方彎曲，極長，角尖超出背部的中點，在背部上方幾乎成平行線。這樣，它們似乎特別不適於相鬥；但巴特利特先生告訴我說，當兩個這種動物準備相鬥時，牠們先跪下，置其頭於兩條前腿之間，當做這種姿勢時，牠們的角差不多與地面平行，甚為接近，角尖向前直指，稍微向上。於是這兩隻格鬥者彼此逐漸接近，每一隻都力圖把朝上翹的角尖插入對方的身下；如果有一隻成功地做到這一點，牠就突然躍起，同時高聳其頭，這樣，牠就會使其敵手負傷，甚至把牠戳穿。雙方總是跪下，儘可能提防對方的暗算。記載表明，有一隻這種羚羊甚至用牠的角有效地對付了一頭獅子；然而，為了使角尖指向前方，牠不得不把頭置於前腿之間，這樣，當受到任何其他動物攻擊時，一般就要處於非常劣勢。因此，牠們的角變為現在這樣的巨大長度及其特殊位置，大概不是為了保護自己以防禦猛獸之用的。可是，我們可以知道，一旦阿拉伯大羚羊的某一古代雄性祖先獲得了適度的角長時，牠大概就會在與其雄性對手的戰鬥中被迫把頭略微向下朝內彎曲，就像某些雄鹿現在的情形那樣；於是牠大概最初偶爾獲得了跪下的習

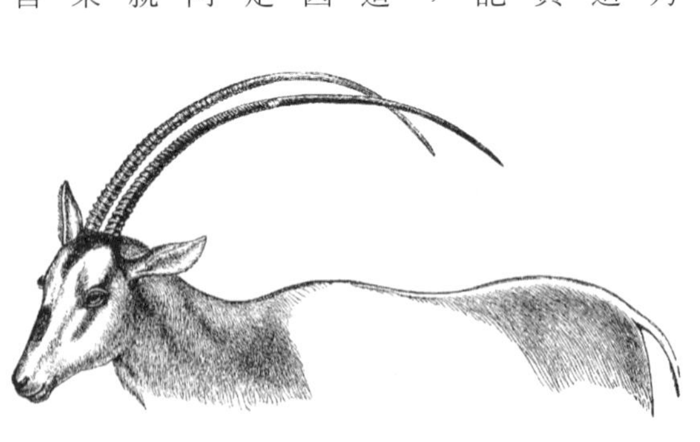

圖63　阿拉伯大羚羊（*Oryx leucoryx*），雄鹿（引自諾斯雷動物園）

性，以後便成爲一種固定的習性，這並非是不可能的。在這種情況中，幾乎肯定的是，雙角最長的雄性比雙角較短的雄性占有巨大優勢；於是牠們的角透過性選擇就會逐漸地變得越來越長，終於獲得牠們現在這樣的異常長度和位置。

許多種類的雄鹿具有分枝的角，這是一個難以解釋的奇特事例；因爲單獨一個直角尖肯定遠比幾個分歧的角尖更能造成嚴重的創傷。在菲利浦·埃格頓（Philip Egerton）爵士的博物館內陳列著一具馬鹿的角，長三十英寸，其上「不少於十五個分枝」；在莫里茨堡（Moritzburg）仍然保存有一對馬鹿的角，是腓特烈一世（Frederick I.）於一六九九年射殺的，其中一支角的分枝數令人吃驚，竟達三十三個，另一支角的分枝爲二十七個，二者合計爲六十個分枝。理查森繪製過野生馴鹿的一對角，共有二十九個角尖。㉔根據鹿角的分枝形式，特別是根據諸鹿相鬥偶爾用前足相踢的情況，㉕貝利（M. Bailly）實際上做出的結論不是說鹿角害多於利嗎？但是，這位作者忽略了競爭的雄鹿所進行的猛烈戰鬥。關於分枝角的用途或利益，我感到十分困惑，於是我向科倫賽（Colonsay）的麥克尼爾（MacNeill）請教，他曾長期細心地觀察過赤鹿的習性，他告訴我說，他從來沒有見過鹿角的分枝有什麼用途，不過額前的分枝由於向下傾斜，對於保護前額大有裨益，其

㉔ 關於馬鹿的角，歐文，《英國化石哺乳類動物》（*British Fossil Mammals*），一九四九年，四七八頁；關於馴鹿的角，理查森，《美國邊境地區動物志》，一八二九年，二十四頁。關於莫里茨堡的資料，係維克托·卡魯斯教授提供，特此致謝。

㉕ 凱頓說，「當在鹿群中的優勢問題一旦解決並爲全群所接受之後」，美洲鹿就用其前足相鬥。貝利，《關於獸角的使用》，見《自然科學年刊》，第二卷，一八二四年，三七一頁。

角尖同樣也可用於攻擊。菲利浦・埃格頓爵士也告訴我說，馬鹿和黇鹿（fallow-deer）在爭鬥時彼此突然猛撞，以角盡力抵住對方的身體，拼命相鬥。當一方被迫屈服並後退時，勝利者便盡力用牠的額前分枝角刺入被擊敗的對手。這樣，上部的分枝角似乎主要地或完全地用於相推或相刺。儘管如此，還有幾個物種，其上部分枝角是作爲進攻武器之用的；在凱頓的渥太華獵園中，有一人受到加拿大馬鹿（*Cervus canadensis*）的攻擊，當數人前往救援時，那頭雄鹿「絕不從地面上把頭抬起，事實上其面部幾與地平，其鼻差不多處於二前足之間，但是當牠窺測新的衝刺方向時，就把頭轉向一邊」。當做這種姿勢時，角尖便直對敵方。「牠必須把頭稍微抬起，才能轉動牠，因爲牠的角特長，如果不把頭在一邊抬起，就無法轉動，同時在另一邊牠的角已觸及地面。」這隻公鹿用這種方法把一群前來救援的人逐漸趕到一百五十至二百英尺以外，而受攻擊的那個人終於被弄死。㉖

鹿角雖是有效的武器，但我以爲單獨一個角尖無疑要比分枝角危險得多；對鹿類具有豐富經驗的凱頓完全同意這個結論。分枝角對於防禦其他競爭的雄鹿雖是高度重要的手段，但它容易糾結難分，看來也並不十分完善地適於這種目的。於是我猜想牠們的角也許部分地作爲裝飾之用。鹿的分枝角以及某些羚羊的優美豎琴狀的角呈雙重彎曲（圖64），在我們眼裡都具有裝飾性，任何人對這一點都不會有爭論。如果牠們的角有如古代騎士的華麗裝備，可以增添鹿和羚羊的高貴風采，牠們可能部分地爲此目的而發生變異，雖然其實際用途主要還在於爭鬥；不過我沒有掌握有利於這一見解的證據。

最近發表的一個有趣事例表明，在美國的某一地方有一隻鹿，牠的角目前正在透過性選擇和

㉖ 參閱上述凱頓的論文附錄，其中有非常有趣的記載。

圖64　庫杜撚角羚（*Strepsiceros kudu*）（引自安德魯・史密斯爵士的《南非動物學》）

自然選擇進行變異。一位作者在一份最優秀的美國雜誌[27]上寫到，晚近二十一年來他都在阿迪隆達克斯（Adirondacks）行獵，那裡盛產維吉尼亞鹿（*Cervus virginianus*）。約在十四年前，他最初聽說有一種釘狀角的雄鹿（spike-horn bucks）。這種鹿逐年增多；約在五年前，他射得一隻，以後又射得一隻，而現在射得的就很多了。「釘狀角與維吉尼亞鹿的普通角大不相同。它是一個單獨的釘狀物，比分枝角爲細，長不及分枝角的一半，自額部凸向前方，末端銳利。具有這種角的雄鹿比普通雄鹿占有相當的優勢。這種釘狀角可以使鹿更迅速地穿過茂密的森林和矮樹叢（每一個獵人都知道雌鹿和一週歲的雄鹿遠比具有笨重分枝角的大型雄鹿跑得快得多），除此之外，釘狀角與普通角相比，還是一種更有效的武器。具有釘狀角的雄鹿由於占有這種優勢，就會勝過普通雄鹿，總有一天前者在阿迪隆達克斯可以完全取代後者。毫無疑問，具有釘狀角的雄鹿的最初出現，不過是一種偶然的反常現象而已。但這種釘狀角給予牠一種優勢，而且使牠可以傳續這種特性。其後裔具有同樣的優勢，而且以穩定的增長率來傳續這種特性，終於牠們會慢慢地把具有分枝角的鹿排擠出牠們所棲息的地域之外。」一

㉗《美國博物學家》，一八六九年十二月，五五二頁。

位批評家對這種說法提出十分有力的異議，問道：如果說單角現今如此有利，那麼祖代類型的分枝角為何能夠發達？對此我的回答只能是，利用新武器實行新式攻擊大概是最有利的，上述阿富汗圓角盤羊的例子闡明了這一點，牠就是這樣戰勝了一隻以其戰鬥力聞名的家養公羊。如果一隻公鹿只是和同一種類的其他公鹿相鬥，那麼牠的分枝角雖然十分適於與其競爭對手相鬥，而且慢慢獲得長而分枝的角雖然對叉角變種有利，但絕不能因此就說分枝角最適於戰勝具有不同武裝的敵手。上述瞪羚的例子表明，如果牠只和同一種類的競爭對手相鬥，牠的角越長大概就越有利，但若遇到一種短角羚羊而無需跪下者，則勝利幾乎肯定要歸於這種羚羊。

具有獠牙的雄性四足獸，以各種方式使用它們，正如角的使用情況一樣。公野豬用其獠牙進行側擊和向上挑；麝*以其獠牙向下刺，均可給其敵手以重創。[28]海象的頸部雖很短，體部雖很笨拙，卻能同等敏捷地從上方、下方以及側面進擊。[29]已故的福爾克納博士（Falconer）告訴我說，印度象按其獠牙的位置和曲度而採取不同的爭鬥方式。如果牠的獠牙直插前方而且向上，牠就能把一隻虎拋擲甚遠——據說可至三十英尺；如果牠的獠牙短而且向下，牠就會突然地盡力把虎壓在地上。這樣，對乘象人是危險的，因為容易把他擲出象轎（howdah）之外。[30]

---

* musk-deer，一名香獐，形似鹿而小。雌雄皆無角，雄之上顎甚發達，有細長犬齒凸出口外，長約三寸。——譯者注

[28] 帕拉斯，《動物學專論》（*Spicilegia Zoologica*），第十三分冊，一七七九年，十八頁。

[29] 拉蒙特，《海象的交配季節》，一八六一年，一四一頁。

[30] 關於短獠牙的莫克那（Mooknah）變種攻擊其他象的方法，再參閱科斯（Corse）的文章，見《科學學報》，一七九九年，二一二頁。

很少四足獸具有特別適於與雄性對手進行戰鬥的兩種不同武器。然而雄吠麂（*Cervulus*, muntjac deer）*提供了一個例外，因爲牠既有角，又有凸出的犬齒。但我們可以從下述事實推論一種類型的武器隨著歲月的推移，可以代替另一種類型的武器。關於反芻動物，角的發達甚至與中等發達的犬齒一般處於相反的關係。例如，駱駝、紅褐色美洲羊駝（guanacoes）、鼷鹿（chevrotains）和麝均無角，但有有效的犬齒；「雌性的這等犬齒永遠小於雄性的」。駱駝科（Camelidae）除了具有真正的犬齒以外，在上顎還有一對犬齒形狀的切齒。㉛另一方面，雄鹿和雄羚羊都有角，牠們卻很少有犬齒；如有犬齒，也總是小型的，所以它們在戰鬥中究竟有何作用是可以懷疑的。在蒙大拿山羚羊（*Antilope montana*）中，其幼小雄性只有犬牙的殘跡，當它成長以後，犬齒即行消失；而所有年齡的雌性都不具犬齒；但某些其他種類的羚羊和鹿據知偶爾也有犬齒的殘跡。㉜公馬有小型的犬齒，母馬完全沒有犬齒或僅有其殘跡；但這等犬齒似乎並不用於戰鬥，因爲公馬用切牙咬齧，而且不像駱駝和紅褐色美洲羊駝那樣地可以把嘴張大。如果成年雄性具有犬齒，現已無效，同時雌性沒有犬齒或僅具其殘跡，我們就可斷言，這個物種的早期雄性祖先具有有

---

* 體重約三十磅，毛角呈赤黃褐色，角小而不分枝，上顎犬齒發達，叫聲如狐。——譯者注

㉛ 歐文，《脊椎動物解剖學》，第三卷，三四九頁。

㉜ 呂佩爾（Rüppell）論鹿和羚羊的犬齒，見《動物學會會報》，一八三六年一月十二日，三頁，其中並有馬丁先生關於雌美洲鹿的附注。再參閱福爾克納的關於一隻成年雌鹿的犬齒的報導，見《古生物學的專題研究及紀錄》（*Palaeont, Memoirs and Notes*），第一卷，一八六八年，五七六頁。老齡雄麝的犬齒有時長達三英寸（帕拉斯，《動物學專論》，第十三分冊，一七七九年，十八頁），而老齡雌麝的犬齒僅係殘跡，高出牙床半英寸。

效的犬齒，而且部分地傳遞給了雌性。雄性的這等犬齒的縮小，似乎是由於其戰鬥方式發生了某種變化所致（但馬的情況並非如此），而這種變化乃是由新武器的發達所引起的。

獠牙和角對其擁有者顯然具有高度重要性，因爲它們的發育要消耗大量的有機物質。亞洲象——一個滅絕的多毛物種的一個獠牙以及非洲象的一個獠牙據知各重一百五十、一百六十和一百八十磅；有些作者所記載的重量還要大。[33]鹿的角定期地更新，這在體質消耗上一定更大；駝鹿（moose）的角重達五十至六十磅，還有一種滅絕的愛爾蘭駝鹿，牠們的角重達六十至七十磅——而後者的頭骨平均僅重五點二五磅。綿羊的角雖不定期地更新，但許多農學家們認爲它們的發達會給飼養主造成明顯的損失。再者，公鹿當逃避猛獸的追擊時，其角重有礙牠的奔馳，而且大大減弱其穿過樹林的速度。例如，駝鹿角兩個頂端之距爲五點五英尺，雖然牠們在安步行走時，能夠如此靈巧地運用牠們的角，以致不會碰到或折斷一個樹枝，但當迅速逃避一群狼時，就不能那樣靈巧地適用牠們的角了。「當牠前進時，高舉其鼻，以便把角向後放在水平的位置；而做這種姿勢時，就無法清楚地看到地面了。」[34]大型愛爾蘭駝鹿的兩個角端相距實際上竟達八英尺！當角上被以茸毛時，這在赤鹿要持續二十週左右，牠們極易受傷，所以在德國這時公鹿的習性多少會有些變

---

[33] 愛默生·坦南特，《錫蘭》，第二卷，一八五九年，二七五頁；歐文，《英國化石哺乳類動物》，一八四六年，二四五頁。

[34] 理查森，《美國邊境地區動物志》，關於駝鹿，二三六、二三七頁；關於駝鹿角的擴張，《陸與水》，一八六九年，一四三頁。再參閱歐文的《英國化石哺乳類動物》，關於愛爾蘭駝鹿，四四七、四五五頁。

化，牠們避開茂密的森林，往來於幼樹和低矮灌木之間。㉟這些事實會使我們想起，雄鳥獲得裝飾性的羽毛是以飛翔受到阻礙爲代價的，而獲得其他裝飾物則以損害牠與雄性對手相鬥的力量作爲代價。

關於哺乳動物，正如情況所常常表明的那樣，雌雄二者大小不同，雄性幾乎永遠比雌性大而強。古爾德先生告訴我說，澳大利亞有袋類的這種情況也是顯著的，牠們的雄性直到異常老的年齡還繼續生長不已。但是，一個最特殊的例子還是由一種海狗（*Callorhinus ursinus*）*提供的，其充分成長的雌性在重量上小於充分成長的雄性六分之一。㊱吉爾博士說，眾所周知，多配偶的海狗，其雄性彼此相鬥非常劇烈，而且雌雄二者在體型上差別很大；單配偶的物種則差別很小。鯨類也提供了證據，表明雄性的好鬥性與其體型有一定關係，好鬥鯨類的雄性在體型上大於雌性；雄露脊鯨（right-whales）彼此不相鬥，牠們不但不大於雌性，反而較小；相反，雄巨頭鯨彼此激烈相鬥，牠們的身體「往往有其對手牙齒所造成的傷痕」，其雄性的體型爲雌性的兩倍。雄性的強大力氣，正如亨特很久以前所指出的㊲，永遠表現在與其他雄性對手戰鬥時所使用的那些身體部分——例如公

㉟ 邦納，《森林動物》（*Forest Creatures*），一八六一年，六十頁。

* 或稱海熊、膃肭獸。——譯者注

㊱ 參閱艾倫先生的很有趣的論文，見《劍橋大學有袋類比較動物學學報》（*Bull. Mus. Comp.Zoolog. of Cambridge*），美國版，第二卷，第一號，八十二頁。其重量係由謹慎的觀察家勃蘭特上尉所確認。吉爾博士，《美國博物學家》，一八七一年一月；關於雌雄鯨的相對大小，《美國博物學家》，一八七三年一月。

㊲ 《動物的身體機構》（*Animal Economy*），四十五頁。

牛的粗壯頸部。雄性四足獸也比雌性更爲勇敢、更爲好鬥。毫無疑問，這等特性的獲得，一部分是透過性選擇，這是由於較強的和較勇敢的雄性對較弱的雄性取得了一系列的勝利所致，一部分則是透過使用的遺傳效果。在體力、大小以及勇氣方面的連續變異無論是起於單純的變異性，還是起於使用的效果，雄性四足獸都是借著連續變異的積累而獲得了在生命晚期出現的這等特性，因而這等特性在很大程度上大概只限於傳遞給同一性別。

根據上述若干考察，我急於得到有關蘇格蘭獵鹿犬的資料，因爲其雌雄二者在體型上的差異大於任何其他品種（雖然尋血獵犬*的雌雄差異也相當大），也大於我所知道的任何野生犬種。因此，我向卡波勒斯先生請教，他以成功地馴養這個品種而聞名於世，他曾對自己養的那些狗進行過稱重和度量，蒙他盛情相助，爲我從各種來源收集了下述事實。優良的公蘇格蘭獵鹿犬，其肩高從低者二十八英寸至三十三英寸、甚至三十四英寸；其重量從輕者八十磅至一百二十磅或更多。母蘇格蘭獵鹿犬的高度從二十三英寸至二十七英寸，甚至二十八英寸；其重量從五十磅至七十磅、甚至八十磅。㊳卡波勒斯斷言，公獵鹿犬的重量從九十五磅至一百磅，母獵鹿犬的重量七十磅，大概是一個可靠的平均數；但有理由相信，雌雄二者在往昔都曾達到過更大的重量。卡波勒斯先生曾對降生後兩週的小狗進行過稱重，一胎中四隻小公狗的平均重量超出兩隻小母狗的平均重量六點五

---

* blood-hound，善嗅血腥，可訓練其追蹤負傷的獵物，或在戰場尋覓傷兵，或破獲兇殺案件。——譯者注

㊳ 再參閱理查森的《關於犬的手冊》（*Manual on the Dog*），五十頁。麥克尼爾先生曾就蘇格蘭獵鹿犬提出過非常有價值的報告，他首先提醒人們注意到這種狗雌雄二者大小不相等，見斯克羅普的《鹿的狩獵技術》。卡波勒斯有意發表有關這一著名品種的全部資料及其歷史，我翹首以待。

盎司；在另一胎中四隻小公狗的平均重量超出一隻小母狗的重量不到一盎司；長到三週時，這等小公狗的平均重量超出那隻小母狗七點五盎司，長到六週時，差不多超出十四盎司。賴特先生在給卡波勒斯先生的一封信中寫道：「我曾對許多胎小狗的大小和重量做過紀錄，就我經驗所得，按照一般規則，小公狗和小母狗的重量在五至六個月之前差異很小；此後小公狗即開始增大，無論在大小方面或重量方面都超過小母狗。在降生時或降生後數週之內，小母狗偶爾大於小公狗，但最終一定要被小公狗所超過。」科倫賽的麥克尼爾（McNeill）先生斷言，「公狗不超出兩歲不會達到充分成長的狀態，雖然母狗達到這種狀態要早些」。按照卡波勒斯先生的經驗，公狗直到十二至十八個月的時候還在身高方面繼續增長，在重量方面直到十八至二十四個月還繼續增長；而母狗一到九至十四個月或十五個月的時候在身高方面就停止生長，在重量方面則到十二至十五個月的時候停止增長。根據這幾種記載，蘇格蘭獵鹿犬（Scotch deer-hound）不到生命的相當晚期，其雌雄二者在大小方面顯然不會獲得充分的差異。用於追獵的幾乎完全是公狗，因為，正如麥克尼爾告訴我的，母狗沒有足夠的體力和重量來推倒一隻充分成長的鹿。我聽卡波勒斯先生說，在遠古時代的傳說中，公狗最負盛名，而母狗僅作為有名公狗的母親而被提及。因此，許多世代以來在體力、大小、速度以及勇氣方面受到測驗的主要是公狗，而且選其最優良者為傳種之用。由於公狗不到生命的相當晚期不會達到其充分大小，所以按照常常提出的那條規則來看，牠們傾向於把其特性只傳給雄性後代；這樣，蘇格蘭獵鹿犬雌雄之間的大小極不相等大概就可以得到解釋了。

有些少數四足類，其雄性具有專為對付其他雄性進攻的器官或部分。某些種類的鹿，就像我們已經見到的那樣，主要地或完全地使用牠們角的上部分枝來防衛自己；正如巴特利特先生告訴我的，瞪羚用其微微彎曲的長角非常巧妙地進行防衛；但是這等角同樣地也可作為攻擊器官來使用。

圖65　壯年期公野豬的頭

同一位觀察家說道，犀類在相鬥時彼此用牠們的角擋開對方的側擊，嗙嗒嗙嗒地作響，其聲甚高，就像公野豬使用獠牙時的情況那樣。雖然公野豬彼此拚命相鬥，但是，按照布雷姆的資料，牠們很少負重傷，這是由於彼此的打擊皆落在獠牙之上，或者落在那層遮蓋肩部的軟骨般的皮膚之上，德國獵人把這塊皮膚叫做盾；在這裡我們看到了一個身體部分專門爲了防衛而發生了改變。公野豬在壯年時期的下顎獠牙是用於戰鬥的（參閱圖65），但是，正如布雷姆所述，到了老年，這等獠牙向內和向上彎曲得如此厲害，甚至高過鼻部，所以不再能用於戰鬥了。然而，它們仍然可能作爲防禦的手段，甚至更爲有效。爲了補償下顎獠牙不能再作武器的損失，一向從兩側稍微向外凸出的上顎獠牙在年老時便大大增加了其長度，並且向上彎曲得很厲害，因而它們也可用於攻擊。儘管如此，一頭老齡的公野豬對人來說，就不像六七歲的公野豬那樣危險了。[39]

西里伯斯產的充分成長的雄東南亞疣豬（*Babirusa pig*，圖66），其下顎獠牙是可怕的武器，就像歐洲野豬在壯年時期的獠牙那樣，然而，其上顎獠牙如此之長並牙尖向內彎曲如此之甚，有時甚至彎及額部，以致完全不能作爲進攻武器之用。與其說它們是牙，倒不如說它們很像角，它們顯然不能作爲牙用，所以從前設想這種動物是把頭部掛在樹枝上面來休息的！如果把頭部稍微側向一

㊴ 布雷姆，《動物生活》，第二卷，七二九—七三二頁。

圖66　東南亞疣豬（*Babirusa*）的頭骨（引自華萊士的《馬來群島》）

方，上顎獠牙的凸面大概可以作爲最好的防禦器；因此，老齡東南亞疣豬的這等獠牙「一般都是折斷的，好像就是由於爭鬥所致」。[40]於是在這裡我們看到了一個奇妙的事例：東南亞疣豬的上顎獠牙在壯年時期所正常呈現的構造顯然只適於用作防禦；而歐洲公野豬的下部獠牙只在老年時期具有差不多同樣的形狀，唯其程度較輕，這時它們才以同樣的方式用作防禦。

雄疣豬（*Phacochoerus aethiopicus*，圖67）在壯年時期的上顎獠牙向上彎曲，而且尖銳，是一種可怕的武器。其下顎獠牙比上顎獠牙尤其銳利，但很短，所以它幾乎不能用做攻擊的武器。然而它們與上顎獠牙的根部密切相合，作爲它們的基礎，所以它們一定可以大大加強上顎獠牙的力量。無論上顎獠牙或下顎獠牙似乎都沒有爲了防衛而發生特別變異，雖然它們在一定程度上無疑是用於這一目的的。但是，疣豬並不缺少其他特別的防禦手段，牠在面部兩側的眼睛下方各有一塊軟骨性的橢圓形護墊，與其說它是堅硬的，不如說是韌性的，而且向外凸出二三英寸；當看到這種活的動物時，巴特利特先生和我都以爲，當其敵手用獠牙從下方進行攻擊時，這等護墊大概就會向上翻起，於是就可以極好地保護其多少凸出的眼睛。根據巴特利特先生的權威資料，我還可以補充一點：這

⑩ 參閱華萊士先生關於這種動物的有趣報導，見《馬來群島》，第一卷，一八六九年，四三五頁。

圖67　母疣豬的頭部（引自《動物學會會報》，一八六九年）

圖示具有公疣豬的同樣性狀，雖然其程度較差）附注：當此圖最初刻成時，我還以爲牠是雄的。

等公野豬在戰鬥時直接面對面而立。

最後，非洲河豬（*Potomochoerus penicillatus*）在面部兩側的眼睛下方各有一個軟骨性的硬瘤，與疣豬的韌性護墊相當；牠在上顎還有兩個骨質凸起，位於鼻部的上方。在倫敦動物園裡，一隻這種公野豬最近弄壞了疣豬的圍欄，鑽入其中。牠們徹夜相鬥，清晨時雙方疲憊不堪，但均未負重傷。上述護墊和瘤狀物滿布血跡，其上有非常嚴重的戳傷和擦傷；這是一個重要的事實，因爲它闡明了這等護墊和瘤狀物的用途。

雖然豬科很多成員的雄性具有武器，而且像我們剛才看到的，還具有防禦手段，但這等武器似乎在較晚的地質時期內才獲得的。福爾西．馬若爾博士㊶列舉了幾個中新世的物種，其中沒有一個物種的雄性的獠牙似乎是非常發達的；呂蒂邁爾教授以前也曾被這一事實所打動。

雄獅的鬃毛對敵對雄獅的攻擊是一種良好的防禦，這是牠容易遇到的一種危險，因爲，正如史密斯爵士告訴我的，雄獅之間進行極其猛烈的爭鬥，幼獅不敢接近老獅。一八五七年，布拉米奇（Bromwich）的一隻虎弄壞了一隻獅子的圍欄，鑽入其中，於是一個可怕的場面出現了：「獅

㊶《義大利自然科學協會會刊》（*Atti della Soc. Italiana di Sc. Nat.*），第十五卷，第四分冊，一八七三年。

子的頸部和頭部由於受到鬃毛的保護，未受重傷，但那隻虎終於把獅子的腹部撕裂，數分鐘後即行死去。」㊷加拿大山貓（*Felis canadensis*）喉部和頰部周圍的叢毛，在雄性要比在雌性長得多；但這種叢毛是否用於防禦，我不知道。眾所熟知，雄海豹（seals）彼此拚命相鬥，其某些種類如鬃海狗㊸（*Otaria jubata*）㊹的雄性具有長鬃毛，而雌性的鬃毛卻很短或根本沒有。好望角的雄鼯猴（*Cynocephalus porcarius*）的鬃毛和犬齒要比雌性的大得多；其鬃毛大概作爲保護之用，因爲，我曾問過倫敦動物園的管理員，爲了不暴露我提問的目的，我說，是否有任何種類的猴專向頸背攻擊，我得到的答覆是，除了上述狒狒之外，都不如此。愛倫堡（Ehrenberg）曾把成長的雄阿拉伯狒狒（Hamadryas baboon）的鬃毛比做幼獅的鬃毛，幼小的雌雄狒狒以及成長的雌狒狒幾乎都沒有鬃毛。

雄美洲野牛（bison）的羊毛狀的巨鬃，長幾及地，而且雄性的鬃毛遠比雌性的發達，我以爲這種鬃毛大概是在劇烈的戰鬥中作爲保護之用的；但一位有經驗的獵人告訴凱頓說，他從來沒有見過任何可以支持這種信念的事實。雄馬的鬃毛比雌馬的茂密；我曾特別詢問過兩位經驗豐富的馴馬

㊷《時代》（*The Times*），一八五七年十一月十日。關於加拿大山貓，參閱奧杜邦和巴克曼的《北美四足獸》（*Quadrupeds of North America*），一八四六年，一三九頁。

㊸鬃海狗亦有譯作「海獅」，爲海驢（*Otaria stelleri Less.*，又名steller's sea lion）的一種，常群集於福克蘭島。斑海豹（seal, *phoca vitulina* L.），多產於北太平洋。二者均屬鰭腳類。

㊹莫利博士，關於海狗，《動物學會會報》，一八六九年，一〇九頁。艾倫先生在上述論文中（七十五頁）曾提到，雄性的頸毛固然長於雌性的頸毛，但是否值得叫做鬃，尚可懷疑。

人和養馬人，他們都曾管理過許多馬群，皆確言「牠們永遠力圖咬住對方的頸部」。然而，這並不是說，當頸毛作爲保護之用時，在最初就是爲了這個目的而發達起來的，雖然在某些情況中可能是這樣，如在獅子的情況中就是如此。麥克尼爾告訴我說，雄馬鹿（*Cervus elaphus*）喉部的長毛當被獵逐時，可以起重大的保護作用；但這等長毛並不見得是專門爲了這個目的而發達起來的；否則，幼者和雌性也會有同等的保護。

四足獸的雌雄任何一方對配偶的選擇

在下章對雌雄二者在發聲、氣味以及裝飾物等方面所表現的差異進行討論之前，在這裡先考察一下雌雄二者當結合時是否實行選擇，將會有某些方便。在雄性爭奪雄性霸權之前或在此之後，雌性是否會挑選任何特殊的雄性；或者，雄性如果不是多配偶的，是否會選擇任何特殊的雌性？育種家的一般印象似乎是，雄性可以接受任何雌性，這是由於雄性對雌性的熱切追求，在大多數場合中，大概確是如此。作爲一般規則，雌性是否毫無差別地接受任何雄性，則是一個大得多的疑問。在第十四章中已經指出，關於鳥類，有大量的直接和間接的證據闡明了雌性對其配偶是實行選擇的；那麼，位於較高等級並且具有較高心理能力的雌四足獸如果不一般地、或者至少常常地實行某種選擇，那大概是一種奇怪的反常現象。在大多數場合中，如果一個不能取悅於雌性或者不能使牠激動的雄性來求偶時，這個雌性就要逃去；如果一個雌性受到幾個雄性追求，如普通發生的情形那樣，當雄性彼此爭鬥時，這個雌性往往有機會與一個雄性逃走，或者至少與其臨時交配。在蘇格蘭常常可以看到雌赤鹿有後面這種情形，這是菲利浦·埃格頓（Philip Egerton）爵士以及其他人士向

我說過的。㊺

關於自然狀況下的雌四足獸在婚配時是否實行任何選擇，幾乎不可能知道的很多。布萊恩特上尉有充分的機會對海狗（*Callorhinus ursinus*）進行觀察，下述有關一隻海狗求偶的奇妙細節，就是根據這位人士的權威資料。㊻他說，「許多雌海狗當到達其進行繁育的島嶼時，好像渴望依附某一特定的雄性，爬上周邊的岩石，眺望全群，發出呼叫，並似乎傾聽那熟悉的聲音。於是更換另一地點，重複同樣的動作……當有一隻雌性一到海岸，最相近的一隻雄性就從上方下來與雌性相會，同時發出一種喧囂聲，就像母雞呼喚其雛雞一般。雄性向牠點頭彎腰，進行哄誘，直到牠處於雌性和水之間，所以牠無法再避開牠。於是雄性的態度爲之一變，厲聲吼叫，把牠趕到其『妻妾』所在的地方。然後又繼續這樣進行，直到其『妻妾』所在之地差不多充滿時爲止。於是諸雄性登上較高處所，窺伺時機，當其更爲幸運的鄰居疏於防範時，即行竊取其『妻妾』。當進行竊取時，牠們把雌性叼在嘴中，高高舉起，超出其他雌性的頭部之上，小心謹慎地把牠們放置在自己的『妻妾』之間，就像老貓攜帶小貓那樣。居於更高處的雄性也按同法爲之，直到整個場所充滿雌性而後已。爲了占有同一隻雌性，兩隻雄性之間屢屢發生爭鬥，雙方同時咬住這隻雌性，以致撕裂爲二，或者由於咬齧而受到重傷。當整個場所充滿雌性時，老年雄性洋洋得意地巡閱其家族，申斥那些擁擠或打

㊺ 邦納先生曾對德國赤鹿做過最好的描述（《森林動物》，一八六一年，八十一頁），他說，「當雄鹿保衛其權利，反擊一隻入侵者的時候，另一隻入侵者趁機侵入其妻妾禁區，一一驅走爲其戰利品。」完全一樣的情況也發生於海豹，參閱艾倫先生的論文，同前雜誌，一〇〇頁。

㊻ 艾倫先生，《劍橋大學有袋類比較動物學學報》，美國版，第二卷，第一號，九十九頁。

擾其他雌性的分子，而且兇猛地把一切入侵者趕跑。進行這樣監視經常使自己忙碌不堪。」

關於自然狀況下的動物的求偶，所知者非常之少，因此我曾努力發現家養四足獸在交配時所實行的選擇會達到怎樣程度。犬類提供了最好的觀察機會，因爲牠們受到了細心的照顧，而且對牠們可以充分理解。許多育種家對這一問題表示了強有力的意見。例如，梅休（Mayhew）先生說：「母狗能夠施給愛情，溫柔的回憶對牠有強烈的影響，就像我們所知道的比牠更爲高等的動物在其他場合裡所表現的那樣。母狗在愛情方面並非總是那麼持重，而是容易委身於低等的雜種狗。若把母狗與外貌卑劣者同育一處，則在這一對配偶間常常會發生熱愛，此後就永遠不能制止。這種熱愛是眞實的，並非浪漫主義的，所以能夠持久。」梅休先生所觀察的主要是小型品種，他相信大型公狗對小型母狗有強烈的吸引力。㊼著名的獸醫布萊恩（Blaine）說道㊽，他自己養的一條母哈巴狗（pug）非常熱情地愛上了一隻長毛垂耳狗（spaniel），還有一隻母雪達犬（setter）也非常熱情地愛上了一隻雜種狗，以致經過幾個星期之後，牠們才與自己的品種交配。我曾收到同樣的而且可以信賴的兩項記載，表明一隻母尋回犬（retriever）和一隻母長毛垂耳狗都愛上了㹴（terrier）*。

卡波勒斯先生告訴我說，他可以親自保證下述更爲顯著的事例是確實的，即，一隻貴重的、異常聰明的雌㹴愛上了鄰居的一隻長毛垂耳狗，牠竟愛到這樣程度，以致勢必常常把牠拖走，才能離開那隻公狗。把牠永久隔離之後，牠的乳頭雖然屢現乳汁，但絕不接受任何其他公狗的求愛，

㊼ 梅休著，《狗：牠們的管理》（*Dogs: their Management*），第二版，一八六四年，一八七—一九二頁。

㊽ 艾力克斯・沃克（Alex Walker），《論血族通婚姻》（*On Intermarriage*），一八三八年，二七六、二四四頁。

* 形小，常用於助獵，以捕獲鼬、獾、兔或水獺。——譯者注

因而終生沒有生子，牠的主人對此甚爲遺憾。卡波勒斯先生還說，在他的狗窩中有一隻母獵鹿犬（deerhound），一八六八年曾三次產子，同窩還有四隻公獵鹿犬，每次母狗都對其中一隻身體最大的、長相最漂亮的公狗表現了最顯著的愛好，所有這四隻公狗均在壯年。卡波勒斯先生觀察到，母狗一般喜愛和牠有過交往而相識的公狗；母狗的靦腆和怯懦最初使其傾向於拒絕陌生的公狗。相反，公狗卻似乎傾向於陌生的母狗。公狗拒絕任何特定的母狗，大概是罕見的，但是，一位著名的狗育種家——耶爾德斯雷俱樂部（Yeldersley House）的賴特（Wright）先生告訴我說，他知道有關這方面的一些事例；他舉出自己飼養的一隻公獵鹿犬爲例，牠對任何特定的母獒（mastiff）都不屑一顧，所以勢必使用另一隻公獵鹿犬才行。再舉我所知道的其他事例大概是多餘的，我只補充一點；巴爾（Barr）先生細心地繁育過許多尋血獵犬，他說，幾乎在每一個事例中，公狗或母狗的特定個體都彼此表現了一種明顯的愛好。最後，卡波勒斯先生又研究了這個問題一年之後，寫信向我說，「我可以充分證明我以往的敘述，即，狗在繁育時彼此均表現有明顯的愛好，這往往受到體型大小、毛色鮮明以及個性的影響，同時也受到以往彼此熟識程度的影響」。

就馬來說，世界上最偉大的競賽跑馬育種家布倫基隆（Blenkiron）先生告訴我說，種馬在其選擇上如此屢屢反覆無常，沒有任何明顯的原因，就拒絕某一母馬而就另一母馬，以致必須慣常地對牠施用各種詭計才行。例如，著名的公「大王」馬（Monarque）絕不會有意識地對母「鬥士」馬（Gladiateur）看上一眼，因而勢必施以詭計。對貴重的種競賽馬的需求如此之大，以致會把牠弄得筋疲力盡，我們知道這就是這類種馬爲什麼在其選擇上那樣苛求的部分原因。布倫基隆先生從來不知道母馬會拒絕公馬；但在賴特先生的馬廄中就曾發生過這種情形，所以勢必對這匹母馬進行欺騙。呂克[49]引用過各種法國權威人士的論述，他說，「確有公馬特別選取一定的母馬，而對其他一切母馬一概拒絕」。他根據貝倫（**Baëlen**）的權威資料舉出過有關公牛的相似事實；里科斯（**H. Reeks**）先生向我保證說，他父親有一頭公短角牛，「永遠拒絕與一頭黑母牛交配」。霍夫勃格在描述家養的馴鹿時說道：「母鹿似乎很喜愛大型而強壯的公鹿，避開幼小的以及壯年的鹿，於是那隻公鹿將把諸幼鹿驅散。」[50]有一位傳教士繁育過許多豬，他斷言母豬往往拒絕某一頭公豬，而立即接受另一頭公豬。

根據上述事實可以斷言，家養四足獸常常表現有強烈的獨特反感和獨特愛好，在這方面雌性甚於雄性更爲常見。既然如此，則處於自然狀況下的四足獸的交配大概不可能僅僅委於偶然。遠爲可能的是，雌性被特殊雄性所誘惑或引起雌性的激情，這等雄性比其他雄性具有某種較高程度的特性；但這等特性是什麼，我們很少能夠或者永遠不能夠確切地發現。

㊾《自然遺傳專論》（*Traité de l'Heréd. Nat.*），第二卷，一八五〇年，二九六頁。

㊿《動物研究院院報》（*Amœnitates Acad.*），第四卷，一七八八年，一六〇頁。

第十八章　哺乳類的第二性徵（續）

四足獸使用牠們的聲音有各種不同目的，或作爲危險的信號，或作爲獸群中某一成員的呼喚，或係母獸對亡失仔獸的召喚，或係仔獸呼喚母獸來保護自己；但對這等用途均無需在此討論。我們現在所要討論的僅僅是雌雄二者之間的聲音差異，例如，雄獅和雌獅、公牛和母牛的聲音差異。幾乎所有雄性動物在發情季節遠比在任何其他時期更多使用牠們的聲音；有些動物，例如長頸鹿和豪豬①除了在發情季節以外據說是完全啞的。比如喉部（即喉頭和甲狀腺②）在繁殖季節開始時定期地肥大，因而可以設想牠們強有力的聲音由於某種未知原因對牠們一定是高度重要的；但這一點非常可疑。根據二位有經驗的觀察家麥克尼爾先生和埃格頓爵士向我提供的資料，三歲以下的幼鹿似乎並不鳴叫；老鹿在繁殖季節開始時才開始鳴叫，當牠們到處不停地漫遊去尋求雌鹿時，最初僅偶爾一鳴，其聲低沉。當雄鹿進行戰鬥之前，則大聲鳴叫，而且聲音拖長，但在實際衝突中，則毫不出聲。慣於使用聲音的所有種類的動物當處於任何強烈的感情之中時都會發出各種不同的雜訊，例如當激怒和準備戰鬥時就會如此；但這可能只是神經興奮的結果，於是引起身體的幾乎所有肌肉的痙攣收縮，例如當一個人在憤怒時的咬牙切齒和緊握雙拳就是如此。毫無疑問，雄鹿

---

① 歐文，《脊椎動物解剖學》，第三卷，五八五頁。

② 同上書，五九五頁。

以其鳴叫挑起彼此進行殊死的戰鬥；但是，具有比較強有力聲音的那些雄鹿，除非同時也是更強壯的，具有更好武裝的，而且更加勇敢的，否則就不會比其敵對者占有任何優勢。

獅子的吼叫在威嚇其敵對者方面可能對牠有某種幫助；因爲當牠發怒時，同時也把其鬃毛豎起，這樣就本能地使自己儘量顯得可怕。但是，幾乎不能假定，公鹿的鳴叫即使在這方面有所幫助，就會導致其喉部的定期擴大。有些作者提出，雄鹿的鳴叫係用於召喚雌鹿；但上述兩位富有經驗的觀察家告訴我說，雖然雄鹿熱切地尋求雌鹿，但雌鹿並不尋求雄鹿，根據我們所知道的其他四足獸習性來說，可以預料情況確係如此。另一方面，雌鹿的鳴聲可以把一頭或更多的雄鹿很快引到自己的身旁，[3]獵人們清楚地曉得這一點，所以他們在野外模仿雌鹿的鳴聲。如果我們能夠相信雄鹿有用聲音使雌鹿激動或媚惑雌鹿們的能力，那麼根據性選擇原理以及受到同一性別和季節所限制的遺傳原理，雄鹿發音器官的定期肥大就是可以理解的了；但我們還沒有證據來支持這一觀點。按照其情況來看，雄鹿在繁殖季節的高聲鳴叫，無論在求偶期間，或在戰鬥期間，或在任何其他方面，對牠來說似乎都沒有任何特殊用途。但是，在強烈的愛情、嫉妒以及憤怒中屢屢使用其聲音，並連續許多世代如此爲之，我們能夠不相信這對於雄鹿乃至對於其他雄性動物的發音器官最終會產生一種遺傳的效果嗎？在我們現今的知識狀況下，我以爲這是最近理的一種觀點。

成年雄大猩猩的叫聲非常洪大，牠具有一種喉囊，就像雄猩猩那樣。[4]長臂猿爲猿類中的最

---

③ 關於駝鹿和野生馴鹿的習性，參閱羅斯·金（Ross King）的著作，見《加拿大的獵人》，一八六六年，五十三、一三一頁。

④ 歐文，《脊椎動物解剖學》，第三卷，六〇〇頁。

喧囂者，而且蘇門答臘合趾長臂猿（*Hylobates syndactylus*）也具有氣囊；但是，曾有機會對其進行過觀察的布賴茨先生並不相信其雄性比雌性更爲喧囂。因此，合趾長臂猿的叫聲大概用做相互召喚，有些四足獸類，例如河狸，肯定如此。[5]黑掌長臂猿（*H. agilis*）之所以著名，是由於牠有發出完全而準確的八度音階的能力，[6]我們可以合理地推測這是用於性的媚惑；但在下一章，我勢必還要談到這個問題。美洲卡拉亞吼猴（*Mycetes caraya*），其雄性的發音器官大於雌性的三分之一，而且非常強有力。這種猴在溫暖的天氣裡使樹林朝夕充滿著其壓倒一切的叫聲。雄猴開始其可怕的合唱，常常延續許多小時，雌猴有時也參加，但其吼叫的力量較小。一位優秀的觀察家倫格爾（Rengger）[7]未能發現這是由任何特殊原因所激起的，他以爲，就像許多鳥類那樣，牠們也喜歡自己的音樂，而且彼此爭勝。上述大多數猿類之所以獲得其強有力的叫聲，是否爲了擊敗其敵對者並向雌性獻媚——或者，這等發音器官透過長期連續使用的遺傳效果而被加強和增大，是否沒有因此而獲得任何特殊利益——我不敢說；但上述觀點，至少在黑掌長臂猿的情況中似乎是最近理的。

我願提一提海豹類所具有的兩種很奇妙的雌雄特性，因爲有些作者設想牠們對聲音有影響。雄象海豹（*Macrorhinus proboscideus*）的鼻子大大增長，並且能夠豎起。在這種狀態下有時長達一英尺。雌象海豹在生命的任何時期都不如此。雄象海豹發出一種狂熱的、嘶啞的和咯咯的叫聲，可聞於很遠的地方，據說這種聲是由其長鼻增強的；雌象海豹的叫聲則有所不同。萊遜（Lesson）

---

⑤ 格林先生，《林奈學會會刊》，第十卷，動物學部分，一八六九年，三六二頁。

⑥ 馬丁，《哺乳動物志大綱》（*General Introduction to the Nat. Hist. of Mamm. Animals*），一八四一年，四三一頁。

⑦ 《巴拉圭哺乳動物志》，一八三〇年，十五、二十一頁。

把這種鼻的豎立比做鶉雞類在向雌性求偶時的垂肉膨脹。另一種親緣相近的冠海豹（*Cystophora cristata*），其頭上冠以巨大的兜帽、即囊狀物。這是由鼻隔所支持的，鼻隔向後伸長甚遠，且於鼻內隆起，高達七英寸。這種兜帽被有短毛，而且是肌肉質的，膨脹時可以超出整個的頭部！雄冠海豹當發情時在冰上進行劇烈的爭鬥，牠們的吼聲「據說有時如此之高，以致可聞於四英里之外」。當受到攻擊時，牠們同樣地吼叫；當激怒時其頭部囊狀物即行膨脹而顫動。有些博物學者相信牠們的聲音就是這樣增強的，但也有人舉出這種異常構造還有各種其他用途。布朗先生以爲它有保護作用，以防止所有種類的意外事故；但這是不可能的，因爲，曾經殺過六百頭這種海豹的拉蒙特先生向我確言，其雌性的兜帽是殘跡的，而且雄性的兜帽在幼小時不發達。⑧

氣味

有些動物，譬如說著名的美洲臭鼬（skunk），牠們發出的那種壓倒一切的氣味好像是完全作爲防禦之用的。鼩鼱（*Sorex*）的雌雄二者均具腹部臭腺，毫無疑問，從鷙鳥和猛獸拒食牠們的身體來看，這種氣味是保護性的；儘管如此，其雄性的這種腺體在繁殖季節還是增大了。在許多其他

---

⑧關於象海豹，參閱萊遜的文章，見《博物分類學辭典》，第十三卷，四一八頁。關於冠海豹，參閱德凱（Dekay）的文章，見《紐約博物學會年報》（*Annals of Lyceum of Nat.Hist.New York*），第一卷，一八二四年，九十四頁。彭南特也曾從海豹獵人那裡蒐集過有關這種動物的資料。最充分的資料是由布朗先生提出的，見《動物學會會報》，一八六八年，四三五頁。

動物中，雌雄二者的這種腺體是同等大小的，[9]但它們的用途還不清楚。另外有些物種，這種腺體只限於雄性才有，或者雄性的腺體比雌性的更為發達；它們的作用幾乎總是在發情季節變得更強。雄象面部兩側的腺體在這期間變大，並且分泌一種具有強烈麝香氣的分泌物。許多種類的蝙蝠，其雄性在身體各個不同部位具有腺體和可以凸出的囊袋；據信這等囊袋是有臭味的。

雄山羊放出的惡臭氣是眾所周知的，某種雄鹿的惡臭氣也非常強烈而且持久。在普拉塔河岸邊距離一群平原鹿（*Cervus campestris*）半英里下風處，我就覺察到那裡的空氣沾染了這種雄羊的氣味，我曾用絲手帕包了一塊這種羊皮回家，雖然常用常洗，在一年又七個月中，最初一把這塊手帕打開，還可聞到它保持著的這種氣味痕跡。這種動物在生育以後才會散發牠的強烈氣味，如果在幼小時進行閹割，就永遠不會散發這種氣味。[10]除了某些反芻動物（如麝牛，*Bos moschatus*）的全身在繁殖季節彌漫著一般氣味外，許多種類的鹿、羚羊、綿羊和山羊在身體各種不同部位、特別是在面部都具有臭腺。所謂淚囊或眶下窩（suborbital pits）也可以歸入這一部分。這等腺體分泌一種半流體的惡臭物質，有時如此大量泌出，以致汙及整個面部，我曾親自看到一隻羚羊就是如此。

---

⑨ 關於河狸，參閱莫爾根先生的很有趣的著作《美洲河狸》（*American Beaver*），一八六八年，三〇〇頁。帕拉斯很好地討論了哺乳動物散發氣味的腺體，見《動物學專論》，第八卷，一七七九年，二十三頁。歐文也曾記載過這種腺體，其中包括象和鼩鼱的腺體，見《脊椎動物解剖學》，第三卷，六三四、七六三頁。關於蝙蝠，參閱多布森先生的文章，見《動物學會會報》，一八七三年，二四一頁。

⑩ 倫格爾，《巴拉圭哺乳動物志》，一八三〇年，三五五頁。這位觀察家還舉出一些有關這種氣味的奇妙特性。

「雄性的這等腺體通常比雌性的爲大，而且其發育受到去勢的抑制。」⑪按照德馬雷（Desmarest）的資料，紅斑羚羊（*Antilope subgutturosa*）的雌性完全缺少這種腺體。因此，這種腺體無疑與生殖機能有密切關係。在親緣密切相近的諸類型中，這種腺體也是有時存在、有時不存在。成年的雄麝（*Moschus moschiferus*），其尾部周圍的裸皮溼漉漉地沾滿了芳香液體，而成年的雌麝以及未滿兩歲的雄鹿，其尾部周圍具毛，而且不散發香氣。這種鹿所特有的麝香囊從其部位來看，必然限於雄性所有，而且形成了一種附加的芳香器官。奇怪的是，這種腺體所分泌的物質，按照帕拉斯的說法，在發情季節，濃度不變，數量也不增加；儘管如此，這位博物學者還承認這種腺體的存在在某一方面是與生殖行爲有關聯的。但是，他對其用途只提供了一種推測的而且不能令人滿意的解釋。⑫

在大多數情形中，如果只有雄性在繁殖季節散發強烈的氣味，那麼這大概是用以刺激或魅惑雌性。我們千萬不要以我們的嗜好來判斷這個問題，因爲，眾所熟知，鼠喜好某種香料油，貓喜好纈草，而我們卻非常討厭這些東西，狗雖然不吃死屍，卻用鼻子嗅它們，並且在它們上面打滾。根據以上討論公鹿鳴喚時所舉出的理由，我們可以拒絕接受氣味乃用以從遠方招致雌性來就雄性的概

---

⑪ 歐文，《脊椎動物解剖學》，第三卷，六三二頁。再參閱莫利博士對這等腺體的觀察資料，見《動物學會會報》，一八七〇年，三四〇頁。德馬雷關於紅斑羚羊（*Antilope subgutturosa*），見《哺乳動物學》（*Mammalogie*），一八二〇年，四五五頁。

⑫ 帕拉斯，《動物學專論》，第十三卷，一七九九年，二十四頁。德斯摩林（Desmoulins），《博物分類學辭典》，第三卷，五八六頁。

念。積極的和長期連續的使用在這裡不能發生作用，就像發音器官的情形那樣。散發的氣味對雄性來說一定是相當重要的，因爲在某些情況中，大而複雜的腺體發達了，它們具有肌肉以便把囊袋翻開，並且啓閉囊孔。如果氣味最盛的雄性在贏得雌性方面是最成功的，而且所留下的後代遺傳了牠們逐漸完善化的腺體和氣味，那麼這等器官的發展就可以依據性選擇得到解釋了。

毛的發育

我們已經看到，雄四足獸在頸部和肩部的毛常常比雌性的發達得多；此外還可以舉出許多有關事例。這種毛在雄性進行爭鬥時對牠有保護作用，但在大多數情況中其發育是否特別爲了這一目的，還很有疑問。我們差不多可以肯定的是，當沿著背部僅有一條稀而狹的脊毛時，情況並非如此；因爲這種脊毛幾乎不能提供任何保護，何況脊背也不是容易受到傷害的地方；儘管如此，這等脊毛有時也僅限於雄性所有，或者在雄性身上比在雌性身上更爲發達得多。有兩種羚羊，林羚（*Tragelaphus scriptus*，參閱圖70）[13]和大羚羊（*Portax picta*），可作爲例子。當馬鹿以及雄野山羊被激怒和驚恐時，這等脊毛即行豎起[14]；但不能設想它們的發達僅是爲了威嚇其敵手。上述大羚羊（*Portax picta*）的喉部具有一大塊界限分明的黑毛叢，雄性的這種毛叢比雌性的大得多。北非的鬣羊（*Ammotragus tragelaphus*）爲綿羊科（sheep-family）的一個成員，懸掛在其頸部和前腿上半

---

⑬ 格雷博士，《諾斯雷動物園採訪記》（*Gleanings from the Menagerie at Knowsley*），二十八頁。

⑭ 凱頓論北美馬鹿，《渥太華自然科學院院報》（*Transact. Ottawa Acad. Nat. Sciences*），一八六八年，三十六、四十頁；布賴茨，關於喜馬拉雅野山羊，《陸與水》，一八六七年，三十七頁。

部特別長的毛差不多把牠的前腿都遮蓋住了；但巴特利特先生不相信這等毛蓋對雄性有什麼用處，而雄性的這種毛蓋比雌性的要發達得多。

圖68 僧面猴（*Pithecia satanas*），雄性（引自布雷姆）

許多種類的雄四足獸與雌性的差別在於前者面部的某些部位具有較多的毛或不同特性的毛。例如，只是公牛在其前額具有捲毛。[15]在山羊科（goat family）中有三個親緣密切近似的亞屬，只是其雄性具有頷毛，有時且甚長；還有另外兩個亞屬，其雌雄二者均具頷毛，但普通山羊的某些家養品種則沒有頷毛；塔爾羊（*Hemitragus*）的雌雄二者也都沒有頷毛。北山羊（ibex）的頷毛在夏季不發達，在其他時期也非常之小，以致可以稱爲殘跡。[16]某些猿猴，如猩猩，僅限於雄性才有頷毛；或者，雄性的頷毛比雌性的大得多，例如卡拉亞吼猴和僧面猴（*Pithecia satanas*，圖68）就是如此。獼猴某些物種的頰毛是這樣，[17]狒狒某些物種的鬃毛也是這樣。但大多數種類的猴，其雌雄二者面部和頭部的各種毛叢都是一樣的。

牛科（Bovidae）以及某些羚羊類各個成員的雄性均具頸部垂肉，即大型皮褶，而在雌性方面

---

⑮ 歐文，《亨特的論文及其觀察資料》（*Hunter's Essays and Observations*），第一卷，一八六一年，二三六頁。

⑯ 參閱格雷博士的《大英博物館哺乳動物目錄》，第三部分，一八五二年，一四四頁。

⑰ 倫格爾，《哺乳動物志》，十四頁；德馬雷，《哺乳動物學》，八十六頁。

其發達程度就差得多。

關於這樣的性差異，我們必須做出的結論是什麼呢？大概誰也不敢說某些雄山羊的頷毛、公牛的頸部垂肉或某些雄羚羊沿著背部的脊毛在其普通習性方面對牠們有任何用途。雄僧面猴（Pithecia）的巨大頷毛、雄猩猩的長頷毛在牠們進行戰鬥時可能保護其喉部；因爲倫敦動物園的管理員告訴我說，許多猴類彼此攻擊對方的喉部；但是，要說頷毛的發達，其意義不同於頰毛、觸鬚以及面部的其他毛叢，似乎是不可能的；而且誰也不會設想它們可用於保護。我們必須把毛和皮的所有這等附器僅僅歸因於雄性無目的的變異性嗎？不能否認這是可能的；因爲，許多家養動物的某些性狀，顯然不是透過返祖從任何野生的祖先類型那裡傳下來的，這些性狀僅限於雄性才有，或者在雄性比在雌性更爲發達——例如，印度雄瘤牛（zebu-cattle）的隆肉，公肥尾羊的尾巴，幾個綿羊品種的雄性前額的弓形輪廓，最後，雄伯布拉（Berbura）山羊[18]的鬃毛、後腿長毛以及頸部垂肉，都是如此。有一個非洲的綿羊品種，只是公羊有鬃毛，這是一種眞正的第二性徵，因爲我聽溫伍德·里德（Winwood Read）說，如果對這種公羊施行去勢，其鬃毛就不發育。正如在我的著作《動物和植物在家養下的變異》中所闡明的，要斷言任何性狀，甚至由半開化人所養的那些動物的性狀，沒有受過人類的選擇並因而有所擴大，應該極其小心，但在剛才舉出的那些例子中，卻不可能如此，尤其是僅限於雄性所有的那些性狀，或在雄性方面比在雌性方面更爲強烈發達的那些性狀，更不可能如此。如果確知上述非洲公羊與其他綿羊品種均屬於同一個原始祖先的後裔，如果具

---

⑱ 參閱我的《動物和植物在家養下的變異》第一卷中所載的這幾種動物；還有第二卷，七十三頁；以及第二十章中所載的有關半開化人實行選擇的情況。關於伯布拉山羊，參閱格雷的《目錄》，一五七頁。

有髭毛、頸部垂肉的公伯布拉山羊與其他山羊均出自同一個祖先，而且假定選擇未曾應用於這等性狀，那麼它們的發生必定是由於單純的變異性以及限於性別的遺傳性。

因此，把這個觀點引申到生活在自然狀況下的動物的所有相似事例看來是合理的。儘管如此，我還不敢相信這可適用於一切情況，如雄鬣羊（Ammotragus）喉部和前腿異常發達的毛以及雄狐尾猴的巨大頷毛。根據我對自然界所能做的研究，我相信高度發達的部分或器官是在某一時期爲著一種特殊目的而獲得的。有些羚羊，其成年雄性的色彩比雌性的色彩表現得更爲強烈，有些猴類，其面部的毛排列優雅，顏色殊異，那些其毛冠和毛簇就可能是作爲裝飾物而被獲得的；據我所知，這正是有些博物學者的見解。如果這是正確的，則它們是透過性選擇而被獲得的、至少是透過性選擇而變異的，就很少疑問了；但這種觀點對哺乳動物來說究竟能引申到何等地步卻很難說。

毛和裸皮的顏色

首先我要大致談談我所知道的有關雄四足獸的色彩不同於雌性的所有事例。關於有袋類，正如古爾德先生告訴我的，其雌雄二者在這方面很少差異；但紅色大袋鼠（kangaroo）提供了一個顯著的例外，「雌性呈現優雅藍色的那些部分，在雄性則爲紅色」。⑲卡宴（Cayenne）*的負鼠（*Didelphis opossum*）雌性的顏色據說比雄性的稍紅。關於齧齒類，格雷博士說，「非洲松鼠，尤

---

⑲ 關於岩大袋鼠（*Osphranter rufus*），古爾德，《澳大利亞哺乳動物》（*Mammals of Australia*），一八六三年，第二卷。關於負鼠，德馬雷，《哺乳動物學》，二五六頁。

* 爲蓋亞那的一處地方。——譯者注

其是熱帶地方的松鼠，其毛皮在每年的某些季節比在其他季節更爲鮮豔，而且其雄性的毛皮一般比雌性的更爲鮮明」。[20]格雷博士告訴我說，他之所以舉出非洲松鼠爲例，是因爲牠們異常鮮明的顏色最好地表示了這種差異。俄國巢鼠（*Mus minutus*）雌性的色澤比雄性的較淺而且較暗。大多數雄蝙蝠的皮毛比雌蝙蝠的鮮明[21]。關於這種動物，多布森博士說道：「其差異部分地或者完全地決定於雄性皮毛色彩遠爲鮮豔者，或以不同斑紋或以某些皮毛部分較長爲區別者，在任何可以覺察的範圍內，僅見於視覺發達良好的、以果實爲食的蝙蝠。」這一敘述值得注意，因爲它與鮮明顏色是否由於是裝飾性的而對雄性動物有所幫助這一問題有關。關於樹懶（sloths）的一個屬，格雷博士說，現已證實「其雄性在裝飾上和雌性有所不同——這就是說，雄性在兩肩之間生有一片柔軟的短毛，一般或多或少地呈橘黃色，有一個物種則呈白色。相反，雌性卻缺少這種標誌」。

陸棲的食肉類和食蟲類很少表現任何種類的性差異，包括體色在內。然而豹貓（*Felis pardalis*）是一個例外，其雌性的顏色如與雄性相比，「不及後者鮮明，而且雌性的灰褐色部分較暗，白色部分較不純，斑紋較狹，斑點較小」。[22]與豹貓親緣相近的線斑貓（*Felis mitis*），其雌雄二者也有差異，但程度較輕；雌性的一般顏色比雄性的頗淡，而且斑點的黑色也較差。另一方面，

---

[20]《博物學年刊雜誌》，一八六七年十一月，三二五頁。關於巢鼠，德馬雷，《哺乳動物學》，三〇四頁。

[21]艾倫，《劍橋大學有袋類比較動物學學報》，美國版，一八六九年，二〇七頁。多布森博士關於翼手目性徵的文章，見《動物學會會報》，一八七三年，二四一頁。格雷博士關於樹懶的文章，同上雜誌，一八七一年，四三六頁。

[22]德馬雷，《哺乳動物學》，一八二〇年，二二〇頁。關於線斑貓（*Felis mitis*），倫格爾，同前書，一九四頁。

海棲食肉類或海豹類有時在顏色上的差異相當大，正如我們已經看到的，牠們還有其他顯著的性差異。例如南半球的褐海狗（*Otaria nigrescens*），其雄性的體部上面呈濃豔的褐色；而雌性的體部上面則呈暗灰色，不過雌性獲得其成年的色澤比雄性爲早，雌雄二者的幼仔均呈深巧克力色。格陵蘭海豹（*Phoca groenlandica*）的雄性呈茶灰色，在背部有一塊奇特的馬鞍形暗色斑紋；其雌性的身材要小得多，並且具有很不相同的外貌，「呈暗淡的白色或草黃色，背部則呈茶色」；「幼仔最初是純白色的，與冰丘和雪幾乎無法區別，這樣牠們的顏色便發揮著保護作用」。㉓

反芻類在顏色方面的性差異比在其他目中更常常發生。條紋羚羊（Strepsicerene antelopes）的這種差異是普遍的，例如雄大羚羊（*Portax picta*）呈青灰色，遠比雌性的顏色爲深，而且喉部有一個正方形白色斑塊，蹄後上部毛叢有白色斑紋，雙耳有黑色斑點，所有這些都比雌性的顯著。我們已經看到，這個物種的毛冠和毛叢同樣地在雄性方面比在無角的雌性方面更爲發達。布賴茨先生告訴我說，其雄性不換毛，而定期地在繁育期間其毛色變得較深。幼小的雄性在出生後十二個月以前與幼小的雌性並無差別；如果在此時期以前對雄性進行去勢，按照這位權威的資料，牠的顏色就永遠不會改變。這個事實是重要的，牠可以證明大羚羊的顏色來源於性別，當我們聽到㉔維吉尼亞鹿（Virginian deer）的紅色夏毛和青色冬毛完全不受去勢影響時，這個事實的重要性就顯而易見了。林羚屬（Tragelaphus）的大多數或全部高度裝飾的物種，其雄性的顏色都比無角雌性的爲深，而且

㉓ 莫利博士關於海狗的文章，見《動物學會會報》，一八六九年，一〇八頁。布朗先生關於格陵蘭海豹的文章，同上雜誌，一八六八年，四一七頁。關於海豹的顏色，再參閱德馬雷的文章，同上雜誌，二四三，二四九頁。

㉔ 凱頓，《渥太華自然科學院院報》，一八六八年，四頁。

其毛冠也更加充分發達。華麗的德比大角斑羚（Derbyan eland），其雄性比雌性的體部較紅，整個頸部較黑，間隔這兩種顏色的白色帶斑較寬。好望角大角斑羚（Cape eland），其雄性也比雌性的顏色稍深。㉕

公黑印度羚（*A. bezoartica*）屬於羚羊的另一個族（tribe），其雄性的顏色很暗，幾乎是黑色的；而無角的雌性則呈淺黃褐色。布賴茨先生告訴我說，關於這個物種，我們遇到了一系列與大羚羊（*Portax picta*）完全相似的事實，即：其雄性定期地在繁育季節改變顏色，去勢對這種顏色改變的影響，雌雄二者的幼仔彼此無法區別。另一種黑印度羚（*Antilope niger*）的雄性是黑色的，而雌性以及雌雄二者的幼仔都是褐色的；水草地印度羚（*A. sing-sing*）的雄性比無角雌性的顏色要鮮明得多，而且前者的胸部和腹部的黑色也較深；卡瑪印度羚（*A. caama*）的雄性，其身體各個部位的塊斑和條紋都是黑色的，而在雌性方面這些則是褐色的；斑紋角馬（*A.gorgon*）的雄性的顏色「幾乎與雌性的顏色一樣，只是較深而且較鮮明而已」。㉖還可舉出一些相似的事例。

㉕格雷博士，《大英博物館哺乳動物目錄》，第三部分，一八五二年，一三四－一四二頁；再參閱格雷博士的《諾斯雷動物園訪問記》，該書載有一張漂亮的德比大角斑羚的圖：參閱該書有關羚屬的章節。關於好望角大角斑羚（*Oreas canna*），參閱安德魯・史密斯的《南非動物學》，四十一、四十二頁。在倫敦動物園中也有許多這等羚羊。

㉖關於黑印度羚（*Ant. niger*），參閱《動物學會會報》，一八五〇年，一三三頁。有一個親緣近似的物種，在體色方面有同等的性差異，參閱貝克爵士的《阿伯特・尼安薩》（*Albert Nyanza*），第二卷，一八六六年，六二七頁。關於水草地印度羚，格雷，《大英博物館哺乳動物目錄》，一〇〇頁。德馬雷，《哺乳動物學》，四六八頁，關於卡瑪印度羚。安德魯・史密斯，《南非動物學》，關於角馬。

馬來群島的公爪哇牛（*Bos sondaicus*）幾乎是黑色的，四腿和臀部則呈白色；母牛具有鮮明的暗褐色，牛犢在三歲之前也如是，此後便迅速改變顏色。去勢的公牛則重現母牛的顏色。母克馬斯山羊（Kemas goat）的顏色較淺，據說這些雌性們以及母喜馬拉雅野山羊（*Capra aegagrus*）均較其雄性的顏色更爲均勻。鹿的顏色很少呈現任何性差異。然而凱頓告訴我說，雄美洲赤鹿（*Cervus canadensis*）的頸部、腹部以及四腿的顏色均遠比雌性的爲深；但在冬季這種較深的顏色即逐漸褪去以至消失。我在這裡可以提一下凱頓的園囿，那裡有維吉尼亞鹿的三個族，其體色彼此稍有差異，但這種差異幾乎完全限於青色的冬季毛皮，即繁育時期的毛皮；所以這個例子可以與前章所說的鳥類的親緣密切近似種、即代表種相比擬，牠們的羽衣只在繁育時期才呈現差異[27]。南美沼地鹿（*Cervus paludosus*）的雌性以及雌雄幼鹿在鼻部不具黑色條紋，在胸部不具黑褐色線紋，而這些卻都是成年雄性的特徵[28]。最後，正如布賴茨先生告訴我的，顏色美麗和具有斑點的南亞斑鹿（axis deer）的成熟雄性在體色方面比雌性深得多，但去勢後的雄性永遠不會獲得這種顏色。

我們需要討論的最後一個目爲靈長目（Primates）。黑狐猴（*Lemur macaco*）的雄性一般呈煤黑色，而雌性呈褐色。[29]在新世界的四手目中，卡拉亞吼猴的雌性和幼者均呈灰黃色，而且彼

㉗《渥太華自然科學院院報》，一八六八年五月二十一日，三、五頁。

㉘ S．米勒，關於爪哇牛，《馬來群島動物志》（*Zoog. Indischen Archipel.*），一八三九－一八四四年，彩圖三十五；再參閱拉弗爾斯（Raffles）的文章，布賴茨先生引用，見《陸與水》，一八六七年，四七六頁。關於山羊，格雷博士，《大英博物館目錄》，一四六頁；德馬雷，《哺乳動物學》，四八二頁。關於南美沼地鹿，倫格爾，同前書，三四五頁。

㉙ 斯克萊特，《動物學會會報》，一八六六年，一頁。波倫和范達姆（van Dam）也充分肯定了同一事實。再參閱格雷

此相似；當兩歲時，雄性幼者變爲紅褐色；三歲時，除去腹部外均呈黑色，而到四歲或五歲時，腹部也變得十分黑了。赤吼猴（*Mycetes seniculus*）和白喉捲尾猴（*Cebus capucinus*）雌雄之間差異也非常顯著；前一個物種，我相信還有後一個物種的幼者均同雌性相似。白頭僧面猴（*Pithecia leucocephala*）的幼者也是與雌性相似的，其上部呈黑褐色，下部呈鏽紅色。蜘蛛猴（*Ateles marginatus*）面部周圍的毛叢在雄性呈黃色，在雌性則呈白色。再來看看舊大陸的情況：白眉長臂猿（*Hylobates hoolock*）的雄性除去眉的上方有一條白色帶斑外，通身都是黑色的，而雌性則由白褐色到雜以黑色的暗色，但絕沒有完全黑色的。[30]關於美麗的白鬚長尾猴（*Cercopithecus diana*）其成年雄性的頭部呈深黑色，而雌性的頭部則呈暗灰色；前者大腿之間的皮毛爲優雅的淺黃褐色，而後者的這一部分的顏色則較淡。關於美麗而稀有的髭長尾猴（*Cercopithecus cephus*），雌雄之間的唯一差異爲雄性的尾巴呈栗色，而雌性的尾巴則呈灰色；但巴特利特先生告訴我說，當雄性到達成年時，其全身顏色都變得更爲顯著，而雌性則仍保持幼小時的顏色。按照所羅門・米勒（Solomon Müller）的彩色繪圖，雄金黑瘦猴（*Semnopithecus chrysomelas*）差不多是黑色的，而雌性則是淡褐色的。關於狗尾猴（*Cercopithecus cynosurus*）和灰綠長尾猴（*C. griseoviridis*），其雄性身體的一部分呈最鮮豔的青色或綠色，與其臀部的鮮紅色裸皮形成了顯著的對照。

博士的文章，《博物學年刊雜誌》，一八七一年五月，三四○頁。

[30] 關於吼猴，倫格爾，同前書，十四頁；布雷姆，《動物生活圖解》，第一卷，九十六，一○七頁。關於蜘蛛猴，德馬雷，《哺乳動物學》，七十五頁。關於長臂猿，布賴茨，《陸與水》，一八六七年，一三五頁。關於瘦猴（*Semnopithecus*），S・米勒，《馬來群島動物志》，彩圖十。

最後，在狒狒科（baboon family）中，衣索比亞鼯猴（*Cynocephalus hamadryas*）的成年雄性不僅在其巨大鬃毛方面與雌性有所差別，而且在毛和胼胝的顏色方面也和雌性稍有不同。鬼狒（*C. leucophaeus*）的雌性和幼者均比成年雄性的顏色較淡，而且比後者的綠色較淺。在整個哺乳動物綱中，沒有一個成員像西非山魈（*C. mormon*）的成年雄性那樣顏色特殊的。其面部到成年時即變成優雅的青色，鼻梁和鼻尖則呈最鮮豔的紅色。按照有些作者的資料，其面部還有蒼白的條紋，而且部分地略現黑色，不過這等顏色似乎是變異的。其前額有一毛冠，而且在下巴上有黃鬚。「其股之上方及臀部大片裸皮呈極其強烈的紅色，並雜以優雅的青色，這就使其顏色越發鮮豔活潑。」㉛當西非山魈激動起來時，所有無毛部分的顏色都變得更爲鮮豔得多。有幾位作者以最熱烈的詞句來描寫這等燦爛的顏色，他們把這等顏色與最美麗的鳥類的顏色相比擬。另一個值得注意的特性是，當大犬齒充分發育時，在其雙頰便形成了巨大的骨質凸起，這骨質凸起有縱向的深溝，在牠上面的裸皮呈鮮豔的顏色，就像以上所敘述的那樣（圖69）。在其雌性和雌雄幼者方面幾乎看不見有這種

圖69 雄西非山魈（Mandrill）的面部（引自熱爾韋茲的《哺乳動物志》）

㉛ 熱爾韋茲（Gervais），《哺乳動物志》，一八五四年，一〇三頁，載有雄西非山魈的頭骨圖。再參閱德馬雷的《哺乳動物學》，七十頁。聖伊萊爾和居維葉，《哺乳動物志》，第一卷，一八二四年。

骨質凸起，無毛部分的顏色也遠不及雄性那樣鮮明，而且牠們的面部差不多是黑色的，帶有青的色調。然而成年雌性的鼻子到一定的時期卻變成紅色。

迄今所舉的一切事例都表明雄性比雌性的顏色更爲強烈或更爲鮮明，而且雄性的顏色與雌雄幼者的都不相同。但是，就像某些少數鳥類那樣，雌性的顏色比雄性的更爲鮮明，恆河猴（*Macacus rhesus*）也是如此，其雌性尾部周圍的裸皮面積甚大，呈一種鮮豔的胭脂紅色，倫敦動物園的管理員向我確言，這種顏色定期地表現得更爲鮮豔活潑，牠的面部也是淺紅的。另一方面，恆河猴的成年雄性以及雌雄幼者（我曾在倫敦動物園中見到）不論其臀部裸皮或面部一點也沒有紅色的痕跡。但是，根據有些發表的記載看來，其雄性的確偶爾地或在某些季節表現有一些紅色的痕跡。雖然在裝飾方面不及雌性，但是雄性的手較大，犬齒較長，頰鬚較發達眉脊較凸出，在這些方面還是遵循雄性勝過雌性的普遍規則。

有關哺乳動物雌雄二者之間的顏色差異，現在我已經舉出我所知道的一切事例。有些這等差異可能是變異的結果，而這種變異只限於同一性別並向同一性別傳遞，並不因此獲得任何利益，所以不借助於選擇。關於我們的家養動物就有這樣的事例，例如某些貓類的雄性是鏽紅色的，而其雌性卻呈龜甲色。在自然界中也有近似的例子：巴特利特先生曾見到美洲豹（jaguar）、豹、袋貂（*Vulpine phalanger*）*和毛鼻袋熊（wombat）**的許多變種是黑色的，他肯定所有或者幾乎所

---

* 即*Phalangista vulpina*，屬食果有袋類，形似松鼠，體長約一尺半，尾長一尺許，每產一二子，幼仔漸長，離去育兒囊，尚負於母背上，產於澳大利亞。——譯者注

** 即*Phascolomys wombat*，屬齧齒有袋類。體肥大，長二三尺，四肢粗短而強壯，皆有五趾。後肢除第二趾皆有長曲

有這等動物都是雄性的。另一方面，狼、狐而且顯然還有美洲松鼠，其雌雄二者偶爾生下來就是黑色的。因此，十分可能的是，某些哺乳動物的雌雄二者在顏色上的差異，並不借助於選擇，而單純地爲一種或一種以上變異的結果，且這等變異的傳遞從一開始就專限於某一性別。儘管如此，某些四足獸、例如上述猿猴類和羚羊類的各種各樣的、鮮豔的和對照鮮明的色彩還是不可能因此得到解釋。我們應該記住，這等顏色並不是在雄性降生時出現的，而僅僅是在成熟期或接近成熟期才出現的；而且這和普通變異有所不同，如果對雄性施行去勢，這等顏色就消失了。總之，雄性四足獸的強烈顯著的顏色以及其他裝飾性狀，在牠們與其他雄性競爭時大概是有利的，因而是透過性選擇而獲得的。根據上述各點可以推斷，這一觀點由於以下的情況而被加強，即：雌雄二者在顏色上的差異幾乎完全是發生於表現有其他強烈顯著第二性徵的那些哺乳動物類群或亞類群；這等第二性徵也是性選擇的結果。

四足獸對顏色顯然是注意的。貝克爵士屢屢見到非洲的象和犀特別憤怒地對白色或灰色的馬進行攻擊。我在他處曾闡明，[32]半野生的馬顯然喜愛那些顏色和自己相同的馬，顏色不同的黇鹿群，雖在一起生活，卻長期保持界限分明。還有一項更有意義的事實：一匹母斑馬不接受一頭公驢的追求，可是當把這頭驢塗飾成斑馬的模樣時，正如約翰・亨特所說的，「母斑馬就欣然同意那頭公驢了」。「從這一奇妙的事實，我們看到了僅僅由顏色所激發起來的本能，這一本能的作用如此之強，以致勝過了任何其他本能。但雄性並不需要這種本能，只要雌性與他自己的顏色稍爲相似，就

之爪，以爪掘穴而居。食木根及草等，故其齒列頗似齧齒類。——譯者注

[32] 《動物和植物在家養下的變異》，第二卷，一八六八年，一〇二、一〇三頁。

足以使他激動起來。」㉝

在以前的一章我們曾看到，高等動物的心理能力與人類的，尤其是與低等野蠻種族的相應能力，雖在程度上有重大差別，但在性質上並無不同；看來甚至人類的審美感與四手目的審美感也沒有廣泛的差異。非洲黑人把面部肌肉弄成平行的隆起條紋，「即疤痕，高出顏面的本來表面，這種醜陋的毀形卻被視爲個人容貌的巨大魅力」；㉞世界許多地方的黑人和未開化人在他們的面部畫上紅的、青的、白的和黑的帶斑；與此相似，西非山魈也獲得了牠們的具有深刻凹痕和色彩絢麗的面部，以吸引雌性。毫無疑問，臀部的顏色爲了裝飾之故甚至比面部更爲鮮豔，這在我們看來，是極其滑稽可笑的；但這比許多鳥類尾羽具有特別裝飾，並不會使人感到更爲奇怪。

關於哺乳動物，目前我們還沒有掌握任何證據可以證明雄性盡力在雌性面前誇示其魅力；而雄鳥和其他雄性動物以其精心設計的方式來進行這樣的表演，乃是最強有力的論點來支持如下的信念：雌性讚賞在其面前展示的裝飾物和顏色，或受到這等裝飾物和顏色的刺激而興奮起來。可是哺乳類和鳥類在牠們的一切第二性徵方面還是有顯著的平行現象，即，在牠們所具有的與其雄性對手進行爭鬥的武器方面，在牠們所具有的裝飾性附器方面，在牠們的顏色方面，均有平行現象。在這兩個綱的動物中，如果雄性和雌性有所不同，雌雄二者的幼仔卻幾乎總是彼此相似，而且在大多數場合中，牠們的幼仔也與成年的雌性相似。在這兩個綱的動物中，雄性在繁殖齡期不久之前會表現出這一性別所特有的性狀；如果在早期施行去勢，這等性狀就要消失。在這兩個綱的動物中，顏色

㉝ 歐文，《亨特的論文及其觀察資料》，第一卷，一八六一年，一九四頁。

㉞ 貝克爵士，《衣索比亞的尼羅河支流》，一八六七年。

的改變時常是季節性的，而且無毛部分的色澤時常在求偶的行爲中變得更爲鮮豔活潑。在這兩個綱的動物中，雄性幾乎總是比雌性的顏色更爲鮮豔活潑，或者更爲強烈，而且雄性裝飾有較大的冠毛或羽冠以及其他這類附器。在少數例外的場合中，這兩個綱的雌性比雄性的裝飾更爲高級。有許多種哺乳動物，至少有一種鳥，其雄性比雌性所散發的香氣爲甚。在這兩個綱的動物中，雄性比雌性的聲音更加強有力。鑒於這種平行現象，毫無疑問，有一個同樣的原因，不管它是什麼，曾對哺乳類和鳥類發生作用；僅就裝飾的性狀來說，在我看來，其結果可以歸因於某一性別的個體對異性某些個體長期連續的喜愛，而且結合著它們在遺留大量後代以承繼其優越的魅力方面獲得成功。

裝飾性狀對雌雄二者的同等傳遞

由類似之理推之，可信許多鳥類的裝飾物最初是由雄性獲得的，然後同等地或幾乎同等地傳遞給雌雄二者；那麼我們可以問，這一觀點對哺乳動物究竟能應用到怎樣程度。相當多的物種，尤其是較小的種類，其雌雄二者的顏色是爲了保護自己而獲得的，同性選擇並無關係；但就我所能判斷的來說，這樣的事例不及在大多數較低等諸綱中那樣多，而且其表現方式也不那樣顯著。奥杜邦說道，當麝鼠（musk-rat）㉟蹲在渾濁河流的岸邊時，他常常誤認牠爲一塊泥土，其形酷似。山兔（hare）當跑向兔穴時憑藉顏色而隱蔽起來的事例是眾所熟知的；但這一原理對一個親緣密切近似的物種——家兔（rabbit）就部分地不適用了，因爲當牠跑向兔穴時，牠那向上翻捲的白尾就會引起獵人、無疑也會引起一切猛獸的注意。誰都不會懷疑棲息在白雪覆蓋地方的四足獸變爲白色，

㉟ 關於麝鼠，奥杜邦和巴克曼，《北美四足獸》（*The Quadrupeds of N. America*），一八四六年，一〇九頁。

乃是爲了保護自己免受敵方的危害，或者有利於牠們潛近所要捕食的動物。在容易化雪的地方，白色的毛皮將會有害；因而在世界上較熱的地區，白色物種是極其罕見的。值得注意的是，棲息在不甚寒冷地方的許多四足獸雖然沒有白色的冬季毛皮，但在這一季節其毛皮顏色卻變得較淡；顯然這是牠們長期暴露於其中的外界條件所造成的直接結果。帕拉斯述說㊱，在西伯利亞，狼、鼬屬（Mustela）的兩個物種，家馬、野驢（*Equus hemionus*）*、家牛，印度羚的兩個物種、麝、麅（roe）、駝鹿、馴鹿都會發生這種性質的顏色變化。例如麅其夏季皮毛是紅色的，而冬季皮毛則是灰白色的，當這種動物漫遊於那些點綴著白雪和嚴霜的無葉灌木叢中時，那種灰白色對牠們也許可以發揮一種保護作用。如果上述動物擴展其棲息範圍而達到永久覆蓋冰雪的地方，那麼透過自然選擇牠們的淡色冬季皮毛大概會變得越來越白，直到白得似雪爲止。

里科斯（Reeks）先生給我的一個奇妙事例表明，一種動物由於具有獨特顏色而得到了利益。他在一個有圍牆大園內養了五六十隻褐白雜色的家兔；同時在他的家裡還養著一些同樣顏色的貓。正如我常常注意到的那樣，這種貓在日間是很顯眼的，但牠們慣於在黃昏時刻臥守於兔穴之口，而那些家兔顯然不能把牠們與其雜色弟兄分別開來。其結果便是，每一隻這樣雜色的家兔在十八個月內全被滅絕；而且有證據表明這都是那些貓幹的。顏色對另一種動物——臭鼬似乎也是有助益的，

㊱《關於四足獸的新種》，一七七八年，七頁。我所謂的麅（roe）就是帕拉斯命名的 *Capreolus sibiricus subecaudatus*。

* 產於西藏、青海以及蒙古等處，或謂即驢之原種，體高達四尺，毛色概灰帶赤、或栗色，背部中脊有黑紋一條，體下白色。幼驢毛色黃中帶赤，與棲處之砂質色相合。——譯者注

其方式正如其他動物綱中許多事例所表現的那樣。當這種動物激怒時，便會散發出可怕的氣味，所以沒有一種動物會自願地攻擊牠；但在黃昏時就不容易把牠辨識出來，因而可能受到猛獸的攻擊。這樣，正如貝爾特（Belt）先生[37]所相信的那樣，臭鼬便有一條白色的蓬鬆大尾巴，作為一種容易引起注意的警告。

雖然我們必須承認許多四足獸獲得牠們現在那樣的顏色，或是為了保護自己，或是為了有助於捕食其他動物，但是，還有大量的物種，其色彩太顯眼了，而且顏色的排列也太奇特了，以致不能允許我們去設想牠們可用於這等目的。我們可以用某些羚羊的情況來做例證；當我們看到喉部的正方形白色塊斑、蹄部後上方叢毛的白色標誌以及雙耳的黑色圓形點斑，在大羚羊（*Portax picta*）的雄性方面均比在其雌性方面更為明顯——當我們看到德比大角斑羚（*Oreas derbyanus*）的雄性比雌性的顏色更為鮮豔活潑，而且肋部的狹白線和肩部的寬白斑更為明顯——當我們看到具有奇妙裝飾

圖70　林羚（*Tragelaphus scriptus*）的雄性
（引自諾斯雷動物園）

---

[37] 《博物學家在尼加拉瓜》，二四九頁。

的一種林羚（圖70）雌雄二者之間的相似差異，——我們無法相信這種種差異對雌雄任何一方在其日常生活習性方面有什麼用處。更可能的結論似乎是：各種不同的斑紋最初是由雄性獲得的，其顏色透過性選擇而被加強，然後部分地傳遞給雌性。如果承認這一觀點，毫無疑問的是，許多其他羚羊的同等奇特的顏色和斑紋，雖為雌雄雙方所共有，卻是按照同樣的方式而被獲得和傳遞的。例如，庫杜撚角羚（*Strepsiceros kudu*，圖64）雌雄二者在其後肋均有狹窄的垂直白線，而且在其前額均有優雅的角形白色斑紋。南非達瑪利斯羚屬（Damalis）雌雄二者的顏色都很奇特；白臀達瑪利斯羚（*D. pygarga*）的背部和頸部呈紫白色，到兩肋逐漸變為黑色；這等顏色與其白腹和臀部的一大塊白斑截然分明；其頭部的顏色還更奇特，有一塊鑲著黑邊的橢圓形白斑遮蓋面部直達雙眼（圖71），在前額還有三條白紋，雙耳也有白色的標誌。這個物種的幼羚通身均呈淡黃褐色。白耳達瑪利斯羚（*Damalis albifrons*）的頭部與前一個物的頭部有所不同，前者頭部只有一條白紋，而不是三條白紋，並且牠的雙耳幾乎是完全白色的。[38]在我盡力研究了所有各綱動物的性差異之後，我不能不做出如下結論：許多羚羊的排列奇妙

圖71　白臀達瑪利斯羚（*Damalis pygarga*），雄性（引自諾斯雷動物園）

[38] 參閱史密斯《南非動物學》及格雷博士的《諾斯雷動物園訪問記》二書中的精美圖版。

的顏色，雖爲雌雄雙方所共有，卻是最初應用於雄性的性選擇之結果。

同一結論也許可以引申到虎，這是世界上最美麗的動物，但其雌雄二者無法從顏色方面加以區別，即使野獸商人也不能做到這一點。華萊士先生相信，[39]虎的條紋皮毛「與竹子的挺直莖幹如此諧調一致，以致可以幫助牠們隱蔽起來去接近所要捕食的動物」。但是，在我看來，這一觀點恐難令人滿意。我們有某種微小的證據可以證明虎的顏色可能是由性選擇所致，因爲貓屬（*Felis*）有兩個物種，其彼此相似的斑紋和顏色在雄性方面均比在雌性方面更爲鮮明。斑馬的條紋是容易引起注目的，而且在開闊的南非平原上這等條紋不能提供任何保護。伯切爾（Burchell）[40]在描述斑馬群時說道：「牠們柔滑發亮的肋部在日光中閃耀，牠們鮮明的、整齊的條紋皮毛呈現了一幅非常美麗的圖畫，大概沒有任何四足獸可以勝過牠們。」但在整個馬科（Equidae）中，雌雄二者的顏色是完全一致的，所以在這裡我們還沒有掌握性選擇的證據。儘管如此，這位曾把各種羚羊肋部的白色和暗色分隔號紋歸因於性選擇作用的人，大概還會把同樣的觀點引申到獸中之王——虎以及美麗斑馬的。

我們在前一章已經看到，屬於任何綱的幼小動物所遵循的生活習性，如果與其雙親的生活習性差不多相同，但其顏色卻有差異，那麼可以推論這等幼小動物保持了某一滅絕了的古老祖先的顏色。在豬族以及貘族中，幼仔具有縱條紋，這與這兩個類群的一切現存的成年物種均有差異。許多種類的幼鹿具有優雅的白色斑點，而其雙親卻一點沒有表現這種痕跡。從斑鹿——其雌雄二

---

[39]《威斯敏特評論》，一八六七年七月一日，五頁。

[40]《南非遊記》，第二卷，一八二四年，三一五頁。

者在一切年齡和一切季節都具有美麗斑點（雄性比雌性的顏色更強烈），到無論老鹿和幼鹿均不具有斑點的物種可以找出一條逐漸的系列。我將舉出這個系列中的一些等級。滿洲鹿（*Cervus mantchuricus*）全年均具白色斑點，但我在倫敦動物園裡看到，在夏季其斑點就比在冬季淡得多，其一般的夏季皮毛顏色也較淡，而一般的冬季皮毛顏色就較深，而且雙角也充分發達。豚鹿（*Hyelaphus porcinus*）的斑點在夏季極其顯著，那時牠的皮毛呈赤褐色，但在冬季牠的斑點就完全消失，那時牠的皮毛則呈褐色。㊶這兩個物種的幼鹿均具斑點。幼維吉尼亞鹿同樣也有斑點，凱頓告訴我說，在他的園囿中約有百分之五的這種成年鹿當紅色夏季皮毛由帶藍色的冬季皮毛所代替時，在其雙肋便暫時地各現一行斑點，這兩行斑點的清晰度雖有變異，但其數目卻永遠是一樣的。從這種狀態到成年鹿在一切季節中均不具斑點者，相距不過很小的一步；最後則到達在一切年齡和一切季節中均不具有斑點的狀態，有如某些物種所發生的那樣。根據這一完整系列的存在，尤其是根據如此眾多物種的幼鹿均具斑點，我們便可斷言鹿科現存的成員乃是某一古代物種的後裔，這個物種就像斑鹿那樣地在一切年齡和一切季節中均具斑點。牠們更早的一個古代祖先大概與西非鹿（*Hyomoschus aquaticus*）多少相似，因爲這種動物具有斑點，而且無角雄性具有可以發揮作用的大型犬齒，現在還有少數眞正的鹿保持著犬齒殘跡。西非鹿也是一個類型把兩個類群聯結在一起的有趣事例之一，因爲牠在某些骨骼性狀上介乎厚皮類（pachyderms）和反芻類之間，而以前卻認爲

㊶ 格雷博士，《諾斯雷動物園訪問記》，六十四頁。布賴茨在談到錫蘭豚鹿（hog-deer）時說道，在換角季節牠的白色斑點比普通豬鹿的白色斑點更爲鮮明。

這兩類動物是截然相異的。[42]

於是在這裡產生了一個奇難的問題。如果我們承認有色的斑點最初是作爲裝飾物而被獲得的，那麼如此眾多的現存鹿——本來具有斑點的動物之後裔以及豬和貘的所有物種——本來具有條紋的動物之後裔，怎麼會在成熟狀況下失去了其以往的裝飾物？我還不能令人滿意地回答這個問題。我們幾乎可以肯定的是，現存物種的祖先在成熟期或接近成熟期失去了斑點和條紋，所以幼仔依然保持著牠們；而且，由於在相應年齡遺傳的法則，這等斑點和條紋傳遞給此後各代的幼仔。由於獅和美洲獅的生息地是開闊的，所以條紋的消失可能對牠們有重大利益，這樣便可不易爲獵物所見；如果達到了這一目的的連續變異發生於生命的較晚時期，那麼幼仔大概還會保持其條紋，現在的情況正是如此。弗里茨·米勒（Fritz Müller）向我提出，關於鹿、豬和貘，透過自然選擇而去掉其斑點或條紋，牠們大概就不易被敵者所見；並且食肉動物在第三紀體格增大，數量增多的時候，牠們大概特需要這種保護。這也許是正確的解釋，但幼仔沒有受到這樣的保護就頗爲奇怪了，而且更加奇怪的是，有些物種的成年動物卻在每年的一部分時期局部地或者完全地保持了牠們的斑點。我們知道，當家驢發生變異並且變爲赤褐色、灰色或黑色時，其肩部、甚至脊部的條紋常常消失，雖然我們還不能說明其原因。在身體任何部分均具條紋的馬，除暗褐色者以外，爲數很少，然而我們有良好的理由可以相信原始馬在其腿部、脊部、大概也在肩部均具條紋。[43]因此，在現存的成年的鹿、

---

[42] 福爾克納（Falconer）和考特雷（Cautley），《地質學會會報》（*Proc. Geolog. Soc.*），一八四三年；以及福爾克納的《古生物學論文集》（*Pal. Memoirs*），第一卷，一九六頁。

[43] 《動物和植物在家養下的變異》，第一卷，一八六八年，六十一—六十四頁。

豬和貘中，其斑點和條紋的消失可能是由於一般的皮毛顏色發生了變化；但這種變化究竟是由於性選擇或自然選擇的作用，還是由於生活條件的直接作用，抑或由於某種其他未知的原因，還不可能決定。斯克萊特先生所做的一個觀察很好地示明了我們對於那些支配條紋的出現和消失的法則乃一無所知；棲息在亞洲大陸的驢屬（Asinus）一些物種均不具條紋，甚至連肩部的橫條紋也沒有，而棲息在非洲的那些物種則具有顯著的條紋，但紋驢（*A. taeniopus*）這個物種是一個局部的例外，牠只有肩部橫條紋，一般在腿部還有一些模糊不清的帶斑；這個物種所棲息的地帶幾乎介於上埃及（Upper Egypt）和衣索比亞之間。㊹

四手類

當做出結論之前，先稍微談一談猿猴類的裝飾物將是有益的。在大多數物種中，其雌雄二者在顏色方面彼此相似，但在某些物種中，就像我們已經看到的那樣，雄性與雌性有所差異，尤其是在皮膚無毛部分的顏色方面、在頷毛、頰鬚和鬃毛方面更加如此。許多物種的顏色如此特殊或者如此美麗，而且

圖72　赤瘦猴（*Semnopithecus rubicundus*）〔本圖及以下各圖（引自熱爾韋茲）示明頭毛奇特的排列和發育〕

㊹《動物學會會報》，一八六二年，一六四頁。再參閱哈特曼（Hartmann）的文章，見《農業年鑑》（*Ann. d.Landw.*），第四三冊，二二二頁。

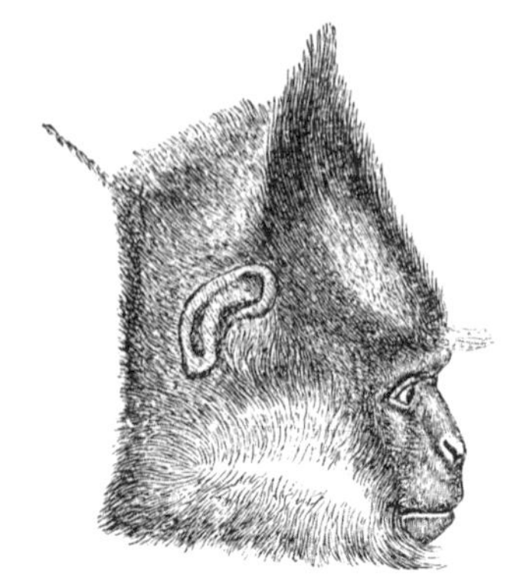

圖73　怒髮瘦猴（*Semnopithecus comatus*）的頭部

圖74　白喉捲尾猴（*Cebus capucinus*）的頭部

圖75　蜘蛛猴（*Ateles marginatus*）的頭部

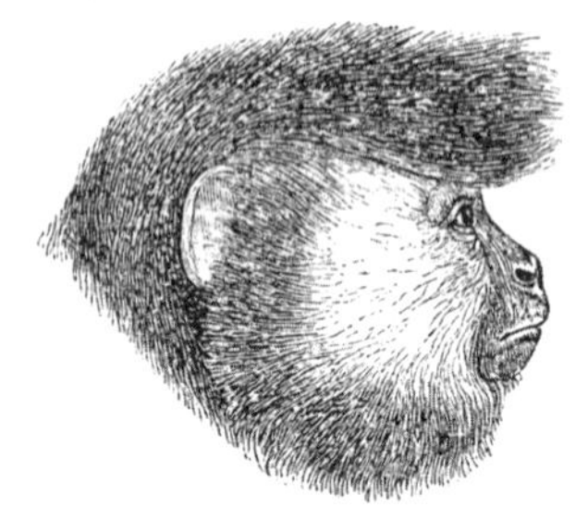

圖76　長毛捲尾猴（*Cebus vellerosus*）的頭部

具有如此奇妙而漂亮的冠毛，以致我們不能不把這等性狀的獲得視為用做裝飾。附圖（圖72至圖76）示明幾個物種的面毛和頭毛的排列情形。要說這等冠毛以及毛和皮的對照強烈的顏色僅僅是變異的結果，而沒有選擇作用的幫助，幾乎是不可想像的；而且，要說這等性狀在任何日常生活方面對這等動物有什麼用處也是不可想像的。如果這樣說法不錯，那麼這等性狀大概是透過性選擇而獲得的，雖然牠們同等地或者幾乎同等地傳遞給了雌雄雙方。關於許多四手類動物，我們還有另外的證據可以證明性選擇在以下各方面的作用：如雄性比雌性的體格較大、體力較強而且犬齒較發達。

舉出少數事例就足以說明有些物種雌雄二者的奇異顏色以及其他物種的美麗。長尾猴（*Cercopithecus petaurista*，圖77）的面部是黑色的，頰鬚和頷毛是白色的，牠的鼻部具有一個界限分明的圓形白色斑點，其上蔽以白色短毛，使得這種動物的外貌差不多是滑稽可笑的。額斑猴（*Semnopithecus frontatus*）的面部也是稍帶黑色的，而且還有黑色的長頷毛，在其青白色前額上有一個無毛的大斑點。多毛獼猴（*Macacus lasiotus*）的面部呈不鮮明的肉色，而且在其雙頰各有一個界限分明的紅色斑點。埃及南部白眉猿（*Cercocebus aethiops*）的外貌是滑稽可笑的，牠具有黑色的面部、白色的頰鬚和頸毛以及栗色的頭部，在兩個眼瞼上各有一個無毛的大型白色斑點。很多物種的頷毛、頰鬚以及面部周圍的冠毛與其餘頭部的顏色是不同的，如果不同，牠們的色澤總較淡，[45]常常是白色的，

圖77　長尾猴（*Cercopithecus petaurista*）（引自布雷姆）

㊺ 我在倫敦動物園曾見過這種情況，在聖伊萊爾和居維葉的《哺乳動物志》的彩色圖版中也可看到許多這種情形。

有時是亮黃的或者是微紅的。南美短尾猴（*Brachyurus calvus*）的整個面部均呈燦爛的猩紅色，但不到這種動物接近成熟時，不會出現這種顏色。㊻各個不同物種的面部裸皮在顏色上差異非常之大。它常常呈褐色或肉色，局部呈白色，而且也常常呈黑色，有如最黑的黑人面色一般。禿頂猴的猩紅色面部比含羞的高加索少女的面部更爲鮮豔。有的面部呈橘黃色，比任何蒙古人的面部黃色更加明顯，有幾個物種的面部呈青色，亦有呈紫羅蘭色或灰色者。在巴特利特先生所知道的一切物種中，凡是成年雌雄二者的面部呈濃色時，在其早年的幼小時期，這等顏色則是暗淡的，或竟不具顏色。西非山魈和恆河猴的情況也是如此，其面部和臀部具有鮮豔顏色者只是雌雄中的一方。在後述這等情況中，我們有理由相信這等顏色是透過性選擇而被獲得的；我們自然地便被引導把同樣的觀點引申到上述物種，雖然其雌雄二者在成年時的面部具有同樣的顏色。

雖然許多種類的猴按照我們的趣味來看，遠遠不是美麗的，但另外有些物種由於牠們的漂亮外貌和鮮豔顏色普遍地受到了稱讚。眉線瘦猴（*Semnopithecus nemoeus*）的顏色雖然奇特，卻被描寫得非常之美；其橘黃色面部繞以具有光澤的白色長頰鬚，在雙眉之上各有一條栗紅色的線；背部皮毛呈雅致的灰色，腰部各有一塊方斑，尾部和前臂是純白的；胸部覆蓋著栗色的皮毛；大腿爲黑色，小腿爲栗紅色。我只再談一談另外兩種猴的美；我之所以選用牠們是因爲牠們在顏色方面表現了輕微的性差異，這就在某種程度上可能說明其雌雄二者的漂亮外貌是由於性選擇所致。髭猴皮毛的一般顏色爲帶有斑駁的微綠色，喉部爲白色；其雄性的尾端爲栗色，但其面部則係最富裝飾的部分，面皮主要呈微帶青色的灰色，至雙眼下方逐漸變爲微黑色，上唇呈優雅的青色，下唇邊有一條

㊻ 貝茨，《亞馬遜河上的博物學者》，第二卷，一八六三年，三一〇頁。

圖78　白鬚長尾猴（*Cercopithecus diana*）（引自布雷姆）

稀疏的黑髭，頰鬚爲橘黃色，其上部則呈黑色，向後延伸到雙耳，形成一條帶形物，雙耳則覆被著微白色的毛。在動物學會的動物園裡，我常常無意中聽到遊客們讚美另一種猴，牠可以名副其實地稱爲白鬚長尾猴（圖78）；其皮毛的一般顏色爲灰色；胸部和前腿內面呈白色；背的後部有一個界限分明的大三角形塊斑，呈鮮豔的栗色；雄性大腿的內面及其腹部爲優雅的淺黃褐色，而且頭頂呈黑色；面部和雙耳爲濃黑色；與其雙眉上方的橫向叢毛和白色長頷毛形成了優美的對照，頷毛的基部則呈黑色。㊼

在這等猴以及許多其他猴中，其顏色之美及其奇特的排列，尤其是頭部冠毛以及簇毛的各式各樣的優雅排列，迫使我不得不相信這等性狀完全是作爲裝飾物，透過性選擇而獲得的。

提要

爲了占有雌性而進行戰鬥的這一法則，看來是通行於整個的巨大哺乳綱的。大多數博物學者們

㊼ 我在動物學會的動物園中曾見到大部分上述猴類。關於眉線瘦猴的描述係引自馬丁的《哺乳動物志》，一八四一年，四六〇頁；再參閱四七五、五二三頁。

都承認雄性動物的較大的體格、體力、勇氣以及好鬥性，牠特有的進攻武器以及特有的防禦手段，都是透過我稱爲性選擇的那種方式而獲得或變異的。這並不決定於一般生存競爭中的任何優越性，而是決定於某一性別的某些個體、一般是雄性的某些個體成功地戰勝其他雄性，並比成功較小的雄性留下較大數量的、遺傳其優越性的後代。

還有另一種比較和平的競爭，在這種競爭中雄性盡力以各種不同的魅力去刺激或引誘雌性。在某些情況中這種競爭大概是由雄性在繁殖季節散發出強烈的氣味來進行的；散發氣味的腺體是透過性選擇而獲得的。與此相同的觀點是否可以引申到聲音，尚有疑問，因爲雄性發音器官的加強，一定是由於雄性在成熟時期受到了愛情、嫉妒或憤怒的強烈刺激而使用這等器官的緣故，因而這種特性只向雄性傳遞。各種不同的冠毛、簇毛和鬃毛或者僅限於雄性所有，或者在雄性方面比在雌性方面更爲發達，牠們在大多數情況中似乎僅僅是爲了裝飾，雖然有時也用做防禦雄性競爭對手的手段。甚至有理由來設想公鹿的枝角以及某些羚羊的漂亮雙角，雖然用做進攻的或防禦的武器，大概也是部分地爲了裝飾而發生變異的。

當雄性在顏色上不同於雌性時，雄性的色澤一般表現得較深而且對照較強烈。在哺乳綱中我們所看到的華麗的紅色、青色、黃色和綠色並不像在雄性鳥類和許多其他動物中那樣普遍。無論如何，某些四手類動物的無毛部分必須除外，因爲這等部分的位置往往是奇特的，而且在某些物種中，其顏色是鮮豔的。在其他情形中，雄性的顏色可能是單純地由於變異，而不借選擇之助。但是，如果其顏色是豐富多彩而且強烈顯著的，如果牠們不接近成熟時不會發展，而且，如果牠們在去勢以後就會消失，那麼我們簡直不得不做出如下結論：牠們是爲了裝飾透過性選擇而獲得的，而且完全地或者幾乎完全地只向同一性別傳遞。如果雌雄二者具有同樣的顏色，而且這等顏色是顯著的或者排列奇妙的，卻一點沒有作爲保護的明顯用途，尤其是如果牠們和各種不同的其他裝飾性附器結合在一起，那麼我們便可用類推方法做出同樣的結論，即：牠們是透過性選擇而獲得的，雖然它們是向雌雄雙方傳遞的。顯著而豐富多彩的顏色，不論是僅限於雄性所有或爲雌雄二者所共有，按照一般規則，在同一類群或同一亞類群中都是和用於戰爭或裝飾的其他第二性徵結合在一起的，如果我們回顧一下本章和前一章中所舉的各種不同事例，便可知道情況確係如此。

向雌雄雙方同等傳遞性狀的法則，僅就體色和其他裝飾物而言，通行於哺乳類遠比通行於鳥類更加廣泛；但是，諸如角、獠牙那樣的武器往往專向雄性傳遞，或者傳遞給雄性遠比傳遞給雌性更加完全。這是使人驚奇的，因爲雄性使用其武器來防禦一切種類的敵對者，所以這等武器對於雌性大概也是有用的。僅就我們所能知道的來看，雌性缺少這等武器只能根據通行的那種遺傳形式才能得到解釋。最後，在四足獸中同一性別的諸個體之間所進行的爭鬥，無論是和平的還是流血的，除了極罕見的例外，僅限於雄性才進行之；所以雄性透過性選擇發生變異者遠比雌性更加普遍，無論是在彼此之間的戰爭方面，還是在向異性進行引誘方面，均係如此。

雄蜂鳥之美幾乎可與極樂鳥相匹敵，凡是見過古爾德先生的佳作或其豐富採集品的人都會承認這一點。

第三部分　人類的性選擇及本書的結論

這裡所得到的主要結論是，人類起源於某種體制較低的類型，這一結論現在已得到了許多有正確判斷能力的博物學者們的支持。這一結論的根據絕不會動搖，因爲人類和較低等動物之間在胚胎發育方面的密切相似，以及它們在構造和體質——無論是高度重要的，還是最不重要的——的無數之點上的密切相似，還有，人類所保持的殘跡（退化）器官，它們不時發生畸形返祖的傾向，都是一些無可爭辯的事實。

第十九章　人類的第二性徵

人類男女之間的差異大於大多數四手類的性差異，但不及某些四手類，如西非山魈的性差異那麼大。男人平均比女人高得多、重得多、而且力量大得多，前者的雙肩較寬闊，肌肉也顯著地更發達。由於肌肉的發達與眉部的向前凸出存在著關聯[①]，所以男人的眉脊一般高於女人的。男人的體部，尤其是面部具有更多的毛，而且他的音調不同，更加強有力。在某些種族中，據說女人的膚色與男人的稍有差異。例如，施魏因富特（Schweinfurth）當談到居住在北緯數度的非洲腹地的蒙博托族（Monbuttoos）黑人婦女時說道：「她的皮膚比她丈夫的要淡幾個色調，有點呈半炒咖啡色，所有她這個種族都是如此。」[②]由於婦女在田裡勞動，而且不穿衣服，所以她們在膚色上與男人的差異不見得是由於暴露在日光中較少的緣故。歐洲婦女的膚色恐怕比男人的較鮮明，當男女雙方同等地暴露在日光中時即可明瞭這一點。

男人比女人勇敢、好戰、精力強，而且富有較高的發明稟賦。男人的腦絕對地大於女人的腦，但這是否與其較大的身體成比例，我相信還沒有得到充分的肯定。女人的面部較圓；兩顎和頭骨基

---

① 沙夫豪森，譯文見《人類學評論》，一八六八年十月，四一九，四二〇、四二七頁。

② 《非洲中心地帶》（*The Heart of Africa*），英譯本，第一卷，一八七三年，五四四頁。

部較小；體部輪廓較圓，有些部位較凸出；而且女人的骨盆比男人的寬闊③；但是，與其把後述這一性狀視爲第一性徵，莫如把它視爲第二性徵。她達到成熟的年齡比男人更早。

在所有各綱的動物中，雄性不到接近成熟時，其顯著不同的性狀不會充分發展，而且施行去勢之後，這等性狀即永不出現；在人類中亦復如此。例如，鬍鬚是一種第二性徵，男孩沒有鬍鬚，雖然在其幼小時頭髮很多。這大概由於在男人方面所發生的連續變異是在生命的很晚時期出現的，男人透過這等變異獲得了男性特徵，而這些特徵只向男性傳遞。男孩和女孩彼此密切相似，就像如此眾多的其他動物的雌雄幼仔彼此相似一樣，在這些動物中其成年的雌雄二者卻大有差別；同樣地，男孩和女孩與成熟女人的相似遠比與成熟男人的相似爲甚。然而，女人最終總要呈現某種明確不同的性狀，而且在其頭骨的構造上據說是介於兒童和男人之間的。④再者，親緣密切近似，但有所不同的物種，其幼仔之間的差異並不像成年動物之間的差異那樣大，人類不同種族的兒童也是如此。有些人甚至主張從嬰兒的頭骨不能找出種族的差異。⑤關於膚色，新降生的黑人嬰兒呈微紅的栗色，很快就變爲藍灰色；在蘇丹，嬰兒到一歲時其皮膚黑色才充分發達，在埃及，不到三歲這種黑色不會充分發達。黑人的眼睛在最初呈藍色，毛髮最初爲栗褐色，而不是黑色，只在髮端是捲曲的。澳大利亞人的兒童剛降生時呈黃褐色，但在以後的年齡中其膚色就變深了。巴拉圭的瓜拉尼族

③ 埃克（Ecker）譯文見《人類學評論》，一八六八年十月，三五一—三五六頁。男女頭骨形狀的比較，是由韋爾克爾（Welcker）非常仔細地做出的。

④ 埃克和韋爾克爾，同前雜誌，三五二，三五五頁；沃格特（Vogt），《人類講義》，英譯本，八十一頁。

⑤ 沙夫豪森，《人類學評論》，一八六八年十月，四二九頁。

（Guaranys）嬰兒呈白黃色，但在幾個星期後便獲得了其雙親的黃褐色。在美洲的其他部分所做的觀察也相似。⑥

我之所以列舉上述人類男女之間的差異，是因為他們與四手類的情況異常相似。在四手類中，雌性的成熟年齡早於雄性的，至少巴拉圭捲尾猴（*Cebus azaroe*）肯定如此。⑦大多數四手類物種的雄性比雌性身大力強，在這方面，大猩猩提供了一個眾所周知的事例。甚至像非常微小的一種性狀，如眉脊的凸出，某些猿猴類的雄性也不同於雌性，⑧這與人類的情況相符。在大猩猩以及某些其他猿猴類中，成年雄性的顱骨具有強烈顯著的矢形凸起（sagittal crest），而雌性卻沒有這種凸起；埃克發現澳洲人男女間也有與此相似的差異殘跡。⑨在猿猴類中，如果在叫聲方面存在任何差異，總是雄性的叫聲更加強有力。我們已經看到，某些雄猴具有十分發達的鬍鬚，而雌性卻完全沒有鬍鬚，或者其鬍鬚發育差得多。據知還沒有一個事例表明雌猴的鬍鬚、頰鬚和髭長於雄性的。甚

---

⑥ 普律內爾貝（Pruner-Bey）論黑人的嬰兒，沃格特引用，《人類講義》，一八六四年，一八九頁；關於黑人嬰兒的另外事實，引自溫特博頓和坎波爾的著述，參閱勞倫斯的《生理學講義》，一八二二年，四五一頁。關於瓜拉尼族的嬰兒，參閱倫格爾的《哺乳動物志》，三頁。再參閱戈德隆的《論物種》，第二卷，一八五九年，二五三頁。關於澳大利亞土人，參閱魏茨的《人類學概論》，英譯本，一八六三年，九十九頁。

⑦ 倫格爾，《哺乳動物志》，一八三〇年，四十九頁。

⑧ 關於爪哇猴（*Macacus cynomolgus*），見德馬雷的《哺乳動物學》，六十五頁；關於黑掌長臂猿，見聖伊萊爾和居維葉的《哺乳動物志》，第一卷，一八二四年，二頁。

⑨ 《人類學評論》，一八六八年十月，三五三頁。

至在鬍鬚的顏色方面，人類和四手類之間也異常相似，人類的鬍鬚如果與頭髮的顏色有所差異，正如通常所見到的那樣，幾乎總是鬍鬚的顏色較淡，而且常常呈現微紅色。我在英格蘭曾反覆對此做過觀察；但有兩位先生最近給我寫信說，他們是例外。其中一位先生說，其原因在於他家庭中父系和母系的髮色迥然不同。此二人早已覺察到這一特點（其中一人常被指責把鬍鬚染了），因而被引導去觀察別人，他們終於相信這等例外是很罕見的。胡克博士在俄國爲我注意觀察過這個問題，發現沒有一個例外。在加爾各答，植物園的斯科特先生非常熱心地爲我觀察了當地以及印度一些其他地方的許多種族，即：錫金的兩個種族、波達人（Bhoteas）、印度人、緬甸人和中國人，大多數這些種族的面毛都很稀少；他總是發現，如果頭髮和鬍鬚在顏色方面有任何差異的話，一定是鬍鬚的顏色較淡。那麼，關於猿猴類，如上所述，牠們的鬍鬚和頭髮在顏色上往往差異顯著，在這等情況中，總是鬍鬚的顏色較淡，常呈純白色，有時呈黃色或微紅色。[10]

就一般體毛而言，都是女人的毛比男人的毛較少；在少數某些四手類中，雌猴身體底面的毛比雄猴這一部分的毛爲少。[11]最後，雄猴就像男人那樣，比雌猴更勇敢而且更兇猛。牠們領導猴群，

---

⑩ 布賴茨告訴我說，關於猴子的鬍鬚和頰鬚在年老時變白，他只見過一個事例，但人類通常皆如是。在檻中飼養的一隻老年爪哇猴的鬍鬚變白，牠的唇鬚「非常之長，與人類的相似」。這隻老猴與歐洲的一個在位君主非常相似，普通竟以這個君主的名稱作爲這隻猴子的綽號。人類某些種族的頭髮從不變成灰白色，例如福布斯告訴我說，他從未看見過南美的艾馬拉人（Aymaras）和克丘亞人（Quichuas）的頭髮變成灰色的。

⑪ 這是關於長臂猿幾個物種的雌性的例子，參閱聖伊萊爾和居維葉的《哺乳動物志》，第一卷。關於白掌長臂猿（*H. lar.*），再參閱《佩尼百科詞典》（*Penny Cyclopedia*），第二卷，一四九、一五〇頁。

遇有危險，則勇往直前。由此我們便可知道，人類和四手類的性差異是何等密切相似。然而，少數某些物種，如某些狒狒、猩猩以及大猩猩的性差異要比人類的大得多，犬齒的大小、毛的發達及其顏色，尤其是裸皮的顏色，都是如此。

人類的一切第二性徵都是高度容易變異的，甚至在同一種族的範圍內也是如此；而若干種族的第二性徵則差別很大。這兩條規則一般在整個動物界中都是適用的。在諾瓦拉（Novara）船上所做的精密觀察表明，[12]澳大利亞人的男子僅高於女子六十五毫米，而爪哇人的男子卻高於女子二百一十八毫米；因此，後一種族的男女身高之差高出澳大利亞人三倍以上。關於身長、頸圍、胸圍、脊骨長度以及雙臂長度，在各個不同種族中進行了大量的精細測量；幾乎所有這些測量結果都表明，男人彼此的差異要比女人的大得多。這一事實示明，僅就這等性狀而言，自若干種族從其共同祖先分歧以來，主要發生變異的正是雄性。

不同種族的，甚至同一種族不同部落或家族的男人，在鬍鬚以及體毛的發育方面均有顯著差異。我們歐洲人看看自己就可知道這一點了。按照馬丁的資料[13]，在聖基爾達島（St. Kilda），男人不到三十歲或三十歲以上不長鬍鬚，甚至在這時候他們的鬍鬚也很稀疏。在歐亞大陸，直到越過印度以西，各個種族男人的鬍鬚都很旺盛；但錫蘭土人卻往往不長鬍鬚，狄奧多羅（Diodorus）

---

⑫ 這個結果是由魏斯巴赫（Weisback）教授根據舍策爾（Scherzer）和施瓦茨（Schwartz）兩位教授所做的測計推算出來的，參閱《諾瓦拉遊記》；《人類學評論》，一八六七年，二一六、二三一、二三四、二三六、二三九、二六九頁。

⑬《聖基爾塔航行記》（*Voyage to st. kilda*），第三版，一七五三年，三十七頁。

在古代已經注意到這一點。⑭印度以東的各個種族，如暹羅人、馬來人、蒙古人（Kalmucks）、中國人以及日本人則鬍鬚稀疏，儘管如此，在日本列島最北方居住的蝦夷人（Ainos）⑮卻是世界上最多毛的人。非洲黑人甚少鬍鬚或無鬍鬚，而且具有頰鬚者也很少；男女雙方的體部幾乎連細毛也沒有。⑯相反，馬來群島的巴布亞人雖和黑人差不多一樣黑，卻有十分發達的鬍鬚。⑰太平洋上斐濟群島（Fiji Archipelago）的居民都有濃厚的大鬍鬚，但其附近東加（Tonga）群島和薩摩亞（Samoa）群島的居民就不長鬍鬚；不過他們屬於不同的種族。在艾理斯（Ellice）群島，所有居民都屬於同一種族，然而只有一個島，即努內瑪亞島（Nunemaya）的「男人生有漂亮的鬍鬚，而其餘各島男人的鬍鬚照例也不過是十幾根零亂的毛而已」。⑱

在整個美洲大陸上居住的土人可說都不長鬍鬚，但幾乎所有部落的男人都有在面部生長少數幾根短毛的傾向，特別是老年人尤其如此。在北美的諸部落中，凱特林（Catlin）估計二十個男人中就有十八個生來就完全不長鬍鬚；間或可以看到一個男人，如果在青春期忘了拔鬍鬚的話，也會有

---

⑭ 坦南特爵士，《錫蘭》（*Ceylon*）。

⑮ 考垂費什，《科學報告評論》，一八六八年八月二九日，六三〇頁。沃格特，《人類講義》，英譯本，一二七頁。

⑯ 關於黑人的鬍鬚，沃格特，《人類講義》，一二七頁；魏茨，《人類學概論》，英譯本，第一卷，一八六二年，九十六頁。值得注意的是，美國的純種黑人及其混血兒後代的體毛之多似乎與歐洲人差不多一樣（見《關於美國士兵的軍事學和人類學的統計之研究》，一八六九年，五六九頁）。

⑰ 華萊士，《馬來群島》，第二卷，一八六九年，一七八頁。

⑱ 伯納德·戴維斯論大洋洲的種族，《人類學評論》，一八七〇年四月，一八五、一九一頁。

一至二英寸長的柔軟鬍鬚。巴拉圭的瓜拉尼族和所有周圍的部落不同，具有短鬍鬚，甚至在體部也長些毛，但沒有頰鬚。⑲福布斯先生特別注意過這個問題，他告訴我說，科迪耶拉（Cordillera）的艾馬拉人和克丘亞人都是顯著無毛的，但到了老年偶爾也會在下巴上長出少數幾根零亂的毛。這兩個部落的人在歐洲人茂密長毛的那些身體部位，卻只長很少的毛，而女人在相應的部位則無毛。而他們男女的頭髮卻特別長，往往幾乎觸及地面；有些北美部落的人也是如此。就毛的數量和身體的一般形狀而言，美洲土人男女之間的差異並不像大多數其他種族那樣大。⑳這一事實與親緣密切近似的猴類之間的情況是相似的；例如黑猩猩雌雄二者之間的差異就不像猩猩或大猩猩雌雄二者之間的差異那樣大。㉑

在以上數章裡我們已經看到，有各種理由可以相信哺乳類、鳥類、魚類、昆蟲類等等的許多性狀最初是由某一性透過性選擇而被獲得的，然後又傳遞給另一性。由於這種同樣的傳遞形式顯然也非常通用於人類，所以當我們討論爲雄性所特有的性狀以及爲雌雄二者所共有的某些其他性狀之起

---

⑲ 凱特林，《北美的印第安人》（*North American Indians*），第一卷，第三版，一八四二年，二二七頁。關於瓜拉尼族，阿扎拉（Azara）《南美航遊記》，第二卷，一八〇九年，五十八頁；還有，倫格爾，《巴拉圭的哺乳動物》（*Säugethiere von Paraguay*），三頁。

⑳ 阿加西斯教授說美洲男女之間的差別小於黑人之間的以及高等種族之間的差別，見《巴西紀遊》（*Journey in Brazil*），五三〇頁；關於瓜拉尼族，再參閱倫格爾的上述著作，三頁。

㉑ 呂蒂邁爾（Rütimeyer）《動物界的邊際：用達爾文學說進行的觀察》（*Die Grenzen der Thierwelt: eine Betrachtung zu Darwin's Lehre*），一八六八年，五十四頁。

源時，將會省去無用的重複。

戰鬥的法則

關於未開化人，例如澳洲土人，婦女是同一部落諸成員之間以及不同部落之間進行戰鬥的一個經常原因。在古代無疑也是如此；「希臘以前，戰爭的原因就是爲可憎的女子」。關於某些北美印第安人，他們的這種爭鬥已成爲一種制度。優秀的觀察家赫恩（Hearne）說[22]：「男人強奪他們所愛慕的女人，已成爲這等民族的風俗；當然，總是最強的一夥得勝。一個軟弱的男人除非是一個良好的獵手而且十分可愛，很少能保住自己的妻子而不被較強者奪去。這種風俗通行於所有部落，並且鼓舞著青年們的競爭精神，他們從小就利用一切機會參加搶婚，練武習藝。」阿扎拉說，南美瓜納人（Guanas）的男子不到二十歲以上很少娶妻，因爲在二十歲以前他們不能戰勝其對手。

還可以舉出其他相似的例子；但是，即使沒有關於這一問題的證據，根據高等四手類的情況來類推[23]，我們差不多也可以肯定戰鬥的法則在人類的早期發展階段是通行的。人類今天還偶爾生長犬齒，超出其他諸齒之上，下顎也偶爾會出現容納上顎犬齒的虛位痕跡，這種情況完全可能是返

㉒《從威爾斯親王要塞出發的旅行記》（*A Journey from Prince of Wales*）第八版，都柏林（Dublin），一七九六年，一○四頁。盧伯克爵士提供一些北美的相似事例，見《文化的起源》，一八七○年，六十九頁。關於南美的瓜納族（Guanas），參閱阿扎拉的《航遊記》，第二卷，九十四頁。

㉓關於雄大猩猩的爭鬥，參閱薩維奇的文章，見《波士頓博物學雜誌》，第五卷，一八四七年，四二三頁。關於長尾葉猴（*Presbytis entellus*），參閱《印度大地》（*Indian Field*），一八五九年，一四六頁。

歸往昔狀態的一個例子，那時人類的祖先還具有這等武器，就像如此眾多的現存雄性四手類那樣。在前一章已經提到，當人類逐漸變得直立並且不斷地使用手和臂拿木棍和石頭來進行戰鬥以及從事其他生活活動時，他們使用顎和齒就會越來越少。於是上下顎及其肌肉透過不使用大概就要縮減，而牙齒透過尚未十分理解的生長相關原理和生長經濟原理大概也要縮減；因為我們隨處可以看到，凡是不起作用的部分都要縮小。透過這樣的步驟，人類男女的顎和齒的原始不相等性，最終就會消除。這一情況與許多雄性反芻動物的情況差不多是相似的，反芻動物的犬齒已縮小成僅僅是一種殘跡，或竟消失，這顯然是角的發達的結果。由於猩猩和大猩猩雌雄二者在頭骨方面的重大差異與其雄性巨大犬齒的發達存在著密切關係，所以我們可以推論，人類早期祖先的顎和齒的縮小一定會引起他們的面貌發生最顯著而有利的變化。

與女人比較起來，男人的體格較大、體力較強，而且雙肩較闊，肌肉較發達，身體輪廓較粗壯，更為勇敢，更為好鬥，所有這些主要都是來自其半人男性祖先的遺傳。然而，在人類長期的未開化期間，由於最強壯而且最勇敢的男人無論在一般生存鬥爭還是在奪妻鬥爭中均獲得成功，上述性狀大概會被保存下來，甚至會被增大；這種成功大概還會保證他們比其較劣的同伴留下大量的後代。男人最初獲得較強的體力大概不會是由於下述的遺傳效果所致，即男人為了自己和家庭的生計要比女人付出更強的勞動；因為，在所有未開化的民族中女人也要被迫勞動，其強度至少和男人的一樣。憑戰爭來占有婦女，在文明人中早已停止了；另一方面，按照一般規則，男人勢必比女人付出更強的勞動來維持其共同的生活，這樣，他們的較強體力大概會保持下來。

男女心理能力的差異

關於男女之間這種性質的差異，性選擇大概發揮了高度重要的作用。我知道有些作者懷疑任何這等差異是否經過遺傳而來的；但是，根據具有其他第二性徵的低於人類的動物來類推，上述情況至少是可能的。沒有人會爭論，公牛和母牛、公野豬和母野豬、公馬和母馬，在性情方面彼此之間都不相同，而且正如動物園管理員所熟知的那樣，大型猿類雌雄二者的性情也彼此不同。女人和男人的氣質似乎也不相同，這主要表現在她們較多的溫柔和較少的自私；甚至未開化人也是如此，在蒙戈・帕克所寫的《旅行記》的著名一節中以及在許多其他旅行者的敘事中均有這樣記載。女人由於她的母性本能，對其嬰兒把這等屬性發揚到極端的程度，所以她們把這等屬性擴展到同群之人是很可能的。男人是另外男人的競爭對手；喜歡爭勝，這就會引起野心，而野心非常容易發展成利己主義。後面這等屬性似乎是他所具有的天然的而且不幸是生來就有的權利。一般承認，女人所具有的直覺能力、迅速知覺的能力、恐怕還有模仿的能力，都比男人強得多；但是，至少有些這等官能乃是較低種族的特徵，因而也是過去文化較低狀態的特徵。

男女智力的主要差別在於男子無論幹什麼事，都比女人幹得好——無論需要深思、理性的，還是需要想像的，或者僅僅使用感覺和雙手的，都是如此。如果列出兩張表，載入在詩歌、繪畫、雕塑、音樂（包括作曲和演奏）、歷史、科學以及哲學諸方面的成就最傑出的男人和女人，每一門爲十名，即可看這兩個表將無法進行比較。高爾頓先生在其《遺傳的天才》那一著作中，對「平均離差法則」（law of the deviation from average）做過充分的說明，我們根據這一法則可以推論，如果男人在許多智力活動方面都優於女子，則男子的心理能力一定高於女子。

在人類的半人祖先中，以及在未開化人中，男人之間爲了占有女人進行了許多世代的鬥爭。

但是僅恃體大力強，很少能取勝，除非與勇敢、堅忍以及不撓的精力結合起來，才能奏效。關於社會性的動物，幼小的雄性在贏得一個雌性之前，勢必透過多次爭鬥，而且較老的雄性也勢必重新進行戰鬥才能保持住牠所占有的雌性。在人類的情況中，男人還勢必保衛其占有的女人及其子女不受所有種類的敵者爲害，同時還得爲大家的共同生存去狩獵。但是，爲了成功地避免敵害或向他們進攻，爲了捕獲野生動物，爲了製造武器，就需要較高的心理官能、即觀察、理解、發明或想像的幫助。這種種官能在男子成年期間不斷受到檢驗和淘汰；在這同一期間，這等智力透過使用進而得到加強。因此，按照常常提到的那一原理，我們可以預期這等智力至少傾向於在相應的男子成年期間主要向男性後代傳遞。

那麼，如果兩個男人進行競爭，或者一個男人與一個女人進行競爭，而且雙方所具有的每一種心理屬性都是同等完善的，那麼倘一方具有較高的精力、堅持力和勇氣，則這一方一般就會在各種事務中領先並占有優勢。㉔所以說他有天才——因爲一位大權威曾經宣稱，天才就是耐力；從這種意義來說，耐力就意味著不屈不撓的堅持。但這種對天才的見解恐怕還有不足之處；因爲，如果沒有想像和理解的較高能力，就不能在許多問題上得到卓越的成功。後面所說的這等官能以及前面所說的那些官能在人類中是透過性選擇——即透過敵對的雄性之間的鬥爭、而且部分地透過自然選擇——即透過在一般生存鬥爭中獲得成功而發達起來的；由於這兩種爭鬥都是在成熟期間進行的，所以，這一時期所獲的性狀傳遞給雄性後代的比傳遞雌性後代的更加充分。

㉔ 彌爾（Mill）說，「男人最勝過女人的，在於那些需要以獨立思考進行和若干千錘百煉的事情」，《女子的隸屬地位》（*The Subjection of Women*），一八六九年，一二二頁。此非精力和堅忍爲何？

這與下述觀點顯著符合，即，人類許多心理官能的變異和加強都是透過性選擇來完成的，第一，這等心理官能的大量變化顯然發生於青春期，㉕第二，閹人的這等心理官能終生處於劣勢。這樣，男人終於要變得優於女人。幸而性狀向雌雄雙方同等傳遞的法則通行於哺乳類；否則男人的心理稟賦可能遠遠高出女人之上，就像雄孔雀的裝飾性羽衣優於雌孔雀的那樣。

必須記住，雌雄任何一方在生命晚期獲得的性狀，都有在那一時期傳遞給同一性別的傾向，而在生命早期獲得的性狀則有傳遞給雌雄雙方的傾向，這雖然是一般規則，但並非永遠都能適用。如果這一規則永遠適用，我們便可斷言（但我已超出了我的討論範圍），男孩和女孩的早期教育的遺傳效果大概會同等地向男女雙方傳遞；所以男女雙方心理能力現今這樣的不相等並不會由於早期教育的相似過程而被抹去；而且這種不相等也不是由於早期的不相似教育而形成的。因此，要使女人達到男人同樣的標準，就應該在她們接近成年時鍛鍊其精力和堅忍精神，而且運用其理解力和想像力以達到最高水平；於是，她大概可以把這等屬性主要傳遞給其成年的女兒。然而，不是所有女人都能提高到這樣的水平，除非具有上述健全美德的女人在許多代中都能婚嫁，而且比其他女人生下數量較多子女。至於上面所說的體力，現今已用不到它去進行奪妻鬥爭了，這種選擇方式已成過去，但是，在男子成年期，他們一般還要進行劇烈的爭鬥以維持其本身和家族的生存；這就傾向於把他們的心理能力保持下來，甚至增強，其結局便形成了男女之間現今這樣的不相等性。㉖

㉕ 莫茲利（Maudsley），《精神和身體》（*Mind and Body*），三十一頁。

㉖ 沃格特做的一項觀察與這個問題有關，他說：「值得注意的一個情況是，男女之間關於腦殼的差異，隨著種族的發展而增加，所以歐洲男女在這方面的差異遠比黑人男女爲甚。韋爾克爾根據胡希克（Huschke）對黑人和德國人頭骨

聲音和音樂能力

在四手類的某些物種中，成年的雌雄二者之間在發音能力方面以及在發音器官的發達程度方面都有重大差異；人類似乎也從其早期祖先遺傳了這種差異。成年男人的聲帶約比女人和小孩的長三分之一，去勢對人類發生的效果和對低於人類的動物發生的效果一樣，因爲這種效果「抑制了甲狀腺的顯著生長，等等，而『聲帶』的延伸正與甲狀腺的生長相伴隨」。㉗關於男女之間這種差異的原因，我在前一章曾談到雄性在愛情、憤怒和嫉妒的激動下長期連續使用發音器官的可能效果，此外我還無可補充。按照鄧肯・吉布（Duncan Gibb）的說法，㉘聲音和喉頭的形狀在人類的不同種族中是不同的；但是，據說韃靼人、中國人等，其男人的聲音與女人的聲音不像大多數其他種族男女之間的這種差別那樣大。

歌唱和演奏音樂的能力及其愛好，雖然不是人類的一種性徵，卻不可置之不論。所有種類的動物發出的聲音雖有許多用途，但有一個強有力的事例可以說明，發音器官的最初使用及其完善化是與物種的繁殖有關聯的。昆蟲類以及某些少數蜘蛛類是最低等的動物，牠們故意地發出聲音；這種發音一般是藉助於構造美麗的摩擦發音器官來完成的，而這種器官往往只限於雄性所有。這樣發出

所做的測計，證實了他的上述說法。」但是，沃格特認爲對這個問題還需要進行更多的觀察（《人類講義》，英譯本，一八六四年，八十一頁）。

㉗ 歐文，《脊椎動物解剖學》，第三卷，六〇八頁。

㉘ 《人類學學會會刊》（*Journal of the Anthropolog. Soc.*），一八六九年四月，五十七、五十八頁。

的聲音是由有節奏地反覆同一音調構成的㉙，我相信在所有情況中都是如此；這種音調有時甚至使人類感到悅耳。其主要的、在某些情況中唯一的目的在於召喚或魅惑異性。

據說在某些情況中只有雄魚在繁殖季節才發出聲音。一切呼吸空氣的脊椎動物均需具有一種吸入和呼出空氣的器官，同時還需具有一根在一端可以關閉的氣管。因此，當這一綱的原始成員強烈激動時，牠們的肌肉就要劇烈收縮，毫無目的的聲音幾乎肯定會由此發生；這等聲音如果被證明在任何方面有所作用，由於完全適應的變異得到保存，它們大概就會容易地被改變或加強。呼吸空氣的最低等動物爲兩棲類；在這類動物中，蛙類和蟾蜍類都有發音器官，在繁殖季節牠們不斷地使用這等器官，而雄性的發音器官往往比雌性的更加高度發達。在龜類中只有雄性才能發音，而且僅在求偶季節如此。雄鱷魚在求偶季節也吼叫。眾所周知，鳥類把牠們的發音器官用做求偶手段的是何等之多；而且有些物種還會演奏所謂的器樂。

在這裡我們特別關心的是哺乳類，在這一類動物中，幾乎所有物種的雄性在繁殖季節比在任何其他時期更加常常使用牠們的聲音；有些物種除在這一季節外絕不發音。另外有些物種，其雌雄二者或只是雌性使用牠們的聲音作爲求偶的召喚。鑒於這等事實，以及某些雄性四足獸的發音器官在繁殖季中永久地或暫時地比雌性的發音器官更加發達得多；同時鑒於在大多數較低等的動物綱中，雄性的發音不僅用來召喚雌性而且用來刺激或魅惑雌性，那麼，要說我們至今還沒有掌握任何良好的證據來闡明雄性哺乳動物使用這等器官來魅惑雌性，那就眞是一件怪事了。美洲卡拉亞吼猴

㉙ 斯卡德（Scudder），《關於摩擦發音的紀錄》（Notes on Stridulation），見《波士頓博物學會會報》，第十一卷，一八六八年，四月。

恐怕是一個例外，與人類近似的黑掌長臂猿也是如此。這種長臂猿的聲音極高，不過好聽。沃特豪斯（Waterhouse）說[30]，「其音階的上下之差永遠正好是半音；我確信其最高音至最低音恰爲八音度。音調非常悅耳；除了牠的聲音過高外，我不懷疑一位好提琴家大概能夠正確地奏出長臂猿所做的曲調」。然後沃特豪斯記出其音符。歐文教授是一位音樂家，他證實了以上的敘述，並且說道，「在野生的哺乳動物中只有長臂猿可稱爲能歌唱」，但這種說法是錯誤的。牠們在歌唱之後，似乎非常激動。不幸的是，在自然狀況下從來沒有對牠的習性進行過觀察，但從其他動物來類推，牠在求偶季節格外運用其音樂能力。

在能歌會唱的屬中，這種長臂猿不是唯一的物種，因爲我的兒子法蘭西斯・達爾文（Francis Darwin）在倫敦動物園中用心地聽過銀灰長臂猿（*H. leuciscus*）的歌唱，這個樂章由三種音調組成，其音程眞正是音樂的，而且具有清楚的音樂調子。還有更爲奇怪的事情，某些齧齒類會發出音樂的聲音。常常提到有能歌唱的鼠，而且被展覽過，不過一般猜測這是欺騙。然而，我們終於得到了著名觀察家洛克伍德（Lockwood）牧師[31]對一個美洲物種的音樂能力所做的清楚記載，這個物種就是西洋鼠（*Hesperomys cognatus*），屬於和英國鼠不同的一個屬。這個小動物養於拘禁之中，反覆地聽到牠的演奏。牠演奏的有兩支主要歌子，在其中的一支歌子中，「最後一小節屢屢延長爲兩三個小節；牠有時把C高音和D音變爲C本位音和D音，然後用柔和的顫音唱出這兩個音調，片刻之後，以快速的C高音和D音來做結束。其半音之間的界限有時是很明顯的，而且善聽之耳容易加

㉚ 見馬丁的《哺乳動物志大綱》，一八四一年，四三二頁；歐文，《脊椎動物解剖學》，第三卷，六〇〇頁。

㉛ 《美國博物學家》，一八七一年，七六一頁。

以區別」。洛克伍德先生把這兩支歌子記入樂譜，而且補充說道，這種小鼠「雖無節奏感，卻能保持B調（降兩個半音），而且嚴守主調」。……「其柔和清脆的聲音非常正確地降下一音階；然後在結束時再度抬高轉爲C高音和D音的急速顫聲」。

一位批評家問道，人類之耳（他還應加入動物之耳）何以能夠透過選擇而適應去辨別音樂的聲調。但是，這一發問表明了對這個問題的認識還有某種混淆不清之處，所謂噪音乃是對各個不同樂段的若干空氣「單振動」同時存在所產生出來的感覺，各個單振動的中斷如此屢屢發生，以致無法覺察到它的分別存在。噪音和音樂聲調的差別僅僅在於噪音的振動缺少連續性，且各個振動之間缺少和諧性。這樣，耳就能夠辨認噪音——每一個人都承認這種能力對一切動物的高度重要性，因此耳對音樂聲調也一定能夠有所感覺。甚至在等級很低的動物中，我們也可以看到有關這種能力的證據：例如，甲殼類具有不同長度的聽毛（auditory hairs），如果奏出適當的音樂聲調，可以看到聽毛就會振動。[32]在前一章已經提到，關於蚊類觸角上的毛，也做過同樣的觀察。優秀的觀察家們曾經斷定，音樂對蜘蛛有吸引力。有些狗聽到特殊的音調就要吠叫，[33]這也是眾所熟知的。海豹顯然欣賞音樂，「古人對海豹的這種愛好是非常熟悉的，而且在今天獵人還常常利用這一點」。[34]

㉜ 亥姆霍茲（Helmholtz），《音樂的生理學理論》（*Théorie Phys. de la Musique*），一八六八年，一八七頁。

㉝ 關於這種效果曾發表過幾篇文獻。皮奇（Peach）先生寫信告訴我說，他反覆看到，當長笛發出B降半音時，他的那條老狗就吠叫，而牠聽到其他音調就不吠叫。我還可以補充一個事例：有一隻狗當聽到演奏六角手風琴走調時，牠就哀哀吠叫。

㉞ 布朗先生，《動物學會會報》，一八六八年，四一〇頁。

因此，僅就對音樂聲調的感覺而言，無論在人類的情況中，還是在其他動物的情況中，似乎都不存在特殊的難題。亥姆霍茲根據生理學的原理來說明和諧音爲什麼是悅耳的，而不和諧音爲什麼是不悅耳的；但這與我們的討論關係不大，因爲和諧的音樂乃是晚近的發明。與我們的討論關係較多的乃是悅耳的音調，按照亥姆霍茲的說法，爲什麼要使用音階的音符也是可以理解的。耳可以把所有聲音分析爲合成這等聲音的單振動，雖然我們對於這種分析並不自覺。在一種音樂聲調中最低的音一般占主位，其他較不顯著的音爲第八音，第十二音，第十六音，等等，所有這等音都是與基礎主音相和諧的；音階中的任何兩個音共同都有許多這等和諧的陪音。於是，情況就似乎相當清楚了：如果一個動物總是準確地唱同一支歌，那麼牠就要接連地使用那些共同具有許多陪音的音調——這就是說，這個動物爲牠的歌唱大概會選用屬於人類所使用的音階的那些音調。

但是，如果進一步追問，具有一定順序和節奏的音樂調子爲什麼能使人和其他動物感到愉快，我們所能舉出的理由不會超出爲什麼一定的味道可以悅口而且一定的氣味可以悅鼻。根據這等聲音是由許多昆蟲類、蜘蛛類、魚類、兩棲類以及鳥類在求偶季節發出的，我們可以推論這等聲音確能使動物感到某種愉快；因爲，除非雌性能夠欣賞這等聲音，而且受到它的刺激或魅惑，否則雄性不屈不撓的努力以及往往只是雄性才具有的這種複雜構造大概就是無用的了；但這是不可相信的事。

一般認爲，人類的歌唱乃是器樂的基礎或起源。由於欣賞音樂以及產生音樂調子的能力就人類的日常生活習性而言都是一點也沒有用處的才能，所以必須把牠們列爲人類稟賦中最神祕的一種。人類的所有種族、甚至未開化人都有這等才能，雖然是處於很原始的狀態；若干種族愛好什麼樣的音樂卻如此不同，以致我們的音樂不會使未開化人感到有趣，而他們的音樂大多數則使我們感到討厭和索然寡味。西曼（Seemann）在一些有關這個問題的有趣評論中㉟懷疑到，「甚至在西歐諸民族中，某一個民族的音樂是否會按照同樣的意義被其他民族所理解，雖然他們交通緊接，來往頻繁，關係密切。越向東行，我們便會發現那裡肯定有不同的音樂語言。歡樂的歌唱以及舞蹈的伴奏已不像我們那樣地使用大調（major keys），而總是使用小調」。無論人類的半動物祖先是否像能夠獻唱的長臂猿那樣地具有產生音樂調子、因而無疑具有欣賞音樂調子的能力，我們知道人類在非常遠古的時期就有這等才能了。拉脫特描述兩支由骨和馴鹿角製成的長笛，這是在洞穴中發現的，其中還有燧石具以及滅絕動物的遺骸。唱歌和跳舞的藝術也是很古老的，現在所有或幾乎所有人類最低等的種族都會唱歌和跳舞。詩可以視爲由歌產生的，它也是非常古老的，許多人對於詩發生在有史可稽的最古時代都感到驚訝。

我們知道，完全缺少音樂才能的種族是沒有的，這種才能可以迅速地而且高度地得到發展，例如霍屯督人和黑人都可以成爲最優秀的音樂家，雖然他們在其家鄉所演奏的沒有一種可以稱爲音樂的。然而，施魏因富特卻喜歡他在非洲腹地所聽到的一些簡單的曲調。不過人類的音樂才能處於潛伏狀態一點才不奇怪：有些鳥類的物種生來就不鳴唱，但把牠們教會並不十分困難；例如，有一隻家麻雀學會了紅雀的鳴唱。由於這兩個物種的親緣是密切接近的，都屬於燕雀目，這個目包括了世界上幾乎所有能鳴唱的鳥，所以麻雀的某一個祖先可能就是能鳴唱的。更加值得注意的是，鸚鵡所屬的類群不同於燕雀類，且其發音器官具有不同的構造，牠不僅可以學會說話，而且可以學會吹

㉟《人類學學會會報》，一八七〇年十月，一五五頁。再參閱盧伯克爵士的《史前時代》一書的後面幾章，第二版，一八六九年，其中有關於未開化人的令人欽佩的記載。

奏人類所制的曲調，所以牠一定有某種音樂才能。儘管如此，倘假定鸚鵡來源於某一個能鳴唱的祖代類型，未免還是過於輕率了。可以舉出許多事例來表明，原本適於某一目的的器官和本能竟用於另一截然不同的目的。[36]因此，人類未開化種族所具有的高度發達的音樂能力，或是由於人類半動物祖先演奏某種粗略形式的音樂，或是單純地由於牠們獲得了適於不同目的的適當的發音器官。但是，在後一情況中我們必須假定他們已經具有對音調的一定感覺，上述鸚鵡的情況就是這樣，恐怕還有許多動物也是如此。

音樂可以激發人類的各式各樣的情緒，但不是恐怖、畏懼、憤怒等那樣激烈的情緒。它能喚醒溫柔而憐愛的優雅感情，由此很容易變爲虔誠。在中國的編年史中寫道，「聞樂如置於天上。」它還能激起我們的勝利感以及光榮地進行戰爭的熱情。這等強有力的和交集的感情可以充分地引起崇高感。正如西曼博士所觀察的，一曲音樂比若干頁文章更能把我們的強烈感情凝聚起來。當雄鳥傾吐其全部歌唱，與其他雄鳥競爭，以吸引雌鳥時，其感情與人類所表現的大概差不多是相同的，不過遠遠不及人類情感那樣強烈，那樣複雜而已。在我們的歌曲中愛情依然是最普通的主題。赫伯特・斯賓塞說：「音樂可以激發潛伏的情感，我們既不能想像其存在，又不知其意義；或者，如里歇特（Richter）所說的，音樂告訴我們的事情是未曾見到的，而且今後也不會見到。」相反，當演

[36] 當本章付印之後，我曾看到昌西・賴特所寫的一篇有價值的文章（見《北美評論》，一八七〇年十月，二九三頁），當他討論上述問題時說道：「終極法則、即自然界的一致性產生許多結果，於是某一種有用能力的獲得將會引出許多利益以及有限度的不利（實際的和可能的），這可能是功利原理在其作用中所不曾包括的。」正如我在以前一章所試圖闡明的，這一原理與人類獲得某些心理特徵有重要關係。

說家感到並表達強烈的情緒時，甚至在普通談話中，也會本能地使用音樂的調子和節奏。非洲黑人當激動時會突然大聲歌唱；「另外的人則以歌做答，於是大家用低沉的聲音齊聲合唱，好像受到音樂之波的觸擊一般」。㊲即使猴類也會用不同的音調來表達強烈的感情——用低音來表達憤怒和急躁——用高音來表達恐懼和痛苦。㊳由音樂所激發的或由演說的抑揚聲調所表達的情感和觀念，從其模糊不清、但深遠的性質來考慮，頗似在心理上返歸悠久過去時代的情緒和思想。

如果我們可以假設人類的半動物祖先在求偶季節會使用音樂的聲調和旋律，那麼，有關音樂以及熱情講話的所有上述事實在一定程度上都是可以理解的了；其實，所有種類的動物在這個季節不僅會由於愛情而激動，也會由於嫉妒、競爭以及勝利的感情而激動。根據基礎深厚的遺傳的聯想原理，音樂的調子大概會模糊不定地喚起悠久過去時代的強烈情緒。由於我們有各種理由可以設想，有音節的語言是人類所獲得的最晚的、肯定也是最高的一種藝術，同時由於產生音樂聲調和音樂旋律的本能力量在低等動物的系列中已經得到了發展，所以，如果我們還承認人類的音樂能力是從熱情洋溢的講話發展起來的，那就完全與進化原理背道而馳了。我們必須假定演說的韻律和抑揚聲調是來源於以前發展起來的音樂能力。㊴這樣，我們便能理解音樂、舞蹈、歌唱以及詩歌怎麼會是從

㊲ 溫伍德・里德，《人類的折磨》，一八七二年，四四一頁；《非洲見聞錄》，第二卷，一八七三年，三一三頁。

㊳ 倫格爾，《巴拉圭的哺乳動物》，四十九頁。

㊴ 赫伯特・斯賓塞先生所寫的《關於音樂的起源及其功能》（Origin and Function of Music）對這個問題進行了很有趣的討論，載於他的《論文集》，一八五八年，三五九頁。斯賓塞所做的結論與我的結論正相反。他的結論正如戴德羅特（Diderot）以前所做的那樣，認爲激情言語所使用的抑揚頓挫的聲調提供了音樂所賴以發達的基礎；而我的結

如此古老時代發展而來的藝術。甚至可以進一步說，如前章所述，我們相信音樂的聲調是語言發展的基礎之一。[40]

由於幾種四手類動物雄性的發音器官比雌性的發達得多，而且由於一種長臂猿——類人猿的一種——可以發出全部八音度的音調，或者可以說他們會歌唱，所以，人類的祖先，或男或女，或男女雙方，在獲得用有音節的語言來表達彼此愛慕之情的能力以前，大概會用音樂的聲調和韻律來彼此獻媚的。關於四手類動物在求偶季節使用聲音的情況，我們所知者如此之少，以致沒有方法去判斷最初獲得歌唱習性的，究竟是人類的男性祖先，還是女性祖先。一般都認爲婦女的聲音比男子的更甜蜜，僅用這一點作爲判斷的依據，我們可以推論婦女最先獲得了音樂的能力，以便吸引男性[41]。但是，如果眞是這樣的話，這也是發生在很久以前，那時我們的祖先還沒有十足地變成人類，而且也沒有把婦女僅僅當作有用的奴隸來對待。熱情洋溢的演說家、詩人以及音樂家用其變化多端的樂

論則是，音樂的調子和節奏是由人類男女爲了取悅異性而最初得到的。這樣，音樂的調子與一種動物所能感到的最強烈激情是牢固地聯繫在一起的，結果就會本能地使用音樂調子，或在言辭中表達強烈情緒時透過聯想也會使用音樂調子。爲什麼高亢的和深沉的音調會表達人類和低於人類的動物的某些情緒，斯賓塞先生沒有提供任何令人滿意的解說，我也沒有能夠做到這一點。斯賓塞先生對詩歌、朗誦和歌唱之間的關係也進行過有趣的討論。

[40] 我在蒙包多（Monboddo）勳爵的《語言的起源》（*Origin of Language*）一書（第一卷，一七七四年）中發現布萊克洛克（Blacklock）同樣認爲，「人類最初的語言爲音樂，在用有音節的聲音來表達我們的思想之前，則賴不同程度的高低的音調來互通思想」。

[41] 參閱海克爾（Häckel）對這個問題的有趣討論，《普通形態學》，第二卷，一八六六年，二四六頁。

音以及抑揚的聲調激起了聽眾的最強烈情緒，那麼，毫無疑問，他所使用的方法與其半動物祖先很久以前在求偶和競爭期間用以激發彼此熱情的方法是沒有什麼兩樣的。

美對決定人類婚姻的影響

在文明生活中，男人在選擇妻子時大部分要受到對方外貌的影響，但絕非全部都如此；不過我們所討論的主要是原始時代，而我們判斷這個問題的唯一方法只能去研究現存的半文明民族和未開化民族。如果這樣能夠闡明，不同種族的男人喜愛具有種種特點的女人，或者不同種族的女人喜愛具有種種特點的男人，那麼我們勢必去研究這種選擇實行許多代以後，按照通行的遺傳方式，是否會對這個種族的男女任何一方或雙方產生任何可以覺察的效果。

最好先稍微詳細地說明一下未開化人對其個人的容貌是非常注意的。㊷眾所周知，他們熱心於裝飾；一位英國哲學家甚至主張，衣服最初的製作乃是為了裝飾，而不是為了取暖。正如魏茨教授所說的，「無論多麼貧窮和悲慘的人，都以裝飾自己為樂」。下述情況足以表明南美的裸體印第安

㊷ 關於世界各地未開化人裝飾自己的方法，義大利旅行家曼特加沙教授做過最優秀的詳細記載，見《拉普拉塔旅行記及其研究》（*Rio de la Plata Viaggi e Studi*），一八六七年，五二五—五四五頁；所有以下敘述，凡未記明其他參考書者，均引自此書。再參閱魏茨的《人類學概論》，英譯本，第一卷，一八六三年，二七五頁及以下諸頁。勞倫斯也做過很詳細的記載，見他的《生理學講義》，一八二二年。本章寫成之後，盧伯克爵士發表了他的《文化的起源》（一八七〇年），該書的有趣一章對現在這個問題進行了討論，關於未開化人染牙、染髮以及穿齒孔，我從那一章引用了一些事實（四十二、四十八頁）。

人在裝飾自己方面是很奢侈的：「一個高個子的男人艱苦地工作兩週所得才能換得用來塗身的紅色『奇卡』（chica）顏料。」[43]馴鹿時期（Reindeer period）*的歐洲古代野蠻人把他們碰巧找到的任何發亮的或特別的物品都帶回洞中。今天各地的未開化人還用羽毛、項圈、臂釧、耳環等物來打扮自己。他們用最多種多樣的方式來塗飾自己。正如洪堡（Humboldt）所觀察的，「如果對塗身的民族就像對著衣的民族那樣，進行相同的考察，大概可以發覺最豐富的想像力和最多變的趣味創造了塗飾的流行樣式，就像創造了服裝的流行樣式那樣」。

在非洲有一個地方的人把眼瞼塗成黑色；另一個地方的人把指甲染爲黃色或紫色。還有許多地方的人把頭髮染上各種顏色。不同地方的人把牙齒染成黑的、紅的、藍的，等等，在馬來群島，人們認爲牙齒「如果白的像狗牙那樣」是可恥的。北自北極地區，南至紐西蘭，沒有一處大地方的土人不紋身的。古代的猶太人和布立吞人都實行紋身。在非洲也有些土人紋身，但那裡最普通的風俗卻是在身體各部割一些傷口，然後在傷口上擦鹽，使成疣狀物；蘇丹的科爾多凡人（Kordofan）和達爾福爾人（Darfur）把這種疣狀物視爲「最富魅力的容姿」。在阿拉伯各國，凡雙頰「或鬢角沒有傷疤的」[44]不能叫做完全的美人。在南美，正如洪堡所說的，「如果母親沒有使用人工的方法

㊸ 洪堡，《個人記事》，英譯本，第四卷，五一五頁；關於塗身所表明的想像，五二二頁；關於改變小腿的形狀，四六六頁。

* 古石器時代的後半期。——譯者注

㊹ 《尼羅河支流》（*The Nile Tributaries*），一八六七年；《阿爾貝·尼安薩》（*The Albert N'yanza*），第一卷，一八六六年，二一八頁。

把孩子的小腿按照該地的流行樣式改變形狀，她就要受到對孩子不關心的責備」。在新世界和舊世界，往昔於嬰兒時期就把頭骨弄成奇形怪狀，現在還有許多地方依然如此，而這種毀形卻被視爲一種裝飾。例如，哥倫比亞（Colombia）的未開化人[45]把非常扁平的頭視爲「美的必不可少的部分」。

在各個地方，對頭髮的梳理都特別注意；有的任其充分生長，以至觸及地面，有的梳成「緊密而捲曲的拖巴頭，巴布亞人把這種髮式視爲驕傲和光榮」。[46]在北非，「一個男子完成其髮式的時間需要八至十年」。另外一些民族卻實行剃光頭，南美和非洲一些地方的人，甚至把眉毛和睫毛都拔掉。上尼羅河地方的土人把四個門牙敲掉，說，他們不願與野獸相像。更向南行，巴托卡人（Batokas）只敲掉上邊的兩個門牙，正如李文斯頓所說的[47]，這使其面貌可憎，由於其下顎凸出之故；但這些人卻認爲門牙最不雅觀，當看到一些歐洲人時，便會喊出，「瞧大牙呀！」酋長塞比圖尼（Sebituani）曾試圖改變這種風氣，但失敗了。非洲和馬來群島各地的土人把門牙銼尖，就像鋸齒那樣，或者在門牙上穿孔，把大頭針插入。

在我們來說，讚人之美，首在面貌，未開化人亦復如此，他們的面部首先是毀形的所在。世界所有地方的人都有把鼻隔穿孔的，也有把鼻翼穿孔的，但比較少見；在孔中插入環、棒、羽毛

---

[45] 普里查德（Pichard），《人類體格史》，第一卷，第四版，一八五一年，三二一頁。

[46] 關於巴布亞人，參閱華萊士的《馬來群島》，第二卷，四四五頁。關於非洲人的頭髮式樣，參閱貝克爵士的《阿爾貝・尼安薩》，第一卷，二一〇頁。

[47] 《旅行記》，五三三頁。

或其他裝飾品。各地都有穿耳朵眼的，而且帶上相似的裝飾品，南美的博托克多人（Botocudos）和倫瓜亞人（Lenguas）的耳朵眼弄得如此之大，以致下耳唇會觸及肩部。在北美、南美以及非洲，不是在上嘴唇就是在下嘴唇穿眼，博托克多人在下嘴唇穿的眼如此之大，以致可以容納一個直徑四英寸的木盤。曼特加沙寫過一項令人驚奇的記載說：一位南美土人因賣掉他的「特姆比塔」（Tembeta）——一塊插入唇孔的著色大木片——而感到羞愧，並且因此引起了對他的嘲笑。中非婦女在下嘴唇穿孔，還要安上一塊晶體，在說話時由於舌的轉動，這塊晶體「也隨著顫動，其可笑之狀簡直無法形容」。拉圖卡族（Latooka）的酋長夫人告訴貝克爵士說，「如果貝克夫人把下顎的四個門牙拔掉，並且在下嘴唇裝上一個尖而長的發亮晶體，就可大增其美」。[48]更向南行，瑪卡洛洛族（Makalolo）在上嘴唇穿孔，並且在孔中插入一個大型的金屬環和竹環，這種環叫做「陪爾雷」（pelelé）。「這使一位婦女的嘴唇凸出於鼻尖以外達二英寸，當這位婦人發笑時，由於肌肉的收縮，竟把上嘴唇抬高到雙眼之上。有人問年高德劭的酋長秦蘇爾第（Chinsurdi），婦女們爲什麼戴這些東西？他對這樣愚蠢的問題顯然感到驚異，答道：那是她唯一所有的美麗東西；男人有鬍鬚，女人卻沒有。如果不戴上『陪爾雷』，她將是什麼樣的一個人啊？她的嘴像男人，卻又沒有鬍鬚，她大概完全不是一個女人了。」[49]

身體的任何部分，凡是能夠人工變形的，幾乎無一倖免。其痛苦程度一定達到頂點，因爲有

---

⑱《阿爾貝・尼安薩》，第一卷，一八六六年，二一七頁。

⑲李文斯頓，《不列顛學會會報》（*British Association*），一八六〇年；《科學協會會刊》所刊登的一篇報告，七月一日，一八六〇年，二十九頁。

許多這樣的手術需費時數年才能完成，所以需要變形的觀念一定是迫切的。其動機是各式各樣的；男人用顏色塗身恐怕是爲了在戰鬥中令人生畏；某些毀形，或與宗教儀式有關，或作爲發育期的標誌，或表示男子的地位，或用來區別所屬的部落。在未開化人中，相同的毀形樣式流行既久[50]，因此，無論毀形的最初原因爲何，很快它就會作爲截然不同的標誌而被重視起來。但是，自我欣賞、虛榮心以及企圖博得讚美似乎是最普通的動機。關於紋身，紐西蘭的傳教士告訴我說，他們曾試圖勸說一些少女戒絕此事，她們答道，「我們必須在嘴唇上稍微畫上幾條線，否則在我們長大以後就會變得十分醜陋」。關於紐西蘭的男子，一位最有才華的判斷者說道，「在臉部刺上優美的花紋，乃表示青年們的大野心，這使他們對婦女有吸引力，還使他們在戰鬥中顯得威風」。[51]在前額刺上一顆星，在頰部刺上一個斑點，都被非洲一個地方的婦女視爲不可抗拒的魅力。[52]在世界大部分地方，但非全部地方，男人的裝飾都過於女人，而其裝飾方式也往往不同；有時女人幾乎一點也不裝飾，但這種情形並不多見。由於未開化人的婦女必須從事最大部分的勞動，而且由於不允許她們吃最好的食物，所以不允許她們得到或使用最優良的裝飾品，是與人類所特有的自私性相一致的。最後，正如上述所證明的，值得注意的一個事實是，在改變頭部形狀方面，在頭髮的裝飾方面，在用顏色塗身方面，在紋身方面，在鼻、唇或耳的穿眼方面，以及在拔除或銼磨牙齒方面等等，世界上

---

[50] 貝克爵士當談到中非土人時說道（同前書，第一卷，二一〇頁）「每一個部落都有一種固定的特殊髮式」。阿加西斯記載過亞馬遜河流域印第安人固定的紋身式樣，見《巴西紀遊》，一八六八年，三一八頁。

[51] 泰勒（R. Taylor）牧師，《紐西蘭及其居民》（*New Zealand and its Inhabitants*），一八五五年，一五二頁。

[52] 曼特加沙（Mantegezza）《拉普拉塔旅行記及其研究》（*Viaggi e Studi*），五四二頁。

相距遼遠的地方現在都通行著或長久以來就通行著相同的樣式。要說如此眾多民族所實行的這等風俗應該是由於來自任何共同起源的傳統，都是極其不可能的。這表明人類心理是密切相似的，無論他們屬於什麼種族都是如此，正如舞蹈、化裝跳舞以及繪製粗糙的畫是最普遍的習俗一樣。

關於未開化人讚賞各式各樣的裝飾品以及我們視爲最難看的毀形，即如上述，現在我們再看一看女人的外貌對男人究竟可以吸引到怎樣程度，還有，他們的審美觀念是什麼。我曾聽到有人主張未開化人對他們的婦女的美漠不關心，而僅把她們當作奴隸來評價；因此，最好注意到這一結論與婦女喜歡裝飾自己和婦女具有虛榮心是完全不相符的。伯切爾（Burchell）[53]做過一項有趣的記載：布西（Bush）部落*的婦女大量使用油脂、紅赭石以及閃閃發光的粉，「如果她的丈夫不很富有，將會因此而破產」。她「還表現有很大的虛榮心，而且她的優越意識也是非常明顯的」。溫伍德·里德先生告訴我說，非洲西海岸的黑人常常討論他們的婦女的美。有些優秀的觀察家們認爲可怕的殺嬰惡習的部分原因在於婦女期望保持其美貌。[54]若干地區的婦女戴咒符或用迷藥以博取男子的愛情；布朗先生舉出四種植物，是美洲西北部的婦女爲了達到這個目的而使用的[55]。

㊸《非洲遊記》，第一卷，一八二四年，四一四頁。

* 南非卡拉哈里沙漠地區的一個游牧部落。——譯者注

㊹參閱格蘭德（Gerland）的《原始民族的消亡》（*Ueber das Aussterben der Naturvölker*），一八六八年，五十一，五十三，五十五頁；再參閱阿扎拉的《航遊記》，第二卷，一一六頁。

㊺關於美洲西北部分印第安人所使用的植物，參閱《藥學雜誌》（*Pharmaceutical Journal*），第十卷。

一位最優秀的觀察家赫恩[56]多年與美洲的印第安人生活在一起，當他談到他們的婦女時說道，「如果問北部印第安人何爲美女時，他的回答將是：寬而平的臉，小眼，高頰骨，雙頰各有三條或四條寬闊的黑線，低額，大而寬的下巴，隆大的鉤鼻，黃褐色皮膚，而且乳房下垂及腹」。帕拉斯曾經訪問過中華帝國的北部，他說，「在那裡滿洲式的女人是爲人所愛好的，這就是說，要有寬臉、高顴骨、很寬的鼻子以及大耳朵」；[57]沃格特說，「作爲中國人和日本人特徵的斜眼在畫上未免誇大了，其用意似乎在於與紅毛野蠻人的眼睛相比，以表示這種斜眼的美」。正如胡克（Huc）反覆提到的，中國內地的人認爲歐洲人很醜，因爲他們的皮膚是白的，鼻子是高的。按照我們的看法，錫蘭土人的鼻子遠遠不算太高；但「七世紀的中國人已經看慣了蒙古族的扁平面貌，對於錫蘭人的高鼻子還是感到驚奇；張把他們描寫爲鳥喙人身之人」。

芬利森（Finlayson）在詳細地描述了交趾支那（Cochin China）人之後說道，他們的圓頭和圓臉爲其主要特徵；接著他說：「女人整個面部的圓形更爲顯著，她們的臉越圓被認爲越美。」暹羅人的鼻子小，鼻孔遠離，闊口，厚唇，面龐甚大，顴骨高而闊。所以「我們認爲是美人的，在他們看來卻是異鄉人，這一點也不奇怪。但他們以爲他們自己的婦女要比歐洲婦女漂亮得多」。[58]

---

[56] 《從威爾斯親王要塞出發的旅行記》，第八卷，一七九六年，八十九頁。

[57] 普里查德（Prichard）在其著作《人類體格史》中引用，第四卷，第三版，一八四四年，五一九頁；沃格特，《人類講義》，英譯本，一二九頁。關於中國人對僧伽羅人（Cingalese）的看法，參閱坦南特的《錫蘭》，第二卷，一八五九年，一〇七頁。

[58] 普里查德引用克勞弗德（Crawfurd）和芬利森的意見，見《人類體格史》，第四卷，五三四，五三五頁。

眾所周知，許多霍屯督人（Hottentot）婦女的臀部異常凸出；這叫做臀脂過肥（steatopygous）；安德魯・史密斯爵士肯定這一特點必為那裡的男子大加讚賞。[59]有一次他看到一位被視爲美人的婦女，其臀部如此發達，以致坐在平地上而無法起立，她勢必拖著自己前進，直至達到一個斜坡時，才能站起。在各個不同的黑人部落中，有些婦女也具有同樣特點；按照伯頓（Burton）的說法，索馬里男人「選擇妻子的方法是，把她們排成一線，挑出其臀部最爲凸出者」。與此相反的形態乃是黑人最厭惡不過的。[60]

就膚色來說，蒙戈・帕克的白皮膚和高鼻子受到了黑人的嘲笑，他們認爲此二者皆不堪入目，而且形態奇異。反之，帕克卻稱讚他們的皮膚黑得光澤奪目，鼻子扁得秀麗美觀，他們說這是「甜言蜜語」，儘管如此，還是給他東西吃。非洲的摩爾族（Moors）*看到帕克的白皮膚，「便皺起眉來，好像不寒而慄」。在非洲東海岸，黑人小孩們看到伯頓（Burton）時便大聲喊叫：「看這個白人呀，他難道不像白猿嗎？」溫伍德・里德先生告訴我說，在非洲西海岸，黑人稱讚皮膚越黑越美。按照這位旅行家的意見，他們對白皮膚感到恐怖，這可能部分地由於大多數黑人相信魔鬼和靈魂都是白色的，部分地由於他們認爲白皮膚是健康惡劣的標誌。

---

[59] 這位聲名赫赫的旅行家告訴我說，我們最嫌惡的婦女月經帶，以前卻最受這個種族的重視，但這種風氣現在已有改變，其重視程度已經遠不及以前了。

[60] 《人類學評論》，一八六四年十一月，二三七頁。再參閱魏茨的《人類學概論》，英譯本，第一卷，一八六三年，一〇五頁。

* 指非洲西北部柏柏爾人的後裔。——譯者注

非洲大陸較南部分的班埃族（Banyai）也是黑人，但「大多數這種人的皮膚都是淺咖啡牛奶色的，在那整個區域，的確都把這種膚色視爲漂亮美觀的」；所以，我們在這裡看到了一種不同的審美標準。卡菲爾人（Kafirs）與黑人大不相同，「除了靠近迪拉果阿灣（Delagoa Bay）的部落以外，他們的皮膚通常都不是黑色的，主要的膚色爲黑與紅的混合色，最普通的色調爲巧克利色。暗色的皮膚由於最普遍，自然得到最高的評價。如果告訴一位卡菲爾人說，他的皮膚是淺色的，或與白人相像，這會被認爲大不敬。我聽說有一個不幸的男子，由於他的皮膚白皙，以致沒有一個女子願意嫁給他」。祖魯族（Zulu）*的王有一徽號爲「汝乃黑色者」。[61]高爾頓先生當與我談到南非土人時說道，「他們的審美觀念和我們的似乎很不相同；因爲在某一個部落中，有兩位窈窕淑女竟得不到土人的讚美」。

再來看看世界其他地方的情況；按照普法伊費爾夫人（Madame Pfeiffer）的資料，在爪哇，黃皮膚的、而不是白皮膚的女子被視爲美人。一位男子「以輕蔑的語調談到英國大使夫人的牙白得像狗牙一樣，紅潤的膚色就像馬鈴薯花的顏色那樣」。我們知道，中國人討厭我們的白皮膚，北美土人讚美「黃褐色的皮膚」。南美的余拉卡拉族（Yuracaras）居住在東部科迪耶拉山潮溼的、森林茂

---

* 在非洲東南部，班圖族的一支。——譯者注

61 蒙戈·帕克的《非洲遊記》，一八一六年，五十三，一三一頁。沙夫豪森引用伯頓的敘述，見《人類學文集》（*Archiv für Anthropolog*），一八六六年，一六三頁。關於班埃人，李文斯頓，《遊記》，六十四頁。關於卡菲爾人，斯庫特爾（Schooter）牧師，《納塔爾和祖魯地方的卡菲爾人》（*The Kafirs of Natal and the Zulu Country*），一八五七年，一頁。

密的斜坡上，皮膚色甚淡，正如他們語言所表示的其名稱那樣；儘管如此，他們還認爲歐洲婦女遠在其本族婦女之下。㊷

在北美的若干部落中，頭髮極長；凱特林提出一個奇妙的證據來證明在那裡長頭髮受到何等重視，因爲，烏鴉族（Crows）的酋長之所以能夠被選舉擔任此職，是因爲在該部落的男子中他的頭髮最長，即達十英尺七英寸。南美的艾馬拉人和克丘亞人同樣也有很長的頭髮；福布斯告訴我說，長頭髮之美受到如此高度的評價，以致把它割掉乃是所能給予他的最嚴厲的懲罰。無論南美或北美的土人有時爲了增加頭髮的長度，要把纖維物質編進去。雖然頭髮受到這樣的珍視，但北美印第安人卻把臉上的毛視爲「醜陋不堪」，所以每一根臉毛都被仔細地拔掉。整個美洲大陸，北從溫哥華島起，南至火地，都盛行此事。當小獵犬號艦上的火地人約克・明斯特（York Minster）被帶回他的家鄉時，那裡的土人告訴他應該把臉上的那幾根毛拔掉才好。有一位青年傳教士與他們相處不久，他們威脅他，要把他的衣服剝光，拔掉他臉上和身上的毛，然而他的毛絕不是很多。這種風氣在巴拉圭的印第安人中達到了極端，以致他們把眉毛和睫毛統統拔掉，說，他們不願與馬相似。㊸

值得注意的是，全世界的種族凡是幾乎完全不具有鬍鬚的，都討厭臉上的和身上的毛，而且

㊷ 關於爪哇人和交趾支那人，參閱魏茨的《人類學概論》，英譯本，第一卷，三〇五頁。關於余拉卡拉族，普里查德在《人類體格史》中引用杜比尼的資料，第五卷，第三版，四七六頁。

㊸ 凱特林，《北美的印第安人》，第一卷，第三版，一八四二年，四十九頁；第二卷，二二七頁。關於溫哥華島的土人，參閱斯波羅特（Sproat）的《未開化人生活的景象及其研究》，一八六八年，二十五頁。關於巴拉圭的印第安人，參閱阿扎拉的《航遊記》，第二卷，一〇五頁。

盡力把它們拔光。外蒙古人是無髮的，眾所熟知，他們把所有散生於身體各處的毛都拔掉，玻里尼西亞人、某些馬來人以及暹羅人都是如此。維奇（Veitch）先生說，所有日本婦女「都對我們的連鬢鬍子有反感，認爲它很醜，並且叫我們把它刮掉，像日本男子那樣」。紐西蘭人生有捲而短的鬍鬚；然而他們以往都把臉上的毛拔掉。他們有一句諺語：「沒有一個女子願意嫁給多毛的男子」；不過紐西蘭人的這種風氣大概已經改變了，這恐怕是由於歐洲人來到那裡之故，有人向我確言，毛利人現在已對鬍鬚加以讚美了。[64]

相反，鬍鬚長的種族卻讚美他們的鬍鬚並對其評價很高；在盎格魯撒克遜人中，身體的每一部分都有一個公認的價值；「失去鬍鬚者估價爲二十先令，而大腿折斷者僅定爲二十先令」。[65]在東方，男子用他們的鬍鬚莊嚴地發誓。我們已經看到，非洲瑪卡洛洛（Makalolo）族的酋長秦蘇爾第（Chinsurdi）認爲鬍鬚是一種重大的裝飾。太平洋的斐濟人的鬍鬚「十分茂密，這是他們最大的驕傲」，但鄰近的東加群島（Tonga Is.）和薩摩亞群島（Samoa Is.）的居民「卻是無鬚的，並且厭惡毛糙的下巴」。在艾理斯群島中，只有一個島上的男人多鬚，「但對此毫不感到驕傲」。[66]

---

[64] 關於暹羅人，普里查德，同前書，第四卷，五三三頁。關於日本人，維奇，《藝園者紀錄》（*Gardener's Chronicle*），一八六〇年，一一〇四頁。關於紐西蘭人，曼特加沙，《拉普拉塔旅行記及其研究》，一八六七年，五二六頁。關於上述其他民族，勞倫斯，《生理學講義》，一八二二年，二七二頁。

[65] 盧伯克，《文化的起源》，一八七〇年，三二一頁。

[66] 伯納德·戴維斯引用普里查德先生以及其他人士關於玻里尼西亞人這等事實的述說，見《人類學評論》，一八七〇年四月，一八五、一九一頁。

由此我們可以看出人類不同種族的審美感是何等廣泛不同。每一個民族如果達到充分進步的程度，都會雕刻他們的神像以及他們奉若神明的統治者像，毫無疑問，雕刻師們都會盡力表達其美麗與莊嚴的最高理想。[67]根據這一觀點，我們最好把希臘的朱比特（Jupiter）像或阿波羅（Apollo）像與埃及或亞述的雕像加以比較；再把這些雕像與中美敗壁殘垣上的醜陋浮雕加以比較。

我所遇到的反對這一結論的敘述還不多。溫伍德・里德先生有豐富的機會不僅對非洲西海岸的黑人進行過觀察，而且對從來沒有與歐洲人接觸過的非洲腹地的黑人也進行過觀察，然而他卻相信他們的審美觀念與我們的完全一樣；羅爾夫斯（Rohlfs）博士寫信告訴我說，泡爾奴族（Bornu）以及普洛（Pullo）部落所在地方的情況也是如此。里德先生發現他和黑人對評價當地女子的美有一致的看法，而且他們對歐洲婦女美的欣賞，與我們也是一致的。他們讚美長髮，並且用人工方法使其顯得茂盛；他們還讚美鬍鬚，雖然自己鬍鬚稀疏。里德先生還感到懷疑：他曾聽見一個女子說，「我才不要嫁他呢，他沒有生鼻子」；這表明很扁平的鼻子是不受歡迎的。然而，我們應該記住，西海岸黑人的平闊的鼻子及其凸出的顎部，乃是非洲居民的例外類型。里德先生儘管有以上敘述，他還是承認黑人「不喜歡我們皮膚的顏色；他們以厭惡的神情來看我們的藍眼睛，他們以爲我們的鼻子太長，我們的嘴唇太薄」。僅僅根據對身體美的鑑賞，里德先生並不以爲黑人喜歡最美麗的歐洲婦女勝過喜歡一個面貌好看的黑人女子。[68]

---

(67) 孔德（Ch. Comte）在其《法律專著》〔（*Traité de Législation*），第三版，一八三七年，一三六頁〕中曾談到此事。

(68) 《非洲見聞錄》，第二卷，一八七三年，二五三、三九四、五二一頁。有一位傳教士曾與火地人長久在一起住過，他告訴我說，火地人認爲歐洲婦女非常美麗，但是，根據我們看到的其他美洲土人的判斷，我不得不認爲這種說法很久以前洪堡[69]所主張的原理說，人類讚美而且常常誇大自然給予他的任何特徵，這一原理的一般正確性已從許多方面得到闡明。少鬚的種族把每一根鬍鬚都拔光，而且常常把所有身體上的毛都拔掉，這一情況爲上述提供了例證。在古代和近代，許多民族大大改變了其頭骨形狀；毫無疑問，這種習俗的風行乃是由於要誇大某種自然的和受到讚美的特點。據知，許多美洲印第安人讚美極扁的頭，它們扁到這樣的程度，以致在我們看來好像是白痴的頭。非洲西北海岸的土人把頭部壓成尖圓錐形；而且經常把頭髮束弄在頭頂，打成一個結，正如威爾遜（Wilson）博士所說的，這是爲了「增加他們所愛好的圓錐形的明顯高度」。若開（Arakhan）的居民讚美寬而平的前額，爲了「弄成這種形狀，他們在新降生的嬰兒頭上捆紮一塊鉛板」。相反，斐濟群島的土人卻把「寬而十分圓的後頭視爲至美」。[70]

對鼻子也像對頭骨一樣；阿提拉（Attila）時代的古匈奴人慣於用綳帶把嬰兒的鼻子捆平，

是錯誤的，除非少數火地人曾與歐洲人一起生活過一段時間，而且他們把我們看做優等的人。我應該補充一點：最有經驗的觀察家伯頓船長相信我們認爲美麗的婦女在全世界都會受到稱讚，《人類學評論》，一八六四年三月，二四五頁。

[69]《個人記事》，英譯本，第四卷，五一八頁及其他諸頁。曼特加沙在其《拉普拉塔旅行記及其研究》中強烈主張這同一原理。

[70] 關於美洲部落的頭骨，參閱諾特（Nott）和格利敦（Glidden）的《人類的模式》，一八五四年，四四〇頁；普里查德，《人類體格史》第一卷，第三版，三二一頁；關於若開土人，同前書，第四卷，五三七頁；威爾遜，《自然人種學》（*Physical Ethnology*），史密森協會（Smithsonian Institution），一八六三年，二八八頁；關於火地人，二九〇頁。盧伯克爵士關於這個問題寫過一篇優秀的摘要，見《史前時代》，第二版，一八六九年，五〇六頁。

「爲了誇大一種自然的形態」。大溪地人*把「高鼻子」視爲侮辱的字眼，爲了美觀，他們把小孩的鼻子和前額壓平。蘇門答臘的馬來人、霍屯督人、某些黑人以及巴西土人也是如此。[71]中國人的腳本來異常之小；[72]眾所熟知，中國上層階級的婦女還要把腳纏得更小。最後，洪堡以爲美洲印第安人喜歡用紅色塗身是爲了誇大其自然的色調；直到最近，歐洲婦女還用胭脂和白色化妝品來增添其自然的鮮豔膚色；不過野蠻民族在塗飾自己時一般是否有這種意圖，還是一個疑問。

就我們的服裝流行式樣而言，我們看到了把每一點弄到極端的完全一樣的原理和完全一樣的願望；我們還表現了一樣的競爭精神。但未開化人的流行式樣遠比我們的流行式樣持久得多；當他們的身體人工地被改變之後，情況必然如此。上尼羅河的阿拉伯婦女要用三天左右的時間去整理頭髮；她們絕不模仿其他部落，「只是彼此競爭，以求得最新穎的式樣」。威爾遜博士在談到各個美洲種族壓平其頭骨時，接著說道，「在革命的衝擊下，可以改朝換代，消滅更爲重要的民族特點，但這種習慣最難除盡而且會長久保存下去」。[73]同樣的原理在育種技術上也會發生作用；於是我們

---

* 居住在南太平洋的大溪地島。——譯者注

[71] 關於匈奴人，戈德隆，《論物種》，第二卷，一八五九年，三〇〇頁。關於大溪地人，魏茨，《人類學概論》，英譯本，第一卷，三〇五頁。普里查德在其《人類體格史》中引用馬斯登（Marsden）的資料，見該書，第五卷，第三版，六十七頁。勞倫斯，《生理學講義》，三三七頁。

[72] 此事見《諾瓦拉遊記》（*Reise der Novara*），魏斯巴赫博士，一八六七年，二六五頁（這是臆造的情況——譯者注）。

[73] 《史密斯協會》，一八六三年，二八九頁。關於阿拉伯婦女的髮式，貝克爵士，《尼羅河支流》，一八六七年，

便能理解那些僅僅作爲觀賞之用的動物和植物的種族爲什麼會那樣異常發達，我在他處已經說明過這一點。[74]動物和植物的愛好者永遠要求各種性狀僅僅稍爲增大而已；他們並不讚美中間的標準，他們肯定不希望他們的品種性狀發生重大而突然的變化；他們所讚美的僅僅是他們所習見的那些性狀，但他們熱烈地希望看到各個特徵稍微有一點發展。

人類和較低等動物的感覺似乎是這樣構成的：牠們都適於欣賞鮮豔的顏色和某些形態以及和諧的、有節奏的聲音，並把這些稱之爲美；但爲什麼會如此，我們還不知道。要說在人類思想中有任何關於人體美的普遍標準，肯定是不正確的。無論如何，某些愛好經過一定時間可能是遺傳的，雖然沒有任何證據可以支持這種信念；果眞如此，各個種族大概都會有自己先天的審美理想標準。有人主張[75]，醜惡與低等動物的構造接近，對比較文明的民族來說無疑這是部分正確的，這些民族對理智有高度評價；但這種解釋不能完全應用於所有的醜惡形態。各個種族的人都愛好他們所習見的東西；他們不能忍受任何重大的變化；但他們喜歡多樣化，而且讚美各個特徵不趨於極端，[76]只有適度的改變。習慣於接近橢圓形臉龐、端莊容貌、鮮豔膚色的男人們，正如我們歐洲人所知道的，稱讚非常發達的這些特徵。另一方面，習慣於寬臉、高顴骨、矮鼻子、黑皮膚的男人們卻稱讚強烈

一二一頁。

[74]《動物和植物在家養下的變異》，第一卷，二一四頁；第二卷，二四〇頁。

[75]沙夫豪森，《人類學文集》，一八六六年，一六四頁。

[76]關於美的觀念，貝恩先生蒐集了約十二個多少不同的學說（見《心理學和道德學》，一八六八年，三〇一—三一四頁）；但是沒有一個學說與這裡所說的相同。

顯著這等特點。毫無疑問，所有種類的性狀都可能過於發達而超出美的範圍之外。因此，完全的美意味著許多性狀都以一種特殊方式發生改變，這在每一個種族中大概都是奇蹟。正如大解剖學家比夏（Bichat）很久以前所說的，如果每一個人都是在同一個模型裡鑄造出來的，大概就沒有美人可言了。如果所有婦女都變得像維納斯（Venus de' Medici）那樣美麗，我們將會暫時感到陶醉；但很快我們就要希求變異；一旦我們得到了變異，我們則希求看到某些性狀稍微超過現在的普通標準就可以了。

第二十章　人類的第二性徵（續）

我們在前章已經看到，所有野蠻種族都高度重視裝飾品、衣服以及外表；並且男子以迥然不同的標準來評定其婦女的美。其次，我們必須研究，那些對各個種族的男子最有魅力的婦女許多世代以來受到這樣偏愛、因而受到選擇，是否會僅僅改變婦女一方的性狀，或改變男女雙方的性狀。對哺乳動物來說，一般的規則似乎是，所有種類的性狀都同等地遺傳給雌雄二者；因此，對人類來說，我們可以期待女方或男方透過性選擇所獲得的任何性狀普通都會傳遞給女性後代和男性後代。如果這樣引起了任何變化，幾乎肯定的是，不同種族將會有不同的改變，正如各個種族有它自己的審美標準一樣。

關於人類，尤其是關於未開化人，僅就身體構造而言，有許多干涉性選擇作用的原因。文明人大部分受到婦女精神魅力以及她們的財富所吸引，尤其受到她們社會地位的吸引；因為男子很少與比自己等級低得多的婦女結婚。能夠成功地得到比較美麗婦女的男子，並不見得比那些娶平凡婦女為妻的男子有更好的機會留下悠長系列的後裔，但按照長子繼承權留下遺產的少數人則除外。關於選擇的相反方式，即婦女選擇比較富有魅力的男子，雖然文明民族的婦女有選擇對象的自由，或者差不多有這種自由（野蠻種族沒有這種自由），但她們的選擇大部分要受男子的社會地位及其財富的影響；而男子在其生涯中獲得這種成功主要決定於他們的智力及其精力，或者依靠其祖先由這等能力所獲得的成果。比較詳細地討論一下這個問題是理所當然的；因為，正如德國哲學家叔本華

（Schopenhauer）所說的，「一切私通的最終目的，不論是喜劇的還是悲劇的，都比人類生活的其他目的更爲重要。它所實現的就是下一代的構成……這不是任何個人的幸與不幸，而是與未來人類的存亡攸關」。①

然而，有理由可以相信，在文明民族和半文明民族中，性選擇對改變某些人的身體構造曾發生過一些影響。許多人相信，我們的貴族（在這個名詞下包括長期實行長子繼承權的一切富有家庭）許多代以來從所有階級中選擇比較美麗的婦女爲妻，按照歐洲人的標準，他們已經變得比中等階級更爲漂亮，我也認爲這種說法是合理的；不過就身體的完全發育來說，中等階級所處的生活條件與貴族是相等的。庫克（Cook）說，「在太平洋所有其他島嶼上所看到的貴族那樣端正的容貌，在桑威奇群島上則到處可見」；但這種情形可能主要是由於他們的食物以及生活方式較好的緣故。

古時的旅行家查丁（Chardin）在描寫波斯人時說道，「他們的血液由於與格魯吉亞人（Georgians）和塞卡斯人（Circassians）*不斷地通婚，現在已高度改良了，這兩個民族的容貌之美在世界上首屈一指。波斯上等人的母親大都是格魯吉亞人或塞卡斯人」。接著他又說，他們的美貌「不是從其祖先那裡遺傳的，因爲如果沒有上述通婚，作爲韃靼族後裔的上等波斯人大概是極其醜陋的」。②這裡還有一個更爲奇妙的例子；在西西里島的聖朱利亞諾（San-Giuliano）有一座維

---

① 《叔本華和達爾文主義》（Schopenhauer and Darwinism），見《人類學雜誌》（*Journal of Anthropology*），一八七一年一月，三二三頁。

* 高加索人的一個部落。——譯者注

② 這些話引自勞倫斯的《生理學講義》（*Lectures on Physiology*），一八二二年，三九三頁，他把英國上等階級的美貌

納斯・愛里西納（Venus Erycina）廟，這個廟的神職人員都是從全希臘選出來的美女；但她們並不是純貞的處女，這個事實是考垂費什[3]講的，他說，聖朱利亞諾的婦女現在以其最美的容貌而馳名該島，美術家們常求之爲模特兒。但是，所有上述事例的證據顯然都是可疑的。

下述事例雖然是關於未開化人的，由於它的奇特性也值得在此一提。溫伍德・里德先生告訴我說，在非洲西海岸有一個黑人部落叫做喬洛夫（Jollofs），他們「以其一致的美好容貌而聞名」。他的一個朋友問到其中一人：「爲什麼我遇到的每一個人都這樣好看？不僅男子而且婦女都是這樣？」喬洛夫部落的人答道，「這很容易解釋：長久以來我們有一種風俗，就是把最難看的奴隸挑出來，賣掉他們」。所有未開化人都以女奴爲妾，這就無需多說了。這個部落的黑人之所以有如此美好的容貌，應歸功於長期不斷地汰去那些醜陋的婦女，至於這種做法是對還是錯當作別論；不過這種情況並不像最初聽到時那樣令人感到奇怪；因爲，我在別處已經闡明[4]，黑人對其家養動物選育的重要性是有充分認識的，我根據里德先生的資料不過補充一個有關這個問題的證據而已。

在未開化人中阻止或抑制性選擇作用的諸原因

其主要的原因是，第一，實行所謂雜婚（communal marriage），即亂交；第二，實行殺害女嬰的後果；第三，早婚；第四，賤視婦女，待之如奴隸。對這四點必須稍做詳論。

歸因於這個階級的男子長期選擇比較美麗的婦女。

③《人類學》，見《科學報告評論》，一八六八年十月，七二一頁。

④《動物和植物在家養下的變異》，第一卷，二〇七頁。

顯然，只要人類或其他任何動物的交配只要完全靠著機會，任何一性都不實行選擇，那麼就不會有性選擇；也不會有某些個體由於在求偶時比其他個體占有優勢而對其後代發生作用。現在有人斷言，今天還有一些部落實行盧伯克爵士用有禮的言辭所謂的雜婚；這就是說，一個部落的男女彼此相互爲夫妻。許多未開化人的混亂生活確是令人吃驚的，但是，在我看來，在我們充分承認他們在任何情況中都實行亂交之前，還需要更多的證據。儘管如此，所有最密切研究過這個問題的人⑤，而且他們的判斷遠比我的判斷更有價值，都相信雜婚（對這個名詞有各種不同解釋）乃是全世界所通行的普通而原始的形式，其中包括兄弟姐妹的通婚。已故史密斯爵士曾廣泛地在南非各地遊歷，他通曉那裡的以及別處的未開化人的風習，他以最強烈的看法向我表示，沒有一個種族把婦女視爲公共財產的。我相信他的判斷大部分是由婚姻這個名詞的涵義所決定的。在以下整個討論中，我是按照博物學者們所說的動物一雌一雄相配的同樣意義來使用這個名詞的，因此其意義乃是雄性只選一個雌性或爲一個雌性所接受，與雌性在繁殖期間或全年生活在一起，並且依照強權律法把她據爲己有；或者，我是按照博物學者們所說的一雄多雌的物種那樣意義來使用這個名詞的，其意義乃

---

⑤ 盧伯克爵士，《文化的起源》，一八七〇年，第三章，特別是六十至六十七頁。倫南先生在其極有價值的著作《原始婚姻》（一八六五年，一六三頁）中談到，男女的結合「在最古時代是散漫的、暫時的而且在某種程度上是混亂的」。倫南先生和盧伯克爵士就現今未開化人的極其混亂生活蒐集了大量證據。莫爾根先生在一篇有關親屬關係分類體系的有趣報告中斷言（見《美國科學院院報》（*Proc. American Acad. of Sciences*），第七卷，一八六八年二月，四七五頁），一夫多妻以及所有婚姻形式在原始時代基本上都是不存在的。根據盧伯克爵士的著作，巴霍芬（**Bachofen**）似乎也相信原始時代曾盛行過群交。

是一個雄性與若干雌性生活在一起。我們在這裡所討論的就是這種婚姻，因爲對性選擇的作用來說，這就足夠了。但是，我知道上述作者中有些人認爲婚姻這一名詞意味著受到部落所保護的公認權利。

支持往昔曾經盛行雜婚的間接證據是強有力的，其主要依據爲，在同一部落中諸成員之間所使用的親屬關係這一名詞意味著和部落的關係，而不是和任何一親的關係。但是，即使在這裡對這個問題扼要地談一談，也是範圍太大而且太複雜，所以我只能稍微說上幾句。在這種婚姻的情況中，或者說在婚姻結合很放縱的情況中，孩子與父親之間的關係是無法知道的。但如果說孩子與母親的關係也完全受到忽視，則似乎是難以令人相信的，特別是因爲大多數未開化人部落的婦女哺育嬰兒的時間要很久。因此，在許多情況中只能透過母系而不是透過父系去追查譜系。但在其他場合中，所使用的名詞僅表示和部落的一種關係，甚至不表示和母系的關係。同一部落的具有親族關係的諸成員共同暴露在所有種類的危險中，由於需要相互的保護和說明，他們之間的關係似乎可能遠比母與子之間的關係更加重要得多，因此就會導致專門使用表示上述那種關係的名詞；但莫爾根先生相信這種觀點絕不夠充分。

世界各地所用的親屬關係這一名詞，按照莫爾根的意見，可以分爲兩大類，即分類的（classificatory）和描述的（descriptive）——我們所使用的爲後一種。分類的體系強烈地導致了如下的信念，即雜婚以及其他極端放縱形式的婚姻最初是普遍實行的。但是，就我所能了解的來說，即使以此爲根據，也沒有必要去相信絕對亂交的實行；我高興地得知盧伯克爵士也持有這一觀點。男和女就像低於人類的許多動物那樣，以往在每次生產時都要實行嚴格的、雖然是暫時的結合，這種場合就像亂交場合那樣，在親屬關係這一名詞方面會發生差不多一樣大的混亂。僅就性選擇來說，全部所需要的就是在雙親結合之前實行選擇，至於這種結合是終生的或者僅是一個季節的，並無關緊要。

除了由親屬關係這一名詞所得到的證據以外，其他方面的推論也可示明以前曾廣泛實行過雜婚。盧伯克爵士用共妻曾爲原始交配形式這一點，來說明[6]異系婚姻（exogamy）這一奇特而廣泛實行的習俗——即某一部落的男子從另一不同部落奪取妻子；所以，一個男子除非從一個鄰近的敵對部落俘虜到一個妻子外，他絕不會得到自己專有的妻子，俘虜到一個婦女後，她自然就會變爲他專有的寶貴財產。這樣，搶妻之風就興起了，由於因此可以獲得榮譽，這種習俗最終就會普遍實行。按照盧伯克爵士的意見[7]，我們由此還能理解「根據古老的觀念，一個人沒有權利占有屬於全部落的東西，由於結婚破壞了部落的習俗，所以有贖罪的必要」。盧伯克爵士進一步列舉了大量事實來闡明，在古代極端放蕩的婦女非常受到尊敬；正如他說明的，如果我們承認亂交曾是原始的，因而長期受到尊重的部落習俗，上述情況就是可以理解的了。

莫爾根先生、倫南先生以及盧伯克爵士曾對此事進行過最嚴密的研究，根據這三位作者的幾點分歧意見，我們可以推論婚姻約束的發達方式還是一個沒有弄清楚的問題，雖然如此，但根據上述證據以及若干其他方面的證據[8]，可知婚姻習俗按其字面的任何嚴格意義來說，似乎可能是逐漸

---

⑥《在不列顛學會上關於人類低等種族社會狀況和宗教狀況的講話》（*Address to British Association on the Social and Religious Condition of the Lower Races of Man*），一八七〇年，二十頁。

⑦《文化的起源》，一八七〇年，八十六頁。在以上引用的幾種著作中可以發現關於單獨透過母系的親屬關係以及單獨透過部落的親屬關係的豐富證據。

⑧韋克強烈反對這三位作者所持的觀點——認爲往昔曾盛行過接近群交的結合方式，他以爲親屬關係的分類體系可用

發展起來的；而且接近亂交的結合，即很放縱的結合在全世界一度是極其普遍的。儘管如此，根據動物界普遍具有的強烈嫉妒感，根據低於人類的動物來類推，特別是根據與人類最接近的動物來類推，我無法相信在人類達到動物界現今等級的不久之前曾經盛行過絕對的亂交。正如我試圖闡明的，人類肯定是從某一類猿動物傳下來的。關於現存的四手類，僅就所知道的其習性而言，某些物種是一夫一妻的，但每年只有一部分時間與雌性生活在一起：猩猩在這方面似乎提供了一個例子。有幾個種類的猿猴，例如某些印度猴和美洲猴都是嚴格一夫一妻的，而且全年都與妻子生活在一起。另外有些種類是一夫多妻的，例如大猩猩和幾個美洲物種就是如此，而且各個家族是彼此單獨生活的。即便是這種情形，居住在同一地區的諸家族大概多少還是社會性的；例如，黑猩猩偶爾會合成一大群。再者，還有些物種也是一夫多妻的，不過各有其自己雌性的若干雄性共同生活在一起，例如狒狒的幾個物種就是如此。⑨我們知道所有雄性四足獸都是嫉妒的，牠們許多都有特殊的武器與其競爭對手進行戰鬥，我們的確可以據此斷言，在自然狀況下，亂交是極端不可能的。配偶可能並非終生，但可限於每一次生產；然而，如果雄性是最強壯的而且最能保衛或幫助其雌性和幼者，那麼牠們就能選擇更富魅力的雌性，只此一點就足可以進行性選擇了。

因此，回顧遠古，且由人類現今的社會性習俗來判斷，最合理的觀點似乎是，人類在原始時期

他法來解釋（《人類學》，一八七四年三月，一九七頁）。

⑨ 布雷姆說（《動物生活圖解》，第一卷，七十七頁），衣索比亞鼯猴（*Cynocephalus hamadryas*）生活在大群體中，其中成年雌性爲雄性的兩倍。參閱倫格爾關於美洲一夫多妻物種的敘述，以及歐文（《脊椎動物解剖學》，第三卷，七四六頁）關於美洲一夫一妻物種的敘述。此外還有其他參考資料。

係以小群生活在一起，每個男人只有一個妻子，如果男人是強者，就有幾個妻子，於是他要嫉妒地防備所有其他男人來侵犯他的妻子們。或者，他還沒有成爲社會性動物，就像大猩猩那樣，與幾個妻子在一起生活；因爲所有土人「都承認在一群大猩猩中只能看到一隻成年的雄性；當幼小的雄性長大之後，就會發生爭奪統治權的鬥爭，最強的雄性把其他雄性殺死或趕跑之後，他就成爲這一群的首領」。⑩這樣被趕跑的幼小雄性便到處漫遊，如果最後能夠找到一個伴侶，大概就可以防止在同一家族的範圍內進行過於密切的近親交配。

雖然未開化人的生活現在是極端放蕩的，雖然雜婚在往昔可能盛行過，但許多部落還是實行某種形式的婚姻，但其性質遠比文明民族的婚姻鬆弛得多。正如剛才所說的，每個部落的首領幾乎普遍實行一夫多妻。儘管如此，還是有些部落，雖然位於差不多最低的等級，卻實行一夫一妻。錫蘭的維達人（Veddahs）*就是如此：據盧伯克爵士說⑪，他們有一句諺語：「夫妻不死不分離。」康提人（Kandyan）的一位酋長自然是一夫多妻的，他對只有一個妻子而且不死彼此不分離的極端野蠻風俗非常抱有反感。他說：「這恰好與烏綿猴（Wanderoo monkeys）相似。」現在實行某種婚姻形式（不論是一夫多妻或一夫一妻）的未開化人是否從原始時代起就保有這種習俗，還是透過亂交的階段而又返回某種婚姻形式，我不敢妄自猜測。

---

⑩ 薩維奇，《波士頓博物學雜誌》，第五卷，一八四五—一八四七年，四二三頁。

* 錫蘭（現名斯里蘭卡）最古老的土著。——譯者注

⑪ 《史前時代》，一八六九年，四二四頁。

殺嬰（Infanticide）

實行殺嬰現今在全世界很普通，有理由相信在古時實行得更爲廣泛。[12]野蠻人發現同時養活他們自己和兒童是困難的，簡單的辦法就是把他們的嬰兒殺掉。按照阿扎拉的資料，南美的某些部落以前殺死了如此之多的男女嬰兒，以致瀕於滅絕的境地。據知，玻里尼西亞群島的婦女要殺掉四個至五個、甚至十個自己的孩兒；艾理斯在那裡未曾發現一個婦女沒有殺死過自己孩兒的。麥卡洛克（MacCulloch）在印度東部邊境的一個村莊竟連一個女孩也未曾發現過。凡是盛行殺嬰的地方，生存鬥爭的劇烈程度就要差得多[13]，而且部落的所有成員都會有差不多同等良好的機會來養育其倖存下來的少數兒童。在大多數情況中，女嬰被殺害的要比男嬰爲多，因爲，對部落來說，男嬰顯然有較高的價值，在他們長大之後，可以協助保衛部落，而且能夠養活自己。但是，正如婦女們自己以及各觀察家所列舉的，婦女養育小孩的麻煩，由此而失去她們的美貌，以及婦女數量越少越受到重視而且命運越佳，都是殺嬰的另外動機。

當婦女由於殺害女嬰而少起來的時候，從鄰近部落搶妻的風習自然就會興起。然而，正如我們已經看到的，盧伯克爵士把搶妻的主要原因歸於往昔的雜婚，因此男子就會從其他部落搶妻作爲他們自己的私有財產。還可以舉出另外的原因，如群體很小，在這樣場合中可婚嫁的婦女往往是缺乏

---

⑫ 倫南，《原始婚姻》，一八六五年。特別參閱有關族外婚姻和殺嬰部分，一三〇、一三八、一六五頁。

⑬ 格蘭德博士（《原始民族的消亡》，一八六八年）蒐集了很多有關殺嬰的資料，特別參閱二十七、五十一、五十四頁。阿扎拉（《航遊記》，第二卷，九十四、一一六頁）詳細地討論了其動機。再參閱倫南（同前書，一三九頁）所舉出的有關印度的例子。本書第二版在上述一節中不恰當地舉出了格雷（Grey）爵士錯誤的引證，現已刪去。

的。搶妻的習俗在古代最盛行，甚至文明民族的祖先也實行過搶妻，保存下來的許多奇特風俗和儀式明確地闡明了這一點，關於這等風俗和儀式，倫南先生做過有趣的記載。英國舉行婚禮時的「伴郎」最初似乎就是新郎搶妻時的主要幫手。現在只要男子還習慣地透過暴力和詭計來獲得他們的妻子，他們大概就樂於占有任何婦女，而不去選擇那些比較更有魅力的。但是，如果和一個不同部落用物物交換（barter）的辦法來獲得妻子，就像現今在許多地方所發生的情況那樣，被購買的大概一般就會是比較更有魅力的婦女。然而，任何這種形式的習俗必然要引起部落與部落之間的不斷雜交，這就有使同一地方的所有居民保持差不多一致性狀的傾向；而且這還會干涉性選擇對分化諸部落的力量。

殺害女嬰引起婦女的缺少，婦女的缺少又引起一妻多夫的實行，現今在世界的若干地方實行一妻多夫的還很普通，倫南先生相信在往昔幾乎全世界都盛行過這種習俗：不過莫爾根先生和盧伯克爵士卻對這個結論有所懷疑。[14]只要兩個或兩個以上的男子被迫娶一個女人，這個部落的所有女人肯定都可以結婚，這樣就不會有男子選擇魅力較大的女人的事情了。但是，在這種情況下，婦女無疑會有選擇的權力，她們將挑選魅力較大的男子。例如，阿扎拉描述一個瓜納人（Guana）的婦女在接受一個或更多的丈夫之前多麼細心地要求各種特權；因而那裡的男子非常注意他們自己的容貌。印度的圖達人（Todas）也是如此，他們也實行一妻多夫，女子可以接受或拒絕任何男人。[15]

⑭《原始婚姻》，二〇八頁；盧伯克爵士，《文化的起源》，一〇〇頁，再參閱莫爾根上述著作中有關古時盛行一妻多夫的部分。

⑮阿扎拉，《航遊記》，第二卷，九十二—九十五頁，馬歇爾上校，《在圖達人中間》（*Amongst the Todas*），二一二

在這等情況中，很醜的男子恐怕完全不能得到一個妻子，或者只能在晚年得到一個妻子；不過，比較漂亮的男子雖然能夠更成功地得到妻子，但就我們所知道的來說，他們大概不會比同一個婦女的較不漂亮的丈夫們留下更多的後代以遺傳他們的美貌。

早期訂婚以及奴役婦女

許多未開化人有一種風俗，當女子還在嬰兒的時候就實行訂婚；這會有效地阻止男女雙方按照容貌去實行選擇對象。但是，這不能阻止更強有力的男子在以後把魅力較大的婦女從其丈夫那裡把她們偷走或搶走；在澳大利亞、美洲以及其他地方都常常發生這種情形。當婦女幾乎完全被視為奴隸或牛馬時，就像許多未開化人的情形那樣，性選擇在一定程度上也會產生同樣效果。男子在無論什麼時候大概都會按照他們的審美標準去挑選最漂亮的奴隸。

由此我們看到了未開化人所盛行的幾種風俗，這一定會大大地干涉或完全停止性選擇的作用。另一方面，未開化人所處在的生活條件以及他們的某些習俗則有利於自然選擇；這同時對性選擇也會起作用。據知，未開化人由於反覆出現的饑饉而受害嚴重；他們不會用人為的方法去增加食物；他們對婚姻很少限制⑯，一般在幼小時就結婚了。結果他們一定要不時陷入劇烈的生存鬥爭，只有占有優勢的個體才能生存下來。

頁。

⑯ 伯切爾說（《南非遊記》，第二卷，一八二四年，五十八頁），在南非各野蠻民族中無論男人或女人沒有過獨身生活的。阿扎拉（《南美航遊記》，第二卷，一八〇九年，二十一頁）對南美野蠻印第安人提出了恰好一樣的看法。

在很古時期，人類還未達到現在這樣階段以前，他們與現今未開化人所處的許多生活條件都不相同。從低於人類的動物來類推，那時他們實行的不是一夫一妻，就是一夫多妻。最強有力而且最能幹的男子最能成功地得到富有魅力的婦女。他們在一般生存鬥爭中，以及在保衛其妻子兒女不受一切種類的敵害侵襲方面最能獲得成功。在這樣古遠的時期，人類祖先的智力還沒有充分進步到可以看到遙遠未來的意外事故；他們也不會預見到養育他們的孩子、特別是女孩將會使其部落陷入更加劇烈的生存鬥爭中。他們比今天的未開化人更多地受到其本能、更少地受到其理性的支配。他們在那一時期不會失去所有本能中最強烈的一種，這是一切低於人類的動物所共有的，即，對他們幼兒的愛；因此，他們不會實行殺害女嬰。這樣，婦女就不至於缺少，一妻多夫就不至於實行；因為，除了婦女的缺少之外，幾乎沒有任何原因似乎足以打倒天然的和廣泛占有優勢的嫉妒感以及每個男子各自占有一個女人的慾望。雜婚或接近亂交的習俗大概是自然由一妻多夫發展而來的；雖然最優秀的權威們都相信亂交的習俗在一妻多夫之前。在原始時代不會有早期訂婚，因為這含有預見的意思。那時也不會把婦女僅僅視為有用的奴隸或牛馬。如果允許男人和女人實行任何選擇的話，男女雙方差不多都要完全根據外貌而不是根據精神的美或財產，也不是根據社會地位去選擇其配偶。所有成年人都會結婚或找到配偶，所有子女只要可能都會受到養育；所以生存鬥爭就要週期地異常劇烈起來。於是，在這樣時期比在較晚時期——人類在智力上進步、但在本能上退步的時期，所有條件更有利於性選擇。因此，在產生人類種族之間的差異以及人類和高等四手類之間的差異方面，無論性選擇的影響如何，這種影響大概在遠古時期比在今天更為強有力，雖然這種影響在今並未完全消失。

人類性選擇的作用方式

關於剛才所說的生活在有利條件之下的原始人類，關於那些在今天實行任何婚姻約束的未開化人，性選擇或多或少地受到殺害女嬰、早期訂婚等等干涉，它大概以下述方式發生作用。最強壯的和精力最充沛的男子——那些最能保衛其家族並爲其狩獵的男子，那些擁有最好武器和最大產業（如大量的狗或其他動物）的男子——比同一部落中較弱而且較窮的成員，大概會在平均數量上養育更多的兒女。毫無疑問，這樣的男子一般還會選擇魅力較強的婦女。現今世界上幾乎每一個部落的酋長都能得到一個以上的妻子。我聽曼特爾（Mantell）先生說，在紐西蘭，直到最近，幾乎每一個漂亮的女子或者將來可成爲漂亮的女子，都是某一酋長的「塔布」（tapu）*，漢密爾頓（Hamilton）先生說，卡菲爾人的「酋長一般在許多英里範圍內挑選婦女，而且不屈不撓地確立或鞏固他們的特權」。⑰我們已經看到各個種族都有它自己的美的風格，並且我們知道，如果家畜、服裝、裝飾品以及個人容貌稍微超出平均之上，就會受到人們的稱讚，這乃是人類的本性。於是，如果上述幾項主張得到承認（我看不出其中有什麼可疑之處），那麼，魅力較大的婦女被力量較強的男子所選擇，並且平均養育了較多數量的兒童，要說這樣經過許多世代之後還沒有使這個部落的特性有所改變，大概是費解的事情。

如果家畜的一個外國品種被輸入一處新地方，或者，如果一個本地品種作爲實用品種或鑑賞品種而長期受到細心的養育，只要採用比較的方法，就可發現經過數代之後就會發生或多或少的變

---

* 即tabbo，係宗教迷信或社會習俗的禁忌。——譯者注

⑰《人類學評論》，一八七〇年一月，十六頁。

化。這種變化的發生是由於在一長系列的世代中進行了無意識選擇的緣故——這就是最受稱讚的個體被保存下來了——飼養者並沒有要求或預期這種結果的發生。再者，如果有兩位細心的飼養者多年以來都養育同一家族的動物，而且不使牠們相互比較或同一個共同標準比較，那麼就會出乎飼養者的意外，他們的動物會出現輕微的差異。[18]正如馮・納修西亞斯所恰當表達的那樣，每位飼養者已把他自己的心理特性——他自己的愛好和判斷刻印在他的動物之上。那麼，如果說每一部落中能夠養育最多小孩的男子連續選擇最受讚美的婦女，而不會產生與上述同樣的結果，實無理由可舉。這大概就是無意識選擇，因爲無意識選擇會產生一種效果，而與偏愛某些婦女的男子的任何要求或期望無關。

假定有一個部落的成員實行某種形式的婚姻，散布於無人居住的大陸上，他們很快就會分裂成不同的群，彼此被各種壁壘所隔離，由於所有野蠻民族之間的不斷戰爭，這種隔離就更加有效。這些群將處於稍微不同的生活條件和生活習俗之下，他們遲早會在某種微小程度上出現差異。一旦這種情形發生，各個隔離的部落就會形成它自己的稍微不同的審美標準[19]；於是，透過比較強有力且居於領導地位的男子挑選他所喜愛的婦女，無意識選擇就要發生作用。這樣，部落之間的差異在最初雖很輕微，但會逐漸地而且不可避免地有所增大。

---

⑱《動物和植物在家養下的變異》，第二卷，二一〇—二一七頁。

⑲一位富有才華的作者主張，從義大利畫家拉斐爾（Raphael），荷蘭畫家魯賓斯（Rubens）以及近代法國畫家們的繪畫來看，美的概念即使在歐洲也絕對不同，參閱旁貝特（Bombet）著，《海頓和莫札特的生平》（*Lives of Haydn and Mozart*），英譯本，二七八頁。

關於在自然狀況下的動物，雄性所固有的許多特性，如力氣、特殊武器、勇敢以及好鬥性，是依照鬥爭法則而獲得的。人類的半人祖先，就像其親緣關係相近的動物——四手類那樣，幾乎肯定也是這樣變異的；由於未開化人現在依然爲了占有婦女而進行爭鬥，一種相似的選擇過程大概或多或少地一直延續到今天。低等動物雄性所固有的其他特性，如鮮明的體色以及各種裝飾物，乃是由於雌性挑選她們所喜愛的魅力較大的雄性而獲得的。然而也有例外的情形，即雄性選擇雌性，而不是被雌性所選擇。根據雌性比雄性的裝飾更爲高度——她們的裝飾特性完全地或者主要地傳遞給雌性後代，我們便可認識上述那種情形。在人類所屬的靈長目中有一個這樣的例子，那就是恆河猴。

男人在肉體和精神方面都比女人更加強有力，而且在未開化狀態下男人對女人的束縛遠遠超過任何其他動物的雄性；所以他應該得到選擇的權力，就不足爲奇了。各地的婦女都會意識到其美貌的價值，當有辦法的時候，她們比男人更喜歡用所有種類的裝飾物來打扮自己。她們借用雄鳥的羽毛來打扮自己，這是大自然給予雄性的裝飾，以便用來取悅於雌性。由於婦女因其美貌而長期受到選擇，因此她們的某些連續變異應該完全傳遞給同一性別，就沒有什麼奇怪了；結果是，她們把美貌傳遞給女性後代的，在程度上應稍高於傳遞給男性後代的，按照一般的意見，她們這樣就會變得比男子更美。然而，婦女肯定要把大多數特性傳遞給男女後代，其中包括某種美貌在內；所以各個種族的男子按照他們的審美標準，挑選他們所喜愛的魅力較大的婦女，將有助於按照同樣方式來改變這個種族的男女。

關於性選擇的另一種方式（低等動物實行這種方式的要多得多），即，雌性選擇雄性，而且只接受那些最能使她們激動或魅力最強的雄性，我們有理由相信這種性選擇的方式以前曾對我們的祖先發生過作用。人類的髯鬚恐怕還有某些其他性狀，多半是從一個古代祖先那裡遺傳來的，這個祖先由此得到了裝飾。但是，這種選擇方式可能是在較晚時期偶爾實行的；因爲在極端野蠻的部落中，婦女在選擇、拒絕和引誘其情人方面，以及此後在更換其丈夫方面，所擁有的權利之大可能超出了我們的預料之外。這一點具有一定的重要性，所以我將詳細地舉出我所能蒐集到的這類證據。

赫恩描述過美洲近北極地方有一個部落的婦女，如何屢屢從她的丈夫那裡跑掉去與情人相聚；按照阿扎拉的資料，南美的卡魯阿人（Charruas）*可以完全自由地離婚。阿比朋人（Abipones）**的男子當選中一個妻子時要與她的父母商定她的身價。但是，「屢屢發生的是，這個女子會取消雙親和新郎達成的協議，頑固地拒絕這個婚事」。她常常跑走，隱匿起來，以逃避新郎。馬斯特斯（Musters）上尉曾與巴塔哥尼亞人一齊生活過，他說，他們的婚姻永遠是根據個人意願來決定的，「如果雙親所許的婚事與女兒的意願相違背，她就會加以拒絕，絕不被迫去服從」。在火地島，一個青年男子先要給女方的父母做些事情以求得他們的同意，這時他就試著把女子帶走，「但如果她不願意，她就躲藏在森林之中，直至求婚者倦於尋找而後已；不過這種情形很少發生」。在斐濟群島，男子眞正地或假裝地用武力去占有他要使其作爲妻子的婦女；但是「當到達這位劫持者的家中時，如果她不贊同結婚，她即跑到能夠保護她的某位人士那裡；如果她滿意了，就可立刻成婚」。關於蒙古人，新娘和新郎按照規定要進行一場競跑，而且新娘公平地先起跑，「克拉克肯定地說道，除非她對追逐者有所愛好，就不會發生女子被捉到的情況」。在馬來群島的野蠻部落中，也有競跑求婚的；盧伯克爵士說，根據包林（Bourien）的記載，「『競跑並非迅速者獲勝，戰鬥

---

* 印第安人的一個部落，在哥倫布以前的時代，他們分布在烏拉圭一帶。——譯者注

** 居住在巴拉圭平原上的一個部落，現已成爲說西班牙語的混血兒。——譯者注

也並非強者獲勝』，勝利歸於能夠取悅新娘的運氣好的青年」。亞洲東北部的高拉克人（Koraks）盛行一種相似的風俗，其結果亦相同。

再來看看非洲：卡菲爾人有買妻的習俗，如果女子不願接受父親爲其擇定的丈夫，就要受到父親的毒打；但是，根據斯庫特爾牧師所舉出的許多事實來看，那裡的女子顯然還有相當的選擇權利。這樣，很醜的男人，雖然富有，據知也找不到妻子。當女子同意訂婚之前，她要迫使男子先從前方、然後從後方來顯示自己，而且還要他們「表演步態」。據知她們也向男子求婚，而且與心愛的情人一齊逃走的並不罕見。再者，萊斯利先生非常了解卡菲爾人的情況，他說：「如果想像那裡的父親在出賣女兒時，其方式就像處理一頭母牛那樣，而且擁有同樣的權威，那將是一個錯誤。」

在衰退的南非布希曼人（Bushman）中，「當一個女子達到成年而尚未訂婚時（這並不常見），她的情人必須取得她的同意，也要取得她父母的同意，才能成婚」。[20]溫伍德・里德先生爲

---

⑳ 阿扎拉，《航遊記》，第二卷，二三頁。多布瑞熱弗爾（Dobrizhoffer），《關於阿比朋人的記載》（*An Account of the Abipones*），第二卷，一八二二年，二〇七頁。瑪司特斯船長，《皇家地理學會會報》（*Proc. R. Geograph. Soc.*），第十五卷，四十七頁。威廉斯（Williams）關於斐濟島民的敘述，盧伯克引用，見《文化的起源》，一八七〇年，七十九頁。關於火地人，金和菲茨羅伊（King and Fitzroy），《探險號和小獵犬號航行記》（*Voyages of the Adventure and Beagle*），第二卷，一八三九年，一八二頁。關於蒙古人，倫南在《原始婚姻》中的引文，一八六五年，三十二頁。關於馬來人，盧伯克，同前書，七十六頁。斯庫特爾（Shooter）牧師，《關於卡菲爾人和納塔爾人》（*On the Kafirs and Natals*），一八五七年，五十二—六十頁。萊斯利先生，《卡菲爾人的特性和風俗》（*Kafir Character and Customs*），一八七一年四月。關於布希曼人，伯切爾，《南非遊記》，第二卷，一八二四年，五十九頁。關於高拉克人，韋克先生在《人類學》（一八七三年十月，七十五頁）中引用麥克肯南（McKenan）之說。

我做過有關西非黑人的調查，他告訴我說：「那裡的婦女得到她們所願嫁給的丈夫並不困難，至少比較聰明的沛根部落（Pagan tribes）是如此，但向男子求婚被看做是不符合女人身分的。她們完全能夠戀愛，顯示溫柔、熱烈而忠實情感。」關於這種情形，還可舉出另外一些例子。

由此可以看出，並非像常常設想的那樣，未開化人的婦女在婚姻方面是完全處於屈從地位的。無論在婚前或婚後，她們都可以誘惑所喜愛的男人，而且有時可以拒絕她們討厭的男人。婦女的這種選擇如果穩定地朝著任何一個方向發生作用，最終就會影響這個部落的特徵；因爲婦女不僅按照她們的審美標準一般選擇漂亮的男人，而且選擇那些同時最能保衛和養活她們的男人。這樣稟賦良好的配偶比稟賦較差的，通常能養育較多數量的後代。如果男女雙方都實行這種選擇，顯然會以更加顯著的方式產生同樣結果；這就是說，魅力較大的而且力量較強的男人喜愛魅力較大的女人，而且被後者所喜愛。這種雙重的選擇方式似乎實際發生過，尤其是在我們悠久歷史的最古時期更加如此。

現在我們稍微仔細地考察一下區分若干人類種族以及區分人類種族和較低等動物的某些特性，即：體毛的多少闕如以及皮膚的顏色。

關於不同種族在面貌和頭骨形狀方面的巨大多樣性，我們沒有必要再說什麼了，因爲我們在前一章已經看到對這些方面的審美標準是何等不同。因此，這等特性大概會受到性選擇的作用；但我們無法判斷這種作用主要來自男方，抑或來自女方。人類的音樂才能也同樣被討論過了。

體毛的闕如以及面毛和頭髮的發育

根據人類胎兒的柔毛、即胎毛，並且根據在成熟期散布於身體各部的殘跡毛，我們可以推論人類是從生下來就有毛而且終生如是的某種動物傳下來的。毛的消失對人類來說是不方便的，而且可能是有害的，甚至在炎熱氣候的情況下也是如此，因爲人類這樣就會暴露在太陽的灼熱以及驟然寒冷之中，在多雨的天氣裡更加如此。正如華萊士先生所提出的，所有地方的土人都喜歡用某種輕的覆蓋物把裸露的背部和肩部保護起來。沒有人設想皮膚的無毛對人類有任何直接的利益；因此，人類體毛的消失不會是透過自然選擇而實現的。㉑正如以前一章所闡明的，我們沒有任何證據可以闡明這是由於氣候的直接作用而發生的，而且這也不是相關發育的結果。

體毛的闕如在某種程度上是一種第二性徵；因爲世界一切地方的婦女都比男子少毛。因此我們可以合理地設想這種性狀乃是透過性選擇獲得的。我們知道有幾個猴的物種，其面部無毛，另有幾個物種的臀部的大片表面無毛；我們可以穩妥地把這一點歸因於性選擇，因爲這等表面不僅顏色鮮明，而且像雄西非山魈和雌恆河猴那樣，某一性別的這種顏色比另一性別的要鮮明得多，特別在繁殖期間尤其如此。巴特利特先生告訴我說，當這等動物逐漸到達成熟時，這等無毛表面在同身體大小的相比下要變得大些。然而，毛的消除似乎並非爲了裸的緣故，而是爲了可以更加充分地顯示那一塊皮膚的顏色。再者，有許多鳥類，其頭部和頸部的羽毛好像透過性選擇被拔掉了，藉以表現其顏色鮮明的皮膚。

㉑《對自然選擇學說的貢獻》，一八七〇年，三四六頁。華萊士先生相信（三五〇頁），「某種智力支配了或決定了人類的發展」；他認爲皮膚的無毛狀態應歸屬於這個問題之下。斯特賓（Stebbing）在評論這一觀點時說道（《德文郡科學協會會報》，一八七〇年），如果華萊士先生「沒有用其敏銳的眼光來觀察人類無毛皮膚這一問題，那麼他大概會看到對無毛皮膚的選擇可能是透過這種至美或健康所必須的非常清潔」。

由於婦女的體毛比男子的爲少，而且由於這一性狀是一切種族所共有的，我們可以斷言，最初失去毛的乃是我們半人的女祖先，並且這在若干種族從一個共同祖先分歧出來之前的極其遙遠的古代就發生了。當我們女祖先逐漸獲得這種新的無毛性狀時，她們一定把這種性狀幾乎同等地傳遞給幼小的男女後代，所以這種性狀的傳遞，就像許多哺乳類和鳥類的裝飾物那樣，既不受性別的限制，也不受年齡的限制。我們類猿的祖先把毛的局部消失視爲一種裝飾，並不奇怪，因爲我們已經看到所有種類的動物把大量的奇異性狀視爲裝飾，而且結果是透過性選擇得到了這等性狀。同時這樣會獲得稍微有害的性狀也不奇怪；因爲我們知道某些鳥類的羽飾以及某些公鹿的角就是如此。

在以前一章中曾經提到，有些類人猿的雌性，其體部底面的毛比雄性的略少；這或是毛的消失過程的開始。關於透過性選擇來完成這一過程，我們最好記住紐西蘭的一句諺語：「婦女不嫁多毛的男子。」凡是看過暹羅多毛家庭相片的人，都會承認婦女的異常多毛眞是醜得滑稽。暹羅皇帝勢必用錢來利誘一個男子去娶一個家族的多毛長女；而且她把這一性狀傳遞給了其男女雙方的幼年後代。[22]

有些種族遠比其他種族的毛多，尤其男人更加如此；但千萬不要假設，比較毛多的種族如歐洲人比毛較少的種族如外蒙古人或美洲印第安人更加完全地保持了他們的原始狀態。更加可能的是，前者的多毛乃是由於局部的返祖；因爲在某一既往時期長久遺傳的性狀永遠是容易返祖的。我們已經看到，白痴常常是多毛的，而且他們在其他性狀上總是容易返歸低等動物的模式。容冷的氣候在

㉒《動物和植物在家養下的變異》，第二卷，一八六八年，三二七頁。

導致這種返祖方面好像沒有什麼影響；但在美國生活了幾代的黑人㉓以及在日本列島的北部諸島居住的蝦夷人可能是例外。不過遺傳法則是如此複雜，以致我們很少能理解其作用。如果某些種族的較強多毛性是返祖的結果，不受任何選擇形式的抑制，那麼它的極端變異性即使在同一種族的範圍內也就不值得加以注意了。㉔

關於人類的鬍鬚，如果求助於我們的最好嚮導——四手類，我們就可看到許多物種雌雄二者的鬍鬚是同等發達的，但有些物種僅限於雄性有鬍鬚，或者其鬍鬚比雌性的更爲發達。根據這一事實，並且根據許多猴類頭毛的奇特排列及其鮮明顏色，正如以前所解釋的，非常可能是雄性最先透過性選擇獲得了牠們的鬍鬚作爲裝飾，並在大多數情況中把鬍鬚同等地或差不多同等地傳遞給男女

㉓ 古爾德，《關於美國士兵的軍事學和人類學的統計之研究》，一八六九年，五六八頁：——當二千一百二十九名黑人以及有色人種士兵入浴時，曾對他們體毛的多少進行過細緻的觀察；粗略地看一下已發表的表格，就可知道「白人和黑人在這方面如果有任何差異的話，顯然也是微乎其微的」。然而，黑人在其非洲本土熱得多的地方，他們的體部是顯著無毛的。應該特別注意到純種黑人和黑白混血兒均列入上述數字之中；這是一件不適當的事情，因爲，根據一項原理——我在他處已經證實了它的正確性，人類的雜交種族顯著容易返歸其早期類猿祖先的原始多毛性狀。

㉔ 本書中受到最大反對的觀點即爲，關於人類毛的消失乃是透過性選擇的上述說明〔例如，參閱施彭格爾（Spengel），《達爾文主義的發展》（*Die Fortschritte des Darwinismus*），一八七四年，八十頁〕；但是，與一些事實相比，沒有一個反對的論點在我看來是有很大分量的，這些事實表明在人類以及某些四手類中皮膚無毛在一定程度上是一種第二性徵。

後代。根據埃舍里希特（Eschricht）的資料㉕，我們知道人類的男女胎兒在面部、特別在嘴的周圍生有很多毛；這暗示著我們是從雌雄雙方均有鬍鬚的祖先傳下來的。因此，最初看來，男人可能從很古時期以來就有鬍鬚，而且女人在其體毛差不多完全失去的同時也失去了其鬍鬚。甚至我們鬍鬚的顏色似乎也是由類猿祖先遺傳下來的；因爲，如果頭髮和鬍鬚的色調有任何差異的話，在所有猴類以及人類中總是鬍鬚的顏色較淡。在四手類中，如果雄性的鬍鬚大於雌性的，前者的鬍鬚只是在成熟期才充分發育，恰好人類亦復如此；人類所保持的可能只是較晚的發育階段。與人類從古代就保持鬍鬚這一觀點相反的是在不同種族、甚至在同一種族中鬍鬚巨大變異性的事實；因爲這暗示著返祖——長久亡失的性狀在重現時很容易變異。

我們千萬不要忽視性選擇在較晚時期所起的作用；因爲我們知道，關於未開化人，無需種族的男子把鬍鬚視爲可憎，煞費苦心地把臉上每一根毛都拔掉，而有鬚種族的男子對他的鬍鬚則感到最大驕傲。毫無疑問，婦女也有這種感情，倘如此，則性選擇在較晚時期幾乎不會不發生一些作用的。長期不斷的拔毛習慣可能產生遺傳的效果。布朗—塞加爾（Brown-Séquard）博士已經闡明，以一種特殊方法對某些動物實行手術，牠們的後代會受到影響。還可舉出進一步的證據來證明切斷手術的遺傳效果；不過沙爾文（Salvin）先生㉖最近確定的一個事實與現在這個問題有更直接的關係；因爲他曾闡明，摩特鳥習慣地把兩支中央尾羽的羽支咬掉，於是這兩支尾羽的羽支天然地

㉕《論人類身體的無毛》（Ueber die Richtung der Haare am Menschlichen Körper），見米勒的《解剖學和生理學文獻集》（*Archiv für Anat. und Phys.*），一八三七年，四十頁。

㉖關於摩特鳥（Momotus）的尾羽，見《動物學會會報》，一八七三年，四二九頁。

縮小了。㉗至於許多種族的頭髮怎樣發達到現在這樣的巨大長度，還難以形成任何判斷。埃舍里希特說㉘，人類胎兒的面毛在第五個月的時候比頭髮長；這表明我們的半人祖先不具長髮，所以長髮一定是後來獲得的。不同種族的頭髮長度有巨大差異，這同樣也表明了上述情況；黑人的頭髮猶如捲毛的絨毯；歐洲人的頭髮很長，而美洲土人的頭髮觸及地面者並不罕見。瘦猴屬一些物種的頭髮長度中等，這大概作爲裝飾之用，而且是透過性選擇獲得的。同樣的觀點恐怕可以引申到人類，因爲我們知道，無論現在和以往，長髮都受到特別讚美，在幾乎每一位詩人的作品中都可能看到這一點，聖保羅說：「婦人有長髮，乃彼之榮耀」；而且我們已經看到，在北美，一個人被選爲酋長完全是因爲他有長髮的緣故。

皮膚的顏色

關於人類的皮膚顏色透過性選擇發生變異的最好證據尚不多見；因爲在大多數種族中男女在這方面沒有差異，在另外一些種族中，正如我們已經看到的，僅有輕微的差異。然而，我們根據已經舉出的許多事實得知，所有種族的男子都把皮膚的顏色視爲美的高度重要的組成部分；所以它很可能是一種透過性選擇而發生變異的性狀，許多低於人類的動物所發生的大量事例正是如此。如果說黑人的烏黑發亮的膚色大概是透過性選擇獲得的，乍看起來，這似乎是一種奇怪的設想；但這一觀

㉗ 斯波羅特（Sproat）先生提出過同樣的觀點，見《未開化人生活的景象及其研究》（*Scenes and Studies of Savage Life*），一八六八年，二十五頁。有些人種學者相信頭骨的人工改變傾向於遺傳，日內瓦的戈斯即爲其中的一人。

㉘《論人類身體的無毛》，四十頁。

點得到了各種類似情況的支持，而且我們知道黑人讚美他們自己的膚色。關於哺乳動物，如果雌雄在顏色方面有所差別的話，往往雄性是黑的，或者比雌性的顏色暗得多；這種顏色或任何其他顏色究竟向雌雄雙方傳遞或只向一方傳遞，僅僅決定於遺傳形式。僧面猴（*Pithecia Satanas*）具有烏黑發亮的皮膚、滾滾轉動的白色眼球以及頭頂的分開的頭髮，儼然是黑人的雛形，其狀顯得滑稽。

各種猴的面部顏色的差別比人類各個種族的這種差別大得多；我們有某種理由可以相信，牠們皮膚的紅色、青色、橙色、接近白色和黑色，甚至雌雄二者都呈現這等顏色，都是透過性選擇獲得的，此外，皮毛的鮮明顏色以及頭部的裝飾性簇毛也是如此。由於生長期間的發育順序一般表明一個物種的諸性狀在以前各代中發育和變異的順序；而且由於人類各個種族新生嬰兒雖然完全無毛，他們的膚色差別並不像成年人那樣大，所以我們還有某種微小的證據可以證明不同種族的膚色是在毛的消失之後獲得的，而毛的消失一定是在人類歷史的很古時期。

提要

我們可以斷言，與女人相比，男人的體格、力氣、勇氣、好鬥性以及精力均較大，這些都是在原始時代獲得的，而且此後主要透過男人爲了占有女人所進行的鬥爭而增大了。男子較強的智力和發明力大概是由於自然選擇的作用，而且結合著習性的遺傳效果，因爲最有才幹的男子們將會最成功地保衛自己以及妻子兒女。就我們對這個極其錯綜複雜問題所能做出的判斷來說，看來人類的男性似猿祖先獲得他們的鬍鬚似乎是作爲一種裝飾以魅惑或刺激女人，而且這種性狀只向男性後代傳遞。女人最初失去她們的體毛顯然也是作爲一種性的裝飾；不過她們把這種性狀幾乎同等地傳遞給男女雙方。女人在其他方面爲了同一目的和按照同一方式發生變異並不是不可能的；所以女人獲得了比較甜蜜的聲音，而且比男人漂亮。

值得注意的是，就人類來說，在許多方面適於性選擇的條件，在很古時期——當人類剛剛達到人的狀態時——比在較晚時期更加有利得多。正如我們可以穩妥地做出的結論，這是因爲那時的人類更多受到本能的情欲所支配，較少受到預見或理智所指引。他將以嫉妒之心去監視他的妻子或妻子們。他不實行殺嬰；不把他的妻子們看做有用的奴隸；也不在嬰兒時期就實行訂婚。因此，我們可以推論，僅就性選擇來說，人類種族的分化主要是在遠古時代；這個結論對下述值得注意的一個事實提供了說明，即：在有史的極古時代人類種族之間的差異已經差不多或者完全和今天一樣了。

關於性選擇在人類歷史中所起的作用，已在這裡擺出了一些觀點，不過這些觀點還缺少科學的精確性。凡不承認在低於人類的動物情況中也有這種作用的人將會無視我在本書第三部分中所寫的有關人類的一切。我們無法肯定地說，這一性狀如此變異了，而那一性狀並未如此變異；然而已經闡明，人類種族彼此之間以及和其親緣關係最近的動物之間在某些性狀上有所差別，而這些性狀就他們的日常生活習性來說並無用處，而且極其可能是透過性選擇發生變異的。我們已經看到，各個未開化部落的人們都讚美其自己的特徵——頭和臉的形狀，顴骨的方形，鼻的隆起或低平，皮膚的顏色，頭髮的長度，面毛和體毛的闕如，以及大鬍子等等。因此，這等性狀以及其他這樣的性狀都是緩慢而逐漸擴大的，它們的擴大乃是由於各個部落中比較強有力而且比較有才幹的男子成功地養育了最大數量的這等後代，並且選擇了特徵最強烈的，因而魅力最大的婦女作爲他們的妻子。在我來說，我可斷言，導致人類種族之間在外貌上有所差別的所有原因，以及人類和低於人類的動物之間在某種程度上有所差別的所有原因，其中最有效的乃是性選擇。

第二十一章　全書提要和結論

簡短的提要足可以引起讀者們對本書一些比較突出之點進行回憶。在已經提出的諸觀點中，有許多是高度推測的，無疑還有些將被證明是錯誤的；但是，我在每一個情況中都舉出了導致我爲什麼主張這一觀點而不主張另一觀點的理由。關於進化原理對人類自然史中的一些比較複雜問題究竟能解釋到怎樣程度，似乎值得試著在這裡討論一下。虛假的事實對科學進步的危害極大，因爲它們往往持續長久；但受到某種證據支持的虛假觀點則爲害很小，因爲每一個人都樂於證明它的虛假性，這是有益的：當這樣做之後，則通向錯誤的那一條路被關閉了，而通向眞理的那一條路便往往同時敞開了。

這裡所得到的主要結論是，人類起源於某種體制較低的類型，這一結論現在已得到了許多有正確判斷能力的博物學者們的支持。這一結論的根據絕不會動搖，因爲人類和較低等動物之間在胚胎發育方面的密切相似，以及它們在構造和體質——無論是高度重要的，還是最不重要的——的無數之點上的密切相似，還有，人類所保持的殘跡（退化）器官，它們不時發生畸形返祖的傾向，都是一些無可爭辯的事實。這等事實久已爲人所知，但直到最近，它們對人類的起源並沒有提供什麼說明。現在當使用我們對整個生物界的知識來進行觀察的時候，這等事實的意義就清清楚楚了。如果把這等事實與其他事實聯繫起來加以考慮，例如，同一類群的諸成員之間的相互親緣關係，他們在過去和現在的地理分布，以及他們在地質上的演替，那麼，偉大的進化原理就可以明確而堅定地站得住了。如果以為所有這等事實都被說錯了，那是不可令人相信的。一個人如果不像未開化人那樣滿足於把自然現象看做是不相聯繫的，他就不會再相信人類是分別創造作用的產物。他將被迫承認，人的胚胎與狗的胚胎密切相似——人的頭骨、四肢以及整個構造與其他哺乳動物這等部分的設計是相同的，不管這等部分的用途如何，都是如此——不時重現各種構造，例如人類不正常具有的、而為四手類所共有的幾塊肌肉的重現——所有這些點都以最明確的方式引出了下述結論，即：人類和其他哺乳動物乃是一個共同祖先的同系後裔。

我們已經看到，人類在身體的一切部分以及在心理官能上不斷地表現個體差異。這等差異或變異就像在低於人類的動物場合中那樣，似乎都是從相同的一般原因誘發的，而且都是服從相同的法則。相似的遺傳法則適用於上述雙方。人類增加速度有大於食物增加速度的傾向；結果他們就要不時地陷入劇烈生存鬥爭之中，而自然選擇就會在它所及的範圍內發生作用。對自然選擇的工作來說，連續而強烈顯著的相似變異絕不是必須的；個體中輕微而彷徨的變異就足夠了；我們沒有任何理由可以設想同一物種體制的一切部分有同樣程度地發生變異的傾向。我們可以肯定的是，身體各部分長期連續的使用或不使用的遺傳效果將會按照自然選擇的同一方向發揮重大作用。已往具有重要性的變異，現在雖然沒有任何特殊用途，還是長久遺傳的。當某一部分發生變異時，其他一些部分就會按照相關原理發生變化，關於這一點，我們可以舉出許多奇妙的相關畸形來說明。多少可以歸因於周圍生活條件如豐富食物、炎熱或潮溼的直接而一定的作用；最後，生理上不很重要的許多性狀，以及生理上確很重要的一些性狀，都是透過性選擇獲得的。

毫無疑問，人類以及其他各種動物還具有這樣一些構造，按照我們有限的知識來看，它們無論現在或以往對一般的生活條件或兩性關係都沒有任何用處。這等構造都不能由任何形式的選擇或身體各部分使用和不使用的遺傳效果得到解釋。我們知道，家養的動物和植物偶然在構造上出現許多奇異而強烈顯著的特性，如果它們的未知原因更加一致地發生作用，這等特性大概會爲這個物種的一切個體所共有。關於這等偶然變異的原因，我們可以希望今後會多少有所理解，尤其是透過對畸形的研究，更可以如此：因此，實驗工作者們的勞動，如卡米爾・達列斯特（M. Camille Dareste）的，將來都大有希望。總之，我們所能說的僅是，導致各個輕微變異和各個畸形的原因，由於生物體質的要遠遠超過由於周圍條件的性質；雖然變化了的新條件在激發許多種類的生物變化上肯定會發揮重要的作用。

透過上述方法，恐怕還要借助於其他未發現的原因，人類才會上升到今天這樣的地位。但是，自從人類達到人的等級以後，人類就分歧爲不同的種族（races），更適當地可以稱爲「亞種」（sub-species）。有些種族，如黑人和歐洲人，如此截然不同，以致如果把他們的標本帶給一個博物學者去看而不進一步給予說明，毫無疑問這位博物學者將把他們視爲十全十美的眞正物種。儘管如此，所有種族在非常多的不重要細微構造上以及在非常多的心理特性上還是彼此一致的，以致只有根據從一個共同祖先遺傳的道理，這等構造和特性才能得到解釋；而一個具有這樣特徵的祖先大概値得列入人的等級的。

千萬不要設想，每一種族與其他種族的歧異，以及所有種族同一個共同祖先的歧異，都可以向後追溯到任何一對祖先配偶。反之，在變異過程的每一階段，無論在什麼方面能夠更好地適應它們生活條件的所有個體，雖然其程度有所不同，都比適應較差的個體能夠存活下來的數量較大。人類並非有意識地選擇家畜的特殊個體，而是用所有優秀的個體進行繁育，遺棄那些低劣者，人類的變異過程也與此相像。這樣，人類就會緩慢而穩定地改變其種族，並且無意識地形成一個新族系。至於不是由於選擇獲得的變異，而是由於有機體性質和周圍條件作用或生活習性變化獲得的變異，沒有任何一對配偶的改變大於在同一地方居住的其他配偶的改變，因爲所有個體透過自由雜交將不斷地混合在一起。

根據人類的胚胎構造——人類和低於人類的動物的同源器官——人類所保留的殘跡（退化）器官——返祖的傾向，我們便能想像到我們早期祖先的往昔狀態；並且能夠大致地把他們放在動物系列中的適當地位。於是，我們可以知道人類起源於一個身體多毛的、有尾的四足獸，大概具有樹棲的習性，是居住在舊世界中的。如果一位博物學者對這種動物加以檢查，大概會把牠分類在四手目中，其確切程度正如把舊世界和新世界猴類的更古祖先分類在這一目中一樣。四手目和所有其他高等哺乳動物大概來自一種古代的有袋動物，有袋動物經過一長系列的形態分歧，來自某一與兩棲類相似的動物，而這種動物又來自某一與魚類相似的動物。我們可以看到，在朦朧的過去，所有脊椎動物的早期祖先一定是一種水生動物，有鰓，雌雄同體，而且其身體的最重要器官（如腦和心臟）是不完全的或是完全不發達的。這種動物同現存海鞘類（Ascidians）的相像，似乎勝於同任何其他已知類型的相像。

當我們做出有關人類起源的這樣結論之後，最大的難題便是人類的智力和道德傾向何以達到如此高的標準。不過，凡是承認進化原理的每一個人都必須看到，高等動物與人類的心理能力，雖然程度非常不同，但性質無異，是能夠進步的。例如，在某一高等猿類和某一魚類之間或一種螞蟻和介殼蟲（scale-insect）之間心理能力的間隔是巨大的；然而牠們的發展並沒有任何特別困難；因爲，就我們的家畜來說，心理官能肯定是可變異的，而且這種變異是遺傳的。誰也不會懷疑心理能力對自然狀況下的動物具有極度重要性。因此，外界條件對心理能力透過自然選擇的發展是發揮促進作用的。同樣的結論可以引申到人類；智力對人類一定是高度重要的，甚至在很古時代也是如此，它能使人類發明和使用語言，製造武器、器具、陷阱等等，在其社會的習性幫助下，人類很久以前就成爲一切生物的最高支配者。

一旦半技術和半本能的語言被運用之後，智力的發展緊跟著就闊步前進了；因爲，語言的連續使用將對腦發生作用，並產生一種遺傳效果；反過來這又會對語言的進步發生作用。昌西・賴特（Chauncey Wright）說得好，①與低於人類的動物相比，人腦按其身體的比例來說是大的，這種情形主要應歸因於某種簡單形式的語言之早期使用——語言是一種不可思議的機器，它能給各種物體和各種性質做上記號，並引起思想的連鎖；單憑感覺的印象，思想連鎖絕不能發生，即使發生也不能進行到底。人類的較高智力，如推理（ratiocination）、抽象作用（abstraction）、自我意識（self-consciousness）等等，大概都是因其他心理官能的不斷改進和運用而產生的。

道德屬性（moral qualities）的發展是一個更加有趣的問題。其基礎建築在社會本能之上，在社會的本能這一名詞中含有家庭紐帶的意義。這等本能是高度複雜的，在低於人類的動物場合中，有進行某些一定活動的特別傾向；但其更重要的組成部分還是愛，以及明確的同情感。賦有社會本能的動物樂於彼此合群，彼此警告危險，以及用許多方法彼此互保和互助。這等本能並不擴展到同一物種的一切個體，而只擴展到同一群落的那些個體。由於這等本能對物種高度有利，所以它們完全可能是透過自然選擇而被獲得的。

有道德的生物能夠反省其過去的行爲和動機——能夠贊同這個、反對那個；人之所以值得稱爲

---

①《論自然選擇的範圍》（On the Limits of Natural Selection），見《北美評論》，一八七〇年十月，二九五頁。

人者，即在於人類和低於人類的動物之間的這種最大區別。但是，我曾在第四章試圖闡明，道德觀念（moral sense）起源於：第一，社會本能的持續和恆久存在；第二，人類懂得同群諸人的稱讚和非難；第三，人類心理官能的高度活動以及對過去的印象鮮明，而且人類與低於人類的動物的區別即在於後面這幾點。由於這種精神狀態，人類不可避免地要瞻前顧後，並把過去的印象加以比較。因此，當某種暫時的慾望和激情抑制了其社會本能之後，一個人就要反省對這種過去衝動的現已減弱的印象，並把這等印象與恆久存在的社會本能加以比較；於是他感到不滿，這是所有不滿的本能留給他的，所以他決定將來不再有這樣行爲——這就叫做良知。任何一種本能如果永久地強於另一種本能，而且持續較長，這種本能就會引起我們用語言來表達的「應該遵從它」的那種感情。一隻嚮導獵犬如果能夠反省其過去行爲，牠大概會對自己說，我應該（恰如我們說給它的那樣）示明那隻山兔的所在，而不應屈從於一時的誘惑去獵捕牠。

社會性的動物局部地受到一種願望所驅使，這就是以一般方式對其同群成員進行幫助的願望，但更爲普通的是履行某些一定的行爲。人類同樣也被幫助其同夥的一般願望所驅使；但只有很少特別爲此的本能，或者根本沒有這種本能。人類和低於人類的動物之間的區別還在於前者有用語言表達自己願望的能力，這就成爲需要幫助和給予幫助的引導。人類給予幫助的動機同樣也發生了重大改變：它已不再單純是盲目的本能衝動了，而是大大地受到其同夥的稱讚或譴責的影響。對稱讚和譴責的鑑別以及稱讚和譴責的給予都是建立在同情之上的；正如我們已經看到的，這種情緒是社會本能的最重要組成部分。同情雖然是作爲一種本能被獲得的，還是由於使用或習性而大大被加強了。由於所有的人都希望有自己的幸福，所以對行爲和動機所給予的稱讚或譴責都是以它們能否導致幸福這一目的來決定的，由於幸福是公共利益的一個重要部分，所以最大幸福原理就會作爲是非的基本穩妥標準而間接地發生作用。由於推理能力的進展以及經驗的獲得，就會察覺到某種一系列行爲對個人性格以及公共利益所發生的更爲遙遠的作用；於是自尊的美德就會放在輿論範圍之中而受到稱讚，反是者就要受到譴責。但就文明較低的諸民族來說，理性常常出現錯誤，許多壞風俗和愚蠢的迷信也會放在同樣的輿論範圍之中，於是這等風俗和迷信就作爲高度的美德而受到尊重，違反它們就罪莫大焉。

一般認爲道德官能比智力具有更高的價值，這種看法是正當的。但是，我們應該記住，在鮮明地回憶過去的印象時，心理活動乃是良知的根本的、雖是第二性的基礎。這就提供了一個最強有力的論據，表明每一個人的智慧都是透過各種可能的途徑受到教育和激發的。毫無疑問，一個心理遲鈍的人，如果他的社會感情和同情心十分發達的話，也會被引導有良好的行爲，而且可以有相當敏銳的良知。但是，無論什麼情況，只要能使想像更爲鮮明並使回憶和比較過去印象的習性加強，就會使良知更加敏銳，甚至多少可以對衰弱的社會感情和同情心有所補償。

人類的道德本性之所以能夠達到今天這樣的標準，部分是由於推理能力的進步，因而引起公正輿論的進步，特別是由於透過習性、範例、教育以及反省，他的同情心變得更加敏感而且廣泛普及。美德的傾向經過長期實踐之後並非不可能遺傳的。就文明較高的種族來說，篤信一位無所不察的神的存在，對道德的向上具有重大影響。雖然很少人能夠逃脫同夥褒貶的影響，但最後人類還是不會以褒貶作爲他的唯一指標，而是受到理性支配的習慣信仰爲他提供了最穩妥的準則。於是他的良知便成爲最高的判斷者和告誡者。儘管如此，道德觀念的最初基礎或起源還是在於包括同情心在內的社會本能；這等本能就像在低於人類的動物場合中那樣，最初無疑是透過自然選擇而被獲得的。

常常有人提出，信仰上帝不僅是人類和低於人類的動物之間的最大區別，而且是最完全的區別。然而，正如我們已經看到的，不可能主張人類的這種信仰是天生的或本能的。另一方面，對無所不在的精靈力量的信仰似乎是普遍的；顯然這是來自人類理性的相當進步，而且是來自人類想像、好奇和驚異的官能的更大進步。我知道這種假定的對上帝的本能信仰曾被許多人用做一個論據來表明上帝的存在。但以此作爲論據未免輕率，倘如此，我們就要被迫去相信許多僅僅比人類力量稍大的殘忍而惡毒的精靈的存在；因爲對精靈的信仰遠比對慈悲的神的信仰更爲普遍。直到人類經過長期不斷的文化陶冶而被提高其地位之後，人類的思想中似乎才發生了一個萬能而慈悲的造物主的觀念。

一個人如果相信人類是從某一低等生物類型發展而來的，他自然要問這種信念與靈魂不滅的信念何以相容。正如盧伯克爵士已經闡明的，人類的野蠻種族並不具有明顯的這種信念；剛才我們已經看到，從未開化人原始信仰得出的那些論據是沒有多大用處的，或者根本沒有用處。在從一個微小胚泡（germinal vesicle）的痕跡開始的個體發展過程中，不可能決定在什麼確定的時期人類才變爲一種不朽的生物，對此很少人感到不安；而在逐漸上升的生物等級中、即在系統發展的過程中也不可能決定這樣的時期，對此就更沒有感到不安的理由了。②

我知道，本書所得出的結論將會被某些人斥爲非常反對宗教的；但斥責者不得不闡明，以人類作爲一個獨特物種透過變異和自然選擇的法則發生於某一較低類型來解釋人類的起源，爲什麼比按

② 皮克頓（J. A. Picton）對這個效果給予他的見解：《新理論和舊信仰》（*New Theories and the Old Faith*），一八七〇年。

照普通的繁殖法則來解釋個體的產生更爲反對宗教呢。物種的產生和個體的產生，都是偉大生命事件發生次序中的相等部分，我們的頭腦拒絕承認這是盲目的偶然結果。無論我們能否相信構造的每一個輕微變異——每一對配偶的婚姻結合——每一粒種子的散布——以及其他這等事件全是由神來決定去服從於某一特殊目的的，但理智與這種結論是不相容的。

本書對性選擇進行了詳細的討論；因爲，正如我試圖闡明的，性選擇在生物界的歷史中發揮了重要的作用。我知道還有許多情形存在著疑問，但我已就全部情況盡力提出一個公平的觀點。在動物界的較低部門中，性選擇似乎沒有什麼作用：這等動物往往終生固定於同一個地點或是雌雄同體，更加重要的是，牠們知覺力和智力還沒有足夠的進步，以表現愛和嫉妒的感情，或實行選擇對象。然而，當進至節肢動物和脊椎動物這二個大「門」時，甚至在牠們最低等的綱中，性選擇也發揮了很大作用。

在動物界幾個大的綱中——哺乳類、鳥類、爬行類、魚類、昆蟲類，甚至甲殼類——雌雄之間基本按照同樣的規則而有所差異。雄性幾乎永遠是求偶者；唯獨牠們具有特殊的武器，用來與其競爭對手進行戰鬥。牠們一般比雌性更加強有力而且更加體大，並且賦有勇氣和好鬥這等必須的素質。聲樂器官或器樂器官以及散發氣味的腺體，不是爲牠們所專有就是比雌性的更加高度發達。牠們具有各式各樣的附器以及最鮮豔的或惹起注目的顏色，這等顏色往往是以優雅的樣式來排列的，而雌性卻無所裝飾。當雌雄二者在更重要的構造上有所差異時，正是雄性具有特殊的感覺器官以發現雌性，具有運動器官以達到雌性的所在，而且常常具有抱握器官以抓住雌性。雄性的這種種媚惑或招致雌性的構造常常只在每年的某一時期、即在繁殖季節才發達。在許多情況中，這等構造或多或少地傳給了雌性；倘如此，它們在雌性身上僅表現爲殘跡。當雄性被去勢之後，這等構造即行消失或絕不出現。一般的，它們在雄性的幼小時期不發達，而是在達到生殖年齡之前不久才出現。因此，在大多數情況中，幼小的雌雄二者彼此相像；而且雌性終生與其幼小後代多少相像。幾乎在每一個大「綱」中都有少數反常現象發生，這時雌雄二者所固有的性狀差不多完全互換位置；雌性呈現雄性所固有的性狀。在如此眾多的和遠隔的諸綱中，雌雄二者之間的差異受到了異常一致的法則所支配，如果我們承認一個共同的原因、即性選擇在起作用，這種情形就是可以理解的了。

性選擇決定於同一性別的某些個體勝過其他個體，這與物種繁殖有關；而自然選擇決定於雌雄雙方的成功，不問其年齡如何，這與一般的生活條件有關。性的爭鬥有兩種；一是同一性別（一般爲雄性）的個體之間的鬥爭，以便趕走或弄死其競爭對手，而雌性則處於被動地位；另一種鬥爭同樣也是在同一性別的個體之間進行的，以便刺激或媚惑異性（一般是雌性），這時雌性不再處於被動地位，而是選擇更合意的配偶。後面這種選擇與人類對家養生物的選擇密切相似，人類進行這種選擇是無意識的，卻是有效的，他在悠久的期間內保存了最合意的或最有用的個體，而沒有改變這個品種的任何要求。

任何一種性別透過性選擇所獲得的性狀究竟傳遞給同一性別還是傳遞給雌雄雙方，以及這等性狀在什麼年齡才發育，均由遺傳法則決定之。在生命晚期發生的變異似乎普通只向同一性別傳遞。變異性是選擇作用所必須的基礎，變異性與選擇完全沒有關係。由此而來的是，具有同樣一般性質的變異，與物種繁殖有關者，常常透過性選擇而被利用和被積累；與一般生活目的有關者，則透過自然選擇而被利用和被積累。因此，第二性徵當同等地傳遞給雌雄雙方時，只依據類推方法就能夠把它們與物種的普通性狀區別開來。透過性選擇所獲得的變異往往是如此強烈顯著，以致雌雄二者屢屢被分類爲不同的物種，甚至不同的屬。這等強烈顯著的差異在某種方式上一定是高度重要的；

我們知道，在某些事例中它們的獲得不僅招致了不方便，而且還要處於實際的危險之中。

對性選擇力量的信念主要是以下述考慮爲依據的。一定的性狀限於某一性別所專有；僅僅這一事實就很可能說明，在大多數情況中這等性狀是與繁殖行爲相關聯的。大量事例表明，這等性狀只在成熟時而且常常只在每年的一部分時期——永遠是繁殖季節，才充分發達。雄性在求偶時是比較積極的（除少數例外）；牠們具有較好的武器，而且在各個方面更富有魅力。特別應該注意的是，雄性在雌性面前精心展示其魅力；除了在求愛季節，牠們很少或者絕不這樣展示。要說這一切都沒有目的，乃是不可令人相信的。最後，就某些四足獸和鳥類來說，我們有明顯的證據可以證明，某一性別的諸個體對另一性別的一定個體抱有厭惡或偏愛的強烈感情。

如果記住這等事實以及人類對家畜和栽培植物所實行無意識選擇的顯著結果，在我看來，幾乎肯定的是，如果某一性別的諸個體在一長系列的世代中樂於與另一性別的一定個體相交配——後面這些個體系以某種特殊方式構成其特徵的，那麼，牠們的後代大概會緩慢而肯定地按照這種同樣的方式發生變異。我並不試圖諱言除非雄性的數量多於雌性或盛行一夫多妻，魅力較強的雄性是否比魅力較弱的雄性能夠成功地留下數量較多的後代以承繼牠們在裝飾方面或其他魅力方面的優越性，尚屬疑問；但我已經闡明，這大概是由雌性——特別是那些精力較旺盛而且最先繁育的雌性——不僅喜愛魅力較強的、而且同時喜愛精力較旺盛的和獲得勝利的雄性所產生的結果。

儘管我們有某種確實的證據可以證明鳥類欣賞鮮明的和美麗的物體，就像澳大利亞的亭鳥那樣，儘管牠們肯定欣賞鳴唱的能力，但我對許多鳥類以及某些哺乳動物的雌性賦有足夠的審美力以欣賞那些透過性選擇所獲得的裝飾物，還是充分認爲令人感到驚訝；在爬行類、魚類和昆蟲類的場合中這種情形尤其令人感到驚訝。但關於低等動物的心理，我們確是一無所知。例如，不能設想雄極樂鳥或雄孔雀在雌性面前如此盡力地豎起、展開以及擺動其美麗羽毛而全無目的。我們應該記住在前一章根據優秀權威所舉出的事實：當禁止幾隻雌孔雀進入一隻受到讚美的雄孔雀所在時，她們寧願全季寡居，而不與另一隻雄孔雀配合。

儘管如此，我所知道的博物學中的事實還沒有比雌錦雉欣賞雄性翅羽上「球與穴」裝飾物的絕妙色調以及優雅的樣式更爲不可思議的。誰要是認爲雄鳥最初就是像現在這樣的形態被創造出來的，那麼他必須承認牠的巨大羽毛是作爲一種裝飾物賦予牠的，這些巨大羽毛阻礙了雙翅用於飛行，而且這些巨大羽毛只在求偶期間而不在其他期間以這個物種所完全特有的一種方式進行展示。倘如此，他還要必須承認雌鳥最初被創造時就被賦予了欣賞這等裝飾物的能力。我的看法所不同於此者，在於我相信雄錦雉是透過雌性歷代以來對比較具有高度裝飾的雄性的愛好而逐漸獲得了他的美貌；雌性的審美能力是透過實用或習性而提高的，正如我們自己的趣味是逐漸改進的一樣。有的雄性由於僥倖的機會保持了少數未變的羽毛，我們在這等羽毛上可以清楚地找到非常簡單的斑點，在其一邊稍微呈黃褐色調，這等斑點只要跨幾小步就可發展成不可思議的「球與穴」裝飾物；實際上它們大概就是這樣發展起來的。有的人承認進化原理，但對雌性哺乳類、鳥類、爬行類和魚類能夠獲得鑑賞雄性美貌的高度能力，而且這種鑑賞能力一般符合於人類的標準，卻感到非常難以承認，這些人應該思考一下以下情況，即：一系列脊椎動物的最高等成員以及最低等成員的腦神經細胞都是起源於這一大界（kingdom）的一個共同祖先的腦神經細胞。這樣我們就能知道何以會發生這樣情形：在各種大不相同的動物類群中某些心理官能係按照差不多同樣的方式和差不多同樣的程度而發展的。

讀者讀過討論性選擇的這幾章之後，將能判斷我所達到的結論在多大程度上可以得到充分證據的支持。如果他接受這些結論，我以爲他就可以穩妥地把它們擴大應用於人類上；不過關於我剛剛談過的有關性選擇顯然作用於人類男女的方式就無需在此重複贅述了，性選擇引起了男女在身體和心理上的差別，引起了若干種族彼此在各種不同性狀上的差別以及與其古老的、體制低等的祖先的差別。

凡是承認性選擇原理的人將被引到一個明顯的結論：神經系統不僅支配著身體的大多數現有機能，而且間接地影響某些心理屬性以及各種身體構造的向前發展。勇氣、好鬥性、堅忍性、體力強弱和身體大小，一切種類的武器、音樂器官——無論聲樂的或器樂的，鮮明的顏色以及裝飾性的附器，所有這些都是由某一性別或另一性別透過選擇的實行，透過愛情和嫉妒的影響，透過對聲音、顏色或形態之美的欣賞，而間接獲得的；這等心理的能力顯然決定於腦的發達。

人在使其飼養的馬、牛和狗進行交配之前，總要細心地檢查這些動物的性狀及其譜系；但當他自己結婚時，卻很少或根本不注意這些。人類高度重視精神魅力和美德，在這方面他雖然遠遠高出低於人類的動物之上，但人類還是被動物選擇對象時的那種同樣動機所推動。另一方面，人類會單純地被對象的財富或地位所吸引。然而人類透過選擇不僅對其後代的身體構造和體質會發生一些作用，而且對其智力和道德屬性也會發生一些作用。如果男或女的身心在任何顯著程度上都是低劣的，他們就應控制自己不結婚；不過這種希望乃是空想，除非遺傳法則澈底得到了解之後，甚至局部實現這種希望也是絕不會辦到的。凡是說明實現這個目的的人，都有很大貢獻。當繁殖和遺傳原理得到更好理解時，我們將不會聽到我們立法機關的無知人員以輕蔑的態度來否決一個確定血族婚姻是否有害於人類的方案了。

人類福利的增進是一個最錯綜複雜的問題：凡是生下子女而不能避免陷於赤貧的人，都應控制自己不結婚；因爲貧窮不僅是一種巨大弊害，如果結婚不顧後果，而且還有使這種弊害增大的傾向。另一方面，正如高爾頓先生所說的，如果輕率者結婚，而謹慎者避免結婚，則社會的低劣成員就會有取代較優成員的傾向。就像每一種其他動物那樣，人類之所以能夠進步到這樣高的地步，無疑是透過迅速增殖所引起的生存鬥爭而完成的；如果人類更向高處進步，恐怕一定還要繼續進行劇烈的鬥爭。否則人類就要墮入懶惰之中，天賦較高的人在生活鬥爭中將不會比天賦較低的人獲得更大的成功。因此，人類的自然增加率雖可導致許多明顯的弊害，但也不會有任何方法把它大大降低。所有的人均應參加公平競爭；不應以法律或習慣來阻止最有才能的人獲得最大的成功並養育最大數量的後代。生存鬥爭過去是、現在依然是重要的，然而僅就人類本性的最高部分而言，還有其他更爲重要的力量。這是因爲道德素質的進步直接或間接透過習性、推理能力、教育、宗教等效果來完成的，遠比透過自然選擇來完成的爲大；雖然爲道德觀念的發展提供了基礎的社會本能可以穩妥地歸因於自然選擇的力量。

我遺憾地認爲，本書得出的主要結論，即：人類起源於某種低等體制的類型，將會使許多人感到非常厭惡。但幾乎無可懷疑的是，我們乃是未開化人的後裔。我永遠不會忘記第一次看到荒涼而起伏的海岸上的一群火地人時所感到的驚訝，因爲我立即想到，這就是我們的祖先。這些人是完全裸體的，周身塗色，長髮亂成一團，因激動而口吐白沫，他的表情粗野、驚恐而多疑。他們幾乎沒有任何技藝，就像野獸那樣地生活，捉到什麼吃什麼；他們沒有政府，對不屬於自己小部落的每一個人都冷酷無情。當一個人在本地看到一個未開化人時，如果被迫承認在其血管中流有某一更爲低等動物的血，將不會引爲奇恥大辱。至於我自己，我寧願是那隻有英雄氣概的小猴的後裔，牠敢於抗拒可怕之敵以保衛其管理人的性命，我也寧願是那隻老狒狒的後裔，牠從山上跑下來，從驚慌的群犬中把一隻小狒狒勝利地救走，但我不願是一個未開化人的後裔，他以虐待其敵人爲樂趣，他以鮮血淋漓的犧牲來獻祭，他實行殺嬰而不愧悔，他待妻子如奴隸，他不懂禮儀，而且被粗野的迷信所糾纏。

人類達到生物等級的頂峰雖不是由於自己的力量，但對此感到驕傲還是可以原諒的；人類最初並不據有現在這樣的地位，而是後來升上去的，這一事實對人類在遙遠的未來注定還可以登上更高的地位給予了希望。但我們在這裡所關注的並不是對未來的希望或恐懼，我們所關注的只是理性允許我們所能發現的眞理；我已經盡我的最大力量提出了有關的證據。然而在我看來，我們必須承認，人類雖然具有一切高尚的素質，對最卑劣者寄予同情，其仁慈不僅及於他人而且及於最低等的生物，其神一般的智慧可以洞察太陽系的運動及其構成——雖然他具有一切這樣高貴的能力——但在人類的身體構造上依然打上了永遠擦不掉的起源於低等生物的標記。

附錄 關於猴類的性選擇

（原載《自然》，一八七六年十一月二日出版，第十八頁）

我在《人類的由來》一書中討論性選擇時，使我最感興趣而且最感困惑的事例莫過於某些猴類的臀部及其毗連部分的鮮明顏色了。由於這等部分的顏色在某一性別比在另一性別更爲鮮明，而且由於它們在求愛季節變得更加燦爛，所以我斷言這種顏色是作爲性的吸引力而獲得的。我十分清楚，這種說法將使我自己成爲笑柄；雖然一隻猴子展示其鮮紅的臀部，事實上並不比一隻孔雀展示其華麗的尾羽更爲令人驚奇。可是，關於猴類在求偶期間顯示其身體的這一部分，在那時我並沒有掌握什麼證據；而在鳥類的情況中，這種展示卻提供了最好的證據來說明，雄性的這種裝飾物對吸引或刺激雌性是有用處的。最近我讀過哥達（Gotha）的約翰・馮・菲舍爾（Joh. von Fischer）寫的一篇論文，載於《動物園雜誌》（一八七六年四月），其中討論了猴類在各種不同情緒中的表現，對這個問題有興趣的人讀一讀這篇文章是十分值得的，它示明作者是一位細心的、敏銳的觀察家。在這篇論文中記載了一隻幼小的雄西非山魈，最初站在鏡前注視自己的舉動，過了一會兒，牠轉過身去把牠的紅屁股展示於鏡前。爲此，我寫信給馮菲舍爾先生，詢問他對這種奇怪動作的意義有什麼設想，他回我兩封長信，詳細地敘述了新奇的情節，我希望以後予以發表。他說，他最初對上述動作也感到困惑，因此引導他對另外幾種猴的若干個體進行了細緻觀察，這些猴都是長期養在他家中的。他發現，不僅西非山魈（*Cynocephalus mormon*），而且鬼狒（*C. leucophaeus*）、其他三種狒狒（*C. hamadryas, sphinx, babouin*），還有黑冠猿（*Cynopithecus niger*），以及恆河猴（*Macacus rhesus*）和豚尾猴（*M. nemestrinus*），當高興時都把身體的這一部分轉向他，而且也轉向別的人作爲一種敬意，所有這些物種的臀部多少都呈現鮮明的顏色。他曾盡力矯正一隻恆河猴的這種不雅的習慣，最後還是成功了，這隻猴他養過五年。當這些猴遇到一隻新來的猴時，特別容易做這種動作，而且同時齜牙咧嘴地嘶叫，不過對牠們的老猴友也常常如此；在這種相互展示之後，牠們就開始一齊玩耍起來了。那隻小西非山魈向著牠的主人馮菲舍爾做了一會兒這種動作之後，就自發地停了下來，不過對那些陌生人和新來的猴還繼續照樣做。除了一次例外，一隻幼小的黑冠猿從來不向他的主人做這樣的動作，不過對陌生人則屢屢這樣做，直到現在還繼續如此。根據這幾項事實，馮菲舍爾斷言，那些猴（即西非山魈、鬼狒、黑冠猿、恆河猴、豚尾猴等）在鏡前做這種動作時，好像以爲鏡中的影像是新相識似的。西非山魈和鬼狒的臀部裝飾得特別厲害，牠們甚至在幼小的時候就行展示了，而且比其他種類更加常常如此、更加賣弄這一部分。其次就屬黑冠猿了，而其他物種做這種動作的則比較少見。然而，同一物種的不同個體在這方面的表現也有差異，有些個體很羞怯，從來不展示牠們的臀部。特別值得注意的是，馮菲舍爾從來沒有看見過任何物種有目的地展示其臀部，如果其臀部完全沒有顏色。這一看法也可應用於爪哇猴（*Macacus cynomolgus*）和白眉猴（*Cercocebus radiatus*，與恆河猴的親緣關係密切）的許多個體，還可應用於長尾猴屬（*Cercopithecus*）的三個物種以及幾種美洲猴。把臀部轉向老朋友或新相識作爲一種敬意，這種習性在我們看來似乎很古怪，其實這並不比許多未開化人的一些習性更古怪，例如未開化人用手摩擦自己的肚皮，或者彼此摩擦鼻子。西非山魈和鬼狒的這種習性似乎是本能的或遺傳的，因爲很幼小的這等動物就這樣幹了；不過，牠像許多其他本能那樣，由於觀察而有所改變，或者被觀察所支配，因爲馮菲舍爾說，牠們盡力地把這種展示做得充分；如果在兩位觀察者面前做這種動作，牠們就會把臀部轉向那位似乎最給予注意的人。

關於這種習性的起源，馮菲舍爾說，他養的那些猴喜歡輕拍或敲打牠們無毛的臀部，這樣做之後，牠們就感到高興並從喉部發出呼嚕呼嚕的聲響。牠們還常常把臀部轉向給牠們除掉汙物的其他猴子，對於那些給牠們剔去棘刺的猴子無疑也會如此。不過成年猿猴的這種習性在一定程度上卻與兩性情感有關聯，因爲馮菲舍爾曾透過玻璃門去注視一隻雌性黑冠猿的活動，牠在幾天內，「把牠的很紅臀部轉向一隻喉部咕嚕作響的雄性，我從來沒有見過這隻動物這樣做過。顯然這隻雄性看到雌性的紅色臀部後便激動起來了，因爲即使用手杖敲地砰砰作響，牠的喉部還是突然一陣一陣地發出咕嚕咕嚕的聲音」。按照馮菲舍爾的說法，凡是臀部多少呈現鮮明顏色的猴類都生活在開闊的多岩石地方，所以他以爲這種顏色是爲了使某一性別在遠處容易看到另一性別；但是，由於猴類是群居的動物，我想沒有必要使雌雄雙方在遠處彼此辨認。在我看來更加可能的似乎是，無論面部或臀部的鮮明顏色，或像西非山魈那樣，面部和臀部均呈鮮明顏色，都是用做一種性的裝飾和魅力。無論如何，由於現在我們知道猴類有把其臀部轉向其他猴的習性，所以身體的這一部分得到裝飾就完全不足爲奇了。就現在所知道的來說，只有猴類具有這種特徵，而且以這種方式向其他猴表示敬意，這一事實使人對下述情況產生了疑問：這種習性最初是否由於某種獨立的原因而被獲得的，此後這等議論中的部分作爲一種性的裝飾而著上了顏色；或者，這種顏色以及轉動臀部的習性最初是否透過變異和性選擇而被獲得的，此後透過遺傳原理的聯合作用，作爲高興或致敬的一種標誌而被保存下來了。這一原理顯然在許多情況下都發生作用：例如，一般承認鳥類在求愛季節的鳴唱主要是用來吸引異性的，黑松雞的盛大集會是與牠們的求偶有關係的；但有些鳥，例如知更鳥，保持了在快樂時鳴叫的習性，而黑松雞也保持了在每年其他季節舉行集會的習性。

請允許我再討論一下與性選擇有關的另一個問題。有人反對性選擇說，僅就雄性的裝飾物而言，這種選擇的方式意味著同一地區的所有雌性一定都具有和行使完全一樣的審美力。然而應該注意到，第一，一個物種的變異範圍雖然很大，但絕不是無限的。關於這一事實，我在別處舉出過一個有關鴿的良好事例，鴿至少有一百個變種，牠們的羽色大不相同，雞至少有二十個變種，牠們的羽色也大有差別；但這兩個物種的變動範圍卻極端不同。所以，自然物種的雌性在審美方面不會有毫無限制的範圍。第二，我以爲沒有一個支持性選擇原理的人相信雌性所選擇的，是雄性特有的美的部分；而只是某一雄性比另一雄性對牠們刺激或吸引的程度較大而已，這一點往往決定於燦爛的顏色，鳥類尤其如此。甚至一個男人對他所讚美的女人面貌上的輕微差異也不加分析，而她的美恰恰決定於這等輕微差異。雄西非山魈不僅臀部而且面部均呈燦爛的顏色，此外，面部還有隆起的斜條紋、黃鬍鬚以及其他裝飾物。根據我們所看到的家養動物的變異，可以推論西非山魈獲得上述幾種裝飾物，乃是由於某一個體在某一方面發生了一點變異而另一個體在另一方面發生了一點變異所致。雄性如果任何方面在雌性看來都是最漂亮而且最有吸引力的，雄性大概就會最常常交配，並且會比其他雄性留下更多的後代。其雄性後代雖然多方面地進行雜交，但還是承繼了其父本的特性，或者向下傳遞一種增大的傾向而按照同樣方式進行變異。因此，居住在同一地區的雄性，其整個身體由於不斷雜交的作用大概有發生差不多同樣變異的傾向，不過有時這一種性狀變異得大些，有時那一種性狀變異得大些，儘管這等變異的速度是極端緩慢的；這樣，最終所有個體都變得更能吸引雌性。其過程正如人類所實行的被我稱爲無意識的選擇那樣，關於這一點我已經舉出過若干事例了。某一地方的居民重視快速的、即輕型的狗或馬，另一地方的居民卻重視比較重型的和比較強有力的狗或馬；但在這兩處地方都不選擇身體或四肢比較輕型的或比較強有力的個體動物；儘管如此，經過相當長的一段時間之後，還可發現諸個體都按照所要求的方式發生了幾乎一樣的改變，雖然在每一處它們的改變是不同的。如果在兩處界限絕對分明的地方居住著同一個物種，其個體在悠久的期間內絕不互相遷移和互相雜交，而且在這兩處地方發生的變異大概不會完全相同，於是性選擇就可能致使這兩處地方的雄性有所差別。在我看來，下述信念完全不見得是空想，即：處於很不相同環境中的兩組雌性大概會獲得對形態、聲音或顏色的多少不同的愛好。不管怎樣，我還是在《人類的由來》一書中舉出了一些事例表明在不同地方居住的親緣密切的鳥類，其幼鳥和雌鳥沒有區別，而成年的雄鳥都彼此差別很大，這非常可能是由性選擇作用所引起的。

查爾斯・達爾文年表

一八〇九年	〇歲	二月十二日出生於英國舒茲伯利鎮（Shrewsbury）祖父伊拉斯謨斯（Erasmus Darwin）是當代有名望的科學家、發明家和醫生，父親羅伯特（Robert Waring Darwin）也是名醫。
一八一七年	八歲	母親蘇珊娜（Susannah Wedgwood）去世。
一八二五年	十六歲	進入愛丁堡大學醫學院，就讀期間對自然史產生濃厚興趣。
一八二七年	十八歲	從愛丁堡大學退學。
一八二八年	十九歲	進入劍橋大學基督學院，認識精通植物學、昆蟲學、地質學等知識的亨斯洛教授（John Stevens Henslow）。
一八三一年	二十二歲	透過劍橋大學學士考試。在父親資助下，同年九月決定搭乘海軍羅伯特·斐茲洛伊（Robert FitzRoy）船長的小獵犬號展開考察，十二月二十七日正式出航，帶著查爾斯·萊爾（Charles Lyell）的《地質學原理》（Principles of Geology）。
一八三五年	二十六歲	到達加拉巴哥群島，群島上的生物獨特性，啓發了達爾文對物種起源的思考。
一八三六年	二十七歲	歷時五年的環球考察後，達爾文累積了大量資料，回到英國，成為英國皇家學會會員。
一八三八年	二十九歲	十月閱讀馬爾薩斯（Thomas Robert Malthus）的《人口論》。

一八三九年	三十歲	與艾瑪·威治伍德（Emma Wedgwood）結婚。《小獵犬號航海記》出版。
一八四二年	三十三歲	移居倫敦東南方小村莊的黨豪思（The Down House）別墅。寫出《物種起源》的綱要。
一八四八年	三十九歲	父親去世。
一八五一年	四十二歲	長女安妮去世。
一八五八年	四十九歲	六月阿爾弗雷德·羅素·華萊士（Alfred Russel Wallace）寄來尚未發表的論文，七月與華萊士一起在林奈學會提出天擇的概念。
一八五九年	五十歲	《物種起源》出版。
一八六〇年	五十一歲	《物種起源》引起廣泛的討論，六月在牛津大學科學促進會上，好友赫胥黎（Thomas Henry Huxley）公開與牛津主教韋伯佛斯（Samuel Wilberforce）辯論演化論。
一八六一年	五十二歲	德國境內發現始祖鳥化石，佐證了達爾文的演化論。
一八六八年	五十九歲	《動物和植物在家養下的變異》出版。
一八七一年	六十二歲	《人類的由來及性選擇》出版。
一八七二年	六十三歲	《物種起源》第六版出版，為留存的最後版本。
一八七六年	六十七歲	提筆寫自傳。
一八八二年	七十三歲	去世，入葬西敏寺。

索引

二畫

三畫

六畫

七畫

九畫

十一畫

十二畫

十六畫

十七畫

經典名著文庫 161

人類的由來及性選擇

作　　者 —— 查爾斯・達爾文
譯　　者 —— 葉篤莊、楊習之
發 行 人 —— 楊榮川
總 經 理 —— 楊士清
總 編 輯 —— 楊秀麗
文庫策劃 —— 楊榮川
副總編輯 —— 王正華
責任編輯 —— 金明芬
封面設計 —— 姚孝慈
著者繪像 —— 莊河源
出 版 者 —— **五南圖書出版股份有限公司**
地　　址 —— 臺北市大安區 106 和平東路二段 339 號 4 樓
電　　話 —— 02-27055066（代表號）
傳　　眞 —— 02-27066100
劃撥帳號 —— 01068953
戶　　名 —— 五南圖書出版股份有限公司
網　　址 —— https://www.wunan.com.tw
電子郵件 —— wunan@wunan.com.tw
法律顧問 —— 林勝安律師事務所　林勝安律師
出版日期 —— 2022 年 4 月初版一刷
定　　價 —— 800 元

國家圖書館出版品預行編目資料

人類的由來及性選擇 / 查爾斯．達爾文 (Charles Robert Darwin) 著 , 葉篤莊 , 楊習之譯 . -- 初版 . -- 臺北市 : 五南圖書出版股份有限公司 , 2022.04
面 ; 公分
譯自 : The descent of man, and selection in relation to sex
ISBN 978-626-317-551-8 (平裝)

1.CST: 生物演化　2.CST: 演化論　3.CST: 性選擇
4.CST: 人類起源

362　　111000255